ARGE

PFLANZENBAU 2

ACKERBAU · GRÜNLAND

9. Auflage

LEOPOLD STOCKER VERLAG

Graz – Stuttgart

Umschlaggestaltung: Kirschblau, Graz, Herwig Steiner; DSR Werbeagentur Rypka GmbH, Dobl/Graz, www.rypka.at

Grafiken: Fa. Datagraph Computergrafik Ges.m.b.H., Gregor Mendl Straße 4, A-1180 Wien
Grazer Straße 8, A-8230 Hartberg

Titelbild: Archiv LANDWIRT Agrarmedien. Die restlichen Fotos und Abbildungen im Text wurden dem Verlag freundlicherweise von den Autoren zur Verfügung gestellt.
Layout: Michaela Kolb; Aktualisierung: Werbeagentur Rypka GmbH

Hinweis:
Dieses Buch wurde auf chlorfrei gebleichtem, unter den Richtlinien von ISO 9001 hergestelltem Papier gedruckt.
Die zum Schutz vor Verschmutzung verwendete Einschweißfolie ist aus Polyethylen chlor- und schwefelfrei hergestellt. Diese umweltfreundliche Folie verhält sich grundwasserneutral, ist voll recyclingfähig und verbrennt in Müllverbrennungsanlagen völlig ungiftig.

Buch-Nr. **46-2586**	
ARGE **PFLANZENBAU 2. ACKER • GRÜNLAND**	
© Copyright by Leopold Stocker Verlag, Graz; 9. Auflage 2024	
ISBN 978-3-7020-1769-9	

Layout: Michaela Kolb; DSR Werbeagentur Rypka GmbH, www.rypka.at

I. TEIL

ACKERBAU

Aufbauend auf den naturwissenschaftlichen Grundlagen
von BAND 1 befasst sich BAND 2 mit dem Anbau und der Kultivierung derzeit
wichtiger Feldpflanzen unseres Landes.

Um einer mehrjährigen Aktualität des Schulbuches
zu entsprechen, wurde bei der Beschreibung produktionstechnischer
Voraussetzungen bei den Kapiteln SORTENWAHL auf spezielle
Sortenempfehlungen und bei den Kapiteln PFLANZENSCHUTZ auf die
Nennung chemischer Pflanzenschutzmittel bewusst verzichtet.

Ein sich stets veränderndes Angebot bei Sorten und Pflanzenschutzmitteln
erfordert die Berücksichtigung des jährlichen Informationsangebotes durch
die AGES (Österreichische Agentur für Gesundheit und Ernährungssicherheit)
bzw. durch die LANDWIRTSCHAFTSKAMMERN und des LFI
(Ländliches Fortbildungsinstitut).
Eine von diesen Institutionen gemeinsame Information bietet der zweimal jährlich
erscheinende „FELDBAURATGEBER".

Weiters stellen einschlägige Organisationen und Firmen aktuelles Informationsma-
terial über Düngemittel, Sorten, Pflanzenschutz u. a. m. zur Verfügung.

Studienrat
Ing. Leopold **Berger**

Oberschulrat
Ing. Engelbert **Huber**

Vorwort

Das vorliegende Fachbuch für den Pflanzenbau hat seine Anfänge in den 1980er Jahren aus einem von mehreren Fachschullehrern entworfenem Skriptum für den Schulgebrauch in den landwirtschaftlichen Fachschulen.

In Zusammenarbeit mit dem Leopold-Stocker-Verlag erfolgte in den 1990er Jahren die Weiterentwicklung mit pädagogisch eingebauten Lernzielen und Kontrollfragen lehrplanmäßig aufbereitet in zwei Bänden, geteilt in einen "Allgemeinen Teil" und in einen "Speziellen Teil" des Pflanzenbaues.

In den Anfängen der 2000er Jahre wurde das Schulbuch in ein Fachbuch umgewandelt und der spezielle Teil „Pflanzenbau 2" in zwei Teile geteilt, nämlich in den „I. Teil Ackerbau" und in den „II. Teil Zeitgemäße Grünlandbewirtschaftung".

Im Verlauf der jahrelangen Entwicklung haben mehrere Fachleute ihr Wissen und ihre praktischen Erfahrungen als Mitautoren der ARGE "Pflanzenbau 1" und „Pflanzenbau 2 I. Teil Ackerbau" eingebracht.

Folgende bereits verstorbene Kollegen haben maßgeblich mitgearbeitet:

Dr. Franz **REHM**	ehemaliger Fachlehrer an der LFS Obersiebenbrunn in NÖ.
Doz. Dr. Petrus **GRUBER**	ehemaliger Berater im ÖKL und Dozent an der Universität für Bodenkultur in Wien
StudRat Ing. Adolf **SCHNABEL**	ehemaliger Fachlehrer und Direktor an der LFS Hohenlehen in NÖ.
StudRat Ing. Johann **PANZENBÖCK**	ehemaliger Fachlehrer und Direktor an der LFS Nobertinum in Tullnerbach, NÖ.

Viele Fachkapitel stammen noch aus dem Wirken der ehemaligen Kollegen und wir sind ihnen zum besonderen Dank verpflichtet.

Die vorliegende 9. Auflage wurde von den beiden unterzeichneten Autoren BERGER und HUBER nach dem neuesten pflanzenbaulichen Wissensstand überarbeitet.

Möge dieses Fachbuch von den Ackerbauern sowie den einschlägigen Schulen und Beratungsstellen gut angenommen werden, damit der aktuelle Wissensstand in der praktischen Landwirtschaft umgesetzt werden kann.

Graz, 2024   Leopold Berger   Engelbert Huber

INHALTSVERZEICHNIS

A. EINFÜHRUNG IN DEN SPEZIELLEN PFLAN- ZENBAU UND SEINE LANDBAUSYSTEME

Landbausysteme sind Bewirtschaftungsordnungen, welche die Bedürfnisse der Gesellschaft, entsprechend ihrem jeweiligen Entwicklungsstand, widerspiegeln. Dementsprechend lässt sich ein Wandel vom niedrigsten Stadium des Sammlers und Jägers bis zum hoch technisierten, arbeitsteiligen und auf Fremdenergie angewiesenen Landbausystem feststellen.

Gesellschaftlicher Entwicklungsstand	Landbausystem	
• Nomaden, Jäger, Sammler	• Hackbau, Pflugbau	
• Sesshaftwerden	• Brandwirtschaft zur Landgewinnung	
• Selbstversorgerwirtschaft	• Alte und verbesserte Dreifelderwirtschaft	Karl der Große (747–814)
• Marktwirtschaft – Intensivierung	• Fruchtwechselwirtschaft	Albrecht Daniel Thaer (1752–1828)
• Industrialisierung	• Spezialisierte und industrialisierte Landbewirtschaftung – Einführung von Technik und Chemie	Justus von Liebig (1803–1873)
• Überflussgesellschaft	• Wiederbetonung der nachhaltigen Kreislaufwirtschaft	
	• Integrierter Landbau	
	• Biolandbau	

Die dargestellte Aufeinanderfolge der gesellschaftlichen Entwicklungsstufen (historische Sichtweise) wird heute im weltweiten Vergleich (geografische Sichtweise) als Nebeneinander vorgefunden.
Im Einzelnen kann hier auf die verschiedenen Landbausysteme, die in Österreich gegenwärtig in Anwendung sind, nicht eingegangen werden. Die folgende tabellarische Zusammenstellung gibt eine Übersicht über die wichtigsten Landbausysteme und ihre wesentlichen Produktionsmerkmale.
Anknüpfend an die „Einführung in den Pflanzenbau" im Band 1 kann die Besprechung der praktischen Nutzanwendungen für die einzelnen Kulturen nur in der Form erfolgen, dass die Auswahl des jeweils **„besten" Produktionsverfahren bzw. Landbausystems** dem einzelnen Landwirt überlassen bleibt.
Die **Entscheidungsfreiheit** des jeweiligen Landwirtes beim Einsatz von landwirtschaftlichen Betriebsmitteln innerhalb eines selbst gewählten Landbausystems ist jedoch **nicht grenzenlos!**

Die in Österreich gebräuchlichen Landbausysteme und ihre wichtigsten Merkmale

Merkmal \\ Landbausystem	Herkömmlicher (konventioneller) Landbau	Integrierter Landbau	Organisch-biologischer Landbau	Biologisch-dynamischer Landbau
Bodenbearbeitung	Wendende Grundbodenbearbeitung (Pflugarbeit) vorherrschend	Teilweiser Ersatz des Pflügens durch Grubbern	Seichte (flache) Bodenbearbeitung vorherrschend	Erhaltung des natürlichen Bodenaufbaues steht im Vordergrund
Fruchtfolge	Vorwiegend nach ökonomischen Gesichtspunkten	Ökologische Zielsetzungen werden einbezogen	Vielfältige Fruchtfolgen nach biologischen Grundsätzen – Maximal möglicher Leguminosenanteil	
Düngung	Optimierung des Düngereinsatzes einschließlich der Mineraldüngung	Maßvolle Anwendung von Wirtschafts- und Mineraldüngern unter Anwendung wirkungssteigernder Maßnahmen	Keine leicht löslichen Mineraldünger — Steinmehle — Starke Betonung der Wirtschaftsdünger und deren Aufbereitung (organische Düngung)	Keine Mineraldünger! — Steinmehle
Pflanzenschutz	Wirkungsvolle, arbeitssparende Pflanzenschutzmaßnahmen stehen im Vordergrund	Einschränkung der chemischen Maßnahmen durch Berücksichtigung aller nichtchemischen Möglichkeiten. Chemische Bekämpfung nur nach Schadensschwellen	Synthetische Pflanzenschutzmittel und Beizmittel verboten, Förderung der Nützlinge	Einsatz von Präparaten (Extrakten)
Einsatz von Kapital und Arbeit	Weitestgehender Ersatz der Arbeit durch das Kapital	Ausnützung kapital- und arbeitssparender Verfahren	Ausgewogener Einsatz von Kapital und Arbeit	
Gedanklicher Hintergrund	Ökonomisches Primat	Das Gleichgewicht von ökonomischen und ökologischen Zielen wird angestrebt	Ökologisches Primat	Anthroposophie – Berücksichtigung der Gestirnskonstellationen
Begründer			Müller – Rusch	Rudolf Steiner

Bezughabende **Rechtsvorschriften bzw. Verordnungen**, zum Beispiel hinsichtlich **Düngung, Pflanzenschutz, Bodenschutz** oder **Umweltschutz**, sind grundsätzlich von jedem Landwirt **einzuhalten**!

In der **Gemeinsamen Agrarpolitik (GAP)** der Europäischen Union (EU) wird durch die **Konditionalität** (früher Cross Complinace) die **Förderung von Programmen zur Verbesserung der Umwelt** zusammengefasst.

Die Konditionalität stellt **allgemeine Anforderungen an die Bewirtschaftung** dar. Sie ist die Basis für die **„Öko-Regelung"** oder das **Agrarumweltprogramm ÖPUL** (Österr. Programm für umweltgerechte Landwirtschaft).

Die festgesetzten **Bestimmungen** sind von allen Betrieben einzuhalten, die:

- Direktzahlungen, das sind Zahlungen aus der Säule 1 beziehen (z. B. Basiszahlungen für Heimgut und Almweideflächen, Top-Up-Zahlung für Junglandwirte oder gekoppelte Zahlungen für den Almbetrieb),
- Maßnahmen der Ländlichen Entwicklung beantragen,
- am Agrarumweltprogramm ÖPUL 2023 (UBB = umweltgerechte biodiversitätsfördernde Bewirtschaftung, Biolandbau mit eigenständiger Maßnahme und Zugang zu UBB-Top-Ups Begrünungsmaßnahmen und Erosionsschutz Acker, Gebietskulisse für Grundwasserschutz Acker, Humuserhalt und Bodenschutz auf umbruchsfähigem Grünland) inklusive der Öko-Regelung in Natura 2000 teilnehmen,
- die Ausgleichszulage in benachteiligten Gebieten oder weitere Maßnahmen beantragen.

Bestimmte **Grundanforderungen** müssen erfüllt werden, um die Flächen in einem **guten landwirtschaftlichen und ökologischen Zustand (GLÖZ) zu erhalten**:

Erhalt von Dauergrünland auf regionaler Ebene (GLÖZ 1), Schutz von Feuchtgebieten und Torfflächen (GLÖZ 2), Verbot des Abbrennens von Stoppelfeldern (GLÖZ 3), Pufferstreifen entlang von Wasserläufen (GLÖZ 4), Geeignete Bodenbearbeitung zur Verringerung der Bodenschädigung unter Berücksichtigung der Hangneigung (GLÖZ 5), Mindestbodenbedeckung (GLÖZ 6), Fruchtwechsel und Anbaudiversifizierung (GLÖZ 7), Ackerstilllegungsflächen und Schutz von Landschaftselementen (GLÖZ 8), Umbruchsverbot von sensiblem Dauergrünland in Natura 2000 (GLÖZ 9), Kontrolle diffuser Quellen hinsichtlich Phosphate (GLÖZ 10)

Grundanforderungen an die Betriebsführung (GAB)

GAB 1:	Wasserrahmenrichtlinie
GAB 2:	Nitrat-Aktionsprogramm-Verordnung (NAPV)
GAB 3:	Vogelschutz-Richtlinie (GAP 2023)
GAB 4:	Fauna-Flora-Habitat-Richtlinie (GAP 2023)
GAB 5:	Lebensmittelsicherheit (GAP 2023)
GAB 6:	Hormonanwendungsverbot
GAB 7:	Inverkehrbringen von Pflanzenschutzmitteln
GAB 8:	Nachhaltige Verwendung von Pestiziden
GAB 9:	Tierschutz Kälber
GAB 10:	Tierschutz Schweine
GAB 11:	Tierschutz Nutztiere

Weitere und genauere Informationen über die Reform der **gemeinsamen Agrarpolitik (GAP)** geben der **Agrarmarkt Austria (AMA)** und die **Landwirtschaftskammern**. Außerdem sind im Fachbuch „Pflanzenbau 1 Grundlagen" im Kapitel A (Einführung in den Pflanzenbau) nähere Erläuterungen angeführt!

B. GETREIDEBAU

I. ALLGEMEINER GETREIDEBAU

1. WIRTSCHAFTLICHE BEDEUTUNG

Anbauflächen der Getreidearten in Hektar

Getreideart / Land / Jahr		2022	2023	20 ..
Weizen-formen insgesamt	Österreich	292.863	280.367	....
	Bundesland	....	....	....
Roggen (Winter- & Sommer-roggen)	Österreich	34.432	38.471	....
	Bundesland	....	....	....
Gerste (Winter- & Sommer-gerste)	Österreich	122.547	122.708	....
	Bundesland	....	....	....
Hafer	Österreich	20.278	17.624	....
	Bundesland	....	....	....
Triticale	Österreich	51.502	53.099	....
	Bundesland	....	....	....

Siehe Berichte der Statistik Austria!

❑ Vor- und Nachteile des Getreidebaues

Vorteile

- Geringe Arbeitsintensität
- Sehr gute Mechanisierbarkeit

Nachteile

- Geringer Vorfruchtwert
- Geringere Nährstofferträge im Vergleich zu den Hackfrüchten

2. BOTANISCHE MERKMALE UND EIGENSCHAFTEN

Die Getreidearten gehören zur Familie der **Süßgräser oder Echten Gräser (*Poaceae* oder *Gramineae*)**, zur Klasse der einkeimblättrigen Pflanzen.

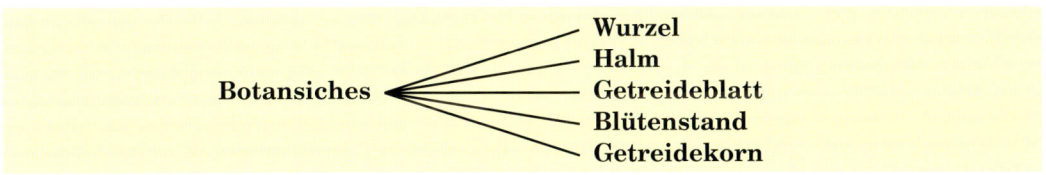

2.1 Wurzel

Die Getreidepflanzen sind **Büschelwurzler**. Nur vereinzelt reichen so genannte **„Wassersucher"** bis zu 1,5 m Tiefe. Aus den untersten Halmknoten entspringen die **Nebenwurzeln** (= Bestockungs- = Kronenwurzeln). Während des Schossens und Blühens erreicht die Wurzelbildung ihre größte Ausdehnung (**„kritischer Termin"**). In diesem Entwicklungsstadium zeigt sich ein Spitzenbedarf an Wasser und Pflanzennährstoffen.

Das **Aneignungsvermögen** für im Boden befindliche Nährstoffe ist bei Hafer am größten. Es folgen Winterroggen, Triticale, Wintergerste und Weizen. Sommergerste hat das geringste Wurzelleistungsvermögen. Winterroggen und Wintergerste sind jene Getreidearten, die aufgrund ihrer langen Vegetationszeit auf kargen Böden sichere Ertragsleistungen erbringen.

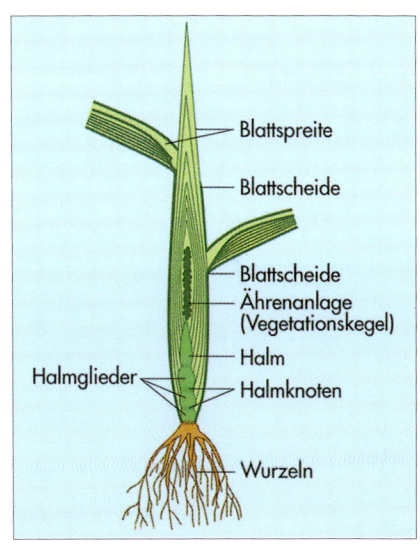

Junge Roggenpflanze, *der Länge nach aufgeschnitten*

2.2 Halm

Der in der Regel hohle Halm ist durch **Knoten** (Nodien) in mehrere **Zwischenknotenstücke** (Internodien) unterteilt. Die Halmglieder werden von der Halmbasis in Richtung Ähre immer länger. Kurzstrohsorten sind standfester, aber auch anspruchsvoller als Langstrohsorten. Es besteht eine bisher undurchbrochene Wechselbeziehung zwischen Halmlänge und dem Umfang der Wurzelausbreitung.

Für die Praxis bedeutsam sind die **Standfestigkeit** und die **Knickfestigkeit** des Getreidehalmes. Beide Eigenschaften sind zum Teil erblich bedingt, können aber auch durch „Behandlungen" beeinflusst werden. Das folgende Bild zeigt die Ausformung des Haferhalmes unter dem Einfluss steigender **Kaligaben**.

Durch die Behandlung mit einem **Wachstumsregulator** (z. B. CCC = Chlorcholinchlorid) kann man eine Halmverkürzung erzielen und damit die Standfestigkeit fördern.

Alle Maßnahmen zur Verhütung von Fußkrankheiten stehen ebenfalls im Dienst der Verbesserung der Lagerresistenz.

Setzt man die Mengen von Korn zu Stroh in Beziehung, so ergibt sich das **Korn:Stroh-Verhältnis**, das bei Getreide von 1 : 0,7 bis 1 : 2 schwanken kann. Es ergibt sich folgende absteigende Reihung: Roggen, Winter-Triticale, Winterweizen, Wintergerste, Hafer, Sommerweizen, Sommergerste.

K₂O=0; kümmerlich gewachsener dünner Halm, dessen Sklerenchymfaserzellen großes Lumen und schwache Wandung aufweisen.

K₂O=100; Halmdurchmesser nimmt zu, Verbreiterung der Sklerenchymschicht ist noch gering.

K₂O=500; starker Halm mit breiter Wand und kräftiger Sklerenchymschicht.
(nach Arbeiten über Kalidüngung)

Ausformung des Haferhalmes

2.3 Blatt

Das Getreideblatt besteht aus **Blattspreite** und **Blattscheide** und ist „parallelnervig". Zwischen Scheide und Spreite eines Blattes finden sich am Übergang das **Blattöhrchen** und das **Blatthäutchen**. Die Blattbestandteile bzw. ihre Form sind als Unterscheidungsmerkmale bei Getreidejungpflanzen bedeutend. Die Blattspreiten von Roggen, Weizen, Triticale und Gerste zeigen eine Rechtsdrehung, die von Hafer meist eine Linksdrehung. Weizen und Hafer haben eine spitzere Blattform als Gerste. Gerstenblätter sind deutlich gerieft.

Die Blätter sind die wichtigsten Assimilationsorgane. Das oberste Getreideblatt heißt „**Fahnenblatt**" und ist für die **Kornfüllung** und **Kornreifung** besonders wichtig.

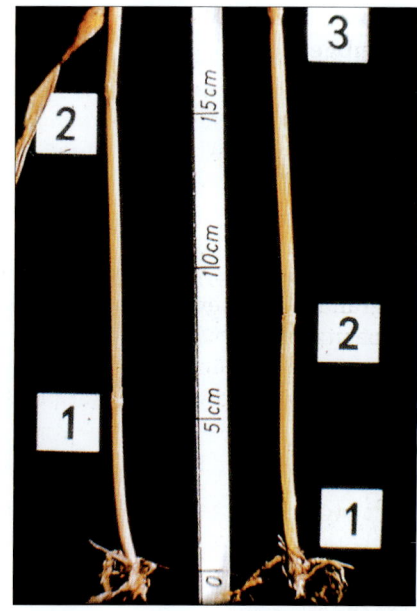

Unterschiedliche Zwischenknotenabstände durch Behandlung mit CCC

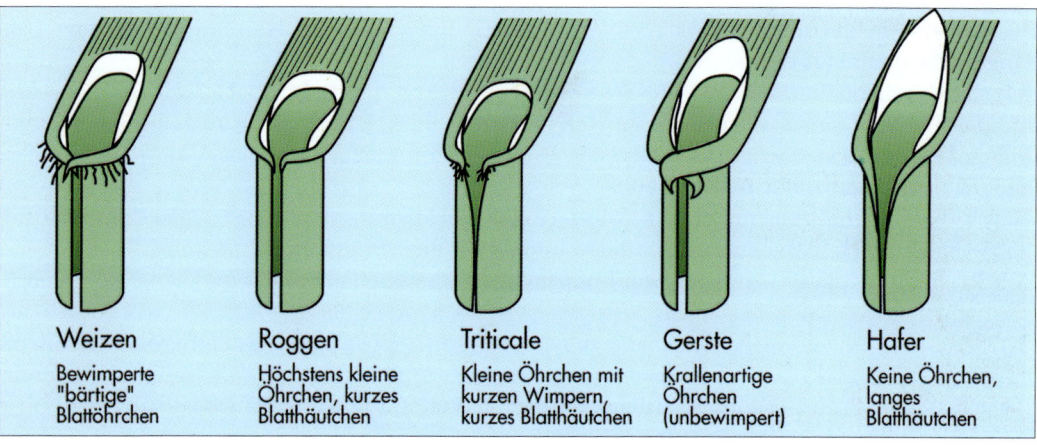

Weizen
Bewimperte "bärtige" Blattöhrchen

Roggen
Höchstens kleine Öhrchen, kurzes Blatthäutchen

Triticale
Kleine Öhrchen mit kurzen Wimpern, kurzes Blatthäutchen

Gerste
Krallenartige Öhrchen (unbewimpert)

Hafer
Keine Öhrchen, langes Blatthäutchen

Schematische Darstellungen der **Blattansätze der einzelnen Getreidearten**

2.4 Blütenstand

Der Blütenstand bildet bei Weizen, Roggen, Triticale und Gerste eine **Ähre**, bei Hafer eine **Rispe**. Die Blüten der Getreidearten sind **zwittrig**.

Jede Ähre besteht aus einer **Ährenspindel** (Hauptachse) mit verschiedener Stufenzahl und den **Ährchen**. Das Ährchen beinhaltet die **Blüten**, bestehend aus je einem **Fruchtknoten mit federförmiger Narbe und drei Staubgefäßen**.

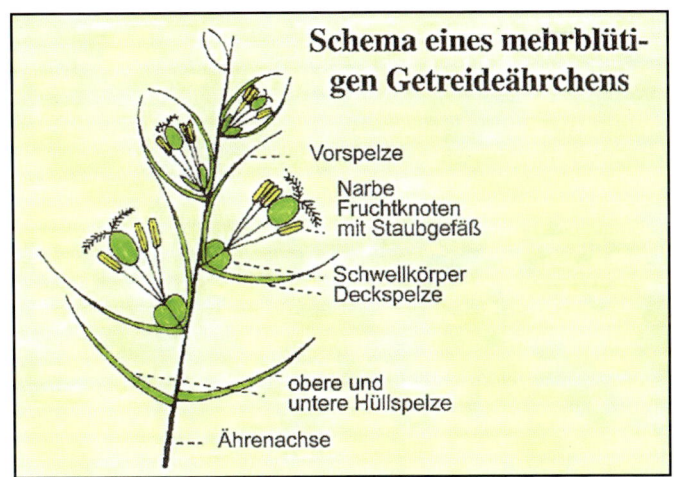

Schema eines mehrblütigen Getreideährchens

- Vorspelze
- Narbe
- Fruchtknoten mit Staubgefäß
- Schwellkörper
- Deckspelze
- obere und untere Hüllspelze
- Ährenachse

Weizen, Triticale, Roggen und Hafer sind mehrblütig. Im Feldbestand werden bei Weizen im Allgemeinen nur 2 bis 3 (4), bei Hafer meist 2 bis 3 (außer Nackthafer = mehr) und bei Roggen 2 Blüten je Ährchen ausgebildet. Gerste ist einblütig.

Die zuvor genannten Blütenbestandteile sind je Blüte von einer **Vorspelze** und einer **Deckspelze** umgeben. Außerdem sind noch **Hüllspelzen** vorhanden. Die Deckspelzen können begrannt (Grannenweizen), unbegrannt (Kolbenweizen) oder grannenspitzig sein. Die Grannenspitzigkeit ist u. a. ein Abbaumerkmal! In der Züchtung ist das Merkmal „begrannt" dominant gegenüber „unbegrannt". Die Grannen bewirken einen Schutz vor übermäßiger Verdunstung und vor dem Kornausfall an windreichen Standorten.

Roggenblüte

Haferblüte

17

2.5 Frucht (Korn)

Getreidekörner sind **Grasfrüchte** (*Karyopsen*) mit **verwachsener Frucht- und Samenschale.** Diese Schalen umgeben den **Mehlkörper**, in dem der **Keimling** eingebettet ist. Der Keimling entsteht aus der befruchteten Eizelle, der Mehlkörper (= Nährgewebe = *Endosperm*) aus dem befruchteten Embryosackkern – Doppelbefruchtung. Der Keimling steht durch das Schildchen mit dem Mehlkörper in Verbindung.

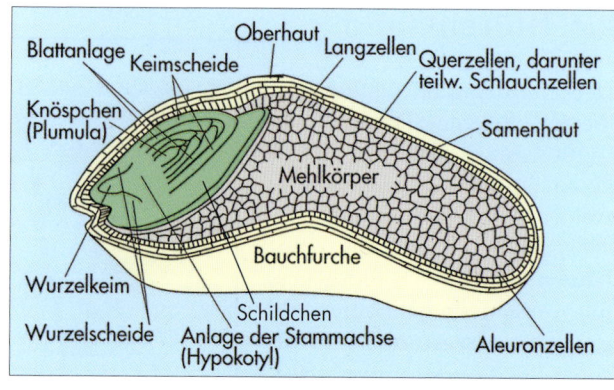

Längsschnitt durch ein Weizenkorn

Das **Schildchen** (*Skutellum*) ist ein gestaltumgeformtes **Keimblatt**. Es übernimmt die Aufgabe der Wasser- und Nährstoffversorgung des Keimlings. Weizen, Roggen und Triticale sind meist nacktfrüchtige Getreidearten, Gerste und Hafer hingegen sind in der Regel bespelzt. Es gibt aber auch Nacktgersten und Nackthafer. Bei Getreide sind Frucht und Same ident – **Frucht = Same.**

Im **Querschnitt** kann besonders der **Weizenmehlkörper** ein **mehliges** (Schnittfläche rein weiß) oder ein **glasiges** (Schnittfläche hornartig, farblos) **Aussehen** haben.

3. ENTWICKLUNGSSTADIEN DES GETREIDES

Die Entwicklung des Getreides lässt sich nach der **BBCH-Codierung** in **10 Makrostadien** und diese wiederum in **Mikrostadien** (siehe Nummern in Klammer!) einteilen:

0 = Keimung (00–09)	**5 = Ähren-/Rispenschieben (51–59)**
1 = Blattentwicklung (10–19)	**6 = Blüte (61–69)**
2 = Bestockung (20–29)	**7 = Fruchtentwicklung (71–77)**
3 = Schossen (Haupttrieb) (30–39)	**8 = Frucht- und Samenreife (83–89)**
4 = Ähren-/Rispenschwellen (41–49)	**9 = Absterben (92–99)**

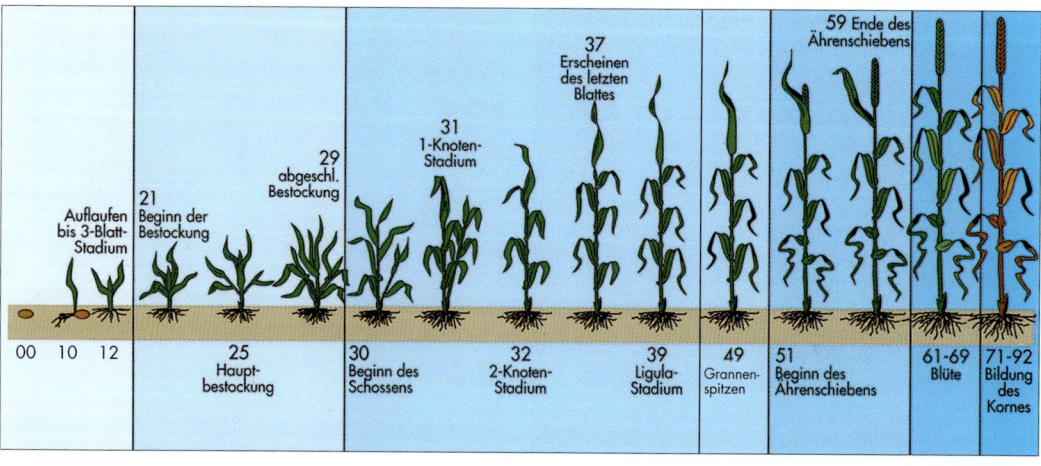

Entwicklungsstadien des Getreides *gemäß BBCH-Codierung*

3.1 Keimung

Die Keimung hat einen Quellungszustand des Kornes zur Voraussetzung (Wassergehalt 40 bis 50 %). Weiters ist eine entsprechende Keimtemperatur (mindestens 2 bis 4 °C) erforderlich. Erst dann können die **Keimwurzel** und das **Erstlingsblatt** durchstoßen. Solange das Erstlingsblatt noch von der **Keimscheide** (= *Koleoptile*) geschützt ist, spricht man vom **Stadium des „Spitzens"**. Bis zu diesem Zeitpunkt und dann erst wieder nach Ausbildung des dritten Blattes kann man Getreidefelder striegeln, ohne Schaden anzurichten.

3.2 Bestockung

Unter Bestockung versteht man die Bildung zusätzlicher **Halme** aus dem untersten Halmknoten (Bestockungsknoten). Es entstehen so neue Sprosse (Halme) und Nebenwurzeln – **„Kronenwurzeln"**.

Bei Wintergetreide entstehen in trockenen Lagen zwei bis drei Halme, in Feuchtgebieten vier bis fünf Halme. Sommergetreide soll nur ein bis zwei Halme pro Pflanze haben.
Roggen bestockt sich in geringerer Tiefe, auch bei tiefer Kornlage. Als Folge eines zu tiefen Anbaues werden **„Halmheber"** gebildet.
„Halmheber" sind Verbindungsstücke zwischen den Wurzeln erster Ordnung (Keimwurzeln) und den **„Kronenwurzeln"**. Die Halmheber sind vor allem wegen der Gefahr einer verstärkten Auswinterung ungünstig! Anbau von Roggen daher nur seicht und in ein **gesetztes Saatbett**!
Weizen bestockt sich aus den untersten Halmknoten. Er bedarf nicht so großer Sorgfalt bei der Saatbettvorbereitung als bei Roggen und Gerste.

Einflussfaktoren, die auf die Bestockung fördernd wirken:

- Genügend Standraum
- Gute Nährstoff- und Wasserversorgung
- Eggen und Striegeln
- Kühle Witterung
- Ausreichend Licht
- Geringe Saattiefe
- Frühe Saat

H = Haupthalm
S 1,2,3,4 = Seitensprosse erster, zweiter, dritter und vierter Ordnung
Keimw. = Keimwurzeln
Krw. = Kronenwurzeln
B = Bestockungsknoten

Je tiefer die Kornlage, desto schwächer ist die Bestockung und umso länger der Halmheber.

Schematische Darstellung der **Bestockung**   *Auswirkungen der Sätiefe*

3.3 Schossen und Ähren-/Rispenschieben

Schossen nennt man das **Halmstrecken** bis zur Ausbildung der Blütenstände. Unter Ähren-/Rispenschieben versteht man den **Austritt der Ähre bzw. Rispe** aus der obersten Blattscheide.

Zur Zeit des Halmstreckens haben die Getreidearten den größten Wasser- und Nährstoffbedarf. Man spricht von einem **„kritischen Termin"**, das bedeutet Zeitspanne größter Empfindlichkeit gegen ungünstige Umwelteinflüsse. Anhand des **Stickstoffbedarfs im Vegetationsablauf** wird dies deutlich:
20 % des Gesamtbedarfes an Stickstoff werden während der relativ kurzen Zeitspanne (ca. vier Wochen) des Schossens und Ährenschiebens benötigt.
Nicht alle bei der Bestockung gebildeten Halme kommen zum Ährenschieben. Die **Bestandesdichte**, das ist die **Zahl der ährentragenden Halme** pro Flächeneinheit (m²), wird nicht allein von der Stärke der Bestockung bestimmt, sondern auch von der **Reduktion**. Beide Vorgänge sind sowohl erblich verankert als auch durch Umweltfaktoren beeinflusst. Je nach Getreideart und Sortentyp liegt die günstigste **Bestandesdichte** zwischen 400 und 800 ährentragenden Halmen pro m².

3.4 Blühen und Kornausbildung

Während zur Bestockung ein verhältnismäßig kühles Wetter günstig ist, soll während des Blühens der Getreidearten Schönwetter herrschen.

Winterroggen und Wintergerste können in der Regel ihren Wasserbedarf aus der Winterfeuchtigkeit decken. Winterweizen dagegen verlangt Regen vor der Blüte. Am empfindlichsten gegen Trockenheit ist Hafer. Widerstandsfähig ist der Roggen. Roggen ist ein ausgeprägter Fremd- und Windbestäuber, Weizen, Gerste und Hafer hingegen sind Selbstbestäuber. Der **Sortenabbau** geht bei Roggen als Folge der Verkreuzung rascher vor sich – **Saatgutwechsel** – als bei Weizen, Gerste und Hafer. Bei Roggen (Fremdbefruchter) tritt als Folge von ungünstigem Wetter (Hagel, Regen, kalte Tage) während des Blühens die **„Schartigkeit"** auf. Einzelne Ährchen bleiben taub (steril), sie bilden kein Korn. Diese **umweltbedingte** Schartigkeit unterscheidet sich von der **erblichen** dadurch, dass sie nicht gleichmäßig am ganzen Feld beobachtet werden kann, sondern nur streifen- oder nesterweise in Erscheinung tritt.
Nach der Bestäubung und Befruchtung bilden sich der Keimling und der Mehlkörper. Die Funktionstüchtigkeit des obersten Getreideblattes **(= „Fahnenblatt")** und der **Spelzen** ist für die Kornbildung und **Kornfüllung** von besonderer Bedeutung. Für eine bestmögliche Kornausbildung und Reifung ist vor allem **Wärme** erforderlich. Aber auch mäßige **Feuchtigkeit** und viel **Licht** sind dabei wichtige Faktoren.
Die Vorgänge der Kornfüllung und Kornreifung sollen sich ungestört und langsam vollziehen können. Spätreife Sorten, besonders bei Sommerweizen und Hafer, werden nicht selten von einer sommerlichen Hitzewelle zu einem übermäßig raschen Ausreifen gezwungen. Die Folge sind kleinere und **schlechter ausgeformte Körner** (Sortierung) und im Extremfall **notreife Schmachtkörner** (= „Hinter- oder Afterkörner").

Während der Kornausbildungs- und Reifephase werden viele Inhaltsstoffe (Assimilate) von den Blättern und Sprossteilen in die Körner verlagert.

3.5 Reifestadien

Einige Wochen vor der Reife endet die Nährstoffzufuhr durch die Wurzeln. Aus Blättern und Halmteilen wird ein Großteil der wertbildenden Inhaltsstoffe in die Körner eingelagert **(Stoffverteilung – Stofftransfer)**. Ein Teil der Nährstoffe gelangt über die Wurzeln wieder zurück in den Boden. Die Körner werden nach und nach fester. Es sind **Reifestadien** zu unterscheiden:

❏ Milch- oder Grünreife

Halm und Blätter sind unten gelb, sonst noch grün. Die Körner sind prall mit noch milchigem Inhalt, bereits keimfähig. Ihr Wassergehalt beträgt ca. 50–60 %.

❏ Teigreife

Die Teigreife schließt an die Milchreife an. Der Korninhalt ist „teigig". In diesem Stadium werden z. B. Silomais, Grassamen und Getreide zur **Ganzpflanzensilagebereitung** geerntet. Der Wassergehalt der Körner beträgt ca. 40–50 %.

❏ Gelbreife (= physiologische Reife)

Der Halm ist völlig gelb, aber noch geschmeidig und zäh. Die Körner sind zäh, knetbar, mit Reifefarbe, keimfähig und voll ausgebildet. Die Pflanze zeigt nirgends mehr Chlorophyll. **Die Stoffeinlagerung ist abgeschlossen.** Die Körner sind erst nach einer **Feldnachtrocknung** lagerfähig. Die Kornfeuchte beträgt ca. 30 %.
Die Gelbreife war einst das Zeichen der Schnittreife bei Feldnachtrocknung.

❏ Vollreife

Die Körner sind hart und schwer zu brechen. Auch die Halmknoten sind bereits eingetrocknet. Das Getreide ist **mähdruschfähig**, aber noch **nicht voll lagerfähig**. Kornfeuchte: ca. 20 %.

❏ Totreife

Das Stroh und die Ähren sind brüchig, die Körner **lagerfähig**. Die Kornfeuchte beträgt ca. 14–16 %.Wind u. a. Erschütterungen können einen beträchtlichen Kornausfall verursachen.

Der Landwirt trifft die Entscheidung über den Schnittzeitpunkt nach dem Wassergehalt, der Witterung und dem Verwendungszweck.

4. UMWELTEINFLÜSSE

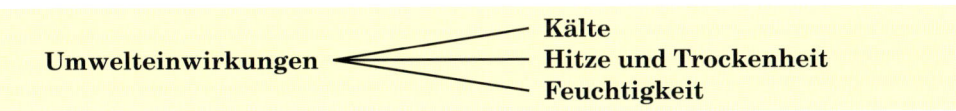

4.1 Kälte

Da es in Österreich viele raue Lagen gibt und insbesondere im pannonischen Klimagebiet häufig strenge Winter mit geringer Schneelage vorkommen, ist man an einer möglichst großen **Winterfestigkeit** (Kälteresistenz) unserer Getreidearten interessiert.

Winterschäden	Erfrieren
	Auffrieren mit nachfolgendem Austrocknen
	Ersticken mit nachfolgendem Ausfaulen
	Ausfrieren

Im Wesentlichen sind vier **Ursachen der Auswinterung** zu unterscheiden:

❏ Erfrieren

In schneelosen oder schneearmen, aber strengen Wintern überstehen manche Bestände niedrige Temperaturen nicht. Es kommt zu Absterbeerscheinungen als Folge von Auflösungen des Zellgefüges im Gewebe (Mazeration) und Plasmaausflockungen (Koagulationen). **Winterhafer** ist am empfindlichsten, er beginnt bei etwa −12 bis −15 °C Lufttemperatur abzusterben. **Winterdurum** und **Wintergerste** ertragen Kahlfröste von −15 bis −17 °C, gut abgehärtete **Weizen-** und **Triticalepflanzen** überdauern −18 bis −23 °C, **Winterroggen** vermag Temperaturen bis unter −27 °C schadlos zu überstehen.

Gegenmaßnahmen:
Auswahl winterharter Sorten, ausreichende Phosphat- und Kaligaben und rechtzeitige Saat fördern die Assimilatanreicherung und Erhöhung der Zellsaftkonzentration und damit die Winterhärte.

❏ Auffrieren mit nachfolgendem Austrocknen

Die Pflanzen werden durch **Wechselfröste** entwurzelt und vertrocknen. „Halmheber" und Wurzeln reißen ab, dadurch werden die Pflanzen geschwächt.

Gegenmaßnahmen:
Getreidefelder sollen nicht zu locker in den Winter gehen! Saat nur in gesetzten bzw. rückverfestigten Boden. Seichte und rechtzeitige Saat. Anwalzen im Frühjahr, sobald der Boden abgetrocknet ist.

❏ Ersticken mit nachfolgendem Ausfaulen und „Aussäuern"

Bei einem nicht gefrorenen Boden und hoher Schneelage bzw. oberflächlich gefrorenem Schnee kommt es zu Sauerstoffmangel, in der Folge zum Ersticken. Besonders stauende Nässe begünstigt diese Erscheinung. Häufig kommt es zum Befall durch **Schneeschimmel** und/oder **Typhula-Fäule**. Überwachsene, mastige, zu üppig entwickelte Bestände von Wintergerste, Winterroggen und Triticale sind besonders in Gefahr.

Gegenmaßnahmen:
• Ausreichende Phosphat- und Kaligaben
• Saatgutbeizung
• Kein zu früher Anbau von Herbstsaaten
• Auswahl wenig anfälliger Sorten

❏ Ausfrieren

Wärmere Tage insbesondere am Ausgang des Winters beenden vorzeitig den Ruhezustand des „Winterschlafes". Die Pflanzen werden entwicklungsbereit, dadurch aber auch enthärtet. Bei nachfolgendem plötzlichem Kälteeinbruch gehen die Pflanzen bzw. ein Teil von ihnen zugrunde.

Gegenmaßnahmen:

Entsprechende **Sortenwahl**. Einhalten eines dem Standort angepassten, optimalen Anbautermines. Versuche haben gezeigt, dass Winterweizen nicht im $2\frac{1}{2}$-Blatt-Stadium in den Winter gehen sollte. Die Widerstandskraft gegen Wechselfröste ist da am schwächsten, zumal hier die Keimpflanze die Kornreserven bereits aufgebraucht hat und andererseits noch zu wenig Eigenassimilate gebildet wurden.

Bis zum 2-Blatt-Stadium und nach der Entwicklung über das 3-Blatt-Stadium hinaus zeigt sich eine größere Widerstandskraft gegen **Wechselfröste** am Ausgang des Winters.

> Da ein hoher Prozentsatz aller Winterschäden zu Ende des Winters entsteht, sollte man anstelle von Winterfestigkeit von einer notwendigen **Frühjahrsfestigkeit** sprechen.

4.2 Hitze und Trockenheit

Dürreperioden können sich, besonders wenn sie mit kritischen Terminen im Vegetationsablauf zusammenfallen, sehr ertragsdrückend auswirken. Die wichtigsten Dürreschäden sind:

- **Steckenbleiben der Ähren in der Blattscheide** („Hose")
- **Notreife** – deformierte verkümmerte Körner (= Schmachtkörner) – geringer Kornertrag und mindere Qualität; [qualitas (lateinisch) = Beschaffenheit]

Gegenmaßnahmen:

Frühsorten, zeitiger Anbau, ausreichende Nährstoffversorgung, Beregnung.

4.3 Feuchtigkeit

Entsprechende Boden- und Luftfeuchtigkeit sind für ein gedeihliches Wachsen und Entwickeln von Getreidekulturen von besonderer Bedeutung. Fast alle Lebensvorgänge sind Lösungsreaktionen. Wird jedoch das Optimum der Wasserzufuhr überschritten, so treten als Folge der Einwirkung von **Feuchtigkeit im Übermaß** auf:

- **Lagerung** – frühzeitige, ist besonders gefährlich
- **Zwiewuchs** (Bildung nachschossender Triebe) – besonders bei Gerste und Hafer
- **Verschiebung des Korn:Stroh-Verhältnisses** – zugunsten des Strohes
- **Auswuchs** (Wurzel- oder Blattkeime mit bloßem Auge gut erkennbar)
- **Qualitätsminderung** (z. B. Verpilzung, schlechte Kornsortierung)

Feuchtwarme Witterung fördert ein verstärktes Auftreten verschiedener Pilzkrankheiten (z. B. Rost- und Brandkrankheiten, Septoria).

Gegenmaßnahmen:

Auswahl standfester, auswuchsfester, krankheitsresistenter Sorten. Optimale Kaliversorgung und bedarfsgerechte Stickstoffdüngung. Allenfalls Anwendung von Wachstumsregulatoren. Schwere, zur Staunässe neigende Böden werden am ehesten von Weizen vertragen.

5. ERTRAGS- UND QUALITÄTSBILDUNG

Der **Ertrag** (E) bei Getreide wird durch die folgenden **Ertragskomponenten** bestimmt:

- **Bestandesdichte** (BD) – Zahl der Achsen (ährentragende Halme)
- **Kornzahl je Ähre** (Kz/Ä) – Zahl der Ährchen, Blüten
- Einzelkorngewicht bzw. **Tausendkornmasse** (TKM) – Kornfüllung

$$E = BD \times Kz/Ä \times TKM$$

Die genannten ertragsbildenden Faktoren (Ertragskomponenten) werden im Zuge der Entwicklung in oben angeführter Reihenfolge festgelegt. Dabei ist die Entfaltung jeder Ertragskomponente durch eine Dreigliederung gekennzeichnet:

- **Organanlage**
- Ausbildung einer größtmöglichen **Organzahl**
- **Organreduktion** – Verringerung der Organzahl

Dies soll grafisch veranschaulicht werden:

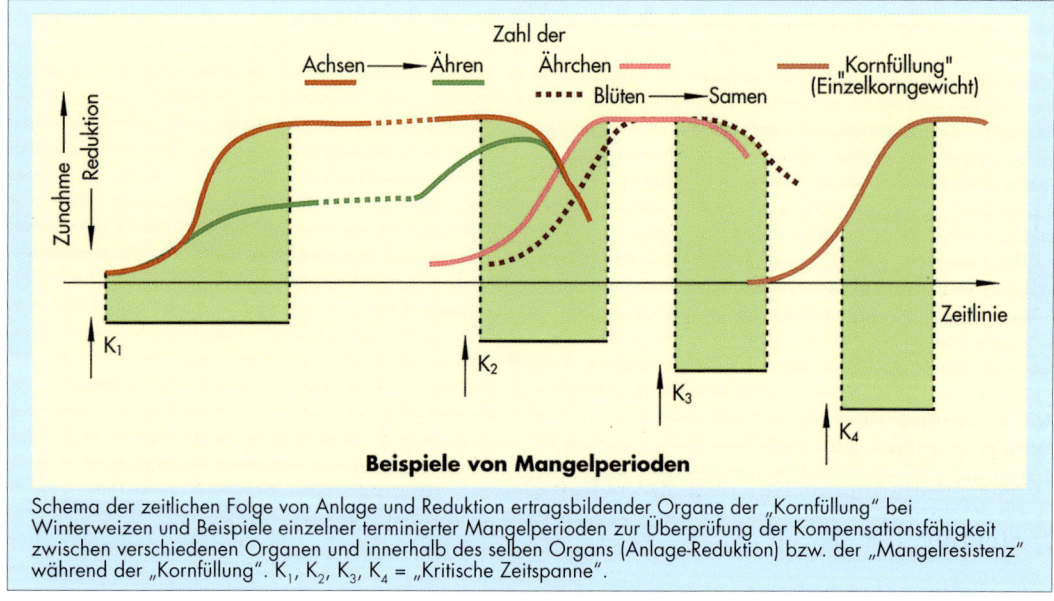

Beispiele von Mangelperioden

Schema der zeitlichen Folge von Anlage und Reduktion ertragsbildender Organe der „Kornfüllung" bei Winterweizen und Beispiele einzelner terminierter Mangelperioden zur Überprüfung der Kompensationsfähigkeit zwischen verschiedenen Organen und innerhalb des selben Organs (Anlage-Reduktion) bzw. der „Mangelresistenz" während der „Kornfüllung". K_1, K_2, K_3, K_4 = „Kritische Zeitspanne".

Ertragskomponenten

Die Übersicht ist wichtig für die entwicklungsgerechte Festlegung von Terminen (Zeitpunkten) zusätzlicher **Stickstoffgaben** (Kopfdüngung), **Wassergaben** (Beregnung) und **Pflanzenschutzmaßnahmen**. **Organanlagen** sollen durch **gezielte Stickstoffgaben** weitestgehend **gefördert**, **Reduktionen verringert** werden.
Wo die Kurven einander überschneiden, ergeben sich „**kritische Termine**" (Mangelperioden), das sind Zeitspannen größter Empfindlichkeit des Bestandes (K_1, K_2, K_3 usw.).
Zusätzliche Stickstoff- und Wassergaben sind daher jeweils **vor Beginn (→) einer „kritischen Zeitspanne"** zu verabreichen!
Die Stickstoffdüngung ist ein wichtiges Instrument der Bestandesführung!

Es ist eine Eigenheit der Gräser und somit auch der Getreidearten, dass sie im Vergleich zu anderen Kulturpflanzen ein hohes **Regulierungs- und Ausgleichsvermögen** zwischen den **Ertragskomponenten** besitzen.

Ist das genetisch geprägte Ausgleichsvermögen innerhalb der Ertragskomponenten sortentypisch, so spricht man von **Kompensationstypen**. Ebenso gibt es fließende Übergänge zu Sorten mit genetisch veranlagter hoher Bestandesdichte (= **Bestandesdichtetypen**) und solchen mit hoher Kornzahl pro Ähre und/oder hoher Tausendkornmasse (= **Einzelährenertragstypen**).

Die **optimale Ausprägung** der Ertragskomponenten einer Sorte ist von der **Bodengüte**, der **Jahreswitterung** und den **pflanzenbaulichen Maßnahmen** (Saatzeit, Saatstärke, Höhe und Verteilung der N-Gaben, Pflanzenschutzmaßnahmen etc.) abhängig.

Die **Qualität der Ernteprodukte** ist im Allgemeinen in trockenen Jahren besser als in feuchten Jahren mit reicheren Ernten. Bei langsamer Ausreifung ist länger Gelegenheit zur Stärkeeinlagerung gegeben – **stärkereicheres Korn** in feuchteren Jahren. Eine rasche Ausreifung verkürzt die Zeit der Stärkeeinlagerung, wodurch die Eiweißgehalte im Verhältnis höher liegen – **eiweißreiches Korn** in trockenen Jahren, mehr Glasigkeit.

In überfeuchten Jahren hat die **Auswuchsfestigkeit** der jeweiligen Sorte große Bedeutung. Nach Abschluss der Stoffeinlagerung in die Körner gelangen diese in **einen vorübergehenden Zustand der „Keimruhe"**. Sie soll stark ausgeprägt sein.

II. SPEZIELLER GETREIDEBAU

1. WEIZEN *(Triticum)*

1.1 Herkunft und Bedeutung

Die Urheimat des Weizens ist vermutlich Ostasien. Den Chinesen war er schon vor 5000 Jahren, den Ägyptern vor 4000 Jahren bekannt. Weizen ist eine primäre Kulturpflanze, d. h., er ist schon aus vorgeschichtlichen Funden als Nutzpflanze nachgewiesen.

Weizen ist die Hauptbrotfrucht der Erde. Er steht am Weltmarkt an erster Stelle aller landwirtschaftlichen Produkte.

Die Gattung **Weizen** zeigt einen **großen Formenreichtum**. Man kennt drei Abstammungsreihen. Aus jeder Reihe gibt es **Wildformen, bespelzte Kulturformen und nackte Kulturformen**.

Einteilung nach Formen, Abstammungsreihen und Chromosomensatz (= Genom):

	Einkorn-Reihe Diploid Genome AA	**Emmer-Reihe** Tetraploid Genome AABB	**Dinkel-Reihe** Hexaploid Genome AABBDD
Weizen *(Triticum)*			
Wildformen	Wildeinkorn *(T. boeoticum)*	Wildemmer *(T. dicoccoides)*	Macha-Typ
Kulturformen bespelzte	**Einkorn** *(T. monococcum)*	**Emmer** *(T. dicoccum)*	**Dinkel** *(T. spelta)*

Fortsetzung auf der nächsten Seite

Kulturformen nacktkörnige	Sinskaje Einkorn *(T. sinskaje)*	**Hartweizen** **(T. durum)** Rauweizen *(T. turgidum)* Polnischer Weizen *(T. polonicum)*	**Weichweizen** *(T. aestivum ssp.vulgare)* **Normale Nackt-** **weizen** u. a.
Ursprungsgebiete (Genzentren)	Kleinasien	Südwestasien (Afghanistan)	Mittelasien bis Äthiopien
Gattungsnamen für alle Weizen = Triticum (= T.)			

❑ Einkorn und Emmer

Einkorn ist eine der ältesten domestizierten Getreidearten, aber kein direkter Vorfahre der heutigen Weizenformen und somit auch kein „Urweizen". Er ist ein **Wechselweizen**, der im Herbst oder Frühjahr angebaut werden kann. Jedes Ährchen ist von der Anlage her zweiblütig, doch entwickelt sich davon nur eine Blüte (somit Einkorn).

Einkorn ist sehr anspruchslos. Der Ertrag ist sehr gering (1,5-3,0 t/ha im Spelz, Schälausbeute 60–65 %), aber der Gehalt an Mineralstoffen und Aminosäuren ist hoch. Einkorn wird wieder zunehmend angebaut und zu Brot, Teigwaren und sog. Bier verarbeitet.

Emmer ist eine **Urform unseres Weizens**. Als bespelzte Form der Emmerreihe eignet er sich zur Herstellung von Teigwaren, Kleingebäck und Süßspeisen. Er gilt auch neben Hafer als besonders gutes Pferdefutter. Emmer ist ebenfalls ein **Wechselweizen**. Die Erträge liegen durchschnittlich bei 2,5 t/ha im Spelz.

Einkorn und Emmer sind bislang **keiner züchterischen Bearbeitung** unterzogen worden, sie unterliegen daher nicht dem Saatgutgesetz.

❑ Die nackten Kulturformen aus der Emmerreihe

Der wichtigste Vertreter dieser Reihe ist der **Durum-Weizen (Hartweizen)**. Die Heimat der dazugehörigen Arten ist vermutlich Äthiopien. Die Durum-Weizen *(Triticum durum)* unterscheiden sich von den Weichweizen *(Triticum aestivum)* wesentlich im Erbgut und dementsprechend auch in vielen Merkmalen und Eigenschaften. Sie werden als **Sommerform** und als **Winterform** kultiviert.

Ein weiterer Vertreter ist der **Khorasan-Weizen oder Kamut**. Er ist ein alter Sommerweizen, der eine natürliche Hybride aus Hartweizen *(Tr. durum)* und einer Weizen-Wildform *(Tr. polonicum)* ist. Charakteristisch sind die schwarz begrannte Ähre und ein deutlich längeres Korn als das des Hartweizens. Kamut ist besonders geeignet zur Herstellung von Teigwaren.

❑ Die bespelzte Kulturform aus der Dinkelreihe

Der bei uns bekannte **Dinkel- oder Spelzweizen** ist eine alte Kulturpflanze mit geringen Standortansprüchen. Die **Winterform** hat insbesondere im **Biolandbau** wieder an Bedeutung gewonnen.

❑ Die nackten Kulturformen aus der Dinkelreihe

Die bedeutendsten Vertreter dieser Reihe sind die **Weichweizen = gewöhnlicher Weizen = Brotweizen**. Die Heimat der dazugehörigen Arten ist vermutlich Afghanistan. Die Brotweizenformen umfassen **begrannte, unbegrannte, weißährige** und **rotährige, weißkörnige** und **rotkörnige** (Purpurweizen mit violett gefärbter Samenschale). Innerhalb dieser unterscheidet man **Winterformen** (Winterweizen), **Wechselformen** (Wechselweizen – selten!) und **Sommerformen** (Sommerweizen).

Ährenformen: pyramidenförmige, parallele, dickköpfige, lockere und dichte Ährenformen. Zu jeder **Form** gibt es eine **Sortengruppe**.

Die folgenden Ausführungen beziehen sich vorwiegend auf die Kultur von Winterweichweizen (*Triticum aestivum*).

Kolbenweizen

Grannenweizen

1.2 Ansprüche an den Standort

Weizen stellt verhältnismäßig hohe Ansprüche an das **Standortklima**. Winterweizen braucht bis zur Reife je nach Sorte 2000 bis 2200 °C Wärmesumme, Sommerweizen ca. 1600 °C. Auch der Wasserbedarf ist verhältnismäßig hoch. Es werden ca. 400 l Wasser pro kg zu bildender Trockenmasse benötigt. Am besten ist warmes, nicht zu trockenes Klima. Für eine entsprechende Qualitätsleistung sind ausreichende Mai-Juni-Niederschläge, aber auch viel Sonne und Wärme notwendig. Weizen verlangt mittelschwere bis schwere Böden, die ein entsprechendes Speichervermögen für Wasser und Nährstoffe besitzen. Weizen bevorzugt **neutrale bis alkalische Böden** (pH 6,5 bis 7,5). Nicht alle Böden sind weizenfähig. Humusarme Sandböden und saure Böden scheiden aus. Für ein gutes Gedeihen ist auch ein entsprechender Kulturzustand erforderlich.

1.3 Stellung in der Fruchtfolge

Weizen stellt an die Vorfrucht **hohe Ansprüche**. Sie lassen sich durch **frühräumende Blattfrüchte** (z. B. Öl- und Eiweißpflanzen, Futterleguminosen, Kartoffeln oder Rüben und Mais bei rechtzeitiger Ernte) erfüllen. **Zu vermeiden** sind Anbaufolgen **Weizen/Weizen** oder **Gerste/Weizen** sowie **Weizenanteile** von **über 33 % in der Fruchtfolge**. Sie führen bei Weizen vermehrt zu **Pilzkrankheiten** (Halmbruch, Fusarium, Septoria, DTR-Blattdürre etc.). Die Anbaufolge **Körnermais/Weizen** erhöht über die mit Fusariumpilzen belasteten **Ernterückstände, die an der Bodenoberfläche verbleiben**, das **Risiko für Fusarienbefall** und **Mykotoxinbildung** bei Weizen erheblich. Es sind daher **befallsmindernde Maßnahmen** erforderlich:
- **Rotte-Förderung** (Feldhygiene) durch **sorgfältige Zerkleinerung** und **gleichmäßige Verteilung** von Maisstroh- bzw. Stoppelrückständen. Anschließend soll durch seichtes Einarbeiten und Mischen eine oberflächliche Vorrotte (2 bis 3 Wochen) angeregt werden. Ein **nicht zu tiefes Unterpflügen** (max. 10–15 cm) begünstigt den weiteren Rottevorgang.
- Anbau einer **fusariumtoleranten Weizensorte**.
- **Gezielter Fungizid-Einsatz** bei **mangelhafter Feldhygiene** und feuchtwarmer **Witterung** zur **Weizenblüte**.

Beispiele von günstigen Vor- und Nachfrüchten

Kartoffel	Erbse/Bohne/Zwiebel	....
Winterweizen	**Winterweizen**	**Winterweizen**
Sommergerste	Sommergerste	....

Tragen Sie ein weiteres Beispiel ein!

1.4 Ernährung und Düngung

Düngungsempfehlungen erfolgen nach den **„Richtlinien für die sachgerechte Düngung" (RSGD)**, 8. Auflage! Darüber hinaus gibt es eine Reihe von Gesetzen, Verordnungen, Förderungsvoraussetzungen, Richtlinien und Anbauverträgen. Diese erfordern insbesondere bei der Bemessung der **Stickstoffgaben** weitere Überlegungen.

Die **N-Bemessung** erfolgt meist nach **Richtwerten**, die sich aus der **Ertragserwartung** (N-Entzug) unter Berücksichtigung der **Standorteigenschaften** (N-Nachlieferungsvermögen, Gründigkeit, Bodenschwere, Wasserverhältnisse und Grobanteil) ergeben.

Als **Empfehlungsgrundlage** für die **N-Düngung zu Weizen** gilt nach den **RSGD** (8. Aufl.) für **mittlere Ertragslagen** ein N-Bedarfswert von **110–130 kg** jahreswirksamer N/ha.

Davon ausgehend ergeben sich für **abweichende Ertragslagen** bzw. **Standorteigenschaften** durch prozentuelle Zu- und Abschläge die **maximalen N-Bedarfswerte** sowie die daraus abgeleiteten Vorgaben für die Konditionalität.

N-Obergrenzen in kg jahreswirksamer N/ha gemäß Nitrat-Aktionsprogramm-Verordnung 2023:

Ertragslage	niedrig		mittel		hoch 1		hoch 2		hoch 3	
Kultur	t/ha	max. N	t/ha	max. N	t/ha	max. N	t/ha	max. N	t/ha	max. N
Weizen ≥14 % RP	<4,0	**105** / 95*	4,0-5,5	**145** / 130*	5,5-6,75	**170** / 150*	6,75-8,0	**180** / 160*	>8,0	**195** / 175*
Weizen <14 % RP	<5,0	**105** / 95*	5,0-6,0	**145** / 130*	6,0-7,5	**170** / 150*	7,5-9,0	**180** / 160*	> 9,0	**195** / 175*

* für Gebiete mit verstärkten Aktionen zum Schutz der Gewässer

Die **N-Düngung** sollte sich an den **Durchschnittserträgen** der **letzten Jahre** orientieren. Die genannten **N-Obergrenzen** beziehen sich bei **allen stickstoffhaltigen Düngern** auf **ihre jeweilige Jahreswirksamkeit**. Die N-Düngung ist entsprechend dem N-Bedarf im Vegetationsverlauf in mehreren **Teilgaben** zu verabreichen.

Zeitpunkt und Höhe der N-Gaben zu:	Backweizen	Ethanolweizen
1. N-Gabe zu Vegetationsbeginn (Stad. 13–21) (Das Ziel ist eine gelenkte Steuerung der Bestockungstriebe.)	30–60 kg N/ha	40–70 kg N/ha
2. N-Gabe zum Schossen (Stad. 30–32) (Das Ziel ist eine hohe Kornzahl pro Ähre)	40–60 kg N/ha	50–80 kg N/ha
3. N-Gabe zum Ährenschieben (Stad. 37–55) (Das Ziel ist eine gute Kornfüllung (TKM) und ein hoher Rohproteingehalt.)	30–70 kg N/ha	keine N-Gabe

Pflanzenzahl, Pflanzenentwicklung, pflanzenverfügbare N-Vorräte im Boden, Vorfrucht, Sorten-eigenschaften und Witterungseinflüsse erfordern **variable Teilgaben**. Tendenziell erfolgt die N-Düngung im Trockengebiet früher.

Die **Phosphat-** und **Kalidüngung** richtet sich nach der **Bodenuntersuchung** und der **Ertragslage**. Für z. B. **mittlere Ertragslagen** der **Gehaltsklasse C** werden 55 kg P_2O_5 und 80 kg K_2O je ha und Jahr empfohlen. Fallweise wird Weizen beregnet (Regengabe ca. 30 mm).

1.5 Saatgut und Sortenwahl

Bei der Sortenwahl sind zu berücksichtigen:

- Gegebene Klima- und Bodenverhältnisse
- Nutzungsziel – z. B. Qualitätsweizen (Aufmischwei-zen), Mahlweizen, Futterweizen, Ethanolweizen
- Physiologische Leistungen: Ertrag, Standfestigkeit, Winterfestigkeit, Reifezeit, Krankheitstoleranz u. a.

Zur **Auswahl geeigneter Sorten** wird auf die jähr-lich erscheinende **„Österreichische Beschreibende Sortenliste"** der **AGES** und den **jährlichen Sorten-empfehlungen der Landwirtschaftskammern** verwiesen.

Weichweizen

Hinsichtlich der **Backqualität** werden die Weichweizensorten in 9 Backquali-tätsgruppen (BQG) unterteilt:

- Qualitäts- oder Aufmischweizen (BQG 9–7)
- Mahlweizen (BQG 6–3)
- Sonstiger Weizen, Futterweizen (BQG 2–1)

Zur **Bioethanolerzeugung** ist den **stärkereicheren Mahl- und Futter-weizensorten** mit hohem **Ertrags-vermögen**, guter **Standfestigkeit**, ausreichender **Krankheitstoleranz**, guter **Auswuchsfestigkeit** und bester **Korngesundheit** der Vorzug zu geben.

Einfluss der Weizenqualität auf das Gebäckvolumen

1.6 Bodenvorbereitung, Anbau und Pflege

Die **Bodenvorbereitung** für den Weizenanbau kann grundsätzlich **mit oder ohne Saatfur-che** erfolgen. Wird die Bodenvorbereitung mithilfe der **Saatfurche** durchgeführt, so sollte diese auf maximal **mittlerer Tiefe** erfolgen. Sind gleichzeitig **Ernterückstände** der Vor-frucht in den Boden einzubringen, so sind diese vorher gut zu **zerkleinern**. Das Pflügen kann auch als eine integrierte (chemiefreie) Pflanzenschutzmaßnahme gegen bestimmte Krankhei-ten, Schädlinge und Unkräuter angesehen werden. Die weiteren Arbeitsabschnitte (Saatbettbereitung und Anbau) erfolgen je nach den technischen Möglichkeiten des Betriebes entweder in getrennten oder reduzierten bzw. kombinierten Arbeitsgängen.

Das Saatbett sollte gut abgesetzt oder mechanisch rückverfestigt und nicht zu feinkrümelig sein. Der Anbau erfolgt in eine pflanzenrestfreie Bodenoberfläche.

Wird aus pflanzenbaulichen und/oder betriebswirtschaftlichen Gründen ohne Saatfurche gearbeitet, so lassen sich mithilfe der Gerätetechnik (Minimalbodenbearbeitung) insbesondere Arbeitskosten minimieren. **Erfolgt dabei der Winterweizenanbau mittels Mulch- oder Direktsaat nach Vorfrüchten, die große Mengen an fusarienbelasteten Ernterückständen (z. B. Maisstroh) an der Bodenoberfläche hinterlassen, so kann sich das Gefahrenpotenzial durch Ährenfusariosen mit Ertrags- und Qualitätsverlusten erhöhen.** So z. B. durch die zu den **Mykotoxinen** gehörenden Fusarientoxine **Deoxynivalenol (DON)** – auch **Vomitoxin** genannt – und **Zearalenon (ZEA oder ZON)**.

Die Gründe liegen im Zusammenwirken mit häufigen Regenfällen (mindestes 5 mm Niederschlag und 24 Stunden Ährenfeuchte) bei Tagestemperaturen von über 16 °C während der Weizenblüte (heraushängende Staubbeutel), hoher Stickstoffversorgung und Sortenanfälligkeit.

Unter diesen Gegebenheiten ist eine **gezielte, witterungs- und prognosegestützte Fungizidbehandlung** gegen Ährenfusariose in die **Blüte zur Senkung der Mykotoxinbelastung** empfehlenswert. **Nach wenig mit Fusarien belasteten Vorfrüchten haben sich Mulchsaaten durchaus bewährt.**

Da die genannten **Fusarientoxine im Erntegut schädlich** sein können, gelten für **unverarbeiteten Weizen zur Lebensmittelerzeugung Grenzwerte** (siehe Übernahmebedingungen!) bei **DON**- und **ZON**-Gehalten.

Obwohl Winterweizen eine lange Saatzeitspanne aufweist, sind **Saatzeiten** um **Mitte Oktober**, etwa zwischen 5. und 25. Oktober, meist als besonders **günstig** anzusehen. Ist eine **frühere Saatzeit** (letzte Septemberdekade) aus betrieblichen Gründen notwendig, muss in blattlausgefährdeten (warmen) Anbaulagen vermehrt mit **Viröser Gelbverzwergung** gerechnet werden.

Da der Weizen bei Frühsaaten in wärmeren Anbaugebieten tendenziell von diversen Pilzkrankheiten stärker befallen wird, kommt der **Krankheitsresistenz** der gewählten Sorte eine erhöhte Bedeutung zu. Durch die Abhängigkeit vom Erntezeitpunkt der Vorfrucht, von Klima und Bodenverhältnissen im Herbst sowie der technischen Ausstattung kommt es nicht selten zu **späteren Anbauterminen** (z. B. November). In diesen Fällen kann trotz Erhöhung der Saatmengen und meist besserer Pflanzengesundheit das zunehmende Ertragsrisiko nicht zur Gänze ausgeglichen werden. Oftmals führen ungünstige Anbaubedingungen, schlechter Feldaufgang und eine ungenügende Vorwinterentwicklung zu Ertragsverlusten. Spätsaaten reagieren besonders empfindlich auf Frühjahrstrockenheit.

Die **Saatmenge** ist vorwiegend von:
dem Anbauzeitpunkt, der Tausendkornmasse (TKM; 29-61 g), der Saatbettbereitung, der Saatgutqualität, der Saattechnik und von einem eventuellen Ausfall durch Vogelfraß abhängig.

Bei **günstigen Saatterminen** im Oktober (Normalsaat), guten Aufgangsbedingungen und Verwendung von Z-Saatgut liegt die Saatmenge zwischen 110 und 210 kg/ha, entsprechend 250–400 keimfähigen Körnern pro m^2. Bei **Frühsaaten** sind die **Saatstärken** auf 200–250 keimfähige Körner pro m^2 zu **reduzieren**.

Bei **Spätsaaten** werden die **Saatstärken erhöht** und liegen meist zwischen 400 und 500 keimfähigen Körnern pro m^2. Im Biolandbau sollte die Aussaat nicht zu früh erfolgen und die Saatmenge um 5-10 % erhöht werden, um spätere Striegelverluste abzufangen.

Die **Aussaatmenge in kg/ha** lässt sich nach **folgender Formel** ermitteln:

$$\frac{\text{keimfähige Körner je m}^2 \text{ (z. B. 320) x TKM in Gramm (z. B. 45)}}{\text{angenommene Keimfähigkeit in \% (z. B. 90)}} = \text{............... kg/ha}$$

Im Getreidebau wird die Einzelkornsaat durch die verbesserte Technik immer interessanter. Dabei kann die Saatmenge/ha ohne Ertragseinbußen wesentlich verringert werden.

Die **Saattiefe** soll 2 bis 4 cm betragen. Bei zu tiefer Aussaat (4–6 cm) verbrauchen die Keimlinge mehr Kornnährstoffe. Sie laufen verzögert und gelbgrün verfärbt auf, bestocken ungenügend und sind schwächer bewurzelt.

Bei starkem Aufkommen von Unkräutern und Ungräsern kann der Einsatz eines **Zinkenstriegels bereits im Herbst** sinnvoll sein.

Im Frühjahr kann bei trockenem Boden **gestriegelt** und/oder **gewalzt** werden.
Mit dem **Striegeln** werden folgende **Ziele** angestrebt:

- Vernichtung der Unkräuter (Frühjahrskeimer) im Keimstadium bis zum Keimblatt-Stadium – Verhinderung der Frühverunkrautung
- Beseitigung von Oberflächenverkrustungen des Bodens – Förderung der Wurzelatmung und damit auch der Nährstoffaufnahme und Jugendentwicklung
- Einbringen von Pflanzennährstoffen (Kopfdüngung)

Wenn die oberste Bodenschichte sehr locker ist, wird das **Anwalzen des Bodens** empfohlen. Bei **hoher Ertragserwartung, enger Fruchtfolge** und zunehmender **Produktionsintensität** ist meist ein **gezielter Einsatz chemischer Pflanzenschutzmittel** erforderlich.

Der gezielte Einsatz der **Stickstoffdüngung**, des **Pflanzenschutzes**, des **Striegelns** und eventuell der **Beregnung** ist unter dem Begriff **„Bestandesführung"** bekannt. Anzustreben ist eine **Bestandesdichte** von 450–600 ährentragenden Halmen /m².

1.7 Reife, Ernte und Lagerung

Die **physiologische Reife** wird im Zustand der **Gelbreife** erreicht. Die Kornausbildung und die Stärkeeinlagerung sind in diesem Entwicklungsstadium abgeschlossen.
Die **Mähdruschreife** tritt erst nach dem Sinken des Wassergehaltes auf 16 % oder weniger ein. Es ist dies das Stadium der **Totreife**. Bis dahin ist die Ausfallgefahr relativ gering und das Erntegut im Allgemeinen auch ohne künstliche Nachtrocknung lagerfähig.

1.8 Ertrag, Qualität und Verwertung

❏ Ertrag

Durchschnittserträge bei Winterweichweizen in Tonnen je Hektar

Erntejahr	2022	2023	20..
Österreich	6,7	6,28	....
Bundesland			
....	....	....	....
Eigener Betrieb	....	....	....

Siehe Berichte der Statistik Austria!

Gute Erträge bei Winter-Weichweizen liegen bei 6–8 Tonnen und mehr je ha.

❏ Qualität

Die **Qualität des Backweizens** wird positiv beeinflusst durch:

- Einwirkung des **Klimas** (Wärme, Sonnenschein)
- Güte des **Bodens**
- Qualitätseigenschaften der **Sorte**
- **Gezielte Düngung:** ausreichende Phosphat- und Kaliversorgung, geteilte Stickstoffgaben, Stickstoff-Spätdüngung

Als Kennzeichen guter Backqualität gelten:

- Hoher **Rohproteingehalt**
- Hoher **Sedimentationswert**   „Innere Eigenschaften"
- Hohe **Fallzahl**

- Hohes **Hektolitergewicht**
- Hohe **Glasigkeit**
- **Großkörnigkeit**   „Äußere Merkmale"
- Intensive **Farbe der Körner** („Feuer" des Weizens)

Für das **Backverhalten** der Weizenmehle sind im Wesentlichen der **Rohproteingehalt**, die **Qualität des Proteins** und die **Stärkebeschaffenheit** verantwortlich.

- **Rohproteingehalt (% i. d. TS)**

Der Rohproteingehalt wird positiv durch **Höhe und Zeitpunkt der Stickstoffdüngung** sowie durch die **Sortenwahl** beeinflusst. Insbesondere werden **Teigqualität und Backfähigkeit** verbessert. Das wichtigste Verkaufskriterium ist der **Rohproteingehalt** (N % x 5.7).
In Österreich wird auch der **Klebergehalt** bestimmt. Es handelt sich um das auswaschbare Weizen-Eiweiß, welches als **Feuchtkleber** (Feuchtgluten) angegeben wird.

- **Sedimentationswert (in Milliliter = ml)**

Er ist hauptsächlich ein **Maß für die Proteinqualität** des Weizens, wird aber auch von der Proteinmenge und der Kornhärte beeinflusst. Im Sedimentationswert kommt das **Quellver-**

mögen von Weizenmehlen zum Ausdruck. Gemessen wird er als Absetzvolumen des in Milchsäure gequollenen Mehles. Die **Proteinqualität** ist in hohem Maße **sortenabhängig**.

- **Fallzahl (in Sekunden = s)**

Sie ist ein **Maß für die Aktivität stärkelösender Enzyme** (Amylasen), somit der **Stärkebeschaffenheit**, und hat einen erheblichen Einfluss auf das Backverhalten der Mehle. Beurteilt wird die Viskosität einer Mehl-Wasser-Suspension mit einem Rührstab, wobei die Sinkgeschwindigkeit in Sekunden gemessen wird. **Auswuchsschäden bewirken niedrige Fallzahlen**. Zu niedrige Fallzahlen (deutlich unter 220 s) beeinträchtigen die Mehlqualität.

❑ Übernahmebedingungen beim Verkauf von Qualitäts- und Mahlweizen

Als Grundlage bzw. Anhaltspunkte gelten die so genannten **Börseusancen** für landwirtschaftliche Produkte. Sie haben keinen absolut verpflichtenden Charakter und können daher von den Vertragspartnern durch Verhandlungen abgeändert werden.

- **Basis-Feuchtigkeit:** Laut Börseusancen maximal 14,5 %. Sie ist jene Feuchte, die Weizen bei der Ablieferung nicht überschreiten darf, damit keine Trocknungskosten oder Gewichtsabzüge verrechnet werden.

- **Basis-Hektolitergewicht:** Laut Börseusancen mindestens 78 kg/hl. In Anbau- und Lieferverträgen erfolgt bei Weizen meist eine **Preisdifferenzierung** durch Zu- und Abschläge vom Basiswert. Als Basis-Hektolitergewicht werden für Mahlweizen mindestens 78 kg/hl und für Qualitätsweizen mindestens 80 kg/hl verlangt.

- **Rohproteingehalt:** In Anbau- und Lieferverträgen wird folgender Gehalt verlangt: Mahlweizen mindestens 12,5 % i. d. TM, Qualitätsweizen mindestens 14 % i. d. TM. **Bestimmte Qualitätsweizensorten** mit **mindestens 15 % Rohproteingehalt i. d. TM** werden als „Premium-Weizen" gehandelt und erzielen Preiszuschläge.

- **Fallzahl:** In den Börseusancen wird für Qualitätsweizen eine Fallzahl von mindestens 250 Sekunden verlangt und für „Premium-Weizen" mindestens 280. Mahlweizen muss eine Fallzahl von mindestens 220 Sekunden haben.

- **Besatz (in %):** Der Gesamtbesatz darf 7,5 % nicht überschreiten. Für einen über die Grenzwerte hinausgehenden Besatzanteil gelten Preisabschlagsregelungen. Für einzelne Besatzgruppen wird folgender Besatz toleriert:
  Bruchkorn bis 3 %, **Kornbesatz** (Schmachtkorn, Fremdgetreide, Schädlingsfraß, Keimverfärbungen) bis 5 %, **Auswuchs** bis 2,5 % und **Schwarzbesatz** (Unkrautsamen, verdorbene Körner, Verunreinigungen, Spelzen) bis 1 %.

- **Fusarientoxine: Deoxynivalenol (DON-Wert)** max. 1250 µg/kg und **Zearalenon (ZEA-bzw. ZON-Wert)** max. 100 µg/kg lt. EU-Verordnung 1126/2007.

❑ Übernahmekriterien für Ethanolweizen

Feuchtigkeit 14,5 %, **Hektolitergewicht** 76 kg (mindestens 73 kg), **Fallzahl** mindestens 180 Sekunden, **Auswuchs** max. 2,5 %, **Besatz** max. 2,5 % (davon max. 0,5 % Schwarzbesatz), **wanzenstichige Körner** max. 1 %, **fusariumbefallene Körner** max. 1 %, **Schmacht- und Bruchkorn** max. 10 %, **DON-Wert** max. 1250 µg/kg und **ZON- bzw. ZEA-Wert** max. 100 µg/kg.

❑ Verwertungsmöglichkeiten

Weichweizen wird in Österreich vorwiegend als **Backweizen** und als **Futterweizen** verwertet. Kleinere Mengen werden vermälzt (Brauweizen), zur Alkoholerzeugung und für Nährmittel (Flocken, Graupen, Grieß, Speisekleie usw.) verwendet.

• Verarbeitung von Brotgetreide in der Mühle

Für die Rentabilität des Mühlenbetriebes ist die **Mehlausbeute** entscheidend, welche wesentlich von der Weizensorte und dann auch von Umweltfaktoren abhängig ist. Die Ausbeute ist ein Maß für die Mehlmenge, die aus 100 kg Weizen ermahlen werden kann, und wird in % ausgedrückt.

Je mehr von den **Randschichten** des Getreidekornes im Mehl enthalten ist, umso dunkler ist es, umso höher ist der Ausmahlungsgrad (mehr Mehl aus Getreide) und umso näher steht es dem Vollkornmehl. Je dunkler das Mehl, umso höher ist sein **Aschegehalt** (Mineralstoffgehalt). Die Mineralstoffe sind größtenteils in der **Aleuronschicht** sowie in der **Samen- und Fruchtschale**.

Die **Typenbezeichnung der Weizenmehle** ergibt sich aus:

> ### Aschegehalt in der Trockensubstanz (%) x 1000 = „Mehltype"

Beispiele:

„W 480 Weizenbackmehl"	– 0,48 % Aschegehalt
„W 700 Weizenkoch- und Backmehl"	– 0,70 % Aschegehalt
„W 1600 Weizenbrotmehl"	– 1,60 % Aschegehalt

Nach dem **Durchmesser der gemahlenen Teilchen** unterscheidet man:

- Grobgrieß
- Feingrieß
- Extragriffiges Mehl (Dunst)
- Griffiges Mehl
- Glattes Mehl
- Extraglattes Mehl

• Verarbeitung von Mehl in der Bäckerei

Gradmesser für die Qualität eines Weizenmehles ist seine Verarbeitbarkeit zu „**Kaisersemmeln**". Ohne sonstige Zutaten sollen aus Mehl, Wasser, Hefe und Salz resche, feinporige, großvolumige, **knusprige Semmeln** hergestellt werden.

Der Teig muss ein entsprechendes Gasbildungsvermögen („Trieb") und auch ein gutes Gashaltevermögen („Stand") haben, welches eine Teigstabilität bedingt.

Die gleichbleibende Mehlqualität wird durch die Herstellung geeigneter **Mehlverschnitte** gewährleistet. Die Qualität des Weizens wird auch in **physikalischen Teigprüfungen** beurteilt.

Das **Farinogramm** gibt Auskunft über die Wasseraufnahme und das Knetverhalten, das **Extensogramm** über die Dehnungskriterien des Teiges und die Wasseraufnahme.

Der **Backversuch** mit **Kaisersemmeln** erlaubt zwar eine sehr komplexe Beurteilung der Mehlqualität, lässt aber die einzelnen Ursachen von Mängeln nur schwer feststellen.

1.9 Sommerweichweizen *(Triticum aestivum)*

Motive für den Anbau in Österreich sind:

– Als **Ausweichkultur** für einen im Herbst nicht mehr möglichen Anbau von Winterweizen.
– In den **Grenzlagen** des Getreidebaues (raue und höhere Lagen), wo sich Winterweizen als ertragsunsicher erweist, wird für Futterzwecke gelegentlich Sommerweichweizen angebaut und innerbetrieblich verwertet.

Pflanzenbauliche Schwerpunkte bei der **Kultur von Sommerweichweizen**:

– Anforderungen an den **Standort** sind zu berücksichtigen. Im **Trockengebiet** sind speicherfähige Böden erforderlich, im **Feuchtgebiet** kommen auch leichtere Böden in Frage.
– Die **Bodenvorbereitung** für den Anbau von Sommerweichweizen beginnt mit einer möglichst **trockenen** und **gut ausgeformten Herbstfurche** auf maximal **mittlere Tiefe**. Sie bewirkt eine gleichmäßige und rasche Abtrocknung im Frühjahr und ermöglicht eine **flache Saatbettbereitung** in wenigen Arbeitsgängen.
– Aus Ertragsgründen ist ein möglichst **früher Anbautermin** (Ende Februar bis Ende März) anzustreben. Er unterscheidet sich deutlich **zwischen Trockengebiet mit früherer Anbaumöglichkeit** und **Feuchtgebiet mit späterer Anbaumöglichkeit**. Die Anbautermine schwanken deshalb österreichweit zwischen Ende Februar und Mitte April. Eine verspätete Aussaat kann bei ausreichenden Niederschlägen nach dem Aufgang durchaus noch befriedigende Erträge liefern, eine Trockenheit hingegen starke Ertragsverluste verursachen.
– **Höhere Saatmengen** sind bei **verspätetem Anbau** zu empfehlen. Die übliche Saatmenge von 120–200 kg/ha (entsprechend 300–450 keimfähigen Körnern je m²) sollte bei einer Spätsaat um 10–15 % erhöht werden. Die mögliche Ertragsminderung durch eine Spätsaat kann durch eine Erhöhung der Saatmenge nur zum Teil ausgeglichen werden. Anzustreben ist eine **Bestandesdichte** von 430–600 ährentragenden Halmen je m².
– Bezüglich der **Sortenwahl** wird auf die jährlich erscheinende „**Österreichische Beschreibende Sortenliste**" der **AGES** und die jährlichen **Sortenempfehlungen der Landwirtschaftskammern** verwiesen.
Das österreichische Sortiment enthält derzeit nur Qualitäts- und Mahlweizensorten.
– Die **Richtlinien für die sachgerechte Düngung** gelten wie bei Winterweichweizen. Wichtig ist eine **umweltschonende** und **pflanzengerechte Stickstoffdüngung**. Für **mittlere Erträge** (4–6 t/ha) werden **110–130 kg N/ha in 2 bis 3 Teilgaben** empfohlen.

Anbotstermin	kg N/ha	
	bei 2 Teilgaben	bei 3 Teilgaben
1. Gabe vor der Saat	40–60	40–50
2. Gabe zum Schossen	40–60	40–50
3. Gabe vor Beginn des Ährenschiebens	0	30

Die **ertragsabhängigen N-Obergrenzen** gemäß **Nitrat-Aktionsprogramm-Verordnung (NAPV) 2023** entsprechen jenen von Winterweizen.
Bei der **Bemessung der mineralischen N-Düngung** sind alle pflanzenverfügbaren Stickstoffquellen, wie z. B. jene aus dem **Bodenvorrat**, der **Vorfrucht** oder aus **organischen Düngern** (in jahreswirksamer Form), zu berücksichtigen.
Die **N-Düngung** sollte sich an den **Durchschnittserträgen der letzten Jahre** orientieren.

Die **Phosphat-** und **Kalidüngung** richtet sich nach der **Bodenuntersuchung** und der **Ertragslage** (siehe 1.4 Ernährung und Düngung).

Weitere Kulturmaßnahmen und Qualitätsmaßstäbe gelten wie für Winterweizen!

Die **Ernte** des Sommerweizens erfolgt nach Winterweichweizen. Die Erträge bleiben im Durchschnitt hinter denen des Winterweichweizens zurück (ca. 4 bis 6 Tonnen je ha).

Wechselweizen hat im Gegensatz zu Winterweizen nur einen geringen Kältebedarf, jedoch eine bessere Frosthärte als Sommerweizen. Wechselweizen kann daher sowohl als Alternative für Winterweichweizen noch im Spätherbst als auch für Sommerweichweizen im zeitigen Frühjahr angebaut werden.

1.10 Durum-Weizen (Hartweizen; *Triticum durum*)

Durum-Weizen

Durum-Weizen ist ein stets **begrannter Hartweizen**, der ausschließlich für **Ernährungszwecke** der Menschen (Durumweizengrieß in vielen Teigwaren, auch Bulgur und Couscous) angebaut wird. Aufgrund einer **geringeren Kornzahl je Ähre** sind **Weichweizenerträge nicht erreichbar**.

Für den **Anbau** stehen **Sorten von Sommerdurum** bzw. **Winterdurum** zur Verfügung.

Züchterische Verbesserungen (bei Winterhärte, Standfestigkeit, Ertrag und Qualität) führten bei gängigen Winterdurum-Sorten zu einer **Anbauausweitung** auf derzeit knapp 78 % der Durumfläche.

Sollte der **Anbau von Winterdurum eine Alternative zum Anbau von Sommerdurum** sein, müssen die **Vor- und Nachteile** berücksichtigt werden.

Vorteile
- **Bessere Ausnützung** der **Winter-** bzw. **Bodenfeuchtigkeit** durch ein tiefer gehendes und stärker verzweigtes Wurzelsystem. Dadurch kann eine Trockenperiode mit **geringeren Ertragseinbußen** überstanden werden.
- **Raschere Frühjahrsentwicklung** und **frühere Abreife** (um 8 bis 10 Tage).
- Meist **stabilere** und **höhere Erträge** (je nach Sorte 20–30 %).

Nachteile
- Gefahr der **Auswinterung** durch **Kahlfröste** (Temperaturen unter −15 bis −17 °C).
- Mögliche **Ertragsverluste** durch **Virusinfektionen** (z. B. Viröse Gelbverzwergung) bei **anhaltend warmer und trockener Herbstwitterung**.
- Reagiert auf **negative Einflüsse** (zwischen Saat und Ernte) **empfindlicher**.

Standortansprüche: Durum-Weizen verlangen **mittel- bis tiefgründige Böden** mit guter **Wasserspeicherfähigkeit**. In der **Reifephase** und **Erntezeit** ist ein **trockener** und **warmer Witterungsverlauf** die **Voraussetzung** für eine hohe **Kornqualität**. Diese Anforderungen erfüllen die **ackerbaulichen Gunstlagen** im Osten **Österreichs innerhalb der pannonischen Klimaregion** an besten.

Fruchtfolge: Als **gute Vorfrüchte** gelten „**Blattfrüchte**", wie z. B. Kartoffel, Zuckerrübe, Sonnenblume, Winterraps oder Ölkürbis, die mit **Fusariumpilzen weniger belastete Ernterückstände** hinterlassen!

Vorfrüchte, wie z. B. Mais, hinterlassen meist in **erhöhtem Ausmaß mit Fusariumpilzen befallene Ernterückstände**.

Durum-Weizen als **anfälligste Getreideart gegenüber Ährenfusarium** ist bei **feuchtwarmer Witterung zur Blütezeit** durch **Fusariuminfektionen** umso stärker **gefährdet**, **je mehr Ernterückstände** noch **in dieser Zeit an der Bodenoberfläche** vorhanden sind. Um das erhöhte **Fusarium-** und **Mykotoxinrisiko** bei Durum zu **reduzieren**, sind **Stroh- und Stoppelrückstände sorgfältig zu zerkleinern**, **gleichmäßig zu verteilen** und wenn möglich nach einer **oberflächennahen Vorrotte nicht zu tief** (10–15 cm) **einzuarbeiten**.

Hartweizen (Durum)

Da derzeit **fusariumtolerante Durumsorten fehlen**, kann bei **feuchtwarmer Witterung zur Durumblüte** auch ein **gezielter Fungizideinsatz** erforderlich sein.

> **Bodenvorbereitung, Saatmethoden bzw. Anbauverfahren und Pflanzenschutzmaßnahmen gelten wie zu Weichweizen!**

Saatzeit: Winterdurum sollte **bei anhaltend trockener und warmer Herbstwitterung** erst in der **2. bis 3. Oktoberwoche** angebaut werden, um **Infektionen mit Viröser Gelbverzwergung oder Weizenverzwergung** vorbeugend zu **verhindern** oder zu **reduzieren**. Von **Vorteil** wäre, wenn im **Herbst noch ein Bestockungstrieb** oder **zumindest das Vierblattstadium** erreicht wird.

Sommerdurum sollte möglichst früh (Mitte Februar bis Mitte März, spätestens Anfang April) angebaut werden (mehr Zeit für die Ausbildung der Ertragsorgane sowie bessere Ausnützung der Winterfeuchtigkeit).

Saatmenge: Da sich **Winterdurum stärker bestockt**, genügen je nach Saatzeit und TKM (32–59 g) **110-220 kg/ha** (entsprechend 250-380 keimfähige Körner je m²).

Sommerdurum mit seiner **geringeren Bestockung** benötigt je nach Saatzeit und TKM (32–60 g) **130-260 kg/ha** (Frühsaat 360-400 keimf. Körner/m², Spätsaat 400-500 keimf. Körner je m²).

Berechnung der Saatmenge in kg/ha:

$$\frac{\text{keimfähige Körner je m}^2 \text{ (z. B. 400) x TKM in Gramm (z. B. 48)}}{\text{angenommene Keimfähigkeit in \% (z. B. 90)}} = \ldots\ldots\ldots\ldots \text{ kg/ha}$$

Sortenwahl: Hier wird auf die **jährlich erscheinende** „Österreichische Beschreibende **Sortenliste**" der **AGES** und die jährlichen **Sortenempfehlungen der Landwirtschaftskammern** verwiesen.

Nährstoffversorgung nach den RSDG (8. Auflage): Als **Empfehlungsgrundlage** für die **N-Düngung** zu **Durumweizen** gilt nach den RSDG für **mittlere Ertragslagen** ein N-Bedarfswert von **110–130 kg** jahreswirksamer N/ha. Davon ausgehend ergeben sich für **abweichende Ertragslagen** bzw. **Standorteigenschaften** durch Zu- und Abschläge die **maximalen N-Bedarfswerte** sowie die daraus abgeleiteten **Vorgaben für die Konditionalität**.

N-Obergrenzen in kg jahreswirksamer N/ha gemäß Nitrat-Aktionsprogramm-Verordnung 2023:

Ertragslage Kultur	niedrig (t/ha) (max. N)		mittel (t/ha) (max. N)		hoch 1 (t/ha) (max. N)		hoch 2 (t/ha) (max. N)		hoch 3 (t/ha) (max. N)	
Durum	< 4	**105** 95*	4,0-5,25	**145** 130*	5,25-6,5	**170** 150*	6,5-7,75	**180** 160*	> 7,75	**195** 175*

* für Gebiete mit verstärkten Aktionen zum Schutz der Gewässer

Die **N-Düngung** sollte sich an den **Durchschnittserträgen der letzten Jahre** orientieren. Die genannten **N-Obergrenzen** beziehen sich **bei allen stickstoffhaltigen Düngern** auf ihre **jeweilige Jahreswirksamkeit.** Für die **Düngebemessung** sind gegebenenfalls **Stickstoff aus Vorfrucht und Ernterückständen** sowie pflanzenverfügbare N-Vorräte im Boden zu berücksichtigen. Bei der **N-Düngung** sollte die Gesamtmenge je nach Ertragsziel, Bestandesentwicklung und Witterungsverhältnissen auf **2 oder 3 Teilgaben** aufgeteilt werden.

Düngungsbeispiel für mittlere Durumerträge mit 110–130 kg N/ha:

Anbotstermin	bei 2 Teilgaben	bei 3 Teilgaben
Sommer-Durum		
vor der Saat	50–60 kg N/ha	40–50 kg N/ha
zu Schossbeginn	60–70 kg N/ha	40–50 kg N/ha
vor Beginn des Ährenschiebens	0	30 kg N/ha
Winter-Durum		
zu Vegetationsbeginn im Frühjahr	50–60 kg N/ha	40–50 kg N/ha
zu Schossbeginn	60–70 kg N/ha	40–50 kg N/ha
vor Beginn des Ährenschiebens	0	30 kg N/ha

Die **Phosphat- und Kalidüngung** richten sich nach **Bodenuntersuchung** und **Ertragslage.** Für z. B. **mittlere Ertragslagen** der **Gehaltsklasse C** werden 55 kg P_2O_5 und 80 kg K_2O je ha und Jahr empfohlen.

Zur **Ertragssicherung** kann bei Hitze und Trockenheit im Mai (vor der Blüte) eine Regengabe (30 mm) vor allem zu Sommerdurum empfohlen werden.

Für die beiden Durum-Formen sind folgende **Bestandesdichten** anzustreben:
- **Winter-Durum:** 450–600 ährentragende Halme je m²
- **Sommer-Durum:** 380–550 ährentragende Halme je m²

Während der **Reifephase** verlangt Durum-Weizen eine **heiße und trockene Witterung**, welche die geforderte hohe **Glasigkeit** der Körner fördert. Sie kann auch noch durch **Sortenwahl** und **Stickstoff-Spätdüngung positiv beeinflusst** werden. Im Allgemeinen verringern Regen und Lagerung des Bestandes während der Abreife die Glasigkeit. Gleichzeitig treten verstärkt Schwärzepilze auf, die zur **Dunkelfleckigkeit** der Weizenkörner führen. Zwecks Sicherung der geforderten **Qualität** ist bei **angekündigtem Schlechtwetter ein frühzeitiger Drusch** (bereits ab 18 % Kornfeuchtigkeit) mit anschließender **Rücktrocknung des Erntegutes** sinnvoll.

Die **Durum-Erträge** sind stark schwankend und liegen unter denen des Weichweizens.
Gute Erträge: Winter-Durum 5,5-6,5 t/ha, Sommer-Durum 4,5-5,5 t/ha.
Die geforderten **Qualitätskriterien** sind sowohl durch Sommerdurum als auch durch Winterdurum erreichbar. Die **Durum-Grieße** und **Durum-Mehle** werden zur Herstellung von **Teigwaren** (Nudeln, Hörnchen, Spaghetti usw.) verwendet.

❑ Übernahmebedingungen beim Verkauf von Durum-Weizen

Für den Absatz von Durum-Weizen werden in der Regel **Anbau- und Lieferverträge** mit einem Aufkäufer abgeschlossen. Die Preisbildung richtet sich nach der erzielten **Qualität**.

Basis-Feuchtigkeit	höchstens	14,5 %
Basis-Hektolitergewicht	mindestens	80 kg/hl
Fallzahl	mindestens	280 Sekunden
Rohproteingehalt in % TS	mindestens	13,5 %
Ganzglasigkeit	mindestens	80,0 % der Körner
Besatz	gesamt bis	7,5 % (davon Bruchkorn bis 3,0, Kornbesatz bis 2,0, Schwarzbesatz bis 0,5 und Auswuchs bis 1,0 %)
Dunkelfleckigkeit	bis	5,0 %
Fusariumbefallene Körner	maximal	1,0 %
Deoxynivalenol (DON-Wert)	maximal	1750 µg/kg
Zearalenon (ZEA- bzw. ZON-Wert)	maximal	100 µg/kg

1.11 Dinkel (Spelzweizen – *Triticum spelta*)

Allgemeines: Dinkel als **bespelzte Kulturform** des Weizens (Körner sind von Spelzen fest umhüllt) war als **Winterdinkel über Jahrhunderte in vielen Gebieten Mitteleuropas** (Österreich, Süddeutschland, Schweiz) die **wichtigste Brotgetreideart**. Später, **zu Beginn des 20. Jahrhunderts**, wurde der **Dinkel** mehr und mehr vom ertragreicheren **Weichweizen und vom Roggen verdrängt** und verlor zunehmend an Bedeutung. Erst mit **Beginn der Achtzigerjahre bis in die heutige Zeit** führte ein **erhöhtes Gesundheitsbewusstsein mit geänderten Nahrungsgewohnheiten** bei vielen Konsumenten zu einer **gesteigerten Nachfrage** in Richtung naturnaher (biologischer) und **hochwertiger Lebensmittel**. So z. B. auch nach (Bio-)**Dinkel und dessen Produkten**. Die **Anbaufläche** von **Dinkel** hat sich daher wieder erhöht und betrug in **Österreich im Jahre 2022 25.044 ha**, wobei etwa **70 % der Fläche Biobetrieben zugeordnet** werden können. Im Jahr 2023 ist die Anbaufläche allerdings wieder auf 9.317 ha gesunken.

Dinkel mit brüchiger Ährenspindel

Wettbewerbsnachteile des Dinkels beachten:
- Geringe Halmfestigkeit – hohe Lagerneigung
- Lange und lockere Ähren mit brüchiger Ährenspindel begünstigen Ernteverluste
- Erhöhter Aufwand der mühlentechnischen Bearbeitung durch zusätzliche Entspelzung
- Weniger günstige Backeigenschaften
- Geringere Korn-(Kern-)Erträge
- Begrenzte Absatzmöglichkeiten

Dinkelweizen, bespelzt und geschält

Aus **wirtschaftlichen Gründen** kann daher ein **Dinkelanbau** nur dann empfohlen werden, wenn sich **entweder** eine **Eigenverwertung** über **Direktvermarktung** von Dinkel bzw. Dinkelprodukten **oder ein Absatz** mithilfe von **Anbau- und Lieferverträgen** mit fixer **Preisvereinbarung** rechnet.

Gegenüber Weichweizen enthält Dinkel **mehr Rohprotein** und **mehr Feuchtkleber**, **schlechter** hingegen sind seine **Backeigenschaften**. Im Allgemeinen werden dem Dinkel innerhalb der ernährungsbewussten Bevölkerung besonders **diätetische Eigenschaften** bescheinigt.

Standortansprüche: Die **geringen Ansprüche an Boden und Klima** und die gute **Winterfestigkeit** ermöglichen eine **große Anbauverbreitung**, die bis in die **Grenzlagen des Getreidebaues** reicht.

Fruchtfolge und Bodenvorbereitung: sind mit Weichweizen vergleichbar.

Saatzeit, Saatgut und Sortenwahl: Der **Anbau** sollte vor allem in **raueren Lagen** von **Ende September bis spätestens Mitte Oktober** erfolgen. In **wärmeren Lagen** und unter **günstigeren Anbauvoraussetzungen** sind auch **Spätsaaten** (mit erhöhter Saatstärke) **bis Ende November** möglich, da sich Winterdinkel auch im Frühjahr noch ausreichend bestocken kann.

Dinkelsaatgut wird **meist mit Spelz als „Vesensaatgut"** mit einer **Tausendkornmasse** von 90–150 g angeboten. Es sollte wegen seines **höheren Keimwasserbedarfes** auf **3–4 cm Sätiefe** abgelegt werden. **Vesensaatgut** muss gut aufbereitet sein (dies gilt insbesondere für den **Nachbau** am eigenen Betrieb), da die **Gefahr der Verstopfung der Särohre und Säschare** besteht.

Bei der **Bemessung der Saatstärke** ist zu berücksichtigen, dass die **Vesen = Ährchen mehr als ein keimfähiges Korn enthalten**, weshalb sich bei einer Keimfähigkeit von 90–95 % pro 100 Vesen eine **Gesamtkeimfähigkeit von 130–190 % (Ø 160%) je 100 Vesen ergibt**.

Die **Saatmenge** kann je nach der **Saatzeit** (Frühsaaten reduzieren, Spätsaaten erhöhen die Saatmenge), der **Keimfähigkeit**, der **Tausendvesenmasse** (90-150 g), der angestrebten **Bestandesdichte**, den **Aufgangsvoraussetzungen** etc. zwischen 140 und 260 kg/ha Vesensaatgut (entsprechend 220–380 keimfähige Körner je m²) schwanken.

Die **Saatmenge** in kg/ha lässt sich nach folgender **Formel** ermitteln:

$$\frac{\text{keimfähige Körner je m}^2 \text{ (z. B. 330) x TKM (Vesen) in Gramm (z. B. 110)}}{\text{angenommene Keimfähigkeit in \% (z. B. 160)}} = \text{........ kg/ha}$$

Neuerdings wird auch **entspelztes Dinkelsaatgut** angeboten. Dieses ermöglicht eine **exaktere Berechnung der Saatstärke**, ggf. das **Aufbringen eines Beizmittels** und eine **problemlose Aussaattechnik** mit **gleichmäßiger Kornablage**.

Anzustreben sind **Bestandesdichten** von 350–500 ährentragenden Halmen pro m².

Düngungsempfehlungen erfolgen nach den **„Richtlinien für die sachgerechte Düngung" (RSGD)**, 8. Auflage!

Zur Sortenwahl wird auf die jährlich erscheinende **„Österreichische Beschreibende Sortenliste" der AGES** sowie auf die jährlichen **Sortenempfehlungen der Landwirtschaftskammern** verwiesen. Bei den Sorten ist zwischen **zwei Korntypen** zu unterscheiden:
- **Traditionelle Sorten** („reine Dinkel") mit geringer Standfestigkeit, geringeren Erträgen und **dinkeltypischem Korn** (länglich, kantig abgeflacht oder gefurcht, bräunlich-glasig). Diese sind für den **Biolandbau verpflichtend**.

- **Sorten mit Weichweizeneinkreuzung** mit **weizentypischem Korn** (mit kürzeren und rundlicheren Körnern) zur **Verbesserung der Standfestigkeit und des Ertrages**. Ihr Anbau ist nur in konventionellen Betrieben erlaubt!

Als **Empfehlungsgrundlage** für die **N-Düngung nach Richtwerten** gilt für Dinkel nach den RSGD (8. Aufl.) für **mittlere Ertragslagen** (3,5–5,5 t/ha Dinkel im Spelz) ein N-Bedarfswert von **60–80 kg jahreswirksamer N/ha**. Davon ausgehend ergeben sich für **abweichende Ertragslagen** bzw. **Standorteigenschaften** durch Zu- und Abschläge die **maximalen Bedarfswerte** sowie die daraus abgeleiteten Vorgaben für die **Konditionalität.**

N-Obergrenzen in kg jahreswirksamer N/ha gemäß Nitrat-Aktionsprogramm-Verordnung 2023:

Ertragslage Kultur	niedrig (t/ha) (max. N)		mittel (t/ha) (max. N)		hoch 1 (t/ha) (max. N)		hoch 2 (t/ha) (max. N)		hoch 3 (t/ha) (max. N)	
Dinkel im Spelz	< 3,5	80 70*	3,5–5,5	110 95*	> 5,5–6,5	130 110*	> 6,5–7,5	140 120*	> 7,5	150 130*

* für Gebiete mit verstärkten Aktionen zum Schutz der Gewässer

Aufgrund der **geringeren Standfestigkeit** der meisten Dinkelsorten empfiehlt sich eine **verhaltene N-Düngung** (insbesondere bei Verzicht auf Wachstumsregler) in **2 bis 3 Teilgaben** (zu Vegetationsbeginn, zum Schossen und eventuell zum Ährenschieben). Die **N-Obergrenzen** beziehen sich bei **allen stickstoffhaltigen Düngern** auf ihre jeweilige **Jahreswirksamkeit**. Die **N-Düngung** sollte sich an den **Durchschnittserträgen der letzten Jahre** orientieren. Stickstoff aus **Vorfrüchten** und **Ernterückständen** sowie **pflanzenverfügbaren N-Vorräten im Boden** sind bei der Düngebemessung zu berücksichtigen.

Die **Phosphat- und Kalidüngung** richtet sich nach der **Bodenuntersuchung** und der **Ertragslage**. Für z. B. **mittlere Ertragslagen der Gehaltsstufe C** werden **55 kg P_2O_5** und **80 kg K_2O je ha** empfohlen.

Ernte, Aufbereitung und Verarbeitung:

- **Ausgereifter Dinkel**

Wegen der **brüchigen Ährenspindel** und der **geringen Standfestigkeit** ist für eine **zeitgerechte Ernte** zu sorgen. Beim **Mähdrusch** werden **Ährchen geerntet**, die **Vesen** genannt werden. Sie enthalten das eigentliche Korn. Die **Erträge** schwanken meist zwischen 5.000 und 6.000 kg/ha (im Spelz). Dieses **bespelzte Endprodukt** ist mit **maximal 14 % Wassergehalt gut lagerfähig**. Für die **weitere Verarbeitung** muss der Dinkel **entspelzt** werden. Dabei werden ca. 70 % des Vesengewichtes als Körner, die **„Kerne"** genannt werden, gewonnen. Die Kerne werden zu **Dinkelmehl** vermahlen und vorwiegend als **Back-Dinkel** für die **Herstellung von Brot und Gebäck** verwendet.
Dinkel-Backwaren werden zumeist nicht aus reinem Dinkelmehl, sondern aus **Mischmehlen** von Dinkel und Weichweizen hergestellt. Um als **Dinkelmehl** in Verkehr gebracht werden zu dürfen, muss das **Mehl mindestens 60 % Dinkelmehl** enthalten.
Es besteht **keine verpflichtende Typisierung** von Dinkelmehl! Aus **ernährungsphysiologischen Gründen** wird Dinkel gerne zur Herstellung von **Vollkornbackwaren** verwendet. Auch eine Verwendung für **Nährmittel** (Flocken, Speisekleie u. a.) ist möglich.

- **Grünkern**

Neben dem ausgereiften Dinkel wird auch der **„Grünkern"** wieder begehrt. Dinkel wird von der **späten Milchreife bis zur frühen Teigreife** bei ca. 40 bis 45 % Kornfeuchte mit dem

Mähdrescher vorsichtig geerntet. Anschließend wird in Trocknungsanlagen bis auf eine Kornfeuchte von 10 bis 13 % gedarrt und entspelzt. Die **Kernausbeute beträgt 50 bis 60 %.**

Grünkern wird als ganzes Korn, Schrot, Grieß oder Mehl zur Herstellung verschiedener Getreidegerichte verwendet. Ein wesentliches **Qualitätsmerkmal** ist der **Anteil an olivgrünfarbigen Körnern** (möglichst über 80 %). Je später die Ernte erfolgt, desto höher ist der Anteil an braun gefärbten Körnern.

Dinkel in der Milchreife *(„Grünkern")*

2. ROGGEN *(Secale cerale)*

2.1 Herkunft und Bedeutung

Die **Heimat des Roggens** liegt in **Kleinasien** (Türkei), im **Kaukasusgebiet**, im **Iran** und in **Turkmenistan**. Noch heute ist seine Stammform ein dort nicht seltenes Unkraut im Weizen. Im Laufe der Evolution entwickelte sich aus dem „Unkrautroggen" der **Kulturroggen** (= sekundäre Kuturpflanze).

Die **begrenzten Absatzmöglichkeiten** und der **Ersatz von Roggen durch Triticale** in der Fütterung führten zu einem Rückgang der Anbauflächen.

• **Gewöhnlicher Roggen/Populationsroggen**

Bei Roggen gibt es **Winter-** und **Sommerformen** des gewöhnlichen Kulturroggens. Seine **Standortansprüche** sind **gering**.

In Österreich wird Roggen fast ausschließlich als Winterroggen kultiviert. Er liefert höhere Erträge als Sommerroggen.

Im **Biolandbau** hat der **Normalroggen** wegen seiner Anspruchslosigkeit **erhöhte Bedeutung**.

• **Hybridroggen (Heterosisroggen)**

Roggen

Man darf eine Ertragssteigerung von ca. 15–20 % im Vergleich zu Normalroggen erwarten. Wegen der Kleinkörnigkeit ist die Mehlausbeute geringer. Die **Kleinkörnigkeit** und die **höhere Bestockungsfähigkeit** bedingen **geringere Aussaatmengen** – ca. 90 kg/ha. Trotzdem sind die die Saatgutkosten je ha im Vergleich zu Normalroggen wesentlich höher und müssen durch einen Mehrertrag (lt. AGES 4–5 dt/ha) kompensiert werden. Ein **jährlich 100%iger Saatgutwechsel** ist eine Anbauvoraussetzung.

• **Waldstaudenroggen/Johannisroggen**

Er ist eine alte Getreideart, die in Ungunstlagen im Frühjahr angebaut wird. Einmal als Grünfutter geschnitten, lässt man ihn weiterbestocken und wachsen. Nach der Überwinterung (Kältestimmung) wird er im Folgejahr zur Körnernutzung („Staudenkorn") herangezogen.

Bei Teilnahme am ÖPUL ist sein Anbau als **„Seltene landwirtschaftliche Kulturpflanze"** förderbar.

Die **folgenden Ausführungen** beziehen sich vorwiegend auf **Winterroggen**.

2.2 Ansprüche an den Standort

Der Roggen ist die **trockenfesteste und frosthärteste** Winterung aller Getreidearten. Nur gegen lang liegende Schneedecken und Nässe ist der Roggen empfindlich. Je kühler und sommertrockener das Gesamtklima, umso überlegener ist der Roggen dem Weizen. Für Roggen als **Fremdbefruchter** bedeuten **warme** und **trockene Witterungsverhältnisse** während der Blüte **optimale Voraussetzungen für Bestäubung und Kornansatz**.

Nachteilig wirken **häufige Regenfälle**, **hohe Luftfeuchtigkeit** und **kühle Temperaturen** (< 12 °C) während der Roggenblüte, da sich der **Bestäubungsvorgang verzögert**, die **Pollenschüttung verschlechtert** und sich somit häufig eine **unvollständige Befruchtung** ergibt. Die **nicht befruchteten Blüten** führen entweder zur **Schartigkeit** (lückenhafte Kornausbildung in der Ähre) oder sie können von in der Luft befindlichen **Sporen des Mutterkornpilzes** infiziert werden und in der Ähre anstelle von Roggenkörnern **schwarzviolett erscheinende Mutterkörner** (Sklerotien) bilden. Viele Mutterkörner fallen vor oder während der Getreideernte aus den Spelzen der Ähren und verbleiben am Acker (Infektionsquelle im Folgejahr). Ein Teil gelangt beim Mähdrusch in das Erntegut.

Roggen gedeiht auf fast allen Böden, sofern sie nicht unter Staunässe leiden. Er vermag aufgrund seiner guten Wurzelleistung und seiner langen Vegetationszeit karge Standorte am besten auszunützen. Auch die Bodenreaktion kann in weitem Bereich schwanken. Roggen ist die Pflanze der leichten Sandböden. Er braucht weniger Wasser als Weizen (Transpirationskoeffizient ca. 380 l Wasser/kg TM), er nützt außerdem die Winterfeuchtigkeit aufgrund seiner Entwicklung besser aus und leidet weniger an Vorsommerdürre als Weizen. Die Keimtemperatur ist mit 2 °C besonders niedrig. Roggen benötigt vom Aufgang bis zur Reife nur eine Wärmesumme von ca. 1800 °C.

2.3 Stellung in der Fruchtfolge

Roggen stellt an die Vorfrüchte, sofern sie zeitgerecht das Feld räumen, geringe Ansprüche, ist aber andererseits auch für gute Vorfrüchte dankbar. Er gilt als **selbstverträgliche Pflanze**. **„Ewiger Roggenbau"** ist insbesondere auf leichten Böden mehrere Jahre möglich!

Roggen unterdrückt im Vergleich zu anderen Getreidearten die Unkräuter gut (auch den Flughafer) und ist eine Feindpflanze der Rübennematoden. Er ist damit eine wertvolle Stütze in Fruchtfolgen und eignet sich als Deckfrucht zur Kleeuntersaat.

Beispiele von günstigen Vor- und Nachfrüchten:

Kartoffel	Winterweizen	....
Roggen	**Roggen**	**Roggen**
Hafer	Raps	....

Tragen Sie weitere Beispiele ein!

2.4 Ernährung und Düngung

> **Düngungsempfehlungen** erfolgen nach den **„Richtlinien für die sachgerechte Düngung" (RSGD)**, 8. Auflage!

Als **Empfehlungsgrundlage** für die N-Düngung zu **Roggen** gilt nach dem RSGD (8. Aufl.) für **mittlere Ertragslagen** (ein **N-Bedarfswert** von **80–100 kg** jahreswirksamer N/ha. Davon ausgehend ergeben sich für **abweichende Ertragslagen** bzw. **Standorteigenschaften** durch Zu- und Abschläge die **maximalen N-Bedarfswerte** sowie die daraus abgeleiteten **Vorgaben** für die **Konditionalität.**

N-Obergrenzen in kg jahreswirksamer N/ha gemäß Nitrat-Aktionsprogramm-Verordnung 2023:

Ertragslage Kultur	niedrig (t/ha) (max. N)		mittel (t/ha) (max. N)		hoch 1 (t/ha) (max. N)		hoch 2 (t/ha) (max. N)		hoch 3 (t/ha) (max. N)	
Roggen	< 4	**80** 70*	4,0-5,5	**110** 95*	5,5–7,0	**130** 110*	7,0–8,5	**140** 120*	> 8,5	**150** 130*

* für Gebiete mit verstärkten Aktionen zum Schutz der Gewässer

Die **N-Obergrenzen** beziehen sich bei **allen stickstoffhaltigen Düngern** auf ihre jeweilige **Jahreswirksamkeit**.

Eine **umweltschonende** und **bedarfsgerechte N-Bemessung** sollte sich an den **Durchschnittserträgen** der letzten Jahre orientieren und gegebenenfalls Stickstoff aus **Vorfrucht** und **Ernterückständen** sowie pflanzenverfügbare **N-Vorräte im Boden** berücksichtigen. Für **mittlere Ertragslagen** werden je nach Bestandesentwicklung im **Frühjahr 40–50 kg N/ha zu Vegetationsbeginn** und **40–50 kg N/ha zu Schossbeginn** empfohlen. Die **Phosphat-** und **Kalidüngung** richten sich nach der **Bodenuntersuchung** und der **Ertragslage**. Für z. B. **mittlere Ertragslagen** der **Gehaltsklasse C** gelten als **Richtwerte** für die **Grunddüngung 55 kg P$_2$O$_5$** und **80 kg K$_2$O je ha und Jahr.**

2.5 Saatgut und Sortenwahl

Bezüglich der **Sortenwahl** wird auf die **jährlich erscheinende „Österreichische Beschreibende Sortenliste"** der **AGES** sowie auf die **jährlichen Sortenempfehlungen der Landwirtschaftskammern** verwiesen.
Hierzu wird festgestellt, dass der Landwirt zwischen **Populationssorten** und **Hybridsorten** wählen kann. Die **ertragsschwächeren Populationssorten** haben unter **ungünstigeren Standortbedingungen** (leichte, humusärmere Böden sowie trockene oder raue Anbaulagen) aus Kostengründen eine gewisse **Anbaubedeutung**.
Saatgutwechsel spätestens alle 2 Jahre!
Die **ertragsstärkeren Hybridsorten** mit wesentlich **höheren Saatgutkosten** rechnen sich nur unter **günstigeren Standortbedingungen** und **intensiver Bestandesführung**.
Ein **jährlicher Saatgutwechsel** ist **zwingend**!

Roggensaatgut

2.6 Bodenvorbereitung, Anbau und Pflege

Je nach Vorfrucht, Standortbedingungen und phytosanitären Erfordernissen ist für Roggen eine **mitteltiefe**, den **Bodenschluss** fördernde **Grundbodenbearbeitung mit oder ohne Saatfurche** durchzuführen. Mit der darauffolgenden **Saatbettbereitung** soll ein **feinkrümeliges Keimbett** auf eine Tiefe von 2–3 cm geschaffen und meist gleichzeitig das Saatbett unterhalb des Saathorizontes **rückverfestigt** werden. Somit ergeben sich die **Voraussetzungen** für die **erforderliche geringe Saattiefe von 2–3 cm**. In weiterer Folge kann sich der **knapp unterhalb der Bodenoberfläche bildende Bestockungsknoten des Roggens** ohne „Halmheber" bestmöglich entwickeln.

Die **Saatzeit** sollte so gewählt werden, dass die für Roggen günstige **Herbstbestockung** mit 2–3 Trieben noch vor der Winterruhe erreicht wird. Daraus ergeben sich **günstige Sätermine** zwischen **20. September** (in kühlen Lagen) und **15. Oktober** (in wärmeren Lagen). Ein **zu früher Anbau** erhöht die Gefahr von **Schneeschimmel** (ggf. Beizung) und **Neigung zur Auswinterung**.

Die **Saatmenge** beträgt je nach **Saatzeit**, **TKM**, **Verwendung von Z-Saatgut** und **Aufgangsvoraussetzungen**
- für **Populationssorten** (TKM 22-45 g) 70–150 kg/ha (entspricht 200–350 keimfähigen Körnern je m²) und
- für **Hybridsorten (TKM 21-43 g)** 60–130 kg/ha (entspricht 200–320 keimfähigen Körnern je m²).

Der Handel bietet **Hybridsorten** in **Packungseinheiten** zu je 800.000, 850.000 oder 1.000.000 Körnern an und empfiehlt meist 2,5–3 Packungen je ha.

Grünschnittroggen wird im Vergleich zur Körnernutzung um ca. **10 Tage früher** angebaut. Die **Saatstärke ist höher**. Sie beträgt bei diploiden Sorten 90–150 kg/ha und bei tetraploiden Sorten 120–200 kg/ha (ca. 300 bis 420 keimfähige Körner/m²).

Die **Saatmenge in kg/ha** lässt sich nach **folgender Formel** berechnen:

$$\frac{\text{keimfähige Körner je m}^2 \text{ (z. B. 300) x TKM in Gramm (z. B. 36)}}{\text{angenommene Keimfähigkeit in \% (z. B. 90)}} = \text{............... kg/ha}$$

Der in der Regel geringere **Pflegebedarf** des Roggens erfordert ggf. ein **Anwalzen hochgefrorener Saaten** mittels Rauwalze im zeitigen Frühjahr. Damit sollte der notwendige **Bodenschluss wieder hergestellt** und ein **mögliches Vertrocknen der Pflanzen im Frühjahr** verhindert werden. Ein eventuelles **Striegeln** zur Beikrautregulierung ist ab dem **3-Blatt-Stadium** des Roggens nur **schonungsvoll** möglich (seicht liegender Bestockungsknoten!).

Bei **hoher Ertragserwartung** und **zunehmender Produktionsintensität** ist meist der Einsatz von **Herbiziden** (möglichst schon im Herbst), **Fungiziden** und **Wachstumsreglern** erforderlich.

2.7 Reife, Ernte und Lagerung

Trotz seiner **raschen Jugendentwicklung im Frühjahr** erreicht der Roggen durch die lange Einkörnungsphase die **Mähdruschreife** verhältnismäßig spät. In Jahren mit hohen Niederschlagsmengen zur Erntezeit besteht **Lagerungs- und Auswuchsgefahr**. Der am Betrieb verbleibende Roggen ist zwecks Qualitätssicherung zu reinigen, wenn notwendig auf unter 14 % Kornfeuchte zu trocknen und sachgerecht zu lagern (siehe Kapitel „Lagerung von Futtergetreide im Betrieb").

Auswuchsroggen ist weder zur Broterzeugung noch als Saatgut brauchbar!

2.8 Ertrag, Qualität und Verwertung

❑ Ertrag

Durchschnittserträge bei Winter- und Sommerroggen in Tonnen je Hektar

Erntejahr	2022	2023	20 . .
Österreich Bundesland	4,87	4,54	....
....	....	....	....
Eigener Betrieb	....	....	....

Siehe Berichte der Statistik Austria!

Gute Kornerträge liegen bei ca. 5 bis 7 Tonnen je ha.

❑ Qualität

Zum Unterschied von der Weizenqualität spielt bei Mahlroggen der **Proteingehalt** keine besondere Rolle, backtechnisch genügen 9–11 % Rohprotein. Ein wichtiges Merkmal der **Backqualität** des Brotroggens ist die **Verkleistungsfähigkeit** der **Stärke**, die von der Aktivität des Enzyms **Amylase** abhängig ist. Weiters sind die spezifischen **Roggenquellstoffe** (Pentosane) für die Wasseraufnahmefähigkeit und das Quellvermögen des Teiges von besonderer Bedeutung. Die wichtigsten ermittelten Kennzahlen bei der Untersuchung der Verkleistungsfähigkeit des Roggens sind:
- das **Amylogramm**, ausgedrückt in Amylogramm-Einheiten (AE) und
- die **Fallzahl**, ausgedrückt in Sekunden (s).

Das **Optimum der Roggenqualität** hinsichtlich der **Backfähigkeit** liegt im mittleren Verkleisterungsbereich, d. h. zwischen 500 und 700 AE bzw. bei einer Fallzahl von 150–200 s. Sehr **niedrige Amylogramm-Werte**, insbesondere unter 250 AE, sind vornehmlich auf zu feuchte Witterung während der Reifephase und Erntezeit zurückzuführen. Sie deuten auf Auswuchsschädigung und ein damit verbundenes schlechtes Backverhalten hin. Die dabei **erhöhte Amylaseaktivität** verursacht einen **starken Stärkeabbau**, eine zu **geringe Verkleisterung** und bewirkt ein „feuchtbackendes" Brot.
Sehr hohe **Amylogramm-Werte**, insbesondere über 1000 AE, sind vorwiegend auf sehr trockene und heiße Witterung während der Reife und Erntezeit zurückzuführen. Die dabei zu **geringe Amylasetätigkeit** bewirkt einen **zu geringen Stärkeabbau**, eine zu starke Verkleisterung und verursacht „trockenbackendes" Brot. Ein solcher Roggen ist nur als Mischungspartner für Roggen mit niedrigen AE brauchbar.
Einen ähnlichen Aussagewert hinsichtlich der Qualität bringt auch die **Fallzahl**. Auswuchsroggen weist oft Fallzahlen von unter 100 s auf. Dies bedeutet eine Verschlechterung der Mahlfähigkeit und der Teigeigenschaften. Ebenso ist die Krumenelastizität des Brotes geringer und das Aussehen des Gebäckes unansehnlicher.

Zur **Vermeidung von sehr niedrigen Fallzahlen** sollten folgende **pflanzenbauliche Maßnahmen** ergriffen werden:

- Richtige Sortenwahl
- Verwendung von möglichst auswuchsfesten bzw. fallzahlstabilen Sorten
- Verhinderung von Fusarienbefall
- Mäßige Stickstoffdüngung
- Vorzeitige Ernte vor Eintritt einer Schlechtwetterperiode

Qualitätsbedingungen beim Verkauf von Mahlroggen

- **Basis-Feuchtigkeit:** Laut Börseusancen 14,5 %; bei höheren Werten sind Gewichtsabzüge und Trocknungskosten verrechenbar. In der Praxis werden jedoch Feuchtigkeitswerte bis 15 % toleriert.
- **Basis-Hektolitergewicht:** Laut Börseusancen 71 kg/hl, in Anbau- und Lieferverträgen werden meist 72 kg/hl gefordert. Gleichzeitig wird eine Preisdifferenz durch Zu- und Abschläge vom Basiswert vorgenommen.
- **Fallzahl in Sekunden (s):** Sie ist in den Börseusancen nicht geregelt. In den meisten **Mahlroggenverträgen** wird jedoch eine Fallzahl von 150–170 s gefordert.
- **Amylogramm in AE:** Ist in den Börseusancen ebenfalls nicht geregelt. Die meisten **Lieferverträge** enthalten jedoch eine Untergrenze von 500 AE.
- **Besatz in %:** Dieser Bereich ist in den Börseusancen sehr genau geregelt. Für einen über die Grenzwerte hinausgehenden Besatzanteil gelten Abschlagsregelungen.

  Der Gesamtbesatz darf 7,5 % nicht überschreiten. Für einzelne Besatzgruppen werden folgende maximale Besatzwerte toleriert:
  - Bruchkorn bis 3 %
  - Kornbesatz bis 3 %
  - Auswuchs bis 2,5 %
  - Schwarzbesatz bis 1,0 %
    (davon Mutterkorn bis 0,05 %)

Mutterkorn an Roggen

Bei **Futterroggen** werden bis 0,1 % Mutterkorn toleriert. Die in den Mutterkörnern enthaltenen **Giftstoffe** sind für Mensch und Tier **gesundheitsschädigend**. Es sollten daher die **maximalen Mutterkorn-Besatzwerte** für Mahl- und Futterroggen sowohl beim Verkauf als auch bei betrieblicher Eigenversorgung **nicht überschritten werden.**

Da sich durch **pflanzenbauliche Maßnahmen** nur das **Infektionsrisiko** durch Sporen des Mutterkornpilzes **reduzieren** lässt, müssen die im **Erntegut enthaltenen Mutterkörner** durch **Gewichtsausleser** und **Trieur** oder mittels **Fotozellenausleser** herausgereinigt werden.

❏ Verwertung

Roggen wird hauptsächlich als Brotroggen (Mahlroggen) verwendet. Die **Typenbezeichnung** der Roggenmehle ergibt sich (wie bei Weizenmehl) aus:

Aschegehalt i. d. TS (%) x 1000 = „Mehltype"

Beispiele:

„R 500 Vorschussmehl": 0,500 % Aschegehalt. Aus diesem hellsten Roggenmehl werden z. B. Vorschussbrote oder Wachauer-Laibchen hergestellt.

„R 960 Roggenbrotmehl": 0,960 % Aschegehalt. Hauptsächlich wird Roggen zu dieser Mehltype vermahlen.

„R 2500 Schwarzbrotmehl": 2,500 % Aschegehalt. Dieses Mehl findet sich in bestimmten Spezialbroten (z. B. „rustikal").

Reine Roggenprodukte nehmen nur einen sehr kleinen Teil des österreichischen Brotsortiments ein. Gebräuchlicher sind **Mischbrote** aus Roggen und Weizen.

Speziell gezüchtete Roggensorten werden in rinderhaltenden Betrieben als **Winterzwischenfrucht** zur **Grünfütterung** oder **Silierung** bzw. allgemein als **Winterbegrünung** zum Schutz des Bodens angebaut.

Weitere Verwertungsmöglichkeiten ergeben sich als **Futtergetreide**, Rohstoff zur **Alkoholerzeugung**, Roggenmalz für **Spezialbiere**, Grünmasse für **Biogaserzeugung**, Ernte von **Roggenpollen für pharmazeutische Zwecke**.

2.9 Grünschnittroggen

Als Winterzwischenfrucht zur **Grünfütterung** bzw. **Silierung** oder als **Winterbegrünung** zum Schutz des Bodens werden spezielle Populationssorten angebaut. Grünschnittroggen bestockt stärker, beginnt früher mit dem Wachstum im Frühjahr und bildet viel vegetative Masse; bringt aber weniger Kornertrag. Ein **frühzeitiger Saattermin** (ca. 10 Tage früher im Vergleich zu Körnerroggen) ermöglicht eine kräftige Bestockung.

Die **Saatstärke** schwankt bei **diploiden ,Sorten** und einer TKM von 23-37 g zwischen **90 und 150 kg/ha.** Bei **tetrapliden Sorten** mit einer TKM von 31-52 g sind **120-200 kg/ha** erforderlich. Bei einer zügigen Frühjahrseintwicklung wird die Grünschnittreife zwischen 20. April und 15. Mai erreicht. Erzielbare Erträge an **Grünmasse: 280-400 dt/ha.**

3. TRITICALE (x *Triticosecale*)

3.1 Herkunft und Bedeutung

Werden Weizen (Gattung *Triticum)* und Roggen (Gattung *Secale*) gekreuzt, so erhält man einen **Gattungsbastard** mit dem Namen **Triticale**.

Die derzeitigen Triticale-Sorten **unterscheiden** sich deutlich im **äußeren Erscheinungsbild**, in den **wirtschaftlich bedeutsamen Eigenschaften** (z. B. Standfestigkeit, Toleranz gegenüber Witterungseinflüssen, Krankheitsbefall) und im **Ertragsvermögen**.

Es wird überwiegend die ertragsstärkere **Winterform** angebaut.

Die **ertraglichen Vorteile** von **Winter-Triticale** und die **verstärkte innerbetriebliche Verwertbarkeit** in **Tierhaltungsbetrieben** führten **regional** zu einer beachtlichen **Zunahme der Anbaufläche** (meist auf Kosten des Roggens und des Sommergetreides).

Triticale

Zu den möglichen sortenabhängigen **Schwächen** des Winter-Triticale zählen

- die **stärkere Anfälligkeit** gegenüber **Schneeschimmel** und **Mutterkornpilz** sowie die meist geringere Standfestigkeit im Vergleich zu Winterweizen (WW),
- die **zunehmenden**, jedoch **sortenverschiedenen Blattkrankheiten**,
- die stärkere **Auswuchsneigung** bei Schlechtwetter während der Reife- und Erntezeit im Vergleich zu WW und
- die größere **Empfindlichkeit** für **Ährenfusarium** im Vergleich zu Winterroggen.

Die folgenden Ausführungen beziehen sich überwiegend auf die **Kultur von Winter-Triticale!**

3.2 Ansprüche an den Standort

Das **Ziel des Pflanzenzüchters** ist es, eine Kulturpflanze zu schaffen, welche **erwünschte Eigenschaften des Weizens** (z. B. hohes Ertragsvermögen, bessere Standfestigkeit) mit **erwünschten Eigenschaften des Roggens** (z. B. geringe Standortansprüche, gute Winterhärte, geringere Krankheitsanfälligkeit) verbindet.

So konnten durch **Triticale** auf **typischen Roggenstandorten bzw. Grenzertragsböden für Weizen** die **Erträge von Populationsroggen bereits übertroffen** werden.

Ebenso bestätigen **mehrjährige Versuche** der **AGES** mit neueren **standfesteren Triticale-Sorten** auf **weizenfähigen Standorten des Alpenvorlandes** bei **höherer Produktionsintensität** (insbesondere durch den Einsatz von Wachstumsreglern und Fungiziden) mit **Futterweizen vergleichbare oder höhere Erträge**.

3.3 Stellung in der Fruchtfolge

In der **Fruchtfolge** liegt Triticale mit seinen Vorzügen und Schwächen zwischen Roggen und Weizen. Als Vorfrüchte sind jene Kulturen geeignet, die einen rechtzeitigen Triticale-Anbau ermöglichen und mit Fusarien wenig belastete Ernterückstände hinterlassen.

Bei Vorfrucht Mais, unvollständig eingearbeiteten Ernterückständen und Niederschlägen zur Blütezeit von Triticale besteht eine ähnlich hohe Fusariumgefahr wie bei Weizen.

Beispiele von günstigen Vor- und Nachfrüchten:

Kartoffel	Winterweizen	....
Triticale	**Triticale**	**Triticale**
Hafer	Raps	....

Tragen Sie die fehlende Vor- und Nachfrucht ein!

3.4 Saatgut und Sortenwahl

Bezüglich der **Sortenwahl** wird auf die **jährlich erscheinende „Österreichische Beschreibende Sortenliste"** der **AGES** sowie auf die **jährlichen Sortenempfehlungen** der **Landwirtschaftskammern** verwiesen.

Es sind fast ausschließlich **Sorten von Winter-Triticale** mit **unterschiedlichen Merkmalsausprägungen** (mit mehr roggenähnlichem oder mehr weizenähnlichem Aussehen) zugelassen.

Triticalesaatgut

Wenig nachgefragt sind die im **Ertrag schwächeren Sorten von Sommer- oder Wechsel-Triticale**. **Letztere** sind als **Winter-Triticale registriert** und sowohl für den **Herbst-** als auch für den **Frühjahrsanbau** geeignet.

Ein jährlicher **Saatgutwechsel** ist nicht zwingend notwendig, da die Triticale-Sorten in ihren Erbeigenschaften beständig sind. Stehen jedoch Triticale-Sorten unterschiedlichen Typs nebeneinander, so können Kreuzbefruchtungen zu starken Aufspaltungen im Nachbau führen. In solchen Fällen ist ein jährlicher Saatgutwechsel empfehlenswert.

Zur **Bioethanolerzeugung** werden **stärkereiche Sorten** mit **hohem Ertrag, guter Kornausbildung**, **bestmöglicher Korngesundheit**, **geringer Auswuchsneigung**, **guter Standfestigkeit** und **ausreichender Winterfestigkeit** bevorzugt.

3.5 Bodenvorbereitung, Anbau und Pflege

Die **Bodenvorbereitung** für Winter-Triticale ist ähnlich jener von Winterroggen. Ein krümeliges Saatbett auf gesetztem und rückverfestigtem Boden ist anzustreben.

Der **Anbau** erfolgt meist zwischen Ende September und Mitte Oktober. Es sollte eine **ausreichende Vorwinterentwicklung** (Bestockungsbeginn mit 1–2 Trieben) erreicht werden.

Die **Saatmenge** schwankt je nach Anbauzeitpunkt, Qualität der Saatbettbereitung und der Tausendkornmasse (29-58 g) zwischen 100 und 200 kg/ha (entsprechend 220-380 Körnern je m²).

Die **Saatmenge in kg/ha** lässt sich nach folgender Formel berechnen:

$$\frac{\text{keimfähige Körner je m}^2 \text{ (z. B. 350) x TKM in Gramm (z. B. 45)}}{\text{angenommene Keimfähigkeit in \% (z. B. 90)}} = \ldots\ldots\ldots\ldots \text{ kg/ha}$$

Die **Saattiefe** liegt zwischen 2 und 3 cm, bei Trockenheit auch bis 4 cm.

Der weitere Entwicklungsverlauf von Winter-Triticale liegt zwischen Winterroggen und Winterweizen. Anzustreben ist eine **Bestandesdichte** von 400–550 ährentragenden Halmen pro m², da diese bei Triticale überwiegend **ertragsbestimmend** sind.

Die **Pflegemaßnahmen** sind denen des Winterroggens entsprechend zu handhaben. Eventuell kann schon bei **früheren Saatzeiten im Herbst** eine **Herbizidbehandlung** erforderlich sein. In **Übergangs- und Feuchtgebieten** ist auf weizenfähigen Böden die Langhalmigkeit der meisten Triticale-Sorten ein gewisses **Lagerrisiko**. Unter diesen Standortbedingungen ist ein **Wachstumsregler** (z. B. eine CCC-Anwendung) **zwischen Ende der Hauptbestockung und dem 2-Knoten-Stadium** zwecks Verbesserung der **Standfestigkeit** empfehlenswert. Neben der Verhinderung einer Lagerung ist die **Gesunderhaltung des Pflanzenbestandes** (Einsatz von Fungiziden gegen Blatt- und Ährenkrankheiten) für den **Ertrag** und die **Qualität** von Bedeutung.

3.6 Ernährung und Düngung

Die **N-Düngung** muss stets **umweltbewusst, standortgerecht** und auf die **Bedürfnisse der Pflanze** abgestimmt werden. Als **Empfehlungsgrundlage** für die **N-Bemessung zu Triticale** gilt nach den RSGD (8. Aufl.) für **mittlere Ertragslagen** (4,5–6,0 t/ha) ein **N-Bedarfswert** von **90–110 kg** jahreswirksamer N/ha. Davon ausgehend ergeben sich für **abweichende Ertragslagen** bzw. **Standorteigenschaften** durch Zu- und Abschläge die **maximalen N-Bedarfswerte** sowie die daraus abgeleiteten **Vorgaben** für die **Konditionalität.**

N-Obergrenzen in kg jahreswirksamer N/ha gemäß Nitrat-Aktionsprogramm-Verordnung 2023:

Ertragslage Kultur	niedrig (t/ha) (max. N)	mittel (t/ha) (max. N)	hoch 1 (t/ha) (max. N)	hoch 2 (t/ha) (max. N)	hoch 3 (t/ha) (max. N)
Triticale	< 5,0 **90** 80*	5,0-6,0 **120** 105*	6,0–7,5 **145** 125*	7,5–9,0 **155** 135*	> 9,0 **165** 140*

* für Gebiete mit verstärkten Aktionen zum Schutz der Gewässer

Die **N-Obergrenzen** beziehen sich bei **allen stickstoffhaltigen Düngern** auf ihre jeweilige **Jahreswirksamkeit.** Bei der **Düngebemessung** sind gegebenenfalls Stickstoff aus **Vorfrucht** und **Ernterückständen** sowie **pflanzenverfügbare N-Vorräte im Boden** zu berücksichtigen. Für **mittlere Ertragslagen** werden je nach Bestandesentwicklung im Frühjahr **40–50 kg N/ha** zu **Vegetationsbeginn** und **40–50 kg N/ha** zu **Schossbeginn** empfohlen.

Zum **Beginn des Ährenschiebens** können evtl. noch **30–40 kg N/ha** verabreicht werden. Die **Phosphat- und Kalidüngung** richten sich nach der **Bodenuntersuchung** und der **Ertragslage**. Für z. B. **mittlere Ertragslagen** der **Gehaltsstufe C** gelten als **Richtwerte** für die **Grunddüngung 55 kg P$_2$O$_5$** und **80 kg K$_2$O je ha und Jahr**.

3.7 Reife, Ernte und Lagerung

Trotz züchterischer Fortschritte bei Triticale kommt es während der **Reifephase** zu einer unterschiedlichen Mehlkörperausbildung und dadurch zu einer **unregelmäßigen Kornoberfläche („Schrumpfkorn")**. Das hl-Gewicht liegt daher deutlich unter jenem des Weizens, wobei jedoch der Futterwert nicht darunter leidet. Bei Triticale ist daher das Hektolitergewicht als Qualitätsmaßstab wenig aussagekräftig. **Druschreifer Triticale** soll aus **Qualitätsgründen** möglichst **rechtzeitig geerntet** werden (Auswuchsgefahr bei Schlechtwetter). Bei Triticale ist selbst bei günstiger Reife- und Erntewitterung vielfach eine höhere Amylaseaktivität (Stärkeabbau) und damit eine niedrigere Fallzahl feststellbar.
Für die **Einlagerung** auf dem Betrieb ist zwecks Qualitätssicherung Triticale meist noch zu reinigen, wenn notwendig auf unter 14 % Kornfeuchte zu trocknen und sachgerecht zu lagern (siehe Kapitel **„Lagerung von Futtergetreide im Betrieb"**).

3.8 Ertrag, Qualität und Verwertung

Durchschnittserträge von Triticale in Tonnen je Hektar

Erntejahr	2022	2023	20 . .
Österreich Bundesland	5,62	5,62	....
....	....	....	....
Eigener Betrieb	....	....	....

Siehe Berichte der Statistik Austria!

Je nach Standortsbonität und Produktionsintensität sind mittlere (4,5–6 t/ha) bis hohe (über 6–9 t/ha) Erträge erzielbar.
Die **Qualität** von Triticale ist durch einen hohen Anteil an **lebenswichtigen** (essenziellen) **Aminosäuren** und den **mit Weizen vergleichbaren Energiewerten** gekennzeichnet.
Die **Verwertung** hat ihren **Schwerpunkt** in der Tierfütterung. Triticale wird vorwiegend in der **Schweine-** und **Geflügelfütterung** eingesetzt, ist aber auch in Kraftfuttermischungen für **Wiederkäuer** enthalten.

Aufgrund der **unregelmäßigen Kornoberfläche** hat Triticale eine **reduzierte Mehlausbeute**. Auch die von Weizenmehl bekannten bäckereitechnologischen Eigenschaften werden von Triticale-Mehl derzeit nicht erreicht.
Gebäcke und vegetarische Gerichte aus Triticale werden in geringen Mengen nachgefragt.

15% der Jahresernte werden zu Bio-Ethanol verarbeitet. Als **Übernahmekriterien** gelten:
- **Hektolitergewicht** 70 kg (mindestens 67 kg)
- **Besatz** max. 2,5 % (davon max. 0,5 % Schwarzbesatz)
- **Auswuchs** max. 5 %
- **Schmacht- und Bruchkorn** max. 10 %
- **Deoxynivalenol (DON-Wert)** max. 1250 µg/kg
- **fusariumbefallene Körner** max. 1 %
- **Feuchtigkeit** max. 14,5 %
- **Zearalenon (ZEA- oder ZON-Wert)** max. 100 µg/kg.
- **wanzenstichige Körner** max. 1 %

4. GERSTE (*Hordeum vulgare*)

4.1 Herkunft und Bedeutung

Gerste ist vermutlich die älteste Getreideart, ihr Anbau ist seit 6000 Jahren nachweisbar. Die Heimat der Gerste finden wir in Vorder- und Ostasien (Tibet, Hindukusch, Pamir).

Gerste wird hauptsächlich für **Futterzwecke** und für die **technische Verarbeitung** (z. B. Braugerste, Rollgerste, Kaffeegerste, Brennereigerste – Malzerzeugung) angebaut. Die **Gersten aus Trockengebieten** werden hauptsachlich für die **Biererzeugung**, die aus **Feuchtgebieten** für die **Tierernährung** verwendet.

❑ Formen

Es gibt eine Vielzahl von **Formen**, die sich **nach der Anzahl der Kornreihen in zwei- und mehrzeilige Gersten** einordnen lassen. Zu den **mehrzeiligen Gersten** (Kornmuster erkenn-

Zweizeilige Gerste

Mehrzeilige Gerste

bar durch Vorhandensein ungleich großer, deformierter Körner = so genannte „Krummschnäbel") gehören fast ausschließlich **Futtergersten**. Bei den **zweizeiligen Gersten** unterscheidet man die mit **aufrechten Ähren** und die mit **nickenden Ähren**.

Letztere haben als **Braugersten** besondere Bedeutung, und zwar überwiegend die **Sommerform**.

Die folgenden Ausführungen beziehen sich überwiegend auf die Kultur der zweizeiligen Sommergerste.

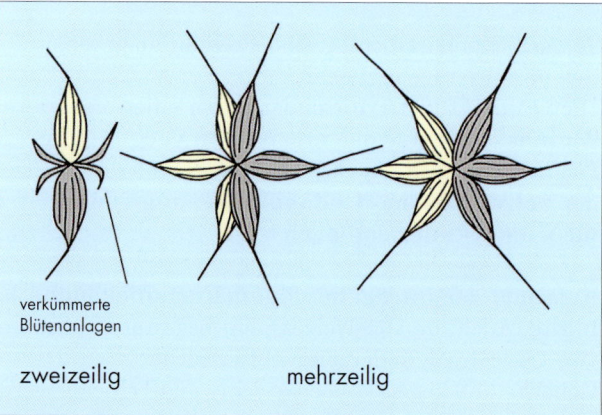

Gerstenformen, Ähre von oben gesehen

4.2 Ansprüche an den Standort

Wenn man von der Braugerste absieht, so sind die Klimaansprüche nicht sehr hoch. Gerste gedeiht in trockenen Lagen und bei Verwendung standfester Sorten auch in feuchten Gebieten, dort, wo der Hafer nicht mehr ausreift, auch in Gebirgsgegenden.

Die Sommergerste hat unter den Sommergetreidearten die **kürzeste Vegetationszeit** (ca. 130 Tage). Sie benötigt vom **Aufgang bis zur Reife** eine **Wärmesumme** von ca. 1.200 °C und hat einen **Wasserbedarf** je kg erzeugter Trockenmasse von etwa 350 l.

Alle Ackerbaulagen erfüllen in der kurzen Wachstumszeit die **klimatischen Anbauvoraussetzungen für die Sommerfuttergerste**, wobei **Ertrag** und **Qualität** vom **Standortklima stärker abhängig** sind.

Die **höheren Ansprüche der Sommerbraugerste** an das **Standortklima** erfordern **wärmere Anbaulagen** mit **frühem Vegetationsbeginn**, eine **ausreichende Wasserversorgung** und einen möglichst **gleichmäßigen** (ungestörten) **Wachstumsverlauf**.

Infolge der kürzeren Wachstumszeit der Gerste lassen sich **längere Kälte-, Trocken-** oder **Hitzeperioden** im **Vorsommer** sowie **anhaltende Nässe oder Hitze während der Reifephase nicht immer ausreichend ausgleichen**. Nicht selten sind **Ertrags- und Qualitätseinbußen die Folge**.

Vom **Boden** verlangen alle **Gersten- bzw. Nutzungsformen** eine **ausreichende Kalkversorgung**.

Während die **Futtergerste auf leichteren und rasch erwärmbaren Böden bei ausreichenden Niederschlägen gute Erträge liefert**, erfüllen schwere, kalte, vernässte oder strukturgeschädigte Böden für Futter- und Braugersten nicht die **Anbauvoraussetzungen**.

Höhere Bodenansprüche verlangt die **Braugerste**. Vor allem in **Trockenlagen** erfüllen **mittelschwere**, **humose Böden** mit **rascher Erwärmbarkeit** im Frühjahr, gutem **Speichervermögen** für Wasser bzw. Nährstoffe und einer ungehinderten **Durchwurzelbarkeit** die Voraussetzungen für **Ertrag** und **Qualität** der Braugerste.

Anmoorige Böden und **Grünlandumbrüche scheiden für den Gerstenanbau aus**.

4.3 Stellung in der Fruchtfolge

Sommer- bzw. Wintergersten haben einen **geringen Vorfruchtwert**. Aus pflanzenhygienischen Gründen sollten in einer Fruchtfolge die **Futtergersten stets dem Weizen folgen und nicht umgekehrt**.

Zuckerrüben und Kartoffeln zählen zu den **bewährten Vorfrüchten der Sommerbraugerste**. Als ähnlich **bevorzugte Vorfrüchte für die Winterbraugerste** gelten garefördernde Blattfrüchte (z. B. Speisekartoffeln oder Sonnenblumen), die nach ihrer Ernte den **Boden mit weniger Stickstoff hinterlassen** und **im Herbst einen rechtzeitigen Anbau ermöglichen**.

Sommergerste und vor allem **Wintergerste** ermöglichen **aufgrund ihres früheren Erntetermins** den **zeitgerechten Anbau von Körnerraps** sowie den **Anbau von Zwischenfrüchten** bzw. von **Winterbegrünungen**.

Weiters eignet sich die **Gerste als Deckfrucht für Untersaaten** (Kleearten, Luzerne etc.).

Beispiele von günstigen Vor- und Nachfrüchten:

Kartoffel	Winterweizen	....
Braugerste	**Wintergerste**	**Sommergerste**
Winterroggen	Körnermais	....

Tragen Sie ein weiteres Beispiel ein!

4.4 Ernährung und Düngung

Düngungsempfehlungen erfolgen nach den **„Richtlinien für die sachgerechte Düngung" (RSGD)**, 8. Auflage!

Die **Stickstoffbemessung** muss stets **umweltbewusst** und auf die **unterschiedlichen Qualitätserfordernisse von Brau- und Futtergerste** abgestimmt werden.
Zu vermeiden ist eine düngungsbedingte Lagerung des Gerstenbestandes, da diese Ertrags- und Qualitätseinbußen bewirkt. Als **Empfehlungsgrundlage** für die N-Düngung zu Sommerfuttergerste gilt nach den RSGD (8. Aufl.) **für mittlere Ertragslagen** ein **N-Bedarfswert** von **80–100 kg** jahreswirksamer N/ha. Davon ausgehend ergeben sich für abweichende Ertragslagen bzw. Standorteigenschaften durch Zu- und Abschläge die maximalen N-Bedarfswerte sowie die daraus abgeleiteten Vorgaben für die Konditionalität.

N-Obergrenzen in kg jahreswirksamer N/ha gemäß Nitrat-Aktionsprogramm-Verordnung 2023:

Ertragslage Kultur	niedrig (t/ha) (max. N)	mittel (t/ha) (max. N)	hoch 1 (t/ha) (max. N)	hoch 2 (t/ha) (max. N)	hoch 3 (t/ha) (max. N)
Sommerfuttergerste	< 3,5 **80** / 70*	4,0-5,5 **110** / 95*	5,5–7,0 **130** / 110*	7,0–8,5 **140** / 120*	> 8,5 **150** / 130*
Sommerbraugerste	< 3,5 **65** / 55*	3,5–5,0 **80** / 70*	5,0–6,5 **95** / 80*	6,5–8,0 **105** / 90*	> 8,0 **110** / 95*

* für Gebiete mit verstärkten Aktionen zum Schutz der Gewässer

Die **N-Obergrenzen** beziehen sich bei **allen stickstoffhaltigen Düngern** auf ihre jeweilige **Jahreswirksamkeit**.
Die von der **Ertragslage** abhängige **N-Bemessung** hat eine eventuelle **N-Nachwirkung** aus **Vorfrucht** und **Ernterückständen** sowie **pflanzenverfügbare N-Vorräte im Boden** zu berücksichtigen.
Zu **Futtergerste werden für mittlere Ertragslagen** 30–50 kg N/ha **vor der Saat** und 40–60 kg N/ha zu **Schossbeginn** empfohlen.
Zu **Braugerste** soll bei mittleren Ertragslagen die N-Düngung im Hinblick auf die oft in **Verträgen geforderte Proteingrenze** von 11 % auf **50–70 kg N/ha** begrenzt bleiben und **in einer Gabe vor dem Anbau** ausgebracht werden.

Gerstensaatgut

Die **Phosphat- und Kalidüngung** richten sich nach der **Bodenuntersuchung** und der **Ertragslage**. Für z. B. **mittlere Ertragslagen** der **Gehaltsstufe C** gelten als **Richtwerte für die Grunddüngung** 55 kg P_2O_5 und 80 kg K_2O je ha und Jahr.
Auf **sauren Böden** ist auf eine **ausreichende Kalkversorgung** zu achten.

4.5 Saatgut und Sortenwahl

Je nach dem **Nutzungsziel** (Braugerste oder Futtergerste) wird man bei der Auswahl der Sorte mehr die **Qualität** (Kornsortierung, Feinspelzigkeit, Keimfähigkeit, Extraktausbeute) oder den **Ertrag** als vorrangiges **Kriterium** betrachten. Wichtig sind in beiden Fällen entsprechende **Standfestigkeit** und **Krankheitsresistenz**.

Nur wenige Sorten sind als Braugerste geeignet. Zur Auswahl geeigneter Sorten wird auf die **jährlich** erscheinende **„Österreichische Beschreibende Sortenliste"** der **AGES** sowie auf die **jährlichen Sortenempfehlungen der Landwirtschaftskammern** verwiesen.

4.6 Bodenvorbereitung, Anbau und Pflege

Die optimale Bodenvorbereitung für den **herkömmlichen** Anbau von Sommergerste beginnt bereits mit einer **einheitlich gut ausgeformten Herbstfurche** auf **mittlerer Tiefe** und **sattem Furchenschluss**. Dies begünstigt im **Frühjahr** eine gleichmäßige und rasche Abtrocknung der Bodenoberfläche und ermöglicht eine flache sowie Bodenwasser schonende **Saatbettbereitung** mit wenigen Arbeitsgängen. Im Idealfall genügen ein bis zwei Arbeitsgänge mittels Gerätekombination. Die **oberste Bodenschicht muss im Frühjahr vor jeder Bodenbearbeitung gut abgetrocknet** sein, damit eine **Boden schonende Befahr- und Bearbeitbarkeit** möglich ist. **Verdichtungs- und Schmierhorizonte** sind zu **verhindern**. **Günstig** ist ein **flaches, gleichmäßig krümeliges Saatbett**, wo Anschluss an den feuchtigkeitsführenden und natürlich gesetzten Krumenbereich gegeben ist.

Muss die **Herbstfurche jedoch bei schwierigen Bodenverhältnissen** (ausgetrocknet, verdichtet oder vernässt) durchgeführt werden, so erreicht man meist nur **grobschollige Furchen ohne satten Furchenschluss** und eine **stark unterschiedliche Ackeroberfläche**. In diesem Fall muss im **Frühjahr** die Saatbettbereitung mit dem **Abschleppen bzw. Einebnen** der Ackeroberfläche beginnen. In weiterer Folge muss zwecks **Schaffung gleicher Aufgangsvoraussetzungen eine etwas tiefere Bodenlockerung mit mechanischer Rückverfestigung** erfolgen.

Oft wird die Sommergerste im Trockengebiet als **„Mulchsaat"** nach einer **„Winterbegrünung"** angebaut. Die **langsamere Abtrocknung und Erwärmung des Bodens** ist zu **berücksichtigen**. Ein um wenige Tage **verzögerter Sätermin verhindert** eine **zu feuchte Saatbettbereitung**.

Die **Anbautermine** für Sommergerste **schwanken** einerseits **großräumig zwischen Trockengebiet und Feuchtgebiet** und andererseits **regional je nach Witterungsverlauf zu Winterausgang** und der möglichen **Befahr- und Bearbeitbarkeit** des Bodens. So beginnt im **östlichen Trockengebiet Österreichs** unter **günstigen Voraussetzungen** der Anbau oftmals schon ab **Ende Februar/Anfang März** und ist auch unter **weniger günstigen Bedingungen** meist **Ende März** beendet. **In allen übrigen Lagen** (Spätdruschgebiete) liegt die Saatzeit je nach Anbaubedingungen meist zwischen Ende März und Ende April.

Grundsätzlich hat eine **frühe Saat Ertragsvorteile** (besonders im Trockengebiet durch die **bessere Ausnutzung der Winterfeuchtigkeit** und allgemein durch eine ausreichend **lange Wachstumszeit** zur Ertragsbildung).

> Die Gerste reagiert auf **Vernässung** und **Verdichtungen** jeder Art besonders **nachteilig**, weshalb ein **zu früher Anbau bzw. ein „Einschmieren" der Gerste** zu **vermeiden** ist.

Eine **späte Saat** kann nur sehr bedingt durch erhöhte Saatgutmengen ausgeglichen werden.

Eine **seichte und gleichmäßig tiefe Kornablage** auf eine **Saattiefe** von **2–4 cm** in ein **krümeliges Saatbett**, welches auf **natürlich gesetztem oder rückverfestigtem Boden** aufliegt, sichert in der Regel einen raschen und gleichmäßigen Aufgang. Je nach der **Saatzeit**, der **Saatstärke**, der **Tausendkornmasse (33-59 g),** dem **Säverfahren** und den **Aufgangs-bedingungen** schwankt die Saatmenge bei Sommergerste zwischen 110 und 230 kg/ha (280-450 keimfähige Körner je m²).

Die **Saatmenge in kg/ha** lässt sich nach **folgender Formel** berechnen:

$$\frac{\text{keimfähige Körner je m}^2 \text{ (z. B. 320) x TKM in Gramm (z. B. 50)}}{\text{angenommene Keimfähigkeit in \% (z. B. 90)}} = \ldots\ldots\ldots\ldots \text{ kg/ha}$$

Die oft unnötig **überhöhten Saatgutmengen verstärken die Lagerungs- und Krankheits-gefahr** und v**erschlechtern zusätzlich die Kornsortierung** der Gerste (Vollgerstenanteil).

Wenn nach dem Anbau der Boden durch stärkere Regenfälle verkrustet, ist ein seichtes Striegeln zwecks Aufbrechen von Oberflächenverdichtungen bis zum „Spitzen" der Saat und dann erst wieder nach Ausbildung des dritten Laubblattes empfehlenswert.
Ein wichtiges **Ziel ist die Erhaltung möglichst gesunder Gerstenbestände bis zur Abrei-fe** (insbesondere in Stau-, Übergangs- und Feuchtlagen). Anzustreben sind mittlere **Bestandes-dichten** von etwa 550–850 Ähren pro m² mit einer hohen Kornzahl von möglichst über 20 Körnern pro Ähre. Solche Bestände bringen neben guten Erträgen auch einen höheren Vollgerstenanteil.
Die pflanzenbaulichen Möglichkeiten einer gezielten Steuerung der Kornzahl pro Ähre dürfen nicht überschätzt werden. Vorwiegend nehmen die **Jahreswitterung** und die **Wasserspeicher-fähigkeit des Bodens** Einfluss darauf. Bei der **Braugerste** kann die N-Düngung nur in **gerin-gem Maße zur Bestandesführung** beitragen. Es ist daher besonders auf **zeitigen Anbau**, eine **nicht zu hohe Saatstärke** und eine **seichte Kornablage** bei **günstigen Bodenverhältnis-sen** Wert zu legen.

4.7 Reife, Ernte und Lagerung

Die Ernte der Gerste erfolgt im Zustand der **Totreife**. Druschreife Gerste sollte daher nicht zu lange am Feld stehen bleiben, da bei totreifen Pflanzen durch **Feldpilze** ein zunehmender „Pilz-druck" durch Fusarium-Arten (besondere bei feuchtwarmer Witterung) feststellbar ist. Ebenso wichtig ist eine **schonungsvolle Ernte**, da Bruchkorn bzw. beschädigte Körner durch den freiliegenden Mehlkörper die Entwicklung von Pilzen begünstigen. **Nach der Ernte** ist die Gerste sorgfältig zu **reinigen** (Beimengungen sind oft stark mit Pilzkeimen behaftet), wenn notwendig auf **Lagerfähigkeit** zu **trocknen** (unter 14 % Wassergehalt) und sachgemäß zu **lagern. Verbleibt das Erntegut im Betrieb**, so hat der **Landwirt** selbst für die **Qualitäts-sicherung des Erntegutes** zu sorgen.

4.8 Ertrag, Qualität und Verwertung

❑ Ertrag

Durchschnittserträge in t/ha bei Sommergerste

Erntejahr	2022	2023	20 . .
Österreich Bundesland	4,38	4,75	....
....	....	....	....
Eigener Betrieb	....	....	....

Siehe Berichte der Statistik Austria!

Gute Kornerträge: Futtergerste 5 bis 6 Tonnen je ha; Braugerste 4 bis 5 Tonnen je ha.

❑ Qualität

Kriterien beim **Verkauf von Braugerste** laut Börseusancen:

Basis-Feuchtigkeit in %		14,5 %
Vollgerstenanteil (Sortierung über 2,5 mm, schlitzig)	mindestens	90,0 %
Rohproteingehalt in % TS		9,5–11,0 %
Keimfähigkeit in %	mindestens	95,0 %
Aufgeplatzte Körner in %	bis	2,0 %
Besatz in %		
• Bruchkorn	bis	1,0 %
• Korn- und/oder Schwarzbesatz	jeweils bis	1,0 %
• Auswuchs	bis	1,0 %
• Beimengungen (z. B. Wintergerste)	bis	2,0 %
Ausputz in % (unter 2,2 mm, schlitzig)	bis	2,0 %
Sortenreinheit	mindestens	95,0 %

Grenzwerte für Fusarientoxine: DON-Gehalt 1250 µg/kg,
ZON- bzw. ZEA-Gehalt 100 µg/kg

Für den **Absatz von Braugerste** werden in der Regel **Anbau- und Lieferverträge** mit einem Aufkäufer abgeschlossen. Die Preisbildung richtet sich nach der erzielten Qualität. Grundsätzlich kann eine hochwertige Braugerste nur aus einer als **Braugerste eingestuften Sorte** kommen. Visuell ist eine solche **Gerste von strohgelber Farbe**, frei von unerwünschten Verunreinigungen, von **frisch strohigem Geruch**, **frei von Auswuchs**, hat eine **fein gewellte bzw. gekräuselte Spelze** und ist **frei von Druschschäden** oder aufgeplatzten Körnern.

Kriterien beim **Verkauf von Futtergerste** lt. Börseusancen:

Basis-Feuchtigkeit in %		14,5 %
Basis-Hektolitergewicht		62,0 kg
Besatz in %		
• Bruchkorn	bis	3,0 %
• Kornbesatz	bis	5,0 %
• Auswuchs	bis	2,5 %
• Schwarzbesatz	bis	1,0 %

❑ Verwertung

Etwa ein Drittel der Sommergerste wird als **Braugerste** verwertet. Aus der Gerste wird **Malz** erzeugt. Dabei wird Gerste angekeimt, danach getrocknet und von Keimlingen befreit. Bei der Keimung entstehen Enzyme, welche die Stärke in Zucker rückverwandeln. Nur Zucker kann zu Alkohol vergären. Aus gutem, weichem Wasser, Hopfen und Malz wird im Sudhaus der Brauerei die Maische hergestellt, die nach dem Abkühlen unter Hefezusatz zu Bier vergärt. Das wichtigste Kriterium für die Eignung als Braugerste ist die **Extraktausbeute**, das ist die gute Ausnützbarkeit des Malzes bei der Biererzeugung. Erwünscht sind über 81 % Extraktausbeute.
Etwa zwei Drittel der Sommergerste werden als **Futtergerste** entweder innerbetrieblich verfüttert oder verkauft. Die **bessere Futterqualität** erreichen die **zweizeiligen Gerstenformen**. Besonders in der **Schweinefütterung** werden **gut ausgebildete Körner** (hoher Vollkornanteil) mit **höherem Energiegehalt** verfüttert. Im Gegensatz zu Braugerste soll **Futtergerste** einen möglichst **hohen Proteingehalt** (über 13 %) aufweisen.

4.9 Wintergerste

Die folgenden Ausführungen sind **zusätzliche Ergänzungen** zur Kultur der Sommergerste.

Als **Vorteile** gegenüber Sommergerste gelten:
- die höhere Ertragserwartung (nur bei guter Überwinterung)
- die frühere Reife (günstigere Arbeitsverteilung)
- Reduzierung der Nitratverlagerung infolge der vegetativen Herbstentwicklung
- ein besserer Erosionsschutz durch die länger währende Pflanzendecke
- eine bessere Ausnützung der Winterfeuchtigkeit durch die Vorwinterentwicklung
- die guten Erträge der Wintergerste auch auf weniger günstigen, trockenheitsgefährdeten Standorten (durch Herbstanbau und Frühreife)

Als **Nachteile** gegenüber Sommergerste gelten:
- das erhöhte Auswinterungsrisiko durch Kahlfröste unter –13 bis –15 °C, „winterliche Wärmeperioden", die wieder von Kälteperioden abgelöst werden sowie durch starke Temperaturunterschiede zwischen Tag und Nacht
- die Bedrohung durch Typhula-Fäule, Schneeschimmel und Ersticken infolge einer langanhaltenden Schneedecke
- die Anfälligkeit gegenüber der Virösen Gelbverzwergung

> **Düngungsempfehlungen** erfolgen nach den **„Richtlinien für die sachgerechte Düngung" (RSGD)**, 8. Auflage!

Als **Empfehlungsgrundlage** für die **N-Düngung** zu **Wintergerste** gilt nach den RSDG (8. Aufl.) für **mittlere Ertragslagen** ein **N-Bedarfswert** von **100–120 kg** jahreswirksamer N/ha. Davon ausgehend ergeben sich für **abweichende Ertragslagen** bzw. **Standorteigenschaften** durch Zu- und Abschläge die **maximalen N-Bedarfswerte** sowie die daraus abgeleiteten Vorgaben für die **Konditionalität**.

N-Obergrenzen in kg jahreswirksamer N/ha gemäß Nitrat-Aktionsprogramm-Verordnung 2023:

Ertragslage Kultur	niedrig (t/ha) (max. N)	mittel (t/ha) (max. N)	hoch 1 (t/ha) (max. N)	hoch 2 (t/ha) (max. N)	hoch 3 (t/ha) (max. N)
Winterfutter-gerste	< 5,0 **95** 80*	5,0-6,0 **130** 110*	6,0–7,5 **155** 135*	7,5–9,0 **170** 145*	> 9,0 **180** 155*
Winterbrau-gerste	< 4,5 **70** 60*	4,5-5,5 **100** 85*	5,5-7,0 **115** 100*	7,0-8,5 **125** 105*	> 8,5 **135** 115*

* für Gebiete mit verstärkten Aktionen zum Schutz der Gewässer

Die **N-Obergrenzen** beziehen sich bei **allen stickstoffhaltigen Düngern** auf ihre jeweilige **Jahreswirksamkeit**.

Die von der Ertragslage abhängige **N-Bemessung** hat eine mögliche **N-Nachwirkung aus Vorfrucht, Ernterückständen** und **pflanzenverfügbaren N-Vorräten im Boden** zu berücksichtigen.

Für **mittlere Ertragslagen** werden je nach Bestandesentwicklung im Frühjahr zu **Vegetationsbeginn 40–60 kg N/ha** (zu zweizeiliger Gerste im Allgemeinen die höhere Menge) und zu **Schossbeginn 40–60 kg N/ha** empfohlen.

Bei **hoher Ertragserwartung** ist eine **Dreiteilung** der höheren N-Menge (3. N-Gabe je nach Bestandesentwicklung bis spätestens zu Beginn des Ährenschiebens) empfehlenswert.

Zur **Erzeugung von Braugerste** ist die **N-Düngung** je nach **Ertragslage** auf **60–80 kg N/ha zu begrenzen** und zu **Vegetationsbeginn im Frühjahr in einer Gabe** auszubringen. Die **Phosphat- und Kalidüngung** richten sich nach der **Bodenuntersuchung** und der **Ertragslage**. Für z. B. **mittlere Ertragslagen** der **Gehaltsstufe C** gelten als **Richtwerte für die Grunddüngung** 55 kg P_2O_5 und 80 kg K_2O je ha und Jahr.

Zur **Auswahl geeigneter Sorten** wird auf die **jährlich** erscheinende **„Österreichische Beschreibende Sortenliste"** der **AGES** sowie auf die **jährlichen Sortenempfehlungen** der **Landwirtschaftskammern** verwiesen.

Bei der **Sortenwahl** sollte man nicht nur auf das **Ertragsvermögen** achten, sondern auch auf **Winterhärte, Krankheitsresistenz, Standfestigkeit, Reifezeit** und bei **Verkaufsabsicht** auf die **vermarktbare Qualität** (Hl-Gewicht, Vollkornanteil).

Aufgrund von **Sortenprüfungen** der **AGES** kann man sagen, dass die **mehrzeiligen Sorten gegenüber den zweizeiligen um 5–12 % mehr Ertrag** bringen. Ihre **Schwächen** liegen jedoch in der **geringeren Standfestigkeit** und in der **verminderten Kornqualität**. Auf **leichteren Böden des Trockengebietes** sollte bei **Produktion von Wintergerste** für den **Markt** aus **Qualitätsgründen** und damit **besseren Vermarktungschancen eher der zweizeiligen Form der Vorzug** gegeben werden. Als Braugerste kommen nur ausgewählte zweizeilige Sorten in Betracht. **Unter besonders günstigen Ertragsbedingungen** (gute, speicherfähige Böden bzw. ausreichende Niederschläge) **kann insbesondere bei Eigenverwertung den mehrzeiligen Formen der Vorzug** gegeben werden.

Bei der **Bodenvorbereitung für den Anbau** der Wintergerste sollte nach einer **Getreidevorfrucht** (z. B. nach Winterweizen) zunächst für eine rasche, flache, krümelige und ganzflächige **Stoppelbearbeitung** mit **Rückverfestigung** gesorgt werden. Damit soll ein **rasches Auflaufen** von **Ausfallgetreide** und **Unkrautsamen** erreicht werden.

Mit einer **nicht zu tiefen** (max. 15 cm) **Folge-(Grund-)Bodenbearbeitung** sollte der nicht allzu hoch gewordene **Aufwuchs** („grüne Brücke" für Schadorganismen) **beseitigt** bzw. in den **Boden eingemischt** werden.

Bei der **Grundbodenbearbeitung** ist zu beachten, dass die Wintergerste im Vergleich zu Winterweizen auf **Strukturschäden** und **Fehler in der Bodenbearbeitung** (zu tief, zu nass, zu trocken) wesentlich ungünstiger reagiert. Es sollte daher eine **ungestörte Durchwurzelung** des **Oberbodens** erreicht werden. Ein **guter Bodenschluss** und die **Erhaltung der Bodenfeuchtigkeit** stehen im Vordergrund.

Bei **anhaltender Trockenheit** sollte, wenn möglich, eine „schüttende" **Saatfurche erst knapp vor der Saat** erfolgen und der **Boden mechanisch rückverfestigt** werden. Damit kann die vorhandene **Restfeuchtigkeit** für einen **befriedigenden Feldaufgang** genützt werden.

Eine **Saatfurche** ist dann **sinnvoll**, wenn **nach einer Vorfrucht unerwünschter Durchwuchs** (z. B. von Winterweizen) zu erwarten ist oder **phytosanitäre Gründe** maßgeblich sind.

Nach Blattfrüchten (z. B. Kartoffeln) ist oftmals eine **pfluglose Grundbodenbearbeitung** ausreichend.

Wintergerste mit unterschiedlichen Befallsgraden von Viröser Gelbverzwergung (nur die rechte Pflanze ist gesund und normal entwickelt).

Die **Saatzeit** sollte einerseits **nicht zu früh** (Begünstigung der Virösen Gelbverzwergung) und andererseits **nicht zu spät** (zu geringe Vorwinterentwicklung) erfolgen. Das Ziel sind Wintergerstenbestände, die noch **vor der Winterruhe 3–4 Triebe** anlegen und wo die gleichzeitige Wurzelausbildung ungehindert vor sich gehen kann.

Der **Anbau** von Wintergerste sollte deshalb in **ungünstigeren (kühleren) Lagen von Mitte bis Ende September** erfolgen – im **Alpenvorland** meist zwischen 20. September und 10. Oktober. In **günstigeren (wärmeren) Lagen Ostösterreichs** sollte **Anfang Oktober** angebaut werden, wenn für eine **kräftige Herbstentwicklung** zwischen Aufgang und Winterruhe noch mindestens 40–50 Wachstumstage zur Verfügung stehen.

Zweizeilige Sorten sind etwas **spätsaatempfindlicher** als mehrzeilige Sorten.

Ein **zu früher Anbau bei warmer Herbstwitterung** bzw. **anhaltendem Blattlausflugwetter** fördert die **Viröse Gelbverzwergung** und die **oft zu mastige Herbstentwicklung** verstärkt die Gefahr durch **Typhula-Fäule** und **Schneeschimmel** mit **verstärkter Neigung zur Auswinterung**.

Die **Saatmenge** beträgt je nach **Güte des Saatbettes, Saattermin, Saatstärke** und **TKM**
- für **zweizeilige Liniensorten** (TKM 38-64 g) 110–220 kg/ha, entsprechend 250–380 keimfähigen Körnern je m^2,
- für **mehrzeilige Liniensorten** (TKM 31-58 g), 90–180 kg/ha, entspricht 200–350 keimfähigen Körnern je m^2 und
- für **mehrzeilige Hybridsorten** 70–120 kg/ha, entsprechend 170–230 keimfähigen Körnern je m^2 (entsprechend 2,5-4 Packungen/ha zu je 600.000 oder 700.000 Körnern).

Die **Saatmenge in kg/ha** lässt sich nach **folgender Formel** berechnen:

$$\frac{\text{keimfähige Körner je m}^2 \text{ (z. B. 300) x TKM in Gramm (z. B. 53)}}{\text{angenommene Keimfähigkeit in \% (z. B. 95)}} = \text{................ kg/ha}$$

Die **Saattiefe** sollte zwischen 2 und 4 cm liegen. **Voraussetzung** hierfür ist ein **gut abgesetzter oder rückverfestigter Boden**. Das **Ziel** ist ein **gleichmäßiger und schneller Aufgang**.

Die pflanzenbaulichen **Kulturmaßnahmen** sind bei **zweizeiligen Liniensorten** auf eine **höhere Bestandesdichte** (je nach Sortentyp und Bodengüte etwa 650–950 Ähren je m^2) auszurichten. Bei **mehrzeiligen Liniensorten** sind **geringere Bestandesdichten** (450–650 Ähren je m^2) mit höheren Kornzahlen pro Ähre anzustreben.

Die **mehrzeiligen Hybridsorten** sind in ihrer Wüchsigkeit (Vitalität) den Liniensorten überlegen. Ihre starke Bestockungsfähigkeit und schnellere Bestandesentwicklung im Frühjahr verlangen eine **angepasste Bestandesführung** und meist den Einsatz eines **Wachstumsreglers**. Die Bestandesführung beginnt bereits mit einer **nicht zu frühen Aussaat** (20. 9. bis 15. 10.), einer **verringerten Saatmenge/Saatstärke** und einer **reduzierten ersten N-Gabe im Frühjahr** zugunsten der dritten N-Gabe.

Mitentscheidend für das Erreichen einer guten Qualität sind die **Verhinderung einer Lagerung**, die **Gesunderhaltung** des **Pflanzenbestandes** sowie eine **rechtzeitige und schonungsvolle Ernte**.

❏ Ertrag

Durchschnittserträge in t/ha Wintergerste

Erntejahr	2022	2023	20 . .
Österreich Bundesland	6,66	6,55	....
....	....	....	....
Eigener Betrieb	....	....	....

Siehe Berichte der Statistik Austria!

Gute Kornerträge: Winterfuttergerste 6 bis 7 Tonnen je ha; Winterbraugerste 5 bis 6 Tonnen je ha.

Verwertung von Wintergerste

Die Wintergerste wird derzeit meist **verfüttert** und wie Sommergerste von allen Tieren gerne gefressen. Die **bessere Futterqualität** erreichen die **zweizeiligen Winterformen**. Besonders in der **Schweinefütterung** werden gut ausgebildete Körner (hoher Vollkornanteil) mit **hohem Energiegehalt** und **geringerem Rohfasergehalt** bevorzugt verfüttert.

Die **mehrzeilige Wintergerste** hat durch den **höheren Rohfasergehalt** einen meist **geringeren Energiegehalt**. Sie wird deshalb am besten von Wiederkäuern und Zuchtsauen verwertet.

Zur **Rohstoffsicherung** besteht ein **vermehrtes Interesse an der Vermälzung braufähiger zweizeiliger Wintergerstensorten**.

❏ Herbstanbau der Sommerbraugerste (Wechselgerste)

Der voranschreitende Klimawandel wirkt sich auch immer mehr auf die Auswahl der Kulturpflanzen aus. So wird seit einigen Jahren wegen der geringen Niederschläge und milden Temperaturen im Winter sowie der ungünstigen Frühjahrswitterung (Hitze und Trockenheit) überlegt, den Anbau einer gegen **Rynchosporium-Blattfleckenkrankheit resistenten** Sommerbraugerste bereits auf den Herbst zu verlegen.

Vorteile: höheres Ertragspotential als beim Früjahrsanbau, bessere Ertrags- und Qualitätssicherheit durch die Ausnützung der Winterfeuchtigkeit, kein Problem mit dem Gelbverzwergungsvirus, stärkeres Wurzelsystem, frühere Ernte, höherer Vollgerstenanteil.

Der **Anbau** sollte am besten **Mitte Oktober bis Mitte November** mit einer **Saatstärke von 120 bis 210 kg/ha** (300 bis 380 Körner pro m2) erfolgen. Die **Winterhärte** hält bis -12 °C, auf Spätfröste reagiert die Gerste aber empfindlich.

5. HAFER (*Avena sativa*)

5.1 Herkunft und Bedeutung

Der Hafer ist aus Asien nach Europa gelangt. Als **Stammformen** unserer Hafersorten gelten **dem Flughafer ähnliche Wildformen**. Der Hafer gilt daher wie Roggen als eine sekundäre Kulturpflanze.

Hafer hat in der **Fütterung von Zuchttieren** Bedeutung. Seine **Sonderwirkung** liegt in der **Förderung der Fruchtbarkeit** der Tiere.

Als „**Industriehafer**" (Schälhafer) dient er in geschältem und gequetschtem Zustand der Herstellung **diätetisch wertvoller Nahrungsmittel**.

Der Hafer hat in den letzten Jahrzehnten seine große Bedeutung als Futtermittel stark eingebüßt. Seine Anbaufläche hat sich in Österreich von 163.000 ha im Jahr 1959 auf 17.624 ha im Jahr 2023 reduziert.

Hafer

❑ Haferformen

Bei heimischem Hafer unterscheidet man nach der **Spelzenfarbe** die Gruppe der **Weißhafer**, **Gelbhafer** und **Schwarzhafer**. Letzterer ist wegen seiner **geringeren Verpilzung** von Bedeutung, derzeit aber im Ertrag unbefriedigend. Nach der **Bespelzung** wird in **nackten** und **bespelzten Hafer** unterteilt. Überdies wird unterschieden nach **Sommer-** und **Winterform** und auch nach der **Rispenform**.

Verschiedene Rispenformen

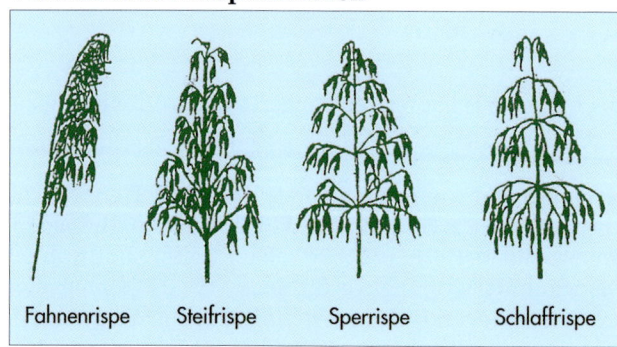

Fahnenrispe   Steifrispe   Sperrispe   Schlaffrispe

Verschiedene Rispenformen

Gelbhafer   Weißhafer   Schwarzhafer

Gelbhafer und *Weißhafer* sind äußerlich oft kaum zu unterscheiden, *Schwarzhafer* zeigt dunkelbraune Spelzen.

Die folgenden Ausführungen beziehen sich vorwiegend auf die **Kultur des Sommerhafers, da sich die bisher angebotenen Wintersorten aufgrund mangelnder Winterhärte als zu unsicher erweisen**!

5.2 Ansprüche an den Standort

Der Hafer hat unter den Sommerungen die längste Wachstumszeit. Er braucht die meiste **Feuchtigkeit**, besonders während des **Keimens** und beim **Schossen**. Wenn man von der Anforderung an die Wasserversorgung absieht, kann man die **Standortansprüche** des Hafers als gering bezeichnen. Der Wasserbedarf pro kg Trockenmasse beträgt ca. 550 l, die Wärmesumme (= Temperatursumme) vom Aufgang bis zur Vollreife ca. 1600 °C. Er verträgt Nebel und Bewölkung gut und gilt als **ausgeprägte Langtagspflanze**.

Hafersaatgut

Hafer stellt nur **geringe Ansprüche an den Boden**, wenn ausreichende Niederschläge bzw. ein entsprechendes Speichervermögen für Wasser gegeben ist. Er gilt als **Pionierpflanze** und sicherste Frucht auf Wiesenumbruch, Moorböden und schweren, verdichteten Böden. Auch bei saurer **Bodenreaktion** kann Hafer gute Erträge bringen.

5.3 Stellung in der Fruchtfolge

Hafer stellt an die Vorfrucht nur **geringe Ansprüche**. Er ist unter den **Getreidearten die beste Vorfrucht**.

Hafer ist gareneutral, aber **nicht selbstverträglich. Hafer nach Hafer frühestens nach vier Jahren** anbauen! In Fruchtfolgen wird Hafer infolge seiner **großen Wurzelmasse mit hohem Aufschließungsvermögen** für Pflanzennährstoffe meist als **„abtragende Frucht"** eingeplant.

Beispiele von günstigen Vor- und Nachfrüchten

Weizen	Roggen	....
Hafer	**Hafer**	**Hafer**
Kleegras	Kartoffel	....

Tragen Sie ein weiteres Beispiel ein!

5.4 Ernährung und Düngung

Düngungsempfehlungen erfolgen nach den **„Richtlinien für die sachgerechte Düngung" (RSGD)**, 8. Auflage!

Einer **pflanzengerechten** und **umweltschonenden Stickstoffdüngung** kommt eine besondere Bedeutung zu. Als **Empfehlungsgrundlage** für die **N-Düngung zu Hafer** gilt nach dem RSDG (8. Aufl.) für **mittlere Ertragslagen** (3,5–5,0 t/ha) ein **N-Bedarfswert** von **70–90 kg** jahreswirksamer N/ha. Davon ausgehend ergeben sich für **abweichende Ertragslagen** bzw. **Standorteigenschaften** durch Zu- und Abschläge die **maximalen N-Bedarfswerte** sowie die daraus abgeleiteten **Vorgaben für die Konditionalität.** Die von den **Durchschnittserträgen** der letzten Jahre abhängige N-Bemessung hat auch eine **N-Nachwirkung** aus **Vorfrucht** und **Ernterückständen** sowie **pflanzenverfügbare N-Vorräte im Boden** zu berücksichtigen. Die **N-Obergrenzen** beziehen sich **bei allen stickstoffhaltigen Düngern** auf ihre jeweilige **Jahreswirksamkeit**.

N-Obergrenzen in kg jahreswirksamer N/ha gemäß Nitrat-Aktionsprogramm-Verordnung 2023:

Ertragslage Kultur	niedrig (t/ha) (max. N)	mittel (t/ha) (max. N)	hoch 1 (t/ha) (max. N)	hoch 2 (t/ha) (max. N)	hoch 3 (t/ha) (max. N)
Hafer	<3,5 **70** 60*	3,5-5,0 **100** 85*	5,0-6,5 **115** 100*	6,5–8,0 **125** 105*	> 8,0 **135** 115*

* für Gebiete mit verstärkten Aktionen zum Schutz der Gewässer

Empfehlenswert ist meist eine **Zweiteilung der N-Düngung** (ca. 50 % N zum Anbau und 50 % N zu Schossbeginn). Eine **düngungsbedingte Lagerung** des Haferbestandes ist wegen Ertrags- und Qualitätseinbußen zu **verhindern**.
Die **Phosphat-** und **Kalidüngung** richten sich nach der **Bodenuntersuchung** und der **Ertragslage**. Für z. B. **mittlere Ertragslagen** der **Gehaltsstufe C** gelten als **Richtwerte** für die **Grunddüngung** 55 kg P_2O_5 und 80 kg K_2O je ha und Jahr.

5.5 Saatgut und Sortenwahl

Zur **Auswahl geeigneter Sorten** wird auf die jährlich erscheinende **„Österreichische Beschreibende Sortenliste"** der **AGES** sowie auf die **jährlichen Sortenempfehlungen** der **Landwirtschaftskammern** verwiesen. Wichtige **Entscheidungskriterien** für die **Sortenwahl** sind das **Ertragsvermögen**, die **Standfestigkeit** (besonders in feuchteren Anbaulagen), **frühere Reife** (wichtig für Spätdruschgebiete), die **Resistenz gegen Krankheiten**, ein **geringer Spelzenanteil** (Schälhafereignung, hoher Energiegehalt) und **hohes Hektolitergewicht**. Derzeit sind nur **bespelzte Hafersorten** in Österreich registriert. Vereinzelt wird im **Bio-Landbau Nackthafer** angeboten. **Winterhafer** hat unter den Wintergetreidearten die geringste Anbaubedeutung, könnte aber im Zuge des Klimawandels in Zukunft eventuell von Interesse sein.

5.6 Bodenvorbereitung, Anbau und Pflege

Die **Bodenvorbereitung** für den Haferanbau beginnt idealerweise mit der **Grundbodenbearbeitung** auf mittlere Tiefe. Eine gut ausgeformte **Herbstfurche** mit **sattem Furchenschluss** begünstigt eine gleichmäßige und rasche Abtrocknung im Frühjahr und ermöglicht eine seichte, Wasser schonende Saatbettbereitung mit wenigen Arbeitsgängen. Die oberste Bodenschicht muss jedoch so weit abgetrocknet sein, dass eine bodenschonende Befahr- und Bearbeitbarkeit gegeben ist und die Saat nicht „eingeschmiert" wird.

Der **Anbau** von Hafer sollte **so früh wie möglich** erfolgen, damit noch bei kühlerer Witterung ausreichend Zeit für die Ausbildung der Ertragsorgane gegeben ist. Die wünschenswerte **Saatzeit** liegt je nach Anbaugebiet meistens zwischen **Anfang und Ende März**. In **weniger günstigen Anbaulagen** sollte der **Anbau möglichst bis Mitte April** abgeschlossen sein. **Spätsaaten** („Maihafer ist Spreuhafer") **bringen geringere Erträge** und **werden häufig von der Fritfliege befallen**, wodurch die Rispenausbildung leidet. Hafer reagiert gegenüber **Saatzeitverspätung** wesentlich **empfindlicher** als Sommergerste. Er beginnt bereits ab einer Bodentemperatur von etwa +3 °C zu keimen und verträgt in der Jugendzeit vorübergehend Frosttemperaturen bis zu –5 °C ohne Folgeschäden.

Die **Saattiefe** liegt meist zwischen **3 und 4 cm** und sollte dem **höheren Wasserbedarf zur Keimung** Rechnung tragen.

Die **Saatmenge** schwankt je nach Saatzeit, Saatstärke und TKM (27–48 g) zwischen 100 und 180 kg/ha (entsprechend 300–450 keimfähigen Körnern je m²). Bei **Saatzeitverspätung** (ab April beginnend) sowie bei **Anbau unter ungünstigen Voraussetzungen** oder bei **Anbau in höheren** (raueren) **Lagen** ist eine **geringe Erhöhung der üblichen Saatstärke** von Vorteil. Die **Saatmenge in kg/ha** lässt sich nach folgender **Formel** berechnen:

$$\frac{\textbf{keimfähige Körner je m}^2 \textbf{ (z. B. 400) x TKM in Gramm (z. B. 38)}}{\textbf{angenommene Keimfähigkeit in \% (z. B. 90)}} = \text{.................. kg/ha}$$

Die **Bestockung** des Hafers ist hoch und wird durch **kühle Temperaturen und ausreichende Niederschläge gefördert**.

Da diese **Eigenschaft während der Wachstumszeit nie restlos verloren** geht, kann es **insbesondere bei Lagerung von bereits rispentragenden Haferbeständen** und/oder **lang anhaltenden Niederschlägen während der Reifezeit** zum **unerwünschten Zwiewuchs** kommen.

Der **Pflegebedarf** von Haferbeständen ist **gering**, da die **Kampfkraft gegen Unkräuter gut** ist. Wird der Unkrautstriegel richtig eingesetzt (bis zum Spitzen und nach der Ausbildung des dritten Laubblattes) und nicht unmittelbar vor oder nach Spätfrösten, so kann insbesondere nach günstigen Vorfrüchten (Blattfrüchte) auf einen Herbizideinsatz meist verzichtet werden.

Hafer ist bei **Grünnutzung** für **Klee-Untersaaten bestens geeignet!**

Die **Standfestigkeit** des Hafers ist durch pflanzenbauliche Maßnahmen, wie **richtige Sortenwahl, keine zu hohen Saatmengen** und **keine zu hohe Stickstoffdüngung**, zu fördern. Die Notwendigkeit eines Pflanzenschutzmitteleinsatzes ist bei Hafer eher gering.

Anzustreben sind **mittlere Bestandesdichten** von 350–480 rispentragenden Halmen je m²
mit möglichst **vielen** (über 45 Körner/Rispe) und **gut** ausgebildeten Körnern.

5.7 Reife, Ernte und Lagerung

Die Reife sollte **aus Ertrags- und Qualitätsgründen gleichmäßig** und **langsam** erfolgen.
Dies wird am ehesten in **kühleren** Anbaugebieten mit **nicht zu hohen Niederschlägen
während der Abreife** des Hafers erreicht. **Mit zunehmender Reife** und insbesondere mit
dem Altern des Hafers **nimmt bereits auf dem Felde der Befall durch Feldpilze** stark zu.
Die **Gründe** liegen einerseits im **lose bespelzten Haferkorn** und andererseits in **überhöh-
ter Stickstoffdüngung**, zu **dichten** und **lagernden Beständen** sowie vor allem in hohen
Niederschlägen und **hoher Luftfeuchtigkeit**. Ab der Vollreife in ansteigendem Ausmaß. Es
vermehren sich **Schwärzepilze** und bestimmte **Fusariumarten**, wobei letztere **Mykotoxi-
ne** wie **Deoxynivalenol (DON)** – auch Vomitoxin genannt – und **Zearalenon (ZEA oder
ZON)** bilden können.

Für eine **Produktion** gesunden Hafers (**Qualitätshafer**) kommt neben den richtigen Kultur-
maßnahmen insbesondere einer **rechtzeitigen Ernte des Hafers in der Vollreife** größte
Bedeutung zu.
Daher soll der Hafer bereits ab einem **Wassergehalt von 18 bis 19 % geerntet** werden. Da
die Haferrispe **ungleich abreift**, kann eine **rechtzeitige Ernte** auch einen möglichen **Korn-
ausfall** durch **starke Windeinwirkung verringern**.

Im **Anschluss an die Ernte** sollte Hafer zwecks Verbesserung der Lagerfähigkeit **rasch und
sorgfältig gereinigt** („aspiriert") werden, da Staub und Besatz besonders stark mit Pilzkei-
men behaftet sind und in der Folge die Qualität des Erntegutes gefährden. **Wird Hafer mit
einer Feuchtigkeit über 14 % geerntet**, so muss das Erntegut zwecks sicherer **Lagerung**
am besten auf **12–13 % Wassergehalt abgetrocknet, belüftet** und bei **10–12 °C gelagert**
werden.

> Unzureichende Reinigung, Trocknung und Lagerhaltung führen zur Ausbreitung gefährli-
> cher **Lagerpilze** (z. B. Schimmelpilze) mit hohen Qualitätsverlusten (siehe Kapitel **„Lage-
> rung von Futtergetreide im Betrieb"**).

Sichtbarer Qualitätsunterschied bei Hafer – *links verpilzt (geerntet nach einer Regenperiode), rechts
ohne Verpilzungen.*

5.8 Ertrag, Qualität und Verwertung

❏ Ertrag

Durchschnittserträge von Hafer in Tonnen je Hektar

Erntejahr	2022	2023	20..
Österreich	4,15	3,39	....
Bundesland			
....	....	....	....
Eigener Betrieb	....	....	....

Siehe Berichte der Statistik Austria!

Gute Kornerträge liegen bei 5 bis 6 Tonnen je ha.

❏ Qualität

Übernahmebedingungen beim Verkauf von **Futterhafer** laut Börseusancen:

Basis-Feuchtigkeit	maximal	14,5 %
Basis-Hektolitergewicht	mindestens	50 kg
Besatz • Kornbesatz • Schwarzbesatz	 maximal maximal	 3,0 % 2,0 %

Für **Qualitätsfutterhafer** gibt es spezielle **Anbau- und Lieferverträge**. Die Preisbildung richtet sich nach der erzielten Qualität.

Übernahmebedingungen beim Verkauf von **Industriehafer** (Schälhafer) laut Bürseusancen: Der Absatz erfolgt aufgrund von **Anbau- und Lieferverträgen**, wobei die geforderten Qualitätskriterien vom Aufkäufer vorgegeben werden.

Für **Schälhafer** wird zum Beispiel verlangt:

Basis-Feuchtigkeit	maximal	14,5 %
Basis-Hektolitergewicht	mindestens	54 kg, welches sich durch nachträgliche Aufbereitung („Entspitzung" des Haferkornes) deutlich verbessern lässt.
Besatz • Kornbesatz • Schwarzbesatz	 maximal maximal	 3,0 % 2,0 %

Gefordert wird eine **möglichst niedrige pilzliche und bakterielle Kontamination** (Keimzahl, Fusarientoxine).

Höchstgehalt an: **Deoxynivalenol (DON-Wert)** maximal 1750 µg/kg
                   Zearalenon (ZEA- bzw. ZON-Wert) maximal 100 µg/kg

Im Allgemeinen sind ein **hoher Vollhaferanteil**, eine **hohe Tausendkornmasse**, ein **niedriger Spelzengehalt**, eine **gute Schälbarkeit** (hohe Kornausbeute) und eine **helle Färbung der Kerne** erwünscht. **Zur Schälhafererzeugung eignen sich Regionen**, die während der Einkörnungsphase durch **geringere Niederschläge** und **kühlere Witterung** gekennzeichnet sind.

❏ Verwertung

Futterhafer wird überwiegend innerbetrieblich an **Zuchttiere** und **Pferde** verfüttert und nur zum geringeren Teil vermarktet. Aufgrund des Spelzenanteils von 21 bis über 27 % ist die Nährstoffkonzentration geringer als die der übrigen Getreidearten.

Industriehafer wird zunächst entspelzt (geschält) und als **Lebensmittel** in Form von Hafermehl, Haferflocken, Hafergrieß, Speisekleie usw. verwertet. Geringe Mengen werden auch als Zugabe für ballaststoffreiche Brote und Gebäcke verwendet.

5.9 Nackthafer

Nackthafer bringen 50-65 % der Erträge der meisten derzeitigen Gelbhafersorten. Sie zeichnen sich durch einen deutlich **höheren Protein- und Fettgehalt** sowie **geringeren Rohfaseranteil** aus. Dadurch zeigen sie den **höchsten Nährstoffgehalt aller Getreidearten**. Je nach Saattermin im Vergleich zu den bespelzten Formen sollte eine um 20 % höhere Saatstärke gewählt werden (330-450 keimfähige Körner pro m^2 – das sind ca. 90-160 kg Saatmenge je ha). Nackthafer sind hauptsächlich für **Biobetriebe** mit **Direktvermarktung** der Haferkerne vorgesehen.

5.10 Winterhafer

Aufgrund von züchterischen Fortschritten wurden auch in Österreich Winterhafersorten amtlich zugelassen. Da eine Anbauempfehlung für die Praxis nach wie vor unsicher ist, sollen die Vorzüge und Schwächen des Winterhafers gegenübergestellt und die speziellen Kulturmaßnahmen aufgezeigt werden.

Vorzüge:
- bessere Ausnützung der Winterfeuchtigkeit
- Entwicklungsvorsprung im Frühjahr
- leidet weniger unter einer Vorsommer-Trockenheit
- höheres Ertragsvermögen (nur nach guter Überwinterung)
- bessere Kornqualität (höheres Hektolitergewicht – häufig über 50 kg, geringerer Spelzenanteil)
- frühere Ernte (1–2 Wochen nach der Wintergerste)

Schwächen:
- Gefahr der Virösen Gelbverzwergung
- langsamere Jugendentwicklung
- geringere Standfestigkeit (Lagerneigung stärker als bei Wintergerste)
- Auswinterungsgefahr bereits ab –12 °C (Frost- und Schneefestigkeit geringer als die von Wintergerste)
- geringere Tausendkornmasse
- Chem. Unkrautbekämpfung problematisch (wenig für Winterhafer registrierte Herbizide)

Kulturmaßnahmen:
Anbau: Mitte September bis Anfang Oktober; Spätfrost- oder Kahlfrostlagen sind zu meiden.
Saatmenge: 80–150 kg/ha (entsprechend 350–380 keimfähigen Körnern pro m^2).
Bestandesdichte: 350–500 Rispen pro m^2.
Stickstoffdüngung: in 2 Gaben (Vegetations- und Schossbeginn).

> Aus jetziger Sicht wird der Winter- den Sommerhafer nicht verdrängen, sondern nur ergänzen.

6. MENGGETREIDE

Die Vorzüge von Menggetreide liegen vor allem in der größeren **Ertragssicherheit**, wenn Hafer- oder Gerstenreinsaaten unsicher sind. Die intensive Durchwurzelung sichert eine bessere Ausnutzung der Nährstoffe und des Wassers. Die Gefahr einer Verunkrautung und des Schädlingsbefalles ist geringer. Das Gemenge lässt größere Mengen an Wurzelrückständen zurück und hat einen höheren Vorfruchtwert.

Die Nachteile von **Artengemengen** sind, dass eine Verwertung nur im eigenen Betrieb möglich ist und das Saatgut immer wieder neu zusammengestellt werden muss. Außerdem überträgt die Gerste im Gemenge die Fußkrankheiten. Bei **Artengemengen** muss auf die annähernde **Übereinstimmung der Reifezeit** Rücksicht genommen werden.

Beispiele für Sommermenggetreide:
- Feuchte Lagen: Hafer : Gerste = 2 : 1 (120 kg Hafer + 60 kg Gerste)
- Trockene Lagen: Hafer : Gerste = 1 : 2 (60 kg Hafer + 120 kg Gerste)
- Mittellagen: Hafer : Gerste = 1 : 1 (90 kg Hafer + 90 kg Gerste)

Die Getreide-Hülsenfrucht-Gemenge dienen häufig zur Gewinnung der Hülsenfrucht als Saatgut für den Zwischenfruchtbau („Einspritzverfahren" von Erbse und Wicke).

7. GRUNDSÄTZLICHES ZUR LAGERUNG VON FUTTERGETREIDE IM BETRIEB

Zur **Sicherung der Qualität** des Erntegutes müssen entsprechende **Voraussetzungen** für eine **gute Lagerhaltung** (Lagerhygiene) gegeben sein bzw. geschaffen werden:
- Lagerraum, der eine **kühle** und **trockene Aufbewahrung** ermöglicht. Eine auftretende Wärme muss durch Belüften (Umziehen, Umarbeiten) oder Kühlen abgeführt werden.
- **Gründliche Reinigung des Lagerraumes** (am besten mittels Industriestaubsauger) von **Staub** und diversen Lagerresten **vor jeder neuerlichen Einlagerung**.
- **Saubere** und **glatte** Lagerflächen
- **Ritzen** und **Fugen abdichten**
- Nur **gereinigtes** und **trockenes** Futtergetreide (unter 14 % Wassergehalt) mit wenig Kornbeschädigungen einlagern!
- Gegebenenfalls chemische Bekämpfung tierischer Lagerschädlinge (zum Beispiel Kornkäfer und Milben), da deren Fraßstellen an Körnern häufige Ausgangspunkte für Verpilzungen sind.

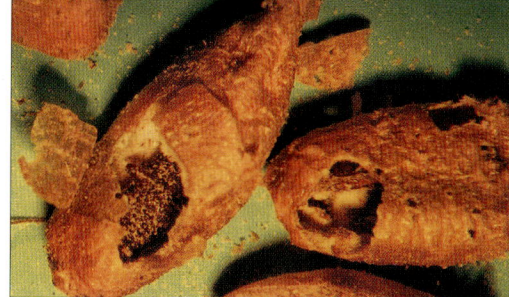

Fraßschäden durch Kornkäfer, häufiger Ausgangspunkt für Verpilzungen

- **Laufende Kontrolle** der **Lagerbedingungen** (Lufttemperatur und Luftfeuchtigkeit) und des **Lagergutes** (Temperatur, Feuchtigkeit, Aussehen und Geruch).

Wird Futtergetreide unsachgemäß gelagert, so können sich auf dem Lager Schimmelpilze (Lagerpilze), wie z. B. Aspergillus und Penicillium, entwickeln.

Die **Auswirkungen eines unerwünscht hohen Keimbesatzes** sind äußerst vielfältig:
- Minderung der Nährstoffkonzentration
- Substanzverlust (Schwund)
- Auslösen von pilzbedingten Erkrankungen bzw. Allergien
- Bildung von Schimmelpilzgiften (Mykotoxinen), die über das Futter aufgenommen werden und akute oder chronische Vergiftungen bewirken können
- Verderb des Lagergutes

Grundsätzlich sollte sichtbar verschimmeltes Futter niemals verfüttert werden und verdächtige Futtermittel biologisch und/oder chemisch untersucht werden!

Nähere Hinweise über **„Integrierte Kontrolle von Schädlingen in Vorräten"** enthält die Beratungsbroschüre **„Vorrats- und Materialschädlinge"** der **AGES**. Weiteres liefern die **Landwirtschaftskammern** jährlich aktuelle einschlägige Informationen.

III. PFLANZENSCHUTZMASSNAHMEN IM GETREIDEBAU

1. UNKRAUTREGULIERUNG

Die Unkrautregulierung sollte **vielseitig** und **gezielt** erfolgen, wobei das Unkraut (Beikraut) beseitigt oder unterdrückt wird – **gelenkte Verunkrautung**.

❑ Nichtchemische Maßnahmen

- **Zeitgerechte** und eine auf die Kulturerfordernisse ausgerichtete **bestmögliche Bodenbearbeitung**. Von der **Stoppelbearbeitung** über die **Grundbodenbearbeitung** (mit oder ohne Pflug) bis zur **Saatbettbereitung** lassen sich Unkräuter und Ungräser **vorbeugend gut bekämpfen**.
- Aufstellung einer **mehrgliedrigen Fruchtfolge**. Mit einem **Wechsel von Blatt- und Halmfrüchten**, von **Winter- und Sommergetreide** und dem **Anbau von Zwischenfrüchten** bzw. einer **Begrünung** lässt sich eine **überhöhte Vermehrung von Unkräutern und Ungräsern verhindern**. Von den Getreidearten kann **Winterroggen** das **Unkrautwachstum am besten hemmen**.
  Die **optimale Unkraut- und Ungrasunterdrückung** ergeben **mehrschnittige, über- und mehrjährige Feldfutterbestände**.
- **Kräftigung des Getreidebestandes** durch eine **bedarfsgerechte Düngung** (ausgewogenes Nährstoffverhältnis)
- Richtige **Sortenwahl bei Getreide**. Sorten mit einer **hohen positiven Ausprägung** hinsichtlich **Standfestigkeit**, **Wuchshöhe** und **Bodenbeschattung** (ab der Bestockung bis zum beginnenden Ährenschieben/Rispenschieben) **begünstigen** die **Unkrautunterdrückung**.
- Nur **reines**, **keimfähiges**, **gesundes Saatgut** verwenden
- Eine an den **Standort** und die **jeweilige Getreideart** angepasste **Saatzeit**, die erforderliche **Saatstärke** und optimale **Sätechnik** (gleichmäßige Verteilung und Tiefenablage des Saatgutes) lassen einen **raschen** und **gleichmäßigen Feldaufgang** mit **baldigem Bestandesschluss** und **reduziertem Unkrautaufkommen** erwarten.
- **Mechanische Pflegemaßnahmen**

Für die Durchführung des Saatenstriegelns hat sich von den Geräten besonders der **Hackstriegel** bewährt. Er lässt sich je nach Entwicklung des Getreides elastischer oder starrer einstellen. Wirksam ist die Pflegemaßnahme nur gegen **Samenunkräuter**, wobei die **beste Unkrautbeseitigung im Keim- bis Keimblattstadium der Unkräuter** erzielt wird.

Bei **Nachtfrost** und **ausgewintertem Getreide nicht striegeln**!

Striegeln braucht sehr viel **Erfahrung.** Die gegebenen Verhältnisse am zu striegelnden Feld sind entscheidend. Die Wirkung des Striegels besteht zu 70 % im Verschütten und nur zu 30 % am Ausreißen der Unkräuter. Dazu sind ein nicht zu feines Saatbett und eine möglichst krümelige Oberfläche erforderlich. Ein zu feines Saatbett fördert die Verschlämmung des Feldes. Bei passenden Witterungs- und Bodenverhältnissen kann bei Wintergetreide der Einsatz eines Striegels bereits im Herbst sinnvoll sein (Ausnahme ist Roggen als Flachwurzler). In einer Saattiefe von 3 bis 5 cm kann auch ein **Blindstriegeln** im Vorauflauf erfolgreich sein. Spätere Striegeltermine sind erst nach dem Zweiblattstadium möglich.

Mögliche Einsatzzeiträume für den Zinkenstriegel im Getreide

❑ Chemische Maßnahmen

Der Einsatz der chemischen Unkrautbekämpfungsmittel (Herbizide)
- bringt **arbeitswirtschaftliche Vorteile**,
- erlaubt eine gewisse **Vereinfachung** der **Fruchtfolge** und
- erleichtert den **Mähdreschereinsatz**.

Um **Beeinträchtigungen der Umwelt** oder **Wirkungsverluste** zu vermeiden, müssen Herbizide **bestimmungs- und sachgemäß** unter den erforderlichen **Witterungs-** bzw. **Bodenverhältnissen** angewendet werden.

Beobachtungen und **Erkenntnisse aus jährlichen Feldbegehungen** über vorkommende Unkrautarten und Besatzstärken erleichtern die Auswahl der Herbizide.

So erfordert die **Produktwahl** für eine erfolgreiche **Vorauflaufspritzung standortbezogene Erfahrungswerte** über ein mögliches Unkrautaufkommen.

Eine **Nachauflaufspritzung** ermöglicht hingegen eine **gezielte Produktwahl** entsprechend einer bereits erkennbaren **Ausgangsverunkrautung**.

Da das Getreide einen gewissen Unkrautbesatz toleriert, richtet sich die **Bekämpfungswürdigkeit** nach **ökonomischen Schadensschwellen der Leitunkräuter**.

Mit der Safener-Technologie (Substanzen, die die Toleranz von Kulturpflanzen gegen bestimmte Herbizide erhöhen) kann die Wirksamkeit der Herbizide stark verbessert werden.

Zu **vermeiden** ist die **wiederholte Anwendung von Herbiziden mit gleichem Wirkungsmechanismus** über mehrere Jahre hindurch, da dies zur **Selektion und Verbreitung herbizidresistenter Unkrautarten** führen kann.

Um das Risiko einer **Herbizidresistenz** zu verringern, ist neben einer **vielfältigen Frucht-folge** vor allem **ein konsequenter Wechsel von Wirkstoffen mit unterschiedlichen Wirkungsmechanismen** innerhalb der gesamten Fruchtfolge erforderlich. Hilfreich hierfür ist die Einteilung der Wirkstoffe nach ihrem **Wirkungsmechanismus in international gültige Gruppen nach dem WSSA-Code** (früher HRAC-Gruppen), die in Zahlen von 0-34 unterschieden werden. Empfehlungen für die **integrierte Unkrautregulierung** im Getreidebau liefern einschlägige **Beratungsschriften** der **AGES** (www.psm.ages.at) sowie jährliche **kulturbezogene Fachinformationen** der Landwirtschaftskammern.

2. EINSATZ VON WACHSTUMSREGLERN

Es handelt sich um die Zufuhr von Wirkstoffen, die in bestimmten Entwicklungsstadien des Getreides unterschiedlich in das hormonell gesteuerte Pflanzenwachstum eingreifen. Primäres Ziel ist die **Vermeidung von frühem und starkem Lager** durch **Einkürzung** und **Festigung** des **Halmgewebes** (Halmstabilisierung), um Ertrags- und Qualitätseinbußen zu verhindern.

Um Wuchsdepressionen und Mindererträge zu vermeiden, müssen beim Einsatz von Wachstumsreglern mehrere **Voraussetzungen** zutreffen:
Lagergefährdung intensiv geführter Bestände, hohe Ertragserwartung, höheres N-Angebot, gute (tiefgründige) Böden, wüchsige Bedingungen (ausreichend Wärme und sichere Wasserverfügbarkeit). Während und nach der Ausbringung und bei Bedarf begleitende fungizide Schutzmaßnahmen.

Nähere Hinweise geben die Bundesanstalt für Ernährungssicherheit (BAES) der AGES im „Pflanzenschutzmittelregister"oder auch die Landwirtschaftskammern in der Beratungsschrift „Wachstumsregler im Getreidebau"!

Da sich die verschiedenen Wachstumsregler durch u**nterschiedliche Anwendungserfordernisse** deutlich unterscheiden, müssen auch die **Gebrauchsanweisungen der Hersteller** unbedingt beachtet werden.

3. WICHTIGE KRANKHEITEN UND SCHÄDLINGE

Samenbürtige Krankheiten: Als **Überträger** der Krankheiten dient ausschließlich das **Saatgut**.
Samen- und bodenbürtige Krankheiten: Die **Übertragung** der Krankheiten kann sowohl über das **infizierte Saatgut** als auch über **infizierte Pflanzenreste** oder schließlich **im Bestand von Pflanze zu Pflanze** erfolgen.
Bodenbürtige Krankheiten: Die **Übertragung** der Krankheit erfolgt **nicht über das Saatgut**, sondern **über infizierte Pflanzenreste** auf der **Bodenoberfläche** bzw. durch **Windverfrachtung** der Krankheitserreger von Pflanze zu Pflanze, von Bestand zu Bestand oder von Region zu Region.

Die durchzuführenden Bekämpfungsmaßnahmen orientieren sich am Konzept des **„Integrierten Pflanzenschutzes"**. Es sind daher **zuerst alle vorbeugenden und kulturtechnischen Maßnahmen** zeitgerecht und richtig durchzuführen. Eine eventuelle **chemische Bekämpfung** hat sich nach den ökonomischen **Schadensschwellen** bzw. nach den Informationen des **Prognose- und Warndienstes** zu richten. Der Warndienst kann über folgende Internetadressen aufgerufen werden: **www.warndienst.at** oder **www.warndienst.lko.at**

GETREIDEKRANKHEITEN

PILZKRANKHEITEN

VIRUS-KRANKHEITEN

samenbürtige

- Weizensteinbrand
- Weizenflugbrand
- Gerstenflugbrand
- Gerstenhartbrand
- Streifenkrankheit der Gerste
- Haferflugbrand

samen- und bodenbürtige

- Zwergsteinbrand
- Roggenstängelbrand
- Fusarium Saatgutverseuchung und Schneeschimmel
- Ährenfusariose (Partielle o. totale Taubährigkeit)
- Septoria-Blattdürre an Weizen und Triticale
- Septoria-Blatt- u. Spelzenbräune an Weizen u. Triticale
- Helminthosporium-Blattdürre an Weizen u. Triticale
- DTR-Blattdürre des Weizens
- Netzfleckenkrankheit der Gerste
- Ramularia Sprenkelkrankheit der Gerste
- Rhynchosporium Blattfleckenkrankheit
- Braunfleckigkeit der Gerste u. d. Weizens
- Streifenkrankheit (Braunfleckigkeit) des Hafers
- Mutterkorn
- Schwarzbeinigkeit des Getreides

bodenbürtige
(windbürtige)

- Halmbasiserkrankungen:
  - Pseudocercosporella
  - Fusarium-Halmbruchkrankheit
  - Helminthosporium
  - Rhizoctonia
- Getreideroste:
  - Gelbrost
  - Braunrost des Weizens und Roggens
  - Schwarzrost des Weizens, Roggens und Hafers
  - Zwergrost (Braunrost) der Gerste
  - Kronenrost des Hafers
- Getreidemehltau
- Getreideschwärze

(Viruskrankheiten)

- Viröse Gelbverzwergung des Getreides
- Weizenverzwergung
- Gelbmosaikviren der Wintergerste

Trotz Ausschöpfung vorbeugender Maßnahmen ist bei **starkem Krankheitsdruck** durch Schadpilze der **Einsatz von Fugiziden** zur Ertrags- und Qualitätsabsicherung erforderlich.

Um **Fungizidresistenzen** zu vermeiden, ist u. a. ein konsequenter **Wechsel von Fungiziden mit unterschiedlichen Wirkungsmechanismen** (FRAC-Codes) einzuhalten.

Der gezielte Anwendungstermin, der Einsatz von entsprechend wirksamen Präparaten sowie die fachgerechte Durchführung der Applikation unter Berücksichtigung von Düsenart, Spritzzeitpunkt und Warndiensten haben wesentlichen Einfluss auf den Bekämpfungserfolg. Zusätzlich sind bei einigen Krankheiten ausgearbeitete **Schwellenwerte** eine wesentliche Grundlage für die Bekämpfungsentscheidung.

Beispiele für Schadensschwellen bei Pilzkrankheiten im Getreide

Krankheit	Getreideart	Schwellenwert		
		% befallene Blattfläche	% befallene Pflanzen (anf. Sorten)	Empfindliche Entwicklungsstadien (BBCH-Code)
Mehltau	Winterweizen	2-3*	20–30	32
	Durumweizen	1	10–20	25–29
	Wintergerste	5	30–50	30–31
	Sommergerste	1	20–30	25–29
	Roggen	6	30–50	32–51
	Hafer	5	30–50	32–51
Halmbruchkrankheit (Pseudocercosporella)	Winterweizen	20**	20	31 (nur mikroskopisch feststellbar)
	Wintergerste	20**	(15–20)	
Netzfleckenkrankheit	Wintergerste	2–5	30–50	32–51
	Sommergerste	1–2	20–40	32–51
Roste (Zwergrost, Braunrost, Gelbrost)	Winter- und Sommergerste	1–2	20–30	32–51
	Weizen	2	30	32–51
	Roggen	2–5	30–50	32–51
Septoria-Spelzenbräune	Winterweizen	5***	10–20	59–69

* Befall der Blattoberfläche (oberste drei Blätter)
** Anteil kranker bzw. befallener Pflanzen
*** Befallener Blattflächenanteil der unteren Blätter und Regenperiode vor dem Ährenschieben

Nähere **Hinweise** zur **Bekämpfung von Schaderregern im Getreidebau** sind der „Leitlinie für den integrierten Feldbau" der **Landwirtschaftskammer Österreich** bzw. der **Österreichischen Arbeitsgemeinschaft für integrierten Pflanzenschutz** (ÖAIP) zu entnehmen (www.oeaip.at).
Weitere Informationen liefern die **Beratungsbroschüre „Krankheiten, Schädlinge und Nützlinge im Getreide- und Maisbau"** der **AGES** sowie kulturbezogene **Fachinformationen der Landwirtschaftskammern**.

Der Befall von Krankheiten kann über das **Warndienstportal** www.warndienst.at abgerufen werden!

GETREIDESCHÄDLINGE

an oberirdischen Organen lebend:
- Getreideblattläuse
- Zwergzikaden
- Fritfliege
- Gelbe Getreidehalmfliege
- Brachfliege
- Getreideminierfliegen
- Getreidehähnchen
- Getreidewickler
- Getreidethripse
- Sattelmücke
- Weizengallmücken
- Getreideblatt- u. Getreidehalmwespen
- Getreidewanzen

im Boden lebend:
- Getreidelaufkäfer
- Hafernematode (Haferzystenälchen)
- Engerlinge
- Drahtwürmer
- Erdraupen
- Schnakenlarven

Beispiele für Schadensschwellen für Getreideschädlinge
(Richtwerte müssen den örtlichen Erfahrungen angepasst werden)

Schaderreger	Schadensschwellen
Blattläuse	3–5 Blattläuse je Ähre oder Rispe zur Blütezeit oder bei einem Befall von 70 % der Pflanzen
Getreidehähnchen	10 % der Blattfläche geschädigt oder 1–1,5 Larven je Fahnenblatt
Weizengallmücke	1 Mücke je 3 Ähren bei künstlichem Licht beobachtet
Getreidewickler	35–40 Blattminen je m² gegen Ende der Bestockung
Getreidelaufkäfer	4 frisch geschädigte Pflanzen im Herbst oder 8–10 frisch geschädigte Pflanzen je m² im Frühjahr

Ein erfolgreicher **Einsatz von Insektiziden** erfordert **genaue Kenntnisse der Getreideschädlinge** und ihrer **Lebensweise**.

Weniger chemischer Pflanzenschutz bedeutet **mehr Kontrolle** und eine **intensivere Beschäftigung mit der Kulturpflanze**.

Regelmäßig durchgeführte **Bestandeskontrollen** sind jedenfalls notwendig, um anwachsende **Schädlingspopulationen rechtzeitig erkennen** zu können.

C. HACKFRUCHTBAU

1. KÖRNER- UND SILOMAIS (*Zea mays*)

1.1 Herkunft und Bedeutung

Der Mais kam nach der Entdeckung Amerikas nach Europa. Sein Weg führte über die Türkei (Kukuruz) und Italien (Welschkorn) nach Österreich.

Der Mais zählt flächenmäßig zur wichtigsten Ackerkultur in Österreich. Seine wirtschaftliche Bedeutung lässt sich mehrfach begründen:

- Der **Mais übertrifft** alle wärmeliebenden C4-Pflanzen hinsichtlich **Biomasse-Ertrag** und **Energieausbeute** mit einer **höheren** und **effizienteren Photosyntheseleistung bei hoher Wettbewerbsfähigkeit** gegenüber anderen Nutzpflanzen.
- Seine gute **Anpassungsfähigkeit** (große ökologische Streubreite) ermöglicht eine **große Anbauverbreitung**.
- Die **intensive züchterische Bearbeitung** sichert den **Züchtungsfortschritt** (mindestens 50–60 % des Ertragszuwachses sind auf die Hybridzüchtung zurückzuführen).
- Seine **vielfältige Verwertbarkeit** erhöht die Nachfrage nach Mais. So z. B. als **Silomais** in der **Rinderfütterung** oder zur **Biogaserzeugung** bzw. als **Körnermais** in der **Schweine- und Geflügelfütterung**, für die **menschliche Ernährung** oder als **industrieller Rohstoff** (vor allem für die Stärkeerzeugung, die Ethanolerzeugung oder zur Zitronensäureerzeugung).

Die **zunehmend hohe industrielle Nachfrage nach Mais** in Österreich ist von **Importen abhängig**, da die heimische Landwirtschaft den Bedarf nicht decken kann.
Um den **Anbau von Mais in Zukunft nachhaltig zu sichern**, sind **ökologische Begrenzungen** durch eine **geregelte Fruchtfolge** und einen **wirksamen Erosionsschutz** von besonderer Bedeutung.

Maisanbaufläche in Hektar

	Jahr	Körnermais u. Corn-Cob-Mix	Silo- u. Grünmais	Gesamt
Österreich	2022	215.335	82.651	297.986
	2023	212.000	94.886	306.886
Bundesland	20......	....	....	....
....	20......	....	....	....

Aktuelle Zahlen siehe Berichte der Statistik Austria!

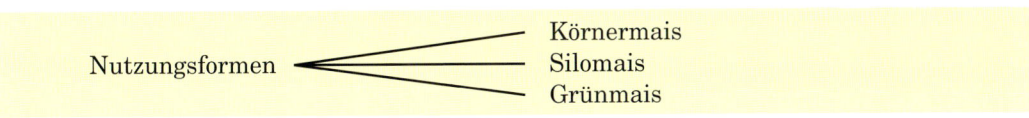

Nutzungsformen — Körnermais / Silomais / Grünmais

❏ Körnermais

Man lässt das Korn voll ausreifen. Geerntet wird entweder nur das Korn oder in manchen Fällen der gesamte Kolben (z. B. Saatmaisproduktion).

❏ Silomais

Der Unterschied zum Körnermais liegt hauptsächlich in der früheren Ernte. Silomais ist **„Körnermais in der Teigreife"**! Dadurch ist es möglich, auch in weniger guten Lagen noch Silomais anzubauen. In günstigen Lagen können Sorten mit einer längeren Vegetationsdauer angebaut werden. Auch nach der Aberntung einer überwinternden Zwischenfrucht (Verringerung des Nitrataustrages) ist in vielen Gebieten der Anbau von Silomais noch möglich.

❏ Grünmais

Das Interesse liegt hauptsächlich im **Masseertrag**. Die Saatstärke ist höher als bei Silomais. Der Anbau ist als **Zweit- oder Sommerzwischenfrucht** möglich.

Die **Unterschiede zwischen den Nutzungsformen** bestehen vorwiegend im **Erntezeitpunkt** und in der **Verwendung**.
Körnermais wird hauptsächlich in der **Fütterung** und zunehmend in der **Industrie** (Stärkeproduktion) verwertet. **Silomais** wird meist **verfüttert** und zum Teil als **nachwachsender Rohstoff** zur **Biogaserzeugung** verwendet. **Grünmais** wird **verfüttert**.

1.2 Botanisches

Der Mais gehört zur **Familie der Süßgräser** *(Poaceae)*. Er ist eine **einjährige**, **einhäusige** und **getrenntgeschlechtliche** Pflanze.

Die **männliche Blüte** ist eine **Rispe oder Fahne**, die **weibliche Blüte** sitzt in den Blattachseln in Form eines **Kolbens**, an dessen Spitze die fadenförmigen Narben aus den Lieschblättern heraushängen.

Mais ist ein **Fremdbestäuber** und **windblütig**.

Der **Keimling des Kornes** zeichnet sich durch einen besonders hohen Fettgehalt (Maiskeimöl) aus.

Der **Stängel** ist wie bei den übrigen Getreidearten durch Knoten gegliedert, jedoch markerfüllt.

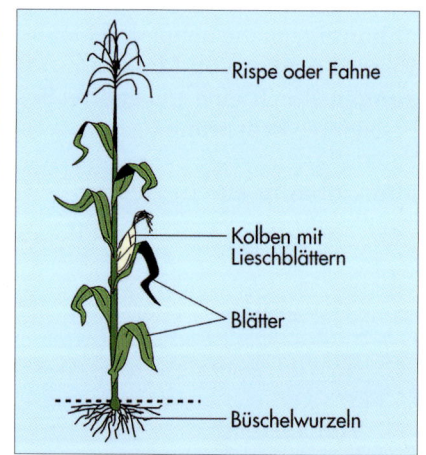

Organe einer Maispflanze

Die **Blätter** sind gegenüber Pflanzenschutz- und Düngemitteln wegen **Verätzung** besonders empfindlich.

Die Maispflanzen haben ein **kräftiges Wurzelsystem** (Büschelwurzler) und besitzen ein **hohes Aneignungsvermögen** für Nährstoffe.
Im Unterschied zu den Getreidearten ist eine **Bestockung unerwünscht**.
Als **Kurztagspflanze** ist Mais besonders **wärmebedürftig**.

Maispflanzen

„Männliche Blüte" (Rispe oder Fahne)

Kronenwurzeln

„Weibliche Blüte" (Kolben mit Narben)

Unerwünschte Bestockung

Die Gattung Mais ist sehr **formenreich**. Hinsichtlich Pflanzenlänge, Wachstumszeit, Korn-
form und Energiegehalt treten große Unterschiede auf.
Wichtige Maisformen sind: Hartmais, Zahnmais, Puffmais, Zucker- oder Süßmais, Wachsmais

❏ Hartmais (HM) oder Flint-Typ

Dieser ist ein wichtiger Kreuzungspartner in der Züchtung. Er zeichnet sich durch eine **ra-
sche Jugendentwicklung** aus. Damit eignet er sich gut für frühere Reifegruppen, kühlere
Lagen oder für frühe Erntetermine. Er **verträgt aber Trockenheit weniger gut** und **trock-
net bei der Ausreife langsam ab**. Hartmais variiert von extrem frühreif bis spätreif.

❏ Zahnmais (ZM) oder Dent-Typ

Seinen Namen verdankt er dem Aussehen des Kornes, das durch den **eingeschrumpften
Korngipfel** (Kunde wie bei Zähnen) geprägt ist. Zahnmaise haben eine **langsamere Jugend-
entwicklung, blühen vergleichsweise spät, überstehen Trockenheit gut**, besitzen eine
gute Standfestigkeit und **trocknen bei der Ausreifung relativ rasch ab**. Es fehlen aber
meist frühreife Sorten. Die meisten Zahnmaissorten sind ertragreicher als Hartmais, benöti-
gen aber höhere Temperatursummen und finden daher hauptsächlilch in günstigen klimati-
schen Gegenden Verwendung.

Hartmais und **Zahnmais** sowie **Kreuzungen** aus beiden Formen haben vor allem als **Fut-
termittel** bzw. für die **Stärkeindustrie** Bedeutung. Für die **Stärkeverarbeitung** sind ein-
heitlich **große Körner** mit **hoher Tausendkornmasse** (TKM) und möglichst **hohem Zahn-
maisanteil** mit **höherer Stärkeausbeute** von Vorteil. Die von der **AGES** erstellten
Mais-Siebungslisten geben Auskunft über die erreichte **Mindestanforderung bei der
Siebung** und **erleichtern** dadurch die **Sortenwahl**.

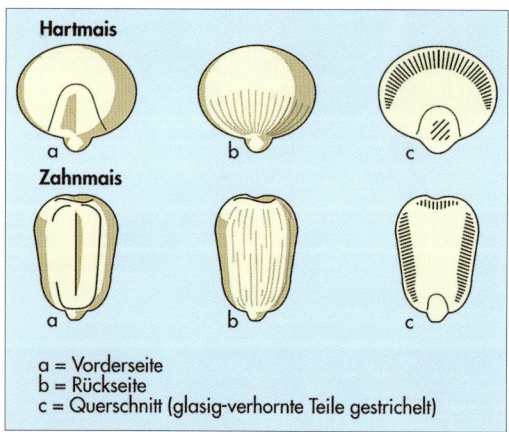

Maiskornformen

Zahn- und Hartmaiskolben

Hartmaiskörner

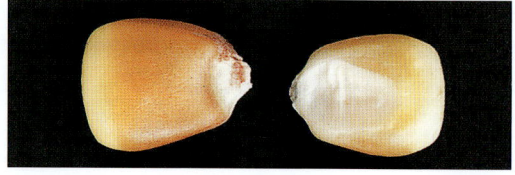

Zahnmaiskörner

❑ Flint-Dent-Mischtypen

Diese stehen durch die Hybridzüchtung zunehmend im Vordergrund. So entstehen Sorten, die ertraglich, klimatisch, agronomisch und nutzungstechnisch am besten an die landwirtschaftlichen Bedingungen angepasst werden können.

❑ Puffmais

Dieser wird **in Österreich wenig angebaut**. Er ist aber in Form von **Popcorn als Nahrungsmittel** bekannt. Beim Erhitzen der Körner sprengt das „explosionsartig" hervorquellende Nährgewebe (Endosperm) die Samenschale.

❑ Zucker- oder Süßmais

Er **schmeckt**, **in der Milchreife genossen**, **süß** und wird als **Speisemais frisch** oder in **Konserven** verwendet.

❑ Wachsmais

Er unterscheidet sich vom üblichen Mais (Gelbmais) durch eine **andere Stärkezusammensetzung**. **Wachsmaisstärke** besteht **fast ausschließlich (> 99 %) aus Amylopektin**; „normaler" Gelbmais enthält etwa 70 % Amylopektin und ca. 30 % Amylose.
Wachsmaisstärke **Amylopektin** wird in der **Nahrungsmittelindustrie** als **Verdickungs- und Emulsionsmittel** eingesetzt, ist leicht zu gelatinieren und sehr temperaturstabil. Auch im **technischen Bereich** wird diese Stärkeform zur Gummierung von Klebebändern und in der Papierindustrie eingesetzt. Ein **Kontraktanbau** mit entsprechenden Preiszuschlägen (Wachsmaisprämie) **beinhaltet detaillierte Vorgaben**, die unbedingt **einzuhalten** sind.
Wachsmais ist eine Maisform im späteren Reifeklassenbereich und daher nur für günstige Lagen zu empfehlen.

❑ Entwicklungsstadien des Maises

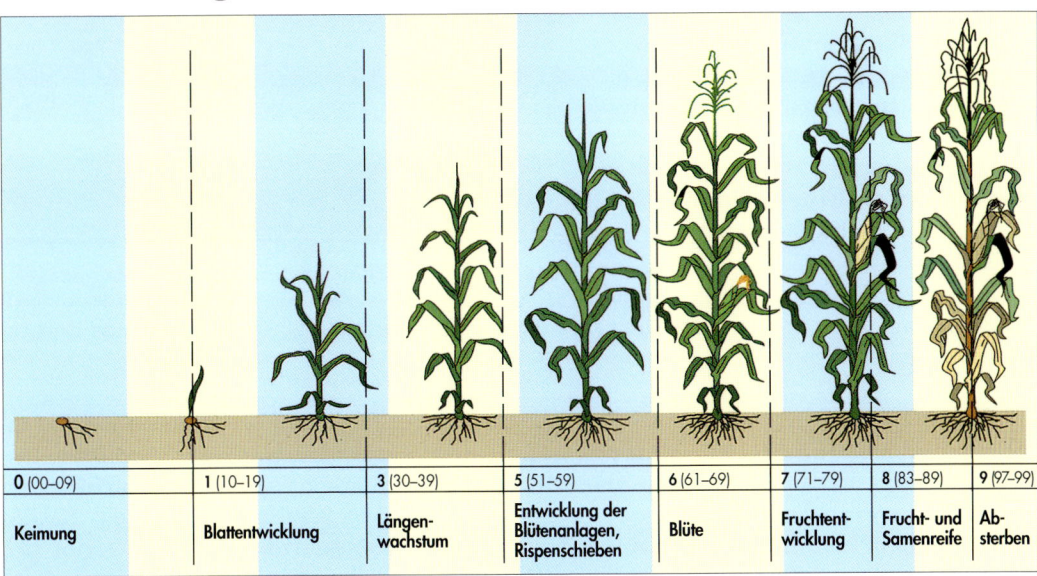

0 (00–09)	1 (10–19)	3 (30–39)	5 (51–59)	6 (61–69)	7 (71–79)	8 (83–89)	9 (97–99)
Keimung	Blattentwicklung	Längen-wachstum	Entwicklung der Blütenanlagen, Rispenschieben	Blüte	Fruchtent-wicklung	Frucht- und Samenreife	Ab-sterben

Entwicklungsstadien des Maises gemäß BBCH-Codierung

Die **Entwicklungsabschnitte des Maises** werden, um einen raschen Überblick über den Entwicklungsstand der Kulturpflanzen zu schaffen, in Makrostadien vorgenommen. Eine weitere **Unterteilung** mit Ziffern in Mikrostadien schafft eine genauere Abgrenzung der Entwicklungsabschnitte für gezielte Kulturanleitungen (Pflege-, Düngungs- und Pflanzenschutzmaßnahmen).

1.3 Ansprüche an den Standort

Der Mais stammt aus feuchtwarmen Gebieten. Besonders für Körnermais sind die Anforderungen an **Wärme, Sonnenscheindauer** und **-intensität** beachtlich. Je nach Klimaverhältnissen sind geeignete Sorten (sehr früh- bis spätreife Sorten) zu wählen.

Mais keimt erst, wenn der **Boden in Saattiefe auf ca. 8 °C erwärmt** ist. Weiteres braucht er zur guten Ausreifung während der Wachstumszeit von Mai bis September eine **Durchschnittstemperatur von mindestens 14,5 °C** und eine **Sonnenscheindauer von 950 Stunden**. Außerdem ist eine **frostfreie Vegetationszeit von mindestens 150–160 Tagen** erforderlich. Eine ausreichende **Wasserversorgung** ist Vorbedingung für gute Erträge. Zur Bildung von **1 kg Trockensubstanz sind ca. 300 l Wasser** erforderlich.

Berechnen Sie den **Wasserverbrauch je ha** bei einem Kornertrag von 8.000 kg TM, wenn der übrige TM-Anteil der vegetativen Pflanzenteile (Stängel, Blätter, Wurzeln ...) 10.000 kg TM beträgt:

$$\frac{\text{18.000 kg TM x 300 Liter Wasser}}{\text{10.000 m}^2 \text{ (= 1 ha)}} = \text{.........} \text{ mm nutzbares Wasser}$$

Die **Ansprüche an den Boden** stehen in engem Zusammenhang mit den vorherrschenden Klimaverhältnissen. Mais gedeiht auf den **meisten Bodenarten**. Am **günstigsten** sind **leicht bearbeitbare**, **warme** und **lockere Böden**, die noch **genügend Speichervermögen für Wasser** besitzen. Die **Bodenreaktion** soll am besten im **neutralen Bereich** liegen. **Ungünstig** sind **kalte, wenig tätige Tonböden** und solche, die unter **stauender Nässe** oder **Strukturschäden** leiden. In **kühleren Anbaulagen** können die rascher erwärmbaren, gut durchlüfteten, leichteren Böden bei genügend

Blauviolette Verfärbung, z. B. durch Phosphormangel

Niederschlägen von Vorteil sein. Hier sind frühreife Sorten mit hoher Kältetoleranz und rascher Jugendentwicklung zu bevorzugen.

Die **Hanglage** (Hangrichtung) spielt bei Mais besonders in kühleren Gebieten eine nicht unbedeutende Rolle. Leicht geneigte Süd- und Südwesthänge sind Nordhängen vorzuziehen (höhere Ertragsleistung). Mit **zunehmender Hanglänge** erhöht sich auf **schluffreichen Böden** mit **wenig Ton- und Humusanteil** bereits bei geringer Hangneigung das **Risiko von Bodenverlusten** durch **Erosion** infolge von **Starkregenereignissen**. Es ergibt sich daher die Notwendigkeit, bei **Maisbau in Hanglagen vorbeugend erosionsmindernde Maßnahmen** einzuplanen (siehe 1.7 Bodenvorbereitung).

1.4 Stellung in der Fruchtfolge

Mais ist im Prinzip eine relativ **selbstverträgliche Kulturpflanze**. Dennoch treten bei **Monokultur** zunehmend **Pilzkrankheiten**, **Schädlinge** (z. B. Maiswurzelbohrer) sowie eine **einseitige Verunkrautung** (z. B. Hirse, Amaranth ...) auf, weshalb diese abzulehnen ist.

Es ist daher **keine Überraschung**, dass es in **intensiven Maisanbaugebieten Österreichs** bei **fehlender Fruchtfolge** zu einer **Massenentwicklung des Maiswurzelbohrers** in „Monomaisflächen" kam und eine **Ausbreitung** in bisher **befallsfreie Gebiete** stattfindet.

Um **vorbeugend** wirtschaftliche **Schäden zu verhindern**, wäre nach derzeitigem Wissensstand ein „**Aushungern" einer Larvenpopulation** im Boden durch eine **Fruchtfolge mit maximal 33 % Maisanteil** und **nach Mais folgend Getreide** die derzeit **wirksamste Bekämpfungsmethode**.

Ob die **landesgesetzlichen Fruchtfolgevorschriften** (je nach Bundesland maximal zwei- oder dreimaliger Nacheinanderbau von Mais auf einem Feld mit anschließendem Fruchtwechsel) in einer Kombination mit anderen, weniger wirksamen Bekämpfungsvarianten ausreichen, werden die nächsten Jahre zeigen.

Mais stellt an die **Vorfrucht** keine besonderen Ansprüche. Sehr **günstige Vorfrüchte** sind Leguminosen wie Klee, Luzerne und Kleegrasmischungen. Auch nach einer Herbst- oder Winterbegrünung gedeiht Mais sehr gut.

Nicht zu empfehlen ist die Folge Ölkürbis–Mais, da der **Ölkürbis für den Maiswurzelbohrer** einen Zwischenwirt darstellt.

Der **Vorfruchtwert** von **Körnermais** ist allgemein günstig, kann aber durch schlechtes Erntewetter (Bodendruck) stark beeinträchtigt werden.

Durch **Körnermaisstroh**, zerkleinert und oberflächlich in den Boden eingebracht, werden dem Boden **beachtliche Mengen an organischer Masse** und an **Nährstoffen** wieder zugeführt.

Ein mittlerer **Körnermaisbestand** liefert ca. 8–11 t Trockenmasse an **Ernterückständen** pro Hektar. Dies entspricht einer Humuszufuhr von etwa 25–30 t Stallmist. Maisstroh hat ein C:N-Verhältnis von 60 : 1. Für einen günstigen Rotteprozess reicht die vorhandene Reststickstoffmenge im Boden aus. **Körnermais wirkt humusmehrend.**

Nährstoffrücklieferung durch Maisstroh in kg/ha				
N	P_2O_5	K_2O (je nach Ertragslage)		
		niedrig	mittel	hoch
0–20	20	90	120	150

Der **Vorfruchtwert von Silomais** ist im Vergleich zu Körnermais geringer. Besonders auf bindigen, schluffreichen und zur Verschlämmung neigenden Böden sind bei häufigem Anbau **Strukturschäden** zu befürchten. **Silomais wirkt humuszehrend**, weshalb **die im Betrieb anfallenden organischen Dünger bevorzugt zu Silomais wieder rückgeführt** werden sollten.

Beispiele von günstigen Vor- und Nachfrüchten

Rotklee	Winterweizen	....
Silomais	**Körnermais**	**Körnermais**
Winterweizen	Sommergerste	....

Tragen Sie ein weiteres Beispiel ein!

1.5 Ernährung und Düngung

Düngungsempfehlungen erfolgen nach den **„Richtlinien für die sachgerechte Düngung" (RSGD)**, 8. Auflage!

Stehen **Wirtschaftsdünger aus der Tierhaltung** zur Verfügung, so sind diese **vorrangig bei der Maisdüngung** zu berücksichtigen.

Stallmist ist bereits **nach der Ernte der Vorfrucht** (im Spätsommer oder Herbst) **unmittelbar vor einer Bodenbearbeitung** auszubringen.

Jauche und Gülle enthalten als flüssige Wirtschaftsdünger **rasch wirksamen Stickstoff**. Sie dürfen gemäß **Nitrat-Aktionsprogramm-Verordnung (NAPV) 2023** nur bei **Bodenbedeckung** oder **unmittelbar vor der Feldbestellung** ausgebracht werden.

Gülle, Jauche, Gärreste, nicht entwässerter Klärschlamm sowie Geflügelmist sind nach der Ausbringung auf einem Schlag **binnen 4 Stunden einzuarbeiten.** Diese Frist darf nur infolge unvorhersehrbarer Witterungsverhältnisse überschritten werden. Die Einarbeitung ist sofort nach der Wiederbefahrbarkeit des Bodens nachzuholen.

Eine **Winterbegrünung** zu einer Maiskultur mit dessen **später Frühjahrsentwicklung** ist vor allem in **Hanglagen** eine **ökologische Verpflichtung**.

Nicht zu vernachlässigen ist eine **ausreichende Kalkversorgung des Bodens**. Kalk **neutralisiert** die **Bodensäuren, sichert** die gute **Verfügbarkeit der Hauptnährstoffe** und **fördert** bzw. **stabilisiert** die **Krümelstruktur. Auskunft** über eine eventuelle **Kalkung** gibt die **Bodenuntersuchung** durch die **Feststellung des pH-Wertes. Je nach Bodenschwere** sollte für Mais der **pH-Wert** auf **leichten Böden über 5,5**, auf **mittelschweren Böden über 6,0** und auf **schweren Böden über 6,5** liegen.

Die **Phosphat- und Kalidüngung** orientieren sich mithilfe der **Bodenuntersuchung** am **pflanzenverfügbaren Nährstoffvorrat des Bodens** sowie der **Ertragslage des Standortes**. Für die **Grunddüngung mit Phosphat und Kali** gelten z. B. für die **Gehaltsklasse C bei mittlerer Ertragslage** als Richtwerte

für Körnermais 85 kg P_2O_5 und 200 kg K_2O je ha und Jahr bzw.

für Silomais 90 kg P_2O_5 und 225 kg K_2O je ha und Jahr.

Bei der **Düngebemessung** ist auch der **Phosphor- und Kaliumgehalt allfällig zugeführter organischer Dünger** sowie jener von **Ernterückständen aus der Vorfrucht** zu berücksichtigen.

Die **mineralische Phosphat- und Kalidüngung** wird in der Regel nach der Ernte der Vorfrucht (Spätsommer bis Herbst) im Zuge der **Bodenbearbeitung in die Ackerkrume eingearbeitet**.

Eine **Unterfußdüngung** mit phosphorhaltigen Düngern, wie z. B. mit 150 kg/ha **Diammonphosphat** (18:46:0), zum Anbau hat sich bei **frühem Maisanbau auf schweren Böden** mit einer **verzögerten Erwärmung** im Frühjahr bzw. bei **Phosphormangel** zwecks **Förderung des Wurzelwachstums** und der **Jugendentwicklung** bewährt. Um **Salzschäden an Maiswurzeln** bei der Unterfußdüngung zu **vermeiden**, sollten **bei gleichzeitig ausgebrachtem Stickstoff 40 kg N/ha nicht überschritten** werden. Die **günstigste Platzierung des Düngers** erfolgt bei **trockenen Bodenverhältnissen** 5 cm seitlich und 5 cm tiefer zum Maiskorn. **Abzulehnen** ist eine **Tiefenablage in noch zu feuchte Erde**, da es zu **Verschmierungen im Wurzelbereich** kommen könnte.

Die **Stickstoffdünger** sind **zeitlich** und **mengenmäßig entsprechend dem Pflanzenbedarf umweltschonend** auszubringen.

Stickstoffgaben von **schnell wirksamen** stickstoffhaltigen Düngemitteln mit **mehr als 100 kg Stickstoff** in feldfallender Wirkung je Hektar und Jahr sind auf **leichten Böden** (Tonanteil unter 15 %) zu teilen. Es sind daher **unmittelbar vor dem Maisanbau maximal 100 kg N/ha zulässig** (Verminderung möglicher Nitratverluste in das Grundwasser).

Der **restliche Stickstoff** soll **bedarfsgerecht** im (2-) **4- bis 6-Blattstadium** ausgebracht werden, damit der stark **steigende N-Bedarf des Maises ab dem 8-Blattstadium** bis 4 Wochen nach der Blüte gesichert ist.

Auf überwiegend **ebenen**, **mittelschweren** und **schweren Böden** (Tonanteil über 15 %) sind **Düngegaben über 100 kg Stickstoff** in feldfallender Wirkung je Hektar und Jahr **in leicht löslicher Form zu Mais in einer Gabe vor dem Anbau zulässig**.

Auch **N-Dünger** mit **physikalisch** oder **chemisch verzögerter Stickstofffreisetzung** können von der **Gabenteilung ausgenommen** werden.

In **Hanglagen** mit einer durchschnittlichen **Neigung von mehr als 10 % zu einem Gewässer** hat das **Ausbringen N-haltiger Dünger – ausgenommen Stallmist und Kompost** – bei einer Gesamtstickstoffgabe von **mehr als 100 kg Stickstoff** in feldfallender Wirkung je Hektar und Jahr in **Teilgaben** zu erfolgen!

Als **Empfehlungsgrundlage** für die N-Düngung zu Mais gelten nach dem RSGD (8. Aufl.) für **mittlere Ertragslagen** folgende **N-Bedarfswerte** in kg jahreswirksamer Stickstoff je ha:

Körnermais   120–140 kg N/ha für 8,0–10,0 t trockene Körner je ha
Silomais   140–160 kg N/ha für 40,0–50,0 t Frischmasse (FM) je ha

Davon ausgehend ergeben sich für abweichende Ertragslagen bzw. Standorteigenschaften durch prozentuelle Zu- und Abschläge die maximalen N-Bedarfswerte sowie die daraus abgeleiteten Vorgaben für die Konditionalität.

N-Obergrenzen in kg jahreswirksamer N/ha gemäß Nitrat-Aktionsprogramm-Verordnung 2023:

Ertragslage Kultur	niedrig (t/ha) (max. N)	mittel (t/ha) (max. N)	hoch 1 (t/ha) (max. N)	hoch 2 (t/ha) (max. N)	hoch 3 (t/ha) (max. N)
Körnermais inkl. CCM	< 8,5 **110** 100*	8,5–10,5 **155** 140*	> 10,5–12,0 **180** 160*	> 12,0–13,5 **195** 175*	> 13,5 **210** 190*
Silomais (FM)	< 40 **130** 120*	40–50 **175** 160*	> 50–57,5 **210** 190*	> 57,5–65 **225** 205*	> 65 **240** 220*

* für Gebiete mit verstärkten Aktionen zum Schutz der Gewässer

Die **N-Obergrenzen** beziehen sich bei **allen stickstoffhaltigen Düngern** auf ihre jeweilige **Jahreswirksamkeit**. Die **ertragsabhängige N-Düngung** hat sich an den **Durchschnittserträgen** der letzten Jahre zu orientieren.

Bei der **Düngebemessung** sind gegebenenfalls **Stickstoff aus Vorfrucht** und **Ernterückständen** sowie **pflanzenverfügbare N-Vorräte im Boden** zu berücksichtigen.

Der **Maisertrag** hängt sehr stark von einer **ausreichenden Wasserversorgung**, besonders in den **kritischen Phasen zwischen Rispenschieben und Blühbeginn** sowie **nach der Blüte zum Kolbenansatz**, ab.

In **trockenen Lagen** kann eine **Beregnung** mit **ein bis zwei Regengaben zu je 40–50 mm** beachtliche Mehrerträge bringen.

1.6 Saatgut und Sortenwahl

Die alten freiabblühenden Maissorten wurden von den leistungsfähigeren **Hybridsorten** völlig verdrängt. Je nach Züchtungsverfahren gibt es **verschiedene Kreuzungstypen**:
- **Einfachhybride**
- **Doppelhybride**
- **Dreiwegehybride**

Da die **Bastardwüchsigkeit** (Heterosiseffekt) **im Nachbau nicht erhalten** bleibt, ist bei **Hybridmais das Saatgut jährlich zu wechseln**. Die Hybridmaissorten werden nach **dreistelligen Reifezahlen** (FAO-Zahlen) geordnet. Je **niedriger die Reifezahl**, umso **frühreifer die Sorte**, aber auch **umso geringer das Ertragsvermögen und umgekehrt**.

Früh reifende Sorten	FAO-Zahl 210-250	**Spät** reifende Sorten	FAO-Zahl 360-400
Mittelfrüh reifende Sorten	FAO-Zahl 260-300	**Sehr spät** reifende Sorten	FAO-Zahl 410-460
Mittelspät reifende Sorten	FAO-Zahl 310-350		

Bei der **Auswahl der Sorten** sind **Boden- und Klimaverhältnisse zu berücksichtigen**, wobei das Kleinklima oft eine große Rolle spielt. Auch die **Nutzungsform** ist sehr entscheidend. Ein Großteil der Sorten ist sowohl als Silomais als auch als Körnermais geeignet. Die frühere Ernte von Silomais (Teigreife) ermöglicht den Anbau einer Sorte mit höherer Reifezahl, welche eine bessere Ertragsleistung erwarten lässt.

Zahnmaistypen reifen im Unterschied zu den Hartmaistypen anfangs langsam ab; nach Erreichen eines gewissen Schwellenwertes geben sie aber das noch im Korn vorhandene Wasser rascher ab.

Die intensive Züchtung bei den Maissorten hat zu Differenzierungen im Wuchs- und Abreifetyp geführt:

Stay-Green-Sorten haben langsam abreifende Stängel und Blätter und bleiben länger grün, auch wenn die Kolben schon abgereift sind. Das bringt Vorteile bei Silomais (Silierreife oder gute Silierfähigkeit, hoher Ertrag und Futterqualität bleiben über einen längeren Zeitraum erhalten). Die Siloreifezahl ist größer als die Körnerreifezahl.

Dry-down-Sorten haben eine rasche Abreife der Restpflanze. Je nach Lage und Witterung kann es deutliche Unterschiede geben. Bei hohem Fusariumdruck und Trockenstress können die Sorten rasch verstrohen. Daher ist die Siloreifezahl kleiner als die Körnerreifezahl.

Sortentypen mit harmonischer Abreife zeigen eine synchrone Abreife von Kolben und Restpflanze. Die Silo- und Körnerreifezahlen sind daher ident.

Zur Auswahl geeigneter Sorten wird auf die jährlich erscheinende **„Österreichische Beschreibende Sortenliste"** der **AGES** verwiesen. **Regionale Sortenempfehlungen** geben jährlich die jeweiligen **Landwirtschaftskammern**.

Bei der Erzeugung und Vermarktung von Maissaatgut in Österreich muss die **Saatgut-Gentechnik-Verordnung**, 478. Verordnung, Bundesgesetzblatt Jahrgang 2001, eingehalten werden. So darf das in Österreich erzeugte und in Verkehr gebrachte Maissaatgut bei der Erstuntersuchung **keinerlei Verunreinigungen mit gentechnisch veränderten Organismen (GVO)** aufweisen. Bei der Nachkontrolle im Rahmen der Saatgutverkehrskontrolle darf der Gehalt an GVO-Verunreinigungen den Wert von 0,1 % nicht überschreiten!

1.7 Bodenvorbereitung

Mais reagiert mit **zunehmender Bodenschwere** auf **Strukturschäden** und **Bearbeitungsfehler** besonders nachteilig.

Ein wichtiges **Bearbeitungsziel** ist daher die **Unterstützung** von **Aufbau** und **Erhalt** einer **stabilen, tragfähigen Krümelstruktur** durch eine **trockene** und **bodenschonende Bodenbearbeitung**.

Bodenart und **Feuchtigkeitszustand, Vorfrucht, Fruchtfolge** und **topographische Gegebenheiten** bestimmen dabei den **Bearbeitungszeitpunkt** und die **Geräteauswahl**. Erreicht werden sollte eine **ungehinderte Durchwurzelung der Ackerkrume** sowie ein **störungsfreies Maiswachstum** bei möglichst **optimaler Porengrößenverteilung** im Krumenbereich zur **Sicherung günstiger Wasser-, Luft- und Wärmeverhältnisse im Boden**.

• Stoppelbearbeitung

Folgt **Mais** innerhalb der Fruchtfolge **nach einer Getreideart** und **verbleibt** das anfallende **Stroh als organischer Dünger am Feld**, ist zunächst eine **intensive Strohaufbereitung erforderlich**. Diese beginnt in der Regel bereits beim **Mähdrusch** mit einer **tiefen Schnittführung** (Stoppellänge max. 10 cm), **kurzer Häcksellänge** (max. 5 cm) mit **hohem Spleißgrad** des Häckselgutes und einer **gleichmäßigen Strohverteilung**. Optimal sind **zwei Bearbeitungsgänge** in **unterschiedlicher Tiefe** und wenn möglich **leicht versetzt** zur vorhergehenden Drusch- bzw. Bearbeitungsrichtung.

Die **Stoppelbearbeitung** sollte möglichst **rasch nach der Ernte** (wenn der Boden trocken und bearbeitbar ist), flach (ca. 5 cm), **ganzflächig, mischend**, (fein-)**krümelig** und mit ausreichender **Rückverfestigung** erfolgen.

Erreicht werden sollte:
- eine **gute Vermischung von Ernterückständen mit Feinerde** zur **Rottebeschleunigung**,
- ein rasches Auflaufen von **Ausfallgetreide** und **Unkrautsamen**,
- eine **Verringerung** der kapillaren **Wasserverdunstung**,
- eine **bessere Aufnahme** und **Speicherung** von **Regenwasser**,
- die **Beseitigung oberflächlicher Verdichtungen** sowie der vorhandenen **Restverunkrautung**.

Geeignete Geräte:
- Auf **leichten bis mittelschweren Böden** sind z. B. **Grubber** mit **Gänsefuß-** oder **Flügelscharen** in Kombination mit einer mittelschweren **Walze von Vorteil,**
- auf **schweren Böden** sind **Grubber** mit **Doppelherzscharen** wirkungsvoller.

Mit einer **zweiten, tiefergehenden Folgebearbeitung** sollte ein nicht allzu hoch gewordener **Aufwuchs aus Ausfallgetreide und Unkrautsamen beseitigt** werden. Gleichzeitig wird das bereits bei der ersten Stoppelbearbeitung flach **eingearbeitete Stroh gleichmäßig über die Bearbeitungstiefe** (je nach Strohmenge 10 bis max. 15 cm) in den Boden eingemischt und verteilt. **Gut geeignet** hierfür sind z. B. **Grubber mit Doppelherzscharen.**

Erreicht werden sollte:
- gegebenenfalls eine **Auflockerung** tiefergehender **Spurverdichtungen**,
- die **Förderung der Strohrotte** und
- die **Beseitigung des Aufwuchses von Ausfallgetreide und Unkräutern** („grüne Brücken"), **die einer Reihe von Schaderregern ein Überleben oder Vermehren unmöglich machen sollte**.

Die **zweite Stoppelbearbeitung** kann erforderlichenfalls aus zeitlichen Gründen **auch als lockernde Grundbodenbearbeitung** auf eine **Bearbeitungstiefe von über 15 cm** (bis max. 20 cm) durchgeführt werden. **Gleichzeitig** muss der Boden **für den anschließenden Begrünungsanbau aussaatmäßig** (krümelig und rückverfestigt) **vorbereitet** werden.

- **Konventionelle Grundbodenbearbeitung**

Bei der **konventionellen Grundbodenbearbeitung mittels Pflug** ist eine **mitteltiefe, trockene Sommer-** oder **Herbstfurche** anzustreben.

Die **Sommerfurche**, gefolgt von einer optimalen Saatbettbereitung für den **zeitgerechten Anbau** (Juli/August) einer **Zwischenfrucht** als **abfrostende „Winterbegrünung"** ermöglicht eine **Mulch- oder Direktsaat** von Mais. Sie fördert einen **stabilen Strukturaufbau im Boden**, **reduziert Stickstoffverluste** in das Grundwasser und **schützt vor Schäden durch Erosion**.

Die **Herbstfurche** (ohne Begrünungsanbau) zu Mais sollte möglichst **nur auf ebenen Flächen ohne Erosionsrisiko** noch **vor dem Einsetzen der Fröste warm und trocken** durchgeführt werden.
Gemäß GAP 2023 (GLÖZ 6) ist die **Mindestbodenbedeckung** vom 1. November bis 15. Februar zu beachten!
Eine **gute Ausformung der Furchenkämme** und ein **satter Furchenschluss** erleichtern die Saatbettvorbereitung im Frühjahr.
Folgt **Mais auf Mais**, kann es mit **zunehmender Bodenschwere** unter **schwierigen Erntebedingungen** (feuchtes Herbstwetter) zu erhöhten **Bodenbelastungen** durch die **Erntegeräte** kommen, wobei das gewünschte **Bearbeitungsziel** einer **Herbstfurche** nur **ungenügend erreicht** wird. Die **„Frostgare"** kann gegebenenfalls den **erhöhten Aufwand zur Saatbettbereitung** im Frühjahr nur zum Teil reduzieren.

Eine **Frühjahrsfurche** ist auf **leichteren Böden** in **mäßig feuchten Ackerbaugebieten** möglich, wenn **nach Winterzwischenfrüchten zur Futtergewinnung** Silomais als **Zweitfrucht** angebaut werden sollte. Eine **rasche Bodenerwärmung** und ein **unkrautfreies Saatbett** begünstigen den **Aufgang** und die **Jugendentwicklung** von Mais. Die **Folgebearbeitung** (Saatbettbereitung) für den vorgesehenen Anbau darf **weder zu früh** (Verschmierung, Verdichtung) **noch zu spät** (Austrocknung) erfolgen.

- **Konservierende Grundbodenbearbeitung**

Bei der **„konservierenden Grundbodenbearbeitung"** wird auf die **wendende Bodenbearbeitung mit dem Pflug verzichtet**. Die Lockerung des Bodens erfolgt **nach Bedarf**, wobei **Grubber und zapfwellengetriebene Mulchgeräte** (z. B. Kreiselegge) auch mit aufgesetzten Sägeräten eingesetzt werden. **Pfluglose Bearbeitungsverfahren** sind dann am ehesten durchführbar, wenn **Vorfrucht** und **Boden** eine **stabile Bodenstruktur** gewährleisten und die Unkrautregulierung problemlos möglich ist.

- **Saatbettbereitung**

Im **Frühjahr** sollen die **begrünungsfreien Felder** nach ausreichender **Abtrocknung** rechtzeitig **boden- und wasserschonend eingeebnet** werden. Dadurch wird ein **provisorisches Saatbett** für die **keimenden Unkräuter** geschaffen, die dann **beim nächsten Arbeitsgang mechanisch bekämpft** werden können. Um ein übermäßiges Befahren der Felder im Frühjahr zu vermeiden, ist es zweckmäßig, die **Saatbettbereitung mittels Gerätekombination** durchzuführen.

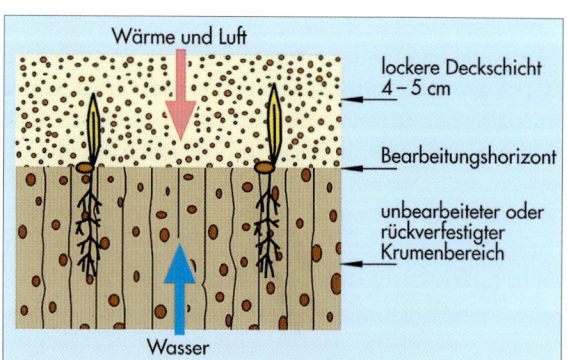

Das „ideale" Saat-Keimbett für Mais

Es soll eine ca. **4–5 cm tiefe**, **lockere, nicht zu feinkrümelige** und dadurch **leicht erwärmbare Deckschichte** mit ausreichendem Luftporenvolumen für einen genügenden Gasaustausch geschaffen werden (bei Beizung gegen Drahtwurm nicht über 3 cm!). Das Saatgut wird dann auf die **Grenzzone** zum rückverfestigten Krumenbereich abgelegt, damit kapillares Wasser von unten und Wärme bzw. Luft von oben gleichermaßen zum Saatgut gelangen können. Nur so kann ein **rascher** und **gleichmäßiger Maisaufgang** erreicht werden.

• **Erosionshemmende Maßnahmen in Hanglagen**
Um der **Bodenerosion** und der **Abschwemmung in angrenzende Grundstücke** auf **Maisschlägen** in **Hanglagen** entgegenzuwirken, ist besonders ein durch die **Geländeform** bzw. **Grundstückslage erzwungener Anbau in der Falllinie erosionshemmend durchzuführen**.
Bei über **10 % durchschnittlicher Hangneigung zu einem Gewässer** (festgestellt im 20-m-Bereich ab der Böschungsoberkante) gilt gemäß **Nitrat-Aktionsprogramm-Verordnung 2023** ein **verpflichtender Erosionsschutz** für den **gesamten Schlag**, um eine Abschwemmung eines ausgebrachten stickstoffhaltigen Düngers in ein oberirdisches Gewässer zu vermeiden.
Maßnahmen gegen Abschwemmungen umfassen eine **Unterteilung bzw. Verkürzung der Hanglänge** (z. B. durch Schlagteilung oder Quergräben mit bodenbedeckendem Bewuchs oder Querstreifeneinsaat) und/oder den **Anbau einer Zwischenfrucht als abfrostende Winterbegrünung** mit darauffolgender Mulch- oder Direktsaat von Mais.

1.8 Anbau

Die Ausbringung von Maissaatgut erfolgt mit einer **Einzelkornsämaschine**. Um eine **exakte Ablage** und **Tiefenführung** zu gewährleisten, soll die **Fahrgeschwindigkeit** beim Anbau **6–8 km/h** nicht überschreiten. **Neuere Geräte** erlauben sogar eine Geschwindigkeit **bis 15 km/h.** Die Ablage in der Reihe soll nicht unter 14 cm liegen.

Der **Kornabstand in der Reihe in cm** kann nach folgender Formel berechnet werden:

$$\frac{100}{\text{Reihenweite in m (z. B. 0,75) x Kornzahl pro m}^2 \text{ (z. B. 9)}} = \dots\dots \text{ cm}$$

❏ Körnermais

Der Anbau erfolgt meist **Mitte bis Ende April** (in Gunstlagen auch früher). Die richtige **Ablagetiefe** liegt je nach Bodenschwere und Bodenfeuchtigkeit bei **3–6 cm**. Die **Kornablage** ist zu überprüfen. Die **Reihenweite** beträgt meist **70 cm**. Geringere Reihenweiten (z.B. (30-50 cm) bei größeren Kornabständen in der Reihe ergeben eine bessere Standraumverteilung der Maispflanzen. Vorteile: früherer Reihenschluss und dadurch geringere Evaporation (unproduktive Verdunstung aus dem Boden), leichtere Unterdrückung einer Spätverunkrautung, ev. besserer Ertrag.
Der **Abstand in der Reihe** wird durch die **optimale Pflanzenzahl** pro ha bestimmt.
Unter günstigen Klima- und Witterungsbedingungen zeigen Frühsaaten Vorteile. Früh angebauter **Mais bleibt kürzer**, reift **früher**, ist **standfester**, meist **ertragreicher** und hat bei der **Ernte einen geringeren Wassergehalt**.

Körnermais

Anzustrebende Bestandesdichten (Pflanzen pro ha zur Ernte):

Trockengebiet				Feuchtgebiet oder Beregnung			
Spätsorten		Frühsorten		Spätsorten		Frühsorten	
karger Boden	guter Boden	karger Boden	guter Boden	karger Boden	guter Boden	karger Boden	guter Boden
55.000	60.000	65.000	70.000	75.000	80.000	85.000	90.000

Da **Keimfähigkeit** und **Triebkraft nicht 100 %** betragen und außerdem nach dem Aufgang des Maises mit **Verlusten durch Drahtwurm, Vögel** u. a. zu rechnen ist, muss bei der Saat die **Kornzahl um ca. 10 % höher** bemessen werden, um auf die optimale Pflanzenzahl zu kommen. **Feldaufgang und späterer Pflanzenbestand sind zu kontrollieren!**

Als **Entscheidungshilfe** wird am besten eine **Auszählung der Pflanzen** vorgenommen. Hierzu misst man an zehn gleichmäßig über das Feld verteilten Stellen in der Reihe eine Strecke ab, die dem Bestand von 10 m² entspricht.

Beispiel: 10 m² : 0,75 m Reihenentfernung = 13,33 m Messstrecke

Die Summe der Pflanzen aller 10 Messstrecken x 100 ergibt die Pflanzenzahl je ha!

❑ Silomais

Der **Anbau** beginnt meist **Mitte April** und soll bis **spätestens Mitte Mai** abgeschlossen sein. Die **Saattiefe** ist gleich der des Körnermaises.

Reihenabstände von 45 bis 50 cm stellen einen Kompromiss zwischen konventionell weiten Abständen (75 cm) und der optimalen Saatgutverteilung (Gleichstandssaat) dar. Die Vorteile liegen in der hohen Kompatibilität zu Spurweiten und Pflanzenschutztechnik, besonders wichtig bei einer mechanischen Unkrautbekämpfung.

Optimale Pflanzenzahl pro ha bei der **Ernte** 80.000 (mindestens 70.000) bis 90.000.

Silomais

❑ Grünmais

Grünmais kann noch bis **Mitte Juli** nach einer früh räumenden Winterung angebaut werden. Die **Saatstärke** ist jedoch wesentlich **höher**. Bei einer **Reihenweite von 40–60 cm** werden ca. **35–70 kg Mais pro ha** auf **3–6 cm Saattiefe** angebaut. Die **Pflanzenzahl** soll **15–30 pro m²** betragen.

Saatgutzukauf in Packungseinheiten

Wegen der unterschiedlichen Tausendkornmasse (TKM) bei den einzelnen Sortierungen (200–400 g) ist man von der Saatmengenangabe in kg je ha auf die **Kornanzahl/ha** übergegangen. Daher wird im **Saatguthandel** das Maissaatgut meist in **Packungseinheiten** zu 50.000 Körnern und 75.000 Körnern angeboten.

Grünmais

1.9 Pflege

❏ Striegeln

Vor dem Maisaufgang kann bereits durch ein leichtes **„Blindstriegeln"** eine mechanische **Bekämpfung der Samenunkräuter** erfolgen. **Voraussetzung** hierfür ist eine **Saattiefe** von Mais auf **4–5 cm**, ein Striegeln **2–5 Tage nach der Saat** und eine **genaue Einstellung der Arbeitstiefe auf 2–3 cm**. Später, ab dem (2-) **4-Blattstadium bis zu einer Pflanzenhöhe von ca. 25 cm**, können **Samenunkräuter mechanisch beseitigt** und gleichzeitig **leichte Bodenverkrustungen** mittels **Hackstriegel** gebrochen werden. **Arbeitsgeschwindigkeit** und **Striegeleinstellung** (auf Zug oder Druck) variieren je nach Bodenart, Pflanzenbestand und Unkrautbesatz.

In einem **aufgelaufenen Pflanzenbestand** soll **nachmittags gestriegelt** werden, wenn die Pflanzen abgetrocknet sind. In diesem Zustand sind die Pflanzen biegsamer und erleiden dadurch weniger Beschädigung.

Die **Pflanzenverluste** sind in der Regel **höher als beim Einsatz von Hackgeräten**.

❏ Hacken

Mais zählt botanisch zu den Gräsern (wie Getreide), ist aber aufgrund seiner Pflegeansprüche den Hackfrüchten zuzuordnen.

Besonders auf **schweren, zur Verschlämmung neigenden Böden** und bei **Bodenverkrustungen** ist eine Auflockerung durch **ein bis zwei Hackgänge** auf **möglichst ebener Fläche** günstig. **Spezielle Hackgeräte** für Mais werden auch in **Kombination** mit einer **chemischen Unkrautbekämpfung** (Bandspritzung) erfolgreich eingesetzt. Durch das Hacken können auch chemisch schwer bekämpfbare Unkräuter (Samen- und Wurzelunkräuter) wirkungsvoll ausgeschaltet werden.

Bei **frühem Einsatz** von Hackgeräten müssen die **Maisreihen durch Schutzscheiben oder Bleche geschützt** werden. Eine **Kombination aus Schneiden und Häufeln** führt zu guten **Erfolgen**.

> Wegen der **Beschädigungsgefahr** von **flach liegenden Wurzeln** ist darauf zu achten, dass die **Hackmesser nicht näher als 5 cm an die Pflanzen** herankommen und außerdem in **Pflanzennähe nicht tiefer als 2–3 cm** arbeiten.
>
> In Hanglagen ist das **Hacken in der Falllinie** wegen der **erhöhten Erosionsgefahr** zu vermeiden.

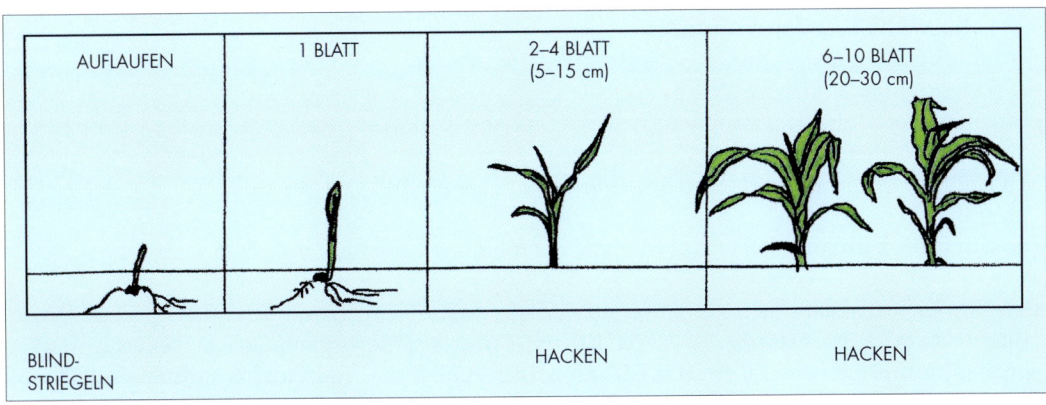

Empfehlungen für die Unkrautregulierung

1.10 Pflanzenschutzmaßnahmen

Eine zeitgemäße Bekämpfung von Unkräutern, Krankheiten und Schädlingen sollte immer umweltschonend durchgeführt werden und wirtschaftlich vertretbar sein.

❑ Unkrautregulierung

Unkräuter können den Ertrag mindern, mechanische Pflegemaßnahmen und Ernteverfahren erschweren und die Verwertbarkeit des Erntegutes verschlechtern.

• Nichtchemische Maßnahmen

Die unter den Begriff **„Pflanzenhygiene"** fallenden Kulturmaßnahmen, welche einer Verunkrautung entgegenwirken, sollen **vorbeugend** stärker beachtet und eingesetzt werden.

Beispiele:
- Richtige Aufbereitung der Wirtschaftsdünger
- Vielseitige Fruchtfolge verhindert eine einseitige Verunkrautung
- Anbau von artenreichen Zwischenfrüchten
- Rechtzeitige Stoppelbearbeitung und Bodenpflege
- Mechanische Pflegemaßnahmen, wie Bodenlockerung zwischen den Reihen (Hackegge, Striegel, Hackgeräte ...).
- Vermeidung der Verbreitung und Verschleppung von Unkrautsamen auf Nachbarfelder durch Gerätereinigung (insbesondere beim überbetrieblichen Maschineneinsatz)

• Chemische Bekämpfungsmaßnahmen

Sollten die vorbeugenden und kulturtechnischen Bekämpfungsmaßnahmen nicht ausreichen und eine **über der ökonomischen Schadensschwelle** liegende Verunkrautung zu erwarten sein bzw. auftreten, sind **chemische Bekämpfungsmaßnahmen ergänzend durchzuführen**.

Um das Risiko einer **Herbizidresistenz** zu verringern, ist ein **Wechsel von Herbiziden mit unterschiedlichen Wirkungsmechanismen** (WSSA-Code, früher HRAC-Code) bei **Mais** bzw. **innerhalb der gesamten Fruchtfolge** erforderlich.

Eine chemische Unkrautbekämpfung kann als **Flächenspritzung** oder auch **als Bandspritzung** ausgeführt werden.

Vorteile einer Bandspritzung:
- Schonung der Umwelt durch geringeren Mittelaufwand
- Geringere Spritzmittelkosten
- Mechanische Unterdrückung schwer bekämpfbarer Unkräuter mit gleichzeitiger Bodenlockerung und Bodendurchlüftung in Kombination mit einer mechanischen Unkrautbekämpfung
- Geringere Gefahr einer Beeinträchtigung der Nachfrucht

Die **Spritzbandbreite** soll ca. ein Drittel der Reihenentfernung betragen.

Die für Mais zugelassenen (registrierten) **Unkrautbekämpfungsmittel** sind dem **Pflanzenschutzmittelverzeichnis** der **AGES** zu entnehmen (www.psm.ages.at). Die **Landwirtschaftskammern** geben **jährlich Informationen** über die **Auswahl zugelassener Herbizide** bei Maiskulturen.

❏ Krankheiten und Schädlinge

Übersicht über wichtige Pilzkrankheiten beim Mais

samen- und bodenbürtige

- Keimlings- und Auflaufkrankheiten
- Blattfleckenkrankheiten
- Maisbeulenbrand
- Kopfbrand des Maises

bodenbürtige

- Stängelfäule (Fusarium)
- Kolbenfäule (Fusarium)
- Kolbenfäule (Trichoderma)

Übersicht über wichtige Maisschädlinge

- Fritfliege
- Maiszünsler
- Maiswurzelbohrer
- Landwirtschaftliche Schadvögel

- Bodenschädlinge: Engerlinge, Drahtwürmer, Erdraupen, Schnakenlarven

Die durchzuführenden Bekämpfungsmaßnahmen orientieren sich am Konzept des **„Integrierten Pflanzenschutzes"**. Es sind daher **zuerst alle vorbeugenden und kulturtechnischen Maßnahmen** zeitgerecht und richtig durchzuführen.

Eine eventuelle **chemische Bekämpfung** hat sich nach den **Schadensschwellen** bzw. nach den Informationen des **Prognose- und Warndienstes** (www.warndienst.at) zu richten. Nähere Hinweise siehe Beratungsbroschüre **„Krankheiten, Schädlinge und Nützlinge im Getreide- und Maisbau"** der **AGES** sowie die jährlichen **Empfehlungen der Landwirtschaftskammern** über die **Pflanzenschutzarbeit im Maisbau**. Weitere Informationen sind der **„Leitlinie für den integrierten Feldbau"** – herausgegeben von der LK Österreich bzw. der ÖAIP (www.oeaip.at) – zu entnehmen.

1.11 Reife, Ernte und Lagerung

❏ Körnermais

• Reife
Die **physiologische Reife** ist erreicht, wenn die **Körner weniger als 40 % Wasser** enthalten. Dies kommt in Form einer **„schwarzen Schicht"** (black layer) an der Kornbasis zum Ausdruck. Ab diesem Zeitpunkt ist die **Stoffeinlagerung abgeschlossen** und die Ernte möglich.

Vollständig ausgebildeter Maiskolben

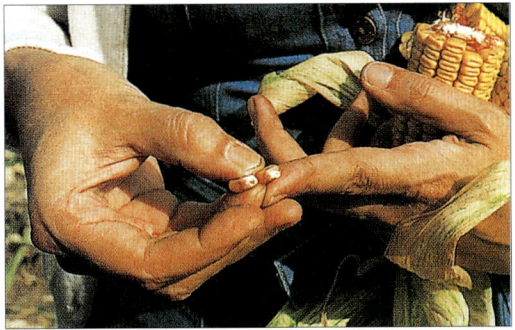

Schwarze Schicht (*„black layer"*)

• Ernte

Die Ernte erfolgt am häufigsten mit dem Mähdrescher (Pflückvorsatz). Der Wassergehalt schwankt meist zwischen 20 und 35 %.

Wird Mais als **Nassmais** verwertet, ist als **Obergrenze** ein **Wassergehalt von maximal 35 %** erforderlich. **Verrechnet** wird auf einer **Basis von 30 %**. Eine **Lieferung an die Industrie** ist nur **vertraglich möglich** (Stärkefabrik Aschach in OÖ., Bio-Äthanolwerk in Pischelsdorf bei Tulln, Werk Bernhofen im Weinviertel zur Erzeugung von Zitronensäure).

Körnermaisernte

Vorteile einer Nassmaisanlieferung sind:
- **Einsparung der Trocknungskosten**
- **Vorgezogene Maisernte** und damit **Zeitgewinn für den Nachbau** einer Winterung

Wird der Mais als **getrocknetes Korn** gelagert, soll der **Wassergehalt** bei der Ernte **möglichst niedrig** sein. Maisbestände, die durch **Fusarien** gefährdet sind (Kontrolle an entlieschten Kolben), sind so schnell wie möglich zu ernten.

• Lagerung

Das leicht verderbliche Korn soll innerhalb von 12–24 Stunden konserviert werden. Für Zwecke der Lagerung als trockenes Korn ist der Wassergehalt auf 14 % abzusenken. Dafür sind leistungsfähige Trocknungsanlagen und ein darauf abgestimmter Erntetermin in den einzelnen Regionen zweckmäßig. Getrocknetes Erntegut kann in Behältern und auf Flachlagern aufbewahrt werden.

• Umrechnung von Feuchtware in Trockenware *(gem. Deutsches Maiskomitee e.V. – DKM)*

Vor der Berechnung ist von der **Feuchtware** ein prozentueller **Besatz** in Abzug zu bringen. Während der Trocknung verliert Körnermais neben Wasser auch einen gewissen Teil an Substanz. Dieser Verlust soll bei der Berechnung der getrockneten Masse durch den **Schwundfaktor** mit einbezogen werden. Dessen Höhe ist zwischen Lieferanten und Abnehmern auszuhandeln.

Beispielrechnung:

Gelieferte Menge 500 dt abzüglich 0,6 % **Besatz** entspricht 497 dt **Feuchtware.**
Anfangsfeuchte: 26 %, **Endfeuchte** 14 %, **Schwundfaktor:** 1,2
Von dem Ertrag Feuchtware (497 dt) wird der Schwund in % (Differenz aus Anfangs- und Endfeuchte mal dem Schwundfaktor (hier: (26 % - 14 %) x 1,2 = 14,4 %)) abgezogen und ergibt einen **Trockenertrag** von 425,4 dt.

Für Körnermais, der im Betrieb verwertet wird, bestehen mehrere Möglichkeiten der **Silierung**:

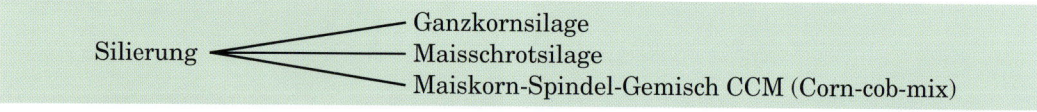

Silierung
- Ganzkornsilage
- Maisschrotsilage
- Maiskorn-Spindel-Gemisch CCM (Corn-cob-mix)

Optimale Kornfeuchten zur Silagebereitung:

Ganzkornsilage 30–35 %, Maisschrotsilage 35–40 % und geschrotetes Maiskorn-Spindel-Gemisch (Corn-Cob-Mix) 34–36 %.
Die **Lagerung** erfolgt meist in **Hermetiksilos**.

❏ Silomais

• Reife

Der **Nährstoffgehalt** bzw. die **Energiekonzentration** (Energiedichte) von Silomais wird hauptsächlich vom **Trockenmassegehalt** und vom **Kolbenanteil** bestimmt.
Dabei spielt die Reife des Maises eine große Rolle. Mit **zunehmender Reife** nehmen der **Kolbenanteil**, der **Trockenmassegehalt** und der **Nährstoffgehalt** der Pflanze zu.

Trockenmassegehalt und Energiegehalt von Maissilage („Ganzpflanze") bei verschiedenem Reifezustand:

Reifezustand	Anzahl der Proben 2001 (Österreich)	TM %	je kg Nassgut		je kg Trockenmasse	
			ME in MJ	NEL in MJ	ME in MJ	NEL in MJ
Milchreife	414	23,1	2,32	1,38	10,05	5,99
Beginn der Teigreife	1278	27,8	2,88	1,72	10,35	6,20
Ende der Teigreife	1422	32,1	3,38	2,03	10,53	6,33
Körnerreife	776	38,5	4,12	2,48	10,69	6,44

ME = umsetzbare (metabolisierbare) Energie, für Mastvieh
NEL = Nettoenergielaktation, für Milchvieh

Der **Reifezustand** beeinflusst auch die **Verwertbarkeit der Inhaltsstoffe durch die Tiere.** Der beste Reifegrad ist erreicht, wenn der Trockenmassegehalt (TM) der Gesamtpflanze zwischen 30 und 35 % liegt und jener der Restpflanze zwischen 22 und 24 %. Das Korn sollte in der Teigreife sein, das heißt mehr als 45 und weniger als 60 % TM haben.

• Ernte

Silomais sollte in der **Teigreife** geerntet werden. Der optimale **Erntezeitpunkt** ist dann gegeben, wenn der Trockenmassegehalt des Kolbens etwa 45–50 % (volle Teigreife) beträgt. Dies entspricht einem **TM-Gehalt von 30–32 % in der Gesamtpflanze**.

Fingernagelprobe – an der Spindelansatzstelle spritzt kein Korninhalt mehr heraus! Ab diesem Zeitpunkt ist mit keiner weiteren Nährstoffzunahme mehr zu rechnen. Bei höheren TM-Werten nimmt die Verdaulichkeit und gleichzeitig auch die Verzehrleistung ab.

Eine **noch gesunde Blattmasse der Maispflanzen** sichert einen **geringeren Mikroorganismenbesatz** des Erntegutes. Nur bei **langem Grünbleiben der Pflanzen**, dem sog. „**Stay-green-Effekt**", ist die Assimilation bis zur Ernte möglich und bringt somit einen **hohen Zuckergehalt für eine rasche Silierung**.

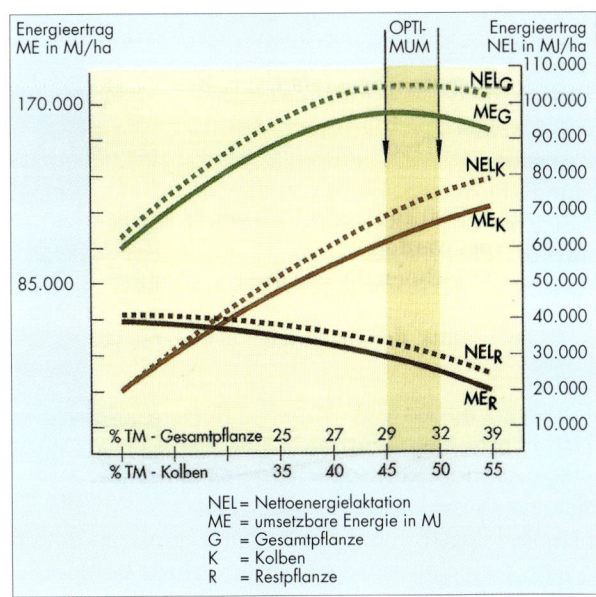

Erntezeitpunkt und Optimum des Energieertrages bei Silomais

Für eine einwandfreie Silage ist einerseits ein exakt kurz geschnittenes Häckselgut erforderlich, andererseits sollte jedes Korn wegen besserer Nährstoffverwertung angeschlagen sein. Dies ist umso notwendiger, je höher der Trockenmassegehalt ist.

Silomais

*Auf **rechtzeitige Ernte** ist beim Silomais zu achten.*

Frühfröste erzwingen einen früheren Erntetermin, denn stark frostgeschädigter Silomais sollte so rasch wie möglich vom Feld geräumt werden. Ansonsten kommt es durch schädliche Bakterien, Hefen und Pilze zu einem raschen Verderb und zu hohen Nährstoffverlusten. Ähnlich gefährdet sind Silomaissorten, die ihr Blattgrün sehr früh verlieren.

• Lagerung

Das **Häckselgut** kann in **Flach- oder Hochsilos** unter Beachtung der siliertechnischen Regeln mit möglichst geringen Verlusten gelagert werden.

Für die **Lagerung von 1 ha Silomais** sind ca. **50–80 m³ Siloraum** (je nach Ertrag und Verdichtung) erforderlich.

❏ Grünmais

Grünmais, der mit einer hohen Saatstärke (35–70 kg/ha) bis Mitte Juli gebaut wurde, sollte wenigstens eine Höhe von 80 cm erreicht haben. Ein **Zuwarten der Nutzung bis zur Milchreife** wäre wünschenswert. Der **Grünmasseertrag** beträgt je nach Anbauzeitpunkt 25–35 t/ha.

In manchen Fällen wird ein zur **Silierung angebauter Mais in der Milchreife als Grünmais geerntet,** damit Futterlücken im Spätsommer geschlossen werden kön-

Grünmaisernte

nen. Bei zu frühem Erntebeginn muss man mit niedrigeren Energieerträgen rechnen. Andererseits müssen die Energieverluste bei der Silierung in der Höhe von ca. 10–15 % wieder einkalkuliert werden.

Demnach bringt ein nicht früher als drei Wochen vor dem eigentlichen Siliertermin geernteter Grünmais den gleichen Ertrag wie ausgereifter Silomais, da die Silierverluste entfallen.

Erreicht der **Mais die Milchreife** mit einem **TM-Gehalt ab 20 %**, so liegt der **Nährstoffgehalt** bei 2,15 ME in MJ bzw. 1,30 NEL in MJ und mehr pro kg Futter. Ab diesem Bereich ist die Nährstoffkonzentration im Mais gegenüber Gras oder anderem Ackerfutter deutlich höher.

Ein als Grünmais geernteter Silomais bringt ab der Milchreife eine wertvolle Ergänzung der Futterration in der Milchviehfütterung!

1.12 Ertrag, Qualität und Verwertung

❏ Körnermais

Die Ertragsleistungen sind sehr stark vom Standort und den Sorten abhängig. Gute Körnermaiserträge liegen bei 12–14 t/ha und mehr.

Durchschnittliche Körnermaiserträge in Tonnen je Hektar

Erntejahr	2022	2023	20 . .
Österreich	9,82	9,93	....
Bundesland			
....	....	....	....
Eigener Betrieb	....	....	....

Siehe Berichte der Statistik Austria!

Qualitativ hochwertiges Erntegut soll sauber und möglichst frei von sonstigen Pflanzenteilen, Erde und anderen Verunreinigungen sein. Der Anteil an Bruchkorn und gequetschten Körnern im Erntegut soll möglichst gering gehalten werden. Körnermais soll weitgehend frei von Pilzen und deren Giften (Mykotoxine) sein. Das Pilzgift **Deoxynivalenol (DON)** – auch **Vomitoxin** genannt – führt besonders bei Masttieren zu schlechter Futteraufnahme und zu Entzündungen der Schleimhaut des Verdauungstraktes. Das östrogenaktive **Zearalenon (ZEA oder ZON)** wird auch von Fusarien auf dem Feld gebildet und verursacht Fruchtbarkeitsstörungen.
Beide Pilzgifte werden durch feuchte und kalte Wetterbedingungen sowie hohe Temperaturunterschiede zwischen Tag und Nacht (Herbst) gefördert.

Ausgeprägte Kolbenfusariose

Grenzwerte für Fusarientoxine:
- **DON-Gehalte** max. 1750 µg/kg
- **ZON- bzw. ZEA-Gehalte** max. 350 µg/kg (gilt nicht für unverarbeiteten Mais, der durch Nassmahlverfahren zur Stärkegewinnung bestimmt ist!)

Vorbeugende Pflanzenschutzmaßnahmen:
- Anbau standortangepasster Sorten mit hoher Fusariumtoleranz
- Ausgewogen düngen – Vorsicht bei Stickstoff
- Kein zu häufiger Maisanbau – Einhaltung der Fruchtfolge
- Maiszünsler bekämpfen (z. B. Ernterückstände zerkleinern und einpflügen)
- Keine zu dichten Pflanzenbestände
- Rechtzeitige Ernte (erhöhter Pilzdruck insbesondere nach Frost oder bei nasskalter Herbstwitterung)

- Verspätete Ernte möglichst ohne Spindelanteil wegen des erhöhten Mykotoxingehaltes in den Spindeln
- Vermeidung von Bruchkorn und verletzten Körnern (begünstigen die Pilzentwicklung)
- Sorgfältig reinigen und ausreichend trocknen (höchstens 14 % Wassergehalt)
- Mykotoxin-Vorernte-Monitoring (Beobachtung bzw. Kontrolle) bei Mais: An Sortenversuchsstandorten der **AGES** und der **Landwirtschaftskammern** werden Mischproben gezogen und auf Mykotoxine geprüft. Die Ergebnisse sind unter www.warndienst.at abrufbar und nehmen Einfluss auf den Erntetermin.

Qualitätskriterien beim Verkauf von Mais laut Börseusancen:
- **Basis-Feuchtigkeit (BF):** 14,5 % – ist jene Feuchte, die Mais nicht überschreiten darf, damit keine Trocknungskosten und Gewichtsabzüge verrechnet werden. In der Praxis wird meist mit 14 % BF gerechnet.
- **Besatz:** Bruchkorn bis 5 %, Kornbesatz bis 4 %, Schwarzbesatz bis 2 %, Auswuchs bis 2,5 %

Getrockneter und **gesunder Körnermais** ermöglicht nicht nur eine problemlose Lagerung und Verwertung im eigenen Betrieb, sondern kann als gängige Marktware leicht transportiert und **verschiedenen Verwertungsmöglichkeiten** zugeführt werden.

Beispiele:
- **Verfütterung** (Rinder, Schweine, Hühner)
- Verarbeitung in der **Lebensmittelindustrie** zu Mehl, Grieß, Stärkeprodukten, Speiseöl u. a.
- Erzeugung von **Alkohol (Bioethanol)**
- **Rohstoff** für die **Stärkeindustrie** (z. B. chemische Industrie, pharmazeutische und kosmetische Industrie, Bauchemie)

❏ Silomais

Silomais als hochwertiges Grundfutter
Der **Kolben ist der Energielieferant**, da die **Hälfte der Trockenmasse** und **zwei Drittel der Energie** darin **in Form von Stärke enthalten** sind.

Die **Silomaiserträge** können größeren Schwankungen unterliegen. **Gute Erträge/ha** liegen bei **65-80 t Frischmasse, das sind 20-24 t Trockenmasse.**

Durchschnittserträge an Grünmasse in Tonnen je Hektar

Erntejahr	2022	2023	20 . .
Österreich	46,97	42,02	....
Bundesland			
....	....	....	....
Eigener Betrieb	....	....	....

Siehe Berichte der Statistik Austria!

Silomais ist **leicht silierbar** und es können bei Einhaltung der siliertechnischen Regeln **sehr gute Silagequalitäten** erzielt werden.
Die **Verwertung** von Silomais erfolgt **überwiegend als Grundfutter** (hohe Nährstoffkonzentration und hohe Verdaulichkeit) in der Rindermast und in der Milchviehhaltung.
Durch höheren Schnitt können Energiekonzentration und Verdaulichkeit erhöht werden.

Silomais zur Biogaserzeugung

Ist eine **Verwertung** von Silomais zur **Biogaserzeugung** mit einer **bestmöglichen Methanausbeute** das Ziel, muss ein **hoher Biomasseertrag** (je nach Reifezahl und Erntetermin > 20 t TM/ha) angestrebt werden.

Wichtige **Voraussetzungen** hierfür sind ein ausreichendes **Stickstoffangebot**, **hohe Saatstärken** (85.000–95.000 Körner/ha), **optimale Standortbedingungen** (insbesondere für spätreife Sorten) und eine **Silomaisernte bei durchschnittlich 32–36 % Trockenmasse** in der Gesamtpflanze.

> Nach der Ernte von Körnermais, Silomais oder Grünmais ist auf eine sorgfältige **Zerkleinerung der Maisstoppel** zu achten, um eine Überwinterung der Larven des **Maiszünslers** in den unteren Stängelteilen zu verhindern.

2. ZUCKERRÜBE (*Beta vulgaris* var. *altissima*)

2.1 Herkunft und Bedeutung

Die **Stammpflanze der Rüben** („Meerrübe") ist an den Küsten Europas bis zum Mittelmeer heimisch und daher salzverträglich. Die Geschichte der Zuckerrübe beginnt erst mit dem Ende des 18. Jahrhunderts.

Die Zuckerrübe zählt zu den ertragreichsten landwirtschaftlichen Kulturpflanzen.

Der **Anbau** der Zuckerrübe erfolgt über ein **österreichisches Lieferrecht** und ist privatrechtlich auf **Kontraktbasis** geregelt und so dem jeweiligen Bedarf angepasst.

Zuckerrübenfeld

Anbaufläche von Zuckerrüben in Hektar

Jahr	2022	2023	20 . .
Österreich Bundesland	33.985	35.678	....
....	....	....	....

Siehe Berichte der Statistik Austria!

2.2 Botanisches

Die Rübe gehört in der **Familie der Fuchsschwanz-gewächse** *(Amaranthaceae)* zur **Gattung *Beta*** (Melde, Weißer Gänsefuß, Futterrübe, Rote Rübe, Mangold u. a.). Sie ist eine **zweijährige Pflanze** und bildet im **ersten Jahr den Rübenkörper** und im **zweiten Jahr den Samenträger** aus.

Sie ist ein **Fremdbestäuber**, die Bestäubung erfolgt durch **Wind** oder **Insekten**. Aus einem **Rübensamenträger** entstehen **10.000–20.000 Blüten**.
Die Samen der Beta-Arten sind **einkeimig (monogerm)** oder **mehrkeimig (multigerm)**. Das mehrkeimige Saatgut enthält 2–4 Samen.
Aufgrund der **Züchtungserfolge** bei einkeimigem Saatgut **(= genetisches Monogermsaatgut)** wird derzeit im Zuckerrübenbau ausschließlich dieses Saatgut verwendet.
Die **Farbe des Keimlings** ist bei der **Zuckerrübe** rein **grün**, bei der **Futterrübe gefärbt**.

„Schosser"

> Die **Blätter** der Rüben sind aufgrund ihrer großen Assimilationsleistung die eigentliche „Zuckerfabrik"!
> Die Wurzel der Rübe ist das Speicherorgan!

Der **Stängel** wird normalerweise im **zweiten Jahr** ausgebildet. Werden bereits im **ersten Jahr Stängel gebildet**, so spricht man von **„Schossern"**. Sie werden durch Spätfröste verursacht und führen zur Verholzung des Rübenkörpers, was die Zuckerfabrikation stört. Die **Schossfestigkeit** ist daher ein wichtiges Zuchtziel bei der Züchtung von neuen Sorten.
Werden im **zweiten Jahr keine Samenträger** ausgebildet, so spricht man von **„Trotzern"**.
Bei der **Zuckerrübe** sind **8–12 Gefäßbündelringe** vorhanden, bei der **Futterrübe findet man 3–5**.
Zusammensetzung der Zuckerrübe:
- 75 bis 80 % Wasser
- 20 bis 25 % Trockenmasse (davon 14–22 % Rohzucker)

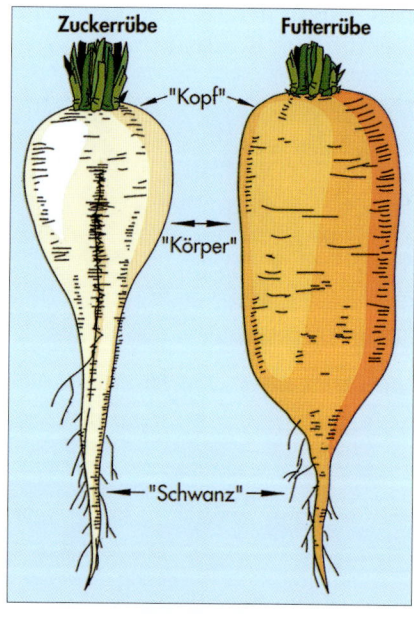

Aufbau des Rübenkörpers *bei Zucker- und Futterrüben*

2.3 Ansprüche an den Standort

❏ Klima

Die **Zuckerrübe** ist besonders im Jugendstadium für eine **hohe Lichtintensität** dankbar. Zu eng stehende und stark verunkrautete Bestände vergilben wegen Lichtmangels. Hohe Lichtintensität, besonders im August und September, begünstigt die Trockensubstanzbildung und erhöht die Zuckererträge.

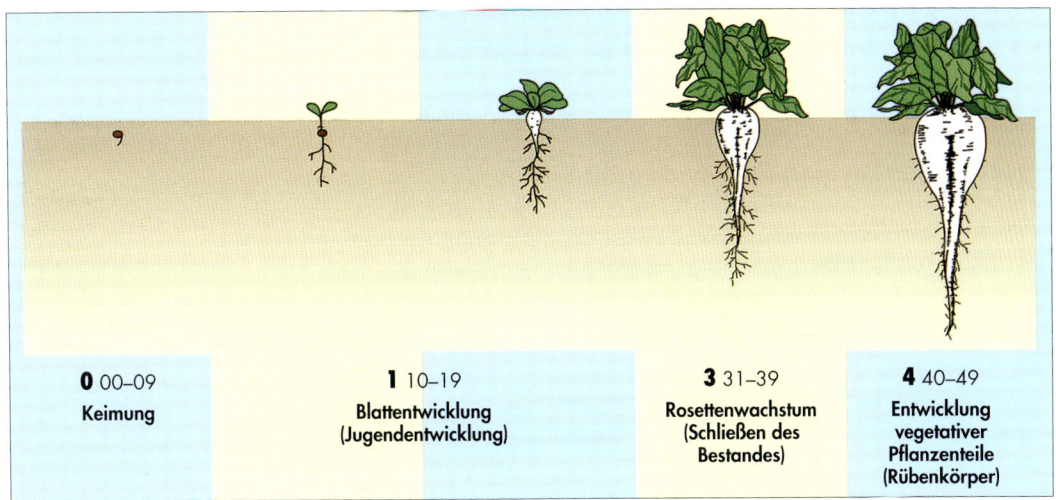

0 00–09	**1** 10–19	**3** 31–39	**4** 40–49
Keimung	Blattentwicklung (Jugendentwicklung)	Rosettenwachstum (Schließen des Bestandes)	Entwicklung vegetativer Pflanzenteile (Rübenkörper)

Entwicklungsstadien der Beta-Rüben gemäß BBCH-Codierung

Zur Erzeugung von **1 kg Trockenmasse sind ca. 400 l Wasser** erforderlich. Der **Wasserbedarf** ist besonders von **Ende Juni bis Anfang September hoch** (stärkstes Massenwachstum). Zur Ernte hin ist eine geringere Wasserversorgung für die „technische Reife" günstiger. Zur **Erreichung hoher Erträge** sind **ausreichende Niederschlagsmengen während der Sommermonate** erforderlich. **In Gebieten mit zu geringen Niederschlägen ist daher eine zusätzliche Wasserversorgung** notwendig (siehe Beregnung!)

Neben den Faktoren Licht und Wasser sind die **Temperaturverhältnisse** in den einzelnen Wachstumsabschnitten von großer Bedeutung. Die **Vegetationszeit** beträgt **180–220 Tage.**

Durch eine rasche Erwärmung des Bodens im Frühjahr wird ein früher Aufgang ermöglicht. Dadurch sind höhere Erträge zu erzielen. Die **minimale Keimtemperatur** liegt bei 4–5 °C. Für eine **schnelle Keimung** sind **8–12 °C Bodentemperatur** erforderlich.

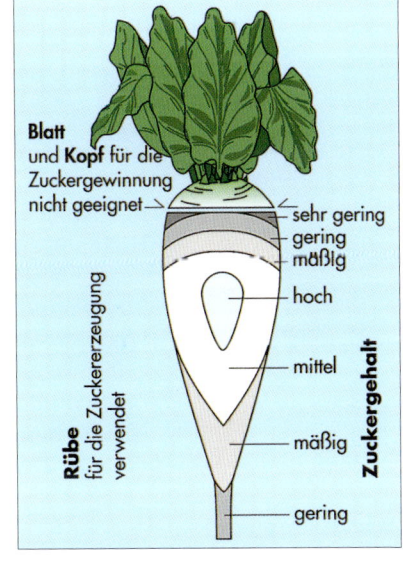

Zuckergehalt in der Rübe

Vorübergehend verträgt die junge Rübe Temperaturen unter 0 °C. Lang anhaltende Temperaturen zwischen 2 und 4 °C nach dem Aufgang der Rübe begünstigen die Schosserbildung.

Im Herbst werden Fröste bis zu –5 °C vertragen.

❏ Boden

Typische Zuckerrübenböden sind **Schwarzerde- und Braunerdeböden** mit entsprechender Krumentiefe.

Extrem leichte, aber auch extrem schwere Böden sind für die Zuckerrübenkultur nicht geeignet. Stauende Nässe und hoher Grundwasserstand schließen den Zuckerrübenbau ebenso aus wie leichte Böden mit geringem Wasserspeichervermögen.

Ein guter Rübenboden soll folgende Eigenschaften besitzen:

- **Tiefgründigkeit** – soll dem Vordringen der Wurzeln nur geringen Widerstand entgegensetzen (Bodenverdichtungen führen zur Beinigkeit)
- **Rechtzeitige Bearbeitbarkeit**
- **Keine Neigung zur Verkrustung**
- **Guter Garezustand mit Strukturstabilität**
- **Hohe Wasser haltende Kraft** (humose, tonhältige Böden)
- **Guter Nährstoffzustand** (vor allem mit Phosphor, Kalium und Bor)
- **Günstiger Reaktionsbereich** (pH 6,5–7,5)

2.4 Stellung in der Fruchtfolge

Die Zuckerrübe ist **mit sich selbst unverträglich**. Grund dafür sind z. B. die **Rübennematoden**, welche die so genannte **„Rübenmüdigkeit"** verursachen.

Da derzeit keine wirtschaftlich zu empfehlende chemische Bekämpfungsmöglichkeit für Nematoden besteht, müssen entsprechend lange **Anbaupausen** von 4–5 Jahren eingehalten werden. Außerdem sollen **nematodenfeindliche Pflanzen** oder **Neutralpflanzen** in der Fruchtfolge vor und nach der Zuckerrübe angebaut werden. Die Zuckerrübe steht in der Regel zwischen zwei Getreidearten.

Wirtspflanzen		Neutralpflanzen	Feindpflanzen
Nutzpflanzen	**Unkräuter**	Weizen	Mais**
Zuckerrübe	Hederich	Gerste	Roggen
Futterrübe	Ackersenf	Hafer	Zwiebel
Rote Rübe	Hirtentäschel	Triticale	Luzerne
Mangold	Vogelmiere	Kartoffel	Lein
Spinat	Meldearten	Erbse	
Kohlarten	Löwenzahn	Bohne	
Kohlrüben	Gänsefußarten	Wicke	
Raps	Besenrauke	Klee	
Rübsen	Hohlzahnarten	Sonnenblume*	
Senf		Hanf	

Wirtspflanzen fördern den Nematodenbefall, **Neutralpflanzen** stehen ohne Beziehung zu den Rübennematoden und **Feindpflanzen** veranlassen die Nematodenlarven zum Schlüpfen, verhindern aber ihre weitere Entwicklung.

* **Sonnenblume** ist als **Vorfrucht** bei **Trockenheit** bzw. im **Trockengebiet** ein **Wasserkonkurrent**!

** **Mais** als **Vorfrucht fördert** bei Trockenheit bzw. im Trockengebiet die **Rhizoctonia-Rübenfäule.**

Die Rüben sind für die meisten Kulturpflanzen **günstige Vorfrüchte**. Bei auf dem Feld belassenen und zerkleinerten **Rübenblättern** kann mit folgenden **Nährstoffmengen** für die Nachfrucht gerechnet werden:

Nährstoffrücklieferung durch Maisstroh in kg/ha				
N	**P_2O_5**	**K_2O (je nach Ertragslage)**		
		niedrig	mittel	hoch
0–30	40	120	150	180

Die durch gute Beschattung entstandene Gare geht oftmals durch schlechte Erntebedingungen (nasser Boden) oder durch schwere Erntemaschinen (Bodenverdichtungen) wieder verloren.

Beispiele von günstigen Vor- und Nachfrüchten

Winterroggen	Winterweizen	....
Zuckerrübe	**Zuckerrübe**	**Zuckerrübe**
Durum-Weizen	Sommergerste	....

Tragen Sie ein weiteres Beispiel ein!

2.5 Ernährung, Düngung und Beregnung

Düngungsempfehlungen richten sich nach den **Angaben des Vertragspartners Zuckerindustrie** aufgrund der **Bodenuntersuchung nach der EUF-Methode**, dürfen aber die empfohlenen Mengen gemäß „**Richtlinien für die sachgerechte Düngung"(RSGD)**, 8. Auflage, nicht überschreiten!

Die Zuckerrüben haben einen relativ **hohen Nährstoffbedarf**. Die Nährstoffaufnahme erstreckt sich über die gesamte Vegetationszeit, eilt aber von Juni bis Juli dem Wachstum stark voraus.

• Anwendung von Wirtschaftsdüngern
Stallmist soll nach Möglichkeit schon zum **Stoppelsturz** nach einer Getreidevorfrucht, jedenfalls aber noch im **Herbst** gut verteilt ausgebracht und rasch in den Boden eingearbeitet werden.
Gülle soll **umwelt- und bodenschonend** am besten **vor dem Anbau einer Begrünung** (Zwischenfrucht ohne Leguminosen) ausgebracht und rasch **in den Boden eingearbeitet** werden.

• Anwendung von Mineraldüngern
Die **Phosphat- und Kalidüngung** orientieren sich mithilfe einer **Bodenuntersuchung** am **pflanzenverfügbaren Nährstoffvorrat des Bodens** und der **Ertragslage des Standortes**. Für die **Grunddüngung** gelten z. B. für die **Gehaltsklasse C bei mittlerer Ertragslage** die **Richtwerte 85 kg P_2O_5 und 320 kg K_2O je ha und Jahr. Die Phosphat- und Kalidüngung** soll zur Vermeidung nachteiliger Fahrspuren im **Sommer oder Herbst vor einer Bodenbearbeitung** erfolgen.

Auf eine ausreichende und richtige **Kalkversorgung** innerhalb der Fruchtfolge ist zu achten!

Bei **niedriger Borversorgung des Bodens** (Gehaltsklasse A) oder **Bormangelerscheinungen an den Pflanzen** können **hochprozentige Bordünger** (z. B. Solubor, Borax) verabreicht werden. In der **Gehaltsklasse A** ist im Feuchtgebiet je nach Bodenschwere eine gezielte **Borbodendüngung** von 1–2 kg Reinbor/ha angezeigt.
Bei **Trockenheit** und auf **kalkhaltigen Böden** ist auch im Bereich der **Gehaltsklasse C** eine **Borblattdüngung** von 0,5–1 kg Reinbor/ha **zwischen Blattschluss und Ende Juni** (Zeit des höchsten Borbedarfes) zu empfehlen. Bei hohem Borbedarf (mehr als 1 kg Reinbor je ha) ist die Menge auf 2 Spritzungen aufzuteilen.

Die **Aufwandmenge** und der **Zeitpunkt der Stickstoffdüngung** sollen nach den **Empfehlungen der Zuckerfabriken** erfolgen. **Bevorzugt werden N-Gaben erst nach dem Rübenaufgang**. Man **reduziert** dadurch **Traktorspuren** vor dem Anbau und **begünstigt einen gleichmäßigen Rübenaufgang**.

Schnell wirksame N-Gaben über 100 kg je ha und Jahr in feldfallender Wirkung sind auf **leichten Böden** (< 15 % Tonanteil) zu **teilen**.

Als **Empfehlungsgrundlage** für die N-Düngung zu **Zuckerrübe** gilt nach dem RSGD (8. Aufl.) für **mittlere Ertragslagen** (55–75 t/ha) ein **N-Bedarfswert** von 110–140 kg N/ha. Davon ausgehend ergeben sich für **abweichende Ertragslagen** bzw. **Standorteigenschaften** durch prozentuelle Zu- und Abschläge die **maximalen N-Bedarfswerte** sowie die daraus abgeleiteten **Vorgaben für die Konditionalität**.

Obergrenzen in kg jahreswirksamer N/ha gemäß Nitrat-Aktionsprogramm-Verordnung 2023:

Ertragslage Kultur	niedrig (t/ha) (max. N)		mittel (t/ha) (max. N)		hoch 1 (t/ha) (max. N)		hoch 2 (t/ha) (max. N)		hoch 3 (t/ha) (max. N)	
Zuckerrübe	< 55	**110** 95*	55–75	**155** 130*	75–85	**180** 155*	85–95	**195** 165*	> 95	**210** 180*
Futterrübe	< 60	**110** 95*	60-100	**155** 130*	> 100	**180** 155*				

* für Gebiete mit verstärkten Aktionen zum Schutz der Gewässer

Die N-**Obergrenzen** beziehen sich bei **allen stickstoffhaltigen Düngern** auf ihre jeweilige **Jahreswirksamkeit**. Die qualitäts- und ertragsabhängige **N-Düngung** hat sich an den **Durchschnittserträgen der letzten Jahre** zu orientieren. Bei der **Düngebemessung** sind gegebenenfalls Stickstoff aus **Vorfrucht** und **Ernterückständen** sowie **pflanzenverfügbare N-Vorräte im Boden** zu berücksichtigen.

• Beregnung
Um bei Zuckerrüben **Einbußen** an **Ertrag** und **Qualität** in den **Trockengebieten Ostösterreichs zu verhindern**, sind **fehlende Niederschlagsmengen** bzw. **zeitliche Defizite** durch **Beregnungsgaben auszugleichen**.

Der mögliche **Beregnungszeitraum** liegt im **Trockengebiet** je nach **Witterungsverlauf**, **Pflanzenbedarf** und **Wasserspeicherfähigkeit** des Bodens zwischen **Ende Juni** und **Anfang September**. **Der häufigste Beregnungsbedarf** besteht in der Regel im **Juli** und **August** mit im Durchschnitt 3–4 Gaben bei einer Gesamtregenmenge zwischen 120 und 160 mm. Je **schwerer**, **tiefgründiger** und **humusreicher** der **Boden** ist, desto mehr Wasser kann er speichern, aber umso langsamer kann er das Wasser aufnehmen und wieder abgeben.

Unter diesen Voraussetzungen können **höhere Beregnungsgaben nur mit geringer Intensität** (mm/h) und in **längeren Zeitabständen** (durchschnittlich 14-tägiger Turnus) ausgebracht werden. **Andernfalls** führt eine **zu hohe Beregnungsintensität** zu **Bodenschäden** (Verschlämmung, Verkrustung, Dichtlagerung, Wasserstau mit Behinderung der Bodendurchlüftung), die das **Bodenleben negativ beeinträchtigen** und das **Wachstum der Rüben schwächen** (Störung der Wurzelatmung, der Nährstoffaufnahme) sowie eine erhöhte Krankheitsanfälligkeit (z. B. Rhizomania) begünstigen.

Umgekehrt reagieren **leichte, seichtgründige Böden** mit **höherem Sandanteil**. Diese **nehmen das Wasser rasch auf**, können es aber **nicht speichern**. Die **Wasserabgabe** erfolgt **ebenso rasch** wie die **Wasseraufnahme**.

Unter diesen Voraussetzungen können **kleinere Beregnungsgaben** mit **stärkerer Intensität** (mm/h) in **kürzeren Zeitabständen** (durchschnittlich 10-tägiger Turnus) ausgebracht werden.

Zu vermeiden sind **Versickerungsverluste** durch **zu hohe Einzelgaben** und der damit verbundenen **stofflichen Belastung** (z. B. durch Nitrate, PSM-Wirkstoffe bzw. deren Abbauprodukte) **des Grundwassers**.

Mittelschwere Böden mit mitteltiefer Gründigkeit nehmen mit ihren **ausgeglichenen Bodeneigenschaften** bzw. ihrer **Wasserspeicherfähigkeit** bei **Beregnungsgaben** und **Beregnungsintensität** eine **Mittelstellung** ein.

Um die **Verdunstungsverluste bei der Beregnung gering zu halten**, sollte nach Möglichkeit während der **kühleren und windärmeren Nacht- und Morgenstunden** oder **tagsüber** bei **bedecktem Himmel** und **verringerter Windstärke** beregnet werden.

Um die **Effizienz der Beregnung** nach **subjektiven, jährlichen Erfahrungswerten** zu verbessern, sollte durch laufende **Feststellungen** (Messungen) der **Wasserverhältnisse** im **Hauptwurzelbereich des Rübenbestandes** die **Beregnung nach Zeit und Menge gesteuert** werden.

Die **Rübeninspektorate der Agrana** stehen u. a. für Informationen zur **„Beregnungssteuerung mittels Gipsblockmethode"** zur Verfügung.

Wasserbedarf in den einzelnen Entwicklungsabschnitten

Jugendentwicklung ➔ Der Wasserbedarf ist relativ gering (Beregnung nur in Ausnahmefällen). Eine **zu frühe Beregnung verwöhnt die Zuckerrübe mit Wasser** zum **Nachteil des Wurzeltiefganges**.

Blattbildung ➔ Mit **zunehmender Blattbildung steigt** auch der **Wasserbedarf**.

Rübenbildung ➔ Während des **Dickenwachstums des Rübenkörpers besteht größter Wasserbedarf** (100–150 mm im **Juli** und 120–160 mm im **August**). Wasserdefizite sind durch Beregnung auszugleichen. Bei **Beregnungsbedarf** gelten **Einzelregengaben** von **40 bis max. 50 mm für mittlere Böden als ausreichend**.

Ende der Rübenkörperentwicklung ➔ Etwa ab Mitte September verringert sich der Wasserbedarf. Eine Beregnung kommt nicht mehr in Frage. Sie **senkt** den **Zuckergehalt**!

Beispiel einer Beregnung nach Erfahrungswerten

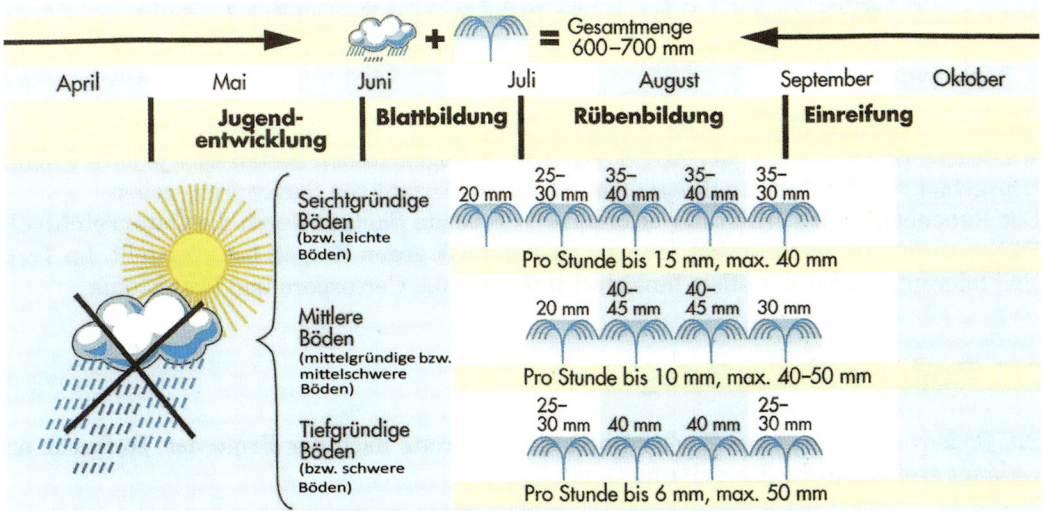

Wasserbedarf der Zuckerrübe *in den einzelnen Entwicklungsabschnitten*

2.6 Saatgut und Sortenwahl

Saatgutformen ——— Natürliches Saatgut (Normalsaatgut)
——— Monogermsaatgut

• **Natürliches Saatgut (multigermes = mehrkeimiges Saatgut)**
Es wird in seiner **ursprünglichen Form** (Knäuel mit 2–4 Samen) im Zuckerrübenbau **nicht mehr verwendet.**

• **Monogermsaatgut (genetisch monogermes = erblich einkeimiges Saatgut)**
Bei diesem Saatgut wurde die **Einkeimigkeit** durch die **Züchtung** erzielt.
Da die Samenform flach bis linsenförmig ist und dadurch die Aussaat erschwert wäre, muss eine **Pillierung** vorgenommen werden. Unter günstigen Boden- und Klimaverhältnissen kann mit diesem Saatgut die Ablage in der Reihe bis zum **Endabstand** erfolgen.
• **Sortenwahl**

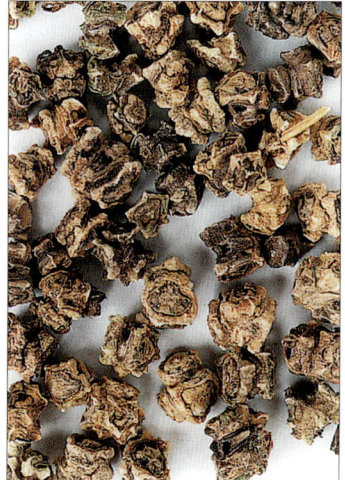  

Natürliches Saatgut   *Monogermsaatgut* – *nicht pilliert*   *Monogermsaatgut* – *pilliert*

Von den in der Veröffentlichung **„Österreichische Beschreibende Sortenliste"** der **AGES** angeführten zugelassenen **Sorten** wird je nach **Produktionsgebiet** von der **Zuckerindustrie** eine begrenzte Anzahl von Sorten angeboten.
Der Rübenbaubetrieb erhält das erforderliche gebeizte Saatgut durch die Österreichische **Rübensamenzucht GesmbH** über die Zuckerfabrik gegen Entgelt bereitgestellt. Im **Trend** sind **tolerante Sorten** vor allem hinsichtlich Rhizomania, Cercospora, Rhizoctonia und Nematoden.

2.7 Bodenvorbereitung

Die **Bodenvorbereitung** beginnt **unmittelbar nach der Ernte der Vorfrucht**. Die **unterschiedlichen Bearbeitungsschritte** sind unter **trockenen Bodenverhältnissen, zeitgerecht, wassersparend, bodenschonend** und **sorgfältig** durchzuführen. Die **in die Tiefe wachsende Zuckerrübe** verlangt eine **tief gelockerte**, aber **gleichmäßig gesetzte Krume ohne störende Verdichtungen** oder **Sperrschichten** aus nicht verrotteter organischer Substanz.

Da die Zuckerrübe in der Fruchtfolge meist einer Getreideart folgt und das anfallende Stroh häufig als **organischer Dünger** am Feld verbleibt, ist zunächst eine intensive **Strohaufbereitung** erforderlich. Diese beginnt bereits beim Drusch mit **tiefer Schnittführung** (Stoppellänge max. 10 cm), **kurzer Häcksellänge** (max. 5 cm) und **gleichmäßiger Strohverteilung**.

• **Stoppelbearbeitung**
Um die Ziele der Stoppelbearbeitung zu erreichen, sind optimalerweise **zwei Bearbeitungsgänge in unterschiedlicher Tiefe** und, wenn möglich, **leicht versetzt zur vorhergegangenen Drusch- bzw. Bearbeitungsrichtung** durchzuführen.
Die **Stoppelbearbeitung** hat **ohne unnötige Verzögerung flach** (ca. 5 cm tief), **ganzflächig, mischend, einebnend, (fein)krümelig** und mit ausreichender **Rückverfestigung** zu erfolgen.

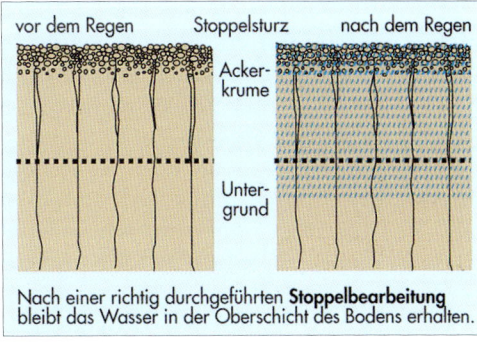

vor dem Regen   Stoppelsturz   nach dem Regen
Ackerkrume
Untergrund

Nach einer richtig durchgeführten **Stoppelbearbeitung** bleibt das Wasser in der Oberschicht des Bodens erhalten.

Nach Stoppelbearbeitung – *Wasser wird gespeichert.*

Erreicht werden sollte:
- gute **Vermischung** von **Stroh** und **Erde**
- rasches **Auflaufen von Ausfallgetreide und Unkrautsamen**
- **Verringerung kapillarer Wasserverluste**
- **verbesserte Aufnahme und Speicherung von Regenwasser** durch die Ackerkrume
- rascher **Abbau der Ernterückstände**
- **Beseitigung oberflächlicher Verdichtungen** sowie der vorhandenen **Restverunkrautung**

Geeignete Geräte: Je nach der Bodenschwere eignen sich z. B. **Kurzscheibeneggen** oder **Grubber** mit Gänsefuß-, Flügel- oder Doppelherzscharen, jeweils mit einer **nachlaufenden Walze** sowie **Kombinationen** mit einem **Grubber** und einem **Scheibengerät**.

Mit einer **zweiten, tiefer gehenden Folgebearbeitung** (auf 10–15 cm Tiefe) sollte **ein nicht allzu hoch gewordener Aufwuchs** aus **Ausfallgetreide** und **Unkrautsamen** beseitigt werden.
Das bereits flach eingearbeitete **Stroh-Bodengemisch** sollte **tiefer umgelagert** und **gut durchmischt** werden.

Erreicht werden sollte:
- **Beseitigung** von so genannten „**Grünen Brücken**", die einer Reihe von **Schaderregern** ein **Überleben oder Vermehren unmöglich** machen sollten
- **Förderung** der **Strohrotte, Lockerung** und **Beseitigung** tiefer gehender **Spurverdichtungen (Mähdrescherspuren)**

Gegebenenfalls ist auch eine **tiefere Krumenlockerung** (> 15 cm) als eine **vorverlegte, pfluglose Grundbodenbearbeitung** mit **Rückverfestigung** zum **Anbau** einer **abfrostenden Winterbegrünung** als **Voraussetzung** für eine **Mulch- oder Direktsaat** von Zuckerrüben möglich.
Geeignete Geräte: Grubber mit **Doppelherz-** oder **Meißelscharen** in **Kombination** mit mittelschwerer **Walze** und **Striegel**.

- **Grundbodenbearbeitung**

Grundbodenbearbeitung mit Pflug

Die **Pflugtiefe** soll zwecks ungestörter Ausbildung des Rübenkörpers **tiefer als bei Getreide** sein. **Zu vermeiden ist ein zu tiefes Pflügen**, da ein **toter Boden** (erkennbar an der meist helleren Farbe) möglichst nicht an die Bodenoberfläche gebracht werden soll (Auflaufschwierigkeiten infolge Verschlämmung und Verkrustung).

Als **Sommerfurche**, gefolgt von einer **optimalen Saatbettbereitung für den Anbau einer Zwischenfrucht als abfrostende Winterbegrünung** mit der Möglichkeit einer **Mulch- oder Direktsaat von Zuckerrüben**, fördert sie einen **stabilen Strukturaufbau** im Boden und **schützt am besten vor unerwünschter Erosion.**

Als **Herbstfurche** ist sie noch vor dem Einsetzen der Fröste **warm und trocken** durchzuführen. Erforderlichenfalls wird eine **grobe Einebnung** bereits im **Herbst** empfohlen, um eine **reduzierte, flache und wassersparende Saatbettbereitung zu ermöglichen.**
Handelt es sich um **schluffreiche und humusärmere Böden des Feuchtgebietes**, besteht **Verschlämmungs- und** in Hanglagen zusätzlich **Erosionsgefahr.**
Eine **gute Ausformung der Furchendämme und ein satter Furchenschluss ersetzen** oft eine **Herbsteinebnung.**

Nachteile der Herbstfurche: Fehlender Erosionsschutz (bes. in Hanglagen) und ein allfälliges Einpflügen von frischer Grünmasse mit zunehmender Bodenschwere.

Gemäß GAP 2023 (GLÖZ 6) ist die Mindestbodenbedeckung vom 1. November bis 15. Februar zu beachten!

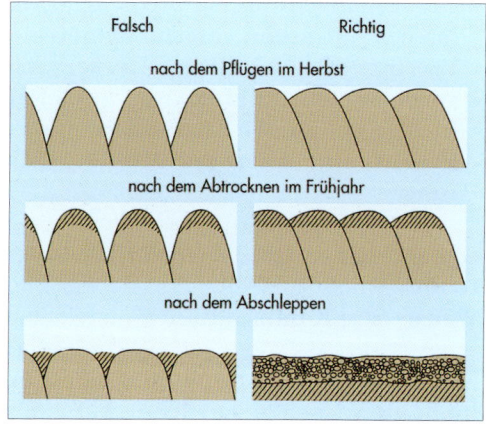

*Beispiele für falsche und richtige **Herbstfurche***

Grundbodenbearbeitung ohne Pflug
Diese wird von immer mehr Rübenbauern praktiziert. Sie erfolgt in der Regel mit einem geeigneten **Grubber zu den Zeiten des Pflügens** im Sommer bzw. Herbst. Die **Voraussetzung** dafür sind **mittelschwere** und **humusreiche Böden** mit guter **Strukturstabilität.**

- **Saatbettvorbereitung**
Im **Frühjahr** soll **bodenschonend** (Anbau mit großvolumigen Radialreifen am Traktor mit geringem Druck oder Zwillingsbereifung) das **gut abgetrocknete** und **bearbeitbare Feld** mit **möglichst wenigen Arbeitsgängen** und **flach wirkenden Bodenbearbeitungsgeräten** saatfertig gemacht werden. Dies kann in den meisten Fällen durch den Einsatz einer **Saatbettkombination** erreicht werden. Ist aus irgendwelchen Gründen der **Bodenschluss** bzw. der nötige **Wasseraufstieg** für die Keimung zu gering, so kann der Einsatz einer **Profilwalze** (z. B. Prismenwalze) empfohlen werden.
Vor allem im **Trockengebiet** hat sich bei der **Aussaat** die **Kombination einer Prismenwalze** (zur Rückverfestigung des Bodens) **und der Einzelkornsämaschine** bewährt.

Das **Ziel der Bodenbearbeitung** ist ein **bestimmter Saatbettaufbau:**

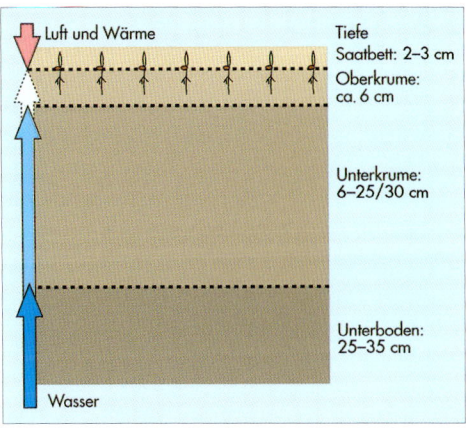

Saatbettaufbau

2–3 cm	lockere, warme Deckschichte
bis 6 cm	vom Eggenteil der Kombination **gelockert** und vom nachlaufenden Krümler **rückverfestigt**
bis 25/30 cm	bei der **Grundbodenbearbeitung gelockert** und **mit der Zeit** durch Witterungswechsel **abgesetzt** und **gleichmäßig gelagert**
ab 25/30 cm	unbearbeiteter Unterboden – die Übergangschichte von 25 cm wird **nur fallweise bei der Beseitigung von Pflugsohlen erfasst**

• **Erosionshemmende Maßnahmen in Hanglagen**

Um der **Bodenerosion** auf **Zuckerrübenschlägen** in Hanglagen entgegenzuwirken, ist besonders ein durch die Geländeform bzw. Grundstückslage erzwungener **Anbau in der Fall-linie erosionshemmend durchzuführen, um Schäden in den angrenzenden Grund-stücken zu vermeiden.**

Maßnahmen gegen Abschwemmungen umfassen
- eine **Unterteilung bzw. Verkürzung der Hanglänge** (z. B. durch Schlagteilung oder Quergräben mit bodenbedeckendem Bewuchs oder Querstreifeneinsaat) und/**oder**
- den **Anbau einer Zwischenfrucht als abfrostende Winterbegrünung** mit darauffol-gender **Mulchsaat** (Ablage des Saatgutes in die Mulchschichte der abgefrosteten und in die oberste Bodenschichte seicht eingearbeitete Begrünungskultur) **oder**
- eine **Direktsaat** (Ablage des Saatgutes direkt in den seit der Anlage der Begrünungskultur unbearbeiteten Boden) von Zuckerrüben **oder**
- einen **Anbau quer zum Hang.**

Bei über 10 % durchschnittlicher Hangneigung **zu einem Gewässer** (festgestellt im 20-m-Bereich ab der Böschungsoberkante) gilt gemäß **Nitrat-Aktionsprogramm-Verordnung 2023** ein **verpflichtender Erosionsschutz** für den **gesamten Schlag**, um eine **Abschwem-mung eines ausgebrachten stickstoffhaltigen Düngers in ein oberirdisches Gewäs-ser zu vermeiden.**

Empfohlene AGRANA-Zwischenfruchtmischungen:

Beta Florin TG PLUS Trockengebiet	Beta Florin FG Feuchtgebiet	Beta Florin SH (Sandhafer) Feuchtgebiet
25 % Ölrettich*	32 % Ölrettich*	30 % Ölrettich*
50 % Linse	62 % Sommerwicke	41 % Sommerwicke
5 % Kresse	6 % Kresse	4 % Kresse
15 % Buchweizen		25 % Sandhafer
5 % Phacelia		

* nematodenresistent

2.8 Anbau

Der **Anbau** soll **Mitte März bis Mitte April** bei einer Bodentemperatur von mindestens 4–5 °C mit einer **Einzelkornsämaschine** erfolgen. Die **frühe Saat** bringt meist **höhere Erträge**, kann aber **durch Spätfröste zu Pflanzenschäden** führen.

Die **Saattiefe** ergibt sich aus der Art der Bodenvorbereitung. Nach einer guten Saatbettvorbereitung wird eine **Ablage auf ca. 3 cm** richtig sein. Eine **Faustregel** besagt, dass mit zunehmender Saattiefe von 1 cm der Feldaufgang um ca. 5–10 % sinkt.

Die **Reihenentfernung** liegt meist **zwischen 45 und 50 cm,** wobei auf die Einstellmöglichkeit der Pflege- und Erntegeräte Rücksicht zu nehmen ist. Das **Ertragsoptimum** liegt bei 45 cm!

Die **exakte Kornablage in der Reihe** hat so zu erfolgen, dass **zur Ernte 85.000–95.000 Pflanzen je ha** erreichbar sind.

Je nach klimatischen und bodenbedingten Gegebenheiten sind **unterschiedliche Feldaufgänge** erzielbar. Sie liegen zwischen **80 und 90 %.** Außerdem ist noch mit **Ausfällen von ca. 5 %** bis zur Ernte infolge von Krankheiten und Schädlingen zu rechnen. Höhere Ausfälle (wie z. B. durch den Rübenrüssler) sind jederzeit möglich. Je nach **Aufgangserwartung** sind **Ablageentfernungen zwischen 18 und 20 cm in der Reihe** zu wählen.

Abgelegte Pillen und Pflanzenzahlen bei verschiedenen Saatentfernungen:

Ablage auf	Reihenweite 45 cm			Reihenweite 50 cm		
	19 cm	20 cm	21 cm	18 cm	19 cm	20 cm
Abgelegte Pillen	117.000	111.100	105.800	111.100	105.300	100.000
Pflanzen bei 85 % Feldaufgang	99.500	95.000	90.000	95.000	89.500	85.000
Pflanzen bei 75 % Feldaufgang	87.800	83.300	79.400	83.300	79.000	75.000

Bei der modernen Saatgutaufbereitung wird der besseren Handhabung wegen das Einzelkornsaatgut nicht mehr in Kilogramm, sondern in Einheiten in den Handel gebracht.

Eine Einheit (1 U = Unit) ist eine Samenpackung mit 100.000 Pillen bzw. Samen.

Bei der Saatgutbestellung gelten als **Berechnungsgrundlage 1,2 U je Hektar**, um eine **ausreichende Bestandesdichte** zu ermöglichen.

2.9 Pflege

• **Pflegemaßnahmen im „handarbeitslosen" Rübenbau**
Ziel ist es, **auf die mechanische Hackarbeit möglichst zu verzichten**.

Voraussetzungen für das Gelingen des handarbeitslosen Rübenbaues:
• Anbau auf Endabstand
• Verwendung von pilliertem Monogermsaatgut (höchste Einkeimigkeit)
• Gezielte Anwendung und gute Wirksamkeit der Herbizide (meist sind bis zu drei Flächenspritzungen im Keimblattstadium der Unkräuter notwendig)

Je nach **Bodenverhältnissen** (z. B. Verschlämmung und Verkrustung) und **Unkrautproblemen** können **in Ausnahmefällen** auf **Rübenfeldern ohne Erosionsrisiko Hackgänge** zwischen den Reihen vorteilhaft sein.

Grundsätzlich wird auf die **Hackarbeit in der Reihe** und auf die abschließende **Rundhacke von Hand** verzichtet. Bei der handarbeitslosen Kultur ist darauf zu achten, dass **bei der Ernte 85.000–95.000 Pflanzen je ha** vorhanden sind.

• Pflegemaßnahmen ohne Anwendung von Herbiziden
Mechanische Pflege ist im **Bio-Landbau** erforderlich.

Die **erste Hacke** erfolgt dann, wenn die Reihen gut erkennbar sind. Dann folgen je nach Bedarf noch **1–2 tiefer gehende Hackgänge**.

Eventuelle **Korrekturen innerhalb der Reihen** sind **oftmals notwendig**.

Ende Juni kann die Pflegearbeit mit einer **Handhacke rund um die Rübe** abgeschlossen werden, wobei noch eventuelle Schosserrüben und größere Unkräuter entfernt werden müssen. Es sollen auch ca. **85.000–95.000 Pflanzen pro ha** in die Ernte kommen.

• Überprüfung der Pflanzenzahl
Ein schlechter Feldaufgang stellt den Landwirt manchmal vor die Frage, den Bestand stehen zu lassen oder umzubrechen.

Als **Entscheidungshilfe** wird am besten eine **Auszählung der Pflanzen** vorgenommen. Hierzu misst man an **zehn gleichmäßig über das Feld verteilten Stellen in der Reihe** eine Strecke ab, **die dem Bestand von 10 m² entspricht.**

> Beispiel: 10 m² : 0,45 Reihenentfernung = 22,22 m Messstrecke

Die **Summe der Pflanzen aller 10 Messstrecken x 100 ergibt die Pflanzenzahl je ha!** Ein Rübenbestand vermag Fehlstellen durch größere Einzelpflanzengewichte ertragsmäßig nur zum Teil auszugleichen. **Sinkt die Pflanzenzahl je ha unter 40.000** und ist die Jahreszeit nicht zu weit fortgeschritten (Mitte Mai), so ist ein **Zweitanbau** zu erwägen.

• Beseitigung von Schosserrüben
Bei jeder Pflegevariante sind „**Schosserrüben**" in der **Blühphase samt Wurzel händisch aus dem Boden zu ziehen** und spätestens Anfang Juli **aus dem Rübenfeld zu entsorgen,** da die Samen bereits keimfähig sind.

Neben den **negativen Auswirkungen auf den Ertrag** und **Zuckergehalt erschweren sie die Rübenernte**. Außerdem gefährdet ihr **hohes Samenpotenzial** (1 Schosserpflanze produziert ca. 2.000 Samen) trotz abnehmender Keimfähigkeit in den folgenden Anbauperioden als mögliche „**Unkrautrübe**" den Zuckerrübenbestand.

2.10 Pflanzenschutzmaßnahmen im Rübenbau

Eine zeitgemäße Bekämpfung von **Unkräutern, Krankheiten und Schädlingen** sollte immer **zielgerichtet** und **umweltschonend** durchgeführt werden sowie **wirtschaftlich vertretbar** sein.

❏ Unkrautregulierung

• Nichtchemische Maßnahmen
Je nach der Art der vorherrschenden Unkräuter (Wurzel- oder Samenunkräuter; Früh- oder Spätkeimer) sollten folgende Maßnahmen beachtet werden:

- **Vielfältige Fruchtfolge** (mit Winter- und Sommerungen, Wechsel von Halm- und Blattfrüchten, Anbau von Zwischenfrüchten)
- Saubere Aberntung der Vorfrucht und **exakte zweimalige Stoppelbearbeitung**
- **Pflugfurche** im Sommer mit Begrünung oder **trockene Herbstfurche**
- **Keine allzu frühe Saat** auf Feldern, die leicht zur Verunkrautung neigen
- Zeitgerechte **maschinelle Hackgänge auf ebenen Flächen** (Bio-Rübe)
- Erforderlichenfalls auch **Korrekturmaßnahmen** von Hand (Beseitigung von Schossern)

• **Chemische Maßnahmen**

Mit der **chemischen Unkrautbekämpfung** im Rübenbau sollen zwei Aufgaben erfüllt werden:
- **Beseitigung der Unkräuter** (Wasser-, Nährstoff- und Standraumkonkurrenten)
- **Ermöglichung der Vollmechanisierung des Rübenbaues** (handarbeitsloser Rübenbau)

Die **Anwendung von Herbiziden** in Form von Vorauflauf/Nachauflauf-Kombinationen haben sich mit **drei Flächenbehandlungen**, jeweils als **Nachauflaufspritzung im Keimblattstadium** (= NAK) der Unkräuter, durchgesetzt (Spritzabstände von 8–10 Tagen).
Werden **Schadgräser** (Flughafer, Hirsen) oder **Wurzelunkräuter ungenügend bzw. nicht erfasst**, ist eine **zusätzliche Herbizidanwendung** im **Nachauflauf** notwendig.
Um das **Risiko einer Herbizidresistenz zu verringern**, ist **innerhalb der integrierten Unkrautbekämpfung vordringlich** ein **Wechsel von Wirkstoffen** mit **unterschiedlichem Wirkungsmechanismus** (WSSA-Code, früher HRAC-Code) bei **Herbizidanwendungen** in **Zuckerrüben** bzw. **innerhalb der Fruchtfolge** erforderlich.

❏ Wichtige Krankheiten und Schädlinge

Die **Beschreibung** der genannten **Krankheiten und Schädlinge** bzw. die **speziellen**

Rübenkrankheiten

• Wurzelbrand	• Sonnenbrand
• Falscher Rübenmehltau	• Wurzelkropf
• Herz- und Trockenfäule	• Rübenschorf
• Cercospora-Blattfleckenkrankheit	• Gürtelschorf
• Echter Rübenmehltau	• Umfallkrankheit
• Rübenrost	Auflaufkrankheitserreger
• Rhizomania (Adern-Gelbfleckigkeitsvirus)	• Ramularia-Blattflecken
• Viröse Vergilbungskrankheit	• Phoma-Blattflecken
• Rhizoctonia-Rübenfäule	• Stolbur-Krankheit
• Bakterielle Blattflecken	

Rübenschädlinge

vorwiegend „Blattschädlinge"		„Bodenschädlinge"
• Rübenerdfloh	• Rübenrüssler	• Moosknopfkäfer
• Rübenaaskäfer	• Rübenfliege	• Rübenzystennematode
• Blattläuse	• Schildkäfer	• Engerling
• Rübenmotte		• Drahtwurm

Empfehlungen über integrierte Verhütungs- und Bekämpfungsmaßnahmen sind der „**Leitlinie für den integrierten Feldbau**" der **Landwirtschaftskammer Österreich** bzw. der ÖAIP (www.oeaip.at) zu entnehmen. Weiters gibt die **Beratungsbroschüre** der **AGES** über „**Krankheiten, Schädlinge und Nützlinge im Rübenbau**" wertvolle Hinweise.

Die durchzuführenden **Bekämpfungsmaßnahmen** orientieren sich am Konzept des „**Integrierten Pflanzenschutzes**". Es sind daher **zuerst alle vorbeugenden und kulturtech-**

nischen Maßnahmen (wie z. B. Fruchtfolgegestaltung, Bodenbearbeitung, Sortenwahl) zeitgerecht und richtig durchzuführen.

Eine **gezielte chemische Bekämpfung nach Schadschwellen** (wie z. B. gegen die **Pilzkrankheit „Cercospora"**), welche aber die **Kontrolle der Felder nicht ersetzen** kann, erfolgt nach den **Informationen des Prognose- und Warndienstes** über die Internetadresse www.betaexpert.at.

Um das **Risiko einer Fungizidresistenz gering zu halten**, ist bei **Fungizidapplikationen ein Wechsel von Wirkstoffen mit unterschiedlichem Wirkungsmechanismus** (FRAC-Code) in **Zuckerrüben** und **innerhalb der Fruchtfolge** erforderlich.

Landwirte, die Zuckerrüben anbauen, erhalten **jährlich** von der AGRANA eine Reihe von **Fachinformationen** (wie z. B. durch die Fachzeitschrift „Agrozucker/Agrostärke" bzw. online über www.rohstoff.agrana.at, www.betaexpert.at oder www.betaexpo.at).

2.11 Reife, Ernte und Lagerung

Bei der Zuckerrübe wird die **technologische Verarbeitbarkeit als Maßstab für die Reife** herangezogen.   **Ausschlaggebend** für den **Erntezeitpunkt** sind:

- **Trockene   Rodebedingungen für eine boden- und rübenschonende Ernte mit geringer Erdverschmutzung**
- **Höhe des Rübenertrages**
- **Zuckergehalt**
- **Zuckerausbeute**

Die **Rübenernte** erfolgt zu über 80 % mit **sechsreihigen Erntemaschinen im Lohnverfahren** (Tendenz steigend).

6-reihige Zuckerrüben-Erntemaschine

Je nach **Erntezeitpunkt** unterscheidet man:
- **Frühernte** – Anfang September bis Mitte Oktober (vereinbarte Liefermenge dient zur Verlängerung der Kampagne)
- **Haupternte** – Mitte Oktober bis Anfang November
- **Späternte** – ab Mitte November

Erntereife Zuckerrüben

Erntereifer Zuckerrübenbestand

Die **Anlieferung** der Zuckerrüben muss in **Vereinbarung mit der Fabrik** erfolgen!
Eine **optimale Köpfung** ist **anzustreben**. Eine **zu flache Köpfung** mit **verbleibenden Blattstielen vermindert** die **Lagerfähigkeit**. Eine **zu tiefe Köpfung** mit **zu großer Anschnittfläche erhöht** die **Lagerverluste** und **reduziert den Rübenertrag**. Ebenso müssen **Rübenbruch** und **Rodeverluste gering** bleiben.
Auf dem **Lager kommt es in Abhängigkeit** von Dauer, Nässe, Erdanteil, Sorte, Köpfqualität, Wurzelbruch und Temperatur zu mehr oder weniger hohen **Zuckerverlusten**.

2.12 Ertrag, Qualität und Verwertung

❏ Erträge

Je nach Bodenart, Klima, Intensität und Bewirtschaftung schwanken die **Erträge meist zwischen 70 und 95 t je ha.** Das Gewichtsverhältnis von Rübe zu Blatt beträgt ca. 2 : 1. Bei 80 t Rüben kann man mit ca. **40 t Blattertrag** rechnen.

Durchschnittserträge von Zuckerrüben Tonnen je Hektar

Erntejahr	2022	2023	20 . .
Österreich Bundesland	79,73	74,14	....
....	....	....	....
Eigener Betrieb	....	....	....

Siehe Berichte der Statistik Austria!

❏ Qualität

Das wesentliche Beurteilungskriterium für das **Ausmaß an gewinnbarem Zucker** ist der „**bereinigte „Zuckergehalt"**, der sich aus folgenden **Qualitätskriterien** abschätzen lässt:
- Gehalt an Gesamtzucker
- Gehalt an Natrium und Kalium
- Anteil an schädlichem Stickstoff (Alpha-Aminostickstoff)
- Alkalität des Zuckersaftes

Nachteile einer zu hohen und zu späten Stickstoffdüngung bei Zuckerrübe:
- Reifeverzögerung
- Senkung des Zuckergehaltes
- Schlechte Zuckerausbeute
- Stärkere Atmungsverluste am Lager
- Abnehmende Alkalität des Zuckersaftes

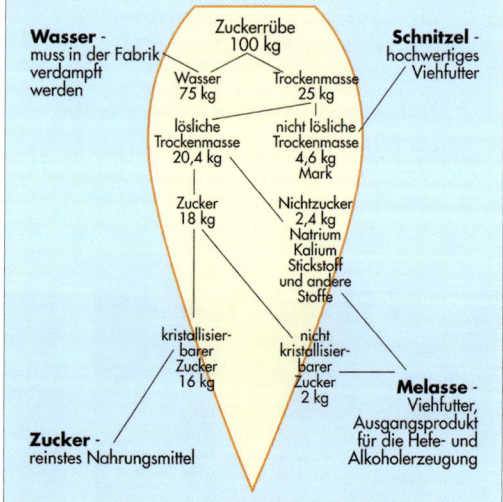

Inhaltsstoffe der Zuckerrübe und ihre Verwertung

❏ Verwertung
Die Zuckerrübe liefert
- **Rübe** – 1000 kg Rüben ergeben durchschnittlich:
  160 kg Zucker, 46 kg Trockenschnitte und 44 kg Melasse.
- **Blatt und Köpfe** werden bereits beim Erntevorgang zerkleinert und verbleiben als wertvolle organische Dünger am Feld.

2.13 Futterrübe *(Beta vulgaris var. crassa)*

Die Zuckerrübe wurde aus der Futterrübe gezüchtet. Futterrüben sind ein schmackhaftes, sehr gerne gefresssenes, bekömmliches und milchtreibendes Wintersaftfutter in der Rinderfütterung. Die Futterrübe ist in der Lage, bei optimalen Standortverhältnissen **höchste Massenerträge** (über 100 t Rüben und 50 t Blatt pro ha) zu liefern. Trotzdem hat die Anbaufläche in den letzten Jahrzehnten in Österreich rapide abgenommen. Inklusive Kohlrüben und Futtermöhren waren es 2014 169 ha und 2022 nur mehr 66 ha. Die Gründe liegen in der **hohen Arbeitsintensität** und der **massiven Ausbreitung des Maisanbaues.**

3. KARTOFFEL / ERDÄPFEL *(Solanum tuberosum)*
3.1 Herkunft und Bedeutung

Wildformen der Kartoffelarten kommen noch heute in den Hochtälern der Anden vor und liefern noch immer wertvolle **Resistenzträger** für die Kartoffelzüchtung. Hier dürften auch die Kulturformen entstanden sein, die lange vor der Entdeckung Amerikas von den dortigen Einwohnern angebaut wurden.

Kartoffelfeld

Die im 16. Jahrhundert von den **Spaniern nach Europa** gebrachte Kartoffel stammte aus Bolivien und Peru und ging daher unter europäischen Langtagsverhältnissen sehr schnell in die generative Phase mit reichem Blühansatz über. Erst die im 18. Jahrhundert aus Chile eingeführte Kartoffel ermöglichte eine begrenzte Nutzung in Europa. Im 19. Jahrhundert wurde die Kartoffel zum Volksnahrungsmittel.

Die Kartoffel hat in den letzten Jahrzehnten ihre große Bedeutung als Grundnahrungs- und Futtermittel eingebüßt. Im Jahre 1960 wurden in **Österreich** noch 180.000 ha Kartoffeln angebaut; die Fläche ist bis 2023 auf 20.623 ha gesunken.

> Die Kartoffel ist ein wertvolles Grundnahrungsmittel mit hoher biologischer Wertigkeit und als Stärkeindustriekartoffel ein vielseitiger Rohstoff für viele Produkte.

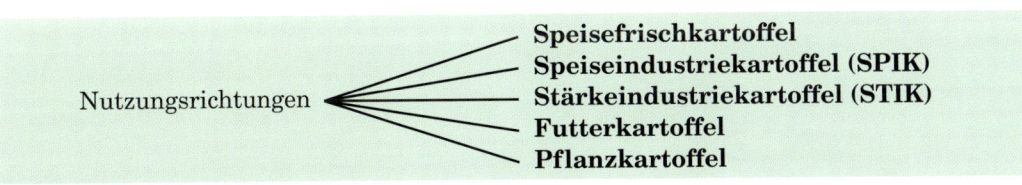

Nutzungsrichtungen
- Speisefrischkartoffel
- Speiseindustriekartoffel (SPIK)
- Stärkeindustriekartoffel (STIK)
- Futterkartoffel
- Pflanzkartoffel

Anbaufläche in Hektar

Jahr	2022		2023		20 . .	
	Österr.	Bundesl.	Österr.	Bundesl.	Österr.	Bundesl.
Frühe & Speisekartoffel	12.601		11.852			
Stärke- & Speiseindustrie-kartoffel	8.840		8.771			
Kartoffeln insgesamt	21.441		20.623			

Siehe Berichte der Statistik Austria!

3.2 Botanisches

Die Kartoffel gehört zur Familie der **Nachtschattengewächse (*Solanaceae*)**. Alle Teile der Kartoffelpflanze enthalten in frischem Zustand das Gift **Solanin**, das in größerer Menge nur in den krautigen Trieben vorkommt, die deshalb nicht verfüttert werden sollen.

Die **Wurzeln** der Kartoffel entwickeln sich unter günstigen Bedingungen vorwiegend im Dammbereich und bilden ein **ausgebreitetes** und **verzweigtes Wurzelsystem.**

Die **Stängel** sind kantig und behaart. Die Anzahl der Stängel ist sortenbedingt.

Die **Blätter** der Kartoffelpflanze sind unterbrochen und unpaarig gefiedert, d. h., zwischen den größeren Fiederblättern sind kleinere eingefügt. Die Blätter sind unterschiedlich ausgebildet und liefern deutlich erkennbare Sortenmerkmale. Erwünscht ist ein starker und rascher Blattwuchs, damit der Boden frühzeitig und gut beschattet wird.

Die **Blüten** sind zu trugdoldenartigen Blütenständen vereinigt. Die Kartoffel ist weitgehend ein **Selbstbefruchter**, aber auch für Kreuzungen geeignet.

Die **Frucht** ist eine **Beere**, die ca. **150 Samen** enthält. In der Pflanzenzüchtung werden die Samen, die aus Kreuzungen verschiedener Sorten hervorgegangen sind, zur Heranzucht von Sämlingen bei der Züchtung neuer Sorten verwendet.

Kartoffelblüte

1 = blühende Pflanze mit Knollen, 2 = Blüte, 3 + 4 = Frucht (Beere)

Die Kartoffelpflanze

Kartoffelsämlinge im Glashaus des Züchters

Unter der Erde bilden sich, vom Stängel ausgehend, **Ausläufer**, so genannte **Tragfäden (Stolonen)**, aus, welche die Knollen tragen. Die **Kartoffelknolle ist ein unterirdisch verdicktes Stängelende.**

Werden **Kartoffelknollen** dem **Licht** ausgesetzt, **ergrünen** sie. Dies gilt als Beweis, dass die Kartoffelknollen unterirdisch verdickte Triebe sind. Außerdem wachsen aus den Augen wieder Triebe, während Wurzeltriebe keine Augen besitzen und sich auch nicht in Laubtriebe verwandeln können.

Die **Augenlage** der Knollen kann flach, mitteltief oder tief sein. Die **Knollenform** kann rund, oval oder lang sein.

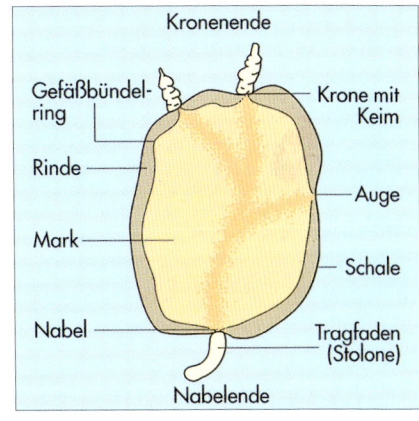

*Der innere Aufbau der **Kartoffelknolle***

Die **Schalenfarbe** variiert von gelb, rosa, rot, blau bis violett.
Grün ist sie nur, wenn die Knollen dem Licht ausgesetzt werden und sich Chlorophyll, aber auch andere Inhaltsstoffe, wie z. B. Solanin, bilden können. Dies ist nicht erwünscht, da diese giftige Alkaloide der Nachtschattengewächse sind.
Die **Fleischfarbe** schwankt von verschiedenen Gelbtönen bis weiß, selten rot oder blau.
Je nach diesen Eigenschaften ist die Kartoffel als **Speisekartoffel**, **Stärkekartoffel**, **Salatkartoffel**, **Chips**, **Pommes frites** oder als **Trockenkartoffel** geeignet.

Zusammensetzung der reifen Knolle:

74–77 % Wasser   2,5 % Roheiweiß   1,0 % Rohfaser
15–22 % Stärke   1,5 % Mineralstoffe (K, Mg, P, Na, Fe)   Vitamine (besonders Vitamin C)

Entwicklungsstadien

Diese einheitliche Beschreibung der Entwicklungsstadien der Kartoffeln soll dem Landwirt bei gezielten Kulturanleitungen (Pflege-, Düngungs- und Pflanzenschutzmaßnahmen) behilflich sein. Diese Entwicklungsstadien lassen sich in deutlich unterscheidbare **Hauptstadien** und diese wieder in so genannte **Mikrostadien** einteilen.

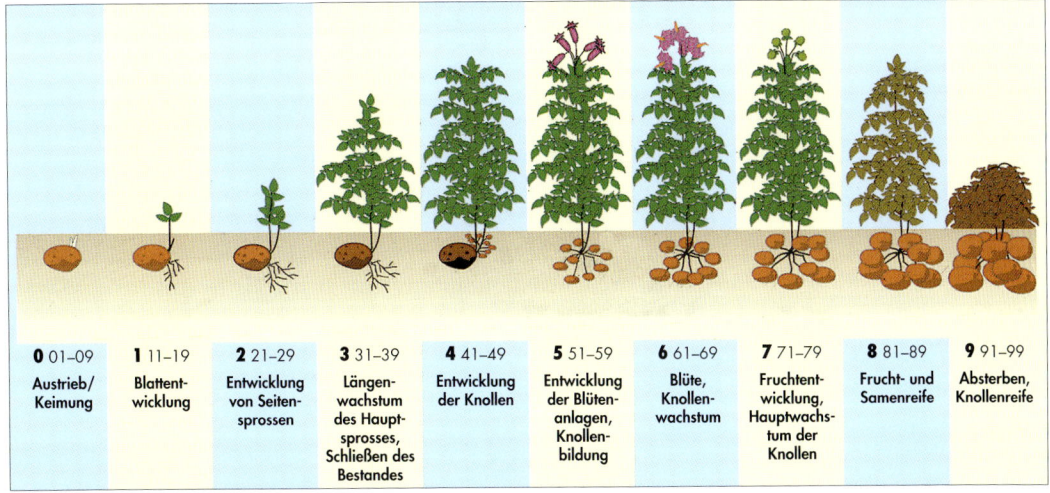

0 01–09	**1** 11–19	**2** 21–29	**3** 31–39	**4** 41–49	**5** 51–59	**6** 61–69	**7** 71–79	**8** 81–89	**9** 91–99
Austrieb/ Keimung	Blattentwicklung	Entwicklung von Seitensprossen	Längenwachstum des Hauptsprosses, Schließen des Bestandes	Entwicklung der Knollen	Entwicklung der Blütenanlagen, Knollenbildung	Blüte, Knollenwachstum	Fruchtentwicklung, Hauptwachstum der Knollen	Frucht- und Samenreife	Absterben, Knollenreife

Entwicklungsstadien der Kartoffel gemäß BBCH-Codierung

Bedeutende Entwicklungsstadien im Vegetationsablauf sind:
- **Blatt- und Stängelausbildung (Schließen des Bestandes)**
- **Knospenbildung (Knollenansatz)**
- **Blühperiode (Knollenwachstum)**
- **Beerenausbildung (Hauptwachstum der Knollen)**

Bis zum Zeitpunkt des Blühbeginnes ist ein starkes Spross- und Blattwachstum festzustellen. Mit beginnender Blüte beenden die **Stolonen** ihr Längenwachstum, und am Stolonenende tritt eine Verdickung auf, die sich zur Knolle entwickelt. Zu diesem Zeitpunkt ist die Anzahl der Knollen bereits vorbestimmt. Eine ausreichende und gleichmäßige Wasserversorgung vor und während der Blüte sichert einen optimalen Knollenertrag.

3.3 Ansprüche an den Standort

❑ Klima

Die Kartoffel gilt als die Pflanze des **kühlen, gemäßigten Klimas**. Klimatische Grenzen werden durch die Frostempfindlichkeit von Staude und Knolle sowie durch die geringe Knollenbildung bei sehr hohen Sommertemperaturen gesetzt.

Die **Temperaturminima** für die Keimung der Kartoffelknolle liegen bei **8–10 °C**. Die Wurzelentwicklung der Pflanze setzt aber bereits bei Temperaturen von 5 °C ein, sodass vorgekeimte Kartoffeln auch bei niedrigen Temperaturen nach dem Auspflanzen Wurzeln bilden können. Für die Knollenbildung bzw. das Knollenwachstum sind Temperaturen zwischen 15 und 20 °C besonders günstig. Bei **Temperaturen über 30 °C** wird die **Knollenbildung stark reduziert** bzw. sie unterbleibt.

Die Kartoffel ist **frostempfindlich**, bereits bei kurzem Einwirken von Temperaturen um −1 °C treten Schäden auf. Dies gilt für alle Teile der Pflanze, also auch für die Knollen. Frostgeschädigte Pflanzen treiben im Vorsommer sehr bald wieder aus, was allerdings auf Kosten des Ertrages geht. Bei Abfrieren der Stauden im Spätsommer oder Herbst bzw. bei Krautabtötung im Saatkartoffelbau unterbleibt der neue Austrieb. Verbleiben die Knollen über den Winter im Boden, so kann es zu einer langsamen Unterkühlung kommen, wobei keine Eisbildung im Gewebe auftritt. Verläuft die Erwärmung im Frühjahr ebenfalls langsam, so bleiben diese Knollen auch bei tiefen Temperaturen unbeschädigt und treiben aus.
Bereits etwa 5.000 Durchwuchspflanzen pro ha haben für das Überleben der Nematoden und der Kartoffelkäfer den gleichen Effekt wie ein Kartoffelanbau.
Die **Ansprüche der Kartoffel an die Wasserversorgung** sind insgesamt als **hoch** zu bezeichnen, wobei während der Keimung und der ersten Jugendentwicklung der Wasserbedarf eher geringer ist. Insbesondere sind die Wasserverhältnisse in den oberen Schichten des Bodens von Bedeutung, da das **Wurzelsystem nicht sehr tief** reicht.
Während des Wachstums der Knollen reagieren diese auf Änderungen im Wasserangebot, sodass es bei **längerer Trockenheit** zu einer **Beeinträchtigung des Knollenwachstums** und anschließend nach Wasserzufuhr zur Neubildung von Stolonen aus der Knolle kommen kann. Auch an diesen Stolonen ist eine Knollenbildung möglich **(Kindelbildung, Zwiewuchs).** Außerdem sucht der Drahtwurm bei längeren Trockenperioden die Feuchtigkeit und befällt die Kartoffelknollen stärker. Es ist daher in Zukunft auch außerhalb der klassischen Bewässerungsgebiete die Möglichkeit einer Bewässerung einzuplanen.

❑ Boden

Am günstigsten sind Böden, die **Schwankungen der Wasserversorgung ausgleichen** und dem **Luftbedarf** der Knollen bei der Knollenausbildung Rechnung tragen. **Grundsätzlich** ist die Kartoffel aber als sehr anpassungsfähig zu betrachten und kann daher auf nahezu allen Böden angebaut werden.

Gute und sichere Erträge sowie Qualitäten werden auf **lehmigen, humosen Sandböden bis sandigen Lehmböden** erzielt. Diese Böden neigen weniger zur Bildung von **Schollen** (ugs. „Schrollen") bzw. **Kluten** und ermöglichen deshalb eine **beschädigungsarme Ernte**. Aus diesem Grunde – und wegen des Maschinenverschleißes – soll auch der **Steingehalt möglichst gering** sein. Hilfreich hierfür sind maschinelle Entsteinungsverfahren. Die Ansprüche der Kartoffel an den **pH-Wert** des Standortes sind wenig spezifisch. Innerhalb eines weiten Bereiches (4,5–7,5) ergeben sich annähernd gleichwertige Bedingungen für das Knollenwachstum. Zu beachten ist allerdings, dass **die Schorfanfälligkeit mit steigendem pH-Wert zunimmt**.

3.4 Stellung in der Fruchtfolge

An die **Vorfrucht** stellt die Kartoffel keine besonderen Ansprüche. Im Übrigen haben sich alle **Getreidearten** als Vorfrüchte bewährt. Verbleibende Ernterückstände müssen aber stets gut zerkleinert und gleichmäßig verteilt in den Boden eingearbeitet werden. Dadurch wird die Verrottung beschleunigt und die Wasserführung im Folgejahr nicht durch sperrige organische Massen behindert.

Ein häufiger Kartoffelanbau kann zu einem verstärkten Auftreten von Krankheiten und Schädlingen führen. Hier wären vor allem die **Kartoffelnematoden** zu nennen. Das Krebsproblem wurde weitgehend durch Züchtung resistenter Sorten gelöst. An der Züchtung nematodenresistenter Kartoffelsorten wird ständig gearbeitet. Da es bei den Kartoffelnematoden viele Rassen gibt, ist eine Züchtung von gänzlich nematodenresistenten Sorten nicht möglich. **Solange die Kartoffelfläche 20–25 % der Ackerfläche nicht überschreitet (3–4 Jahre Anbaupause), kommt es zu keiner übermäßigen Verseuchung mit Nematoden.**

Wird die Kartoffel bei trockenen Bodenverhältnissen geerntet, so hinterlässt sie einen **lockeren, garen Boden** und stellt somit **für Getreide eine wertvolle Vorfrucht** dar („Königin der Vorfrüchte"). Nach der Ernte von frühen Kartoffelsorten kann ohne weiteres Wintergetreide folgen, wobei auch ohne Pflügen ein befriedigendes Saatbett hergerichtet werden kann.

Anrechenbare Nährstoffmengen aus Ernterückständen der Kartoffel für die Folgefrucht:

Nährstoffe in kg/ha				
N	P_2O_5	K_2O (je nach Ertragslage)		
		niedrig	mittel	hoch
0–20	10	40	60	70

Beispiele von günstigen Vor- und Nachfrüchten

Hafer	Gerste	....
Kartoffel	**Kartoffel**	**Kartoffel**
Winterroggen	Weizen	....

Tragen Sie ein weiteres Beispiel ein!

3.5 Ernährung und Düngung

Düngungsempfehlungen erfolgen nach den „**Richtlinien für die sachgerechte Düngung**" (RSGD), 8. Auflage!

Die Düngung wird im Kartoffelbau wesentlich durch den **Verwendungszweck der Kartoffel** bestimmt. Die **Ertragshöhe** und die **Qualität** des Erntegutes können miteinander **konkurrieren**. Für die Ertrags- und Qualitätsbildung müssen die erforderlichen Nährstoffe in der richtigen Form und in einer bestimmten Menge zur richtigen Zeit zur Verfügung stehen.

Wirkung der wichtigsten Nährstoffe:

	N	P	K	Mg	
Knollenertrag	+++	++	++	++	+++ stark positiv beeinflusst
Stärkegehalt	–	++	– –	+	++ positiv beeinflusst
Reife	– – –	+	0	0	+ tendenziell positiv beeinflusst
Schalenfestigkeit	– –	+	0	0	0 kein Einfluss
Beschädigungswiderstand	– –	+	+	0	– tendenziell negativ beeinflusst
Blaufleckigkeitswiderstand	0+	0	++	+	– – negativ beeinflusst
Lagerfähigkeit	– –	0	+	+	– – – stark negativ beeinflusst
Verfärbungswiderstand	– –	0	++	0	
Geschmack	–	0	0	0	

Organische Dünger sind für den Kartoffelbau **gut geeignet**; hierbei ist nicht nur die Zufuhr von Nährstoffen, sondern auch die **bodenlockernde Wirkung** sowie die **Verbesserung des Wasserhaushaltes**, insbesondere auf leichten Böden, von Bedeutung. Es können **Stallmist, Gülle, Stroh- und Gründüngung** sowie **Komposte** der Klasse A+ und A verwendet werden. Es ist zweckmäßig, Stallmist nach der Vorfrucht **bis zum Herbst einzuarbeiten**, was sich vorteilhaft auf Zersetzung, Wasserhaushalt und Pflanzbettbereitung auswirkt. Man gibt **pro ha ca. 30 t Stallmist**; fehlender Stallmist kann durch eine **Gründüngung** ersetzt werden. **Kompost** sollte **erst im Frühjahr** ausgebracht werden und im Zuge der Saatbettbereitung oberflächlich in den Boden eingearbeitet werden.

Eine **Gülledüngung** erfolgt am besten vor dem Anbau einer Gründüngung. **Güllegaben im Frühjahr** erfordern gut **abgetrocknete, befahr- und bearbeitbare Böden** und **begrenzte Güllemengen** (max. 50 kg N/ha feldfallend). Die Ausbringung sollte zeitnah vor dem Pflanztermin erfolgen. Nach der Ausbringung ist eine sofortige **Einabreitung binnen 4 Stunden** erforderlich. Diese Frist darf nur infolge unvorhersehbarer Witterungsverhältnisse überschritten werden. Die Einarbeitung ist sofort nach der Wiederbefahrbarkeit des Bodens nachzuholen.

Grundsätzlich sind **zu hohe und zu späte Wirtschaftsdüngergaben zu vermeiden, da die Stickstoffnachlieferung aus der organischen Masse nicht steuerbar ist und oft zu spät wirkt.**

Mineralische Dünger haben im Bedarfsfall **organische Dünger zu ergänzen** oder diese gegebenenfalls zu **ersetzen**. Dabei kommt einer **umweltschonenden**, auf **Ertrag und Qualität** abgestimmten **Stickstoffdüngung** eine besondere Bedeutung zu.

Als **Empfehlungsgrundlage** für die N-Düngung zu **Kartoffeln** gelten nach den RSGD (8. Aufl.) für **mittlere Ertragslagen** folgende **N-Bedarfswerte** in kg jahreswirksamer Stickstoff je ha:

Speise- und Industriekartoffel: 130–150 kg N/ha für 30–45 t/ha Ertrag
Früh- und Pflanzkartoffel: 90–110 kg N/ha für 15–20 t/ha Ertrag

Davon ausgehend ergeben sich für **abweichende Ertragslagen** bzw. **Standorteigenschaften** durch prozentuelle Zu- und Abschläge die **maximalen N-Bedarfswerte** sowie die daraus abgeleiteten **Vorgaben** für die **Konditionalität**.

N-Obergrenzen in kg jahreswirksamer N/ha gemäß Nitrat-Aktionsprogramm-Verordnung 2023:

Ertragslage Kultur	niedrig (t/ha) (max. N)	mittel (t/ha) (max. N)	hoch 1 (t/ha) (max. N)	hoch 2 (t/ha) (max. N)	hoch 3 (t/ha) (max. N)
Speise- und Industrie-kartoffel	< 33 **120** 105*	30–45 **165** 140*	45–55 **195** 165*	55–65 **210** 180*	> 65 **225** 190*
Früh- und Pflanz-kartoffel	< 15 **90** 75*	15–20 **120** 100*	> 20 **145** 125*	– –	– –

* für Gebiete mit verstärkten Aktionen zum Schutz der Gewässer

Die N-**Obergrenzen** beziehen sich bei **allen stickstoffhaltigen Düngern** auf ihre jeweilige **Jahreswirksamkeit**. Die **ertragsabhängige N-Düngung** hat sich an den **Durchschnittserträgen der letzten Jahre** zu orientieren.

Bei der **Düngebemessung** sind gegebenenfalls **Stickstoff** aus **Vorfrucht** und **Ernterückständen** sowie **pflanzenverfügbare N-Vorräte** im Boden zu berücksichtigen.

Stickstoffgaben über 100 kg N/ha (feldfallend) in **schnell wirkender Form** sind auf **leichten Böden** (Tongehalt unter 15 %) und in **Hanglagen mit mehr als 10 % Gefälle zu einem Gewässer zu teilen** (ausgenommen Stallmist und Kompost). Dabei sind **unmittelbar vor dem Anbau bis zu 100 kg N/ha** (feldfallend) **zulässig**.

Bei besonders **hohen Qualitätsansprüchen für Speisekartoffeln** empfiehlt sich eine **verhaltene N-Düngung** (je nach Ertragslage 70 bis max. 100 kg N/ha).

Folgen einer Überdüngung mit Stickstoff:
- Stärkebildung wird behindert
- Reife wird verzögert
- Haltbarkeit der Knollen wird verschlechtert
- Krautwachstum wird stark gefordert, wodurch es zum Überdecken der Viruskrankheiten kommt (= Maskierung)
- Krankheitsanfälligkeit der Kartoffel wird erhöht
- Schalenfestigkeit wird verringert
- Beschädigungswiderstand nimmt ab
- Geschmack verschlechtert sich

Als **mineralische Stickstoffdünger** werden hauptsächlich **ammonnitrathaltige Dünger** (Kalkammonsalpeter, Nitramoncal), aber auch **Harnstoff mit Ureasehemmstoff** und **Ammonsulfat** verwendet. Diese Dünger werden vor dem Anbau ausgebracht und seicht in den Boden eingearbeitet.

Auf leichten, durchlässigen Böden und vor allem bei späten Sorten kann eine Teilung der Stickstoffgabe der einmaligen Ausbringung vor dem Anbau ertraglich überlegen sein.

Diese **eventuelle zweite Stickstoffgabe** sollte **spätestens bis zum Auflaufen des Bestandes** ausgebracht und mit einer nachfolgenden mechanischen Pflegemaßnahme kombiniert werden. Während der Vegetationszeit kann auch gemeinsam mit Pflanzenschutzmaßnahmen Harnstoff mit Ureasehemmstoff in einer 5%igen Lösung mit ausgebracht werden.

Stickstoffdünger mit einer **physikalisch oder chemisch verzögerten N-Freisetzung** stellen ein **längeres N-Angebot** (vorausgesetzt wenn ausreichende Bodenfeuchtigkeit vorhanden ist) dar.
Der Stickstoff wird im Wurzelraum gehalten und ist **zur Hauptwachstumszeit verfügbar.**
Die **gesamte N-Menge** soll **bereits beim Legen der Kartoffel in den Damm eingebracht** werden.

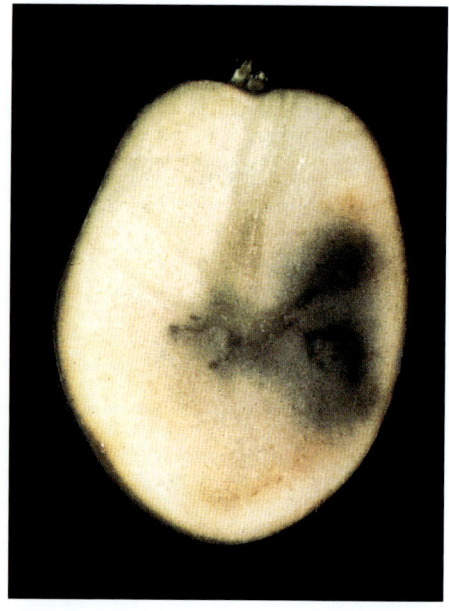

Kalimangelerscheinung an einer *Kartoffelknolle*

Die **Phosphorversorgung** ist im Kartoffelbau besonders zu beachten. Durch Phosphor wird das **Auflaufen der Pflanzknollen**, der **Knollenansatz** und das **Knollenwachstum gefördert** sowie die **Knollenreife und Rodefestigkeit verbessert.** An Phosphatdüngern sind **eher physiologisch sauer wirkende und schwefelhaltige Dünger auszuwählen.**

Eine ausreichende **Kaliversorgung** wirkt **ertragssteigernd**, beeinflusst die **Lagerfähigkeit positiv** und **verringert die Gefahr der Verfärbungen.**
Bei **Stärkekartoffeln** führt ein **zu hohes Kaliangebot** zur unerwünschten **Senkung des Stärkegehaltes.** Die **Kaliform** soll bei der Frühjahrsanwendung **chloridfrei oder chloridarm** sein.

Die Grunddüngung mit Phosphat und Kali erfolgt aufgrund der Bodenuntersuchung und der Ertragslage des Standortes.
Bei z. B. **mittlerer Ertragslage** der **Gehaltsstufe C** benötigen:
• **Früh- und Pflanzkartoffel** 60 kg P_2O_5 und 180 kg K_2O je ha und Jahr,
• **Speise- und Industriekartoffel** 65 kg P_2O_5 und 200 kg K_2O ja ha und Jahr.

Die mit **organischen Düngern** ausgebrachten Nährstoffmengen sind bei der **Bemessung der Mineraldüngergaben zu berücksichtigen.**
Eine erforderliche **Kalkdüngung** bei gleichzeitigem **Magnesiumbedarf** erfordert eine Düngung mit magnesiumhaltigen Kalken und soll in die Fruchtfolge so eingebaut werden, dass sie vom **Anbau der Kartoffel am weitesten entfernt** ist. Dies verhindert ein Auftreten des „gewöhnlichen Schorfes".

Bei Bedarf sind **magnesiumhaltige Dünger** zu verwenden: bei Gehaltsklasse A reine Magnesiumdünger, bei Gehaltsklasse B magnesiumhaltige Dünger. Magnesium ist ein Bestandteil des Chlorophylls, weshalb die Stärkebildung stark beeinflusst wird.

Eine Düngung mit **Spurenelementen** (besonders Mangan, Kupfer, Bor) ist nur in Ausnahmefällen notwendig (humose Sandböden). Auf unterversorgten Böden können solche **Mängel** mit **Blattdüngern** (Bittersalz, Folifert super) in **Kombination mit einer Pflanzenschutz-maßnahme** behoben werden.

Für einen erfolgreichen Kartoffelanbau ist im **Trockengebiet** die **Beregnung** eine wichtige Voraussetzung. Ein **kritischer Termin** in der Wasserversorgung liegt **vor der Blüte** (Knollenansatz). Bei spätreifenden Sorten können bei Trockenheit weitere Regengaben von Nutzen sein. Die nutzbare Feldkapazität (nFK) sollte dabei jeweils über 40 % liegen. Eine **Beregnungsgabe sollte 35 mm nicht überschreiten.**

3.6 Pflanzgut und Sortenwahl

Für einen erfolgreichen Kartoffelanbau sind **gesundes Pflanzgut** und **richtige Sortenwahl** für den jeweiligen Standort wichtige Voraussetzungen. Da im Kartoffelbau Pflanzgut verwendet wird, also vegetative Pflanzenteile, besteht in hohem Maß eine Gefährdung durch Krankheitserreger und Schädlinge am Pflanzgut. Es soll daher nur **anerkanntes zertifiziertes Pflanzgut** verwendet werden.

Die **Pflanzgutqualität** wird im **Saatkartoffelbau** im Rahmen von **Feldbesichtigungen** (Nematodenbefall, Virusbefall) und **Labortests** (Gesundheit) sowie Prüfungen über äußere Beschaffenheit kontrolliert. Die Mindererträge virusverseuchten Pflanzgutes können weder durch hohe Düngung noch durch verstärkten Pflanzenschutz ausgeglichen werden. Mit jedem Prozent viruserkrankter Stauden tritt ein entsprechender Rückgang des Ertrages und des Stärkegehaltes auf.

Eine **gleichmäßige Sortierung** ist wesentlich beim Kartoffelpflanzgut. In einer Pflanzgutpartie darf lt. Saatgutgesetz der Größenunterschied zwischen den Knollen nicht größer als 20 mm sein. Wird innerhalb dieser Fraktionierung noch enger sortiert, spricht man von einer **gebrochenen Sortierung.** Dadurch kann der Legeabstand noch besser an das Produktionsziel angepasst werden. Von den Hauptsorten können derzeit folgende Sortierungen angeboten werden: Stärkesorten: 35/40 und 45/55 mm; Speisesorten: 32/40 und 40/47 mm.

❑ Pflanzgutvorbereitung

• Vorkeimen

Im **Speisefrühkartoffelanbau** ist das **Vorkeimen** eine unverzichtbare Maßnahme für gute Erträge bei der Frührodung. Das Vorkeimen erfolgt in kleinen **Vorkeimkisten**. Die Pflanzkartoffeln werden je nach Keimfreudigkeit der Sorte **4–5 Wochen vor dem Auspflanzen vorgewärmt**. Zuerst werden die Pflanzkartoffeln im Dunkeln bei 15–20 °C aufgewärmt und dann 3–4 Wochen in lichten Räumen bei 8–12 °C belüftet. Es entstehen dabei 1–2 cm lange **elastische Lichtkeime**, die stabil sind und nicht so leicht abbrechen. Die Legearbeit soll dann nur mit **keimschonenden Legemaschinen**

Vorgekeimte Frühkartoffeln mit Legegerät

durchgeführt werden. Der **Vegetationsvorsprung** beträgt dabei 10–14 Tage.

• Keimstimmung

Die **Keimstimmung** ist zum Unterschied des Vorkeimens eine relativ einfache Methode zur **Verlängerung der Vegetationszeit.** Die Knollen werden dabei 2–3 Wochen vor der beabsichtigten Pflanzung einer Temperatur von ca. **10 °C unter Lichteinwirkung** angesetzt bis die Augen zu spitzen beginnen. Optimal sind **2–3 mm lange Lichtkeime.**

Die Keimstimmung wird hauptsächlich im Speisekartoffelbau, zum Teil auch im Stärkekartoffelbau durchgeführt. Bei entsprechender Vorsicht kann die Legearbeit mit modernen Legemaschinen durchgeführt werden. Für beide Verfahren bringt ein kurzer **Temperaturstoß** (ein Tag vor dem Legen im Freien) bei 15–20 °C (**„wach und warm pflanzen"**) einen beachtlichen Keimvorteil.

*U = unbehandelte, **Kei** = keimstimulierte, **Li** = licht-behandelte, **Du** = dunkelbehandelte, **St** = dunkel-und wärmebehandelte Kartoffelsorte*

Einfluss der Vorkeimung *auf den Aufgang (links unbehandelt und rechts vorgekeimt)*

Pflanzgutvorbereitete Kartoffelknollen
- laufen früher und gleichmäßiger auf,
- wachsen auch bei niederen Temperaturen weiter,
- erreichen eine frühere Altersresistenz gegen Viren,
- beugen beim Auflaufen Infektionen mit Rhizoctonia oder Nassfäule vor,
- erlauben eine frühere Ernte (Preisvorteil) mit mehr Ertragssicherheit.

❏ Beizung

Insbesondere im **Pflanzkartoffelbau** auf leichten Böden ist das **Beizen gegen Auflaufkrankheiten** (Rhizoctonia) eine bewährte Maßnahme. Neben **Trockenbeizmitteln**, die beim Pflanzen mit der Legemaschine direkt auf die Pflanzkartoffeln gestreut werden, gibt es auch ein anwenderfreundliches **Flüssigbeizverfahren** mit speziellen Nassbeizgeräten.

Dafür gibt es auch eine Fertigmischung, die nicht nur gegen Auflaufkrankheiten, sondern auch gegen Kartoffelkäfer und eine Frühinfektion mit Blattläusen wirksam ist.

Zur **Abwehr des Drahtwurmes** kann im konventionellen Speisekartoffelbau ein spezielles Granulat mit einem aufgebauten Granulatstreuer vorbeugend gemeinsam mit dem Legevorgang eingearbeitet werden. Im biologlischen Landbau kann man nur die Eier und die frisch geschlüpften Larven des Drahtwurmes vor dem Legen oberflächlich mechanisch bekämpfen.

❏ Sortenwahl

Zur Auswahl geeigneter Sorten wird auf die jährlich erscheinende **„Österreichische Beschreibende Sortenliste"** der **AGES** und die jährlichen **Sorteninformationen der Landwirtschaftskammern** verwiesen. Beim Anbau von Speiseindustriekartoffeln besteht kaum die Möglichkeit einer freien Sortenwahl, da die Sorte bei Verträgen vom Verarbeitungsbetrieb vorgegeben wird. Für eine effiziente industrielle Verarbeitung sind gleichbleibende Eigenschaften eine Voraussetzung.

Einteilung der Kartoffelsorten nach der Reifezeit:
- Sehr früh bis früh reifende Speisesorten
- Früh bis mittelfrüh reifende Speise- und Verarbeitungssorten
- Mittel- bis spät reifende Speise-, Stärke- und Verarbeitungssorten
- Mittel- bis spät reifende Stärkesorten

Ansprüche an eine Kartoffelsorte

Produzent
- Hoher Ertrag (Knolle bzw. Stärke)
- Geringere bis mittlere Knollenzahl
- Kurze Stolonen, enge Knollenlage
- Zeitlich einheitlicher Knollenansatz
- Gesunde Pflanzen
- Geringe Abbauneigung
- Wenig empfindlich gegen Erntebeschädigungen
- Gute Haltbarkeit

Konsument
- Guter Geschmack
- Gefällige Form
- Feine, zähe Schale
- Gelbe Fleischfarbe
- Flach liegende Augen
- Entsprechender Kochtyp
- Freisein von inneren und äußeren Mängeln
- Gute Haltbarkeit

3.7 Bodenvorbereitung

Die Kartoffel reagiert auf **Strukturschäden** des Bodens bzw. auf **Bearbeitungsfehler** vor allem auf schweren Böden besonders nachteilig. Es muss daher der Aufbau und Erhalt einer lockeren, beständigen Krümelstruktur mittels **bodenschonender Bearbeitung** unterstützt werden. Dabei sind der **Bearbeitungszeitpunkt** und die **Gerätewahl** von der **Bodenart** und dem **Feuchtigkeitsgehalt des Bodens** abhängig. Nur so kann eine **bodenverträgliche Befahr- und Bearbeitbarkeit** erreicht werden, **ausreichend lockerer Boden** zur **Knollenabdeckung** und des **Dammaufbaues** zur Verfügung stehen und die **Siebfähigkeit** des Bodens bis zur Ernte erhalten bleiben.

Da die Kartoffel in der Fruchtfolge meist einer Getreideart folgt, beginnt eine umfassende Bodenvorbereitung bereits beim **Drusch der Vorfrucht mit tiefer Schnittführung** (Stoppellänge max. 10–12 cm). Das anfallende **Stroh** ist entweder **rasch abzuführen** oder beim Drusch durch den **Häcksler** auf eine **Länge von 5 cm zu zerkleinern** und **gleichmäßig zu verteilen**.

Eine möglichst sofortige **Stoppelbearbeitung** ist ganzflächig, nicht tiefer als 5 cm, (fein-)krümelig, mischend und rückverfestigend durchzuführen.
Erreicht werden sollten: ein rasches Auflaufen von Ausfallgetreide und Unkrautsamen, eine Verringerung der unproduktiven Wasserverdunstung, eine gute Vermischung der Ernterückstände mit Feinerde, die Beseitigung oberflächlicher Verdichtungen sowie der Restverunkrautung.
Mit einer **tiefer gehenden Folgebearbeitung** sollte der „Grünaufwuchs" beseitigt und mit den bereits seicht eingearbeiteten Ernterückständen in den Boden eingemischt werden. Während eine **Bearbeitungstiefe von 10 bis max. 15 cm** meist ausreicht, kann beim Anbau einer Zwischenfrucht/Begrünung eine tiefere (> 15 cm) Krumenlockerung (= lockernde Grundbodenbearbeitung) von Vorteil sein.

Erfolgt die **Grundbodenbearbeitung mit dem Pflug im Herbst**, ist diese **trocken**, mit **sattem Furchenschluss** und **gleichmäßiger Ausformung der Furchenkämme** durchzuführen. Wird dieses **Bearbeitungsziel** vor allem auf schwereren Böden nicht erreicht, kann eine **grobe Einebnung im Herbst** erforderlich sein. Bei einer zu feinen Bearbeitung ist wiederum die Gefahr einer **Verschlämmung** über den Winter gegeben. Die praktische Erfahrung des Bauern und die genaue Kenntnis der örtlichen Verhältnisse spielen eine wesentliche Rolle. Gemäß GAP 2023 (GLÖZ 6) ist die **Mindestbodenbedeckung** vom 1. November bis 15. Februar zu beachten!

Die **Pflanzbettvorbereitung im Frühjahr** sollte mit möglichst wenigen Arbeitsgängen erfolgen. Diese beginnt auf **begrünungsfreien Flächen** meist mit dem **Einebnen** der **gleichmäßig abgetrockneten, gut befahrbaren** und **gut bearbeitbaren Böden** mit einer flachen und nicht zu feinkrümeligen Bearbeitung mittels **Saatbettkombination**.

Vor dem Anbau oder in Kombination mit dem Anbau erfolgt eine tiefer gehende Oberflächenbearbeitung mittels Grubber, Kreiselegge oder auf schwereren Böden mit einer Fräse. Dies sollte ein lockeres, warmes, schollenfreies, jedoch nicht zu feines Pflanzbett ergeben. Erfolgt eine **Mulchsaat**, muss vorher die abgefrorene **Begrünung** noch mechanisch **zerkleinert** und oberflächennahe in die **oberste Bodenschichte eingearbeitet** werden (z. B. mittels Kreiselegge).

Abschließend ist festzuhalten, dass **Bearbeitungsfehler** (vor allem auf bindigen Böden) durch den **Einsatz von Technik nicht ausreichend kompensierbar** sind!

3.8 Anbau

Erfolgt in **Hanglagen mit über 10 % Neigung** zu einem Gewässer (festgestellt im 20-m-Bereich ab der Böschungsoberkante) ein Kartoffelanbau, ist gemäß **Nitrat-Aktionsprogramm-Verordnung 2023** eine **erosionshemmende Maßnahme** verpflichtend für den ganzen Schlag erforderlich, um eine Abschwemmung eines ausgebrachten stickstoffhaltigen Düngers in oberirdische Gewässer zu vermeiden. Geeignete Maßnahmen: **Anbau quer zum Hang** oder **Mulchsaat** oder ein

Kombination von Pflanzbettvorbereitung, Legen und Dammaufbau spart Zeit und schont den Boden

mindestens 20 m breiter Streifen zwischen Böschungsoberkante und der zur Düngung vorgesehenen Acker- fläche oder eine **Hangunterteilung** durch **Querstreifeneinsaat** oder **Querdämme in Verbindung mit Begleitsaaten** (schnellwachsende Gräser – z. B. Hafer). Die genannten Anforderungen gelten nicht für Schläge unter 1 ha für Berggebiete, die im alpinen Raum liegen.

Grundsätzlich sind beim **Anbau in Hanglagen** auch **abseits von Oberflächengewässern erosionshemmende Maßnahmen zum Schutz von angrenzenden Liegenschaften** erforderlich.

• Pflanzzeit und Pflanzgutbedarf
Vorgekeimtes Pflanzgut, welches auch bei niedrigen Temperaturen (4–6 °C) das Wachstum fortsetzt, kann bei günstigen Bedingungen bereits im März gelegt werden. Bei einer Bodentemperatur von 6–8 °C kann **keimstimuliertes Pflanzgut** von Mitte April bis Anfang Mai gelegt werden.

Der **Pflanzgutbedarf** (kg/ha) ergibt sich aus der **Bestandesdichte** (Reihenweite und Abstand in der Reihe) und des **Pflanzknollengewichtes**.

Die Wahl der Bestandesdichte wird durch die Anforderungen der verschiedenen Verwertungsrichtungen (Pflanzkartoffeln, Speisekartoffeln, Stärkekartoffeln usw.) bestimmt. Die Verwertung der Kartoffelernte als Speisekartoffeln, zur Weiterverarbeitung für Veredelungsprodukte und zur Erzeugung von Stärke setzen größere Abstände voraus, während bei der Erzeugung von Pflanzkartoffeln dichtere Bestände anzulegen sind.

Für den Speise-, Veredelungs- und Stärkekartoffelanbau haben sich 40.000–42.000 Pflanzstellen je ha als günstig erwiesen. Für den Pflanzkartoffelbau gelten andere Empfehlungen. Hier sind bis zu 55.000 Pflanzstellen/ha anzustreben, damit eine hohe Sortierung erzielt wird.

Pflanzgutbedarf in kg/ha in Abhängigkeit von Knollengröße und Knollengewicht

Knollengröße Knollenform	Knollengewicht g	Pflanzgutbedarf (kg/ha)	
		Konsumkartoffeln 40.000–42.000 Pflanzstellen/ha	Pflanzkartoffeln 55.000 Pflanzstellen/ha
35–45 mm, rund	50	2.000–2.100	2.800
30–50 mm, langoval	55	2.200–2.300	3.600
35–55 mm, rund	65	2.600–2.700	3.600
35–55 mm, oval	67	2.700–2.800	3.700

• Reihenweite und Ablage in der Reihe
Eine **Reihenweite von 75 cm** ist üblich. **Dafür sprechen:**
Mehr Platz für das Knollennest und damit ein höherer Ertrag, geringerer Anteil von grünen Knollen, geringerer seitlicher Dammdruck (weniger Schollen bzw. Kluten), weniger beschädigte Knollen, höherer Anteil an größeren Knollen, weniger Ansteckungsgefahr für Krautfäule, geringerer Arbeitsaufwand.

Die **Ablage in der Reihe** ergibt sich aus der **Pflanzstellenzahl** und der **Reihenweite**. Sie kann je nach Nutzung und Sorte zwischen 25 und 40 cm schwanken, wobei bei der Erzeugung von Pflanzgut die kleineren Entfernungen vorteilhafter sind. Die Knollengröße des Pflanzgutes kann aufgrund der Sorte, der Knollenform und der Sortierung stark schwanken.

Berechnen Sie den Pflanzgutbedarf in kg/ha:

Reihenentfernung .....75 cm   Legestellen pro ha   ....
Ablage in der Reihe...32 cm   Pflanzgutbedarf pro ha   ....
Durchschnittliches
Knollengewicht............ 60 g   Staudenzahl/Ernte bei 8 % Ausfall ....

• Legetiefe
Die Knolle soll so tief unter der Bodenoberfläche gelegt werden, wie sie dick ist, also etwa 4–5 cm tief.

Eine flache Ablage begünstigt ein schnelles Auflaufen. Eine nicht so tiefe und gleichmäßige Ablage ist auch deshalb wichtig, weil der Steinanteil bei der Rodearbeit abnimmt und damit Beschädigungen der Knollen vermindert werden.

3.9 Pflege

Die **Bestandespflege** hat zwei wesentliche Aufgaben:
• Schaffung und Erhaltung **günstiger Wachstumsbedingungen** durch unkrautfreie, lockere und gut ausgeformte Dämme.
• Vorbereitung **günstiger Rodebedingungen** durch einen leicht siebbaren Boden.

Als erste mechanische Pflegemaßnahme werden noch vor dem Auflaufen der Knollen die Kartoffelreihen meist **angehäufelt** (Dammhöhen ca. 20 cm) oder **bei entsprechenden Dammhöhen gestriegelt**.
Die weitere Bearbeitung besteht in einem **Wechsel von Abziehen** (Striegeln) **und Anhäufeln der Dämme**. Vor dem Auflaufen der Kartoffeln ist dabei sehr vorsichtig zu verfahren, damit die Keime nicht beschädigt werden.

Grundsätzlich besteht die Möglichkeit, über die mechanische Bearbeitung nicht nur die notwendige Bodenlockerung zu erzielen, sondern auch Unkräuter und Ungräser in ausreichendem Umfang zu bekämpfen. Die Anzahl der Bearbeitungsvorgänge und die Wahl der Geräte ist nicht nur der Bodenart und der Bodenfeuchtigkeit, sondern auch dem Verunkrautungsgrad und der Pflanzenentwicklung anzupassen.

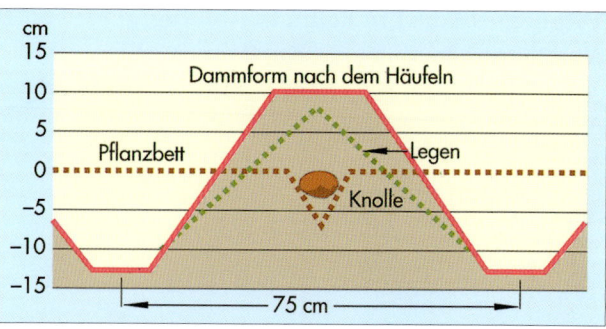

Dammformen *nach dem Legen und Häufeln*

Bei schweren, zur Schollen- bzw. Klutenbildung neigenden Böden haben sich die **Reihenfräsen** als Pflegegeräte gut bewährt; dies gilt auch für **Rollhackgeräte** auf leichteren Böden.

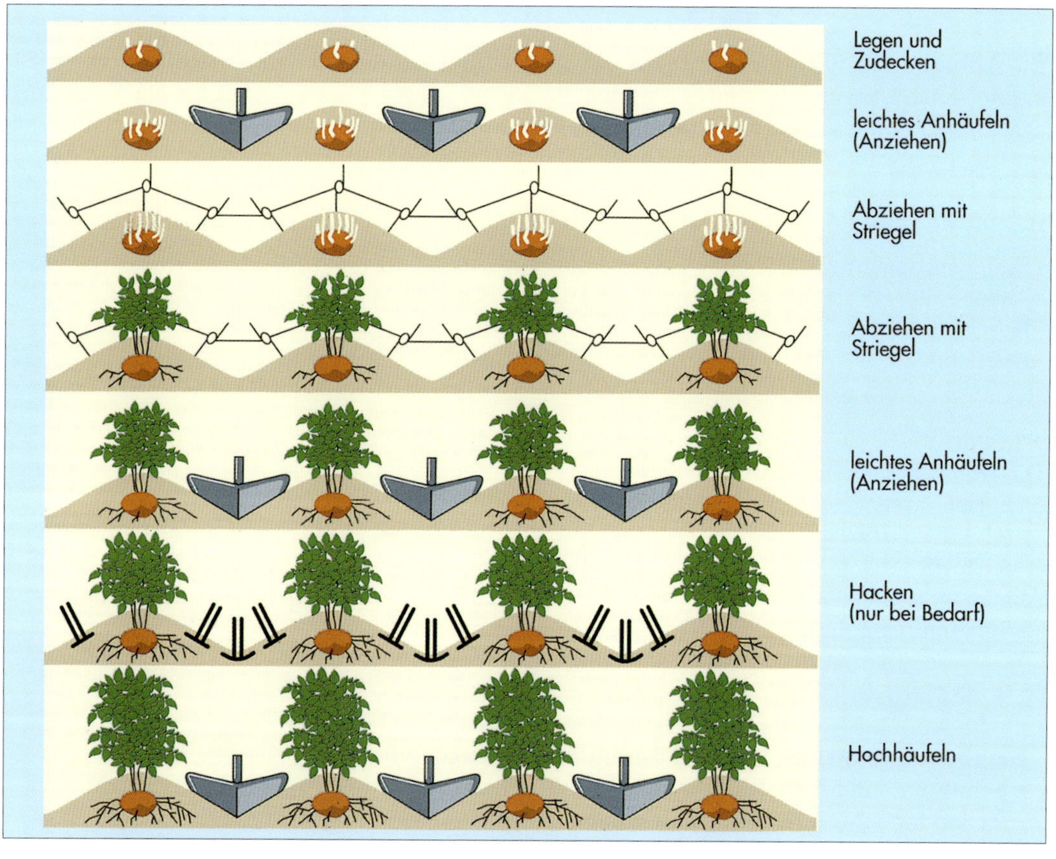

*Mögliches **Arbeitsschema** für die mechanische Pflege der Kartoffelkulturen*

Ungleiche Arbeitsbreiten bei verschiedenen Geräten (z. B. zweireihiges Legen und vierreihiges Dammbearbeiten) erfordern genaueste Spurabstände und sind nur in ebener Lage möglich. Vorzuziehen sind **gleichreihige Systeme**.

In **Hanglagen** ab 8–10 % Neigung müssen die Geräte mit einer **Hangsteuerung** ausgerüstet werden, um einen Queranbau zu ermöglichen.

Reihenfräse im Einsatz *Rollhackgerät im Einsatz*

Bei **hoher Bodenfeuchte** müssen die **Pflegearbeiten unterbleiben**, damit es **nicht zu einem Verschmieren des Bodens** und zur **Schollen**- bzw. **Klutenbildung** kommt. Kartoffeln weisen in ihrer Jugendentwicklung bis zum Schließen ihrer Reihen eine **geringe Kampfkraft gegen Unkräuter und Ungräser** auf. Ab dem Beginn des Knollenwachstums, das meist durch die Blüte gekennzeichnet ist, wirkt jede Bodenpflegemaßnahme störend und ist daher zu unterlassen.

> Eine wichtige Pflegearbeit im **Pflanzkartoffelbau** ist das **Bereinigen**; das ist die **Erkennung** und **Entfernung von krankhaften Kartoffelstauden samt Mutterknolle.**

Um ein frühzeitiges Angebot von Frühkartoffeln (Heurige) mit besserem Preis zu erzielen, können frühe Speisesorten auch mit einem **Vlies** abgedeckt werden. Die Frühkartoffeln werden meist im März gelegt und oft schon Ende Mai auf den Markt gebracht. Vor der Vliesauflage bzw. vor dem Auflaufen der

*Frühkartoffeln unter **Vlies***

Frühkartoffeln werden diese meist einer chemischen Unkrautbekämpfung unterzogen. Ab einer Wuchshöhe von 20–25 cm wird das Vlies wieder abgeräumt und kann unter Umständen wieder verwendet werden.

3.10 Pflanzenschutzmaßnahmen

> Die Bekämpfung von Unkräutern bzw. Ungräsern, Krankheiten und Schädlingen hat nach dem Konzept des **„Integrierten Pflanzenschutzes"** zu erfolgen.

❏ Nichtchemische Maßnahmen des integrierten Pflanzenschutzes

Zu den wichtigsten **vorbeugenden und ergänzenden Kulturmaßnahmen** im Kartoffelbau zählen:
• Eine **weitgestellte Fruchtfolge**
• Ein lockerer und leicht **siebbarer Boden**

- Eine an Boden und Pflanze **angepasste Düngung** (keine Überversorgung mit Stickstoff)
- **Beseitigung** von **Durchwuchskartoffeln**
- Anbau von wenig anfälligen, **resistenten Sorten**
- Gesundes, eventuell **vorgekeimtes oder keimstimuliertes Pflanzgut**
- Entsprechende **Pflanztechnik** (optimale Staudenzahl)
- Den Boden- und Klimaverhältnissen **angepasste Pflegearbeiten** zur Förderung krümeliger Dämme und **wirkungsvoller Unkrautregulierung**
- Schonende und **beschädigungsarme Erntearbeit**
- **Verlustarme Lagerung** (Lagerkontrolle)

❑ Unkrautregulierung

Die verschiedenen, miteinander in Verbindung stehenden Pflanzenschutzmaßnahmen lassen sich in **kulturtechnische** Maßnahmen und **chemische** Bekämpfungsmaßnahmen unterteilen.

• Kulturtechnische (mechanische) Maßnahmen
Diese spielen im Allgemeinen und besonders im biologischen Landbau eine wichtige Rolle. Bearbeitungsmaßnahmen – siehe unter Punkt 3.9 Pflege.

• Chemische Maßnahmen
Sind die unter Pflanzenhygiene zugeordneten Kulturmaßnahmen, welche der Verunkrautung entgegenwirken, nicht ausreichend, so ist der **Einsatz von Herbiziden** zu überlegen. Dabei sind
- **Spätverunkrautung,**
- **Einsparung von Arbeitskräften,**
- **Gesundheit des Pflanzenbestandes** sowie
- **Ertrags- und Qualitätsbildung**
eine Entscheidungshilfe.

Für die **chemische Unkrautregulierung** stehen vor allem **Vorauflauf- und zum Teil Nachauflaufherbizide** zur Verfügung. Nach der Ausbringung dieser Herbizide muss eine mechanische Pflegemaßnahme unterbleiben, damit die Herbizide in der obersten Bodenschichte der Dämme gleichmäßig verteilt bleiben (Nachverunkrautung) und nicht in die Nähe der Kartoffelwurzeln gelangen. Der Verzicht auf mechanische Bodenpflegemaßnahmen kann insofern vorteilhaft sein, als die Stauden geschont werden und es nicht zu Verletzungen an den Wurzeln und Stolonen kommt (geringere Virusinfektion bei Pflanzkartoffeln).

Bei der **chemischen Unkrautregulierung** ist weiters zu beachten, dass manche Unkräuter nur im Nachauflauf wirksam erfasst werden und dass manche Herbizide nicht von allen Sorten vertragen werden.

Die **Ungräser** können im Kartoffelanbau sehr gut erfasst werden. Es werden dabei

Chemische Abtötung der Kartoffelstauden *im Saatkartoffelbau einige Wochen vor der Ernte*

Nachauflaufherbizide im 3- bis 6-Blatt-Stadium der Ungräser eingesetzt, die unabhängig vom Wachstumsstadium der Kartoffel sowie der Sorptionskraft, dem Humusgehalt und der Feuchtigkeit des Bodens wirken.

Unter bestimmten Produktionsbedingungen (z. B. konventioneller Pflanzkartoffelbau) erfolgt einige Wochen vor der Ernte eine **Abtötung der Kartoffelstauden** (meist im Splittingverfahren).

Die für die Kartoffeln zugelassenen (registrierten) Herbizide sind dem **Pflanzenschutzmittelverzeichnis** der **AGES** (www. **psm**.ages.at) zu entnehmen. Weitere Empfehlungen geben die **Landwirtschaftskammern**.

❑ Krankheiten und Schädlinge

Die Kartoffeln leiden bei **ungünstigen Witterungsbedingungen** und **zu häufiger Wiederkehr in der Fruchtfolge** unter **verstärktem Krankheits- und Schädlingsbefall.**

Richtige Kartoffelkultur schafft die Voraussetzung für die Entwicklung **gesunder Pflanzen** mit erhöhter Widerstandskraft gegen Krankheiten und Schädlinge. Die effektive Bekämpfung dieser Schadorganismen basiert auf der Summe von Kultur-, Pflege-, Pflanzenschutz- und anderen phytosanitären Maßnahmen.

Die durchzuführenden **Bekämpfungsmaßnahmen** orientieren sich am Konzept des **„Integrierten Pflanzenschutzes"**. Es sind daher zuerst alle **vorbeugenden** und **kulturtechnischen Maßnahmen** zeitgerecht und richtig durchzuführen.

Eine **chemische Bekämpfung** (z. B. von Krautfäule und Alternaria) mit Fungiziden hat sich nach den ökonomischen **Schadensschwellen** bzw. nach den Informationen des **Prognose-** und **Warndienstes** zu richten. Eine **Entscheidungshilfe** bietet das Internetportal www.warndienst.at mit **regionalen Befallsübersichten**, einem **Fungizid-Abstandsrechner** und weiteren Informationen zur Optimierung der Spritzfolgen. Der derzeit bedeutendste Schädling ist der Drahtwurm. Durch seinen Lochfraß in die Kartoffelknollen verursacht er erhebliche Schäden bei den Speisekartoffeln, was zu einem Verlust durch verstärkte Aussortierung mit sich bringt. Zurzeit mögliche Bekämpfungsmaßnahmen sind bereits beim Anbau der Kartoffel zu überlegen.

Die nähere Beschreibung der Krankheiten und Schädlinge – bzw. die speziellen Empfehlungen über integrierte Verhütungs- und Bekämpfungsmaßnahmen – sind der **„Leitlinie** für den **integrierten Feldbau"** der **Landwirtschaftskammer Österreich bzw. der Österreichischen Arbeitsgemeinschaft für integrierten Pflanzenschutz** (ÖAIP – www.oeaip.at) und den jährlichen Empfehlungen der **Landwirtschaftskammern** zu entnehmen.

In der Bildmitte eine gegen **Kraut- und Knollenfäule** *anfällige Kartoffelsorte*

Kartoffelkäferlarven

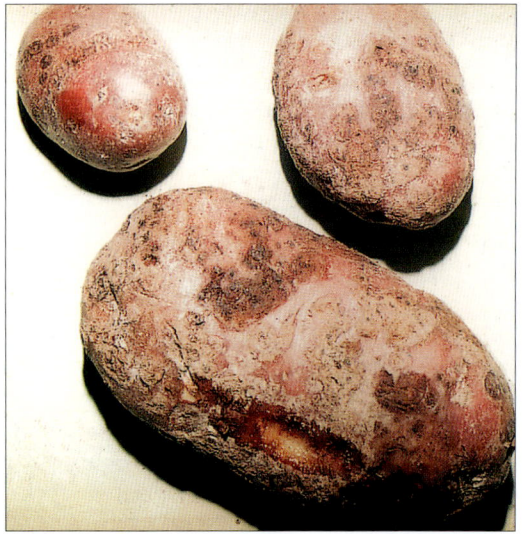

Knollenfäule der Kartoffel   *Staude mit **Rollmosaik***

Bei der **Krankheits- und Schädlingsbekämpfung** müssen oft **mehrere Applikationen** durchgeführt werden.

Um der Entstehung einer Resistenz bei Schadorganismen durch Pflanzenschutzmittel (PSM) **vorzubeugen**, ist v. a. ein **Wechsel von PSM mit unterschiedlichen Wirkungsmechanismen** erforderlich. Dies gilt sowohl für **Spritzfolgen** in einer Kultur als auch für PSM-Anwendungen innerhalb der **Fruchtfolge**. **Hilfreich** ist dabei die **Kennzeichnung** der Herbizide, Fungizide und Insektizide nach ihrem Wirkungsmechanismus durch **WSSA/FRAC/IRAC-Codes** (meist durch Zahlen oder einen Buchstaben mit oder ohne Zahl) und damit unterscheidbar.

Nähere Hinweise siehe Beratungsbroschüre **„Wichtige Krankheiten und Schädlinge der Kartoffel"** der **AGES** sowie die jährlichen, aktuellen, einschlägigen und kulturbezogenen **Empfehlungen der Landwirtschaftskammern.**

Übersicht über die wichtigsten Krankheiten und Schädlinge

Wichtige Krankheiten

Quarantänekrankheiten
- Schleimkrankheit
- Bakterienringfäule
- Kartoffelkrebs

Auflaufkrankheiten
- Wurzeltöterkrankheit
- Schwarzbeinigkeit, Bakterielle Stängelfäule und Nassfäule der Knolle
- Verticillium-Welke
- Colletotrichum-Welke

Blattfleckenkrankheiten
- Kraut- und Knollenfäule
- Dörrfleckenkrankheit und Hartfäule

Viruskrankheiten
- Blattrollkrankheit
- Schweres Mosaik, Strichelkrankheit, Ringnekrose (Katoffelvirus Y)

Lager- bzw. Knollenkrankheiten
- Gewöhnlicher Schorf (Bakterienkrankheit)
- Pulverschorf (Pilzkrankheit)
- Silberschorf (Pilzkrankheit)
- Fusarium Trockenfäule (Pilzkrankheit)
- Stolbur-Krankheit

Nichtparasitäre Schädigungen

- Zwiewuchs
- Wachstumsrisse
- Fadenkeimigkeit
- Braunmarkigkeit
- Hohlherzigkeit

- Eisenfleckigkeit
- Schwarzfleckigkeit
- Graufleckigkeit
- Vergrünung

Wichtige tierische Schädlinge

- Kartoffelkäfer
- Drahtwürmer

- Engerlinge
- Erdraupen

3.11 Reife, Ernte und Lagerung

❑ Reife

> Mit dem Absterben des Krautes wird gleichzeitig die **Rodereife** der Kartoffel erreicht. Diese ist an der **Schalenfestigkeit** und an der **Ablösbarkeit der Knollen von den Stolonen** zu erkennen.

Zu diesem Zeitpunkt liegen auch die für **Speisekartoffeln** gewünschten Qualitätseigenschaften und für **Stärkekartoffeln** der maximal erzielbare Stärkegehalt vor.

Bei **Frühkartoffeln**, deren Marktwert von einem möglichst frühen Erntezeitpunkt abhängig ist, besteht meist nicht die Möglichkeit der natürlichen Abreife (noch keine Schalenfestigkeit).

Beim **Pflanzkartoffelbau** und **Spätkartoffelbau** (meist noch grüne Stauden) ergeben sich durch das vorzeitige mechanische oder chemische Abtöten der Kartoffelstauden folgende **Vorteile:**

- **Verminderung der Knolleninfektion** durch Viren oder sonstige Krankheiten
- **Verhinderung von Übergrößen**, verbunden mit einer **besseren Pflanzgutausbeute**
- Beseitigung des Krautes und des vorhandenen Unkrautes und damit **leichtere Erntearbeit**
- Zunahme der **Schalenfestigkeit**

Geschlägelter Saatkartoffelbestand

Abgereifte Kartoffelstauden

Keimhemmung während der Abreife

Die Keimhemmung im Speisekartoffelbau kann schon im abreifenden Kartoffelbestand durch eine Spritzung durchgeführt werden. Die Zulassung gilt auch im Rahmen des „**AMA**-Gütesiegels".

Die **Spritzung** soll morgens bei über 50 % Luftfeuchtigkeit auf gesunde, grüne und vitale Pflanzen ca. **1 Woche nach der Blüte** durchgeführt werden.

Die **Ernte** der Kartoffel oder eine eventuelle Krautabtötung ist deshalb erst frühestens 3–5 Wochen nach der Behandlung möglich (Gebrauchsanweisung beachten!).

❑ Ernte

> Mit der Mechanisierung ist das Problem der Knollenbeschädigungen aufgekommen. **Beschädigungen mindern die äußere Qualität** der Kartoffeln und sind die entscheidenden Ursachen für Lagerfäule.

Der Anteil der beschädigten Knollen nach der Ernte mit einem Vollernter kann stark schwanken und ist abhängig von:
• Bodenart (Verletzungen bei hohem Steinanteil)
• Sortenempfindlichkeit
• Rodebedingungen
• Fahrweise des Vollernters

Empfehlungen zur Vermeidung von Knollenschäden
• Bei der Erntearbeit ist auf das **Einhalten der für die Reihenweite geeigneten Reifenbreite** zu achten. Je nach Bodenart und Geländeneigung sind das bei 75 cm Reihenweite nicht mehr als 10–12 Zoll Reifenbreite.
• Die **Knollentemperatur** sollte nicht unter 12 °C liegen. Je wärmer die Knolle, desto größer ist ihre Elastizität und Schalenfestigkeit.
• Die **Fahrgeschwindigkeit** des Roders soll so hoch sein, wie es die Trenneinrichtung und die Sauberkeit des Erntegutes noch erlauben.
• Die **Umlaufgeschwindigkeiten** der Sieb- und Trennorgane sollen so **niedrig** wie möglich sein. Kartoffeln und Beimengungen sollen so wenig wie möglich rollen und sie dürfen auf keinen Fall springen.
• Die **Rodetiefe** muss von Feld zu Feld und von Sorte zu Sorte überprüft werden. Mit zunehmender Rodetiefe steigt der Erde- und Steinanteil überproportional an.

4-reihige selbstfahrende Kartoffelvollerntemaschine

- An allen Übergangsstellen des Vollernters soll die **Fallhöhe so niedrig wie möglich** gehalten werden und abgepolstert sein. Dies gilt auch für das Beladen des Wagens.
- Jedes **Sortieren** frisch gerodeter und kalter Kartoffeln (nicht unter 8 °C) führt zu weiteren Beschädigungen und beeinträchtigt die Haltbarkeit.
- Durch die **Befüllung von Großkisten** auf dem Transportwagen am Feld fallen die Umlagerungsarbeiten bis zur Sortierung weg. Es können dabei auch die Belüftung und die Lagerkontrolle besser durchgeführt werden. Außerdem wird der Lagerraum besser ausgenützt (Stapelung).

*Schonendes Entladen der Knollen in **Großkisten***

❏ Lagerung

Ziel der Lagerung ist es, die Knolle als atmungsaktives und wasserreiches Organ vor **Gewichts-, Fäulnis- und Qualitätsverlusten** bis zum Zeitpunkt der Vermarktung oder Verarbeitung zu **bewahren**.

Im Anschluss an die Ernte entwickelt sich in der Knolle ein Zustand der **Keimruhe**. Die Keimruhe hält meist 6–8 Wochen an. Niedrige Temperaturen während der Lagerhaltung begünstigen die Keimruhe, sodass sie länger aufrechterhalten werden kann.
Vor der Einlagerung sind die **Lagerräume** (Keller) gründlich zu **reinigen** und zu **lüften**. Grundsätzlich sollten nur bereits **schalenfeste Kartoffeln eingelagert** werden.

Die optimalen **Lagertemperaturen** sind bei:
- **Pflanzkartoffeln**: keimfreudige (hitzige) Sorten 2–4 °C, keimträge Sorten 4–6 °C
- **Speisekartoffeln**: 3–5 °C
- **Veredelungskartoffeln**: 6–8 °C, um die Bildung von reduzierendem Zucker zu senken; der Einsatz eines Keimhemmungsmittels ist hier empfehlenswert.

Bei **Lagerung ohne Zwangsbelüftung** (z. B. Keller) soll die Lagerhöhe 1,5 m nicht überschreiten, um die natürliche Schwerkraftlüftung zu erleichtern.

Abtrocknen, Abkühlen und Temperaturhalten können allein über das Öffnen und Schließen der Türen, Fenster und Luken (unter Beachtung der Temperatur) annähernd erreicht werden. Das Lagerrisiko ist in solchen Lagern höher als in klimatisierten Großlagerräumen.
Beste Lagerbedingungen beschränken die Gewichtsverluste (Wasser- und Atmungsverluste) auf 0,8–1 % pro Monat.

Die **Lagerkrankheiten** (Weißfäule, Nassfäule) treten vorwiegend bei beschädigten Knollen auf. Neben dem Vermeiden von Erntebeschädigungen müssen auch Beschädigungen während des Transportes und der Einlagerung vermieden werden. Gefährlich sind Fallstufen über 25 cm.
Vor dem Einlagern sollten **verletzte und kranke Knollen aussortiert** werden. Eine **endgültige Sortierung** erfolgt **kurz vor der Verpackung und Vermarktung.**

Der **Abkühlungsprozess** soll langsam ablaufen (0,5 °C täglich). Während dieses Prozesses vollzieht sich noch die Wundheilung, die bei 15–20 °C am schnellsten verläuft. Im Dezember soll die erwünschte Lagertemperatur erreicht werden.

Eine **relative Luftfeuchtigkeit von 92–95 %** garantiert geringste Gewichtsverluste.

Da Kartoffeln bereits bei −1 °C geschädigt werden, was zu Verfärbungen und Verfaulen der Knollen führen kann, sind die eingelagerten Kartoffeln vor niedrigen Temperaturen zu schützen. Vor der Sortierung und Verpackung müssen die Knollen auf mindestens 10 °C erwärmt werden, um Schwarzfleckigkeit und Verletzungen zu verhindern.

> In Lagerräumen und in Verkaufsregalen soll darauf geachtet werden, dass die Kartoffeln nicht zu sehr und nicht zu lange dem Licht ausgesetzt werden, da der Geschmack durch das **Ergrünen** sehr stark beeinträchtigt wird.

3.12 Ertrag, Qualität und Verwertung

❑ Ertrag

> Während bei **Speisekartoffeln** der **Knollenertrag** und die **Veredelungseigenschaften** eine Rolle spielen, sind bei den **Stärkekartoffeln** der **Stärkegehalt** und der **Stärkeertrag/ha** von Bedeutung.

Die **Erträge** können sehr **schwanken** und werden erheblich beeinflusst von:
- Standortverhältnissen
- Nährstoffversorgung
- Pflege- und Pflanzenschutzmaßnahmen
- Sortenwahl

Der **Knollen- und Stärkeertrag** setzt sich aus vier **Ertragskomponenten** zusammen:
- Anzahl der Stauden pro Fläche
- Anzahl der Knollen pro Staude
- Durchschnittliches Knollengewicht
- Stärkegehalt der Knollen

Erträge und Verwertungsanteile der Kartoffel

Nutzungsrichtung	Speisefrüh-kartoffel	Speise-kartoffel	Veredelungs-kartoffel	Stärke-kartoffel	Pflanz-kartoffel
Bruttoertrag t/ha	22–32	30–45	32–48	33–50	28–40
Nettoertrag t/ha	22–32	28–42	30–45	32–48	27–38
Stärkegehalt %	10–13	12–15	14–19	17–20	10–20
Aufteilung des Nettoertrages:					
Speiseware %	75–85	80–85	–	–	10–20
Fabriksware %	–	–	60–85	100	–
Pflanzware %	–	–	–	–	60–70
Futterware %	15–25	15–20	15–40	(100)	10–20

Durchschnittserträge von Kartoffeln in Tonnen je Hektar

Jahr	2022		2023		20 . . .	
	Österr.	Bundesl.	Österr.	Bundesl.	Österr.	Bundesl.
Frühe und Speisekartoffeln	27,31		24,80			
Stärke- und Industriekartoffeln	38,69		34,22			
Kartoffeln insgesamt	32,00		28,80			

Siehe Berichte der Statistik Austria!

❑ Qualität

Die Qualitätsanforderungen ergeben sich im Kartoffelbau aus der Verwertung der Ernte. Für **Speisekartoffeln** liegt eine größere Anzahl von unterschiedlichen Merkmalen vor, die hinsichtlich Qualität zu berücksichtigen sind. Einige qualitätsbestimmende Eigenschaften beziehen sich auf den visuellen Eindruck (**Form, Schalen- und Fleischfarbe**). Auch das Verhalten beim Kochen (**Kochtyp**) und der **Geschmack** sind zu berücksichtigen.

Auszug aus der Qualitätsklassenverordnung für Speisekartoffeln
Für Speisekartoffeln wurde auf Basis des Qualitätsklassengesetzes die **Qualitätsklassenverordnung für Speisekartoffeln** erlassen.

1. Geltung
Die **Verordnung gilt für Speise- und Speisefrühkartoffeln** (Frühkartoffeln, Heurige), die in Verkehr gebracht werden. Geltung vom Erstverlader bis zum Letztverkäufer.

Keine Geltung der Verordnung bei:
• Ab-Hof-Verkauf (Erzeuger verkauft direkt an Verbraucher)
• Lieferung an Verarbeitungsbetriebe

2. Verpackung
• Material muss neuwertig und sauber sein
• Gleichmäßiger Inhalt pro Packstück = Kartoffeln derselben Herkunft, Sorte, Qualität und Größe

3. Kennzeichnung
Jede Packung muss von außen deutlich sichtbar sowie unverwischbar mit folgenden Angaben gekennzeichnet sein:
• **Packer** oder **Absender**: Name und Anschrift oder Geschäftssymbol
• **Art des Erzeugnisses:** „Speisekartoffeln" mit Sorte und Kochtyp oder „Speisefrühkartoffeln" (bis 9. August)
• **Herkunft des Erzeugnisses:** Ursprungsland und gegebenenfalls Anbaugebiet oder regionale bzw. sonstige örtliche Bezeichnung
• **Handelsmarke:** Klasse I oder II

4. Qualitätsklassen
• **Klasse I:** Kartoffeln höchster Qualität – bis 10 % Qualitätsmängel und bis 4 % Untergrößen (für das **„AMA-Gütesiegel"** ist nur die Klasse I zulässig)
• **Klasse II:** Kartoffeln marktfähiger Qualität – bis 15 % Qualitätsmängel und bis 6 % Untergrößen

Innerhalb der Qualitätsmängel dürfen bei beiden Klassen nur 2 % Erde und Fremdkörper (Frühkartoffeln bis 4 %) sowie bis 1 % Fäulnis bei Klasse I und 2 % Fäulnis bei Klasse II enthalten sein. Bei beiden Klassen sind zusätzlich bis 2 % Fremdsortentoleranz erlaubt.
Gewisse Mängel, wie Beschädigungen und Schwarzfleckigkeit, leichte Grünfärbung, Keime, Festigkeit, werden in Klasse II toleranter gemessen als in Klasse I.
Speisekartoffeln müssen ab 1. Oktober grundsätzlich schalenfest sein.

5. Größensortierung

Mindestgröße nach Quadratmaß:
- 30 mm für langovale bis lange Sorten
- 35 mm für runde bis ovale Sorten
- 28 mm für Frühkartoffeln bis inkl. 30. Juni

Kleinpackungen (bis einschließlich 5 kg): Bei Speisekartoffeln der Klasse I darf der Unterschied zwischen der kleinsten und der größten Knolle 30 mm nicht überschreiten.

6. Sortendeklaration

- Bis 9. August genügt „Speisefrühkartoffeln", „Heurige" oder „Frühkartoffeln"; die Sorte kann angeführt werden. Früh geerntete Kartoffeln sind häufig noch „losschalig".
- Ab 10. August: „Speisekartoffeln" mit Angabe der Sorte und des Kochtyps. Die Sorten müssen ausgereift und festschalig sein.

7. Kochtypen für Speisekartoffeln

Österreichische Qualitätsklassenverordnung	Haupt-Kochtypen der Sortenwertprüfung (EAPR)*	Eignung
Festkochende (f) speckige Kartoffeln	A	Salate
Vorwiegend festkochende (vf) Kartoffeln	B	für alle Zwecke
Mehlig kochende (m) bis zerfallende Kartoffeln	C	Püree oder Knödel
Stärkesorten	D	**keine Speisekartoffel**

*EAPR = Europäische Gesellschaft für Kartoffelforschung

Es gibt auch Zwischenstufen bei den Kochtypen, wie z. B. A-B oder B-A u.Ä. Die Kochtypeinteilung basiert auf der Bewertung folgender **fünf Eigenschaften: Zerkochen, Konsistenz** des Fleisches, **Mehligkeit, Feuchtigkeit** und **Struktur**.
Abgesehen von diesen charakterisierenden Kocheigenschaften einer Sorte werden **Farbe, Geschmack** und **Verfärbung** nach dem Kochen bestimmt.
Alle diese Eigenschaften sind für die Be- und Verwertung einer (Speise-) Sorte wichtig.

*Unterschiedliche **Kochtypen** von Speisekartoffeln*

Die **Einstufung des Kochtyps** erfolgt bei der Zulassungsprüfung der Sorte. **Stärkekartoffeln** sind im Sinne der Qualitätsklassenverordnung **kein Kochtyp!**

❑ Verwertung

• Speisekartoffeln

Die Kartoffeln zählen zu den wichtigsten **Grundnahrungsmitteln**. Durch ihre inhaltsstoffliche Zusammensetzung leisten sie einen beachtlichen Anteil an der Versorgung der Menschen mit **Vitaminen**, **Mineralstoffen** und **biologisch wertvollem Eiweiß** mit einem hohen Anteil an essenziellen Aminosäuren.

Sie sind äußerst **energiearm**, enthalten kaum Natrium, nur **minimale Mengen Fett** und haben einen relativ **hohen Anteil an Ballaststoffen**. Daneben sind ihre Bekömmlichkeit (Diätkost) und die vielfachen Möglichkeiten der Zubereitung ein Vorteil.

Die **Vermarktung der Speisefrischkartoffeln** erfolgt zum Großteil über den **Kartoffelfachhandel**. Er nimmt dabei eine Mittlerrolle zwischen Produzenten und Konsumenten ein, bringt selbstständig verschiedene Dienstleistungen für seine Geschäftspartner ein und übt dabei folgende wichtige Aufgaben aus:

Feldtafel eines Speisekartoffelbauern mit Vertrag

- **Beratung:** Vertragsabschluss, Kundenbetreuung, Anbauberatung, Sortenwahl
- **Lagerung:** Gesunderhaltung der Ware am Lager durch Belüftung, Befeuchtung, Temperierung; Ausgleich zwischen Angebot und Nachfrage
- **Bearbeitung:** Sortierung, Verlesung, Waschung, Abpackung, Zustellung.

Der Waschvorgang in Großaufbereitungsanlagen erfordert ein schnelles Rücktrocknen, um Fäulnis vorzubeugen.

Die heute vielfach unzulänglichen Lagerungsmöglichkeiten beim Endverkäufer zwingen zu kleinen Einkaufsmengen. Auf dem Weg zum Verbraucher sollten die Gebinde und Regale auch das Ergrünen der Kartoffeln verhindern.

*Im Handel angebotene **Kleinpackungen** von den drei Kochtypen*

Kartoffeln aus biologischem Anbau werden von kontrollierten Betrieben zum Teil direkt ab Hof verkauft oder über Naturkostläden angeboten.

• Industriekartoffeln

Die industrielle Verarbeitung der Kartoffeln erfolgt entweder zu **Speiseindustriekartoffeln (SPIK) für vorgefertigte Kartoffeldauerprodukte (KDP)** oder als **Stärkeindustriekartoffeln (STIK) zu Stärkeprodukten** für viele Anwendungsgebiete.

Die **Vermarktung** der **Industriekartoffeln** wird über **Kontrakte** geregelt!
Ein immer größerer Teil der zum Verzehr bestimmten Kartoffeln wird weiterverarbeitet und dient zur Erzeugung von Pommes frites, Chips, Püreepulver, Kroketten, Kartoffelknödeln, Schälkartoffeln, Kartoffelsalat, Trockenkartoffeln u. Ä.

Die Qualitätsansprüche für die Weiterverarbeitung von Kartoffeln zu so genannten **Veredelungsprodukten** sind von besonderer Bedeutung. Es werden vor allem **hohe Trockenmassewerte, große Knollenform, flache Augenlagen und geringe Schälverluste** (20 % sind durchschnittlich) verlangt.

Bei der industriellen Verarbeitung der Kartoffel zur **Stärkeerzeugung** und zur **Alkoholproduktion** steht der **Stärkegehalt** der Kartoffel im Vordergrund. Die Stärke ist das in der Natur am meisten vorkommende Kohlenhydrat, das in jeder lebenden grünen Pflanze bei der Assimilation gebildet wird. Pflanzenteile, in denen Reservestärke in einem Ausmaß eingelagert wird, das als industriell nutzungswürdig gelten kann, sind z. B. nicht nur die Knollen der Kartoffeln, sondern auch Samen von Getreide u. Ä.

Die **Kartoffelstärke** wird z. B. verarbeitet zu folgenden Produkten:
- **Lebensmittel:** Mayonnaisen, Ketchup, Suppen, Wurstwaren, Saucen, Kosmetika u. a.
- **Futtermittel:** Abfallprodukte der Stärkefabrikation sind die Kartoffelpresspülpe, das Kartoffeleiweiß und bei der Alkoholproduktion die Schlempe sowie bei der Speisekartoffelverarbeitung die Schälabfälle (Kartoffelschälbrei).
- **Klebestoffe:** Papierklebestoffe, Zigarettenkleber, Tapetenkleister u. a.
- **Baustoffe:** Spachtelmassen, Bindemittel, Betonzusätze
- **Düngemittel:** Kartoffel-Restfruchtwasserkonzentrat

In Zukunft könnte die Kartoffelstärke als **Grundstoff** für verrottbares **Verpackungsmaterial** und als **Biosprit** an Bedeutung gewinnen.

• **Kartoffelpflanzgut**

Auf die Erzeugung von Pflanzgut entfällt innerhalb der Gesamterzeugung der Kartoffeln ein Anteil von 5–10 %. Die Qualitätseigenschaften für Pflanzkartoffeln sind in der **Keimfähigkeit** und **Gesundheit** des Pflanzgutes zu sehen. Hierbei spielen Virus- und Knollenkrankheiten eine erhebliche Rolle. Ferner ist die Sortierung bei Pflanzkartoffeln zu beachten, da bestimmte Größenmaße gefordert werden.

Die Erzeugung von Pflanzkartoffeln unterscheidet sich vom Konsumkartoffelbau im Wesentlichen in **folgenden Punkten:**
- Durch einen **Vermehrervertrag**, wobei Sorte, Fläche, Sortierung, Preis u. a. geregelt werden.
- Durch den Bezug von **Elite-** oder **Basissaatgut**, das gebeizt ist.
- Durch engere **Ablegeweiten** – dadurch kleinere Knollen und größere Saatgutausbeute.
- In einer **verhaltenen Stickstoffdüngung** (Maskierung von Krankheiten).
- Durch das **Bereinigen** – zwei- bis dreimaliges Kontrollieren des Bestandes durch Ausreißen kranker Stauden und Liegenlassen im Feldbestand.
- Durch mehrmalige **Blattlausbekämpfung** (Blattläuse sind Überträger von Viruserkrankungen). Die Bekämpfung muss bereits ab einer Staudenhöhe von 10 cm beginnen und in Abständen von 8–10 Tagen bis kurz vor Krautabtötung wiederholt werden. Bei beginnendem Reihenschluss werden diese Spritzungen bei Bedarf mit einem Krautfäule- und Käfermittel oder Blattdünger kombiniert.
- Durch zweimalige **Feldbesichtigung** durch Fachorgane und Beurteilung des Vermehrungsfeldes auf Gesundheit, Fehlstellen etc.
- Durch **Krautabtötung**: Wenn die Pflanzkartoffeln die Saatgutgröße erreicht haben, wird das Kraut der Pflanzkartoffeln durch chemische Mittel abgetötet. Bei Biopflanzkartoffeln wird eine **Krautschlägerung** durchgeführt.
- Durch eine **Beschaffenheitsprüfung von Kartoffelpflanzgut**: Nach der Ernte wird im Labor der **AGES** ein **Virustest** von einer bestimmten Knollenzahl der Vermehrungsfläche gemacht. Die Testprobe wird dann bei entsprechender Gesundheit des Pflanzgutes als **zertifiziertes Pflanzgut** anerkannt.

```
EG-NORMEFWFWFEWAAAA
Anerkennungsstelle:    Bundesamt für Ernährungssicherheit
                       A-4020 Linz, Wieningerstraße 8

Art:                   Kartoffel (solanum tuberosum)


Sorte:                 Ditta

Kontrollnummer:        A/L 4 N 0320
Kategorie:             zertifiziertes Pflanzgut
Sortierung (mm)        30/47

Füllgewicht (kg):      50

Verschließung:         April 2005
Erzeugerland:          Österreich
zusätzliche Angaben:
EG-Pflanzenpass        AN4 418
ZP-d1                             laufende Nummer: 44059513
```

Abbildung eines Sackanhängers

Weiters werden im Labor der **AGES** auch noch **Knollenkrankheiten** und **Knollenmängel** untersucht. Wobei bei den folgenden vier **Quarantäneschadfaktoren** kein Befall vorgefunden werden darf:
• Bakterielle Ringfäule
• Schleimkrankheit
• Kartoffelkrebs
• Kartoffelnematoden
Weiterhin muss bereits von dem vorgesehenen Pflanzkartoffelfeld ein **Nematodentest** gemacht werden. Wird ein Nematodenbefall festgestellt, wird das Feld für vier Jahre für den Pflanzkartoffelanbau gesperrt.
Nach endgültig erfolgter **Anerkennung** können die Pflanzkartoffeln sortiert, gesackt, etikettiert und vermarktet werden.

Der **Saatkartoffelbau** wird hauptsächlich in **kühlen Gebieten** (z. B. Waldviertel) betrieben, da hier weniger Blattlausgefahr besteht. Im Saatkartoffelbau ist man in Zukunft bemüht, durch **Züchtung von widerstandsfähigen, resistenten Sorten** und durch **integrierte Pflanzenschutzmaßnahmen** (Warndienste) mit weniger Chemie auszukommen.

Der Erfolg im Kartoffelbau wird in Zukunft immer mehr von einer spezialisierten Qualitätsproduktion und einer gesicherten Vermarktung abhängig sein, z. B. Werbung über Erzeugergemeinschaften!

4. SORGHUMHIRSE *(Sorghum)*

4.1 Herkunft und Bedeutung

Die Sorghumhirse ist **eine jahrtausendealte Kulturpflanze** mit vielen Formen. Sie wurde vor allem in Südeuropa, Südasien, Zentralamerika und Afrika als wichtige Kulturpflanze vermehrt angebaut.

Unsere Sorghumhirsen gehen auf eine **Wildform** in **Teilen Afrikas** zurück.

Die Sorghumhirse wird als **Körnerfrucht** (Lebensmittel, Futtermittel), **Feldfutterpflanze** (Grünfutter, Silage, Heu) und **Energiepflanze** (zur Nutzung als Substrat für Biogasanlagen) angebaut.

Weltweit rangiert Sorghum nach Weizen, Mais, Reis und Gerste **an fünfter Stelle.**

In den **maisstarken Regionen Österreichs** wurde zuletzt aufgrund der **Schäden durch den Maiswurzelbohrer** als **Alternative zur Auflockerung der Fruchtfolge** Sorghumhirse empfohlen, wenn die **Standortvoraussetzungen gegeben sind.**

Auch der **Klimawandel mit zunehmender Hitze und Trockenheit** spricht **für die Kultur der Sorghumhirse** in bestimmten Ackerbauregionen (Trockengebiet).

Vorteile von Sorghum

- Keine Wirtspflanze für den Maiswurzelbohrer
- Trockenheitsresistenter als Mais
- Guter Gülleverwerter (vor allem durch Körnerhirse)
- Gute Verwertung von Körnerhirse in der Mastschweinefütterung

Nachteile von Sorghum

- Langsame Jugendentwicklung
- Kälteempfindlicher als Mais
- Probleme bei der Bekämpfung von Wildhirsen

4.2 Botanisches

Die Sorghumhirsen gehören zur **Familie der Süßgräser (*Poaceae*)**. Sie sind **wärmeliebende** und **kälteempfindliche Kulturpflanzen**. Sorghumhirsen zählen wie Mais zu den **C4-Pflanzen**, die sich durch eine besonders **effektive Photosyntheseleistung** bei gleichzeitig **weniger Wasserverbrauch** (200–300 l Wasser je kg TM) **als Mais** (300–400 l Wasser je kg TM) auszeichnen. Sorghumhirsen gelten als **hitze- und trockenheitstolerante** Kulturpflanzen.

Eine **feine und dichte Wurzelmasse** durchzieht den **Krumenbereich** (wenn möglich auch tiefer) und **sichert** auch bei **weniger Regen** die **Wasser- und Nährstoffversorgung** der Hirsen.

Die **Blätter** besitzen an ihrer Oberfläche eine spezielle **Wachsschichte**, welche die **Wasserverdunstung stark reduziert.**

Während anhaltender Trockenperioden können Sorghumhirsen ihr **Wachstum unterbrechen** („Trockenstarre"), um es nach Niederschlägen wieder fortzusetzen.

Im **Gegensatz zu Mais** sind die **Blüten** der Sorghumhirsen **einhäusig-zwittrig** in einer **endständigen Rispe** an der Pflanzenspitze angeordnet und **bilden ihre Samen durch Selbstbefruchtung.** Die Frucht ist eine **bespelzte Grasfrucht** (Kernfrucht) mit **verwachsener Frucht- und Samenschale.**

Von den vielen Hirsearten haben als mögliche **Alternative für Körner- oder Silo- bzw. Energiemais folgende Sorghumhirsen zunehmende Bedeutung** erlangt:
- **Sorghumhirse oder Mohrenhirse** (*Sorghum bicolor*) als Kreuzungspartner
- **Sudangras** (*Sorghum sudanense*)
- **Kreuzungen von Sorghumhirse x Sudangras**

Diese **Sorghumhirsen** lassen sich nach ihrer **Nutzungsrichtung** (mit typischem Erscheinungsbild) einteilen:

- **Körnersorghum** (Sorghum bicolor) – für die **Körnernutzung**
  Dieser **Körnertyp** wurde züchterisch dahingehend bearbeitet, dass ein maschineller Drusch möglich ist. Kennzeichnend sind **kurzstängelige** (bis 1,5 m) **Pflanzen** mit **hoher Standfestigkeit** und **kompakter**, **gleichmäßig abblühender Rispe.** Es gibt Sorghumsorten mit orangerotem oder mit weißem Korn.

- **Silosorghum** als **Futter für Rinder** und **Biomasse für Biogasanlagen**
  - *Sorghum bicolor*
    Dieser **Futtertyp** zeichnet sich durch **dickstängelige** und **wenig bestockende Pflanzen mit breitem Blatt** aus. Hierunter fallen sehr **massenwüchsige Sorten**, die bis zu 4 m Wuchshöhe und darüber erreichen und deren **Aussehen** in den **frühen Entwicklungsabschnitten dem Mais sehr ähnlich** sind.
  - *Sorghum sudanense* – **Sudangras**
    Sudangras ist eine **dünnstängelige**, **schmalblättrige** und **stark bestockende Sorghumart** mit einer mittleren Wuchshöhe von ca. 2,5 m.
  - *Sorghum bicolor* (**Futtertyp**) **x** *Sorghum sudanense*
    Diese **Kreuzungen** (Bastarde) mit **schilfähnlichem Aussehen** in den frühen Entwicklungsabschnitten zeigen hinsichtlich Stängeldicke, Blattspreite, Bestockungsneigung und Wiederaustriebsvermögen eine Zwischenstellung zwischen den Kreuzungspartnern.

Körnersorghum   *Silosorghum*   *Sudangras*

4.3 Ansprüche an den Standort

Für ein zügiges Wachstum müssen die hohen Wärmeansprüche von Sorghum mit **Tagestemperaturen** von über 25 °C, die **Wärmesumme** (z. B. für Körnerhirse) von über 2.200 °C und eine **Vegetationszeit** (je nach Sorte) von mindestens 120–150 Tagen gegeben sein.
Sorghum ist kälteempfindlicher als Mais und **erleidet bereits Kälteschäden bei unter 4 °C Lufttemperatur.** Darauf ist bei der Saatzeit, der Vegetationszeit des Standortes und der Sortenwahl Rücksicht zu nehmen.
Niedrige Temperaturen (unter 10 °C) **unmittelbar vor und während der Blüte** können die **Pollenbildung reduzieren** und zu **Sterilitäten an der Rispe** bzw. zu **Ertragsausfällen** führen.
Die **hohe Trockenheitstoleranz** ermöglicht bereits bei einer **guten Niederschlagsverteilung** ab **450–600 mm Niederschlag** gute Anbauvoraussetzungen. Sorghum gedeiht gut auf

tiefgründigen, ausreichend **durchlüfteten, warmen, leichten bis mittelschweren Böden ohne Strukturschäden.**

Sorghum hat eine **große Anpassungsfähigkeit** an die **Bodenreaktion** (von > 5,6 bis < 8,0), **wobei auf die Bodenschwere hinsichtlich Strukturstabilität Rücksicht zu nehmen** ist.

4.4 Stellung in der Fruchtfolge

Die relativ selbstverträgliche Sorghumhirse wird vor allem zur **gesetzlich verpflichtenden Auflockerung von Maismonokulturen** aufgrund von Problemen mit dem Maiswurzelbohrer als eine mögliche **Alternative** angesehen. An die Vorfrucht werden keine besonderen Ansprüche gestellt, wenn sie das Feld möglichst „unkrautfrei" hinterlässt. Die **Wintergetreidearten** sind für Körner- oder Silohirse **ideale Vorfrüchte**. Sie gewähren **nach der Ernte** ausreichend **Zeit für eine gründliche Stoppelbearbeitung** (Feldhygienemaßnahmen) bzw. die **Saatbettbereitung** für eine **Herbst- oder Winterbegrünung.**

Der **Vorfruchtwert** von **Körnersorghum** ist im Allgemeinen als **günstig** zu bezeichnen. Beachtliche **Mengen an Stroh** verbleiben als **organischer Dünger samt der enthaltenen Nährstoffe** (vor allem Kali) am Feld. Körnersorghum wirkt **humusmehrend**.

Nährstoffrücklieferung durch Körnersorghum in kg/ha			
P_2O_5	**K_2O (je nach Ertragslage)**		
	niedrig	mittel	hoch
10	160	170	180

Der **Vorfruchtwert von Silosorghum** ist im Vergleich zu Körnersorghum **geringer**. **Silosorghum wirkt humuszehrend**, weshalb **die im Betrieb anfallenden organischen Dünger bevorzugt zu Silosorghum wieder rückgeführt** werden sollten.

Beispiele von günstigen Vor- und Nachfrüchten

Triticale	Körnermais	....
Sorghum	**Sorghum**	**Sorghum**
Winterweizen	Sojabohne	....

Tragen Sie ein weiteres Beispiel ein!

4.5 Ernährung und Düngung

Düngungsempfehlungen erfolgen nach den „**Richtlinien für die sachgerechte Düngung" (RSGD),** 8. Auflage!

Für die als **Hackfrucht** eingestufte Sorghumhirse gelten **bei der Düngung ähnliche Ansprüche und Anforderungen wie bei Mais.** So besitzt die Sorghumhirse ein mit Mais vergleichbar **gutes Aneignungsvermögen für Nährstoffe**, hat einen **hohen Nährstoff- und Düngebedarf**, ist ein besonders **guter Verwerter stickstoffhaltiger Wirtschaftsdünger** (z. B. von Gülle) und erfordert ein **vergleichbares Düngemanagement** (nach Menge und Zeit).

Die **gute Verwertbarkeit der Wirtschaftsdünger** (WD) durch die Sorghumhirse ist bei der Düngebemessung zu berücksichtigen (Einsparung von Mineraldüngern).

Eventuelle **Stallmistgaben** sollen bereits **nach der Vorfruchternte unmittelbar vor einer Stoppel- oder Grundbodenbearbeitung** ausgebracht werden. **Jauche und Gülle** mit ihrem rasch wirksamen N dürfen gemäß **Nitrat-Aktionsprogramm-Verordnung 2023** bei **fehlender Bodenbedeckung** nur **unmittelbar vor der Feldbestellung** der Sorghumhirse ausgebracht werden.

Gülle, Jauche, Gärreste, nicht entwässerter Klärschlamm sowie Geflügelmist sind nach der Ausbringung auf einem Schlag **binnen 4 Stunden einzuarbeiten.** Diese Frist darf nur infolge unvorhersehbarer Witterungsverhältnisse überschritten werden. Die Einarbeitung ist sofort nach der Wiederbefahrbarkeit des Bodens nachzuholen.

Nicht zu vernachlässigen ist eine **auf die Bodenschwere abgestimmte Kalkversorgung,** worüber die **Bodenuntersuchung** Auskunft gibt.

Kalk fördert bzw. stabilisiert die Krümelstruktur mit optimaler Porengrößenverteilung, die auf den **Wasser-, Luft- und Wärmehaushalt des Bodens Einfluss** nimmt.

Die **Phosphat- und Kalidüngung** orientieren sich mithilfe der Bodenuntersuchung am **pflanzenverfügbaren Nährstoffvorrat des Bodens** sowie an der **Ertragslage des Standortes.**

Für die **Grunddüngung mit Phosphat und Kali** gelten z. B. für die **Gehaltsklasse C** bei **mittlerer Ertragslage** folgende **Richtwerte**:
- **Körnerhirse/-sorghum**   85 kg P_2O_5 und 210 kg K_2O je ha und Jahr
- **Silohirse/-sorghum**   95 kg P_2O_5 und 375 kg K_2O je ha und Jahr

Bei der **Düngebemessung** ist auch der **Phosphor- und Kaliumgehalt** allfällig **zugeführter organischer Dünger** sowie jener von **Ernterückständen aus der Vorfrucht** zu berücksichtigen.

Die **mineralische Phosphat- und Kalidüngung** wird in der Regel **nach der Ernte der Vorfrucht** (Spätsommer bis Herbst) **ausgebracht** und **im Zuge der Bodenbearbeitung** in die **Ackerkrume eingebracht.**

Die **Stickstoffdüngung** hat nach **Menge und Zeit bedarfsgerecht** und **umweltschonend** zu erfolgen. N-Gaben von mehr als 100 kg Nitrat-N, Ammonium-N oder Amid-N je ha und Jahr aus Mineraldüngern sowie mehr als 100 kg Ammonium-N je ha und Jahr aus Wirtschaftsdüngern (WD) (bzw. aus organischen Düngern oder Klärschlamm) in **feldfallender Wirkung** sind **auf leichten Böden** (Tonanteil unter 15 %) zu **teilen.**

Ausgenommen von der Gabenteilung sind **N-haltige Dünger** mit **physikalisch oder chemisch verzögerter N-Freisetzung** und N-Gaben bei **Hackfrüchten** – zu denen auch die Hirse zählt – auf überwiegend **ebenen, mittelschweren** und **schweren Böden** (Tonanteil über 15 %).

In **Hanglagen** mit einer durchschnittlichen **Neigung von mehr als 10 % zu einem Gewässer** hat das Ausbringen N-haltiger Dünger – davon ausgenommen Stallmist und Kompost – von **mehr als 100 kg N in ff. Wirkung** je ha und Jahr in **Teilgaben** zu erfolgen.

Als **Empfehlungsgrundlage** für die N-Düngung zu **Hirse** gelten nach den RSGD (8. Auflage) für **mittlere Ertragslagen** folgende **N-Bedarfswerte** in kg **jahreswirksamer (jw) Stickstoff** je Hektar:
- **Körnerhirse/-sorghum**   120–140 kg N/ha für 6,5–8,0 t Körner/ha
- **Silohirse/-sorghum**   140–160 kg N/ha für 55–68 t Frischmasse(FM)/ha

Davon ausgehend ergeben sich für **abweichende Ertragslagen** bzw. **Standorteigenschaften** durch prozentuelle Zu- und Abschläge die **maximalen N-Bedarfswerte** sowie die daraus abgeleiteten **Vorgaben für die Konditionalität.**

N-Obergrenzen in kg jahreswirksamer N/ha gemäß Nitrat-Aktionsprogramm-Verordnung 2023:

Ertragslage Kultur	niedrig (t/ha) (max. N)		mittel (t/ha) (max. N)		hoch 1 (t/ha) (max. N)		hoch 2 (t/ha) (max. N)		hoch 3 (t/ha) (max. N)	
Körnerhirse/ -sorghum	< 6,5	**110** 95*	6,5–8,0	**155** 130*	8,0–9,5	**180** 155*	9,5–10,5	**195** 165*	> 10,5	**210** 180*
Silohirse/ -sorghum (FM)	< 55	**130** 110*	55–68	**175** 150*	68–77	**210** 180*	77–86	**225** 190*	> 86	**240** 205*

* für Gebiete mit verstärkten Aktionen zum Schutz der Gewässer

Die **N-Obergrenzen** beziehen sich bei **allen stickstoffhaltigen Düngern** auf ihre jeweilige **Jahreswirksamkeit**. Die **ertragsabhängige N-Düngung** hat sich an den **Durchschnittserträgen** der letzten Jahre zu orientieren.
Bei der **Düngebemessung** sind gegebenenfalls **Stickstoff aus Vorfrucht** und **Ernterückständen** sowie **pflanzenverfügbare N-Vorräte im Boden** zu berücksichtigen.

Bei der **N-Düngung hochwachsender Silohirsen** ist auf die oftmals **geringe Standfestigkeit** (Lagergefahr) **mengenmäßig Rücksicht** zu nehmen.

4.6 Saatgut und Sortenwahl

Das **Sorghum-Saatgut** vertreibt in Österreich der Saatgut- bzw. Landesproduktenhandel. Es handelt sich um ein im **Ausland** (z. B. Frankreich, Deutschland) gezüchtetes **Hybridsaatgut**.

Das **Sortenangebot** orientiert sich an der **Nutzungsrichtung** (z. B. Körner- oder Silosorghum) für den Anbau als **Haupt-, Zweit-** oder **Zwischenfrucht**.
Hierfür stehen **früh- bis spätreifende Sorten** mit einer **Vegetationsdauer** von **120–150 Tagen** zur Verfügung.

Grundsätzlich hat die **Sortenwahl in Übereinstimmung mit der zur Verfügung stehenden standörtlichen Wachstumszeit** zu erfolgen.
Für die **Körnernutzung** stehen „**tanninfreie**" Sorten (frei von Bitterstoffen) zur Verfügung.
Bei **Silosorghum** wurde zur **Erhöhung der Verdaulichkeit** in den sog. „**Brown-midrib-Typen**" (BMR) **der Ligningehalt gesenkt**.
Weiters wurden Sorghumarten mit einer „**Photoperiodischen Sensitivität**" (PPS) ausgestattet und damit das **vegetative Wachstum bis in den Herbst hinein verlängert**.

Das Saatgut wird in der Regel in **Packungseinheiten zu 300.000 keimfähigen Körnern** angeboten.

Zur **Auswahl geeigneter Sorten** von **Körnersorghum** wird auf die jährlich erscheinende „**Österreichische Beschreibende Sortenliste**" der **AGES** verwiesen. **Regionale Sorteninformationen** für **Körner-** und **Silohirse** geben die jeweiligen **Landeslandwirtschaftskammern**.

4.7 Bodenvorbereitung

Die **Bearbeitungsziele** sollten durch eine **trockene, bodenschonende** und **wassersparende Bodenbearbeitung** erreicht werden.
Bodenart, Feuchtigkeitszustand, Vorfrucht, Ernterückstände, Fruchtfolge und Geländeverhältnisse bestimmen den **Bearbeitungszeitpunkt** und die **Geräteauswahl** für die **Hirsekultur**.

• **Stoppelbearbeitung**

Folgt die Sorghumhirse optimalerweise **nach Getreide** und verbleibt das anfallende **Stroh als organischer Dünger am Feld**, sind eine **intensive Strohaufbereitung** und eine **gleichmäßige Strohverteilung beim Mähdrusch** (oder in einem eigenen Arbeitsgang) erforderlich. Die **Stoppelbearbeitung** sollte **ohne unnötige Verzögerung** beginnen. Sie ist flach (etwa 5 cm tief), ganzflächig (enger Strichabstand), mischend, lockernd, einebnend, (fein-)krümelig mit Rückverfestigung durchzuführen.

Erreicht werden sollte:
- **Beseitigung** von **Oberflächenverdichtungen** und der vorhandenen **Restverunkrautung**
- **Bodenlockerung** und intensive **Vermischung der Ernterückstände mit Feinerde** (Rottebeschleunigung)
- **Rasches Auflaufen** von **Ausfallgetreide** und **Unkrautsamen**
- **Unterbrechung** der **kapillaren Wasserverdunstung**
- Bessere **Aufnahme** und **Speicherung** von **Regenwasser**

Mit einer **tiefergehenden Folgebearbeitung** auf 10–12 cm (bis max. 15 cm) sollte erreicht werden:
- **Beseitigung des Aufwuchses** aus **Ausfallgetreide** und **Unkrautsamen**, welcher als so genannte „Grüne Brücke" einer Reihe von Schaderregern zum Überleben dient
- Gegebenenfalls lassen sich tiefergehende **Spurverdichtungen** (infolge Mähdrusch) gut auflockern
- **Tiefergehende Vermischung** und **Umlagerung** der **Stoppel- und Ernterückstände** mit **Feinerde** (Rottebeschleunigung)

Ist ein Zwischenfruchtbau geplant, kann die **Folgebearbeitung** auch als **lockernde Grundbodenbearbeitung** auf eine **Bearbeitungstiefe von über 15 cm** (bis max. 20 cm) durchgeführt und **aussaatmäßig** (fein-)krümelig und rückverfestigt **vorbereitet** werden.

• **Grundbodenbearbeitung**

Diese ist grundsätzlich **mit oder ohne Pflug** möglich.
Wird der **Pflug zur Herbstfurche** eingesetzt, sollte dies nach Möglichkeit nur **auf Flächen ohne Erosionsrisiko** erfolgen. Das **Pflügen** sollte noch vor dem Einsetzen der Fröste **warm** und **trocken** auf **mittlere Tiefe** durchgeführt werden.

Gemäß GAP 2023 (GLÖZ 6) ist die **Mindestbodenbedeckung** vom 1. November bis 15. Februar zu beachten!

Eine gute **Ausformung** der **Furchenkämme** und ein **satter Furchenschluss** sind wichtige Bearbeitungsziele und **erleichtern** zugleich die **Saatbettbereitung im Frühjahr**. Erforderlichenfalls kann unter **schwierigen Bodenverhältnissen** eine **grobe Einebnung bereits im Herbst** stattfinden, um eine **flache Saatbettbereitung** mit **wenigen Überfahrten im Frühjahr** zu ermöglichen.
Eine **Grundbodenbearbeitung ohne Pflug mittels Grubber** ist am ehesten möglich, wenn **Vorfrucht** und **günstige Bodenverhältnisse** (humos, mittelschwer, kalkhaltig) eine **stabile Bodenstruktur** gewährleisten und die **Unkrautbekämpfung** in **der Hirsekultur nicht erschwert wird.**

Mit der Grundbodenbearbeitung sollte u. a. die **Erhaltung** bzw. **Schaffung** günstiger **Strukturverhältnisse in der Ackerkrume unterstützt** werden, um ein **ungehindertes Wurzelwachstum der Hirse zu ermöglichen.**

• **Saatbettbereitung**

Die begrünungsfreien Felder sind im Frühjahr erst nach einer **ausreichenden Abtrocknung bodenschonend** und **wassersparend einzuebnen.**

Dabei ergibt sich die **Möglichkeit**, die noch nach der Grundbodenbearbeitung **im Herbst aufgelaufenen Unkräuter mechanisch zu beseitigen** und die im **Frühjahr keimenden Samenunkräuter zum Aufgang anzuregen.**

Mit einer **weiteren Bearbeitung vor dem Anbau** werden die im **Frühjahr aufgelaufenen Samenunkräuter mechanisch beseitigt, ausgebrachte Dünger** (z. B. Gülle) **eingearbeitet** und zwecks Schaffung gleicher Aufgangsvoraussetzungen **der Boden auf eine einheitliche Tiefe gelockert und mechanisch rückverfestigt.**

Erreicht werden sollte eine ca. **3–4 cm tiefe, lockere, (fein-)krümelige, leicht erwärmbare Deckschichte**, die auf einem **gesetzten bzw. rückverfestigten Boden aufliegt.**

Das auf den **rückverfestigten Bearbeitungshorizont abzulegende Hirsesaatgut** erhält damit **kapillares Wasser von unten und Wärme bzw. Luft von oben.** Nach einer **Winterbegrünung** soll eine **zeitgerechte, sorgfältige,** womöglich **pfluglose Bodenbearbeitung zur Saatbettbereitung** erfolgen!

• **Erosionshemmende Maßnahmen in Hanglagen**

Um der **Bodenerosion** auf Hirseschlägen in Hanglagen **entgegenzuwirken**, ist **besonders ein durch die Geländeform bzw. Grundstückslage erzwungener Anbau in der Falllinie erosionshemmend durchzuführen.**

Gemäß **Nitrat-Aktionsprogramm-Verordnung 2023** sind bei **Kulturen mit besonders später Frühjahrsentwicklung**, wozu auch Hirsekulturen zählen, bei einem Anbau in Hanglage mit über 10 % durchschnittlicher Hangneigung zu einem Gewässer (festgestellt im 20-m-Bereich ab der Böschungsoberkante) zusätzlich **folgende Bestimmungen einzuhalten:**

- Der Hang zum Gewässer ist durch **Querstreifeneinsaat, Quergräben mit bodenbedeckendem Bewuchs** oder sonstigen gleichwertigen Maßnahmen so in **Teilstücke** zu **untergliedern**, dass eine Düngerabschwemmung vermieden wird **oder**
- zwischen der zur Düngung vorgesehenen Ackerfläche und dem Gewässer ein **mindestens 20 m breiter, gut bestockter Streifen** vorhanden ist **oder**
- der **Anbau quer zum Hang oder**
- mit **anderen abschwemmungshemmenden Anbauverfahren** (z. B. Mulchsaat) erfolgt **oder**
- die **Flächen** über den Winter bestockt gehalten werden.

4.8 Anbau

• **Saatzeit**

Die **Aussaat von Sorghumhirse als Hauptfrucht im Frühjahr** sollte zwecks rascher Keimung und zügigem Jugendwachstum erst erfolgen, wenn eine **Bodentemperatur in 5–10 cm Tiefe mindestens 12–15 °C** beträgt.

Die hierfür besten standörtlichen Voraussetzungen mit **ausreichender Wachstumszeit** für Sorghumhirse bieten die **klimatischen Gunstlagen der Wein- und Maisanbaugebiete** mit **leicht erwärmbaren Böden**. Sie ermöglichen in der Regel **Aussaaten ab Ende April bis Anfang Mai.**

In **weniger klimatisch bevorzugten Ackerbaulagen** (Übergangslagen) sollte **auf noch gut erwärmbaren Böden** ein **Hauptfruchtanbau von Sorghumhirse bis Mitte Mai** möglich sein.

Eine zu frühe Aussaat beim Anbau im Frühjahr (bei noch niedrigen Keimtemperaturen) verzögert den Aufgang, erhöht die Aufgangsverluste, fördert die Verunkrautung, führt zu einer langsamen bzw. ungleichmäßigen Pflanzenentwicklung und erhöht das Spätfrostrisiko der wärmebedürftigen Sorghumhirse.

Ist ein **Anbau als Zweitfrucht** vorgesehen (z. B. nach einer Winterzwischenfrucht oder nach einem ersten Futterschnitt), sollte ein **Sätermin bis spätestens Anfang Juni mit frühreifen Sorten** möglich sein. Es muss jedoch das **Nutzungsziel erreicht** werden.

• **Saatmenge**

Sie ist vor allem von der **Sorghumart** und der **Nutzungsrichtung** abhängig.

Anbaudaten von Sorghumhirse (Mohrenhirse):

Saatmengenbestimmende Faktoren (oder Komponenten)	für Körner-sorghum	für Silo-sorghum
Keimfähige Körner/m² (Saatstärke)	25–45	25–40
TKM in Gramm	20–40	20–40
Mögliche Saatmenge in kg/ha	8–16	7–15

Die **Saatmengenbemessung in kg/ha** zu Körnerhirse lässt sich aus der **Zahl keimfähiger Körner pro m² (= Saatstärke)**, der **Tausendkornmasse** (TKM) in Gramm und der **Keimfähigkeit** (K) in % nach folgender Formel berechnen:

$$\frac{\textbf{keimfähige Körner je m² (z. B. 30) x TKM in Gramm (z. B. 33)}}{\textbf{K \% (angenommener Feldaufgang) (z. B. 90)}} = \text{.............. kg/ha}$$

Um bei gleicher Saatstärke die Saatmenge festzustellen, muss vor jedem Anbau die TKM bekannt sein, da sie von Jahr zu Jahr und von Sorte zu Sorte stark schwanken kann.

Davon abgeleitet sollte sich bei **guter Kulturführung** als **Ziel** ein **Bestand** mit **20–40 Pflanzen pro m² bei Körnersorghum** und mit **20–35 Pflanzen pro m² bei Silosorghum** ergeben.

Verschiedenfärbige Sorghum-Samenkörner

• **Saattechnik**

Grundsätzlich ist die Aussaat sowohl als **Drillsaat** als auch als **Einzelkornsaat** möglich. In **Hackfruchtbetrieben** wird jedoch meist der **Einzelkornsaat** (mit passenden Lochscheiben) der **Vorzug** gegeben. Im Unterschied zur Drillsaat ist eine **konstante Saatgutablage** auf die erforderliche **Saattiefe von 3–4 cm** und ein **gleichmäßiger Hirseaufgang** erreichbar.

Die **Reihenentfernung** kann **zwischen 35 und 75 cm** gewählt werden.

Enge Reihenweiten (35–45 cm) bieten eine **bessere Standraumverteilung der Pflanzen** und einen **schnelleren Bestandesschluss**.

Maximale Reihenabstände (70–75 cm) schaffen die **Möglichkeit einer mechanischen Unkrautbekämpfung** mit vorhandenen Hackgeräten, jedoch nur **außerhalb der Hanglagen** (Erosionsgefahr!).

Der **Kornabstand in der Reihe in cm** wird nach folgender Formel berechnet:

$$\frac{\textbf{100}}{\textbf{Reihenweite in m (z. B. 0,70) x Kornzahl pro m² (z. B. 30)}} = \text{.............. cm}$$

Drillsaaten erfordern infolge der weniger exakten Saatgutablage **in allen Fällen eine optimale Saatbettbereitung.**

Die **Saatgutablage** sollte auf den **Bearbeitungshorizont** der rückverfestigten bzw. gesetzten Ackerkrume erfolgen.

Ein zu wählender **Drillreihenabstand von 24 cm** (jedes zweite Säschar bleibt geschlossen) bietet eine **gute Standraumverteilung** der Pflanzen.

Der **schnellere Bestandesschluss erschwert** durch **frühzeitige Beschattung das weitere Unkrautaufkommen** und **reduziert** die **unproduktive Wasserverdunstung**. In **Hanglagen** verringern Drillsaaten das Gefahrenpotential durch Erosion.

4.9 Pflanzenschutzmaßnahmen

❑ Unkrautregulierung

Während **Krankheiten** und **Schädlinge** bei Sorghumhirse derzeit **keine nennenswerten Ertragsausfälle** verursachen (Ausnahme sind Schäden durch Vögel nach dem Aufgang bzw. vor der Ernte), können **Unkräuter** und **Ungräser** (Schadhirsen) zu **beachtlichen Ertragsverlusten** führen.

Um mögliche **Verträglichkeitsprobleme** infolge der chemischen Bekämpfung der Schadhirsen in der Sorghumhirse zu vermeiden, sollte eine **„Safener-Behandlung" des Saatgutes** zum Schutz der Sorghumhirse erfolgen.

Dadurch wird die schädigende Wirkung des Hirse-Herbizides herabgesetzt, wobei die Unkrautwirkung erhalten bleibt.

• Nichtchemische Maßnahmen

Hierzu zählen alle **vorbeugenden** bzw. **kulturtechnischen Maßnahmen im Pflanzenbau**, die das **Unkrautaufkommen verhindern, erschweren oder reduzieren** können und gleichzeitig das **Wachstum der Kulturpflanzen fördern**.

Ausgewählte Beispiele:
- **Geeignete Sortenwahl** für ein bestmögliches Wachstum
- **Mehrgliedrige Fruchtfolge** (Wechsel von Winter- und Sommerungen, von Blatt- und Halmfrüchten und Anbau von Zwischenfrüchten) verhindert das Aufkommen einer einseitigen Verunkrautung, deshalb Verzicht auf Monokultur.
- **Zeitgerechte und trockene Bodenbearbeitung** (ab der Vorfruchternte bis zur Saatbettbereitung) erschwert bzw. reduziert das Unkrautaufkommen.
- **Die gewählte Saatzeit** sollte eine **schnelle Keimung** und zügige Jugendentwicklung ermöglichen.
- **Mechanische Unkrautbekämpfung** mittels Hackgerät (nur auf ebener Fläche)
- **Bedarfsgerechte Nährstoffversorgung** kann die Kulturhirse im Wachstum fördern.

• Chemische Maßnahmen

Grundsätzlich ist eine **chemische Bekämpfung** der **zweikeimblättrigen Unkräuter** in der Sorghumhirse gut **möglich**.

Schwieriger hingegen ist die **Bekämpfung von einkeimblättrigen Ungräsern** – wie z. B. Schadhirsen – in der Sorghumhirse (vor allem ohne „Safener-Behandlung").

Da **beide Pflanzenarten** botanisch zur **Familie der Süßgräser** gehören, müssen **selektive Bodenherbizide** im **Vor- oder frühen Nachauflauf** verwendet werden, welche die **Kulturhirse schonen** (erst ab dem 3-Blatt-Stadium möglich) und gleichzeitig die **Schadhirse im 1- bis 2-Blatt-Stadium schädigen**.

Die **für Sorghumhirse zugelassenen Herbizide** sind dem **Pflanzenschutzmittelregister** der **AGES** (www.psm.ages.at) zu entnehmen.

Es ist zu beachten, dass **Herbizide mit dem Wirkstoff „Terbuthylazin"** in **Wasserschutz- und Schongebieten nicht angewendet** werden dürfen.

Um das Risiko einer Herbizidresistenz zu verringern, ist innerhalb der **„integrierten Unkraut-bekämpfung"** beim **Einsatz von Herbiziden ein Wirkungsmechanismenwechsel** nach dem WSSA-Code (vor allem bei einer „engen" Fruchtfolge) durchzuführen.

Nähere Informationen zur Unkrautbekämpfung in der Sorghumhirse geben jährlich die **AGES und die Landwirtschaftskammern**.

4.10 Reife, Ernte und Lagerung

Je nach der Saatzeit, der Güte des Standortes, der gewählten Sorte und des Witterungsverlaufes während der Wachstumszeit erreicht die **Körnerhirse** meist zwischen **Beginn und Ende Oktober ihre Druschreife** mit einer Kornfeuchte zwischen 20–28 %, wobei sich die **Körner beim Drusch aus der Rispe leicht lösen.** Manchmal wird der Erntetermin durch Frost vorgegeben, da die Pflanze abstirbt.
Die **Ernte** erfolgt mit dem **Mähdrescher** (Getreideausrüstung) mit **hochgestelltem Schneidwerk**, da nur die **Rispen mit den Körnern geerntet werden.**

Reifer Körnersorghum-Mähdrusch

Am Feld verbleiben die meist noch grünen Restpflanzen (sofern nicht ein Frühfrost die Restpflanze zur Abreife gebracht hat). In einem **eigenen Arbeitsgang** (z. B. mittels Schlegelhäcksler) wird die **Restpflanze gehäckselt** und verbleibt als **organischer Dünger** am Feld.

Soll das **Erntegut** (Körner) **trocken eingelagert** werden, ist eine **Reinigung und Nachtrocknung** auf höchstens **13,5 % Kornfeuchte** erforderlich.
Wird die geerntete **Nasshirse gemust und siliert** eingelagert, sollte die **Kornfeuchte 25–30 %** betragen.
Silosorghum wird bereits **ab Mitte September** zur Erzeugung einer **Ganzpflanzensilage** (GPS) mit dem **Feldhäcksler** geerntet.
Voraussetzung für eine **optimale** und **verlustarme Vergärung** ist das Erreichen der **Teigreife** bei einem **Trockenmassegehalt von (28) 30–32 % in der Gesamtpflanze**.

Erntereifer Silosorghum

Ernte von Silosorghum

4.11 Ertrag, Qualität und Verwertung

Die **Erträge von Körnersorghum** als Hauptfrucht schwanken je nach Sorte, Standort und Jahreswitterung derzeit zwischen **7.000 und 10.000 kg/ha** (14 % Kornfeuchte). **Nährstoff-analysen** bestätigen **Schwankungen** im **Nährstoffgehalt** zwischen den **Sorten** und den **Erntejahren**, die bei der Rationsgestaltung von Futtermischungen zu berücksichtigen sind.

Qualitätskriterien lt. Börsenusancen
Maximale Anteile:
• Bruchkorn 4 Gew.-%
• Kornbesatz 4 Gew.-%
• Schwarzbesatz 3 Gew.-%
• Auswuchs 2,5 Gew.-%
• Tanningehalt (Bitterstoffe) 0,4 % in der Trockensubstanz (TS)
• Feuchtigkeitsgehalt bis 14 %
• Farbe der Körner je nach Vereinbarung

Wie **Mastversuche mit Schweinen bestätigen**, beeinflusst ein **Hirseanteil von 40 % und mehr** (statt Mais) in der Futterration weder die Schmackhaftigkeit oder die Futteraufnahme noch die Mast- und Schlachtleistung. Die Futterration ist auf der Basis von verdaulichen Aminosäuren zu berechnen.

Silagen aus Silosorghum zur Rinderfütterung können 60 bis 70 Tonnen Frischmasse je ha erreichen. Das sind 15 bis 20 Tonnen/ha Trockenmasse.
Ihr **hoher Rohfasergehalt verschlechtert aber die Verdaulichkeit, die Energiekonzentration** und somit den Futterwert (es fehlt gegenüber dem Mais der energiereichere Kolben).

Wie die **Erträge von Silosorghum** bei **Biomasseversuchen** und die **Ergebnisse der Methanausbeute aus Laborgärversuchen** zeigen, sind **Hirsen zur Biogasgewinnung** gut **geeignet**.

ALLGEMEINES

Raps ist ein **vielseitig verwendeter nachwachsender Rohstoff**. Er eignet sich als menschliches **Nahrungsmittel**, als **Eiweiß- und Energieträger in Futtermitteln**, als **Motorenkraftstoff** und als **Chemierohstoff**.
Die Züchtung von **erucasäurefreien (0-)** und **glucosinolatarmen (00-) Sorten bewirkte eine starke Ausdehnung des Anbaues in Europa.**

Die **Problemlösung** bestand in einer **Ausweitung „alternativer Kulturen"** (insbesondere der Öl- und Eiweißpflanzen) und in der **Schaffung neuer Verwertungsmöglichkeiten** (Speiseöl, Eiweißfuttermittel, biologische Schmiermittel, Biokraftstoffe) im Inland.

Das **Ziel** ist eine **Verringerung der Energieimporte** und der Aufbau einer möglichst hohen **Eigenversorgung mit gentechnikfreien einheimischen Eiweißfuttermitteln.**

Die wunderschön blühende Alternativpflanze Raps

1. KÖRNERRAPS *(Brassica napus)*
1.1 Herkunft und Bedeutung

Als **Herkunftsgebiete** gelten **Asien** und der **Mittelmeerraum**, wo bereits in vorchristlicher Zeit Raps angebaut wurde. Sein Öl diente vorerst nur Beleuchtungszwecken (z. B. Lampenöl). In Mitteleuropa wurde Raps erst im 13. Jahrhundert bekannt.

Raps und Getreide konkurrierten in der Drei-Felder-Fruchtfolge, wo das Brotgetreide und die Strohverfütterung vordringlicher waren.
In den letzten hundert Jahren schwankte in Europa die Rapsanbaufläche je nach den politischen und wirtschaftlichen Verhältnissen.
Als **Nahrungsmittel** wurde Rapsöl wegen der begrenzten Haltbarkeit und dem wenig bekömmlichen Geschmack vorwiegend nur in Notzeiten (z. B. während des Ersten und Zweiten Weltkrieges) verwendet.
In diesen schlechten Zeiten trug aber das **Rapsöl als Speiseöl oder als Rohstoff für die Margarineherstellung** entscheidend zur Fettversorgung der Bevölkerung bei.
Zu einer zusätzlichen Ausdehnung des Anbaues hat auch die **Technisierung** beigetragen (gute Eignung von Rapsöl als Schmiermittel). Ebenso führte die Verwendung in der **Waschmittelindustrie** zu einer stärkeren Nachfrage für Rapsöl.
Größere Bedeutung für die menschliche Ernährung fand das Rapsöl jedoch erst durch die **Züchtung** und **Verwendung** von **„erucasäurefreien" Sorten**, den so genannten **Nullsorten („0-Sorten").** Es wurde der gesundheitlich bedenkliche und geschmacksbeeinträchtigende Erucasäuregehalt von ca. 54 % des Gesamtfettsäuregehaltes auf einen Anteil von unter 2 % reduziert. Damit konnte man aus Rapsöl **hochwertiges Speiseöl** herstellen.

Mit der zunehmenden Rapsölgewinnung für die Speiseölherstellung stieg aber auch der Anfall von eiweißreichen Rückständen (ca. 40 % Roheiweiß in der TS) aus der Ölgewinnung (Rapsextraktionsschrot).

Ein hoher Anteil an **Glucosinolaten (= „Senföle")** beeinträchtigte die Futterqualität, weshalb nur eine begrenzte Verfütterung möglich war.

Glucosinolate sind eine Gruppe verschiedener schwefelhaltiger Hemmstoffe, die bitter schmecken und bei Tieren eine Vergrößerung der Schilddrüse sowie Stoffwechselstörungen hervorrufen können.

Als letztlich auch noch der Glucosinolatgehalt durch die Züchtung gesenkt werden konnte **(= Doppel-Nullsorten = „00-Sorten")**, stand einem starken Einsatz in der Tierernährung nichts mehr im Wege.

In Österreich ist daher aus wirtschaftlichen Überlegungen (**Doppelnutzung von Rapsöl und -schrot**) vollständig auf Doppel-Nullsorten umgestellt worden.

Körnerrapssaatgut

Eine zusätzliche Bedeutung erlangte **Rapsöl als Ersatz von Dieselöl durch Umesterung** mithilfe von reinem Alkohol zu **Rapsmethylester** (RME) = Biodiesel und Glycerin (ein Nebenprodukt für die chemische und pharmazeutische Industrie).

Der anfallende **Presskuchen** (aus bäuerlichen Kleinanlagen) bzw. **Extraktionsschrot** (aus industriellen Anlagen) stammt aus Rapssorten mit 00-Qualität und lässt sich damit als heimisches **Eiweißfuttermittel** zusätzlich verwerten.

Anbaufläche von Raps und Rübsen in Hektar

Erntejahr	2022	2023	20 . .
Österreich	28.385	26.546	....
Bundesland			
....	....	....	....

Siehe Berichte der Statistik Austria!

Auf geeigneten Standorten sollte daher jeder Landwirt das Für und Wider des Körnerrapsanbaues prüfen.

Als **Vorteile** gelten:
- EU-weite **Beimischungsverpflichtung** von biogenen Treibstoffen
- Das volkswirtschaftliche Ziel der **geringeren Abhängigkeit von Importen** bei pflanzlichen Öl- und Eiweißfuttermitteln
- Erzeugung von **Biodiesel**
- **Absatzmöglichkeiten durch Anbauverträge (z. B. „Rapso"-Verträge)**
- **Gute Mechanisierbarkeit**
- **Auflockerung getreidereicher Fruchtfolgen**
- **Aufnahme mineralisierter Stickstoffreserven** aus dem Boden durch das herbstliche Rapswachstum (minimiert die Gefahr einer möglichen Nitratauswaschung)
- **Hervorragende Vorfruchtwirkung** (Gare fördernde Blattfrucht)
- **Erosionshemmende Wirkung** der Rapskultur (Bodenbedeckung über 10 Monate)
- **Bessere Arbeitsverteilung** durch einen früheren Erntezeitpunkt
- **Förderung vieler nützlicher Insekten** durch blühende Rapsfelder

Als **Nachteile** gelten:

- **Schädigungsmöglichkeit** in bestimmten Anbaulagen durch **Wild** (z. B. starke Äsungsschäden) bzw. gesundheitliche Schäden beim Rehwild durch einseitige Ernährung mit Raps. Zusätzliche Äsungsmöglichkeiten für das Wild anbieten!
- Die oft beträchtlichen **Ausfallverluste** (die Rapsschote ist eine „Springfrucht") während der ungleich verlaufenden Reifephase durch ungünstige Witterungseinflüsse (z. B. starker Wind, Gewitterregen mit Hagel) und während des Erntevorganges (Druschverluste).
- Die meist notwendige **Nachtrocknung des Erntegutes**
- **Anbauintervall von 4–5 Jahren**
- **Kein Anbau kreuzblütiger Zwischenfrüchte** in **engen Rapsfruchtfolgen**
- **Raps** gilt als **anspruchsvolle Kultur, die wenig Fehler zulässt!**

1.2 Botanisches

Raps gehört zur **Familie der Kreuzblütler (*Brassicaceae* oder *Cruciferae*)** und innerhalb dieser zur **Gattung der Kohlgewächse (*Brassica*).** So zählen z. B. zu dieser Gattung neben dem Raps auch die Ölpflanzen Rübsen sowie die Stoppel- und Kohlrübe.

Die **Pflanzenart Raps entstand aus einer Kreuzung von Wildrübsen mit Wildkohl.** Typisch für die genannten Pflanzenarten ist ihr Gehalt an **Glucosinolaten (Senfölen).**

Man unterscheidet beim **Raps** (ebenso auch bei Rübsen) eine **Winter- und Sommerform.** Zur **Ölgewinnung** wird in Österreich überwiegend der ertragreichere **Winterraps** angebaut.

Sein **Wurzelsystem** ist durch eine kräftige und tief gehende **Pfahlwurzel**, eine starke Seitenwurzelbildung und durch längere Wurzelhaare gekennzeichnet.

Dadurch lässt sich auch z. T. das **große Aneignungsvermögen für Wasser** und **Nährstoffe** aus dem Boden erklären.

Der **Stängel** ist **kräftig, aufrecht** und mehr oder weniger stark **verzweigt**.

Die **Laubblätter** sind im Rosettenstadium vielfach blaugrün gefärbt, bereift und meist kahl. Die im Früh-

Kräftige Rapswurzel   *Aufrechte Stängel*

jahr in die Länge wachsende Sprossachse trägt stark bereifte Laubblätter, die wechselständig und nur zur Hälfte stängelumfassend sind.

Nebenblätter fehlen!

Die **Blüte** zeigt für Kreuzblütler typisch **gekreuzte Blumenkronblätter** (crucifer = kreuztragend).

Die gestielten **Einzelblüten** bestehen jeweils aus:

4 grünen **Kelchblättern** (anliegend oder schwach abstehend),

4 gelben **Blumenkronblättern** (gleich groß und über Kreuz gestellt),

6 **Staubgefäßen** (4 längere in Narbenhöhe und 2 kürzere) und

1 **Fruchtknoten** (oberständig, kurzer Griffel und kopfförmige Narbe).

Der **Blütenstand** ist als lockere **Traube** ausgebildet, in der die geöffneten Blüten von Knospen überragt werden.

Der **Blühvorgang** einer Einzelblüte beginnt in den frühen Morgenstunden und ist nach einem Tag abgeschlossen. Die Blüte beginnt zuerst am unteren Teil des Blütenstandes an der Hauptachse.

> Die Blühdauer eines Pflanzenbestandes beträgt aufgrund des Entwicklungsrückstandes der Seitentriebe gegenüber dem Haupttrieb je nach Temperatur- und Lichtverhältnissen vielfach 3–5 Wochen.

Rapsblüte mit typisch gekreuzten Blumenkronblättern

Die **Fremdbefruchtung** durch Insekten herrscht vor (eine Selbstbefruchtung ist jedoch möglich).

Die **Frucht** ist eine **Schote**, die durch eine samentragende **Scheidewand** in zwei Hälften geteilt wird.

Die Rapsschoten erreichen vielfach eine Länge von 5–10 cm und enthalten bis über 20 Samenkörner. Die **Zahl der Schoten** pro Pflanze schwankt meist **zwischen 100 und 300.**

Die reife **Rapsfrucht** neigt sehr leicht zum Aufspringen (**„Spring- oder Streufrucht"**) und damit zum **Samenausfall.**

Die **erntereifen Samenkörner** sind **kugelig** und von **dunkelbrauner** bis **blauschwarzer** Farbe. Ihre **Tausendkornmasse** schwankt vielfach **zwischen 3,5 und 9 g.**

Das **Sameninnere** besteht vorwiegend aus dem **Keimling**, der in den Keimblättern seine **Reservestoffe** (z. B. **Reservefette** in den **Öltröpfchen** oder **Reserveeiweiß** in den **Aleuronkörnern**) enthält. Von den wirtschaftlich interessanten Inhaltsstoffen enthalten Rapssamen vorwiegend **Rohfett** (40–46 % in der TM) und **Roheiweiß** (20–22 % in der TM).

> Die **Gesamttrockenmasse** besteht daher ca. zu **zwei Dritteln aus Öl und Eiweiß**, womit **Raps** zu den **biologisch wertvollsten Kulturpflanzen** gezählt werden kann.

Entwicklungsstadien

Wie bei den übrigen Kulturpflanzen wird auch die Rapsentwicklung durch Oberbegriffe in **größere Entwicklungsabschnitte** (Makrostadien) und innerhalb dieser wieder in **kleinere Entwicklungsstufen** (Mikrostadien) unterteilt.

Die genau definierten Entwícklungsstadien ermöglichen gezielte Empfehlungen für Kulturmaßnahmen und eine genaue Versuchsdurchführung.

> Die **Rapsentwicklung sollte bis zur Vegetationsruhe im Spätherbst** das **8- bis 10-Laubblattstadium** erreicht haben, damit in den **Blattachseln** die für den Ertrag wichtigen **Knospen der Seitentriebe** angelegt werden können. Außerdem wird der Boden ausreichend bedeckt.

Nach Einwirkung der winterlichen Kältephase kommt es im **Frühjahr** mit zunehmender Tageslänge (Langtagpflanze) zum **Längenwachstum** (Schossen) der Sprossachse mit ab-

*Im **Herbst soll** das **8- bis 10-Blatt-Stadium** erreicht werden.*

Gut überwintertes Rapsfeld

schließender **Knospenbildung**. Eine mehr oder weniger starke **Verzweigung der Sprossachse** (des Einzeltriebes) wird erst nach dem Blühbeginn sichtbar.

Die **Blütenbildung** ist dabei an allen Trieben möglich. Von den bis über 2.000 Blütenanlagen einer Pflanze entwickelt sich jedoch nur ein geringer Anteil (10–20 %) zu befruchtungsfähigen Blüten. Von diesen bildet nach der Befruchtung wieder nur ca. die Hälfte eine Schote.

Intakter Hauptspross im Frühjahr

Die folgende **Reife** führt über die **Grünreife** (grüne Samen) zur **Braunreife** (braune Samen) und letztlich zur **Vollreife** (schwarze Samen). Die **Totreife** kennzeichnet bereits die absterbende Rapspflanze, wobei die Schoten aufzuplatzen beginnen.

Während der gesamten Entwicklung kommt es je nach den Wachstumsbedingungen zu einem **Nebeneinander von ertragsaufbauenden Vorgängen** (z. B. durch Blatt-, Seitentrieb-,

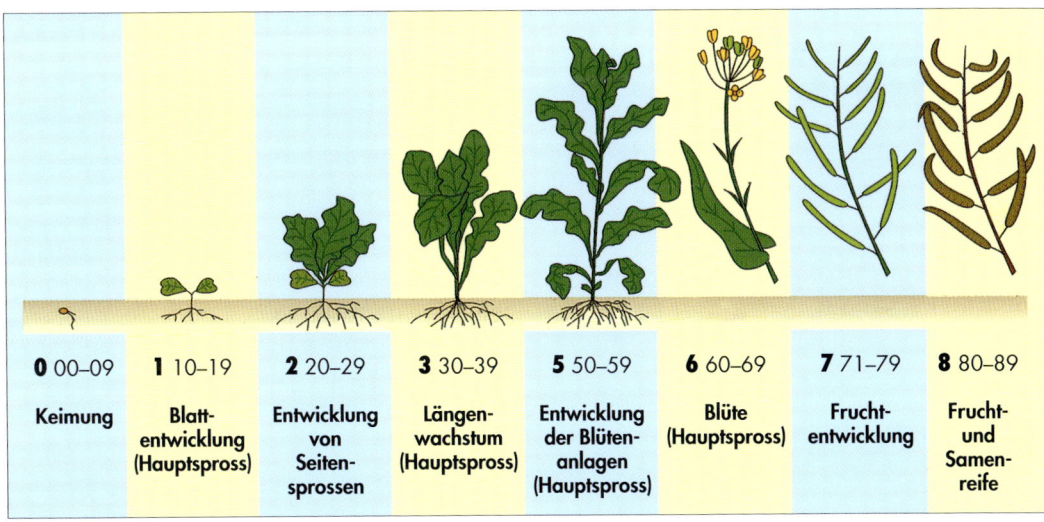

0 00–09	**1** 10–19	**2** 20–29	**3** 30–39	**5** 50–59	**6** 60–69	**7** 71–79	**8** 80–89
Keimung	Blattentwicklung (Hauptspross)	Entwicklung von Seitensprossen	Längenwachstum (Hauptspross)	Entwicklung der Blütenanlagen (Hauptspross)	Blüte (Hauptspross)	Fruchtentwicklung	Frucht- und Samenreife

Entwicklungsstadien des Rapses gemäß BBCH-Codierung

Blüten-, Schoten- und Samenbildung) und **ertragsreduzierenden Vorgängen** (z. B. durch Blattverluste, Triebreduktionen, Knospen-, Blüten- und Schotenabwurf).

Die Rapspflanze besitzt jedoch im hohen Maß die Fähigkeit zur **Regeneration** (Erneuerung von Pflanzenorganen) und **Kompensation** (Ausgleichsvermögen innerhalb der ertragsbildenden Organe), wodurch ungünstige Einflüsse bzw. Ertragsverluste ausgeglichen oder gemildert werden.

1.3 Ansprüche an den Standort

Der Winterraps hat eine große ökologische Streubreite, bedarf aber einer ausreichenden Wasserversorgung während der gesamten Vegetationszeit.

Zum Aufgang benötigt der Raps eine **Mindestkeimtemperatur** von 2–3 °C. Für ein Wachstum mit Substanzgewinn sind mindestens 4–5 °C und darüber erforderlich.
Seine **Frostfestigkeit** ist im Vergleich zu Winterroggen und Winterweizen geringer und reicht bei Kahlfrösten nur bis ca. –15 °C (ähnlich der Wintergerste).

Das **Risiko einer Auswinterung** erhöht sich durch
- **lange und schneereiche Winter** (besonders zu üppige Rapsbestände faulen unter Schnee leicht aus),
- strenge sowie über längere Zeit einwirkende **Kahlfröste** (fehlende Schneedecke) und
- **Wechselfröste** im zeitigen Frühjahr (Wechsel von Frost und Tauwetter schädigen die Pflanzenwurzeln und behindern die Wasserversorgung).

Entscheidend für eine gute **Winterfestigkeit** und einen optimalen Ertrag ist eine bestimmte **Vorwinterentwicklung** von Spross und Wurzel.
Optimal wäre die Überwinterung von Körnerrapsbeständen im **8- bis 10-Blatt-Stadium**, wobei es noch zu keiner Streckung der Sprossachse gekommen sein sollte.
In diesem frühen **Rosettenstadium** ist der Vegetationskegel vor Kälte noch am besten geschützt.
Eine **zu geringe** oder eine **zu üppige Vorwinterentwicklung mindert die Winterfestigkeit**!
Weiterhin ist eine bestimmte **Wurzelentwicklung** für eine gute Winterfestigkeit notwendig.
Günstig wären eine **Wurzelhalsstärke** von 8–10 mm Durchmesser und eine **Pfahlwurzellänge** von 15–20 cm.
Mit zunehmend trockenem Klima steigen die **Bodenansprüche**. Als besonders günstig gelten **tiefgründige, leicht durchwurzelbare, nährstoffreiche, humose** und **mittelschwere bis schwere Böden.**

Von besonderer **Bedeutung** ist dabei eine ausreichende **Kalkversorgung**, wobei für **mittelschwere bis schwere Böden pH-Werte von 6,5–7,5** als **optimal** zu bezeichnen sind.
Leichtere Böden (lehmige bis stark lehmige Sandböden) mit **pH-Werten von über 6,0** sind nur bei einer **gesicherten Wasser- und Nährstoffversorgung** für den Körnerrapsanbau geeignet.
Ungeeignet sind hingegen **Moorböden**, alle **Böden mit stauender Nässe**, **saure** und sehr **seichtgründige Böden.**

1.4 Stellung in der Fruchtfolge

Die Ansprüche an die Vorfrüchte werden vorwiegend durch den frühen Saattermin bestimmt. Wegen der Gefahr der Übertragung von Schädlingen und Krankheiten sollte ein Anbauintervall von 4–5 Jahren eingehalten werden. Das Gleiche gilt für den Zeitraum zwischen Körnerraps und Zucker- oder Futterrübe, Sonnenblume und Sojabohne.

Als **geeignete Vorfrüchte** gelten deshalb je nach den Klima- und Bodenverhältnissen frühräumendes Feldgemüse (ohne Kohlgemüse), Frühkartoffeln, Wintergerste, Körnererbse, Sommergerste, Winterroggen, umgebrochene Futterschläge u. a.

Als **Gare fördernde und erosionshemmende Blattfrucht** (lange Beschattung, intensive und durchgehende Durchwurzelung des Bodens) besitzt Körnerraps **höchsten Vorfruchtwert** für nachfolgend angebautes Getreide.

Außerdem hinterlässt Körnerraps durch das **am Feld verbleibende Stroh wertvolle organische Masse für den Boden** und für die Nachfrucht folgende **Nährstoffmengen:**

		Nährstoffe in kg/ha		
N	P_2O_5	K$_2$O (je nach Ertragslage)		
		niedrig	mittel	hoch
0–30	20	90	120	150

Als **Nachfrüchte** eignen sich besonders die **Wintergetreidearten**. Ein eventueller **Rapsdurchwuchs** (= unerwünschte Rapspflanzen in der Folgekultur) lässt sich durch einen geeigneten **Herbizideinsatz im Getreide** bekämpfen.

Beispiele von günstigen Vor- und Nachfrüchten

Frühkartoffel	Körnererbse	....
Körnerraps	**Körnerraps**	**Körnerraps**
Winterweizen	Wintergerste	....

Tragen Sie ein weiteres Beispiel ein!

1.5 Ernährung und Düngung

Düngungsempfehlungen erfolgen nach den **„Richtlinien für die sachgerechte Düngung" (RSGD),** 8. Auflage!

Winterraps verlangt für die **erforderliche Vorwinterentwicklung** bereits **ab Herbst** eine **gesicherte Nährstoffversorgung**. Den **Hauptbedarf an Nährstoffen** hat der Raps **im Frühjahr ab Schossbeginn bis Blühende**, wo in dieser kurzen Zeitspanne ca. **75 % der Pflanzentrockenmasse** gebildet werden. **Nach Blühende verlagert der Raps die Nährstoffe aus Blatt und Stängel zu den Schoten und Körnern.**

❑ **Einsatz von Wirtschaftsdüngern (WD) und sonstigen organischen Düngern**

Raps zählt zu jenen Kulturpflanzen, die sowohl **WD** wie **Stallmist, Jauche oder Gülle** als auch andere **organische Dünger** wie **Biogasgülle** oder **Gärreste** gut verwerten können.

Die enthaltenen **Haupt- und Spurenelemente** ermöglichen einen **reduzierten Zukauf von Mineraldüngern.**

Ihre **Anwendung** erfolgt gemäß **Nitrat-Aktionsprogramm** und dem **Bedarf von Raps.**

• **Ausbringung vor dem Anbau und nach dem Rapsaufgang**

Die **Ausbringung** von **Stallmist** erfolgt **nach der Ernte der Vorfrucht.** Dieser sollte unmittelbar darauf in den Boden eingearbeitet werden.

Gülle, Jauche, Gärreste, nicht entwässerter Klärschlamm, Geflügelmist sind bei einer **Ausbringung vor der Saat** auf einem Schlag binnen 4 Stunden einzuarbeiten. Diese Frist darf nur infolge unvorhersehbarer Witterungsverhältnisse überschritten werden. Die Einarbeitung ist sofort nach der Wiederbefahrbarkeit des Bodens nachzuholen.

Ab dem **Vierblattstadium** von Raps **ist auch eine Ausbringung** (besser mittels Schleppschlauch) möglich.

• **Ausbringung zum Winterausgang**

Knapp vor Vegetationsbeginn, frühestens aber **ab 1. Februar** können Jauche, Gülle, Biogasgülle oder Gärreste auf einer noch **tragfähigen**, **ebenen** oder **nur leicht geneigten Bodenoberfläche** auf Rapsfeldern als „Kopfdünger" **bodenschonend,** möglichst **bodennah** (z. B. mittels Schleppschlauch) und **verlustarm** bei niedrigen Temperaturen ausgebracht werden.

Voraussetzung ist, dass der Boden durch das **Auftauen am Tag des Aufbringens aufnahmefähig und nicht wassergesättigt** ist und **nicht mehr als 60 kg Ammon-N/ha in feldfallender Wirkung** zu Raps ausgebracht werden.

Bei **sehr tiefen Temperaturen** (unter −7 °C) ist eine **Gülledüngung** zwecks **Verhinderung von Pflanzenschäden zu unterlassen.**

Sind die **Böden im Frühjahr bereits gut abgetrocknet und befahrbar,** können **N-haltige organische Dünger bis zu 100 kg Ammonium-N/ha** in feldfallender Wirkung in **einer Gabe** ausgebracht werden.

Die aufrechte Stellung der Rapspflanzen sowie die starke Wachsschichte ihrer Blätter lassen eine aufbereitete und verdünnte Gülle gut abtropfen und rasch in den Boden einsickern.

Stickstoffgaben von mehr als 100 kg Ammonium-N je ha und Jahr in feldfallender Wirkung **aus Wirtschaftsdüngern, sonstigen organischen Düngern oder Klärschlamm sind zu teilen.**

❑ Einsatz von mineralischen Grunddüngern

Raps stellt als **kalkbedürftige Pflanze hohe Ansprüche** an die **Kalkversorgung** bzw. an den **pH-Wert des Bodens.** Die **Bodenuntersuchung gibt Auskunft,** ob eine auf die Bodenschwere (Tongehalt) abgestimmte **Kalkdüngung** notwendig ist.

Ein **Kalkdüngebedarf** wird in **Tonnen CaO** (Reinkalk) **pro Hektar** ausgewiesen. Auf **kalkbedürftigen Böden** sollte zum **Ausgleich der natürlichen Versauerung** durch Auswaschung, Ernteentzug, Säurebildung und Säureeinträge eine **Erhaltungskalkung** durchgeführt werden.

Die hierfür **erforderliche Kalkmenge** liegt auf **Ackerflächen** je nach Bodenschwere zwischen **0,5 t CaO** (für leichte Böden) und maximal **2,0 t CaO** (für schwere Böden) je Hektar. **Diese Kalkmenge reicht für ca. vier Jahre** und sollte **im Rahmen der Fruchtfolge** zu einer **kalkbedürftigen Kultur** (wie z. B. Raps) ausgebracht und **flach in den Boden eingearbeitet** werden.

Aufgrund der meist **guten und bodenschonenden Befahrbarkeit** der Ackerflächen werden Kalkdünger häufig **nach der Getreideernte als „Stoppelkalkung"** ausgebracht.

Auf **sauren, schweren, zur Staunässe neigenden Böden** hat sich eine **Vorsaatkalkung im Zuge der Saatbettbereitung** mit einer rasch wirkenden **Branntkalkgabe** (ca. 1.000 kg je ha) bewährt. Man erreicht eine **rasche Strukturverbesserung**, die zu einer **besseren Aufnahmefähigkeit des Bodens für Regenwasser** bzw. zu einer **geringeren Bodenverschlämmung** nach größeren Niederschlägen beiträgt.

Mit einer **pH-Werterhöhung** auf über 6,5 (bis max. 7,2) lässt sich auch die Pilzkrankheit **Kohlhernie** (knollenartige Wucherungen an den Rapswurzeln) wirksam **eindämmen**.

Die **Phosphat**- und **Kaliversorgung** sollte ausreichend gegeben sein, da der Entzug dieser beiden Nährstoffe gegenüber vergleichbaren Getreideerträgen etwa doppelt so hoch ist. Eine **ausreichende Kaliversorgung** verbessert die **Winterfestigkeit**, die **Standfestigkeit** und den **Ölgehalt** von Raps.

Die erforderlichen Phosphat- und Kalimengen werden am besten **im Zuge der Bodenbearbeitung für den Rapsanbau** in den **Boden eingebracht**.

Die Phosphat- und Kalidüngung orientieren sich mithilfe der Bodenuntersuchung am **pflanzenverfügbaren Nährstoffvorrat** des **Bodens** sowie an der **Ertragslage des Standortes**. Für die **Grunddüngung** mit **Phosphat** und **Kali** gelten z. B. für die **Gehaltsklasse C bei mittlerer Ertragslage** als Richtwerte (lt. RSGD, 8. Aufl.) für **Körnerraps 75 kg P$_2$O$_5$** und **200 kg K$_2$O** je ha und Jahr.

Bei der **Düngebemessung** ist auch der **Gehalt an Phosphor und Kalium** allfällig **zugeführter organischer Dünger** sowie von **Ernterückständen** aus der **Vorfrucht** zu berücksichtigen.

Wegen des besonderen **Schwefelbedarfes** von Raps empfiehlt sich eine Düngung von **ca. 30–60 kg Schwefel/ha** (meist gemeinsam mit der ersten N-Gabe im Frühjahr).

❏ Stickstoffdüngung unter Berücksichtigung der gesetzlichen Vorgaben

Als **Empfehlungsgrundlage** für die **N-Düngung zu Körnerraps** gilt nach den RSGD (8. Aufl.) für **mittlere Ertragslagen** (3,0-3,5 t/ha) ein **N-Bedarfswert von 120–140 kg/ha**. Davon ausgehend ergeben sich für **abweichende Ertragslagen** bzw. **Standorteigenschaften** durch prozentuelle Zu- und Abschläge die **maximalen N-Bedarfswerte** sowie die daraus abgeleiteten **Vorgaben für die Konditionalität**.

N-Obergrenzen in kg jahreswirksamer N/ha gemäß Nitrat-Aktionsprogramm-Verordnung 2023:

Ertragslage Kultur	niedrig (t/ha) (max. N)	mittel (t/ha) (max. N)	hoch 1 (t/ha) (max. N)	hoch 2 (t/ha) (max. N)	hoch 3 (t/ha) (max. N)
Körnerraps	< 3,0 **110** 100*	3,0-3,5 **155** 140*	3,5–4,25 **180** 160*	4,25–5,0 **195** 175*	> 5,0 **210** 190*

* für Gebiete mit verstärkten Aktionen zum Schutz der Gewässer

Die N-**Obergrenzen** beziehen sich bei **allen stickstoffhaltigen Düngern** auf ihre jeweilige **Jahreswirksamkeit**. Die N-Düngung sollte sich an den **Durchschnittserträgen** der letzten Jahre orientieren. **Überhöhte N-Gaben** bringen kaum Mehrerträge, verschlechtern den Ölertrag (sinkende Ölgehalte) und verzögern die Reife.

Bei der **Düngebemessung** sind gegebenenfalls **Stickstoff aus Vorfrucht** und **Ernterückständen** sowie **pflanzenverfügbare N-Vorräte im Boden** zu berücksichtigen.

Stickstoffdünger sind nach **Menge und Zeit bedarfsgerecht auszubringen**.

Gemäß **Nitrat-Aktionsprogramm-Verordnung 2023** sind **N-Gaben von mehr als 100 kg Nitrat-N, Ammonium-N oder Amid-N je ha und Jahr aus mineralischen Düngern** sowie **mehr als 100 kg Ammonium-N je ha aus Wirtschaftsdüngern** (bzw. sonstigen organischen Düngern oder Klärschlamm) in **feldfallender Wirkung** zu teilen.

Ausgenommen von der Gabenteilung sind **N-haltige Dünger** mit **physikalisch oder chemisch verzögerter N-Freisetzung**.

• **Stickstoffdüngung im Herbst**

Um Umweltbelastungen durch Nitratverluste und Ammoniakemissionen bei der **Herbstdüngung** möglichst **zu vermeiden**, sind die **gesetzlichen Bestimmungen** („Nitratverordnung") **einzuhalten**.

Rasch wirksame stickstoffhaltiger Dünger (Mineraldünger, flüssige Wirtschaftsdünger, Biogasgülle, Gärreste) und **nicht entwässerter Klärschlamm** dürfen **bei Bedarf nur kurz vor dem Anbau** oder erst bei **Bodenbedeckung** durch den Raps ausgebracht werden.

Sie sind **unmittelbar nach ihrer Ausbringung** (optimalerweise binnen 4 Stunden, spätestens am darauffolgenden Tag) **im Zuge der Saatbettbereitung** in den Boden **einzuarbeiten**.

Bei der **Anlage von „Gründeckungen"** (dazu zählt auch der Anbau von Körnerraps) dürfen **im Zeitraum nach der Ernte der letzten Hauptfrucht** bis zum Beginn des jeweiligen Verbotszeitraumes **höchstens 60 kg N/ha** (feldfallend) **gedüngt** werden.

Für eine anzustrebende **Vorwinterentwicklung mit mindestens 8–10 Laubblättern** benötigt der Raps im Herbst ca. **40–60 kg N/ha**. Diese Stickstoffmenge wird in **fruchtbaren Böden** meist nachgeliefert, weshalb auf solchen Standorten **bei Strohabfuhr und zeitgerechter Saat meist keine Stickstoff**düngung im Herbst notwendig ist.

Desgleichen kann man annehmen, dass **nach Vorfrüchten mit Stickstoffnachlieferung** (wie z. B. Erbse) oder in **Betrieben mit starker Viehhaltung und regelmäßiger organischer Düngung** (z. B. mit Gülle) genügend Stickstoffreserven im Boden vorhanden sind.

Eine mäßige **Stickstoffdüngung** (ca. 40 kg N/ha feldfallend) **zur Saat** (z. B. mit Gülle) ist nur **auf weniger günstigen Standorten oder** bei **verspäteter Aussaat** oder **nach einer Strohdüngung** angebracht. Sollte bei **Bedarf erst im 4-Blatt-Stadium von Raps gedüngt** werden, kann damit auch die **Wurzelentwicklung gefördert** werden.

Grundsätzlich ist zur **Zurückhaltung der Stickstoffdüngung zur Saat** zu raten, da nach einer zu üppigen Herbstentwicklung jeweils die **stärksten Auswinterungsschäden** zu beobachten sind!

Droht ein Überwachsen (= Aufstängeln) im Herbst, kann mit einem **wachstumsregulatorisch wirkenden Fungizid im 4- bis 6-Blatt-Stadium** bei etwa 80 % Bodenbedeckung das **Sprosswachstum eingebremst**, die **Winterhärte verbessert** und das **Wurzelwachstum gefördert** werden.

• **Stickstoffdüngung im Frühjahr**

Da das **Wachstum** von Raps im **Frühjahr** rasch einsetzt und zu diesem Zeitpunkt noch keine ausreichende N-Freisetzung im Boden stattfindet, sollte die **erste N-Kopfdüngung** wenn möglich bereits **vor Vegetationsbeginn** (gesetzlich ab 1. Februar erlaubt) gegeben werden. **Voraussetzung** hierfür ist eine **bodenschonende Befahrbarkeit** der Rapsfelder. Diese ist gegeben, wenn bei der **Düngerausbringung in den Morgenstunden** der **Boden noch oberflächlich gefroren** und durch das Auftauen am Tag des Aufbringens aufnahmefähig und nicht wassergesättigt ist sowie nicht mehr als 60 kg N/ha in feldfallender Wirkung ausgebracht werden.

Nicht erlaubt ist eine N-Düngung auf **schneebedeckten, gefrorenen, wassergesättigten oder überschwemmten Böden**. Eine **N-Gabe bis max. 100 kg/ha** in feldfallender Wirkung ist **bei Bedarf nur möglich**, wenn der **Boden** bereits **ausreichend abgetrocknet, aufnahmefähig** und **bodenschonend befahrbar** ist.

Die **Höhe der ersten N-Gabe vor oder zu Vegetationsbeginn** ist von der **Rapsentwicklung nach der Überwinterung** und der **Ertragslage** abhängig:
- **Schwach entwickelte Bestände** mit **weniger als 6 Blättern pro Pflanze** benötigen eine **höhere erste N-Gabe** (80–100 kg N/ha), um die **Blattneubildung** bzw. **Seitentriebbildung** zu fördern. Von Vorteil sind **schnell wirksame N-Dünger**, deren Stickstoff auch in Nitratform vorliegt.
- **Gut entwickelte Bestände** mit **mehr als 10 Blättern pro Pflanze**, die auch sonst keinen Mangel erkennen lassen, erhalten eine **reduzierte erste N-Gabe** (50–60 kg N/ha), um die **Seitentriebbildung** nicht zu gefährden. In solchen Beständen ist auch der Einsatz langsam wirkender N-Dünger (z. B. Harnstoff) sinnvoll. Ebenso ist eine N-Zufuhr über Gülle möglich.

Ist der Boden mit Phosphor und Kalium ausreichend versorgt (Gehaltsstufe C), kann **Stickstoff** mittels **Volldünger** (mit oder ohne Schwefel) vor oder zu Vegetationsbeginn ausgebracht werden. Der **vor oder zu Vegetationsbeginn durch Stickstoffdünger oder Volldünger zugeführte Schwefel** sichert besonders auf **leichteren Böden** den **Schwefelbedarf** (ca. 40-60 kg/ha) von Raps und **verbessert** gleichzeitig die **Stickstoffausnützung**.

Die **Höhe der zweiten N-Gabe zu Schossbeginn** ist vom **Ausmaß der ersten N-Gabe** und der **Ertragslage** abhängig. Sie schwankt deshalb von 50–90 kg N/ha.
War die erste Gabe höher, so sollte die zweite N-Gabe geringer sein und umgekehrt. Entscheidend ist eine rechtzeitige zweite N-Gabe bei etwa 15–20 cm Pflanzenhöhe, wobei unter **trockenen Bedingungen** den **rasch wirksamen N-Düngern** der Vorzug zu geben ist.

Bor-Blattdüngung
Da **Raps zu den Pflanzen mit einem höheren Borbedarf zählt**, ist bei einem **niedrigen Borgehalt im Boden** (Gehaltsklasse A) oder bei zu **geringer Borverfügbarkeit** infolge **Trockenheit** und/oder auf **bindigen Böden** mit **pH-Werten über 7** oder nach einer **Kalkdüngung vor der Saat** eine **gezielte Bordüngung** erforderlich.
Sind **optimale Standortvoraussetzungen** für eine bestmögliche Rapsentwicklung gegeben, werden meist **400 g Bor pro ha als Blattdüngung im Knospenstadium** empfohlen. Damit sollte der **Spitzenbedarf** während der **Blüte-, Frucht- und Samenbildung** gewährleistet sein.
Da das **Bor in der Pflanze nur schwer verlagerbar** ist, sollte zur **Absicherung eines ausreichenden Borangebotes** vor allem in **Trockenlagen** und auf **kalkreichen Standorten** die **vorgesehene Bormenge** (300–500 g Bor je ha) auf **mehrere Teilgaben aufgeteilt als Blattdüngung** (ab dem Rosettenstadium bis zum Knospenstadium) ausgebracht werden.
Die **Blattdüngung** erfolgt in der Regel in **Kombination mit Pflanzenschutzmaßnahmen** durch Zugabe von jeweils 150–200 g Bor je ha (Gebrauchsanweisung beachten!).

1.6 Saatgut und Sortenwahl

Zu den wichtigsten **Eigenschaften der 00-Winterrapssorten** zählen nach wie vor die **Ertragshöhe** (Kornertrag) und die **Ertragssicherheit**, ferner die **Krankheitsresistenz**, die **Winterfestigkeit**, die **Standfestigkeit**, die **Wuchshöhe** und die **Reifezeit**.
Von entscheidender **wirtschaftlicher Bedeutung** sind die **Qualitätseigenschaften**, die sowohl die Verwendung von **Öl** (für Speisezwecke) als auch von **Eiweiß** (für Futterzwecke) betreffen.

Neben den **Liniensorten** werden in **verstärktem** Umfang **Hybridsorten** angeboten. Letztere **entwickeln sich nach der Saat schneller**, bringen im Allgemeinen **höhere Erträge**, verlangen aber einen **höheren Betriebsmitteleinsatz. Halbzwerg-Hybridsorten** haben eine langsamere Frühentwicklung, sind kompakter und kürzer im Wuchs und somit standfester und leichter zu dreschen. Wegen ihrer intensiven Durchwurzelung haben sie auch eine höhere Stickstoff-Effizienz. Eine **gesicherte Wasserversorgung** ist aber notwendig. Daher ist ihr Anbau vor allem in den Feuchtgebieten zu empfehlen.

Bei der Erzeugung und Vermarktung von Rapssaatgut in Österreich muss die **Saatgut-Gentechnik-Verordnung** (748. Verordnung, BGBl. Jg. 2001) eingehalten werden. So darf das erzeugte und in Verkehr gebrachte Rapssaatgut bei der Erstuntersuchung keinerlei veränderte Organismen (GVO) aufweisen. Bei der Nachkontrolle im Rahmen der Saatgutverkehrskontrolle darf der Gehalt an GVO-Verunreinigungen den Wert von 0,1 % nicht überschreiten.

Zur Auswahl geeigneter Sorten wird auf die jährlich erscheinende **„Österreichische Beschreibende Sortenliste"** der **AGES** verwiesen. **Regionale Sortenempfehlungen** werden auch von den jeweiligen **Landeslandwirtschaftskammern** gegeben.

1.7 Bodenvorbereitung, Anbau und Pflege
❏ Bodenvorbereitung

Raps verlangt für einen gleichmäßigen Aufgang bzw. für eine gute Wirkung der Bodenherbizide ein **feinkrümeliges** und **gut abgesetztes Saatbett**. Für einen **ungehinderten Wurzeltiefgang** ist ein **gut durchdringbarer Oberboden** (ohne Verdichtung) eine wichtige Voraussetzung.

Da **Körnerraps in der Fruchtfolge meist einer Getreideart folgt**, steht nur eine **kurze Zeitspanne bis zum Anbau** für eine **wassersparende** und **strukturschonende Bodenbearbeitung** zur Verfügung. **Verbleibt** das nach der Getreideernte anfallende **Stroh als organischer Dünger am Feld**, ist zunächst eine **intensive Strohaufbereitung** erforderlich. Diese beginnt in der Regel bereits beim **Mähdrusch** mit einer **tiefen Schnittführung** (Stoppellänge max. 10 cm), **kurzer Häcksellänge** (max. 5 cm) mit **hohem Spleißgrad** des Häckselgutes und einer **gleichmäßigen Strohverteilung**.
In allen Fällen ist eine **Bearbeitung des Bodens in zu feuchtem Zustand zu vermeiden**, da **Schmierschichten** entstehen, die zu **ungleichmäßigem Rapsaufgang** und **behinderter Wurzelausbildung** führen.

Unter den genannten Fruchtfolgevoraussetzungen ist möglichst **rasch nach der Getreideernte die Stoppelbearbeitung** flach, vollflächig, krümelig, mischend und rückverfestigend durchzuführen. Dabei werden Restunkräuter beseitigt, Wasserverluste reduziert, Rottevorgänge beschleunigt sowie ausgefallene Kultur- und Unkrautsamen rechtzeitig zum Auflaufen gebracht.

Mit einer **tiefer** gehenden **Folge- bzw. Grundbodenbearbeitung** (15–20 cm) kann entweder mittels **Pflug** oder **Grubber bzw. Tieflockerer** ein nicht allzu hoch gewordener „Grünaufwuchs" (ggf. mit dem bereits flach eingearbeiteten Stroh und eventuell mit sonstigen ausgebrachten Düngern) in den Boden eingearbeitet werden.
Mit **zunehmendem Tonanteil** im Boden sind **Grubber mit schmalen Scharen** zu bevorzugen, um **Verschmierungen** zu **vermeiden**.

Damit die vorhandene **Restfeuchtigkeit** für einen zufriedenstellenden **Rapsaufgang** genutzt werden kann, erfolgt vor allem **bei Trockenheit möglichst rasch** (zeitnah) nach der Grundbodenbearbeitung eine **feinkrümelige Saatbettbereitung mit mechanischer Rückverfestigung des Saathorizontes** für den Anbau.

❏ Anbau

• Saatzeit

Die Saatzeit liegt meist **je nach den klimatischen Verhältnissen zwischen 20. August und 10. September**. Für **Hybridsorten** gilt eher der **spätere Zeitpunkt**.

Entscheidend ist dabei, dass die Rapspflanzen **vor Winterbeginn** das **8- bis 10-Blatt-Stadium** erreichen und eine **kräftige Pfahlwurzel** aufweisen. Eine **zu frühe Aussaat** kann ein Überwachsen der Bestände im Herbst bewirken, wodurch die **Auswinterungsgefahr zunimmt**.

Eine **zu späte Aussaat** bedingt eine **zu geringe Einzelpflanzenentwicklung bzw. Seitentriebentwicklung** und vielfach deutliche **Mindererträge**.

Gut entwickelter Raps vor Winterbeginn

• Saatmenge

Die Saatmenge liegt zwischen **3 und 5,5 kg je ha**, wobei Abweichungen möglich sind. Sie ist besonders von der **Saatzeit** (Frühsaaten vor dem 20. August benötigen geringere Saatmengen als Spätsaaten im September), von der **Qualität der Saatbettbereitung**, vom **Sortentyp**, den **standörtlichen Erfahrungen mit Krankheiten und Schädlingen**, der **ausgesäten Zahl keimfähiger Körner/m²** (Saatstärke) und der **Tausendkornmasse** (TKM; 3,5-7,0 g) abhängig.

Grundsätzlich sollte **Körnerraps nicht zu dicht angebaut** werden. **Dünnere Bestände** ermöglichen eine **optimalere Entwicklung der Einzelpflanzen** (verbesserte Wurzelausbildung und verstärkte Seitentriebbildung), die auch zu mehr Ertragssicherheit führt.

Um dieses **Ziel** zu erreichen, sind bestimmte **Saatstärken** bzw. Pflanzendichten anzustreben:
- **Liniensorten:**   55–60 keimfähige Körner/m² bzw. 50–55 Pflanzen/m² im Frühjahr
- **Hybridsorten:**   45–50 keimfähige Körner/m² bzw. 40–45 Pflanzen/m² im Frühjahr

Eine **zu dünne Saat** erhöht die **Gefahr** durch mögliche Ausfallverluste und eine **Spätverunkrautung**!

Nach einer starken **Auswinterung** ist zu Vegetationsbeginn eine **Beurteilung des Schadenausmaßes** notwendig. Werden noch durchschnittlich **15–30 Pflanzen/m²** gezählt, so ist bei einer gleichmäßigen Pflanzenverteilung und gesunden Wurzeln **kein Umbruch** notwendig, da der Raps ein sehr gutes **Regenerationsvermögen** bzw. **Ausgleichsvermögen** durch intensive Verzweigung besitzt. **Verbleiben weniger als 15 Pflanzen pro m² mit einer unregelmäßigen Verteilung** am Feld, ist es meist sinnvoller, den Bestand umzubrechen. Dabei müssen die **Nachbaumöglichkeiten je nach eingesetztem Herbizid** im Herbst (gemäß Gebrauchsanweisung) berücksichtigt werden.

Die **Saatmenge in kg/ha** lässt sich aus der gewünschten **Zahl keimfähiger Körner pro m²** (Saatstärke), der angenommenen **Keimfähigkeit** (K %) und der **Tausendkornmasse** (TKM) nach folgender Formel errechnen:

$$\frac{\text{keimfähige Körner je m}^2 \text{ (z. B. 60) x TKM in Gramm (z. B. 5)}}{\text{K \% (angenommener Feldaufgang) (z. B. 85)}} = \ldots\ldots\ldots\ldots \text{ kg/ha}$$

Das Saatgut wird für Liniensorten meist in **5-kg-** und **10-kg-Packungen** und für **Hybridsorten in 500.000-Korn-Packungen** abgegeben, woraus sich die mögliche **Saatstärke von maximal 50 Körnern je m²** ergibt.

Um bei gleicher Saatstärke die Saatmenge festzustellen, ist auf die **Tausendkornmasse** (TKM) zu achten, welche von Jahr zu Jahr und von Sorte zu Sorte schwanken kann. Die Schwankungsbreite der TKM reicht von **3,5–9,0 g.**

• **Saattechnik**

Die am **häufigsten** angewendete Saatmethode ist die **Drillsaat.** Dabei wird je nach Sämaschinentype meist im **einfachen** (z. B. 12 cm) oder **doppelten** (z. B. 24 cm) **Getreidereihenabstand** gesät.

Engere Reihenabstände ermöglichen eine bessere Standraumverteilung der Pflanzen und somit eine bessere Einzelpflanzenentwicklung.

Ein Anbau mittels **Einzelkornsämaschine** wird selten durchgeführt.

In allen Fällen ist eine Abdrehprobe vor dem Anbau durchzuführen, damit die gewünschte Saatmenge auch tatsächlich erreicht wird.

Die **optimale Saattiefe beträgt 1,5–2,5 cm**, wobei die abgelegten Samen Anschluss an die feuchte Bodenschicht haben müssen. Ein rascher und gleichmäßiger Rapsaufgang wird wesentlich vom Beherrschen der richtigen **Sätechnik** bestimmt.

Auf **strukturstabilen Böden** kann ein Anwalzen des Bodens unmittelbar nach der Saat mittels Rauwalze den Aufgang günstig beeinflussen.

Die **Anlage von Fahrgassen erleichtert** spätere **Düngungs- und Pflanzenschutzmaßnahmen**.

❏ Pflege

Die Wirkung mechanischer **Pflegemaßnahmen** (z. B. mittels Unkrautstriegel) ist begrenzt. Nur bei nicht zu üppigen Beständen mit leichter Verunkrautung ist bei optimalem Bekämpfungszeitpunkt im Herbst und/oder Frühjahr ein gewisser Bekämpfungserfolg zu erwarten. Nachteilig ist die **Verletzungsgefahr für Raps**, da ein erhöhtes Infektionsrisiko durch Phoma-, Wurzelhals- und Stängelfäule entstehen kann.

1.8 Pflanzenschutzmaßnahmen

Die Bekämpfung von **Unkräutern**, **Krankheiten** und **Schädlingen** sollte nach dem Prinzip des **„Integrierten Pflanzenschutzes"** erfolgen. Dabei sind wirtschaftliche und ökologische Gesichtspunkte zu berücksichtigen.

❏ Unkrautregulierung

Das Unkraut ist wirkungsvoll zu unterdrücken, damit
• größere **Ertragsverluste** vermieden,
• unnötige **Ernteerschwernisse** (Klettenlabkraut, Kamille, Windenknöterich) verhindert,
• bestimmte **Pilzkrankheiten** (Kohlhernie, Weißstängeligkeit) über gewisse **kreuzblütige Unkräuter** (wie z. B. Hirtentäschel, Ackerhellerkraut) als **Wirtspflanzen** nicht gefördert und
• größere Probleme bei der **Aufbereitung** und **Lagerung des Erntegutes** (Erhöhung des Feuchtigkeitsgehaltes) vermieden werden.

Die Möglichkeiten einer **integrierten** Unkrautregulierung lassen sich in **zwei große Gruppen zusammenfassen:**

• **Nichtchemische Maßnahmen**
Hierbei sind alle **vorbeugenden** bzw. **kulturtechnischen Maßnahmen**, die einer Verunkrautung entgegenwirken, auszunützen (mischende und wendende Bodenbearbeitung, weitgestellte Fruchtfolge, bedarfsgerechte Düngung, optimale Saatzeit, richtige Saatmenge, ideale Saattiefe, gleichmäßiger Aufgang und schneller Bestandesschluss etc.).

• **Chemische Maßnahmen**
Sind die nichtchemischen Maßnahmen zur Unkrautunterdrückung bzw. Beseitigung **erfahrungsgemäß nicht ausreichend**, müssen in der Regel **breitblättrige Unkräuter** im Herbst mit **Herbiziden** im **Vorauflauf** oder im **frühen Nachauflauf** bereits **unmittelbar bis 5 Tage nach der Rapssaat** bekämpft werden.

Wichtig für die Herbizidwahl ist, dass die im Winterraps **zu erwartende Verunkrautung** (Leitunkräuter) **dem Landwirt bekannt ist**.
Gleichzeitig ist zu beachten, dass **Herbizide** mit dem **Wirkstoff „Metazachlor" für Anwendungen in Wasserschutz- und Schongebieten verboten** sind!
Weiters haben Herbizide mit dem Wirkstoff „Metazalachlor" die **Auflage**, dass sie **außerhalb der Wasserschutz- und Schongebiete** insgesamt nicht mehr als **einmal innerhalb von drei Jahren** auf **derselben Fläche** angewendet werden dürfen.

Eine **gute Wirkung der Präparate** im Vorauflauf oder im frühen Nachauflauf ist nur gegeben, wenn die **Rapssaat** auf einem **gut abgesetzten bzw. rückverfestigten Boden** in ein **feinkrümeliges Saatbett** erfolgt (das abgelegte Saatgut sollte mit ca. 2 cm Feinerde abgedeckt sein) und **genügend Niederschlag eine Wirkungssicherheit** ergibt.

Ungräser können sowohl im **Herbst** als auch im **Frühjahr chemisch bekämpft** werden.

Die für **Körnerraps zugelassenen Herbizide** sind dem **Pflanzenschutzmittelverzeichnis** der **AGES** (www.**psm**.ages.at) zu entnehmen.
Über die **Unkrautbekämpfung im Winterraps informieren die Landwirtschaftskammern** jährlich.

❏ Krankheiten und Schädlinge

Mit zunehmender Ausweitung der Rapsanbaufläche ist ein häufiges Nach- und Nebeneinander dieser Ölpflanze die Folge. Eine erhöhte Gefährdung durch kulturspezifische Krankheiten und Schädlinge ist zu erwarten.

Die **Beschreibung wichtiger Krankheiten und Schädlinge** bzw. die **speziellen Empfehlungen** über **integrierte Verhütungs- und Bekämpfungsmaßnahmen** sind der **„Leitlinie für den integrierten Feldbau"** der **Landwirtschaftskammer Österreich** bzw. der **„Österreichischen Arbeitsgemeinschaft für integrierten Pflanzenschutz"** (ÖAIP – www.oeaip.at) zu entnehmen.
Weitere **Informationen** liefern die von der **AGES** herausgegebene Beratungsbroschüre **„Krankheiten und Schädlinge im Eiweiß- und Ölpflanzenbau"** sowie die **jährlichen Informationen der Landwirtschaftskammern** über **Pflanzenschutzmaßnahmen** im Körnerrapsanbau.

Wichtige Krankheiten	**Wichtige Schädlinge**
• Keimlings- und Auflaufkrankheiten	• Rapserdfloh
• Phoma (Wurzelhals- und Stängelfäule)	• Kohlerdfloh-Arten
• Rapskrebs, Sklerotienkrankheit oder Weißstängeligkeit	• Kohlgallenrüssler
• Rapsschwärze	• Kleine Kohlfliege
• Botrytisfäule, Grauschimmelfäule	• Rübsenblattwespe
• Echter Mehltau	• Rapsstängelrüssler (Großer Kohltriebrüssler)
• Falscher Mehltau	• Gefleckter Kohltriebrüssler
• Rapswelke, Verticillose, Verticillium-Rapsstängelfäule	• Rapsglanzkäfer
• Cylindrosporiose, Graufleckigkeit	• Kohlschotenrüssler
• Kohlhernie	• Kohlschotenmücke
	• Mehlige Kohlblattlaus
	• Bodenschädlinge (Drahtwurm etc.)
	• Rübennematoden
	• Ackerschnecken

Die aufeinander abzustimmenden **Pflanzenschutzmaßnahmen** gliedern sich in **zwei Bereiche**:

• Nichtchemische Maßnahmen
Die **vorbeugenden Maßnahmen (Verhütungsmaßnahmen)**, wie z. B. Standort- und Sortenwahl, weitgestellte Fruchtfolge, mischende und wendende Bodenbearbeitung, bedarfsgerechte Düngung, **haben besonders in der Abwehr von Pilzkrankheiten Bedeutung.**

• Chemische Maßnahmen
Eine chemische **Bekämpfung von Pilzkrankheiten** wird bei Bedarf nach **Bestandeskontrolle** und **Warndienstempfehlung** meist mit **wachstumsregulierend wirkenden Fungiziden** durchgeführt (z. B. im Herbst gegen Phoma).

Die chemische **Bekämpfung von Rapsschädlingen** hat eine **erhöhte Bedeutung**. Meist sind Insektizidanwendungen im Herbst (1–2) und im Frühjahr (2–3) notwendig. Sie sind aber nur dann **wirtschaftlich gerechtfertigt**, wenn die **Befallsstärke über der ökonomischen Schadensschwelle** liegt.
Befallskontrollen sind durchzuführen und **Warnmeldungen** (www.warndienst.at) zu berücksichtigen!

Voraussetzungen hierfür sind zwei Arten der Datenermittlung:
- Feststellung des Befallsbeginnes (Zuflug) und Kontrolle der weiteren Flugaktivität von Schadinsekten
Hierbei macht man sich das Verhalten bestimmter Insekten, wie z. B. von **Rapserdfloh, Rapsstängelrüssler, Geflecktem Kohltriebrüssler** und **Kohlschotenrüssler**, zunutze.

Gelbschale als „Gelbfalle" (zur Hälfte mit Wasser unter Zusatz eines Netzmittels und erforderlichenfalls einigen Tropfen eines Frostschutzmittels gefüllt)

Diese suchen die **gelbe Farbe** gezielt auf und lassen sich daher durch „**Gelbfallen**" (z. B. Gelbschalen) anlocken und fangen, wodurch die **Schadensschwelle** für eine **gezielte Bekämpfung** festgestellt werden kann.

Da mit einem **Flugbeginn** der Rüsselkäfer (Rapsstängelrüssler und Gefleckter Kohltriebrüssler) im **Frühjahr** bereits ab 5–6 °C Bodentemperatur und ab 12–15 °C Lufttemperatur zu rechnen ist, sollten die Gelbschalen schon vorher aufgestellt sein und kontrolliert werden.

Empfohlen werden **1–2 Gelbschalen am Rapsfeld**, die etwa 15 m innerhalb des Feldrandes aufzustellen sind. Eventuell **1 Gelbschale** am **Rapsschlag des Vorjahres** informiert zuerst über den **Beginn des Zufluges**.

Als **Schadensschwelle** zur gezielten Bekämpfung des Rapsstängelrüssler gelten: 5 Käfer in 3 Tagen je Gelbschale, beim Gefleckten Kohltriebrüssler 15 Käfer!

Die **Insektenkontrolle** muss alle 1–2 Tage und zur gleichen Tageszeit (am besten gegen Mittag) stattfinden. Die **Gelbschale** ist bei Bedarf zu reinigen, der Inhalt zu erneuern, zum **Schutz der größeren Nützlinge** (Bienen, Hummeln) mit einem Netz abzudecken und **muss immer wieder in der Wuchshöhe aufgestellt sein** (sie muss „mitwachsen")!

- Beobachtung und Ermittlung der Befallsstärke bei Rapsglanzkäfer
Sie wird meist durch die Feststellung der **Schädlingszahl pro Pflanze** ermittelt. Dazu muss ergänzend die **Schüttelprobe** am **Haupttrieb** (5 x 10 Knospenstände) durchgeführt und über weißem Papier oder sonstigen Auffangvorrichtungen ausgeschüttelt werden. Dadurch lässt sich das Erreichen der ökonomischen Schadensschwelle (z. B. 5–6 Rapsglanzkäfer pro Haupttrieb am Feldrand bzw. 2–3 Käfer in der Feldmitte) feststellen und eine **gezielte Bekämpfung** im Knospenstadium einleiten.

Bei der **Auswahl der chemischen Mittel** zur **Bekämpfung der Rapsschädlinge** kommt der **Antiresistenzstrategie** (Wechsel von Wirkstoffen mit unterschiedlichen Wirkungsmechanismen – IRAC-Einstufung) und dem **Schutz der Honigbiene** eine besondere Bedeutung zu!

Grundsätzlich sollte im **Rapsanbau** nach Möglichkeit der **Einsatz von Insektiziden und Fungiziden noch vor Blühbeginn abgeschlossen** sein.

1.9 Reife, Ernte und Lagerung

Mit der beginnenden **Braunreife** wird die Reservestoffbildung in den Samen abgeschlossen (**physiologische Reife**). Die **Schoten** verfärben sich **gelb** und die **Samen braun**. In der anschließenden **Vollreife** verfärben sich die **Schoten graugelb**, werden **spröde** und **trocken**. Die Samen erscheinen **dunkelbraun** bis **glänzend schwarz**, sind **hart** und **rascheln** beim Bewegen der Pflanzen **in den Schoten (Mähdruschreife).** In der **Totreife** beginnen die **Schoten aufzuplatzen** und die Folge sind **zunehmende Ausfallverluste**.

Braunreife – die Reservestoffbildung im Samen wird abgeschlossen

❏ Ernte

Aufgrund der starken Verzweigung und des ungleichen Blühverlaufes an der Rapspflanze gibt es auch keine gleichmäßige Abreife.

Da die **Abreife** beim Raps von oben nach unten erfolgt, muss beim Drusch auf die zuletzt reifenden unteren Schotenschichten zugewartet werden.

Um überhöhte Ernteverluste zu **vermeiden**, muss der **Mähdrescher** über eine für die Rapsernte erforderliche **technische Ausstattung** (Schneidtischverlängerung, Seitenschneidwerk etc.) verfügen. **Stark lagernde Bestände** sind möglichst **gegen die Lagerungsrichtung** zu ernten. **Hohe Luftfeuchtigkeit** beim Drusch **verringert die Platzneigung der reifen Schoten**.

Reife Samen – Direktdrusch

Da beim Mähdrusch die **unteren Stängelteile** noch sehr **feucht** sind, ist auf möglichst **hohe Stoppeln** zu mähen. Damit wird eine **mögliche Feuchtigkeitsübertragung auf das Erntegut vermindert**.

Den **Erntetermin** beeinflussen **Ausdruschfähigkeit** und **Platzfestigkeit der Schoten, Gesundheit** und **Abreifeverhalten** der Rapspflanzen, **Witterungseinflüsse während der Abreife und Feuchtigkeitsgehalt des Erntegutes (möglichst unter 12 %)**.

Direktdrusch mit dem Mähdrescher in der Vollreife

❏ Vorbeugende Feldhygiene nach der Ernte

• Zersetzung von Stroh- und Stoppelrückständen fördern

Alle am Feld verbleibenden **Ernterückstände** gelten mehr oder weniger als **Infektionsquelle** für gefährliche **Rapskrankheiten**, wie z. B. **Phoma** oder **Sklerotinia**. Es ist daher eine **rasche Zersetzung** (Rottebeschleunigung) aller Pflanzenrückstände durch eine **exakte Zerkleinerung** und **gleichmäßige Verteilung zu fördern**.

Diese **rottefördernden Maßnahmen** beziehen sich auf das beim Drusch anfallende **Stroh** und **unmittelbar nach der Ernte** auf die meist noch **grünen** und **hohen Rapsstoppel**.

Eine (wenn möglich) 2- bis 3-wöchige **oberflächliche** oder **oberflächennahe Vorrotte** vor der eigentlichen Stoppelbearbeitung **beschleunigt** die weitere **Umsetzung der Ernterückstände im Boden**. Damit wird das **Infektionsrisiko für Rapskrankheiten** innerhalb der Fruchtfolge bzw. in **benachbarten Rapsschlägen vorbeugend** stark **reduziert**.

• Probleme mit Ausfallraps möglichst verhindern

Trotz sorgfältiger Ernte verbleiben oft 50–200 kg/ha als **Ausfallraps** mit mehrjähriger Keimfähigkeit am Feld.

Damit sich kein **Durchwuchsraps** als „Unkraut" oder „Grüne Brücke" (z. B. für Phoma, Kohlhernie, Nematoden, Schnecken) **innerhalb der Fruchtfolge** entwickeln kann, ist ein möglichst **rasches** und **vollständiges Auflaufen** von **Ausfallraps** zu fördern. Dieses Ziel lässt sich unter **Lichteinwirkung** bei ausreichender **Bodenfeuchte** (Regen, Tau) nach der Ernte auch **ohne** vorangegangene **Bodenbearbeitung** erreichen. Nur bei **anhaltender Trockenheit** ist möglichst **rasch** nach der Ernte durch eine sehr flache (3–4 cm), **ganzflächige**, (fein)**krümelige** und **mischende Stoppelbearbeitung** mit **Rückverfestigung** der Rapsaufgang zu fördern.

Zu unterlassen ist jede **tiefere Bodenbearbeitung, bevor Ausfallraps keimt**, da er sonst in eine „**Keimruhe**" fällt. Die Rapssamen beginnen erst zu keimen, wenn sie durch **Bodenbearbeitung** wieder an die **Bodenoberfläche** bzw. in die **noch lichtbeeinflusste Keimzone** gelangen.

Damit Ausfallraps auf der abgeernteten Fläche nicht zur „Grünen Brücke" wird, ist dieser bereits **nach zwei ausgebildeten Laubblättern** durch eine **flache Bearbeitung** zu beseitigen.

❏ Lagerung

Um aus der Rapsernte eine **lager- und verarbeitungsfähige Ware** zu erhalten, ist eine Reihe von Folgemaßnahmen notwendig.

Das **Erntegut ist vielfach zu feucht** (die Basisfeuchtigkeit von 9 % wird meist überschritten) und hat einen mehr oder weniger hohen **Anteil an Verunreinigungen** (Besatz genannt). Vor der Übernahme durch den Lagerhalter erfolgt daher eine **Vorreinigung** (Aspiration). Anschließend folgen die **Trocknung** und letztlich die **Einlagerung in Silozellen**, wobei der Raps üblicherweise belüftet oder umgezogen und dadurch gekühlt bzw. umgeschichtet wird.

1.10 Ertrag, Qualität und Verwertung

❏ Ertrag

Die den **Flächenertrag bestimmenden Faktoren** (Ertragskomponenten) lassen sich vereinfacht **kennzeichnen**:
- **Anzahl der Pflanzen pro Flächeneinheit**
- **Samenzahl pro Schote**
- **Schotenzahl pro Pflanze**
- **Durchschnittliches Samengewicht (TKM)**

Die Ertragsfaktoren stehen untereinander in Wechselbeziehung und werden durch **produktionstechnische Maßnahmen und Standorteinflüsse** positiv oder negativ beeinflusst.
Von den einzelnen Ertragskomponenten wird dabei die Schotenzahl/Pflanze durch die Faktoren Standraum (Bestandesdichte), Nährstoffversorgung (besonders mit Stickstoff) und Jahreswitterung am stärksten bestimmt.
Der **Ertrag von Winterraps** kann daher je nach der Produktionstechnik und Standortbedingungen zwischen **3.000 und 5.000 kg/ha** schwanken.

Durchschnittserträge von Raps und Rübsen in Tonnen je Hektar

Erntejahr	2022	2023	20 . .
Österreich Bundesland	3,21	3,23	....
....	....	....	....
Eigener Betrieb	....	....	....

Siehe Berichte der Statistik Austria!

❑ Qualität

Für das Erntegut aus 00-Sorten gelten bei Raps derzeit folgende **Qualitätsnormen**:
- **Fettgehalt:** Normwert 40 %
- **Wassergehalt**: Normwert 9 %
- **Besatz**: Normwert 2 %
- **Freie Fettsäuren**: max. 2 %
- **Erucasäure**: max. 2 % des Gesamtfettsäuregehaltes
- **Glukosinolate**: max. 18 Mikromol (µMol) je Gramm lufttrockener Körner (bei 9 % Wassergehalt) (1 Mol = Molekulargewicht eines Stoffes in g, 1 Mikromol ist der millionste Teil davon!)

❑ Verwertung

Bei der **Verwertung der Rapsernte** steht in Österreich aus wirtschaftlichen Überlegungen die **Doppelnutzung** (Nutzung von Rapsöl und Verarbeitungsrückständen) im Vordergrund. Das gewonnene **Rapsöl** dient der Erzeugung von hochwertigem **Speiseöl**, als **Ersatz für herkömmlichen Dieseltreibstoff** (Rapsölmethylester – RME), **biologisch rasch abbaubaren Schmierstoffen** (z. B. Sägekettenöl, Schneidöle, Schalungsöle, Hydrauliköl, Kompressorenöl) u. a. m. Die als **Nebenprodukte** anfallenden **Verarbeitungsrückstände** werden je nach Art des Fettentzuges als **Rapsextraktionsschrot** oder als **Rapskuchen** bzw. **Rapsexpeller** bezeichnet. Sie sind wertvolle **Eiweißfuttermittel** in der **Rinder-**, **Schweine-** und **Geflügelfütterung**.

2. SONNENBLUME *(Helianthus annuus)*
2.1. Herkunft und Bedeutung

Die **Sonnenblume** stammt aus **Amerika** und gelangte erst im 16. Jh. nach **Europa**, wo sie zunächst nur als **Zierpflanze** angebaut wurde. Als **Ölpflanze** konnte sie sich erst im 19. Jh. in den wärmeren Ackerbaulagen Südost- und Südeuropas durchsetzen. Im übrigen Europa hatte sie zunächst nur als **Futterpflanze** (vorwiegend als Gemengepartner) sowie als **Vogelfutter** Bedeutung. Durch die **Züchtung** leistungsfähiger und frühreifer **Hybridsorten** verbreitete sich die Sonnenblume auch in den günstigen Ackerbaulagen Mitteleuropas als Ölfrucht.

In Österreich werden seit 1987 **Ölsonnenblumen** im **Vertragsanbau** produziert.

*Die **Sonnenblume** – eine Alternative zu Getreide*

Die Ölsonnenblumenfläche betrug im Jahre 2020 23.483 ha. Daneben werden noch **kleinere Mengen an gestreiftsamigen Sonnenblumenkernen** als **Vogelfutter** produziert.

Anbaufläche von Sonnenblumen in Hektar

Erntejahr	2022	2023	20 . .
Österreich Bundesland	24.291	24.066	....
....	....	....	....

Siehe Berichte der Statistik Austria!

Wird ein Sonnenblumenanbau überlegt, so hat der Landwirt die Vor- und Nachteile abzuwägen.

Als **Vorteile** gelten:
- **Geringere Abhängigkeit von Importen** bei pflanzlichen Ölen und Eiweißfuttermitteln als volkswirtschaftliches Ziel
- **Bereicherung für das Landschaftsbild** und **Förderung vieler nützlicher Insekten** durch blühende Sonnenblumen
- **Auflockerung getreidereicher Fruchtfolgen**
- **Eignung für den Mähdrusch**
- Relativ **gute Ertragsfähigkeit** in **trockenen** und **warmen Anbaulagen**
- Genügsamkeit beim Stickstoffbedarf
- Anreicherung des Bodens mit organischer Substanz

Als **Nachteile** gelten:
- Die **hohe Anfälligkeit** gegenüber bestimmten **Pilzkrankheiten** (z. B. Sklerotinia und Botrytis)
- Die gelegentlich großen **Wild- und Vogelschäden** (Aufgang, Ernte)
- Der oft beträchtliche **Aufgang ausgefallener Sonnenblumensamen in der Folgefrucht** („Durchwuchsprobleme")
- Die **Ernteschwierigkeiten bei zu feuchter Herbstwitterung**

2.2 Botanisches

Die Sonnenblume zählt zur Familie der **Korbblütler** (***Asteraceae*** bzw. ***Compositaea***), ist sehr artenreich und stammt aus den gemäßigten Klimagebieten Nordamerikas.

Unsere derzeitigen Kulturformen sind **einjährig** (Sommerform), **einstängelig** und besitzen einen **endstängeligen Blütenkorb**.

Das **Wurzelsystem** ist unter günstigen Bodenbedingungen stark und kräftig entwickelt. Es besteht aus einer **Pfahlwurzel mit einem dicht verzweigten Faserwurzelsystem**. Die senkrechte und horizontale Wurzelentwicklung ist nur dann optimal, wenn eine günstige Bodenstruktur gegeben ist. Weiterhin besitzen die Wurzeln ein **hohes Aneignungsvermögen für Wasser und Nährstoffe.**

Der **Stängel** ist aufrecht, unverzweigt, kräftig (3–5 cm im Durchmesser), markerfüllt und rau

Sonnenblumenblüte – *die Zungenblüten sind in 1–2 Reihen rundständig angeordnet.*

behaart. Die Wuchshöhe liegt bei Ölsonnenblumen je nach Sorte, Bestandesdichte und Witterung zwischen 1 und 2 m (bei Futterpflanzen noch darüber). Für die Körnernutzung werden kurzstängelige Sorten bevorzugt.

Bei **Reifebeginn** neigen sich die oberen Stängelabschnitte durch das Gewicht des Blütenkopfes.

Die **Laubblätter** sind **groß, herzformig, rau behaart**, mit gezähntem Blattrand, ungeteilt und gestielt. Die Blattspreite ist eben oder blasig ausgebildet. Die größten Blätter befinden sich im mittleren Stängelbereich. Sie bilden bis zu 80 % der Assimilationsfläche.

Die **Blätter** – und **bis zum Aufblühen auch der Blütenkopf – folgen der täglichen Sonnenbahn von Ost nach West** (man spricht von **Heliotropismus**). Die dadurch verbesserte **Blattstellung zur Sonne erhöht** die ohnedies hohe **Photosyntheseleistung**.

Die **Blüten** sind in einem endständigen **Blütenkorb** (15–30 cm im Durchmesser) angelegt. Dieser enthält bis zu 100 sterile **Zungenblüten**, die in 1–2 Reihen randständig angeordnet sind. Sie sind meist dottergelb, besonders auffällig und bilden den **„Schauapparat"** der Blüte. Im Inneren des Korbbodens befinden sich in spiraliger Anordnung vielfach 1.000–2.000 befruchtungsfähige (fertile) gelb- bis rotbraune **Röhrenblüten**. Am Grunde der Röhrenblüten befinden sich die **Nektardrüsen**, weshalb blühende Sonnenblumenfelder eine beliebte **„Bienenweide"** darstellen.

Mit Beginn der Blüte fixieren sich allmählich die Blütenkörbe auf eine **starre Südost-Stellung** (Schutz vor extremer Sonneneinstrahlung).

Der **Blühvorgang** verläuft **vom Rand bis zur Mitte des Blütenkorbes**. Die Blühdauer eines Blütenkorbes beträgt je nach Witterung 6–12 Tage. Täglich blühen 1–3 Reihen von Röhrenblüten vom Rand zum Zentrum ab. Ein Feldbestand blüht bis ca. 3 Wochen.

Während der Blüte ist die Sonnenblume besonders **empfindlich gegenüber Wassermangel** und **sehr anfällig für Sklerotinia-Infektionen**.

Die **Befruchtung** erfolgt aufgrund des Blütenbaues bzw. des Blühablaufes meist durch **Fremdbestäubung** (Bienen, Hummeln). **1–2 starke Bienenvölker je ha verbessern die Befruchtungsergebnisse.**

Neuere **Hybridsorten haben bereits eine Selbstbefruchtungsrate** von etwa 80 %.

*Sonnenblumenkörner **gestreift***   *Sonnenblumenkörner **schwarz***

Der sich nach der Befruchtung bildende **Fruchtstand (Korb mit Achänen)** ist das **Ertragsorgan**. Anschließend werden die Assimilate aus Stängeln und Blättern in die Körner (Versorgung des Fruchtstandes) umgelagert. **Sonnenblumenkörner** (Achänen) sind **Schließfrüchte** mit **verwachsener Frucht- und Samenschale** (Frucht = Same).

Sie enthalten den **Keimling** (Embryo) mit zwei verdickten Keimblättern, die **im Dienste der Reservestoffspeicherung** stehen. Ölsonnenblumenkerne enthalten in der Trockenmasse durchschnittlich **45–55 % Rohfett und 15–21 % Roheiweiß**.

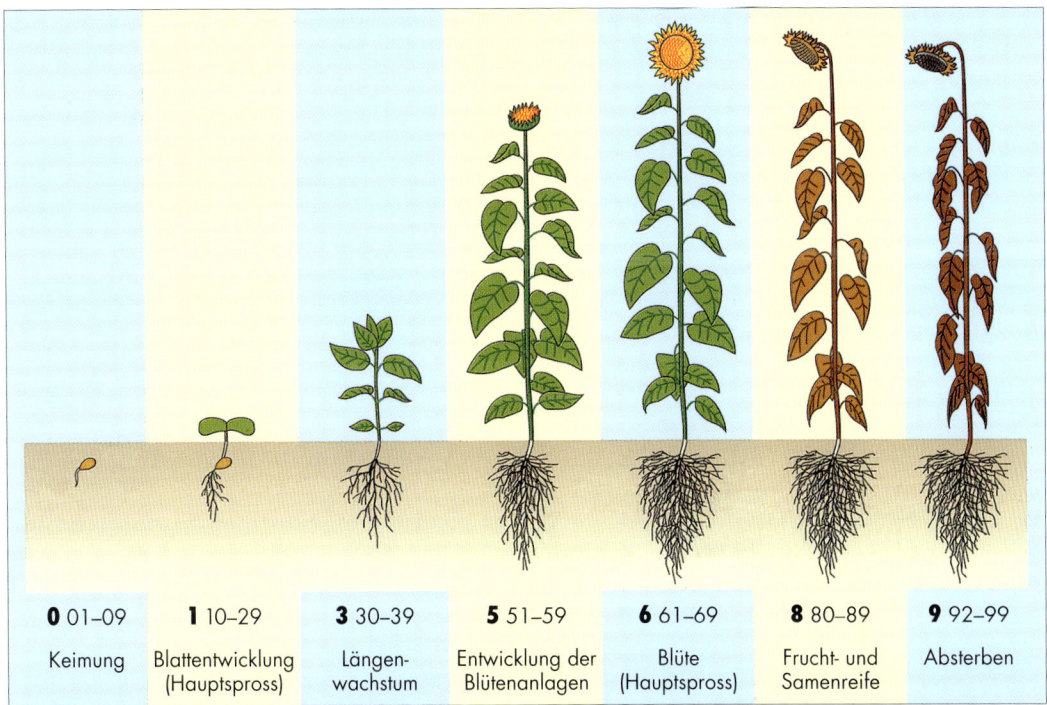

0 01–09	**1** 10–29	**3** 30–39	**5** 51–59	**6** 61–69	**8** 80–89	**9** 92–99
Keimung	Blattentwicklung (Hauptspross)	Längenwachstum	Entwicklung der Blütenanlagen	Blüte (Hauptspross)	Frucht- und Samenreife	Absterben

Entwicklungsstadien der Sonnenblume gemäß BBCH-Codierung

Die harten **Sonnenblumenschalen** sind sehr **rohfaserreich**. Die derzeit meist verwendeten **Sorten für die Ölgewinnung** haben **Schalen mit schwarzer Färbung**. Es gibt aber auch **gestreift** oder **grau** bis **weiß** gefärbte Sonnenblumenkerne.

Die **TKM** liegt **zwischen 40 und 80 g**. Die Sonnenblumenkerne vom Außenrand des Blütenkorbes sind immer dicker, schwerer und enthalten mehr Öl als die Kerne des Zentralbereiches. **Sonnenblumenkerne für Speisezwecke** haben eine **TKM von 100–200 g**.

Entwicklungsstadien der Sonnenblume

Gezielte Kulturanleitungen (Pflege-, Düngungs- und Pflanzenschutzmaßnahmen), Anstellung bzw. Beurteilung von Versuchen u. a. m. verlangen auch bei Sonnenblumen eine **exakte Unterteilung des Wachstums- und Entwicklungsverlaufes.**
Die **Entwicklungsstadien** lassen sich in deutlich unterscheidbare **Makrostadien** bzw. **Entwicklungsabschnitte** (Keimung, Auflaufen, Blattentwicklung, Knospenbildung, Blüte, Reife und Absterben) und diese wieder in so genannte **Mikrostadien** gliedern.

2.3 Ansprüche an den Standort

Innerhalb der Standortansprüche entscheiden die **klimatischen Gegebenheiten** über einen möglichen Anbau von Ölsonnenblumen. Der **wichtigste Standortfaktor** ist eine **hohe Temperatursumme** (1.500 °C bei 6 °C Basistemperatur).
Bereits für die Keimung ist eine Mindestbodentemperatur von 7–8 °C erforderlich, wobei das Optimum für die Keimung bei 13–15 °C liegt. Andererseits zeigen die Jungpflanzen bis zum 4-Blatt-Stadium eine **Spätfrostverträglichkeit** bis –5 °C.

Der **günstigste Temperaturbereich für einen größtmöglichen Substanzgewinn** (Nettoassimilationsrate) liegt beim **Sonnenblumenwachstum etwa zwischen 20 und 30 °C**. Während der Knospenbildung, der Blüte, der Befruchtung, der Kornfüllung und der Abreife sind die Wärmeansprüche der Sonnenblume am höchsten. Diese werden im **pannonischen Klimagebiet** Österreichs ausreichend erfüllt. Außerhalb dieser warmen Anbaugebiete Österreichs gedeihen noch frühe Sonnenblumensorten, wenn die Temperaturansprüche jener von Körnermaissorten mit einer Reifezahl von ca. 260 erfüllt sind.

Solche Anbaugebiete verlangen jedoch besonders **günstige Abreifebedingungen** (sonniges, möglichst nebelfreies Herbstwetter mit geringer Luftfeuchtigkeit), da erhebliche Wassermengen während der Reifephase aus dem Blütenkorb abzugeben sind und andererseits eine hohe Anfälligkeit gegenüber der Grauschimmelfäule (Botrytis) besteht.

Der **Wasserbedarf** der Sonnenblume ist relativ **hoch**. So verbrauchen gut entwickelte Sonnenblumenbestände während der Wachstumszeit 500–600 mm Wasser, wobei das üppige Blattwerk wieder viel Wasser verdunstet.

Die **hohe Wasserverdunstung** ist der Preis für die **große Assimilationsleistung** der Sonnenblume.

Fehlende Niederschläge vermag die Sonnenblume **auf tiefgründigen Standorten mit guter Durchwurzelbarkeit zum Teil auszugleichen**. Dies beruht vorwiegend auf einem stark entwickelten Wurzelsystem mit der **ausgeprägten Fähigkeit**, leicht und schwer verfügbare **Wasserreserven des Bodens für die Sonnenblume zu erschließen**. Man spricht daher auch von einer gewissen Toleranz der Sonnenblume gegenüber Trockenheit.

Ein **früher Wassermangel** (während der Blattentwicklung) reduziert die Blattfläche und die Zahl der Blütenanlagen. Beides führt zu **Mindererträgen**.

Auf einen **späteren Wassermangel** (nach der Blüte) reagiert der gesamte **Blattapparat mit einer vorzeitigen Alterung**. Dabei wird die einige Tage nach der Befruchtung einsetzende Fettsynthese gehemmt (geringerer Ölgehalt der Sonnenblumenkerne).

Besonders **empfindlich reagieren die großflächigen** Sonnenblumenblätter während der Blüte gegenüber **Hagelschlag**. Eine zerstörte Blattmasse verhindert deren weitere Assimilation und führt deshalb meist zum **Totalschaden**.

Die **Ansprüche an den Boden** sind dann nicht allzu hoch, wenn eine **ungehinderte Wurzelentwicklung** und eine **ausreichende Wasserversorgung gewährleistet** sind.

Für das **Trockengebiet** sind daher **tiefgründige**, **speicherfähige** (sandige Lehmböden bis lehmige Tonböden) und **gut durchwurzelbare** (gare) **Böden** besonders geeignet.

Leichte und seichtgründige Böden sind im Trockengebiet – trotz einer möglichen Beregnung – selten wirtschaftliche Standorte.

Für **Anbaugebiete mit höheren Sommerniederschlägen** (Übergangslagen) sind jedoch auch leichtere Böden für Sonnenblumen geeignet. Weniger geeignet sind für solche Lagen schwere und kalte Böden.

In allen Sonnenblumenanbaulagen sind Böden mit **starken Strukturschäden**, stauender Nässe und extrem einseitiger Zusammensetzung (z. B. Sand- oder Tonböden) **ungeeignet**.

Hinsichtlich der **Bodenreaktion** ist **je nach Bodenart ein pH-Bereich zwischen 6,5 und 7,5** als optimal zu bezeichnen.

2.4 Stellung in der Fruchtfolge

An die **Vorfrucht** (meist Winter- oder Sommergetreide, oft auch Mais oder Rübe) stellt die Sonnenblume keine besonderen Ansprüche.

Ungünstig sind Vorfrüchte, die entweder intensiv mit Stickstoff gedüngt wurden oder zu den Leguminosen zählen.

Ebenso sind jene **Kulturpflanzen, die zum Hauptwirtspflanzenkreis der Grauschimmelfäule** (Botrytis-Fäule) **zählen** (z. B. Raps, Sojabohne, Saflor, Tabak, Tomaten, Paprika, Phaseolus-Bohnen), **als Vorfrucht nicht geeignet**.

In der Fruchtfolge sollte daher sowohl zwischen Sonnenblumen als auch nach stark sklerotiniaanfälligen Wirtspflanzen ein **Anbauintervall von mindestens 5–6 Jahren** eingehalten werden. Der maximale Anteil der genannten Pflanzen sollte daher in der Fruchtfolge 15–20 % nicht überschreiten!

Der **Vorfruchtwert** der Sonnenblume ist überwiegend **positiv** zu beurteilen, da der Boden in guter Gare hinterlassen wird. Außerdem steht der Nachfrucht reichlich **organische Substanz** in Form von **Ernterückständen** (ca. 7 t/ha Trockenmasse) zur Verfügung, woraus noch mit folgender **Nährstoffrücklieferung** zu rechnen ist:

		Nährstoffe in kg/ha		
N	**P_2O_5**	**K_2O (je nach Ertragslage)**		
		niedrig	mittel	hoch
0–30	20	120	150	180

Belastend für Nachfrüchte (besonders Wintergetreide) ist die oft **starke Erschöpfung von Wasser- und Stickstoffreserven im Boden** nach guten Sonnenblumenerträgen.

Mehr (in Hackfrüchten) oder weniger (in Getreide) störend kann auch **Sonnenblumendurchwuchs** (Aufgang ausgefallener Sonnenblumenkörner in Folgekulturen) sein. Pflanzenbauliche Maßnahmen gegen den Sonnenblumendurchwuchs sind eine **gezielte Bodenbearbeitung** und eine **entsprechende Fruchtfolge**.

Nach der Sonnenblumenernte sollte daher nur eine **seichte und mindestens zweimalige Bodenbearbeitung** (z. B. mittels Fräse, Scheibenegge oder Grubber) erfolgen, damit möglichst viele ausgefallene Sonnenblumenkörner rasch zur Keimung angeregt werden.

Ein sofortiges Pflügen nach der Sonnenblumenernte vergräbt die ausgefallenen Sonnenblumenkerne in tiefere Bodenschichten und verhindert eine baldige Keimung. Erst in den Folgejahren gelangen durch das Wenden des Bodens die Sonnenblumensamen wieder in den Keimhorizont und werden dadurch meist zu einem nachträglichen Unkrautproblem mit zusätzlichen Kosten.

In der **Fruchtfolge** müssten die durch **Sonnenblumendurchwuchs** besonders gefährdeten Hackfrüchte (z. B. Rüben) vor der Sonnenblume angebaut werden. Als Nachfrucht sollten

Seichte Bodenbearbeitung mittels *Fräse* nach der Ernte zum Ankeimen ausgefallener Körner

Aufgelaufene Sonnenblumen im Zuckerrübenfeld als lästige *Unkräuter*

Winter- oder Sommergetreide folgen. Dabei können im Herbst aufgegangene Sonnenblumen über den Winter abfrieren und die im Frühjahr aufgelaufenen Sonnenblumen im Verlauf der allgemeinen Unkrautbekämpfung (vielfach ohne zusätzliche Kosten) durch die meisten Getreideherbizide wirksam mitbekämpft werden.

Beispiele von günstigen Vor- und Nachfrüchten

Sommergerste	Zuckerrübe	....
Sonnenblume	**Sonnenblume**	**Sonnenblume**
Winterweizen	Winterweizen	....

Tragen Sie ein weiteres Beispiel ein!

2.5 Ernährung und Düngung

Düngungsempfehlungen erfolgen nach den **„Richtlinien für die sachgerechte Düngung" (RSGD)**, 8. Auflage!

Eine auf den Standort und die Kulturpflanze abgestimmte Düngung hat besonders den pflanzenverfügbaren **Nährstoffvorrat** des Bodens, die **Ertragslage** und die speziellen **Nährstoffbedürfnisse** der Sonnenblume (z. B. hoher Kalibedarf) zu berücksichtigen.

Stehen **Wirtschaftsdünger** zur Verfügung, so werden diese durch Sonnenblumen **gut verwertet**. Gut verrotteter **Stallmist** kann bereits gleich **nach der Ernte der Vorfrucht** ausgebracht und nicht zu tief in den Boden eingearbeitet werden.

Jauche, Gülle, Gärreste, nicht entwässerter Klärschlamm sowie Geflügelmist können entweder unmittelbar **vor dem Anbau einer Begrünung im Sommer** oder erst im **Frühjahr vor dem Anbau** der Sonnenblumen ausgebracht werden.
In beiden Fällen hat eine verpflichtende Einarbeitung optimalerweise binnen 4 Stunden nach der Ausbringung zu erfolgen. Diese Frist darf nur infolge unvorhersehbarer Witterungsverhältnisse überschritten werden. Die **Einarbeitung** ist sofort nach der Wiederbefahrbarkeit des Bodens nachzuholen.

Reifer **Kompost** sollte hingegen erst im **Frühjahr** ausgebracht und **im Zuge der Saatbettbereitung flach eingearbeitet** werden.

Eine ausreichende Versorgung des Bodens mit **Kalk** sichert eine günstige Bodenreaktion (pH-Wert zwischen 6,5 und 7,5), begünstigt die Strukturstabilität bzw. das Durchwurzelungsvermögen des Bodens und sichert die Kalziumversorgung der Sonnenblume. **Liegt der pH-Wert unter 6,0, dann sollte auf jeden Fall eine Kalkdüngung durchgeführt werden.**
Zwecks **Vermeidung von Spurenelementfestlegungen** (insbesondere von Bor) sollten **Kalkdünger in nicht zu hohen Mengen und in langsam wirksamer Form** gegeben werden. Es sollten daher **je nach Bodenschwere** höchstens **1–1,5 t CaO (ausreichend für 3 Jahre)** verabreicht werden.
Eine **Kalkung** kann auch bereits zu den Vorfrüchten gegeben werden. Bei gleichzeitigem **Mangel an Magnesium und Kalk** werden **magnesiumhaltige Kalkdünger** empfohlen.

Eine ausreichende **Phosphat-** und **Kaliversorgung** der Sonnenblumen hat einen besonders **positiven Einfluss** auf den Ölgehalt. Der Phosphor wird vor der Blüte überwiegend im Stängel und Korbboden der Sonnenblume eingelagert. Nach der Blüte kommt es zu einer intensiven Phosphorverlagerung in die Sonnenblumenkörner. **Etwa 75 % des von der Sonnenblume aufgenommenen Phosphates sind zur Reife in den Körnern** und werden daher dem Nährstoffkreislauf mit der Ernte entzogen.

Die **relativ hohen Kalimengen** werden vor der Blüte zunächst überwiegend im Stängel eingelagert. Nach der Blüte erfolgt eine Umverlagerung in den Blütenboden. **Da eine Verlagerung des Kaliums in die Körner nur sehr gering ist, verbleiben über 90 % des aufgenommenen Kaliums nach der Ernte am Feld** (hohe Rücklieferung des Kaliums mit den Ernterückständen). Das **aufgenommene Kaliums dient vorwiegend zur Aufrechterhaltung des Wasserhaushaltes** und begünstigt die Assimilatumlagerung.

Die **Phosphat-** und **Kalidüngung** erfolgen aufgrund der **Bodenuntersuchung** und der **Ertragslage** des Standortes.
Für die **Grunddüngung mit Phosphat und Kali** gelten z. B. für die **Gehaltsklasse C bei mittlerer Ertragslage** folgende **Richtwerte: 65 kg P_2O_5 und 200 kg K_2O je ha und Jahr**.

Bei der **Düngebemessung** ist auch der **Phosphor- und Kaliumgehalt** allfällig zugeführter **organischer Dünger** sowie jener von **Ernterückständen aus der Vorfrucht** zu berücksichtigen.
Die **mineralische Phosphat- und Kalidüngung** wird in der Regel **nach der Ernte der Vorfrucht** (Spätsommer bis Herbst) **ausgebracht** und im **Zuge der Bodenbearbeitung in die Ackerkrume eingebracht.**

Da die Sonnenblume als bedingt **chloridempfindlich** gilt, sollten chloridhaltige Kalidünger bei Frühjahrsausbringung nur bis zur Höhe des Pflanzenentzuges (bei Gehaltsklasse C) gegeben werden. Muss deutlich über dem Entzug gedüngt werden (bei Gehaltsklasse A, B oder bei Kalifixierung), so sind chloridfreie bzw. chloridarme Kalidünger – insbesondere bei Frühjahrsausbringung – anzuwenden, da zu hohe Chloridmengen den Ölgehalt senken können.
Die **Ausbringungszeit** und die **Einbringungstiefe** von **mineralischen Phosphat- und Kalidüngern sind bei guter Bodenversorgung** (Gehaltsklasse C oder D) **zweitrangig**.

Die **Stickstoffversorgung** der Sonnenblume vor der Blüte dient vorwiegend der Sicherstellung einer ausreichenden Blatt- und Stängelbildung. Ab dem Knospenstadium erfolgt eine Umverlagerung der stickstoffhaltigen Aminosäuren in den Blütenstand (Eiweißaufbau in den Sonnenblumenkörnern).

Zu vermeiden ist eine Überversorgung mit Stickstoff, da diese mit
• erhöhter Anfälligkeit gegenüber Pilzkrankheiten,
• zunehmender Reifeverzögerung,
• verstärkter Lagerung mit Ernteerschwernissen und
• negativen Einflüssen auf den Ölgehalt
verbunden ist.

Da die Sonnenblume dem Boden deutlich mehr Stickstoff entzieht (bis 150 kg N/ha bei mittleren Erträgen), als über die Düngung zugeführt wird, muss die **Stickstoffdüngung zur Nachfrucht** (insbesondere Qualitätsweizen) **etwas erhöht** und optimal aufgeteilt werden.

Als **Empfehlungsgrundlage** für die **N-Düngung zu Sonnenblume** gilt nach den RSGD (8. Auflage) für **mittlere Ertragslagen** (2,0–3,0 t/ha) ein **N-Bedarfswert von 40–60 kg N/ha**. Davon ausgehend ergeben sich für **abweichende Ertragslagen** bzw. **Standorteigen-**

schaften durch prozentuelle **Zu- und Abschläge** die **maximalen N-Bedarfswerte** sowie die daraus abgeleiteten **Vorgaben für die Konditionalität.**

N-Obergrenzen in kg jahreswirksamer N/ha gemäß Nitrat-Aktionsprogramm-Verordnung 2023:

Ertragslage Kultur	niedrig (t/ha) (max. N)	mittel (t/ha) (max. N)	hoch 1 (t/ha) (max. N)	hoch 2 (t/ha) (max. N)	hoch 3 (t/ha) (max. N)
Sonnenblume	< 2,0 **50** 40*	2,0–3,0 **65** 55*	3,0–4,0 **80** 70*	4,0–5,0 **85** 75*	> 5,0 **90** 80*

* für Gebiete mit verstärkten Aktionen zum Schutz der Gewässer

Die **N-Obergrenzen** beziehen sich bei **allen stickstoffhaltigen Düngern** auf ihre jeweilige **Jahreswirksamkeit.**
Die **N-Düngung** sollte sich an den **Durchschnittserträgen der letzten Jahre** orientieren.
Bei der **Bemessung der mineralischen Düngung** sind gegebenenfalls **Stickstoff aus Vorfrucht und Ernterückständen, pflanzenverfügbare N-Vorräte im Boden** sowie **Stickstoff aus zugeführten organischen Düngern** zu berücksichtigen.
Erfolgt die **Stickstoffdüngung nur in mineralischer Form**, so geschieht dies **im Frühjahr unmittelbar vor der Saat in einer Gabe.**

Relativ hoch ist der Bedarf an **Bor**. Ein eventueller Mangel zeigt sich durch ein blasiges Aufwölben an den Blättern. Unter den Blütenkörben zeigt der Stängel häufig Risse, die in weiterer Folge zum Abbrechen des Blütenkorbes führen können. Die Blüten- und Fruchtbildung sind oft gestört und die Blütenkörbe selbst sind häufig deformiert.
Eine notwendige **Bordüngung** der Sonnenblumen kann über eine 0,3- bis 0,5%ige Blattdüngung (z. B. mit Solubor) **oder** durch Verwendung **borhaltiger Mineraldünger** erfolgen.
Eine **mangelhafte Borversorgung** kann es **besonders bei Trockenheit auf alkalischen Böden mit viel freiem Kalk** geben.

Die Möglichkeit zur **Beregnung** ist für einen erfolgreichen Sonnenblumenanbau im **Trockengebiet** eine wichtige Voraussetzung, da für die Ertragsbildung ein **gleichmäßiges Wasserangebot** (die Feldkapazität sollte über 60 % liegen) entscheidend ist.

Die **kritische Zeitspanne für die Wasserversorgung** dauert etwa 6 Wochen. Sie beginnt im **Knospenstadium** (Blütenknospendurchmesser etwa 3–5 cm) und reicht bis zum Ende der Blüte.
Da einerseits die Beregnungswürdigkeit der Sonnenblume nicht allzu hoch ist und andererseits durch die Beregnung ein erhöhtes Risiko hinsichtlich verschiedener Pilzkrankheiten gegeben ist, sollte nur **bei anhaltender Trockenheit** und **schlechter Bodengüte gezielt** (knapp vor und/oder nach der Blüte) **beregnet** werden.
Eine Beregnung während der Vollblüte ist abzulehnen, da die Sonnenblume insbesondere durch **Sklerotinia-Infektionen** gefährdet ist.

Je nach Dauer der Trockenperiode und dem Speichervermögen des Bodens können 1–3 Regengaben zu je 35–50 mm empfohlen werden.

Bei Beregnung sollte die mit dem Beregnungswasser allfällig zugeführte Nitrat-Stickstoffmenge ab 10 kg N/ha bei der N-Düngung berücksichtigt werden.

2.6 Saatgut und Sortenwahl

Ein erfolgreicher Ölsonnenblumenanbau erfordert die für den jeweiligen Standort richtige Sortenwahl. Bei der Auswahl der anzubauenden **Sorte** ist besonders auf die **Kriterien**
- Ertragsleistung bzw. Ertragstreue,
- Frühreife,
- Ölgehalt,
- Toleranz (oder Resistenz) gegen Krankheiten bzw. bestimmte Herbizide und
- Standfestigkeit (niedrige Wuchshöhe)

zu achten.

Für den **Ölsonnenblumenbau** werden ausschließlich **Hybridsorten** verwendet. In **Grenzlagen** des Sonnenblumenanbaues sollten nur **frühreife Sorten** verwendet werden. In **Gunstlagen** können auch **Sorten mit mittlerer bis später Reife** angebaut werden.

Zur **Auswahl geeigneter Sorten** wird auf die **jährlich** erscheinende „**Österreichische Beschreibende Sortenliste**" der **AGES** sowie auf die **jährlichen Sortenempfehlungen** der **Landwirtschaftskammern** verwiesen.

Bei der **Sortenwahl** ist auf eine **sichere Ausreife** der Sorte bzw. auf eine **rechtzeitige Erntemöglichkeit vor Eintritt herbstlicher** und damit **meist feuchter Witterung** besonderer Wert zu legen.

Bei den zugelassenen Sorten der Ölsonnenblume überwiegen derzeit Sorten mit hohem **Linolsäuregehalt**. Auch **hochölsäurehaltige** (HO = high oleic) Sorten mit **spezieller Nutzungsrichtung** (z. B. Rohstoff für die chemische Industrie) stehen zur Verfügung.

Angeboten werden auch **neue Sorten**, die eine gewisse **Herbizidtoleranz** beim Einsatz von Herbiziden mit bestimmten Wirkstoffen im **Nachauflauf** aufweisen. Für die menschliche Ernährung stehen auch **Schäl-Sonnenblumen** zur Verfügung.

2.7 Bodenvorbereitung, Anbau und Pflege

❑ Bodenvorbereitung

Die **Bearbeitungsziele** für ein **optimales Wachstum** der Sonnenblume sollten durch eine **trockene**, **bodenschonende** und **wassersparende Bodenbearbeitung** mit **wenigen Arbeitsschritten** erreicht werden.

Bodenart und **Feuchtigkeitszustand**, **Vorfrucht**, **Fruchtfolge**, **Düngungsmaßnahmen**, **Geländeverhältnisse**, **Bearbeitungs- und Anbauverfahren** bestimmen den **Bearbeitungszeitpunkt** und die **Geräteauswahl**.

• **Stoppelbearbeitung**
Um die **Ziele der Stoppelbearbeitung** zu erreichen, sind in der Regel **zwei Bearbeitungsgänge** in **unterschiedlicher Tiefe** und, wenn möglich, **leicht versetzt** zur vorhergegangenen **Drusch- bzw. Bearbeitungsrichtung** durchzuführen.

Die **Erstbearbeitung** sollte **rasch**, **flach** (bis max. 5 cm), **ganzflächig**, **mischend**, (fein-)**krümelig** und mit **ausreichender Rückverfestigung** erfolgen.

Erreicht werden sollte:
- die **Beseitigung** von **Oberflächenverdichtungen** und der **vorhandenen Restverunkrautung**
- eine **Bodenlockerung** und **Vermischung** von **Ernterückständen** (Stroh) mit **Feinerde** (Rottebeschleunigung)
- ein **rasches Auflaufen** von **Ausfallgetreide** und **Unkrautsamen**
- eine **Unterbrechung** der **kapillaren Wasserverdunstung**
- eine **bessere Aufnahme und Speicherung von Regenwasser**

Mit einer **tiefgehenden Folgebearbeitung** auf 10–12 cm (bis max. 15 cm) **sollte erreicht werden**:
- **Beseitigung** des **Aufwuchses** aus **Ausfallgetreide** und **Unkrautsamen**, die als so genannte „grüne Brücke" einer Reihe von Schaderregern zum Überleben bzw. zur Vermehrung dienen.
- Gegebenenfalls lassen sich tiefergehende **Spurverdichtungen** (z. B. durch Erntegeräte) gut **auflockern**.
- **Tiefergehende Vermischung und Umlagerung** der **Stoppel- und Ernterückstände** (Stroh) mit **Feinerde** zur **Rottebeschleunigung**

Ist der **Anbau einer Zwischenfrucht** (Begrünung) vorgesehen, **kann** aus zeitlichen Gründen die **Folgebearbeitung** auch als **„lockernde Grundbodenbearbeitung"** auf eine **Bearbeitungstiefe von über 15 cm** (bis max. 20 cm) durchgeführt und **aussaatmäßig** (feinkrümelig und rückverfestigt) **vorbereitet** werden.

Eine **abfrostende Winterbegrünung** mit anschließender Mulch- oder Direktsaat **verbessert** die **Durchwurzelbarkeit und Strukturstabilität** des Bodens und **schützt vor Erosion.**

• **Grundbodenbearbeitung**
Wird der **Pflug zur Grundbodenbearbeitung** eingesetzt, ist eine **nicht zu späte** („warme"), **tiefergehende, gleichmäßig ausgeformte Herbstfurche** mit **sattem Furchenschluss** anzustreben.
Im **Trockengebiet** ist eine möglichst **„ebene"** (erforderlichenfalls grob eingeebnete) **Bodenoberfläche** nach der Herbstfurche von Vorteil. Sie **ermöglicht** mit **wenig Aufwand** eine **gleichmäßige** und **wassersparende Saatbettbereitung** im Frühjahr.
In **feuchteren Übergangslagen** kann **eine gleichmäßig ausgeformte Herbstfurche mit sattem Furchenschluss rau in den Winter gehen.**
In **allen Fällen** ist eine grobschollige Bodenoberfläche mit unterschiedlich tiefen „Furchentälern" **nach einer Herbstfurche unter schwierigen Boden- und Witterungsverhältnissen** in einem **eigenen Arbeitsgang grob einzuebnen.**

Eine **Grundbodenbearbeitung ohne Pflug** mittels **Grubber** verringert ein eventuelles **Erosionsrisiko** und ist am ehesten **möglich**, wenn **Vorfrucht** und **günstige Bodenverhältnisse** (humos, mittelschwer, kalkhaltig) eine **stabile Bodenstruktur gewährleisten.**

Mit der **Grundbodenbearbeitung** sollte u. a. die **Erhaltung bzw. Schaffung günstiger Strukturverhältnisse in der Ackerkrume unterstützt** werden, um eine **ungehinderte Wurzelentwicklung der Sonnenblume** zu ermöglichen. Gemäß GAP 2023 (GLÖZ 6) ist die **Mindestbodenbedeckung** vom 1. November bis 15. Februar zu beachten!

• **Saatbettbereitung**
Die **begrünungsfreien Felder** sind im **Frühjahr** erst nach einer **ausreichenden Abtrocknung wassersparend** (durch eine flache und nicht zu häufige Bearbeitung) und mit **wenig Bodenbelastung** (Reifenwahl, Reifendruckregelung etc.) einzuebnen.
Dabei ergibt sich die **Möglichkeit, die noch nach der Grundbodenbearbeitung aufgelaufenen Herbstunkräuter** mechanisch **zu beseitigen** und die **im Frühjahr keimenden Unkräuter zum Aufgang anzuregen.**
Mit der **letzten Bearbeitung vor dem Anbau** werden die im Frühjahr aufgelaufenen **Unkräuter mechanisch beseitigt**, ausgebrachte **Stickstoffdünger eingearbeitet**, auf eine **einheitliche Tiefe von max. 5 cm gelockert** und **mechanisch rückverfestigt.**

Gerätekombinationen sind für die **Saatbettbereitung** besonders geeignet und erreichen in 1–2 Arbeitsfolgen das **erforderliche Saatbett** für den Sonnenblumenanbau.

- **Erosionshemmende Maßnahmen in Hanglagen**

Um der **Bodenerosion** auf Sonnenblumenfeldern in **Hanglagen entgegenzuwirken**, ist besonders ein durch die Geländeform bzw. Grundstückslage erzwungener **Anbau in der Falllinie erosionshemmend** durchzuführen.

Gemäß **Nitrat-Aktionsprogramm-Verordnung 2023** ist **bei Kulturen mit besonders später Frühjahrsentwicklung**, wozu auch **Sonnenblumenkulturen** zählen, bei einem **Anbau in Hanglagen mit über 10 % durchschnittlicher Hangneigung zu einem Gewässer** (festgestellt im 20-m-Bereich ab der Böschungsoberkante) **zumindest eine der folgenden Bestimmungen einzuhalten:**

- Der **Anbau** hat **quer zum Hang** oder mit anderen **abschwemmungshemmenden Anbauverfahren** (z. B. Mulchsaat, Direktsaat) zu erfolgen **oder**
- die **Flächen** sind **über den Winter bestockt** zu halten (Zwischenfruchtanbau) **oder**
- der **Hang zum Gewässer** ist durch **Querstreifeneinsaat, Quergräben mit bodenbedeckendem Bewuchs** oder sonstigen **gleichwertigen Maßnahmen** so in Teilstücke zu **untergliedern**, dass eine **Abschwemmung des Düngers vermieden** wird **oder**
- **zwischen** der zur Düngung vorgesehenen **Ackerfläche** und dem Gewässer ist ein **mindestens 20 m breiter, gut bestockter Streifen** vorhanden.

❏ Anbau

Die **Saatzeit** beginnt in den wärmeren Anbaulagen **meist Anfang April** und in **kühleren** Übergangslagen **ab Mitte April** (jedenfalls vor dem Maisanbau). Eine mittlere Bodentemperatur von 7–8 °C (in 5–10 cm Bodentiefe) sollte bis dahin erreicht sein, damit die Sonnenblume innerhalb von 10–14 Tagen aufgeht.

Spätsaaten in der ersten Maiwoche sollten eher eine **Ausnahme** sein. Ein späterer Sonnenblumenanbau zwecks Ölgewinnung sollte möglichst unterlassen werden (Erträge und Ölgehalt sinken deutlich).

Die optimale **Saattiefe** liegt zwischen **3 und 5 cm**. Entscheidend für einen **gleichmäßigen Aufgang** ist eine **konstante Saattiefe**, wobei die Sonnenblumensamen so tief gesät werden, dass **Anschluss an die feuchte Bodenschicht** gegeben ist.

Die **Saatmenge in kg/ha** lässt sich aus der gewünschten **Zahl keimfähiger Körner pro m²**, der **Keimfähigkeit** (mindestens 85 %) und der festgestellten **Tausendkornmasse** (45-100 g) nach folgender Formel errechnen:

$$\frac{\text{keimfähige Körner je m}^2 \text{ (z. B. 7) x TKM in Gramm (z. B. 70)}}{\text{K \% (angenommener Feldaufgang) (z. B. 85)}} = \dots\dots\dots \text{ kg/ha}$$

Aufgrund der unterschiedlichen Anbaubedingungen kann die richtige **Saatmenge je ha** zwischen **4 und 6 kg** schwanken.

Die angestrebte **Bestandesdichte** zur Ernte liegt je nach den Standortbedingungen vielfach zwischen **50.000 und 60.000 Pflanzen je ha** (5–6 Pflanzen je m²). Die geringere Zahl gilt dabei für leichtere Böden, vor allem im Trockengebiet. Um die genannte Bestandesdichte zu erreichen, müssen unter **Berücksichtigung der üblichen Aufgangsverluste ca. 60.000–70.000 Körner/ha** (6–7 Körner /m²) **ausgesät** werden. Wo mit **zusätzlichen Verlusten** während und nach dem Aufgang zu rechnen ist (Vogel- und Wildschäden), kann auch ein gesonderter **Zuschlag** zur Saatmenge von 10–15 % gegeben werden.

Zu hohe Bestandesdichten sind zu vermeiden, da die Wuchshöhe zunimmt, die Standfestigkeit geringer wird und der Korbdurchmesser abnimmt.

Sonnenblumenbestände mit 30.000–40.000 Pflanzen/ha besitzen bei günstiger Witterung während der Wachstumszeit noch ein gutes Ausgleichsvermögen (Vergrößerung der Blütenkörbe), sodass noch Durchschnittserträge erreicht werden können. Dabei ist mit einer deutlichen Reifeverzögerung zu rechnen.

Sollten größere Pflanzenverluste auftreten, so kann als Grenzwert eine **Mindestbestandesdichte von 30.000 gleichmäßig verteilten Pflanzen/ha** (3 Pflanzen/m^2) angegeben werden.

Die Kosten für einen eventuellen **Zweitanbau** sind jedoch erst dann gerechtfertigt, wenn die **Pflanzenverluste über 50 %** betragen und der **Sonnenblumenanbau noch zu Beginn der 2. Maiwoche** erfolgen kann.

Im Saatguthandel wird das **Sonnenblumensaatgut** in **Packungseinheiten mit 75.000 Körnern** angeboten.

Die günstigste **Saatmethode** ist die **Einzelkornsaat**. Pneumatische Einzelkornsägeräte mit speziellen Säscheiben sind jedoch notwendig.

Die Sonnenblume eignet sich insbesondere in **Hanglagen** auch für eine **Mulchsaat**, da im Frühjahr ausreichend Zeit für eine **trockene Saatbettbereitung** gegeben ist.

Die gewählte **Reihenentfernung** richtet sich nach den vorhandenen Anbau- und Pflegegeräten und **schwankt** meist zwischen **45 und 75 cm. Enge Reihenweiten sind aus pflanzenbaulicher Sicht günstiger** (bessere Standraumverteilung und schnellerer Bestandesschluss).

Der **Abstand in der Reihe in cm** ergibt sich aus der **Reihenentfernung** und der **gewünschten Kornzahl je Fläche** und kann nach folgender Formel berechnet werden:

$$\frac{100}{\text{Reihenweite in m (z. B. 0,50) x Kornzahl pro m}^2 \text{ (z. B. 7)}} = \text{........ cm}$$

Da der Sonnenblumenanbau mittels **Einzelkornsämaschine** erfolgt und im Saatguthandel das Sonnenblumensaatgut in **Packungseinheiten** mit meist 75.000 Körnern angeboten wird, ist für die Bestellung des Saatgutes die **Kenntnis der erforderlichen Kornzahl/ha notwendig**.

Diese lässt sich aus der **Reihenentfernung** und der **Ablageentfernung in der Reihe** errechnen.

Ermitteln Sie die Kornzahl pro ha aufgrund nachstehender Angaben:
Reihenentfernung .... 50 cm
Ablageentfernung in der Reihe .... 28,60 cm

❑ Pflege

Alle **mechanischen Pflegemaßnahmen** haben eine trockene Bodenoberfläche als Voraussetzung und sind möglichst **pflanzenschonend** durchzuführen.

Es lassen sich dabei
- vorhandene Bodenkrusten aufbrechen,
- die unproduktive Verdunstung verringern,
- die Durchlüftung des Bodens verbessern und
- aufgelaufene Unkräuter bekämpfen.

Die Unkräuter lassen sich durch **Striegeln, Hacken und Häufeln** – mit **zunehmender Wirkung** – bekämpfen. **Ein warmer Witterungsverlauf während der Pflegephase begünstigt die unkrautvernichtende Wirkung.**

Der Einsatz des **Hackstriegels** ist **ab dem 4-Blatt-Stadium** bzw. bei einer Wuchshöhe der Sonnenblume von ca. 10–12 cm gut möglich. Die **Fahrgeschwindigkeit beim Striegeln** sollte mindestens **6 km/h** (bis max. 10 km/h) betragen. Die Zinken sind auf „Zug" zu stellen, und man muss **schonungsvoll** (während der Mittagszeit oder am Nachmittag, wenn die Pflanzen biegsamer sind) **striegeln**.

Sonnenblumenjungbestand

Noch **wirkungsvoller** ist die mechanische **Pflege mittels Hack- bzw. Häufelgeräten**. Um all die **positiven Wirkungen einer Hackarbeit** (z. B. Unkrautbekämpfung, Förderung des Pflanzenwachstums) zu erzielen, sind meist **2–3 Bearbeitungsgänge** notwendig.
Dabei ergeben sich unter Berücksichtigung des Entwicklungsverlaufes der Sonnenblume folgende **Pflegetermine:**

- Die **erste Maschinenhacke** sollte **nach dem Sonnenblumenaufgang** erfolgen (sobald die Reihen sichtbar sind) und **vor dem Erscheinen des ersten Laubblattpaares** (bis ca. 10 cm Pflanzenhöhe).

- **Die zweite Maschinenhacke** erfolgt je nach der Verunkrautungssituation **1–2 Wochen später nach Ausbildung des ersten Laubblattpaares.**

- Ein **letzter Hack- oder auch Häufelvorgang** wird **bei ca. 30–35 cm Wuchshöhe** durchgeführt, wenn die Sonnenblume 5–6 Laubblätter entwickelt hat.
  Zwecks Vermeidung von zusätzlichen Sprossverletzungen ist besonders beim **letzten Pflegevorgang** eine **erhöhte Sorgfalt** und kein zu später Arbeitsgang (bis höchstens 40 cm Pflanzenhöhe) vorzusehen.

Um **Wurzelverletzungen zu vermeiden**, sollte die Hacke möglichst flach und nicht zu nahe an die Sonnenblumenreihe heran (7–8 cm Abstand einhalten) geführt werden.

Der **letzte mechanische Pflegevorgang sollte ein „Häufeln"** (10–15 cm hoch) **ermöglichen**, um die **Unkräuter in der Reihe zu verschütten** und eine **bessere Standfestigkeit der Pflanze** zu bewirken.

Ist ein Häufeln aus technischen Gründen nicht durchführbar, so müssen die Unkräuter in der Reihe mittels **Handhacke** (oder chemisch) beseitigt werden.

2.8 Pflanzenschutzmaßnahmen

Die Bekämpfung von **Unkräutern**, **Krankheiten** und **Schädlingen** muss **umweltschonend** durchgeführt werden und **wirtschaftlich** vertretbar sein. Die Bekämpfungsmaßnahmen sollten daher nach dem Konzept des **„Integrierten Pflanzenschutzes"** durchgeführt werden.

Es sind daher **zuerst alle vorbeugenden und mechanischen Maßnahmen** zu setzen.

❏ Unkrautregulierung

Eine notwendige Unkrautregulierung verhindert unnötige Ertrags- bzw. Qualitätsverluste und schafft die Voraussetzungen für eine weitgehende handarbeitsarme Sonnenblumenkultur.

Besonders empfindlich reagieren Sonnenblumen im Jugendstadium gegenüber Unkräutern. Nach der Ausbildung des 5. Laubblattes bewirkt ein **gleichmäßig geschlossener Sonnenblumenbestand** eine **hohe Konkurrenzkraft**, wodurch in der Folge die Unkräuter meist ausreichend unterdrückt werden. Die **Unkrautregulierung** (bzw. Unterdrückung) sollte möglichst **vielseitig** und **gezielt** durchgeführt werden. Die verschiedenen Möglichkeiten einer **integrierten Unkrautregulierung** lassen sich dabei in **zwei Gruppen unterteilen:**

• Nichtchemische Maßnahmen
Sie beinhalten alle **vorbeugenden und kulturtechnischen Maßnahmen**, die einer **Verunkrautung entgegenwirken.** Von **besonderer Bedeutung** ist die zeitgerechte und richtige **Bodenbearbeitung**. Diese beginnt **nach der Ernte der Vorfrucht** mit der **Stoppelbearbeitung** (nach einer Getreidevorfrucht) und reicht über die **Grundbodenbearbeitung** und die **Saatbettbereitung** bis zu den **mechanischen Pflegemaßnahmen.**
Weiters kann eine **weitgestellte Fruchtfolge** einer stärkeren pflanzenarttypischen Verunkrautung entgegenwirken. Letztlich wirkt auch **jeder schnelle Bestandesschluss** bzw. **optimale Pflanzenbestand** unkrautunterdrückend.

• Chemische Maßnahmen
Zur **Bekämpfung zweikeimblättriger Unkräuter** stehen nur **Vorauflaufmittel** zur Verfügung.
Im **Nachauflauf** sind zweikeimblättrige Unkräuter nur bei **bestimmten Sonnenblumensorten** möglich, die eine **Herbizidtoleranz** aufweisen.
Die für Sonnenblumen zugelassenen (registrierten) **Herbizide** sind dem **„Pflanzenschutzmittelregister" der AGES** (www.psm.ages.at) sowie den jährlichen **Empfehlungen für die Unkrautregulierung in Sonnenblumen der Landwirtschaftskammern** zu entnehmen.

❏ Krankheiten und Schädlinge
Die **Sonnenblumen leiden besonders unter ungünstigen Witterungsbedingungen**

und, bei zu häufiger Wiederkehr in der Fruchtfolge, unter verstärktem Krankheits-befall. Dabei spielen die **Pilzkrankheiten** die wichtigste Rolle und sind deshalb für größere Ertragsausfälle verantwortlich.

Ertragsausfälle durch **Schädlinge**, insbesondere durch Schäden an Keim- und Jungpflanzen sowie an reifenden Sonnenblumen, können regional bedeutungsvoll sein.

Krankheiten	**Schädlinge**
• Keimlings- und Auflaufkrankheiten (Sklerotinia, Venticillium, Alternaria, Botrytis, Fusarium, Rhizoctonia, Plasmopara u.a.)	• Blattläuse
	• Nematoden
	• Thripse
	• Engerlinge
• Sklerotinia-Korb- und Stängelfäule	• Drahtwürmer
• Grauschimmel, Botrytis-Fäule	• Erdraupen
• Falscher Mehltau (anzeigepflichtig)	• Nacktschnecken
• Sonnenblumenrost	• Schadvögel
• Alternaria-Braunfleckenkrankheit	• Wildtiere
• Septoria-Blattfleckenkrankheit	
• Verticillium-Welke, Verticilliose	
• Diaporthe-, Phomopsis-Krankheit	
• Phoma-Schwarzfleckenkrankheit	

Die **verschiedenen und zueinander in Beziehung** stehenden **Pflanzenschutzmaßnahmen** lassen sich in **zwei Bereiche** gliedern:

• Nichtchemische Maßnahmen
Diese umfassen alle **vorbeugenden** und **kulturtechnischen Maßnahmen**, welche einer **Krankheitsausbreitung bzw. Schädlingsvermehrung** entgegenwirken und haben insbesondere bei der **Bekämpfung von Pilzkrankheiten größte Bedeutung**, da für eine chemische Bekämpfung derzeit keine Mittel zugelassen sind.
Es bieten sich folgende Möglichkeiten an:
- Auswahl günstiger Sonnenblumenstandorte (Klima, Boden, Lage)
- Auswahl krankheitstolcranter und standortgerechter Sorten
- Kein zu früher Anbau
- Bodenhygiene durch weitgestellte Fruchtfolge und bestmögliche Kulturmaßnahmen innerhalb der gesamten Fruchtfolge
- Wirkungsvolle Bekämpfung von Unkräutern, die insbesondere dem Sklerotinia-Pilz als Wirtspflanze dienen
- Verhaltene Stickstoffdüngung
- Keine zu dichten Sonnenblumenbestände
- Ernterückstände der Sonnenblumen zerkleinern und vorerst mischend und dann wendend in den Boden einarbeiten
- Einsatz von Pilzsporen, die den Sklerotinia-Pilz parasitieren

• Chemische Maßnahmen
Diese sind nur im geringen Umfang durchführbar. Sie umfassen **derzeit** die Möglichkeit einer **chemischen Saatgutbeizung** (z. B. gegen Keimlings- und Auflaufkrankheiten) sowie die **vorbeugende Bekämpfung von Drahtwürmern**, sofern ein Befall zu erwarten ist.
Spezielle Hinweise über Verhütungs- und Bekämpfungsmaßnahmen (**Integriertes Konzept) gegen Krankheiten und Schädlinge der Sonnenblume** sind der „**Leitlinie für den integrierten Feldbau**" der **Landwirtschaftskammern Österreichs** bzw. der

Österreichischen Arbeitsgemeinschaft für integrierten Pflanzenschutz (ÖAIP – www.oeaip.at) zu entnehmen.

Weitere **Informationen** liefert die von der **AGES** herausgegebene Beratungsbroschüre **„Krankheiten, Schädlinge und Nützlinge im Eiweiß- und Ölpflanzenbau"**. Auch die **Landwirtschaftskammern** informieren die Landwirte **jährlich** über kulturbezogene **Pflanzenschutzmaßnahmen**.

2.9 Reife, Ernte und Lagerung

❑ Reife

Die Reife beginnt mit dem **Abfallen der Blütenblätter** und **dauert mehrere Wochen**. Sie ist durch das **unterschiedliche Abreifeverhalten von Korn und Blütenkorb** gekennzeichnet.

Die **physiologische Reife** wird bei etwa **20–25 % Kornfeuchte** erreicht und bedeutet das **Ende der Nährstoffeinlagerung**. Die **Rückseite des Sonnenblumenkorbes hat sich gelb** und die **Deckblätter haben sich zu drei Vierteln braun verfärbt**.

Beginnende Reife der Sonnenblume

Erst mit Beginn der physiologischen Reife kommt es auch zu einer merklichen Wasserabgabe des noch wesentlich feuchteren Blütenkorbes, wobei kleinere und gesunde Körbe schneller abtrocknen.

Vollkommen ausgereifte Sonnenblumenkerne sind **dunkelbraun** und **haben eine Kornfeuchte von ca. 10 %.**

❑ Ernte

Diese erfolgt in den Monaten **September und Oktober** mit dem **Mähdrescher**. Der mögliche **Erntezeitpunkt** ist erreicht, wenn der **Wassergehalt der Sonnenblumenkörner unter 15 %** liegt. **Ideal** wäre ein **Feuchtigkeitsgehalt von unter 10 %.**

*Der gelbe Blütenboden ist das Anzeichen für die kurz bevorstehende **Druschreife**.*

*Adaptierter **Mähdrescher** zur Sonnenblumenernte*

Die **sichtbaren Kennzeichen** der **Druschreife** sind

- bereits braun verfärbte Blütenkörbe,
- frei liegende Sonnenblumenkerne (Blütenreste haben sich bereits von den befruchteten Samen gelöst),
- eingetrocknete Stängel und
- weitgehend abgestorbene Blätter.

Eine **sehr frühe Ernte, Kornfeuchte 15–20 %,** bringt einen **größeren Anteil an Verunreinigungen**, bedingt ein **höheres Verderbsrisiko des Erntegutes** und verursacht **höhere Trocknungskosten**.
Die **sehr späte Ernte** erhöht die **Kornverluste** durch **Ausfall** oder **Vogelfraß** und **gefährdet den Sonnenblumenbestand** durch **Lagerung** oder **Krankheitsbefall**.

Grundsätzlich gilt für jeden Erntezeitpunkt, dass mithilfe einer optimalen Erntetechnik die **Ernteverluste möglichst gering gehalten** werden sollen und eine **Qualitätsminderung** durch das **Schälen von Samen** bzw. durch den **Bruch von Körnern** vermieden wird. Weiterhin sollte der **Anteil an Pflanzenteilen etc. im Erntegut** (Besatz) möglichst **niedrig sein**.

All dies lässt sich unter folgenden **Voraussetzungen** am ehesten erreichen:
- Günstiger Witterungsverlauf zur Reife- und Erntezeit
- Ernte von gesunden und stehenden Sonnenblumenbeständen
- Umrüstung des Schneidwerkes am Mähdrescher (Schneidwerksverlängerung durch spezielle Auffangbleche – so genannte Schiffchen – sowie durch Abgrenzung des Schneidwerkes mittels senkrechter Seitenbleche)
- Abdeckung der Haspelzinken (damit die Blütenkörbe nicht hängen bleiben) und Verringerung der Zinkenträger auf 3 Stück (weniger Ausfallverluste)
- Reduzierung der Dreschtrommeldrehzahl, damit die Kerne nicht geschält und die Körbe möglichst nicht zerschlagen werden
- Weite Öffnung des Dreschkorbes (Universalkorb)
- Bestmögliche Einstellung des Windes (je nach Feuchtigkeit der Körner verschieden)
- Mähdrusch mit möglichst hoch gestelltem Mähbalken (geringere Belastung der Druschorgane durch Stängelteile)

Unmittelbar nach der Ernte sind die **sperrigen Stängelteile** zur Förderung ihrer **Zersetzung** vorerst ausreichend zu zerkleinern und **flach in den Boden einzuarbeiten** (z. B. mittels Fräse oder Scheibenegge). Eine in zeitlichem Abstand mehrmalige flache Bearbeitung ermöglicht den Aufgang und die Beseitigung ausgefallener Sonnenblumensamen.

Eine folgende **Ackerung** hat auf eine **Tiefe von mindestens 10 cm** zu erfolgen (ausreichende Unterbringung verseuchter Pflanzenreste).

❑ Lagerung

Vielfach werden in unseren Anbaulagen Sonnenblumenkerne mit mehr oder weniger Verunreinigung und **einem Wassergehalt zwischen 10 und 20 % geerntet**. Da ein solches **Erntegut** ohne Mengen- und Qualitätsverluste **nicht lagerfähig** ist, muss zunächst eine **Vorreinigung** (Aspiration) stattfinden und anschließend auf **mindestens 8 % Feuchtigkeit** hinuntergetrocknet werden.
Der Trocknungsstaub ist leicht entzündlich!

Erntegut mit weniger als 10 % Feuchtigkeit kann nur bei schönem Herbstwetter in Gunstlagen eingebracht werden. Eine **sofortige Reinigung vor der Einlagerung** ist auch in diesem Fall notwendig. Die **gereinigten bzw. getrockneten Sonnenblumenkerne** sind **bei einer relativen Luftfeuchtigkeit von 60 % und Temperaturen unter 25 °C gut lagerfähig**. Die bei der Lagerung stattfindenden biochemischen und mikrobiologischen Umsetzungsprozesse lassen sich dadurch gering halten.

2.10 Ertrag, Qualität und Verwertung

❑ Ertrag

Der **Kornertrag** der Sonnenblume schwankt meist zwischen 2 bis 4 t/ha und darüber. Die **hohe Empfindlichkeit der Sonnenblume gegenüber Umwelteinflüssen** erklärt die großen Ertragsschwankungen. In den **Hauptanbaugebieten** Österreichs (NÖ., Bgld., Stmk. und OÖ.) lagen in den letzten Jahren die **Durchschnittserträge** zwischen 2,5 und 3 t je ha.

Der Ertrag der Sonnenblume setzt sich aus folgenden **Ertragskomponenten** zusammen:
• Anzahl der Fruchtstände (entspricht Pflanzen) pro Fläche
• Anzahl der Achänen pro Fruchtstand
• Achänengewicht (TKM)
• Ölgehalt der Achänen
• Proteingehalt der Achänen

Durchschnittserträge der Sonnenblume in Tonnen je Hektar

Erntejahr	2022	2023	20 . .
Österreich Bundesland	2,32	2,69	....
....	....	....	....
Eigener Betrieb	....	....	....

Siehe Berichte der Statistik Austria!

❑ Qualität

Für eine **gute Qualität der Sonnenblumenkörner** bilden **gleichmäßige und gesunde Sonnenblumenbestände**, ein **optimaler Reifezustand** und eine richtige sowie **schonungsvolle Erntetechnik** die Ausgangsbasis. Nur so ist es möglich, gesunde, gut ausgereifte, kaum beschädigte und wenig verunreinigte Sonnenblumenkerne zu ernten.

Qualitätsnormen für Ölsonnenblumen gemäß Börseusancen:
• **Fettgehalt**   Normwert 44 %
• **Wassergehalt**   Normwert 8 %, max. 10 %
• **Besatz**   Normwert 2 %, max. 4 %
• **Freie Fettsäuren**   Normwert 2 %, max. 3 %

> Von den **qualitätsbestimmenden Inhaltsstoffen** der Sonnenblumenkerne sind für Ölmühlen besonders der **Gehalt an Rohfett** und der **Gehalt an Rohprotein** von wirtschaftlichem Interesse. Bei der Sonnenblume wird eine **Qualitätsbezahlung** durchgeführt. Die **Qualität des Sonnenblumenöles** ist durch einen **hohen Anteil an ungesättigten Fettsäuren** gekennzeichnet.

Die Sonnenblumenkerne werden in einer **Ölmühle** in verschiedenen Arbeitsschritten zu **Pflanzenöl** und **eiweißhaltigen Rückständen** verarbeitet.

Der Fettentzug erfolgt entweder mittels **Extraktion** (Rückstand wird Schrot genannt) oder durch das **Pressen** (Rückstand wird als Kuchen oder Expeller bezeichnet).

Das Sonnenblumenöl zählt aufgrund seines hohen Linolsäuregehaltes zu den **wertvollsten Pflanzenölen** und wird überwiegend als **Speiseöl** vermarktet.

Es lässt sich aber auch nach einer **Umesterung** als **Ersatz für Dieseltreibstoff** (meist „Bio-Diesel" genannt) verwenden.

Die **Extraktions- bzw. Pressrückstände** stammen von Sonnenblumenkernen, welche entweder geschält, teilweise geschält oder nicht geschält wurden. **Geschälte Sonnenblumenkerne** (Schäl-Sonnenblumensorten) werden für die **menschliche Ernährung** verwendet.

Sonnenblumenschrot aus voll geschälten Sonnenblumenkernen ist als Kraftfutterbestandteil besonders wertvoll.

Er wird zu einem höheren Anteil an **Wiederkäuer** und zu einem geringeren an **Schweine** und **Geflügel** verfüttert.

Sonnenblumenkerne werden auch als **Vogelfutter** verwendet. Im Gemengeanbau mit Grünmais kann die Sonnenblume auch als **Grünfutter** verwendet werden.

3. MOHN (*Papaver somniferum*)

3.1 Herkunft und Bedeutung

Wegen seiner **nahrhaften, fettreichen Samen** und seines **schmerzlindernden Milchsafts** wurde der Mohn in Europa bereits in der Jungsteinzeit (vor 5000 Jahren) feldmäßig angebaut.

Beim Mohnanbau ist der **Anbauzweck** entscheidend. Während sich Südeuropa (Spanien, Frankreich) vor allem auf den Mohnanbau für **Arzneimohn** (Opiate) spezialisiert hat, zählt Tschechien zu den wichtigsten **Speisemohnproduzenten** (Back- und Ölmohn).

In Österreich wurden im Jahr 2023 **2.456 ha Mohn** angebaut.

Bunt blühendes Mohnfeld *mit abwechselnden Streifen von weiß- und rotblühenden Sorten*

3.2 Botanisches

Der Mohn gehört zur **Familie der Mohngewächse (*Papaveraceae*)** und umfasst **26 Gattungen und 260 Arten**. Er ist eine **einjährige**, meist **selbstbefruchtende** (ca. 80 %) **Langtagspflanze**.

Er bildet eine kräftige **Pfahlwurzel** und einen aufrechten, borstig behaarten, 150 cm langen **Stängel** aus. Im oberen Teil verzweigt

Mohnsamen

sich der Stängel häufig, sodass auch mehrere Kapseln (bis zu 4) pro Pflanze angelegt werden können.

Die **Blüte** besteht aus einem zweiblättrigen Kelch und 4 Blumenkronblättern, die zumeist **weiß** mit einem violetten Fleck oder **rot** mit einem schwärzlichen Fleck sind. Mohn **blüht nur einige Tage**.

Die **Frucht** ist eine **ovale Kapsel.** Je nachdem, ob sich die Fruchtblätter unterhalb des Narbenkranzes der Kapsel öffnen oder nicht, spricht man von einem **„Schüttmohn"** oder **„Schließmohn"**.

Bei Vermehrungen ist wegen einer **Fremdbefruchtung** durch Insekten ein **genügender Abstand** zwischen Schütt- und Schließmohn einzuhalten.

Die **Samen** sind nierenförmig, bis 1,5 mm groß, meistens **grau** (Graumohn), **blau** (Blaumohn) oder auch **weiß**. Die **Kapsel** enthält bis zu 2000 Samen. Die **Samen** haben eine TKM von 0,4–0,6 g.

3.3 Ansprüche an den Standort

Der Mohn bevorzugt **warme**, **trockene** und **windgeschützte Lagen**. Mohn ist zwar **nicht frostgefährdet**; bei gleichzeitigem Auftreten von Frost und Wind können die jungen Pflanzen aber leicht abbrechen.

In der Jugendentwicklung ist Mohn relativ unempfindlich gegen niedrige Temperaturen. Er stellt aber in der **Hauptvegetationszeit, in der Blüte und Reife hohe Ansprüche an die Wärme**. Die **Mindestkeimtemperatur** liegt bei + 3 °C, mit einer **Keimzeit** von 2–3 Wochen. Die **Jugendentwicklung** ist zunächst zögernd. Dies zwingt zu einer **intensiven Unkrautbekämpfung** im frühen Stadium. Die **Gesamtvegetationsdauer** beträgt 120–140 Tage.

Als **beste Standorte** gelten **sandige, feinkrümelige Lehmböden mit genügend Humus- und Kalkgehalt**. Schwere, kalte, tonige, nasse, grobschollige und sehr leichte Böden scheiden aus.

3.4 Stellung in der Fruchtfolge

Als Vorfrüchte kommen hauptsächlich Kulturen in Frage, die weitgehend einen **unkrautfreien Boden** mit **gutem Garezustand** hinterlassen. Die **Vorfruchtwirkung** des Mohns ist insgesamt als **günstig** zu betrachten, da die **Nährstoffentzugsmengen aus dem Boden nicht hoch** sind und eine gute Bodenbedeckung und Humuswirkung durch das Mohnfeld erreicht wird.

Die **Ölfrucht Mohn** wird in der Fruchtfolge als **Blattfrucht** eingestuft und steht normalerweise **zwischen zwei Getreidearten**.

3.5 Ernährung und Düngung

Düngungsempfehlungen erfolgen nach den **„Richtlinien für die sachgerechte Düngung" (RSGD)**, 8. Auflage!

Wegen **vermehrter Lagerneigung** und **Reifeverzögerung** sollte eine **Stallmistgabe unterbleiben**.

Mohn verträgt **keine frische Kalkung!**

Die **Phosphat- und Kaliversorgung** richtet sich nach der **Bodenuntersuchung** und der **Ertragslage**. Für **mittlere Ertragslagen** der **Gehaltsklasse C** gelten z. B. als **Richtwerte**

für die **Grunddüngung 55 kg P$_2$O$_5$ und 100 kg K$_2$O** je ha und Jahr. Die erforderliche PK-Versorgung kann bereits im **Herbst** oder **spätestens vor dem Anbau** erfolgen.
Auf eine **ausreichende Borversorgung** ist zu achten!

Als **Empfehlungsgrundlage** für die **Stickstoffdüngung nach Richtwerten** gilt für Mohn nach den RSGD (8. Auflage) für **mittlere Ertragslagen** ein **N-Bedarfswert** von **50–80 kg N/ha**. Davon ausgehend ergeben sich für **abweichende Ertragslagen** bzw. **Standorteigen-schaften** durch prozentuelle Zu- und Abschläge die **maximalen N-Bedarfswerte** sowie die daraus abgeleiteten **Vorgaben für die Konditionalität.**

N-Obergrenzen in kg jahreswirksamer N/ha gemäß Nitrat-Aktionsprogramm-Verordnung 2023:

Ertragslage Kultur	niedrig (t/ha) (max. N)	mittel (t/ha) (max. N)	hoch 1 (t/ha) (max. N)	hoch 2 (t/ha) (max. N)	hoch 3 (t/ha) (max. N)
Mohn	< 0,6 **65**	0,6–0,8 **80**	> 0,8–0,9 **95**	> 0,9–1,0 **105**	> 1,0 **110**

Die N-**Obergrenzen** beziehen sich bei **allen stickstoffhaltigen Düngern** auf ihre jeweilige **Jahreswirksamkeit. Zwei Drittel der N-Menge gibt man zum Anbau,** den **Rest als Kopfdüngung.**

3.6 Saatgut und Sortenwahl

Grundsätzlich unterscheidet man zwischen **Sommer- und Wintermohn** sowie zwischen **Schüttmohn** und **Schließmohn.**
- **Schüttmohn** (auch „sehender" Mohn): Dessen Kapsel öffnet sich bei der Reife unterhalb der Rosette zu kleinen Löchern. Es besteht die Gefahr des Ausschüttelns der Körner durch den Wind.
- **Schließmohn** (auch „blinder" Mohn): Seine Kapsel bleibt in der Reife geschlossen.

Die **Samenfarbe** ist ein weiteres **Unter-scheidungsmerkmal.** Sie **variiert** von **gelblich, weiß** über **blau** und **grau** bis zu **schwarz.**
Die häufigsten **Sommermohnarten** sind **Grau-** und **Blaumohn.** Am bekanntesten ist der **Waldviertler Graumohn** g. U. (seit 1997 geschützte Ursprungsbezeichnung) – ein Schüttmohn.
Die Sorten **‚Edel-Rot'** und **‚Edel-Weiß'** sind aus dieser Landsorte hervorgegangene Zucht-formen.
In Österreich wird von den Kontraktgebern (z. B. Waldland GmbH bei Zwettl in NÖ) das **Saatgut** zur Verfügung gestellt.

Schüttmohn

Bei **Wintermohn** handelt es sich um einen zur Überwinterung angepassten Genotyp (‚Zeno Wintermohn'). Er ist aus einem züchterisch behandelten Blaumohn (Schließmohn) hervorge-gangen.
Wintermohnanbau ist ein Risiko (Auswinterungsgefahr). In geschützten Lagen bei mil-dem Winter ist er ertragreicher und 2–3 Wochen früher erntereif im Vergleich zum Sommer-mohn.

3.7. Bodenvorbereitung

Die Bodenvorbereitung soll mit einer **intensiven**, **seichten** und **mehrmaligen Stoppelbearbeitung** zur **vorbeugenden Unkrautbekämpfung nach der Getreideernte** beginnen. So kann im Herbst eine tiefere, gleichmäßig ausgeformte, warme und trockene **Herbstfurche mit sattem Furchenschluss** durchgeführt werden. Gemäß GAP 2023 (GLÖZ 6) ist die **Mindestbodenbedeckung** vom 1. November bis 15. Februar zu beachten!

Kurz vor der Aussaat im Frühjahr ist das Feld **flach** bis zu einer Tiefe von 2–3 cm aufzulockern, **gartenmäßig** und unkrautfrei saatfertig zu machen. Eine eventuelle **abfrostende Winterbegrünung** muss rechtzeitig **vor dem Anbau gut in den Boden eingearbeitet** werden.

3.8 Anbau

Der **Anbau** von **Sommermohn** sollte möglichst **Mitte März bis Ende April** erfolgen (Langtagspflanze mit knapp 150 Tagen Entwicklungszeit). Meist wird mit einer **Feinkorn-Einzelkornsämaschine** auf eine **Sätiefe von 0,5–1 cm** angebaut.

Bei einem **Reihenabstand von 42 cm** und einem **Abstand in der Reihe von 3–5 cm** genügt eine **Saatmenge** von **0,4–0,6 kg/ha**.

Bei einem zu erwartenden **Feldaufgang von 70–80 %** müssen **90–110 Samen/m² ausgesät werden**, um ca. **40–60 Pflanzen pro m² zu erreichen**.

Der Anbau kann auch bei einer **exakten Saatbettvorbereitung** mit einer gut eingestellten **Drillsämaschine** (jede 2. Reihe – 25 cm) erfolgen. Wegen eines besseren Feldaufganges sollen die **Säschare mit speziellen Druckrollen** ausgestattet werden. Die **Saatmenge** beträgt **0,5–0,8 kg/ha** bei einer TKM von 0,4–0,6 g.

Auf keinen Fall nach der Saat anwalzen, da es bei starken Niederschlägen zu einer **Verkrustung des Bodens** und dadurch zu Auflaufschäden kommen kann.

Die **Aussaatmenge in kg/ha** lässt sich nach **folgender Formel ermitteln**:

$$\frac{\text{keimfähige Körner je m}^2 \text{ (z. B. 90) x TKM in Gramm (z. B. 0,5)}}{\text{K \% (angenommener Feldaufgang) (z. B. 80)}} = \text{............... kg/ha}$$

Wintermohn: Nach einem Anbau Anfang September soll Wintermohn 3–4 Blattpaare bei einem Rosettendurchmesser von etwa 10–15 cm im Herbst entwickelt haben. Er blüht schon Ende Mai und wird 10–20 Tage früher reif als Sommermohn. Nach einer guten Überwinterung ist ein höherer Ertrag bei guter Qualität zu erwarten.

3.9 Pflege

Mohn reagiert wegen seiner **langsamen Jugendentwicklung** empfindlich auf Unkrautkonkurrenz.

Nach einer guten **Unkrautfreihaltung der Vorfrucht** ist eine **mehrmalige Hacke** zu empfehlen.

Sommermohn *(links)*, **Wintermohn** *(rechts)*

Neben **herkömmlichen Hackgeräten** werden neuerdings auch **Hackbürsten** mit Erfolg eingesetzt.

Bei einer dreimaligen Hacke beginnt die erste Hacke beim Sichtbarwerden der Reihen, wird dann fortgesetzt im 4-Blatt-Stadium und endet kurz vor Reihenschluss.
Beim **letzten Hackvorgang** werden die Reihen etwas **angehäufelt**, um eine bessere Standfestigkeit zu erreichen und um das Unkraut in den Reihen etwas zu unterdrücken.
Extrem verunkrautete Bestände können eine **Handhacke** erforderlich machen.

Mohnfeld

3.10 Pflanzenschutzmaßnahmen

Zur **chemischen Unkrautbekämpfung** stehen **Vor- und Nachauflaufherbizide** zur Verfügung.
Mohn ist sehr empfindlich, weshalb Herbizidanwendungen im Nachauflauf **ab dem 4-Blatt-Stadium** abends (bei einer entsprechenden Wachsschichte der Pflanzen) erfolgen sollen.

Die regionale Ausweitung der Anbauflächen lässt ein **vermehrtes Auftreten** der bislang wenig in Erscheinung getretenen **Krankheiten und Schädlinge** erwarten. Um dem entgegenzuwirken, wären alle vorbeugend wirkenden Kultur- und Pflegemaßnahmen in ausreichender Weise zu berücksichtigen. Im Übrigen stehen für diese Kultur nur wenige registrierte PSM zur Krankheits- und Schädlingsbekämpfung zur Verfügung.

Im **Keimblattstadium** ist der Mohnaufgang auf **Erdflohschäden** zu kontrollieren. In den meisten Fällen ist eine rechtzeitige **Behandlung mit einem anerkannten Insektizid** notwendig.

WICHTIGE KRANKHEITEN UND SCHÄDLINGE IM MOHNBAU

Krankheiten	Schädlinge
• Wurzelbrand	• Erdflöhe
• Falscher Mehltau	• Mohnwurzelrüssler
• Parasitäre Blattdürre, Helminthosporiose	• Mohnstängelgallwespe
• Sklerotinia	• Mohngallmücke
• Grauschimmel	• Blattläuse
• Herzfäule	• Mohnkapselrüssler
• Echter Mehltau	
• Stängelfusariose	
• Stängelbakteriose	
• Bakterielle Blattfleckenkrankheit	
• Schwärzepilze	
• Virosen	

Die nähere Beschreibung der genannten Krankheiten und Schädlinge bzw. die speziellen Empfehlungen über integrierte Vorbeugungs- und Bekämpfungsmaßnahmen sind der **„Leitlinie für den integrierten Feldbau"** der **Landwirtschaftskammer Österreich bzw. der Österr. ARGE für integrierten Pflanzenschutz** (ÖAIP – www.oeaip.at) zu entnehmen.

Manche Pilzkrankheiten bewirken eine **Verfärbung der Zierkapseln**, sodass ein Fungizideinsatz erforderlich wird. In Sonderfällen wende man sich an die zuständigen **Beratungskräfte für Sonderkulturen. Mohnanbau verlangt viel Kontrolle!**

Mögliche *Verpilzung von Mohnkapseln* bei schlechter Witterung

3.11 Reife, Ernte und Lagerung

❏ Reife

Sobald der Samen beim Schütteln der **Kapseln raschelt**, ist **der Mohn reif**. Die Kornfeuchte beträgt dann meist 7–8 %.

Um Verluste durch Windbruch oder Vogelfraß zu verhindern, sollte die Ernte nun rasch erfolgen.

Wichtig: Im Falle von Auftreten der Unkräuter Gefleckter Schierling, Ragweed (Traubenkraut), Stechapfel, Eisenhut, bittersüßer Nachtschatten und Pilsenkraut ist eine Bereinigung vor der Ernte durchzuführen. Gewisse Samen sind schwer vom Mohn heraus zu reinigen und giftig.

Reifendes Mohnfeld

❏ Ernte

Mohn kann bei **trockenen Stängeln und trockenen Kapseln** mit dem **Mähdrescher** bei **hohen Stoppeln** geerntet werden.

Der Drusch sollte sehr schonend erfolgen, weil verletzte Körner leicht ranzig werden, was in der Folge zum Verderb der ganzen Erntemenge führen kann. Dabei ist zu beachten, dass möglichst wenig Körner gequetscht werden.

Vorsorgemaßnahmen:
- Trommeldrehzahl reduzieren
- Dreschkorb so weit öffnen, dass gerade noch die Kapseln zerschlagen werden

Mohndrusch mit dem Mähdrescher

- Reinigung (Wind, Sieb) so einstellen, dass viele gebrochene Kapselteile im Erntegut verbleiben. Dadurch wird der Mohnsamen bei Schnecken und Elevatoren nicht so leicht beschädigt.
- Die groben Verunreinigungen lassen sich beim ersten Reinigungsvorgang leicht entfernen.

Im **Kontraktanbau** (z. B. mit Waldland) wird die **Ernte sehr schonend** mit **speziell umgebauten Mähdreschern** (Elevatoren werden durch Saugrohrleitungen ersetzt) durchgeführt.

Beim **Schüttmohn** (Graumohn) kann auch die trockene **Kapsel samt Stiel für Dekorationszwecke** verwendet werden. Hierzu erfolgt die Ernte mit speziellen Schüttlermaschinen.

Das restliche Mohnstroh wird meist mit dem Mähdrescher beim Drusch gehäckselt oder geschlägelt und in den Boden eingearbeitet.

❑ Lagerung

Gedroschener Mohn erleidet durch die verletzten Körner, die leicht ranzig werden, starke Lagerungsverluste. Mohn, der aus gequetschten oder ausgeschüttelten, gleichmäßig ausgereiften Mohnkapseln stammt, lässt sich ohne wesentliche Verluste lagern. Stark verunreinigter bzw. feuchter Mohn sollte vor der Lagerung vorgereinigt und getrocknet werden.

Normalerweise wird der gedroschene und getrocknete, aber noch verunreinigte Mohn in gekennzeichneten Kisten gelagert. Erst vor der Verwertung wird der Mohn vorsichtig und gründlich gereinigt.

Die **Abrechnung** erfolgt erst **nach der gereinigten Ware**!

3.12 Ertrag, Qualität und Verwertung

❑ Ertrag

Die Erträge schwanken sehr stark und liegen zwischen 700 und 1.100 kg/ha.
An **Mohnkapseln für Dekorationszwecke** (Floristik) können 700–1.000 kg/ha geerntet werden. Das sind 300.000–500.000 Mohnkapseln je ha.

Durchschnittserträge von Mohn in Kilogramm je Hektar

Erntejahr	2022	2023	20 . .
Österreich Bundesland	790	760	....
....	....	....	....
Eigener Betrieb	....	....	....

Siehe Berichte der Statistik Austria!

❑ Qualität

Der **vermehrte Anbau von Mohn in Österreich** hat das Ziel einer **Qualitätsmohnproduktion**.
Dies wird z. B. erreicht durch:
- **Bedarfsgerechte Düngung**
- **Schonende Ernte** mit speziellen Maschinen
- **Vertragsmohnanbau**

Die Qualitätskriterien (z. B. Besatz, Kornfurche) werden beim Verkauf vom Vertragspartner vorgegeben.

❑ Verwertung

Mohn wird hauptsächlich als **Nahrungsmittel** (Backwaren) verwendet. Er wirkt beruhigend. Vor der Vermarktung wird der Mohnsamen einer exakten Feinreinigung unterzogen.

Mohn ist **sehr ölreich (45 %)** und hat einen **hohen Anteil an gesunden** (für die Leber, gegen Cholesterin) **ungesättigten Fettsäuren** (ca. 90 %).
Der Pressrückstand ergibt ein hochwertiges Eiweißfutter.
Eine **zusätzliche Einnahmequelle** sind die **Mohnkapseln** für **Gestecke**.

4. ÖLKÜRBIS (*Cucurbita pepo*)

4.1 Herkunft und Bedeutung

Die Kürbisse zählen zu den ältesten Kulturpflanzen, wobei Mexiko als Ursprungsland für den gewöhnlichen Kürbis angesehen wird.

Alle heute gezogenen Nutz- und Zierkürbisse der Gattung Cucurbita sind amerikanischen Ursprungs.

Beim **Ölkürbis** unterscheidet man **Varietäten**, die entweder **hartschalige oder weichschalige Samen** besitzen. Letzteren fehlt die Verdickung und Verholzung der Samenschale, weshalb man auch vom **„schalenlosen" Ölkürbis** spricht.

Ein Vertreter dieser Art ist der **„Steirische Ölkürbis"** (Cucurbita pepo var. styriaca), der in Österreich schon seit weit über hundert Jahren feldmäßig zur Gewinnung von **Kürbiskernöl** angebaut wird.

Besonders erwähnenswert ist das **„Steirische Kürbiskernöl g.g.A."** (geschützte geografische Angabe), eine seit 1996 **durch die EU geschützte Regionalmarke**, die vor **Verfälschung** und **unlauterem Wettbewerb schützt**:
- Sie **sichert die Herkunft der Kürbiskerne** aus einem **geografisch definierten Gebiet** der Steiermark, des Burgenlandes und von Niederösterreich,
- **garantiert** die **Kernölherstellung** nach **traditionellem Pressverfahren** (ohne Raffination) in **bestimmten Ölmühlen** der Steiermark und des Burgenlandes und
- **garantiert 100 % Kürbiskernöl** aus einer **Erstpressung**.

Grundsätzlich können Landwirte **auch außerhalb des g.g.A.-Gebietes** bei **gesichertem Absatz** „Steirischen Ölkürbis" erfolgreich **anbauen**.

Die **zunehmende Nachfrage** nach **konventionell und biologisch erzeugten Kürbiskernen aus Österreich** führt seit Jahren zu einer **Ausweitung der Anbaufläche**.

Anbaufläche von Ölkürbis in Hektar

Erntejahr	2022	2023	20 . .
Österreich Bundesland	37.310	28.425	....
....	....	....	....

Siehe Berichte der Statistik Austria!

4.2 Botanisches

Der Ölkürbis zählt zur Familie der **Kürbisgewächse (*Cucurbitaceae*)**. Der schalenlose (richtiger wäre: der weichschalige), langtriebige Ölkürbis verdankt die „Schalenlosigkeit" des Kernes einer **Verlustmutation**. Die sonst übliche Dickschaligkeit ist durch Mutation verloren gegangen. Ein besonders schönes Beispiel einer Mutation mit so seltener praktischer Bedeutung!

Der Ölkürbis ist **einhäusig getrenntgeschlechtlich**; es finden sich **weibliche und männliche Blüten getrennt auf einer Pflanze**. Die **Bestäubung durch Insekten** (vorwiegend Hummeln und Bienen) ist die Ursache der Mannigfaltigkeit der Ölkürbisse. Die männlichen **Blüten** erscheinen meist früher als die weiblichen; die Blüten wachsen aus den Achseln der Blatttriebe.

Weibliche Kürbisblüte

Männliche Kürbisblüte

Die **Blätter** können an jenen Stellen, an denen die Blattadern zusammentreffen, dreieckige silbrige Flecken haben und sind ungelappt bis tief eingeschnitten. In der Blattrandzahnung und Behaarung weisen sie große Unterschiede auf.

Eine Pflanze macht **4–5 Triebe** mit einer Einzeltrieblänge je nach Wuchstyp (Buschtyp, Rankentyp oder Zwischentyp) bis zu 7 m. Jede Pflanze trägt im Mittel **1 bis mehrere Früchte**. Die **Frucht** stellt botanisch eine **große fleischige Beere** dar. Man spricht auch von der größten Beerenfrucht der Welt.

4.3 Ansprüche an den Standort

An die **Wärme** und an ein **trockenes Blühwetter** stellt der Ölkürbis höchste Ansprüche. Vor allem müssen relativ **hohe Temperaturen** im **Herbst zur Kernausreife** gegeben sein. Er benötigt eine **lange Vegetationszeit** und ist **gegen Spätfröste** im Frühjahr wie auch gegen **früh auftretende Fröste im Herbst empfindlich**. Im Allgemeinen eignen sich für den Ölkürbis **warme Regionen** (Wein-Mais-Klima). Gegenüber **Trockenheit** besitzt er eine große Anpassungsfähigkeit.

Der Ölkürbis bevorzugt **humose, sandige Lehm- oder lehmige Sandböden**. Wie viele andere Kulturen bringt er auf **biologisch aktiven**, **mittelschweren Böden** mit **guter Struktur** und **guter Humusversorgung** höchste Erträge. Ein **günstiger pH-Wert** liegt mit **zunehmender Bodenschwere** im Bereich zwischen **schwach saurer** (5,6–6,5) und **neutraler** (6,6–7,2) **Bodenreaktion**.

Schwere, nasse Böden und Schattenlagen sind für den Kürbisanbau nicht geeignet.

4.4 Stellung in der Fruchtfolge

Geeignet als Vorfrucht sind **Feldfrüchte, die nicht zur Familie der Kürbisgewächse zählen** und einen möglichst **unkrautfreien, gut durchlüfteten und krümeligen Boden** hinterlassen. Der Ölkürbis folgt vielfach einer Getreideart, um selbst wieder **einer Getreideart als Vorfrucht zu dienen. Auch Mais ist eine mögliche Vorfrucht**, wenn die Maisernte bei günstiger Herbstwitterung ohne schwere Bodenschäden erfolgen kann und die in der Maiskultur auftretenden Unkräuter die folgende Ölkürbiskultur nicht zu sehr belasten.

Ungeeignet als Vorfrucht sind alle **Pflanzenarten aus der Familie der Kürbisgewächse** (Ölkürbis, Gurken, Zucchini, Melonen etc.), da diese als Wirtspflanzen für das **Zucchini-Gelbmosaikvirus** dienen, was beim Ölkürbis zu großen Ertragsverlusten führen kann. **Aus phytosanitären Gründen** sollte **in der Fruchtfolge in vier oder mehr Jahren nur einmal ein Kürbisgewächs** angebaut werden. Ebenso sind **Kulturen, die von der Sklerotinia befallen werden** (z. B. Raps, Sonnenblume, Sojabohne u. a.), **keine idealen Fruchtfolgeglieder** für den Ölkürbis.

Der **Kürbis** selbst gilt als eine **gute Vorfrucht**. Er **schützt** und **beschattet** ab **Bestandesschluss** über die wärmste Jahreszeit den Boden, erhält ihn in **guter Struktur** und **hinterlässt der Nachfrucht** aus Ernterückständen **verwertbare Nährstoffmengen**.

Nährstoffrücklieferung durch Ernterückstände in kg/ha nach den RSGD (8. Auflage):

N (für die unmittelbare Folgekultur)	P$_2$O$_5$	K$_2$O (je nach Ertragslage)		
		niedrig	mittel	hoch
10–30	30	155	170	190

Beispiele von günstigen Vor- und Nachfrüchten:

Körnermais	Triticale	....
Ölkürbis	**Ölkürbis**	**Ölkürbis**
Winterweizen	Winterweizen	....

Tragen Sie ein weiteres Beispiel ein!

4.5 Ernährung und Düngung

Düngungsempfehlungen erfolgen nach den **„Richtlinien für die sachgerechte Düngung" (RSGD)**, 8. Auflage!

Eine auf **Ertrag** und **Qualität** ausgerichtete **Düngung** hat den **Nährstoffbedarf des Ölkürbisses**, die **pflanzenverfügbaren Nährstoffvorräte des Bodens** und die durchschnittliche **Ertragslage des Standortes** zu berücksichtigen.

• Anwendung von Wirtschaftsdüngern (WD)
Stehen **WD aus der Tierhaltung** zur Verfügung, werden diese in **maßvoller Menge** vom Ölkürbis gut verwertet.
Gut verrotteter Stallmist kann entweder **schon zur Vorfrucht oder nach der Ernte der Vorfrucht vor einer Bodenbearbeitung** ausgebracht werden.
Ein **Reifkompost** soll hingegen **erst im Frühjahr** ausgebracht und **im Zuge der Saatbettbereitung seicht eingearbeitet** werden.
Gülle, Jauche, Gärreste, nicht entwässerter Klärschlamm sowie Geflügelmist sind nach der Ausbringung auf einem Schlag **binnen 4 Stunden** einzuarbeiten. Diese Frist darf nur infolge unvorhersehbarer Witterungsverhältnisse überschritten werden. Die Einarbeitung ist sofort nach der Wiederbefahrbarkeit des Bodens nachzuholen.

• Anwendung von Mineraldüngern

Die **Phosphat- und Kalidüngung** orientieren sich am **Bedarf von Ölkürbis** unter Berücksichtigung des **pflanzenverfügbaren Nährstoffvorrates im Boden** (gemäß Bodenuntersuchung), der durchschnittlichen **Ertragslage des Standortes** sowie allfällig zugeführter **Nährstoffe aus organischen Düngern** (Stallmist, Gülle etc.) oder aus **Ernterückständen der Vorfrucht** (z. B. Kaliumrücklieferung nach Körnermais durch das Maisstroh).

Die **Ausbringungszeit** (Herbst oder Frühjahr) und die **Einbringungstiefe** von **mineralischen Phosphat- und Kalidüngern** ist bei einer **ausreichenden Bodenversorgung** (Gehaltsstufe C oder D) **zweitrangig**. Muss jedoch deutlich über den Entzug gedüngt werden (Gehaltsstufe A oder B), so ist einer **PK-Düngung nach der Ernte der Vorfrucht** (Spätsommer bzw. Herbst) **vor einer Bodenbearbeitung** der Vorrang zu geben.

Für die **Grunddüngung** zu Ölkürbis mit **Phosphat und Kali** gelten nach den **RSGD** (8. Auflage) z. B. für die **Gehaltsklasse C** bei **mittlerer Ertragslage** folgende **Richtwerte: 50 kg P_2O_5 und 180 kg K_2O je ha und Jahr.**

Die **Stickstoffdüngung** zu Ölkürbis hat nach **Menge und Zeit bedarfsgerecht** zu erfolgen. Als **Empfehlungsgrundlage** gilt nach den **RSGD** (8. Auflage) für **mittlere Ertragslagen** (0,6–0,8 t/ha) ein **N-Bedarfswert von 60–80 kg/ha.**

Davon ausgehend ergeben sich für abweichen**de Ertragslagen** bzw. **Standorteigenschaften** durch prozentuelle **Zu- und Abschläge** die **maximalen N-Bedarfswerte** sowie die daraus abgeleiteten **Vorgaben für die Konditionalität.**

N-Obergrenzen in kg jahreswirksamer N/ha gemäß Nitrat-Aktionsprogramm-Verordnung 2023:

Ertragslage Kultur	niedrig (t/ha) (max. N)	mittel (t/ha) (max. N)	hoch 1 (t/ha) (max. N)	hoch 2 (t/ha) (max. N)	hoch 3 (t/ha) (max. N)
Ölkürbis	< 0,6 **65** 55*	0,6-0,8 **90** 75*	> 0,8 **105** 90*	– –	– –

* für Gebiete mit verstärkten Aktionen zum Schutz der Gewässer

Die **N-Obergrenzen** beziehen sich bei allen N-haltigen Düngern auf ihre jeweilige **Jahreswirksamkeit**. Die **Einschätzung der Ertragslage** hat sich an den **Durchschnittswerten der letzten Jahre** zu orientieren.

Für die (nicht immer vorhersehbaren) **stark schwankenden Kürbiserträge** wird in der **Praxis** eher einer **verhaltenen N-Düngung** von etwa **60 (80) kg N/ha** der **Vorzug** gegeben. Damit sollte vor allem der **Entwicklung zu massiger Pflanzenbestände, ungenügenden Blütenansatzes**, einer möglichen **Reifeverzögerung** und einem **niedrigeren Ölgehalt** der Kerne **entgegengewirkt** werden.

Bei der **Düngebemessung** sind gegebenenfalls der **Stickstoff** aus **Vorfrucht, Ernterückständen** und **organischen Düngern** sowie **pflanzenverfügbare N-Vorräte im Boden** zu **berücksichtigen**.

Die **Ausbringung** der **mineralischen N-Dünger** erfolgt meist als **Flächendüngung vor der Saat** mit **flacher Einarbeitung**. Bewährt haben sich auch **NPK-Dünger**, wenn für **P und K** eine ausreichende Nährstoffversorgung (Gehaltsstufe C) gegeben ist und die **Mengenbemessung** des **Volldüngers** primär **nach seinem N-Gehalt** erfolgt.

4.6 Saatgut und Sortenwahl

Die zugelassenen Ölkürbissorten sind der jährlich erscheinenden **„Österreichischen Beschreibenden Sortenliste"** der **AGES** zu entnehmen. **Regionale Sortenempfehlungen** geben die **Landwirtschaftskammern.** Es handelt sich um **freiabblühende Sorten** oder bereits überwiegend um **Hybridsorten,** meist schalenlos; im Wuchstyp **kurztriebig** (Buschtyp), langtriebig (Rankentyp) oder sie bilden als **Zwischentyp** nur kürzere Ausläufer.
Es gibt auch eine **beschalte Ölkürbissorte** für die Herstellung von Knabberkorn (nicht für die Ölherstellung geeignet!).

4.7 Bodenvorbereitung, Anbau und Pflege

❏ Bodenvorbereitung

Die **Bodenvorbereitung** beginnt meist mit einer **flachen, rottefördernden Einmischung von exakt zerkleinerten und gleichmäßig verteilten Ernterückständen in den Boden** und beseitigt gleichzeitig die vorhandene Restverunkrautung. Gemäß GAP 2023 (GLÖZ 6) ist die **Mindestbodenbedeckung** vom 1. November bis 15. Februar zu beachten!
Eine dem Standort angepasste, **mitteltiefe Herbstfurche** mit **sattem Furchenschluss** schafft **gleichmäßige Voraussetzungen** für die **Saatbettbereitung im Frühjahr.** Diese beginnt, sobald der Boden abgetrocknet, befahr- und bearbeitbar ist, mit einer **flachen** und **krümeligen Einebnung der Bodenoberfläche.** Mit dieser Maßnahme werden viele **Unkräuter zum Keimen angeregt,** die beim nächsten Arbeitsgang wieder **mechanisch beseitigt** werden können und gleichzeitig wird ein **krümeliges Saatbett mit Rückverfestigung des Saathorizontes** geschaffen.

❏ Anbau

Der Ölkürbis ist sehr **wärmebedürftig bzw. frostempfindlich** und verlangt bereits für die **Keimung eine Mindesttemperatur von 10–15 °C.** Die geeignete **Saatzeit** schwankt in der Regel je nach den Standortverhältnissen von der **letzten Aprilwoche** bis in die **erste Maiwoche** (mit möglichem Aufgang nach dem letzten Frost – „Eisheilige"). Im Boden angekeimtes Kürbissaatgut verträgt kurze Kälteperioden. Wenn es die Erfahrung des Landwirtes zulässt, kann vor allem in **Gunstlagen** ein eher früherer Anbau ab Mitte April für den Ertrag von Vorteil sein, da dadurch dem Befall durch das gefürchtete Zucchinigelbmosaikvirus zuvorgekommen wird bzw. die Anfälligkeit der Kürbispflanze mit zunehmendem Alter gegenüber dem Virusbefall abnimmt.
Um die **gewünschte Pflanzendichte** von 1,2–1,5 Pflanzen je m^2 (= 12.000–15.000 Pflanzen je ha) zu erreichen, müssen etwa 1,5–1,9 keimfähige Körner je m^2 (= 15.000–19.000 keimfähige Körner je ha) angebaut werden.

Die **Reihenweite** richtet sich nach der **Arbeitsbreite der Pflegegeräte zur mechanischen Unkrautbekämpfung** bzw. **Bodenlockerung** und **variiert** deshalb.
In der **Anbaupraxis** sind daher grundsätzlich **Einzelkornsaaten mit enger Reihenweite von 70–75 cm** und einer **Kornablage in der Reihe von 80–90 cm** sowie **Einzelkornsaaten mit weiter Reihenentfernung von 140–150 cm** und einer **Kornablage in der Reihe von 40–45 cm** möglich und auch üblich.
Die **enge Reihenweite** ergibt eine **bessere Standraumverteilung,** einen **schnelleren Bestandesschluss** mit guter Unkrautunterdrückung, einen **früheren Fruchtansatz** und eine **gleichmäßigere Abreife.** Voraussetzung hierfür ist eine **wirksame chemische Unkrautbekämpfung,** da ein **mehrmaliger Hackgeräteeinsatz nicht möglich** ist.
Die **weite Reihe** ermöglicht eine **mehrmalige mechanische Unkrautbekämpfung** (auch

von Problemunkräutern) **zwischen den Reihen**, wie es in **Biobetrieben** eine **verpflichtende Praxis** ist.

Über die **Wahl der Reihenweite entscheiden die betrieblichen Voraussetzungen** (Wirtschaftsweise, Unkrautdruck, Hanglage, Erfahrungswerte des Landwirtes usw.) und der Wuchstyp (Rankentypen bis 140 cm und mehr, Buschtpen 70-100 cm).

Die **Saattiefe** ist vor allem von der **Bodenart** bzw. **Bodenfeuchtigkeit** abhängig und kann zwischen **2–4 cm** betragen. Das **Saatkorn** muss jedenfalls auf einem **rückverfestigten Saathorizont aufliegen** (Nutzung des Kapillarwasseraufstieges für die Keimung) und von einer **krümeligen, leicht erwärmbaren obersten Bodenschichte** abgedeckt sein.

Die erforderliche **Saatmenge schwankt** je nach der **Tausendkornmasse (TKM)** des Saatgutes (160–290 g) und der **Zahl der anzubauenden keimfähigen Körner** zwischen **3 und 5 kg/ha**.
Die **Saatmenge in kg/ha** lässt sich nach folgender Formel berechnen:

$$\frac{\text{keimfähige Körner je m}^2 \text{ (z. B. 1,7) x TKM in Gramm (z. B. 200)}}{\text{K \% (angenommener Feldaufgang) (z. B. 85)}} = \text{............... kg/ha}$$

Der **Kornabstand in der Reihe in cm** wird nach folgender Formel berechnet:

$$\frac{100}{\text{Reihenweite in m (z. B. 0,70) x Kornzahl pro m}^2 \text{ (z. B. 1,7)}} = \text{......... cm}$$

Das **Z-Saatgut** wird in **Packungseinheiten** mit z. B. 18.000 keimfähigen Körnern für 1 ha **angeboten**.

❑ Pflegemaßnahmen

Nach dem Aufgang der Saat und Sichtbarwerden der Saatreihen sind die Flächen **unkrautfrei** zu halten. **Zwischen den Reihen** müssen die Flächen mittels **Hackgerät** bei **trockener Witterung flach** und **mehrmals** bearbeitet werden, damit der Boden unkrautfrei und locker gehalten wird.
Wenn der Kürbisbestand die ganze Bodenfläche abdeckt, sind die Pflegemaßnahmen abgeschlossen. Bei allen **mechanischen Pflegemaßnahmen ist darauf zu achten, dass Verletzungen an den Blättern und Ranken der Kürbispflanze vermieden** werden, da diese z. B. bei Befall mit dem **Zucchinigelbmosaikvirus** zur verstärkten Krankheitsausbreitung durch Pflanzensaftaustausch führt.

Die **Bestäubung** und **Befruchtung** der **Kürbisblüten** erfolgt durch **Bienen** und **Hummeln**. Letztere haben eine wesentlich höhere Blütenbesuchsfrequenz mit höherer Befruchtungsrate.

Pflegemaßnahmen

Schöner Jungbestand

Es kommt daher nicht überraschend, dass **Hummelvölker und auch Bienenvölker zur Bestäubung in Kürbisfeldern** zum Kauf oder zur Miete angeboten werden.

Begrünung im Ölkürbis mit Untersaaten

Der Anbau einer **Untersaat** ca. Ende Mai bis Anfang Juni (zum letztmöglichen Zeitpunkt der Kürbishacke) fördert den **Humusaufbau** und das **Bodenleben, vermindert die Erosion** nach Starkregen und sorgt durch die Bodenbedeckung für eine **Unkrautunterdrückung.** Praxiserprobte Mischung: 9 kg/ha Englisches Raygras und 3 kg/ha Schwedenklee

4.8 Pflanzenschutzmaßnahmen

Aufkäufer und Konsumenten von Kürbiskernen und deren Produkten verlangen, dass die Kerne von Pflanzenschutzmittelrückständen weitgehend frei sind. Es sind deshalb in erster Linie alle **nichtchemischen bzw. vorbeugenden Kulturmaßnahmen** bestmöglich umzusetzen. Hierzu gehören insbesondere
- die Auswahl günstiger Pflanzenstandorte (Boden, Klima, Lage),
- eine optimale Bodenbearbeitung, Saatbettbereitung und Anbautechnik,
- eine hohe „Bodenhygiene" durch weitgestellte Fruchtfolge und bestmögliche Kulturmaßnahmen bei vorangegangenen Fruchtfolgeschlägen,
- die Auswahl und der Anbau krankheitstoleranter Sorten,
- eine bedarfsgerechte Pflanzenernährung und Düngung,
- eine pflanzenschonende Pflege bei günstigen Boden- und Witterungsverhältnissen sowie
- die Schonung und Förderung von Nützlingen (z. B. die Lebensgrundlagen von Bienen und Hummeln).

Können die vorhin genannten Maßnahmen Ertrag und Qualität nicht ausreichend absichern, so werden zusätzlich **chemische Maßnahmen** im Rahmen des **Integrierten Pflanzenschutzes** bzw. der **Integrierten Produktion** empfohlen.

Übersicht über häufige Krankheiten und Schädlinge:

Wichtige Krankheiten

- Weichschaligkeit der Ölkürbisse
- Fusarium Welkekrankheit
- Zucchinigelbmosaikvirus
- Stängelbrand
- Bakterielle Fäule
- Sklerotinia Weißstängeligkeit
- Bakterien als Verursacher von Blattsymptomen
- Falscher Mehltau
- Echter Mehltau

Wichtige Schädlinge

- Saatenfliege
- Bodenschädlinge

Umfassende **Informationen** über **integrierte Verhütungs- und Bekämpfungsmaßnahmen** sind der „**Leitlinie für den integrierten Feldbau**", herausgegeben von der **Landwirtschaftskammer Österreich** bzw. der **Österreichischen Arbeitsgemeinschaft für integrierten Pflanzenschutz** (ÖAIP – www.oeaip.at) zu entnehmen. Weitere **Pflanzenschutzinformationen zu Ölkürbis** liefern jährlich die jeweiligen **Landeslandwirtschaftskammern.**

4.9 Reife, Ernte und Lagerung

❑ Reife

Die **Kürbisse** und deren **Kerne** sind **reif**, wenn der **gesamte Blattapparat und die Ranken abgestorben** sind und der **Fruchtstiel eingetrocknet** ist. Die **reifen Kerne** sind **dunkelgrün**, **dickbauchig** und lösen sich leicht vom Fruchtfleisch. Die **Fruchtfarbe wechselt** auf **gelb gestreift bis gelb**.

Schwaden und Kraut-Schlägeln vor der Ernte

❑ Ernte

Je nach der **Reife der Sorte**, der **Lage des Feldes** und der **Jahreswitterung** kann die **Ernte im September oder Oktober** erfolgen.
Nach Frühfrösten, bei Temperaturen ab –6 oder –7 °C, muss binnen zwei Tagen geerntet werden.
Bei der **Maschinenernte** werden die reifen Kürbisse einige Tage vor der Ernte auf dem Feld zu Reihen zusammengeschoben. Die **tägliche Erntemenge** ist mit der **Kapazität der Trocknungsanlage abzustimmen**.

Ernte

❑ Aufbereitung und Lagerung

Sofort nach der Ernte sind die **Kürbiskerne** zu **waschen** (Trinkwasserqualität), damit anhaftendes Kürbisfleisch und sonstige Fruchtrückstände entfernt werden. Schlecht gewaschene Kürbiskerne sind verklebt und verschmutzt; sie können daher nur zur Ölgewinnung verwendet werden. Zu spät gewaschene sind selbst dazu nur mehr bedingt geeignet. **Nach dem Waschen** sind die **Kürbiskerne** sofort **schonend** zu **trocknen**.

Maschinell geerntete Kürbiskerne werden nach dem Waschen sofort auf einem **Flachrosttrockner getrocknet**, wobei eine **Trocknungstemperatur** von 45–60 °C und eine **Trocknungsdauer** von ca. 10–12 Stunden einzuhalten sind. Die **Kerne** sollen auf eine **Endfeuchte** von **6–8 % Wassergehalt** heruntergetrocknet und **schließlich noch gekühlt** werden. Höhere Temperaturen, kürzere Trocknungszeiten und nicht optimale Endfeuchte schädigen das Erntegut.

Erntereifer Kürbis

Bei der Aufbereitung, Lagerung und Verarbeitung der Kürbiskerne sind die **Hygienevorschriften** für Lebensmittel einzuhalten.

4.10 Ertrag, Qualität und Verwertung

❑ Ertrag und Qualität

An **Frischmasse** werden etwa 50–100 t Kürbisse geerntet. Der **Ernteertrag an Kürbiskernen** schwankt meist zwischen 0,6 bis 1,0 t je ha. Daraus können 250–400 Liter **Kernöl** gewonnen werden, da zur Erzeugung von **1 l Kernöl 2,5–3,0 kg Kürbiskerne** benötigt werden.
Die schalenlosen Kürbiskerne enthalten 48–52 % **Rohfett** und 30–40 % **Rohprotein**.
Die Ursache für die große Streuung der Gehaltswerte liegt im unterschiedlichen Schalenanteil nicht schalenloser Kerne und im angewendeten Pressverfahren.

Durchschnittserträge getrockneter Kürbiskerne in Kilogramm je Hektar

Erntejahr	2022	2023	20 . .
Österreich Bundesland	760	540	....
....	....	....	....
Eigener Betrieb	....	....	....

Siehe Berichte der Statistik Austria!

❑ **Verwertung**

Die heutige Kultur von Ölkürbis dient ausschließlich der Erzeugung von Kürbiskern-Produkten wie Kürbiskernöl, Knabberkerne, Kerne für Bäckerware, pharmazeutische Produkte. **„Steirisches Kürbiskernöl"** ist eine durch die EU geschützte **Regionalmarke** (geschützte geografische Angabe – g.g.A.) und somit vor Verfälschung und unlauterem Wettbewerb geschützt.

Das durch die Pressung in so genannten „Ölmühlen" gewonnene **Kürbiskernöl** ist vom **ernährungsphysiologischen Standpunkt aus sehr hochwertig**, da die **Fettsäuren überwiegend in ungesättigter Form** vorliegen (48 % mehrfach ungesättigte Fettsäuren, 34 % einfach ungesättigte Fettsäuren und nur 17 % gesättigte Fettsäuren). Es weist auch einen **hohen Gehalt an fettlöslichen Vitaminen, insbesondere Vitamin E, auf.**

Das Kürbiskernöl mit **dem typischen nussigen Geschmack** ist zu einem **begehrten Salatöl** geworden.

Die **Pressrückstände** werden als **Kürbiskernkuchen** bezeichnet. Dieser zählt zu den **eiweißreichsten pflanzlichen Futtermitteln**. Beachtlich ist auch sein hoher Gehalt an Phosphor. **Wegen des hohen Fettgehaltes muss Kürbiskernkuchen rasch verfüttert** werden, da er sonst durch Oxidation ranzig wird und verdirbt (daher auch die Bezeichnung „regionales Eiweißfuttermittel").

Die Kultur des Ölkürbisses basiert im Allgemeinen auf **Anbau- und Lieferverträgen. Kürbiskerne bzw. Kürbiskernöl bester Qualität aus Österreich haben sich einen internationalen Markt erobert**. Ein gewisser Teil der Kürbiskernproduktion wird auch von den örtlichen „Ölmühlen" aufgekauft.

5. SOJABOHNE (*Glycine max*)

5.1 Herkunft und Bedeutung

Die **Sojapflanze** stammt aus dem **Fernen Osten**, wo der Same nicht nur zur Bereitung pikanter Saucen dient, sondern auch, wie z. B. in China, sich ein großer Teil der Bevölkerung von Sojagerichten ernährt. Im **20. Jh.** erfuhr die **Sojabohne eine weltweite Verbreitung**, die sich auf **Nord- und Südamerika** sowie auf **Europa** erstreckte.

Etwa **80 % der Welternte** an **Sojabohnen** erfolgt in **Südamerika** und den **USA**. Etwa

Sojabohnenpflanze mit Hülsen

90 % der Sojaexporte stammen von diesen Ländern. Es handelt sich vorwiegend um **gentechnisch veränderte Soja.** Obwohl die **Sojaschrotimporte** nach Österreich rückläufig sind, **werden derzeit noch 450.000 t Sojaschrot** als **eiweißreiche Futterkomponente** aus Übersee importiert.

Der **Nährwert** der Sojabohne ist gegenüber den übrigen Hülsenfrüchten höher, insbesondere auch ihr Fettgehalt (Sojaöl). Sie gilt als die **bedeutendste Eiweißpflanze** der Welt.

Trockene und lagerfähige Sojabohnenkörner enthalten 35–40 % Rohprotein, 18–22 % Rohfett/Öl und ca. 25 % Kohlenhydrate.

Etwa 50 % der österreichischen Sojaernte werden im Lebensmittelsektor verarbeitet.

Mitte der Siebzigerjahre des 20. Jahrhunderts wurden in den erfahrungsgemäß **geeigneten Anbaugebieten** mit Unterstützung des Bundesministeriums für Land- und Forstwirtschaft **großflächige** Anbauversuche begonnen. Die **Sojabohnenanbaufläche** erreichte in den **folgenden Jahren** durch **Züchtungsfortschritte** und **staatliche Förderprämien** bis zum Jahr **1993** mit **54.000 ha** die damals größte **Flächenausweitung**.

Nach **Rückschlägen in der Flächenausweitung** hat sich die **Anbaufläche bis 2022** auf knapp **94.000 ha erhöht** und damit die bisher **höchste Flächenausweitung** in Österreich erreicht. Damit hat Österreich innerhalb der EU **derzeit den 6. Platz** der **Anbaufläche erreicht.**

Die steigende Nachfrage nach gentechnikfreien Sojabohnen aus konventioneller und biologischer Produktion wird noch zu einer weiteren Flächenausweitung in Österreich führen!

Gleichzeitig verlagerte sich die **Soja-Produktion zunehmend vom Trockengebiet Ostösterreichs in die niederschlagsreicheren Anbaugebiete,** wodurch auch die **Bedeutung der frühreiferen Sorten zunahm. Anbau- und Lieferverträge** für **Speise-Soja** (als **Bio-Soja** oder nur als **gentechnikfreie Ware**) werden vom Agrarhandel angeboten und bringen bei Erfüllung der geforderten Qualitätskriterien Vorteile bei Preis und Absatz.

Anbaufläche von Sojabohnen in Hektar

Erntejahr	2022	2023	20 ..
Österreich Bundesland	93.731	88.455	....
....	....	....	....

Siehe Berichte der Statistik Austria!

5.2 Botanisches

Die Sojabohne ist eine Pflanzenart in der Unterfamilie **Schmetterlingsblütler (*Faboidea*)** innerhalb der Familie der **Hülsenfrüchtler (*Leguminosae* oder *Fabaceae*)** und wird als einjährige Kulturpflanze mit einer Wuchshöhe von bis zu 1 m bei uns kultiviert.

Sojabohnen *im Vollblütenstadium*

Freigelegte   Sojawurzeln   mit   aktiven **Knöllchen** *(teilweise aufgeschnitten)*

Während der Vegetationszeit legt die Pflanze ihre Blüten und Hülsen stockwerkartig in Etagen bis zum Wachstumsende an. Dabei sind zwei Wuchstypen zu unterscheiden:

Halb-begrenzte (semi-determinierte) Wuchstypen: Sie sind kürzer, meist standfester, haben weniger Knoten (Nodien), verfügen über einen Hülsenkranz an der Spitze des Haupttriebes und reifen gleichmäßig ab.

Unbegrenzt (indeterminiert) wachsende Wuchstypen: Diese können Trocken- und Hitzestress gut kompensieren und überdauern kritische Phasen besser wegen ihrer hohen Vitalität. Einen geringeren Hülsenansatz während der Stressphasen können sie später durch zusätzliche Hülsen im oberen Bereich gut ausgleichen.

An einem dünnen, stark behaarten Stängel sitzen die langstieligen, dreiteiligen Blätter. Aus **den weißen oder lila Blüten** entwickeln sich nach **Selbstbefruchtung** borstig behaarte **Hülsen** mit 3–4 cm Länge, die jeweils 2–3 Samen(-körner) enthalten. Die Sojabohne ist eine **wärmeliebende Kurztagspflanze** und reagiert bezüglich Blühphase und Samenbildung empfindlich (verzögernd) auf den Langtag.

Die Sojabohne ist eine **Wirtspflanze der Knöllchenbakterien** und kann somit auf **biologischem Weg elementaren Luftstickstoff binden** (fixieren). Um eine entsprechende Stickstoffbindung durch Sojapflanzen zu erreichen, muss bei erstmaligem Anbau eine **Beimpfung** (Inokulation) des Saatgutes mit den für **Sojabohnen spezifischen Knöllchenbakterien** erfolgen.

Die Beimpfung des Saatgutes durch den Landwirt hat unter Einhaltung der **Gebrauchsanweisung** des jeweiligen Mittels möglichst **schonend** zu erfolgen. Das beimpfte Saatgut soll unmittelbar darauf ausgesät werden, da die Lichtstabilität der Knöllchenbakterien gering ist. Im Handel wird auch geimpftes (inokuliertes) **Z-Saatgut** zum Kauf angeboten.

Die Entwicklung der Sojabohne lässt sich nach der **BBCH-Codierung** in **Makrostadien** und diese wiederum in **Mikrostadien** (siehe Nummern in Klammer!) einteilen:

0 = Keimung (00–09)
1 = Blattentwicklung (Hauptspross) (10–19)
2 = Entwicklung von Seitensprossen (21–29)
4 = Entwicklung vegetativer Pflanzenteile (49)
5 = Entwicklung der Blütenanlagen (51–59)

6 = Blüte (60–69)
7 = Frucht- u. Samenentwicklung (70–79)
8 = Frucht- und Samenreife (80–89)
9 = Absterben (91–99)

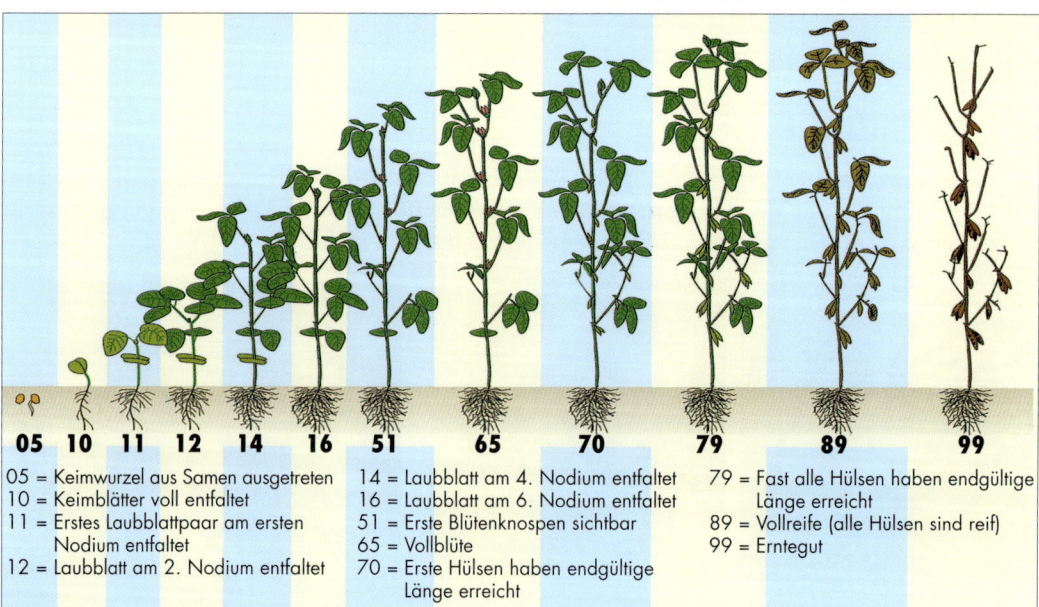

05 = Keimwurzel aus Samen ausgetreten
10 = Keimblätter voll entfaltet
11 = Erstes Laubblattpaar am ersten Nodium entfaltet
12 = Laubblatt am 2. Nodium entfaltet

14 = Laubblatt am 4. Nodium entfaltet
16 = Laubblatt am 6. Nodium entfaltet
51 = Erste Blütenknospen sichtbar
65 = Vollblüte
70 = Erste Hülsen haben endgültige Länge erreicht

79 = Fast alle Hülsen haben endgültige Länge erreicht
89 = Vollreife (alle Hülsen sind reif)
99 = Erntegut

Entwicklungsstadien der Sojabohne gemäß BBCH-Codierung

5.3 Ansprüche an den Standort

Die Sojabohne ist eine **wärmeliebende** (kälteempfindliche) Kulturpflanze mit **hohem Wasserbedarf** während der **Blüte**, der **Hülsen-** und **Kornausbildung** im Sommer. Ein **sonniger** und **niederschlagarmer September begünstigt** eine rechtzeitige **Abreife** und **Ernte**. In den **trockenwarmen Anbaulagen des Pannonikums** stellt die Sojabohne **hohe Ansprüche an das Wasserspeichervermögen des Bodens**, da unzureichende Niederschlagsmengen zum ertragsbegrenzenden Faktor werden können. Für **mittelschwere, tiefgründige, humose, speicherfähige, strukturstabile, gut durchwurzelbare und leicht erwärmbare Böden** ist die Sojabohne besonders dankbar. Eine **Bodenreaktion** mit **pH-Werten von 6,5–7,5** schafft **günstige Voraussetzungen für die Aktivität der Knöllchenbakterien.**
Für **seichtkrumige (leichte) Böden** kann mit **Ertragsrisiko** ein Sojaanbau nur bei **gesicherter Wasserversorgung** empfohlen werden.
Böden, die zu Staunässe neigen, schwer, kalt und verdichtungsanfällig sind oder hohen Besatz an Steinen aufweisen, sind für den Anbau von Sojabohne nicht empfehlenswert. Ein geringer Steinanteil an der Bodenoberfläche muss entfernt oder in den Boden eingewalzt werden.

5.4 Stellung in der Fruchtfolge

An die **Vorfrucht** stellt die Sojabohne keine besonderen Ansprüche. Sie sollte allenfalls im Sinne einer integrierten Unkrautregulierung einer **verstärkten Verunkrautung** der Sojabohne möglichst entgegenwirken, da diese aufgrund ihrer **langsamen Jugendentwicklung** äußerst **konkurrenzschwach** ist. Sojabohnen eignen sich besonders zur **Auflockerung getreidestarker bzw. maisbetonter Fruchtfolgen**. Am besten steht die Sojabohne **nach und vor Getreide**.
Die Sojabohne ist zwar **relativ selbstverträglich**, sie soll aber **bei regelmäßiger Aufnahme** in die **Fruchtfolge wegen des Auftretens der Pilzkrankheit Sklerotinia** optimalerweise **nur jedes 4. bis 5. Jahr** angebaut werden. Ein entsprechender **zeitlicher Abstand soll auch zu anderen sklerotiniaanfälligen Kulturen** (wie z. B. Raps, Sonnenblume, Feldgemüse, sonstige Leguminosen) vorgesehen werden. Aus **phytosanitären Gründen** sind **Öl- und Eiweißpflanzen** als **Vor- und Nachfrucht nicht geeignet**.
Dient Körnermais als Vorfrucht der Sojabohne, wird einerseits die Ausbreitung des Maiswurzelbohrers erschwert, andererseits kann sich der Unkrautdruck durch Wärmekeimer (Hirsen, Melden etc.) deutlich erhöhen.
Zwischenfrüchte vor Soja: Leguminosen-Reinsaaten sind nicht geeignet. Sonnenblume ist ebenfalls zu vermeiden. Kleinsamige Leguminosen in einer Mischung mit anderen Nicht-Leguminosen sind möglich, wenn die Mischung dadurch N-zehrend ist.

Der **Vorfruchtwert der Sojabohne ist hervorragend** und ermöglicht in der Regel auch ein **pflugloses Anbauverfahren für Winterweizen**.
Sojabohne hinterlässt den Boden **gut strukturiert** und lässt eine **Stickstoffnachwirkung** auf die Folgefrucht **bis 20 kg N/ha** erwarten. Weiterhin kann mit einer **Rücklieferung von 10 kg P_2O_5 je ha** und **je nach Ertragslage von 30–50 kg K_2O/ha** gerechnet werden.

Beispiele von günstigen Vor- und Nachfrüchten

Sommergerste	Körnermais	....
Sojabohne	**Sojabohne**	**Sojabohne**
Winterweizen	Winterweizen	....

Tragen Sie ein weiteres Beispiel ein!

5.5 Ernährung und Düngung

Düngungsempfehlungen erfolgen nach den „**Richtlinien für die sachgerechte Düngung**" (RSGD), 8. Auflage!

Eine eventuell notwendige **Kalkung** richtet sich nach der **Bodenuntersuchung** und soll, wenn erforderlich, einen pH-Wert im Boden von mindestens 6,5 sicherstellen. Sie erfolgt meist **innerhalb der Fruchtfolge vor einer Bodenbearbeitung**.

Die **Phosphat- und Kalidüngung** richten sich nach den Ergebnissen der **Bodenuntersuchung** und der **Ertragslage** des Standortes. Für **mittlere Ertragslagen** der Gehaltsklasse C gelten z. B. als **Richtwerte für die Grunddüngung 65 kg P_2O_5 und 90 kg K_2O je ha und Jahr**.

Ihre **Ausbringung** erfolgt **nach der Ernte der Vorfrucht** vor einer **Bodenbearbeitung**

N-Obergrenzen in kg jahreswirksamer N/ha gemäß Nitrat-Aktionsprogramm-Verordnung 2023:

Ertragslage Kultur	niedrig (t/ha) (max. N)		mittel (t/ha) (max. N)		hoch (t/ha) (max. N)	
Sojabohne	< 2,0	**0 bis 60**[1] 0 bis 50*	2,0–3,0	**0 bis 60**[1] 0 bis 50*	> 3,0	**0 bis 60**[1] 0 bis 50*

* für Gebiete mit verstärkten Aktionen zum Schutz der Gewässer
[1] Bei Verwendung von nicht geimpftem Saatgut, bei mangelhaftem Knöllchenansatz oder bei erstmaligem Anbau

Anzustreben ist eine **Stickstoff-Selbstversorgung** der Sojabohne durch die **Symbiose** mit speziellen Luftstickstoff bindenden **Knöllchenbakterien** *(Rhizobium japonicum)*. Da diese Rhizobien von Natur aus in unseren heimischen Böden nicht vorkommen, ist eine **Rhizobienbeimpfung** des Saatgutes oder des Bodens **vor einem erstmaligen Sojaanbau** erforderlich und **im Rahmen der Fruchtfolgerotation empfehlenswert.** Es gibt auch fertig inokuliertes (beimpftes) Saatgut.

Eine ausreichende **N-Selbstversorgung** ist von **zusagenden Standortverhältnissen** für Sojabohne bzw. Knöllchenbakterien und vom **Verzicht jeglicher N-Düngung vor dem Anbau** abhängig.

Die **Wirkung der Beimpfung ist im Sojafeld drei Wochen nach dem Aufgang zu kontrollieren.** Zeigt die Kontrolle **keine oder nur inaktive Knöllchen** (Anschnittfläche nicht rosarot), ist eine N-Düngung gem. **Nitrat-Aktionsprogramm-Verordnung 2023** bis **maximal 60 kg N/ha** wäh**rend der Jugendentwicklung bis zum Ende der Blüte** empfehlenswert.

Eine **ausreichende Wasserversorgung** – nötigenfalls durch **Beregnung** – sollte im Zeitraum vom **Blühbeginn bis zur Kornausbildung** gegeben sein. Besonders wirkungsvoll zeigt sich die Beregnung in folgenden drei Entwicklungsstadien:
• **Blühbeginn** .... für die Anzahl der Hülsen je Pflanze
• **Hülsenbildung** (Hülsenansatz) .... für die Kornzahl je Hülse
• **Bohnenentwicklung** (Hülsenfüllung) .... für die Tausendkornmasse
Ungeachtet dieses entwicklungsbedingten Wasserbedarfes ist die Beregnung auf den jeweiligen Wassergehalt des Bodens abzustimmen (nutzbare Feldkapazität).

Regengaben sollten **wegen der Lagergefahr der Bohne**, oft auch aus wirtschaftlichen Überlegungen, 30–35 mm nicht überschreiten.

Die **beste Wirkung** erzielt eine Regengabe zum Zeitpunkt der **Hülsenbildung**.

5.6 Saatgut und Sortenwahl

Bei der Auswahl einer Sojabohnensorte ist primär das Sortenmerkmal **Reifegruppe** zu beachten. Diese wird – ähnlich wie bei Mais – in Zahlen ausgedrückt, reicht von sehr frühreif (0000) bis spätreif (0 bis I) und gibt Auskunft über die Eignung einer Sorte für ein bestimmtes Anbaugebiet. Für **österreichische Verhältnisse** kommen je nach Anbaugebiet und Exposition **vorwiegend** Sorten der **Reifegruppe 000 und 00** in Frage.

Sorten der Reifegruppe 000:
• **Reifezeit**: sehr früh
• **Druschzeit**: häufig ab Mitte bis Ende September
• **Wuchsform**: meist kurzer, **haupttriebbetonter Wuchstyp mit wenig Verzweigung**

Diese Sorten sind besonders geeignet für **mäßig warme**, jedoch in der Regel mit **Niederschlägen ausreichend versorgte Ackerbaugebiete in Grenz- und Übergangslagen**, wo noch Körnermais mit einer Reifezahl von 280 sicher ausreift.
Geeignete Anbaulagen befinden sich vor allem in den hierfür **begünstigten Anbaugebieten** Oberösterreichs und des niederösterreichischen Westbahngebietes sowie in allen übrigen Sojaanbaugebieten von Niederösterreich, des Burgenlandes, der Steiermark und Kärntens.
Da diese **sehr frühreifen Sorten** ihren **Ertrag vorwiegend über einen wenig verzweigten Haupttrieb** erbringen, lassen sich **befriedigende Erträge** nur über **höhere Bestandesdichten** erzielen.
Zwecks besserer Standraumverteilung, schnelleren Bestandesschlusses und wirksamerer Unkrautunterdrückung werden **meist Drillsaaten** mit Reihenweiten von 12,5–25 cm empfohlen.

Sorten der Reifegruppe 00:
• **Reifezeit**: früh
• **Druschzeit**: häufig von Anfang bis Mitte Oktober
• **Wuchsform**: Haupttrieb mit Seitentriebbildung

Diese Sorten sind besonders geeignet für **feuchtwarme ackerbauliche Gunstlagen** mit einer **längeren Vegetationszeit**, wo noch Körnermais mit einer Reifezahl von 350 sicher ausreift. Die hierfür geeigneten Anbaulagen befinden sich im **Südosten von Österreich** (Klagenfurter Becken, Südsteiermark und Südburgenland). Die meist **trockenwarmen Klimalagen in Ostösterreich** (wie z. B. im Weinviertel und im südöstlichen Wiener Becken) sind in Trockenjahren **ertragsunsicher**. Wenn die Möglichkeit zur Beregnung nicht gegeben oder unwirtschaftlich ist, sollten für den Sojaanbau nur **tiefgründige Böden mit guter Wasserspeicherfähigkeit** ausgewählt werden.
Die **zusätzliche Seitentriebbildung** erfordert einen **größeren Standraum**, weshalb **geringere Bestandesdichten mit höheren Einzelpflanzenerträgen** anzustreben sind.
Trotz des früheren Bestandesschlusses gegenüber Sorten der Reifegruppe 000 sollten **Reihenweiten von über 30 cm nur dann** gewählt werden, wenn eine **Unkrauthacke vorgesehen ist**.
Sorten der Reifegruppe 00 haben im Vergleich zu den Sorten der Reifegruppe 000 durchschnittlich eine um ca. **10–15 Tage längere Wachstumszeit** mit in der Regel höherem **Ertragsvermögen**.

Für **ungünstigere Lagen** gibt es auch eine sehr frühe, aber ertragsärmere Sorte der **Reifegruppe 0000**. In sehr **begünstigten Anbaulagen** können bei einer **früh möglichen Saatzeit** auch ertragreichere **späte Sorten der Reifegruppen 0 und 1** angebaut werden.

Auch **innerhalb der Reifegruppe** gibt es noch **Reifeunterschiede** von **durchschnittlich 8–9 Tagen** (bei einer witterungsbedingten Reifeverzögerung auch länger).

Es wird daher bei der amtlichen **Sortenbeschreibung** der **AGES** die **Abreife der Sorten** auch **noch innerhalb der Reifegruppe** durch **Reife-Ausprägungsstufen** (APS) unterscheidbar dargestellt:

Reife-APS 1 für 0000-Sorten,

Reife-APS 2–4 für 000-Sorten,

Reife-APS 5–7 für 00-Sorten und

Reife-APS 8–9 für 0-Sorten.

Zur **Auswahl geeigneter Sorten** (es handelt sich ausschließlich um Liniensorten) wird auf die jährlich erscheinende **„Österreichische Beschreibende Sortenliste"** der **AGES** verwiesen. **Regionale Sortenempfehlungen** geben auch die jeweiligen **Landwirtschaftskammern**.

Bei der **Erzeugung und Vermarktung** von Sojabohnensaatgut in Österreich muss die **Saatgut-Gentechnik-Verordnung**, 478. Verordnung, Bundesgesetzblatt Jahrgang 2011, eingehalten werden. So darf das in Österreich erzeugte und in Verkehr gebrachte Sojabohnensaatgut bei der **Erstuntersuchung keinerlei Verunreinigungen mit gentechnisch veränderten Organismen** (GVO) aufweisen. Bei der **Nachkontrolle im Rahmen der Saatgutverkehrskontrolle** darf der **Gehalt an GVO-Verunreinigungen den Wert von 0,1 % nicht überschreiten. Ein Nachbau von eigenem Saatgut ist daher in Österreich verboten!**

5.7 Bodenvorbereitung, Anbau und Pflege

❏ Bodenvorbereitung

Die auf die Bedürfnisse der Sojabohne abgestimmte Bodenbearbeitung beginnt mit einer tieferen, gleichmäßig ausgeformten, trockenen **Herbstfurche mit sattem Furchenschluss**, wobei **mehrere Ziele** erreicht werden sollen:

- Unterstützung **eines krümeligen Strukturaufbaues** durch Schaffung einer gut gelockerten, verdichtungsfreien und leicht durchwurzelbaren Ackerkrume
- Bestmögliche **Speicherung der Winterfeuchtigkeit** (vor allem im Trockengebiet)
- Schaffung **günstiger Voraussetzungen für die Saatbettbereitung** im Frühjahr (Vermeidung großer Bodenunebenheiten)

Gemäß GAP 2023 (GLÖZ 6) ist die **Mindestbodenbedeckung** vom 1. November bis 15. Februar zu beachten!

Ist im **Frühjahr** die Oberfläche des Bodens **gleichmäßig abgetrocknet und bodenschonend befahrbar**, kann mit der **Saatbettbereitung** begonnen werden.

Mit einer **möglichst flachen und nicht zu häufigen** (Wasser sparenden) **Bearbeitung** sollen folgende **Ziele** erreicht werden:

- **Gleichmäßige Einebnung** und **Krümelung der Bodenoberfläche**, damit beim Drusch der Mähbalken möglichst tief gestellt werden kann.
- **Minimierung der unproduktiven Verdunstung**
- **Schaffung gleichmäßiger Voraussetzungen für den Anbau**
- **Mechanische Unkrautvernichtung** durch zeitlich voneinander getrennte Arbeitsgänge, wodurch die zeitigen Frühjahrskeimer zum Keimen angeregt werden, um sie nach 2–3 Wochen (Keimblatt- bis 2-Laubblatt-Stadium) durch eine weitere Bodenbearbeitung zu beseitigen.

❏ Anbau

Eine günstige **Saatzeit** ist erreicht, wenn die **Bodentemperatur in 5 cm Tiefe mindestens 10 °C** beträgt, das ist etwa von **Mitte April bis Anfang Mai**. Obwohl die Sojabohne frostverträglich ist (bis −5 °C), soll sie nicht zu früh angebaut werden. Als **Kurztagpflanze** darf sie aber auch nicht zu spät in den Langtag hinein angebaut werden (Gefahr eines zu tiefen und geringen Blütenansatzes).

Die **Saattiefe** soll 3–4 cm betragen, jedenfalls **nicht tiefer als 5 cm** sein, da sich das **Saatkorn erst über der Erdoberfläche in 2 Keimbl**ätter aufspaltet (epigäische Keimung).

Die **Saatmenge in kg/ha** lässt sich aus der **Zahl keimfähiger Körner pro m²** (= Saatstärke), der **Tausendkornmasse** (TKM) **in g** und der **Keimfähigkeit in %** nach folgender Formel errechnen:

$$\frac{\text{keimfähige Körner je m}^2 \text{ (z. B. 70) x TKM in Gramm (z. B. 140)}}{\text{K \% (angenommener Feldaufgang) (z. B. 85)}} = \text{.............. kg/ha}$$

Die **Saatstärke** richtet sich vor allem nach der **Reifezeit der Sorte**, der beabsichtigten **Unkrautbekämpfung** und der gewünschten **Bestandesdichte** bei der Ernte.

0000/000-Sorten benötigen **Saatstärken** von 70-90 keimfähigen Körnern/m², um eine **Bestandesdichte** von 50–75 Pflanzen/m² zu erreichen.
00/0-Sorten erfordern **Saatstärken** von 50–80 keimfähigen Körnern/m², um eine **Bestandesdichte** von 40–60 Pflanzen/m² zu erreichen.
Bei **höheren Bestandesdichten** werden die **untersten Hülsen etwas höher** angesetzt, wodurch geringere Druschverluste möglich werden.

Epigäische Keimung der Sojabohne

Die **Tausendkornmasse** kann zwischen 120–280 g schwanken. **Kenntnis** und **Berücksichtigung** der TKM bei der Saatmengenbemessung kann Saatgutkosten sparen helfen.
Die **Keimf**ähigkeit von **Z-Saatgut** muss mindestens 80 % betragen und sollte durch unsachgemäßen Umgang (Druck und Schlag) nicht beeinträchtigt werden.

Die **Saatmenge** schwankt je nach gewünschter Saatstärke, der tatsächlichen Keimfähigkeit und der Tausendkornmasse zwischen 70 und 180 kg/ha.
Das Saatgut wird im Handel zumeist in **Packungseinheiten** mit 150.000 (selten 170.000) Körnern angeboten, woraus sich ein Bedarf von 4–5 Packungen/ha ergibt.

Als **Saatmethoden** eignen sich sowohl die **Drillsaat** mit einer Reihenweite von etwa 12,5–25 cm als auch die **Einzelkornsaat** mit einer Reihenentfernung von meist 45–50 cm.

Die **Einzelkornsaat** ist besonders bei 00-Sorten der Drillsaat vorzuziehen, da hier eine gleichmäßige Tiefenablage und eine gleichmäßige Pflanzenverteilung gewährleistet ist. Die größere Reihenweite ermöglicht auch eine Maschinenhacke.

Sojabohne, Reihenabstand 45 bis 50 cm, günstig für die mechanische Unkrautbekämpfung

Damit wird auch gleichzeitig einer unerwünschten Spätverunkrautung und auf **hängigen Flächen der Erosionsgefahr entgegengewirkt**. Bei Drillsaat mit Anlage von Fahrgassen können **Pflegemaßnahmen mittels Hackstriegel** und eventuelle **chemische Bekämpfungsmaßnahmen** bestandesschonend durchgeführt werden.

Die **Einzelkornsaat** hat ihre Vorzüge in der **exakten Tiefenablage**, dem **gleichmäßigeren Aufgang** und dem möglichen **Einsatz eines Hackgerätes**. **Voraussetzung** für diese Saatmethode sind möglichst **ebene Ackerflächen** (Erosionsgefahr in Hanglagen) und **Sorten mit guter Verzweigungsneigung**. Alle **Sägeräte** sollen zwecks exakter Saatgutablage die **Fahrgeschwindigkeit von 6 km/h nicht überschreiten**.

Erosionshemmende Maßnahme in Hanglagen

Um der **Bodenerosion** auf Sojaflächen in Hanglagen **entgegenzuwirken**, ist **besonders ein durch die Geländeform bzw. Grundstückslage erzwungener Anbau in der Falllinie erosionshemmend** durchzuführen. In Hanglagen ist daher der **Drillsaat** mit **Reihenweiten wie im Getreidebau** der **Vorzug** zu geben.

Gemäß **Nitrat-Aktionsprogramm-Verordnung 2023** sind bei **Kulturen mit besonders später Frühjahrsentwicklung**, wozu auch **Sojakulturen** zählen, bei einem **Anbau in Hanglage mit über 10 % durchschnittlicher Hangneigung zu einem Gewässer** (festgestellt im 20-m-Bereich ab der Böschungskante) **zusätzlich** noch **folgende Bestimmungen** einzuhalten:

- Der **Hang zum Gewässer** ist durch **Querstreifeneinsaat**, **Quergräben** mit **bodenbedeckendem Bewuchs** bzw. sonstigen **gleichwertigen Maßnahmen** in **Teilstücke** zu untergliedern **oder**
- **ab der Böschungskante des Gewässers** ist ein **mindestens 20 m breiter, gut bestockter Streifen** vorhanden **oder**
- der **Anbau** erfolgt **quer zum Hang oder**
- **andere abschwemmungshemmende Anbauverfahren** (z. B. Mulchsaat) erfolgen **oder**
- die **Flächen werden über den Winter bestockt** gehalten**.**

❏ Pflege

Eine **Voraussetzung** für den erfolgreichen **Einsatz der mechanischen Pflegegeräte** (Hackstriegel, Hackgerät) ist ein **gut bearbeitbarer Boden** (weder zu feucht noch zu trocken oder zu steinig). Eingesetzt werden die Pflegegeräte vorwiegend zur **mechanischen Unkrautregulierung**, wobei **während des Einsatzes** und **1–2 Tage danach trockenes und sonniges Wetter** herrschen sollte (Vertrocknen der Unkräuter). Eine mechanische **Pflege um die Mittagszeit ist günstiger**, da die Kulturpflanzen schlaffer und damit weniger verletzungsanfällig sind. Die **unproduktive Verdunstung** wird durch eine **flache Bodenkrümelung verringert** und die **Durchlüftung des Bodens gefördert**. Letzteres begünstigt auch die Aktivität der Knöllchenbakterien.

Der **Hackstriegel** kann zur **Bekämpfung von Samenunkräutern** bereits **vor dem Sojaaufgang** (Blindstriegeln) eingesetzt werden, wenn die **Sojakeimlinge mindestens noch 2 cm mit Erde bedeckt** sind. **Nach dem Aufgang** der Sojabohne ist ein **Striegeln** bei einer **Pflanzenhöhe von etwa 10–12 cm möglich**. Eine **gute Wirkung** wird dann erzielt, wenn die **Oberfläche** des Bodens **trocken und locker** ist und die **Samenunkräuter** sich im **Keim- oder Keimblatt-Stadium** befinden.

Der Einsatz eines **Hackgerätes** hat die **Einzelkornsaat mit entsprechender Reihenentfernung** zur Voraussetzung. Die Unkrauthacke kann **nach dem Aufgang der Sojabohne** beginnen und sollte bei einer **Pflanzenhöhe von etwa 15 cm enden**, wobei größere Bodenunebenheiten verhindert werden sollten. Der Einsatz des Hackgerätes muss außerdem so erfolgen, dass **Pflanzen- bzw. Wurzelverletzungen möglichst vermieden werden** und die zu bekämpfenden **Unkräuter sich höchstens bis zum kleinen Rosetten- bzw. Büschelstadium** entwickelt haben.

Im Vergleich zum Striegeln ist ein **Hackgeräteeinsatz gegenüber Unkräutern und Bodenverkrustungen wirkungsvoller**. Um eine **Verunkrautung innerhalb der Reihe** auszuschalten, ist **eine Kombination mit der Bandspritzung** oder dem **Hackstriegel** möglich.

5.8 Pflanzenschutzmaßnahmen

❏ Unkrautregulierung

Die Sojabohne neigt wegen ihrer **langsamen Jugendentwicklung** und **geringen Konkurrenzkraft** zu einer starken Verunkrautung. Die Unkrautregulierung hat daher eine besondere Bedeutung, um einer Ernteerschwernis, erhöhter Erntefeuchtigkeit, erhöhter Trocknungskosten, Verunreinigung des Erntegutes, Verringerung des Verkaufswertes und einer Reduzierung des Kornertrages vorzubeugen.

Um die Unkräuter auf ein tolerierbares Ausmaß zurückzudrängen, wird die **integrierte Unkrautregulierung vielseitig** und **gezielt** durchgeführt.

Die **Möglichkeiten** hierfür lassen sich in **zwei Gruppen zusammenfassen:**

• **Nichtchemische Maßnahmen**
Besondere Bedeutung kommt dabei der **zeitgerechten** und **richtigen** Bearbeitung des Bodens von der **Grundbodenbearbeitung** über die **Saatbettbereitung** bis zu den **mechanischen Pflegemaßnahmen** mit **Striegel** und **Hackgeräten** zu.

Weiteres kann eine **weitgestellte Fruchtfolge** eine stärkere pflanzenarttypische Verunkrautung zurückdrängen. Unkrautunterdrückend wirkt auch jeder **schnelle Bestandesschluss** bzw. ein **optimaler Pflanzenbestand.**

• **Chemische Maßnahmen**
Können die vorhin genannten vorbeugenden und kulturtechnischen Maßnahmen die Unkräuter nicht ausreichend zurückdrängen (insbesondere bei **Spätverunkrautung**), so werden **chemische Maßnahmen zur integrierten Unkrautregulierung** empfohlen.

Zur gezielten chemischen Unkrautbekämpfung stehen in begrenztem Ausmaß **Vor- und Nachauflaufherbizide** zur Verfügung. Die **registrierten Herbizide** für Sojakulturen sind dem **Pflanzenschutzmittelverzeichnis der AGES** (www.psm.ages.at) zu entnehmen.

❏ Krankheiten und Schädlinge

Ein **häufiges Nacheinander und Nebeneinander der Sojabohne** führt sehr rasch zu einer erhöhten Gefährdung durch kulturspezifische Krankheiten und Schädlinge.

Wichtige Krankheiten
- Keimlings- und Auflaufkrankheiten
- Fusarium-Wurzelfäule
- Falscher Mehltau
- Weißstängeligkeit Sklerotinia
- Anthraknose der Sojabohne
- Diaporthe-Krankheit
- Septoria-Blattfleckenkrankheit
- Botrytis-Fäule
- Bakterielle Blattdürre, Bakterienbrand, eckige Fleckigkeit Pseudomonas savastanoi pv. glycinea
- Bakterielle Pustelkrankheit
- Sojabohnenmosaik (Mosaikvirus)
- Gelbes Bohnenmosaik (yellow mosaic Virus)

Spezielle Hinweise über Verhütungs- und Bekämpfungsmaßnahmen (Integriertes Konzept) gegen Unkräuter, Krankheiten und Schädlinge der Sojabohne sind der **„Leitlinie für den integrierten Feldbau"** der **Landwirtschaftskammer Österreich** und der **Österreichischen Arbeitsgemeinschaft für integrierten Pflanzenschutz** (ÖAIP – www.oeaip.at) zu entnehmen. Weitere Informationen liefert die von der **AGES** herausgegebene Beratungsbroschüre **„Krankheiten, Schädlinge und Nützlinge im Eiweiß- und Ölpflanzenbau"**. Auch die Fachabteilungen der **Landeslandwirtschaftskammern** informieren die Landwirte jährlich über Pflanzenschutzmaßnahmen.

5.9 Reife, Ernte und Lagerung

❏ Reife

Die **beginnende Abreifung** kündigt sich durch eine **Verfärbung der Blätter** an. Der Reife selbst geht ein **Abfall der Blätter** voraus. Die **Sojabohne ist reif**, wenn das **Korn hart** geworden ist, also beim Eindrücken mit dem Fingernagel nicht mehr nachgibt.

Reifes Korn hat einen **Wassergehalt von 12–16 %.** Dieser ist erreicht, wenn die **Körner in der Hülse beim Schütteln „rascheln".** Je nach Sorte und Klimalage wird die Sojabohne ab **Mitte September bis Mitte Oktober reif**.

Erntereife Sojabohne

❏ Ernte

Bereits wenige Tage nach dem Blattfall kann mit dem **Mähdrusch** begonnen werden, wobei der **Wassergehalt der Sojabohne unter 16 % liegen soll.** Da der Ansatz der untersten Hülsen sehr tief liegt, ist das **Schneidwerk entsprechend tief zu stellen**, um eventuelle **Ernteverluste zu vermeiden.** Ein zu tief geführtes Schneidwerk erhöht insbesondere bei Bodenunebenheiten die unerwünschte Aufnahme von Erde und/oder Steinen.

Minimale Ernteverluste schafft ein Mähdrescher mit einem **flexiblen Sojaschneidwerk** (Flexschneidwerk). **Gleitkufen unterhalb vom Messerbalken** angebracht, führen die **flexiblen Messer knapp über dem Boden** und **erfassen** damit auch die **untersten Sojahülsen**.

Erntereifer Sojabohnenbestand

Bei **witterungsbedingter Reifeverzögerung** muss bei hoher Luftfeuchtigkeit die Sojabohne ggf. mit einem Wassergehalt von 16–20 % geerntet werden.
In solchen Fällen muss das Erntegut **rasch** auf 12–13 % Wassergehalt **herabgetrocknet** werden, um eine Verpilzung zu verhindern und die Lagerfähigkeit zu erreichen.
Eine **verspätete Ernte** von **abgereiften** und **trockenen Sojabohnen** kann durch **das Aufspringen der Hülsen Ertragsverluste** verursachen.
Bei einer zeitweilig auftretenden feuchtkühlen Sommerwitterung kann es verstärkt zum Auftreten von sogenannten „Samenflecken" kommen. Es handelt sich um einen rein optischen Effekt, der genetisch keinen Einfluss hat. In der „Beschreibenden Sortenliste" der AGES gibt es Einstufungen dazu.

❑ Lagerung

Liegt der Wassergehalt der Sojabohne über 13 %, so muss das Erntegut auf 12–13 % Wassergehalt hinuntergetrocknet werden, damit es lagerfähig ist. Wird die **Basisfeuchtigkeit von 13 %** überschritten, so sind bei der Ablieferung Trocknungskosten und Gewichtsabzüge verrechenbar.

5.10 Ertrag, Qualität und Verwertung

❑ Ertrag

Der Ertrag der Sojabohne wird durch die Anbaulage (Klima), die Sorte und die Kulturmaßnahmen bestimmt. Er lässt sich durch folgende **Ertragsfaktoren**, auch Ertragskomponenten genannt, abschätzen:
• Anzahl der Pflanzen je Flächeneinheit (Bestandesdichte)
• Hülsenzahl je Pflanze und Kornzahl je Hülse
• Tausendkornmasse (TKM)

Die Schwäche des einen oder anderen Faktors kann nur bis zu einem bescheidenen Ausmaß durch andere Faktoren ausgeglichen werden.
Gute Kornerträge können mit 3,5 bis 4,5 Tonnen je ha angenommen werden.

Durchschnittserträge der Sojabohne in Tonnen je Hektar

Erntejahr	2022	2023	20 . .
Österreich Bundesland	2,62	3,06	....
....	....	....	....
Eigener Betrieb	....	....	....

Siehe Berichte der Statistik Austria!

❑ Qualität

Die Qualitätsanforderungen richten sich primär danach, ob die Sojabohne für **Speisezwecke (Klasse I)** oder für **Futterzwecke (Klasse II)** verwendet wird. Dem entsprechen auch die **Börseusancen**, d. h. die Bedingungen, zu denen inländische Sojabohne an der Börse für landwirtschaftliche Produkte gehandelt wird.

Qualitätsmerkmal (Erfordernis)	Inländische Sojabohne, handelsübliche, gesunde Ware	
	Klasse I	Klasse II
Wassergehalt	max. 13 %	max. 13 %
Besatz	max. 1 %	max. 2 %
Bruch	max. 10 %	max. 20 %
Beschädigte Körner	max. 2 %	max. 3 %
davon hitzegeschädigt	max. 0,2 %	max. 0,5 %
Fremdfarbige Bohnen	max. 1 %	max. 1 %
Erdige Bohnen	max. 1 %	max. 1 %

❑ Verwertung

• Sojabohne für Speisezwecke

Aufgrund **ernährungsphysiologisch besonders wertvoller Inhaltsstoffe** hat die Sojabohne als Lebensmittel zunehmende Bedeutung erlangt.

Verantwortlich hierfür sind vor allem:

- ein **hoher Eiweißgehalt** mit **allen lebensnotwendigen Aminosäuren,**
- eine **günstige Fettzusammensetzung** mit überwiegend **mehrfach ungesättigten Fettsäuren**,
- ein **hoher Mineralstoffgehalt** (Kalzium, Eisen, Phosphor, Kalium und Magnesium),
- ein reichlicher Gehalt an **Vitamin E und B-Vitaminen** und
- der wertvolle Gehalt **an sekundären Pflanzenstoffen** (vor allem Isoflavone – auch „Phytoöstrogene" genannt) mit vielfältigen pharmakologischen Wirkungen.

Sojabohnen (vergrößert) mit hellgelben Körnern und hellem Nabel für Speisezwecke

Sojabohnen (vergrößert) mit dunklem Nabel für Ölgewinnung bzw. für Futterzwecke

Beispiele für angebotene Sojaprodukte in Österreich:

- **Drinks**, Joghurts, Puddings
- **Granulate** für die Zubereitung von „Würstchen", „Faschiertem" und „Ragout"
- **Tofu** – meist in schafkäseähnlichen weißen Würfeln
- **Tempeh** – Fermentationsprodukt, das durch die Beimpfung gekochter Sojabohnen mit verschiedenen Schimmelpilzen entsteht
- **Sojamehl** – Zusatz zu Brot und anderen Backwaren
- **Sojaöl**, Snacks usw.

Die **vielfältigen Möglichkeiten in der Soja-Verarbeitung** bieten vor allem eine wertvolle **Nahrungsmittelergänzung** bzw. eine **kulinarische Erweiterung** für den **menschlichen Konsum** und somit **neue Absatzmöglichkeiten**.

• Sojabohne als Futtermittel

Vollfette Sojabohne wird für Futterzwecke vorwiegend **thermisch aufgeschlossen (getoastet)** und ist so als Kraftfutter für **säugende Zuchtsauen**, **Ferkel** und **Geflügel** zur Fütterung einsetzbar. Die thermische Aufschließung hat den Zweck, **Bitterstoffe zu deaktivieren** und die **Eiweißverdaulichkeit zu erhöhen**. Das Ziel ist dabei der **Abbau der Trypsin-Inhibitoren** (Trypsin ist ein Enzym zur Eiweißverdauung). Dies wird mit dem Toasten des Sojaschrotes angestrebt und auch erreicht.

In der **Rinderfütterung** (ab einem Lebendgewicht von 150–200 kg) kann bei Verzicht auf eine Harnstoff-Beifütterung auch in **begrenzten Mengen unbehandelte, vollfette Sojabohne** eingesetzt werden.

Getoasteter Sojaextraktionsschrot ist bei **allen Nutztierarten** als **Eiweißkomponente im Kraftfutter** oder bei **eiweißarmer Grundfutterration** mit der erforderlichen Menge einsetzbar.

5.11 Förderung und Ausweitung einer gentechnikfreien Sojaproduktion

Um die große österreichische bzw. europäische **Abhängigkeit** bei Soja und Sojaschrot von **Importen** (vor allem aus Argentinien, Brasilien und den USA) zu **verringern** und der steigenden **Nachfrage** nach **gentechnikfreier** (GVO-freier) **Soja** nachzukommen, haben sich verschiedene Interessensgruppen zur **Förderung einer gentechnikfreien Sojaproduktion** zusammengeschlossen. So wurde 2008 in Österreich von **Lebensmittelproduzenten, Landwirten und Saatzuchtbetrieben** der **Verein „Soja aus Österreich"** gegründet, um den Anbau von gentechnikfreien Sojabohnen zur **Lebensmittelerzeugung** auszuweiten und zu fördern.

Mit der Inbetriebnahme der **Ölmühle Güssing** (Bgld.) können seit Herbst 2011 **gentechnikfreie Sojabohnen** aus europäischer Herkunft zu gentechnikfreien Produkten (Sojaöl, Sojaextraktionsschrot und Sojaschalen) auch in Österreich verarbeitet werden. Mit der Gründung des Vereines **„Donau Soja"** im Jänner 2012 und der folgenden **„Donau-Soja-Erklärung"** im September 2012 in Wien sollte der Anbau von **Qualitätssoja** in der **Donauregion** gefördert werden. Damit wurde die Grundlage für eine **qualitativ hochwertige, herkunftsgesicherte** und **gentechnikfreie Futtermittel- und Lebensmittelproduktion** geschaffen und ein Beitrag für eine **eigenständige** europäische Eiweißversorgung geleistet.

Als wesentliche Ziele gelten:
- Die **Förderung des gentechnikfreien Sojaanbaues** und der **Verarbeitung** in der Donauregion für Österreich und Europa mit der Markenbezeichnung **„Donau-Soja"**,
- der Aufbau verlässlicher Liefer- und Wertschöpfungsketten durch die Migliedsunternehmen,
- die Führung eines geförderten Züchtungs-, Forschungs- und Kontrollprogramms für gentechnikfreies Soja-Saatgut und Soja-Pflanzenschutzkonzepte für den Donauraum,
- die regionale Wertschöpfung, Gentechnik-Freiheit, Nachhaltigkeit und Rückverfolgbarkeit von „Donau-Soja" und
- ein **Beitrag zur Reduktion des CO_2-Fußabdruckes** bei Sojaprodukten und Fleisch durch die Förderung europäischer Eiweißträger.

6. ACKERBOHNE/PFERDEBOHNE *(Vicia faba)*

6.1 Herkunft und Bedeutung

Bei der Ackerbohne (auch Pferde-, Sau- oder Puffbohne genannt) handelt es sich um eine schon den Völkern des Altertums bekannte Kulturpflanze. Als **Herkunftsgebiete** gelten der Mittelmeerraum und Vorderasien.

Sie hatte früher größere Bedeutung für die **menschliche Ernährung** (Mehl, Gemüse), bis in Europa mit der Einführung des Anbaues von Kartoffel, Mais und Gartenbohne ihre Nutzung als Nahrungspflanze stark zurückging.

Heute dienen die Ackerbohnen vor allem in Biobetrieben als **betriebseigenes Eiweißfuttermittel in der Tierernährung.**

Gelegentlich werden Ackerbohnen als **Gemengepartner in Begrünungsmischungen** angebaut.

Anbaufläche von Ackerbohnen in Hektar

Erntejahr	2022	2023	20 . .
Österreich Bundesland	5,538	6.041	....
....	....	....	....

Siehe Berichte der Statistik Austria!

Als **Vorteile** gelten:
- Eignung als **Mähdruschfrucht**
- **Stickstoffselbstversorgung** mithilfe bestimmter Knöllchenbakterien, die den Luftstickstoff als Pflanzennährstoff zum „Null-Tarif" verwerten und damit eine Stickstoffdüngung ersparen
- Das **Hinterlassen von 20–40 kg verfügbarem Stickstoff** je ha für die unmittelbare Folgefrucht
- Relativ **hoher Eiweißgehalt** in den Samen (ca. 30 % Rohprotein i. d. TS) ermöglicht die **Einsparung von Eiweißzukauffutter**
- Auflockerung und Verbesserung getreidestarker Fruchtfolgen als **Gare fördernde „Blattfrucht"**
- **Förderung vieler nützlicher Insekten** (z. B. Hummeln, Bienen)

Ackerbohne *mit Hülsen*

Als **Nachteile** gelten:
- Große **Ertragsunsicherheit** infolge auftretender Krankheiten und Schädlinge
- **Niedriger Durchschnittsertrag**
- **Ungleichmäßige Abreife**
- Besondere **Empfindlichkeit gegenüber Hitze** und **Trockenheit**
- **Hohe Stressanfälligkeit** auf ungünstige Umwelteinflüsse (Abwurf von Blüten und jungen Hülsen)
- Notwendige **Nachtrocknung des Erntegutes**
- **Hohe Saatgutkosten**

Die genannten Nachteile lassen sich zum Teil durch eine **Anbaubeschränkung auf zusagende Standorte** und durch eine an die Ackerbohne **angepasste Produktionstechnik** vermindern.

6.2 Botanisches

Die Ackerbohne ist eine Pflanzenart in der Unterfamilie **Schmetterlingsblütler (*Faboidea*)** innerhalb der Familie der **Hülsenfrüchtler (*Leguminosae* oder *Fabaceae*)** und gehört zur Gattung der **Wicken (*Vicia*)**.
Sie wird in Österreich meist als **Sommerform** angebaut, da die Sorten der **Winterform** trotz Züchtungsfortschritten unter unseren Klimaverhältnissen stark **auswintern** können. Die nachfolgenden Ausführungen beziehen sich daher vorwiegend auf die Kultur der Sommerackerbohne!

Aufgrund der **Samengröße** unterscheidet man **klein-, mittel- und großkörnige Formen**, wobei in der Tierernährung meist Sorten mit einer Tausendkornmasse (TKM) von 300–600 g verwendet werden.

Das **Wurzelsystem** zeigt eine **starke Pfahlwurzel mit mehreren kräftigen Seitenwurzeln**. Die Wurzeln besitzen ein **gutes Nährstoffaufschließungsvermögen** und gehen mit den **Knöllchenbakterien** eine Lebensgemeinschaft ein, wodurch sie zu **Stickstoffselbstversorgern** werden. Die **aktive Stickstoffbindungsphase** ist durch eine **rötliche Färbung des Knöllcheninhaltes** gekennzeichnet.

Der **Stängel** ist im Querschnitt vierkantig und hohl. Er ist meist unverzweigt, durch Knoten gegliedert, aufrecht und relativ standfest. Eine **eventuelle Verzweigung** erfolgt **nur an der Pflanzenbasis**. In der **Trieblänge** gibt es bei den einzelnen Formen oder Sorten und je nach den Umweltbedingungen **große Unterschiede**. Die meisten derzeitigen Sorten erreichen eine Pflanzenhöhe zwischen 1 und 1,5 m.
Endständige Formen sind **kurzstängeliger** und **standfester**.

Die **Blätter** sind am Stängel schraubig angeordnet und **paarig gefiedert**. Die einzelnen Blättchen sind oval bis elliptisch und ziemlich groß. Die **Nebenblätter** sind ei- bis pfeilförmig und gezahnt.

Die **Blüten** entwickeln sich in den Blattachseln (meist ab dem 5. Knoten) und bilden **kurzgestielte, 2- bis 9-blütige Trauben**. Das Aufblühen geht von unten nach oben vor sich und dauert einige Wochen.
Die einzelne Blüte zeigt die **typischen Merkmale einer Schmetterlingsblüte** (je 5 Kelch- und Blumenkronblätter sowie 10 Staubgefäße). Die **Blütenfarbe** ist **überwiegend weiß** und **schwarz gefleckt** (Flügel), **selten zur Gänze weiß. Oft sind nur 1–3 Blüten einer Traube fruchtbar**.
Die Ackerbohne ist überwiegend ein Selbstbefruchter (bis zu 70 %). **Insekten** (besonders Hummeln und Bienen) fördern die Befruchtung.

Der **Fruchtansatz** ist im Verhältnis zum Blütenansatz **gering und von der Wasserversorgung stark abhängig** (häufiger Abwurf von Blüten und jungen Hülsen). **Hülsen**, die auf der Pflanze verbleiben und zur Reife gelangen, sind fleischig, haben eine grüne Farbe und enthalten meist **3–4 Samen**. Zum **Zeitpunkt der Reife** verfärben sich die **Hülsen schwarz**.
Die reifen **Samen** sind **hart**, **unterschiedlich groß** und meist von **hell- bis dunkelbrauner Farbe**.

Ackerbohnenblüte (vergrößert)   *Ackerbohnenkörner* (vergrößert)

❑ Wachstum und Entwicklung

Im Gegensatz zu vielen anderen Kulturpflanzen ist der herkömmliche Wuchstyp bei Acker-
bohnen durch eine **potenziell unbegrenzte** (indeterminierte) **Pflanzenentwicklung** cha-
rakterisiert.
Kennzeichnend ist dafür, dass sich die Ertragsorgane über alle Blattachseln (Nodien) ver-
teilen, wodurch sich das **Längenwachstum** mit **beginnender Blüte nicht einstellt.**
Vielmehr verlaufen die **vegetative Phase** (Blatt- und Stängelmassebildung) und die **gene-
rative Phase** (Blüten- und Samenbildung) **parallel**. Diese pflanzliche **Besonderheit** führt
zu einer **ungleichmäßigen Abreife.**

Eine mögliche Abhilfe zur **Verbesserung der Ertragssicherheit von Ackerbohnen wäre**
die **züchterische Veränderung** mithilfe von **endständigen** (determinierten) **Wuchstypen.**
Bei diesen Wuchstypen sitzen die Blütenanlagen ebenfalls in den Blattachsen über die Spros-
sachse verteilt. Sie **beenden** jedoch ihr **Längenwachstum** in der Gipfelregion **nach der
Ausbildung einer endständigen Blütentraube.**
Solche Ackerbohnen-Mutanten zeigen einen ähnlichen Wachstums- und Entwicklungsver-
lauf wie Getreide. Sie haben **im oberen Bereich** der Pflanzen **die Blütentrauben bzw. die
späteren Hülsen angeordnet** und **stellen** ihr **vegetatives Wachstum** in der Gipfelregion
nach Ausbildung der endständigen Blütentraube ein.

❑ Entwicklungsstadien

Genaue Kulturanleitungen (Pflege, Düngung, Pflanzenschutz), Anstellung bzw. Beurteilung
von Versuchen usw. verlangen genau beschriebene Entwicklungsabschnitte in **Makrostadien**
und diese in **Mikrostadien**.

0 00–09	**1** 10–19	**3** 30–39	**5** 50–59	**6** 60–69	**7** 70–79	**8** 80–89
Keimung	Blatt-entwicklung (Hauptspross)	Längen-wachstum (Hauptspross)	Entwicklung der Blütenanlagen (Hauptspross)	Blüte (Hauptspross)	Frucht-entwicklung	Frucht- und Samenreife

Entwicklungsstadien der Ackerbohne (Fababohne) gemäß BBCH-Codierung

Ackerbohnen – *herkömmlicher Wuchstyp*   ***Ackerbohnen*** – *endständiger Wuchstyp*

Die folgenden Ausführungen beziehen sich vorwiegend auf die Kultur der **Sommerackerbohne**!

6.3 Ansprüche an den Standort

Die **Ansprüche an das Klima** werden **am besten** in **mäßig feuchten Klimagebieten** (Trockenlagen scheiden aus) mit **ausreichender** und **gleichmäßiger Niederschlagsverteilung** während der Hauptwachstumszeit Mai bis Juli erfüllt.

Die **lange Wachstumszeit** der Ackerbohne (150–180 Tage) verlangt **Anbaulagen mit günstigem Jahrestemperaturverlauf**. Dieser muss einen **zeitigen Frühjahrsanbau** (März), eine **nicht zu kalte Blühperiode** und eine **zügige Abreife** ermöglichen.

In der Jugend ist die Ackerbohne kältetolerant und übersteht auch Fröste bis zu –5 °C.

In **höheren** und **raueren Lage**n (ab 600 m Seehöhe) ist **zunehmend** mit verspätetem Anbau im Frühjahr, Reifeverzögerung, ungleichmäßiger Abreife, höherer Erntefeuchtigkeit und geringeren Kornerträgen zu rechnen.

Besonders **ungünstig** sind für Ackerbohnen **extreme Witterungsverhältnisse**, wie z. B. längere Nässe-, Kälte-, Hitze- und Trockenperioden **während der Blütezeit**.

Die **Ansprüche an den Boden** werden am besten durch **gute Weizenböden** mit **einheitlicher Beschaffenheit** und **gutem Kulturzustand** erfüllt.
Solche **Böden sind ausreichend mit Humus** versorgt, höchstens **schwach sauer bis leicht alkalisch** (pH-Wert 6,5–7,5), **tiefgründig**, **mittelschwer bis schwer**, besitzen ein **gutes Speichervermögen** für Wasser und Nährstoffe und befinden sich in einem **guten Garezustand.**

6.4 Stellung in der Fruchtfolge

An die Vorfrucht stellt die Ackerbohne relativ **geringe Ansprüche**. Das Hinterlassen eines guten Kulturzustandes (keine zu starke Verunkrautung oder Bodenverdichtungen) ist immer von Vorteil. Zwecks Auflockerung von Getreide- und maisreichen Fruchtfolgen ist ein **Anbau nach Getreide** (Weizen, Gerste) **oder Mais** vorteilhaft.

Roggen und Hafer sind als Vorfrüchte weniger geeignet, da sie wie Ackerbohnen den Stock- und Stängelälchen (Nematoden) als Wirtspflanzen dienen.

> Zwecks Vermeidung von Fuß- und Welkekrankheiten sollte bei Ackerbohnen eine **Anbaupause von ca. 4 Jahren** eingehalten werden.

Auch **zu anderen Leguminosen sind aus Gesundheitsgründen Anbaupausen von 4 Jahren** empfehlenswert. Die **Ackerbohnen** besitzen als **Gare fördernde Pflanzen** und als **Stickstoffsammler** einen **hohen Vorfruchtwert**.

Aus **Ernterückständen (Stroh) und Vorfruchtwirkung** stehen der Nachfrucht folgende **Nährstoffmengen** zur Verfügung:

N	P_2O_5	K_2O (je nach Ertragslage)		
		niedrig	mittel	hoch
20–40	10	30	40	50

Nährstoffe in kg/ha

Gemäß Nitrat-Aktionsprogramm-Verordnung 2023 sind **alle Betriebe verpflichtet,** die N-Nachlieferung aus der **Vorfrucht Ackerbohne** bei einer **N-Düngung der Folgekultur um 20 kg N/ha zu reduzieren!**

Als **Nachfrüchte** sind **stickstoffzehrende Zwischenfrüchte** oder zeitig angebaute **Winterungen** besonders **günstig**. Sie nutzen die vorhandenen Stickstoffreserven im Boden am besten aus und können somit eine Auswaschung in das Grundwasser weitgehend verhindern.

Beispiele von günstigen Vor- und Nachfrüchten

Silomais	Sommergerste	....
Ackerbohne	**Ackerbohne**	**Ackerbohne**
Wintergerste	Winterweizen	....

Tragen Sie ein weiteres Beispiel ein!

6.5 Ernährung und Düngung

> **Düngungsempfehlungen** erfolgen nach den **„Richtlinien für die sachgerechte Düngung" (RSGD)**, 8. Auflage!

Eine **ausreichende Kalkversorgung** des Bodens, wie sie für die Erhaltung der **Bodenfruchtbarkeit** notwendig ist, sichert auch die Kalziumversorgung der Ackerbohne.

Da der **Kalk die Krümelstruktur fördert** und die **Bodensäure neutralisiert**, wird über eine **ungehinderte Bodenatmung** die **Luft-Stickstoff-Bindung** durch die **Sauerstoff** liebenden **Knöllchenbakterien** bei annähernd neutraler Bodenreaktion **günstig beein-flusst.**

Als erste **Orientierungshilfe** für eine eventuelle Kalkdüngung dient der **pH-Wert** des Bodens. **Liegt dieser unter 6, dann sollte aufgekalkt werden.** Der **günstigste pH-Bereich** liegt je nach Bodenschwere zwischen 6,5 und 7,2.

Bei gleichzeitigem **Magnesiummangel** ist die **Verwendung magnesiumhaltiger Kalke** empfehlenswert.

Über eine eventuelle **Kalk- bzw. Magnesiumdüngung** informiert die **Bodenuntersuchung**.

Die **Phosphat-** und **Kaliversorgung** sollte sich auch nach den Ergebnissen der **Bodenuntersuchung** und nach der **Ertragslage des Standortes** orientieren.

Für **mittlere Ertragslagen** der **Gehaltsklasse C** gelten z. B. als **Richtwerte für die Grunddüngung** 65 kg P_2O_5 und 120 kg K_2O je ha und Jahr.

Die **Ausbringung** erfolgt meist nach der Ernte der Vorfrucht **vor einer Bodenbearbeitung**. Die Verwendung von **sulfathaltigen Mineraldüngern** sichert eine gute **Schwefelversorgung**.

N-Obergrenzen in kg jahreswirksamer N/ha gemäß Nitrat-Aktionsprogramm-Verordnung 2023:

Ertragslage Kultur	niedrig (t/ha) (max. N)		mittel (t/ha) (max. N)		hoch (t/ha) (max. N)	
Ackerbohne	< 2,0	**0 bis 60[1]** 0 bis 50*	2,0–4,5	**0 bis 60[1]** 0 bis 50[1]*	> 4,5	**0 bis 60[1]** 0 bis 50[1]*

* für Gebiete mit verstärkten Aktionen zum Schutz der Gewässer
[1] Bei Verwendung von nicht geimpftem Saatgut, bei mangelhaftem Knöllchenansatz oder bei erstmaligem Anbau

Der **hohe Bedarf an Stickstoff** wird überwiegend durch die **Luftstickstoffverwertung mithilfe der Knöllchenbakterien** gedeckt. Den restlichen Stickstoff liefert der **Boden**.

Knöllchenbakterien, die mit Ackerbohnen eine Symbiose eingehen, sind in unseren Böden meist ausreichend vorhanden. Eine Beimpfung des Saatgutes oder des Bodens mit diesbezüglichen Bakterienpräparaten ist daher kaum wirtschaftlich.

Eine ausreichende **N-Selbstversorgung** ist von **zusagenden Standortverhältnissen** für **Ackerbohnen** bzw. **Knöllchenbakterien** und dem **Verzicht jeglicher N-Düngung vor dem Anbau** abhängig.

Zeigt etwa ab drei Wochen nach dem Aufgang die Kontrolle keine oder nur inaktive Knöllchen (Anschnittfläche nicht rosarot), ist eine **N-Düngung gemäß Nitrat-Aktionsprogramm-Verordnung 2023** bis **maximal 60 kg N/ha** während der Jugendentwicklung empfehlenswert.

Eine **Stickstoffüberversorgung** verschlechtert die Luftstickstoffverwertung, fördert ein zu üppiges Blatt- und Stängelwachstum, verschlechtert den Hülsenansatz, begünstigt die Lagerung und verzögert die Reife.

6.6 Saatgut und Sortenwahl

Die derzeit in Österreich zugelassenen Ackerbohnensorten gehören zum **herkömmlichen Wuchstyp mit indeterminierter Pflanzenentwicklung**. Diese sind meist **langwüchsig**, **weniger standfest**, relativ **spätreif**, bilden **kaum Nebentriebe** und haben vielfach ein weites Korn:Stroh-Verhältnis. **Infolge neuerer Züchtungen** wurde dieser **Wuchstyp kürzer** und **standfester**, im **Ertrag stabiler** sowie hinsichtlich **Blatt- und Wurzelkrankheiten toleranter**.

Im Unterschied zu den **buntblühenden Sorten** enthalten die **weißblühenden Sorten** einen **geringeren Gehalt an Bitterstoffen** (Tannine).

Zur **Auswahl geeigneter Sorten** wird auf die jährlich erscheinende **„Österreichische Beschreibende Sortenliste"** der **AGES** verwiesen. **Regionale Sortenempfehlungen** werden auch von den jeweiligen **Landeslandwirtschaftskammern** gegeben!

6.7 Bodenvorbereitung, Anbau und Pflege

❑ Bodenvorbereitung

Art und Umfang werden besonders vom Erntetermin der Vorfrucht, der Bodenart, der Bodenfeuchtigkeit und der Verunkrautung des Feldes beeinflusst. Folgt die Ackerbohne innerhalb der Fruchtfolge einer Getreideart, so sollte die **Bodenvorbereitung im Sommer** mit einer sofortigen, flachen (max. 5 cm Tiefe), ganzflächigen und krümeligen **Stoppelbearbeitung** mit **Rückverfestigung** beginnen. Diese **beseitigt** eine eventuelle Oberflächenverdichtung, vernichtet viele Restunkrauter und beschleunigt die Zersetzung von mit Krankheitserregern (Pilzen) infizierten „Getreidestoppeln". Außerdem wird die kapillare Wasserverdunstung reduziert und die Keimung bzw. das Auflaufen von Ausfallgetreide und Unkrautsamen gefördert.

Mit einer **tiefer gehenden Folgebearbeitung** auf 10–15 cm wird der **Aufwuchs aus Kultur- und Unkrautsamen in den Boden eingemischt**.

Im **Herbst** sollte nur **bei möglichst günstigen Bodenverhältnissen** eine **gleichmäßig geformte Herbstfurche mit sattem Furchenschluss auf volle Krumentiefe** erfolgen. Grobe Fehler in der Herbstbodenbearbeitung lassen sich durch den Winterfrost nicht restlos ausgleichen. Gemäß GAP 2023 (GLÖZ 6) ist die **Mindestbodenbedeckung** vom 1. November bis 15. Februar zu beachten!

Sobald im **Frühjahr** der Boden **abgetrocknet** und für den Maschineneinsatz **tragfähig geworden ist, wird dieser eingeebnet und in weiterer Folge das Saatbett** auf **Saattiefe** (8–10 cm) **gleichmäßig gelockert** bzw. **gekrümelt**.

❑ Anbau

Die günstigste **Saatzeit** liegt je nach Standort zwischen **Ende Februar und Ende März**. Aussaaten Anfang April bringen bereits merkbare Ertragsverluste.

„Frühsaaten" bringen einige entscheidende **Vorteile**, wie z. B. eine bessere **Ausnutzung der Winterfeuchtigkeit**, einen **kürzeren und standfesteren Stängel**, eine **frühere Ernte** und einen **höheren Kornertrag**.

Die optimale **Saattiefe** beträgt je nach Bodenart für Ackerbohnensamen (6) 8–10 cm.

Die **Saatmenge in kg/ha** lässt sich aus der gewünschten **Zahl keimfähiger Körner je m²** (= Saatstärke), der **Keimfähigkeit** (angenommener Feldaufgang) in % und der **Tausendkornmasse** (TKM) in g nach folgender Formel berechnen:

$$\frac{\text{keimfähige Körner je m}^2 \text{ (z. B. 42) x TKM in Gramm (z. B. 380)}}{\text{Keimfähigkeit in \% (= angenommener Feldaufgang) (z. B. 85)}} = \text{..............} \text{ kg/ha}$$

Die **angestrebte Bestandesdichte je m² bei der Ernte** liegt bei der **Drillsaat** zwischen **35 und 45** und bei der **Einzelkornsaat bei 35–40.** Zur Erreichung der **optimalen Bestandesdichte** werden unter durchschnittlichen Anbaubedingungen bei **Drillsaaten** Saatstärken von 40–50 keimfähigen Körnern pro m² und bei der **Einzelkornsaat** Saatstärken von 35–45 keimfähigen Körnern pro m² zur Aussaat empfohlen.

> Für „Frühsaaten" gilt eine höhere und für „Spätsaaten" (bewirken eine verstärkte Grünmassebildung und Lagerneigung) **eine niedrigere Körner- und somit Pflanzenzahl**.

Bedeutend ist die Tatsache, dass sich bei Ackerbohnensamen eine **schlechte Keimfähigkeit bzw. Triebkraft** durch eine **Saatmengenerhöhung nicht ausgleichen** lässt!
Bei einer **Tausendkornmasse (TKM)** von 350–600 g liegt die richtige Saatmenge bei Drillsaat zwischen 180 und 300 kg/ha, bei der Einzelkornsaat zwischen 150 und 250 kg/ha.
Wird das **Ackerbohnensaatgut** in **Packungseinheiten** (meist zu je 50.000 Körnern) geliefert, so erfolgt die Ermittlung des Saatgutbedarfes je ha aus der gewünschten **Kornzahl pro m²**.

Die **Verwendung von zertifiziertem Saatgut** sichert durch eine gute äußere Saatgutqualität (Reinheit, Keimfähigkeit, Triebkraft, Gesundheit) den erwünschten Feldaufgang.
Eine **Beizung erfolgt nur im Bedarfsfall** aufgrund einer durchzuführenden **Gesundheitsuntersuchung durch die AGES.**
Auch eigenes **Nachbausaatgut** sollte den Anforderungen an die Saatgutqualität entsprechen.
Im Hinblick auf die **erforderliche Keimfähigkeit für** einen **hohen Feldaufgang** sind neben **optimaler Kulturführung, günstigen Reifebedingungen, schonungsvoller Ernte** bzw. **Saatgutaufbereitung** auch alle sonstigen **mechanischen Belastungen** auf ein Mindestmaß zu **reduzieren.**
Unverletztes Ackerbohnensaatgut verhindert das Eindringen vieler Krankheiten.
Zusätzlich sollte eine **Gebrauchswertuntersuchung** bei der **AGES**, Institut für Saatgut, durchgeführt werden. Wird auf eine Gebrauchswertuntersuchung verzichtet, ist **zumindest einige Wochen vor dem Anbau eine Keimfähigkeitsprüfung** durchzuführen.

Eine **Saatgutbeizung** von **Nachbausaatgut** ist bei einer fehlenden Gebrauchswertprüfung **empfehlenswert**, da man den Befall mit pilzlichen Krankheitserregern nicht kennt.

Als **Saatmethoden** kommen die **Drill- und Einzelkornsaat** in Frage.
Drillsaaten mit Reihenweiten wie bei Getreide verringern beim Anbau in der Falllinie die Erosionsgefahr und ermöglichen eine baldige Unkrautunterdrückung. Besteht keine Erosionsgefahr, hat sich eine Reihenweite von 25 cm (jedes zweite Säschar wird geschlossen) bewährt.
Nachteilig sind bei Drillsaaten der **ungleichmäßige Standraum der Einzelpflanze** und die **nicht immer exakte Tiefenablage** des Saatgutes (vor allem bei fehlendem Schardruck).
Die **Einzelkornsaat** bringt bei den Ak-

Einzelkornsaat, Reihenabstand zwischen 35 und 45 cm

kerbohnensamen gegenüber der Drillsaat eine gleichmäßigere und ausreichend tiefe **Samenablage**. Sie schafft weitere günstige Voraussetzungen für die Sicherstellung des Keimwassers, verbessert die **Standraumverteilung** der Pflanzen, ermöglicht dadurch einen geringeren Pflanzenbestand bzw. **Saatgutaufwand**, **verbessert die Standfestigkeit** und sichert einen etwas **höheren Ertrag**.

Da sich Pflanzenausfälle nach einer Einzelkornsaat viel stärker negativ auswirken als nach einer Drillsaat, kommt einer **exakten Einzelkornsaat mit nicht zu hoher Fahrgeschwindigkeit** eine größere Bedeutung zu.

Für die vielfach unterschiedlichen Korngrößen beim Ackerbohnensaatgut eignen sich pneumatische **Einzelkornsämaschinen** mit speziellen Bohnensäelementen am besten. **Ein möglichst eng gewählter Reihenabstand** (35 bis 45 cm) sollte eine eventuelle **mechanische Hackarbeit noch ermöglichen**.

Der **Abstand der Samenkörner in der Reihe** sollte **zwischen 7 und 9 cm** liegen und errechnet sich nach folgender Formel:

$$\frac{100}{\text{Reihenweite in m (z. B. 0,35) x Kornzahl pro m}^2 \text{ (z. B. 35)}} = \text{.........} \text{ cm}$$

Eine **erfolgreiche Sätechnik** erfordert ggf. die **Feststellung der TKM**, die gewünschte **Saatstärke**, die **Ermittlung des Standraumes**, die Durchführung einer **Abdrehprobe** und letztlich die **Kontrolle der Saat auf dem Feld**.

❑ Pflege

Zur Beschleunigung des Aufganges der Ackerbohne kann das **Walzen** nach der Saat – insbesondere auf leichteren Böden bzw. bei fehlenden Niederschlägen – von Vorteil sein.

Dabei ist die Verwendung einer „**Rauwalze**" empfehlenswert, da diese das Verschlämmen und Verkrusten der Bodenoberfläche weniger stark begünstigt. Dies gilt besonders für schluffreiche Böden. **Keine mechanische Pflege bei zu feuchter Bodenoberfläche** durchführen!

Zwecks **Beseitigung von Unkräutern** und Förderung der **Bodendurchlüftung** kann das **Striegeln und/oder Hacken** in Pferdebohnenkulturen unter bestimmten Bedingungen empfohlen werden.

Die hierfür notwendigen **Voraussetzungen** sind:
- Ein gut befahr- und bearbeitbarer Boden,
- eine warme Witterung unmittelbar vor und nach der mechanischen Pflege,
- eine bestimmte Pflanzenentwicklung bei Unkräutern und Ackerbohnen,
- ein relativ kurzer Zeitabstand (ca. 2 Wochen) zwischen zwei Pflegemaßnahmen,
- eine entsprechende Reihenentfernung (Einzelkornsaat) und erosionshemmende Lagen (ebene Flächen) für die Maschinenhacke.

An **Vorteilen** ergeben sich durch die mechanischen Pflegemaßnahmen in vielen Fällen
- die Einsparung von chemischen Unkrautbekämpfungsmitteln (wichtig für Wasserschutzgebiete),
- ein verbessertes Wurzellängenwachstum und
- die Begünstigung der Stickstoffsymbiose mithilfe der Knöllchenbakterien.

An **Nachteilen** ergeben sich
- ein höherer Arbeitsaufwand,
- eine größere Witterungsabhängigkeit und
- eine unzureichende Bekämpfungswirkung bei starker Verunkrautung (z. B. Klettenlabkraut).

Der **Hackstriegel** hat sich vorwiegend auf nicht zu schweren Böden bzw. bei mehrmaligem Einsatz bewährt. Die große **Flächenleistung** und der mögliche **Einsatz bei jeder Saatmethode** zählen zu seinen Vorzügen.

Die **Vernichtung der Unkräuter** erfolgt am besten im **Keim- bis Keimblatt-Stadium**.

Einsatzmöglichkeiten des Hackstriegels:

- **Ein Striegeln vor dem Aufgang** („**Blindstriegeln**") kann dann durchgeführt werden, wenn die Saatgutablage tief genug und der Keimspross höchstens 1–2 cm lang ist.
- **Kein „Striegeln"** sollte mehr erfolgen, wenn sich der Keimspross bereits 3 cm unterhalb der Bodenoberfläche befindet.
- Ein **Striegeln nach dem Aufgang** darf erst dann erfolgen, wenn die Ackerbohne eine Wuchshöhe von 5–10 cm erreicht hat.

Während des Aufganges sind die Pflanzen sehr spröde (Glashärte) und deswegen sollte das Feld nicht bearbeitet werden.

Zwei Arbeitsgänge, und zwar einer bei ca. 5–10 cm und einer bei 15–20 cm Wuchshöhe, sind vielfach ausreichend.

Das **Hacken** der Pferdebohne bringt insbesondere auf **schwereren, zur Verschlämmung neigenden Böden** Vorteile bei der **Bodenlockerung** und **Unkrautbekämpfung**.

Einsatzmöglichkeiten der Hacke:

Empfehlenswert ist eine **zweimalige**, nicht zu tiefe Maschinenhacke bei ca. 10 cm und 25–30 cm Wuchshöhe. In günstigen Fällen kann auch mit einer einmaligen Hacke bei einer Wuchshöhe von 10–15 cm das Auslangen gefunden werden. Entsprechend eingestellte Geräte sollten insbesondere beim zweiten Hackvorgang auch eine **Häufelwirkung** erzielen. Das Hacken (und „Häufeln") ist bei älteren Unkräutern wirkungsvoller als das Striegeln und damit nicht so terminabhängig.

6.8 Pflanzenschutzmaßnahmen

Die Bekämpfung von **Unkräutern, Krankheiten und Schädlingen** hat nach dem Konzept des „**Integrierten Pflanzenschutzes**" zu erfolgen.

❏ Unkrautregulierung

Die Unkräuter müssen in der Regel dann unterdrückt werden, wenn höhere Ertragseinbußen drohen, mechanische Pflege- bzw. Ernteverfahren erschwert werden und die Verwertung des Erntegutes beeinträchtigt wird. Die notwendige **Bekämpfungsstrategie** sollte dabei möglichst **vielseitig** und **gezielt** vorgenommen werden. Die **Möglichkeiten einer integrierten Unkrautregulierung** lassen sich in **zwei Gruppen** zusammenfassen:

• Nichtchemische Maßnahmen

Es sind alle vorbeugenden und kulturtechnischen Maßnahmen, die der Verunkrautung entgegenwirken (wie z. B. Standortwahl, Fruchtfolge, Bodenbearbeitung, Saattechnik) auszunutzen.

• Chemische Maßnahmen

Sie sind in all jenen Fällen gerechtfertigt, in denen die **nichtchemischen Maßnahmen** erfahrungsgemäß **unzureichend** sind.

Die **chemische Bekämpfung** der **zweikeimblättrigen Unkräuter** ist derzeit mit registrierten Herbiziden **nur im Vorauflauf** möglich.

Die chemische Bekämpfung von **Ungräsern** (Flughafer, Wildhirsen) ist sowohl im **Vorauflauf als auch im Nachauflauf** möglich.

Die für die Ackerbohnen zugelassenen (registrierten) Unkrautbekämpfungsmittel (Herbizide) sind aus dem von der **AGES herausgegebenen „Pflanzenschutzmittelverzeichnis**" (www.psm.ages.at) zu entnehmen. **Regionale Empfehlungen** über die **Unkrautbekämpfung in Ackerbohnen** geben die **Landwirtschaftskammern**.

❑ Krankheiten und Schädlinge

Wichtige Krankheiten
- Keimlings- und Auflaufkrankheiten
- Schokoladenbräune, Braunflecken-krankheit
- Ascochyta-Brennfleckenkrankheit
- Ackerbohnenrost
- Bakterielle Schwarzbeinigkeit und Blattfleckenkrankheit
- Blattrollkrankheit (Blattrollvirus)
- Gewöhnliches Ackerbohnenmosaik (Mosaik-Virus)

Wichtige Schädlinge
- Gestreifter Blattrandkäfer
- Schwarze Bohnenblattlaus
- Thrips an Ackerbohnen
- Ackerbohnenkäfer
- Bodenschädlinge (Drahtwürmer etc.)

Die Beschreibung der genannten Krankheiten und Schädlinge bzw. die speziellen Empfehlungen über integrierte Verhütungs- und Bekämpfungsmaßnahmen sind der **„Leitlinie für den integrierten Feldbau"** der **Landwirtschaftskammer Österreich** und der **Österreichischen Arbeitsgemeinschaft für integrierten Pflanzenschutz** (ÖAIP – www.oeaip.at) sowie der Beratungsbroschüre **„Krankheiten, Schädlinge und Nützlinge im Eiweiß- und Ölpflanzenbau"** von der **AGES** zu entnehmen. **Regionale Pflanzenschutzempfehlungen** erteilen die **Landwirtschaftskammern**.

Die aufeinander abzustimmenden **Pflanzenschutzmaßnahmen** lassen sich in **vorbeugende bzw. kulturtechnische Maßnahmen** (Sortenwahl, Bodenbearbeitung, weitgestellte Fruchtfolge, optimale Sätechnik, mechanische Pflege) und in **chemische Maßnahmen** (z. B. Blattlausbekämpfung) unterteilen.

6.9 Reife, Ernte und Lagerung

❑ Reife

Die **Reife der Ackerbohne kündigt sich durch die Schwärzung der untersten Hülsen** an. Sie erfolgt entsprechend dem Blühverlauf von unten nach oben. **Günstig für den Abreiferhythmus** wirkt ein **ungestörter, trockener Witterungsverlauf bei mittleren Temperaturen**, der zu einer kontinuierlichen Abnahme des Wassergehaltes im Samenkorn auf etwa 20 % und darunter führt.

Ungünstig (besonders für die Saatguterzeugung) wirkt ein durch **Regenfälle** unterbrochener Abreifeprozess. Dieser führt zu einer plötzlichen, gegebenenfalls zu einer wiederholten **Quellung und erneuten Trocknung** der Samen. Die **Folgen** sind **Spannungen**, möglicherweise auch feine **Risse** im Samengewebe und nicht selten **Keimschädigungen**.

❑ Ernte

Sie erfolgt mittels **Mähdrescher**, wenn die Bestände bis auf vereinzelte Triebspitzen entlaubt, die **Hülsen schwarz**, die **Samen hart** und der Anteil noch grüner Hülsen nicht mehr als 10 % beträgt.

Der **Feuchtigkeitsgehalt der Körner** kann zwischen 14 und 20 % liegen, wobei für das **Festigkeitsverhalten der Samen 17–19 % am günstigsten sind**.

Samen mit geringem Wassergehalt werden rasch spröde und reagieren gegenüber Schlag oder Druck sehr empfindlich. **Beschädigungen des Keimlings** und **ein steigender Bruchanteil** sind die Folge.

Ernte der Ackerbohne

Um höhere **Ausfallsverluste** durch das Aufplatzen überreifer Hülsen zu verringern, wird ein **Drusch möglichst in den Morgenstunden** bei relativer Luftfeuchtigkeit von über 70 % empfohlen.
Die Voraussetzung dazu ist ein „unkrautfreies" Feld.

Druschreife Ackerbohne

Weiters müssen **die Einstellung und Ausstattung des M**äh**dreschers**, die Neigung der Hülsen zum Aufplatzen und die Empfindlichkeit der Körner gegenüber einer mechanischen Beanspruchung berücksichtigt werden.
So sollte die **langsam laufende Haspel** möglichst hochgestellt werden, da durch Berührung der Stängel die Hülsen leicht aufplatzen.
Eine **relativ rasche Vorfahrt und das Abmähen auf nicht volle Arbeitsbreite** wirken ebenfalls verlustmindernd.
Bei **Lagerfrucht** ist zu empfehlen, entweder gegen die Richtung der Lagerung oder quer dazu zu fahren.
Das **Dreschwerk muss schonend arbeiten,** weshalb die **Trommeldrehzahl zu verringern** und der **Dreschkorb weit zu öffnen** sind. Bei der Reinigung ist das **Gebläse auf eine große Luftleistung** (maximaler Wind) einzustellen.

Die **Entleerung des Korntanks soll nur mit kleiner Drehzahl der Körnerschnecke** erfolgen.

❏ Lagerung

Eine **qualitätserhaltende** und **verlustarme Lagerung** der Samen erfordert nach der Ernte
• oftmals eine **zusätzliche Reinigung** (Stängel- und Grünteile),
• vielfach eine **notwendige** bzw. **schonungsvolle Trocknung** und
• einen **behutsamen Umgang bei jeglicher Manipulation** mit dem Erntegut (höchste Empfindlichkeit der Samen gegenüber einer mechanischen Beanspruchung).
Wenn der Feuchtigkeitsgehalt der Samen zum Erntezeitpunkt höher liegt, als es für eine gute Lagerfähigkeit notwendig wäre, muss auf einen Wassergehalt von < 14 % getrocknet werden.
Eine **Aufbewahrung mit höheren Kornfeuchtigkeitsgehalten bringt erhöhte Gefahren bei der Verfütterung** (zunehmende Verpilzung und eine mögliche Giftstoffbildung gefährden die Gesundheit der Tiere) und führen bei einer eventuellen Verwendung als Nachbau-Saatgut zu nachteiligen **Keimfähigkeitsverlusten**.

6.10 Ertrag, Qualität und Verwertung

❏ Ertrag

Der **Ertrag** der Ackerbohne kann je nach der Produktionstechnik und den Standortbedingungen zwischen 2.500 und 4.000 kg je ha schwanken.

Durchschnittserträge der Ackerbohne in Tonnen je Hektar

Erntejahr	2022	2023	20 . .
Österreich Bundesland	2,51	2,38	....
....	....	....	....
Eigener Betrieb	....	....	....

Siehe Berichte der Statistik Austria!

❏ Qualität

Für **Futterzwecke** wird ein maximaler **Wassergehalt von 14 %** gefordert und weiters ein möglichst **unbeschädigtes** sowie **gesundes Erntegut** mit max. 4 Gew.-% Kornbesatz und max. 2 Gew.-% Schwarzbesatz. Die **Eiweißqualität** ist bei Ackerbohnen durch den **niedrigen Gehalt an schwefeligen Aminosäuren** (Methionin und Cystin) im Vergleich mit Sojaschrot geringfügig ungünstiger.
Im Samen enthaltene **Gerbstoffe** (vor allem in buntblühenden Sorten) vermindern die Nährstoffverdaulichkeit und bei zu hohem Anteil in der Futterration eventuell auch die Fresslust. **Weißblühende Formen** enthalten **weniger Gerbstoffe** (geringerer Tanningehalt) in den Samen!

❏ Verwertung

Die **Verwertungsmöglichkeiten** für Ackerbohnen liegen in erster Linie in der **Tierernährung.** Wird damit z. B. **Sojaschrot teilweise** (Schweine-, Geflügel- und Kälberfütterung) **oder zur Gänze** (Milchvieh- und Mastrinderfütterung) **ersetzt,** so ist der **Eiweiß- und Energiegehalt** der **Ackerbohne** bei **der Erstellung von Futterrationen zu berücksichtigen.**

6.11 Besonderheiten von Winterackerbohnen

Die Winterackerbohne ist wie die Sommerform eine **sommeranuelle, einjährige Pflanze,** die eine erhöhte Toleranz gegenüber tieferen Wintertemperaturen hat. In günstigeren und milden Lagen ist sie daher eine mögliche Alternative (Frosttoleranz bis etwa -13 °C).
Anbau: Mitte bis Ende Oktober, Drill- oder Einzelkornsaat. Wegen der **starken Bestockung** genügt eine **Saatstärke von 30 bis 40 keimfähigen Körnern je m²; Saattiefe:** 10 cm.
Im Frühjahr hat die Winterackerbohne einen erheblichen Vegetationsvorsprung und wird dadurch auch nicht so stark von Blattläusen befallen, was wiederum die Gefahr eines Befalls mit Nanoviren verringert.

7. KÖRNERERBSE (*Pisum sativum*)

7.1 Herkunft und Bedeutung

Als primäre **Herkunftsgebiete** werden Zentralasien und der mediterrane Raum genannt. Die Körnererbse kann zu den **ältesten Kulturarten** gezählt werden.

Die **Kulturerbse** ist durch großen **Formenreichtum mit vielfältigen Nutzungsmöglichkeiten** gekennzeichnet.

Dabei kommt in der heutigen Zeit der **Körnernutzung** (als eiweiß- und energiereiches Kraftfutter, als Gemüse oder als Industrierohstoff) die größere Bedeutung zu.

Anbaufläche von Körnererbsen in in Hektar

Erntejahr	2022	2023	20 . .
Österreich	5.880	7.022	....
Bundesland			
....	....	....	....

Siehe Berichte der Statistik Austria!

Als **Alternative für Getreide** (insbesondere für Weizen) wird die **Körnererbse als Eiweißfuttermittel** angebaut.

Als **Vorteile** gelten:
- **Eignung für den Mähdrusch**
- Die Fähigkeit der Erbse, symbiotisch **Luftstickstoff zu binden** und damit die Stickstoffdüngung einzusparen
- Das **Hinterlassen von 20–50 kg an verfügbarem Stickstoff** je ha für die Folgefrucht
- Verbesserung getreidebetonter Fruchtfolgen als **Gare fördernde Blattfrucht**
- **Gute Verwertbarkeit als eiweißreiches Kraftfuttermittel** in der Tierernährung

Erbsenfeld

Als **Nachteile** gelten:
- **Geringe Ertragssicherheit**
- **Ungleichmäßige Abreife**
  (höhere Verluste bei der Ernte)
- Meist notwendige **Nachtrocknung des Erntegutes**
- **Hohe Saatgutkosten**

7.2 Botanisches

Die Erbse ist eine Pflanzenart in der Unterfamilie **Schmetterlingsblütler** *(Faboidea)* innerhalb der Familie der **Hülsenfrüchte** *(Leguminosae oder Fabaceae)* und gehört zur Gattung der **Erbsen** *(Pisum).*

Körnererbsen sind **sommerannuell** (einjährig) **bis winterannuell** (= einjährig überwinternd - Anbau im Herbst und Entwicklung in der darauffolgenden Vegetationsperiode).

In Österreich ist der Anbau **vorwiegend als Sommerform** üblich. Winterhärtere Neuzüchtungen von **Winterformen** gewinnen aber im **Gemengeanbau** mit Wintergetreide oder auch in **Reinsaaten** immer mehr an Bedeutung.

Die nachfolgenden Ausführungen beziehen sich vorwiegend auf die Kultur von Sommererbsen!

Von den vielen Erbsenformen lassen sich für die praktische Nutzung vereinfacht **zwei große Formengruppen** unterscheiden: Körnererbse und Futtererbse.

Wichtige Unterscheidungs- merkmale	Körnererbse Nutzung der Körner für Futter- und Speise- zwecke	Futtererbse Nutzung der Grünmasse als Viehfutter (z. B. Grün- fütterung)
Standortansprüche	höher	geringer
Kornfarbe	gelb, selten grün	bräunlich
Korngröße	großkörnig	kleinkörnig
Tausendkornmasse	160–320 g	110–240 g
Blütenfarbe	weiß	rotvioletter Fleck in der Blattachsel
Stängel	kurzstängelig	langstängelig
Reifezeit	früher reifend	später reifend
Kornertrag	hoch	niedrig
Bitterstoffgehalt	bitterstofffrei	bitterstoffhaltig

Das **Wurzelsystem** ist durch eine **schwächere Pfahlwurzel** mit vielen flach verlaufenden, reich mit **Knöllchen** besetzten **Seitenwurzeln** gekennzeichnet.

Der schwache **Stängel** ist liegend bis aufrecht, leicht vierkantig, durch Knoten (Nodien) ge- gliedert, wenig standfest und mehr oder weniger verzweigt. Die **Wuchshöhe** ist stark sorten- abhängig und liegt bei „Körnererbsen" meist zwischen 40 und 120 cm.

Die **Laubblätter des Blatttyps** entspringen an den Knoten des Erbsenstängels, sind 1- bis 3-paarig gefiedert und enden in Ranken. Bei den Erbsen des **Rankentyps** sind die **Fieder- blätter entweder zum Teil oder gänzlich zu Ranken reduziert.** Die **Nebenblätter** sind **größer** als die einzelnen **Fiederblättchen**, **stängelumfassend** und **unregelmäßig ge- zähnt.**

Die gestielten **Blüten** entspringen in den Blattachseln und bilden meist **traubige Blüten- stände** (mit überwiegend zwei Blüten). Die einzelne Blüte zeigt für Schmetterlingsblütler den typischen Blütenaufbau mit einem **röhrenförmigen fünfzipfeligen Kelch, 5 Blumen- kronblättern** mit unterschiedlicher Form und **10 Staubgefäßen.**

Die **Blütenfarbe** der Körnererbse ist weiß, bei der Futtererbse rotviolett! Der **Blühvorgang** dauert ca. 2–3 Wochen und verläuft von unten nach oben. Ebenso verläuft die Abreife.

Die Erbse zählt zu den **Selbstbefruchtern**, wobei der Befruchtungsvorgang bereits im Knos- penstadium abgeschlossen ist.

Die unteren **Hülsen** sind am ertragreichsten und können bis zu zehn **Samen** enthalten. Die als Reservestoffspeicher ausgebildeten Keimblätter enthalten durchschnittlich **25 % Eiweiß** in der Trockensubstanz. Die **Farbe der reifen Körner** ist bei weiß blühenden Sorten **gelb** oder **grün.** Ihre **Samenform** ist **rund** und **vollkörnig.**

Blatttyp

Rankentyp (halbblattlos)

Erbsenblüte

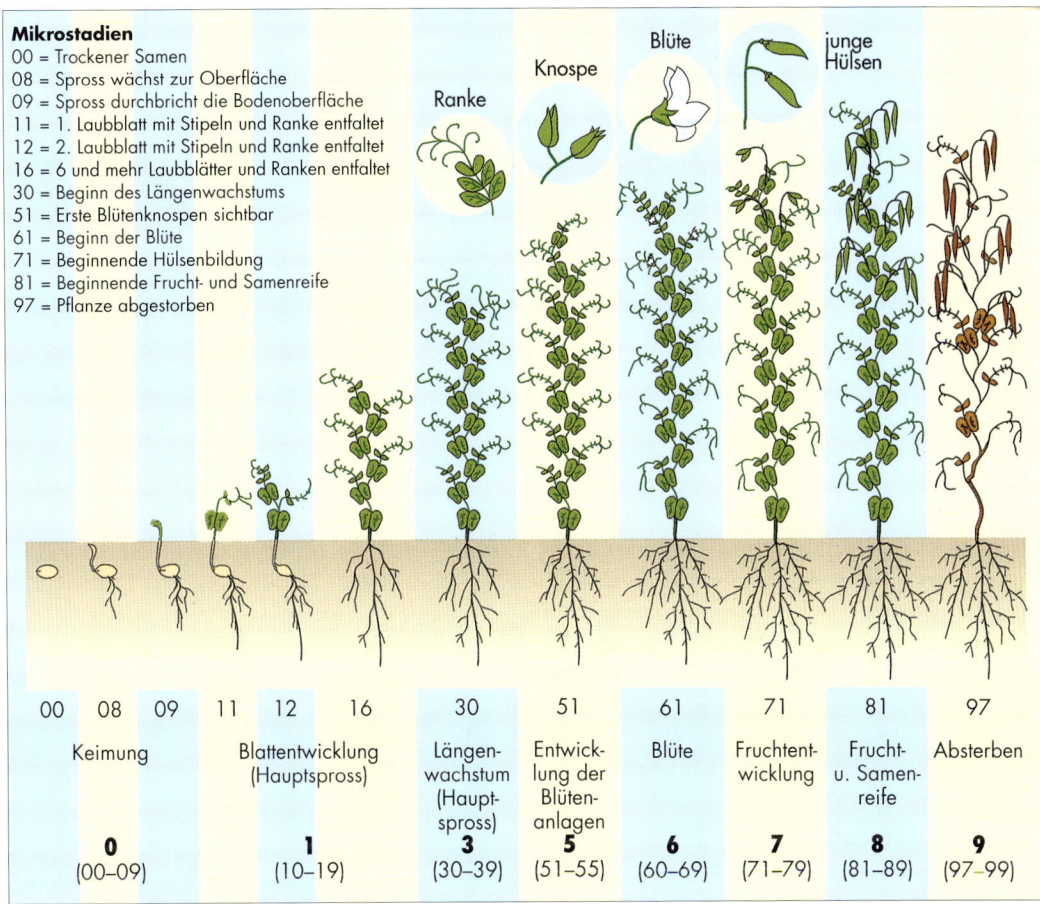

Mikrostadien

00 = Trockener Samen
08 = Spross wächst zur Oberfläche
09 = Spross durchbricht die Bodenoberfläche
11 = 1. Laubblatt mit Stipeln und Ranke entfaltet
12 = 2. Laubblatt mit Stipeln und Ranke entfaltet
16 = 6 und mehr Laubblätter und Ranken entfaltet
30 = Beginn des Längenwachstums
51 = Erste Blütenknospen sichtbar
61 = Beginn der Blüte
71 = Beginnende Hülsenbildung
81 = Beginnende Frucht- und Samenreife
97 = Pflanze abgestorben

Ranke — Knospe — Blüte — junge Hülsen

00	08	09	11	12	16	30	51	61	71	81	97
Keimung			Blattentwicklung (Hauptspross)			Längen-wachstum (Haupt-spross)	Entwick-lung der Blüten-anlagen	Blüte	Fruchtent-wicklung	Frucht-u. Samen-reife	Absterben
0 (00–09)			**1** (10–19)			**3** (30–39)	**5** (51–55)	**6** (60–69)	**7** (71–79)	**8** (81–89)	**9** (97–99)

Entwicklungsstadien der Erbse gemäß BBCH-Codierung

Entwicklungsstadien

Die **Entwicklung** der Erbse lässt sich nach der **BBCH-Codierung** in **Makrostadien** und diese wiederum in **Mikrostadien** (siehe Nummern in Klammer!) einteilen.

Genaue Kulturanleitungen (Pflege, Düngungs- und Pflanzenschutzmaßnahmen), Anstellen bzw. Beurteilung von Versuchen usw. verlangen genau gekennzeichnete Entwicklungsstadien von Kulturpflanzen.

Die folgenden **Ausführungen** beziehen sich vorwiegend auf die **Sommer-Körnererbse**.

7.3 Ansprüche an den Standort

Die **Vegetationsdauer** der Erbse ist im Vergleich zur Ackerbohne kürzer und stellt an den Standort **ähnliche Ansprüche wie Sommergerste**.

Die **geringen Ansprüche an die Keimtemperatur** (mindestens 2–3 °C) und die **geringe Frostempfindlichkeit** während der Jugendentwicklung (verträgt Spätfröste bis etwa –4 °C) ermöglichen einen zeitigen Anbau, wodurch die Winterfeuchtigkeit besser ausgenützt werden kann (besonders wichtig für Trockengebiete).

Im weiteren Wachstumsverlauf sind die **Temperaturansprüche** ebenfalls **gering**. **Optima-le Wachstumsbedingungen** sind bereits zwischen **15 und 20 °C** gegeben.

Während der **Blüh- und Reifephase** wirken sich etwas **höhere Temperaturen** und eine **ausreichende Lichteinstrahlung** günstig aus. Während der **Vegetationsperiode** stellt die Körnererbse gegenüber der Ackerbohne geringere Ansprüche an die Niederschläge. **Ausreichend Wasser** benötigt die Erbse jedoch **während der Keimung**, zur **Zeit der Blüte** und des **Hülsenwachstums**. Ansonsten bevorzugt sie eher trockenere Anbaulagen.

Zu große Regenmengen während der Reifezeit führen zu einer starken **Lagerung mit Ernteerschwernissen und Qualitätsverlusten** (Auswuchs, Verpilzung).

Gut durchwurzelbare, mittelschwere bis leichtere Böden mit ausreichender Humus- und Kalkversorgung (pH-Wert über 6,5) schaffen für die Körnererbse günstige Voraussetzungen.

Erbsen mit Hülsen

Tiefgründige Böden mit **gutem Wasserspeichervermögen** bieten bei geringeren Niederschlägen (z. B. in Trockengebieten) eine gewisse Ertragssicherheit.

Weniger bis nicht geeignet sind **schwere, kalte Tonböden, humusarme Sandböden, sehr saure Böden, strukturgeschädigte** oder **staunasse Böden**, ebenso **Felder mit stark uneinheitlicher Bodenqualität**, da diese **die Erbse ungleich reifen** lassen und dadurch große Ernteverluste entstehen. Besonders **humusreiche und feuchte Standorte** sind für Körnererbsen **ebenfalls ungünstig**, da ein **zu starkes Blatt- und Stängelwachstum** mit geringeren Körnerernten die Folge sein kann.

Für **eine problemlose Ernte mittels Mähdrescher** sind **steinfreie ebene Erbsenfelder** erforderlich, da der Hülsenansatz sehr tief liegt.

7.4 Stellung in der Fruchtfolge

An die **Vorfrucht** (meist Getreide oder eine Hackfrucht) stellt die Erbse keine hohen Ansprüche, sofern sich diese in gutem Kulturzustand (ohne Extremverunkrautung oder Verdichtungsschäden) befand. Mit sich selbst ist die Erbse unter allen Körnerleguminosen am wenigsten verträglich (**„Erbsenmüdigkeit"** durch Fuß- und Welkekrankheiten). Nach Erbse oder anderen Körnerleguminosen sollten vorbeugend **Anbaupausen von** mindestens **5–6 Jahren** eingehalten werden.

Der **Vorfruchtwert** der Erbse kann als **sehr gut** bezeichnet werden und ist größer als jener von Hackfrüchten. Sie hinterlässt den Boden in guter Gare und stellt (einschließlich Stroh) der Nachfrucht folgende Nährstoffmengen zur Verfügung:

Nährstoffe in kg/ha				
N	P₂O₅	K₂O (je nach Ertragslage)		
		niedrig	mittel	hoch
20–50	10	30	40	50

Gemäß Nitrat-Aktionsprogramm-Verordnung 2023 sind **alle Betriebe verpflichtet**, die **N-Nachlieferung** aus der **Vorfrucht Körnererbse** bei einer **N-Düngung der Folgekultur um 20 kg N/ha zu reduzieren!**

Als **Nachfrucht** sollte eine **stickstoffzehrende Pflanze** zwecks **Vermeidung von Stickstoffverlusten** (Auswaschung) möglichst bald angebaut werden. Dafür eignen sich entweder **Sommerzwischenfrüchte** (z. B. Sommerfutterraps) oder **zeitig angebaute Winterungen** (Körnerraps, Wintergetreide).

Beispiele von günstigen Vor- und Nachfrüchten

Körnermais	Sommergerste	....
Körnererbse	**Körnererbse**	**Körnererbse**
Wintergerste	Winterweizen	....

Tragen Sie ein weiteres Beispiel ein!

7.5 Ernährung und Düngung

Düngungsempfehlungen erfolgen nach den **„Richtlinien für die sachgerechte Düngung" (RSGD)**, 8. Auflage!

Eine **boden-** und **pflanzengerechte Düngung** hat besonders die **Ertragslage** des **Standortes**, den pflanzenverfügbaren **Nährstoffvorrat des Bodens** und die **Luftstickstoffverwertung** mithilfe der **Knöllchenbakterien** zu **berücksichtigen**.

Eine ausreichende Versorgung des Bodens mit **Kalk** garantiert eine optimale **Bodenreaktion** (pH-Wert 6,5–7,2), begünstigt die Bodengare, fördert die Luftstickstoffbindung durch die Knöllchenbakterien und sichert die Kalziumversorgung der Erbse.
Liegt der pH-Wert unter 6,5, dann sollte aufgekalkt werden. Zwecks Vermeidung von Spurenelementfestlegungen sollte Kalk in **nicht zu hohen Mengen und in langsam wirkender Form** gegeben werden. Es sollten deshalb **1.500–2.000 kg kohlensaurer Kalk je ha** (ausreichend für drei Jahre) verabreicht werden. Eine **Kalkung kann auch bereits zu den Vorfrüchten gegeben** werden. Liegt außerdem noch ein **Magnesiummangel** vor, so wird die Verwendung **magnesiumhaltiger Kalke** empfohlen. Eine **Bodenuntersuchung** gibt darüber **Auskunft**!

Eine ausreichende Versorgung mit **Phosphat und Kali** begünstigt das Wachstum der Erbse und steigert das Leistungsvermögen der Knöllchenbakterien.

Wegen der **Chloridempfindlichkeit** der Erbse sollten **chloridhaltige Kalidünger bereits im Herbst ausgebracht** werden. Bei einer **Kalidüngung im Frühjahr** werden **chloridfreie oder chloridarme Kaliformen** empfohlen.
Die **Höhe der Phosphat- und Kalidüngung** ist vom Ergebnis der **Bodenuntersuchung** und der **Ertragslage** des Standortes abhängig.
Für **mittlere Ertragslagen** der **Gehaltsklasse C** gelten z. B. als **Richtwerte für die Grunddüngung** 65 kg P_2O_5 und 100 kg K_2O je ha und Jahr.
Die **Ausbringung** erfolgt meist nach der Ernte der Vorfrucht **vor einer Bodenbearbeitung**.

N-Obergrenzen in kg jahreswirksamer N/ha gemäß Nitrat-Aktionsprogramm-Verordnung 2023:

Ertragslage	niedrig		mittel		hoch	
Kultur	t/ha	max. N	t/ha	max. N	t/ha	max. N
Körnererbse	<2,5	0 bis 60[1]	2,5-4,5	0 bis 60[1]	>4,5	0 bis 60[1]
		0 bis 50[1*]		0 bis 50[1*]		0 bis 50[1*]

* für Gebiete mit verstärkten Aktionen zum Schutz der Gewässer
[1] Bei Verwendung von nicht geimpftem Saatgut, bei mangelhaftem Knöllchenansatz oder bei erstmaligem Anbau

Auf Ackerböden in gutem Kulturzustand ist die anfängliche Versorgung mit Stickstoff (bis etwa 3–4 Wochen nach dem Aufgang) über mineralisierte Stickstoffreserven aus dem Boden gesichert. Die weitere **Stickstoffversorgung** der Erbse erfolgt mithilfe der **Knöllchenbakterien**, die den Luftstickstoff direkt verwerten können.

Knöllchenbakterien, die mit Erbsen eine Symbiose eingehen, sind in unseren Böden und bei den üblichen Anbaupausen innerhalb einer Fruchtfolge meist ausreichend vorhanden. Eine Beimpfung des Saatgutes oder des Bodens erscheint deshalb kaum wirtschaftlich.

Eine ausreichende **N-Selbstversorgung** ist von **zusagenden Standortverhältnissen** für Körnererbsen bzw. Knöllchenbakterien und vom **Verzicht jeglicher N-Düngung vor dem Anbau** abhängig. Zeigt etwa ab 3 Wochen nach dem Aufgang die Kontrolle **keine oder nur inaktive Knöllchen** (Anschnittfläche nicht rosarot), ist eine **N-Düngung** gemäß **Nitrat-Aktionsprogramm-Verordnung 2023** bis **maximal 60 kg N/ha** während der Jugendentwicklung empfehlenswert.

Ein **Überschuss an Stickstoff** verschlechtert die Luftstickstoffverwertung, fördert ein zu üppiges Krautwachstum, begünstigt eine vorzeitige Lagerung und verzögert die Reife.

Eine **Beregnung der Körnererbse** kann zwecks **Ertragssicherung im Trockengebiet** notwendig sein. In Übergangslagen **reichen** die **natürlichen Niederschläge** meist aus.

Auf **seichtgründigen Böden** kann **nach längerer Trockenheit** eine Regengabe bereits vor der Blüte das notwendige Längenwachstum der Erbse sichern. **Während der Blüte und beim Hülsenansatz** reagiert die Erbse auf **Wassermangel sehr empfindsam**. Es werden daher unter solchen klimatischen Bedingungen (**Trockengebiet**) **1–2 Regengaben von jeweils 30–35 mm zur Ertragssicherung** empfohlen. Zu **vermeiden ist eine zu späte Regengabe**, da sie das Lagerrisiko erhöht und eine Verzögerung der Reife bewirkt.

7.6 Saatgut und Sortenwahl

Zum heutigen **Zuchtziel** gehören Sorten mit möglichst **hoher Krankheitstoleranz, stabileren** bzw. **höheren Kornerträgen,** einem **höheren Eiweißgehalt,** einer **geringeren Lagerneigung** sowie einer **gleichmäßigeren und früheren Abreife.**

Aus diesem Grund werden **Sorten mit folgenden Eigenschaften bevorzugt:** mittlere Wuchshöhe, blattarme Formen, früher Blühbeginn, großer Blühreichtum, guter Hülsenansatz, viele eiweißreiche Körner je Hülse und eine mittlere bis hohe Tausendkornmasse.

Körnererbse – gelbe Samen

Überwiegend werden Sorten des **Rankentyps** ohne Fiederblätter (halbblattlose Wuchstypen) angeboten. Diese rankenbetonten Erbsenformen verhaken sich gegenseitig so stark, dass sie dadurch eine bessere Standfestigkeit bis kurz vor der Reife besitzen.

Zur **Auswahl geeigneter Sorten** wird auf die jährlich erscheinende „**Österreichische Beschreibende Sortenliste**" der **AGES** verwiesen. **Regionale Sortenempfehlungen** werden auch von den jeweiligen **Landeslandwirtschaftskammern** gegeben!

7.7 Bodenvorbereitung, Anbau und Pflege

❏ Bodenvorbereitung

Folgt die Erbse in der Fruchtfolge nach einer Getreideart, so beginnt die Bodenvorbereitung mit einer **Stoppelbearbeitung** unmittelbar nach der Ernte, die gegebenenfalls auch eine **Stroheinackerung** einschließt. Sie ist flach (max. 5 cm tief), ganzflächig, mischend, lockernd, einebnend, (fein)krümelig und rückverfestigend durchzuführen.

Erreicht werden sollte: die Beseitigung von Oberflächenverdichtungen und der Restverunkrautung, eine intensive Vermischung der Ernterückstände mit Feinerde (Rottebeschleunigung), ein rascher Aufgang von Ausfallgetreide und Unkrautsamen sowie die Unterbrechung der kapillaren Wasserverdunstung.

Mit einer **tiefergehenden Folgebearbeitung** auf 10–12 cm (bis max. 15 cm) sollte der Aufwuchs aus Ausfallgetreide und Unkrautsamen zeitgerecht **beseitigt** werden. Gleichzeitig erfolgt eine tiefergehende Vermischung der organischen Ernterückstände mit Feinerde, die zu einem weiteren Rotteabbau führt.

Ist ein Zwischenfruchtanbau vorgesehen, kann die Folgebearbeitung auch als lockernde Grundbodenbearbeitung auf eine Tiefe von über 15 cm (bis max. 20 cm) durchgeführt und aussaatmäßig (fein-)krümelig und rückverfestigt für den Begrünungsanbau vorbereitet werden.

Gemäß GAP 2023 (GLÖZ 6) ist die **Mindestbodenbedeckung vom 1. November bis 15. Februar** zu beachten!

Mit einer nicht zu feuchten, noch warmen **Herbstfurche** mit sattem Furchenschluss und gleichmäßiger Ausformung der Furchenkämme lassen sich ggf. (Problem-)Unkräuter wirkungsvoll beseitigen. Dabei sollte die Voraussetzung für eine ungehinderte Durchwurzelung der Ackerkrume erreicht und eine möglichst **ebene Bodenoberfläche hinterlassen** werden.

Im zeitigen **Frühjahr**, wenn die **Felder oberflächlich abgetrocknet** und **bearbeitbar** sind, werden diese möglichst **wassersparend bzw. bodenschonend eingeebnet** und auf eine **Tiefe von ca. 6 cm** gelockert. Dabei sollte die **Krümelung** besonders **auf zur Verschlämmung neigenden Böden nicht zu fein** erfolgen.

Zugmaschinen mit Doppelbereifung in Kombination mit arbeitssparenden Bodenbearbeitungs- bzw. Säverfahren (z. B. Kreiselegge und Sämaschine) sind daher besonders empfehlenswert.

❏ Anbau

Die optimale **Saatzeit** liegt unter günstigen Standortverhältnissen **zwischen Anfang und Ende März. Unter weniger günstigen Standortbedingungen** (Übergangslagen) sollte bis **spätestens Anfang April** ein Anbau möglich sein.

„Frühsaaten" bringen einige wichtige **Vorteile**, wie z. B.
- die **bessere Ausnützung der Winterfeuchtigkeit** (wichtig für das Trockengebiet),
- eine **hohe Triebkraft und Gesundheit** des Saatgutes (Verwendung bester Saatgutqualitäten),
- eine **geringere Mindestkeimtemperatur** (2–3 °C) der Samen und
- eine **hohe Spätfrosttoleranz** (bis etwa –4 °C) der Jungpflanzen.

Die **Saattiefe** beträgt für Erbsensamen 4–6 cm, damit der hohe **Keimwasserbedarf** gedeckt werden kann. Es ist darauf zu achten, dass mithilfe der **Sätechnik** die **Ablagetiefe möglichst konstant** eingehalten wird.

Nur so sind ein **gleichmäßiger Aufgang**, eine **gute Wurzelausbildung**, eine **bessere Standfestigkeit** und ein **geringeres Schadrisiko** durch **Vorauflaufherbizide gewährleistet.**

Die **Saatstärke** der Körnererbse beträgt ca. **85–110** (im Durchschnitt 90) **keimfähige Körner/m²** und es sollte mit **engem Reihenabstand** (Getreideabstand) **angebaut** werden.

Die **Tausendkornmasse (TKM)** schwankt je nach Sorte oft sehr stark (TKM 150–320). Es ist deshalb die **Kenntnis derselben** (bei Z-Saatgut am Sackanhänger ablesbar) oder die **Ermittlung** (bei Verwendung von betriebseigenem Saatgut) **vor der Aussaat** notwendig.

Die **Saatmenge in kg/ha** (170-280 kg/ha) lässt sich aus der **Zahl keimfähiger Körner je m²** (= Saatstärke), der **Keimfähigkeit** (K %) und der **Tausendkornmasse** (TKM) in g nach folgender Formel errechnen:

$$\frac{\text{keimfähige Körner je m² (z. B. 90) x TKM in Gramm (z. B. 220)}}{\text{Keimfähigkeit in \% (= angenommener Feldaufgang)(z. B. 90)}} = \text{..............} \text{ kg/ha}$$

Nach bisherigen Erfahrungen können folgende **Bestandesdichten** bei der Ernte als **günstig** angesehen werden:
70–80 Pflanzen/m² im **Trockengebiet**
80–90 Pflanzen/m² im **Feuchtgebiet**

Beste Saatgutqualität ist mitentscheidend für einen erfolgreichen Erbsenanbau. Es ist daher empfehlenswert, möglichst nur **Z-Saatgut** zu verwenden. Es garantiert **gute Keimfähigkeit** (mindestens 85 %), **starke Triebkraft** (mindestens 75 %) und eine **ausreichende Gesundheit.**

Triebkräftige Keimlinge

Wird eigenes **Nachbausaatgut** verwendet, so sollte es aus **optimalen Feldbeständen** mit **günstigen Reife- und Erntebedingungen** sowie aus einer **schonungsvollen Ernte- und Saatgutaufbereitung** stammen.

Erfolgt keine **Gebrauchswertprüfung** durch die **AGES**, so ist auf jeden Fall einige Wochen **vor dem Anbau** eine **eigene Keimfähigkeitsprüfung** durchzuführen und eine **Saatgutbeizung** vorzunehmen.

Wissenswert ist dabei auch die Tatsache, dass eine schlechte Keimfähigkeit bzw. Triebkraft durch eine stärkere **Saatmengenerhöhung nicht hinreichend ausgeglichen werden kann.** Eine **zu dichte Kornablage** führt besonders bei den **großkörnigen Erbsensamen** zu einer nachteiligen **Konkurrenz** um den **hohen Keimwasserbedarf** und damit zu einer **Abnahme der Triebkraft.**

Aus den bisher dargelegten Überlegungen ergeben sich für Körnererbsen **Saatmengen von** etwa **170–300 kg/ha.** Der **Saatguthandel** bietet **Saatgut** auch in **Packungseinheiten** mit ca. **90.000 keimfähigen Körnern** (entsprechend für 0,1 ha Ackerfläche bei angestrebten 90 keimfähigen Körnern je m²) an.

Die am **häufigsten angewendete Saatmethode** ist die **Drillsaat**. Zwecks besserer Standraumverteilung sollte dabei der **Drillreihenabstand** so eng wie möglich sein (z. B. 12 cm) und **zur Einhaltung der geforderten Saattiefe der Säschardruck erhöht** werden. Die **Anlage von Fahrgassen** ist bei den engen Drillreihenabständen für eventuelle Pflanzenschutzmaßnahmen von **Vorteil**.

Mechanische Belastungen des Saatgutes (Bruch oder Quetschungen) **führen zu unerwünschten Keimschädigungen** und sind daher durch eine **schonungsvolle Aussaattechnik** möglichst zu vermeiden.

Vor Beginn der Aussaat ist zwecks genauer Saatmengeneinstellungen eine **Abdrehprobe** durchzuführen. Die auf der **Sätabelle** angegebenen Werte ermöglichen nur eine Grobeinstellung.

Für großkörniges Leguminosensaatgut bringt eine **unter Feldbedingungen durchgeführte Abdrehprobe** die exakteren Ergebnisse. Dabei wird auf dem **anzubauenden Feld z. B. eine 100-m-Prüfstrecke in der vorgesehenen Sägeschwindigkeit** abgefahren, wobei das **Erbsensaatgut in die heruntergeschwenkte Abdrehwanne** fällt. Das so ermittelte Ergebnis ist praxisgerechter und lässt sich leicht auf 1 ha umrechnen. Da es auch bei gleicher Sämaschineneinstellung **Unterschiede in der Saatmenge zwischen gebeiztem und ungebeiztem Saatgut** gibt, sollte eine **Abdrehprobe erst nach einer Beizung durchgeführt werden.**

❏ Pflege

Das **Anwalzen** (z. B. mittels Cambridgewalze) **nach der Erbsensaat** ist für alle **Böden, die nicht zur Verschlämmung bzw. Verkrustung neigen**, von Vorteil. Dies gilt **besonders für leichtere Böden bzw. bei fehlenden Niederschlägen**. Es wird die **kapillare Wasserversorgung verbessert** bzw. die **Deckung des hohen Keimwasserbedarfes** der Erbsenkörner sichergestellt und ein **schnellerer bzw. gleichmäßigerer Aufgang** erreicht.

Letztlich lassen sich **Bodenunebenheiten** noch etwas **ausgleichen**, es werden vorhandene **Erdschollen zerkleinert** und eventuelle **Steine in den Boden eingedrückt**. Die genannten Wirkungen schaffen **günstige Voraussetzungen** für eine möglichst **verlustfreie Ernte mit dem Mähdrescher**.

Ein **Striegeln** (z. B. mittels Hackstriegel) der Erbsenfelder ist nur auf „**steinfreien**" Feldern sowie bei **trockener Bodenoberfläche** empfehlenswert. Es lassen sich dabei **leichtere Bodenkrusten aufbrechen**, die **unproduktive Verdunstung verringern**, die **Durchlüftung des Bodens verbessern** und aufgelaufene **Samenunkräuter im Keim- bis Keimblatt-Stadium** recht gut **bekämpfen**. **Wurzelunkräuter** sind **nicht bekämpfbar**.

Das „**Blindstriegeln**" (vor dem Erbsenaufgang) setzt eine **gleichmäßig tiefe Samenablage** von mindestens 5 cm voraus. „**Blindstriegeln**" **sollte nicht mehr erfolgen**, wenn sich der **Sprosskeim bereits 3 cm unterhalb der Bodenoberfläche** befindet.

Das **Striegeln nach dem Aufgang** erfolgt am besten **ab der Entwicklung des vierten Laubblattpaares** bei einer **Wuchshöhe zwischen 5 und 10 cm**. Ein **schonungsvolles Striegeln** ist nur **während der Mittags- und Nachmittagsstunden** sowie bei **trockener Witterung** sinnvoll.

> Keine mechanische Pflege bei zu feuchter Bodenoberfläche durchführen!

7.8 Pflanzenschutzmaßnahmen

Eine **Bekämpfung** von **Unkräutern, Krankheiten und Schädlingen** sollte **umweltbewusst** und **wirtschaftlich** durchgeführt werden. Die durchzuführenden Bekämpfungsmaßnahmen orientieren sich am **Konzept** des „**Integrierten Pflanzenschutzes**". Es werden daher **zuerst alle vorbeugenden** und **kulturtechnischen Maßnahmen** durchgeführt.

Eine **chemische Bekämpfung** hat sich nach ökonomischen Schadensschwellen bzw. nach den **Angaben des Prognose- und Warndienstes** zu richten.

❑ Unkrautregulierung

Eine **Unkrautregulierung** verhindert größere Ertragsverluste, ermöglicht eine gleichmäßigere Abreife, schafft gute Voraussetzungen für eine problemlose Ernte bzw. Aufbereitung des Erntegutes und verhindert Qualitätseinbußen!

Da die **Körnererbse** eine **langsame Jugendentwicklung** hat, ist sie vorerst in dieser Wachstumsphase einer **zunehmenden Unkrautkonkurrenz** ausgesetzt.
Äußerst nachteilig ist auch eine **starke Spätverunkrautung in abreifenden bzw. meist lagernden Erbsenfeldern**, da Ernte und Aufbereitung wesentlich erschwert werden.

Die **Maßnahmen zur Unkrautregulierung** (bzw. -unterdrückung) sollten möglichst **vielseitig und gezielt** durchgeführt werden. Die verschiedenen **Möglichkeiten einer integrierten Unkrautbekämpfung** lassen sich dabei in **zwei große Gruppen** zusammenfassen:

• Nichtchemische Maßnahmen
Sie beinhalten alle **vorbeugenden** und **kulturtechnischen Maßnahmen** (z. B. Standortwahl, weitgestellte Fruchtfolge, Bodenbearbeitung, mechanische Pflegemaßnahmen), die einer **Verunkrautung entgegenwirken**.

• Chemische Maßnahmen
Da **die vorbeugenden und kulturtechnischen Maßnahmen nicht immer ausreichend** sind, können **zusätzlich chemische Unkrautbekämpfungsmittel** eingesetzt werden.

Nur wenige für die Körnererbse zugelassene (registrierte) **Herbizide** stehen zur **chemischen Bekämpfung zweikeimblättriger Unkräuter** im **Vorauflauf** sowie gegen **Ungräser** im **Nachauflauf** zur Verfügung. Sie sind dem **Pflanzenschutzmittelverzeichnis der AGES** (www.psm.ages.at) zu entnehmen. Die **Landwirtschaftskammern informieren jährlich** über die **Unkrautbekämpfung** in der Körnererbse.
Um das Risiko einer **Herbizidresistenz** zu verringern, ist ein **Wechsel von Wirkstoffen** mit einem unterschiedlichen Wirkungsmechanismus (WSSA-Code) innerhalb der Kultur bzw. der Fruchtfolge einzuplanen.

❑ Krankheiten und Schädlinge

Die Beschreibung der Krankheiten und Schädlinge bzw. die speziellen Empfehlungen über integrierte Verhütungs- und Bekämpfungsmaßnahmen sind der **„Leitlinie für den integrierten Feldbau"** der **Landwirtschaftskammer Österreich** bzw. der **Österr. ARGE für integrierten Pflanzenschutz** (ÖAIP – www.oeaip.at) zu entnehmen.

Auch die **Beratungsbroschüre „Krankheiten, Schädlinge und Nützlinge im Eiweiß- und Ölpflanzenbau"** der **AGES** informiert über **Pflanzenschutzmaßnahmen bei Körnererbsen. Regionale Pflanzenschutzempfehlungen** erteilen die **Landwirtschaftskammern**.

Wichtige Krankheiten	Wichtige Schädlinge
• Keimlings- und Auflaufkrankheiten	• Gestreifter Blattrandkäfer
• Ascochyta-Fuß- u. Brennfleckenkrankheit	• Grüne Erbsenblattlaus
• Fusarium-Welke- und Fußkrankheit	• Erbsenwickler
• Erbsenrost	• Erbsenthrips
• Falscher Mehltau	• Erbsenkäfer
• Echter Mehltau	• Erbsengallmücke
• Botrytis-Fäule	• Bodenschädlinge (Drahtwürmer etc.)
• Scharfes Adernmosaik (Virus)	
• Blattrollkrankheit (Blattrollvirus)	

Die **verschiedenen und zueinander in Beziehung stehenden Pflanzenschutzmaß-nahmen** lassen sich in **zwei große Bereiche** einteilen:

• **Nichtchemische Maßnahmen**
Diese **vorbeugenden Verhütungsmaßnahmen** (z. B. Z-Saatgut, Sortenwahl, weitgestellte Fruchtfolge, sorgfältige Bodenbearbeitung, rechtzeitiger Anbau) werden durch richtige **Kulturmaßnahmen innerhalb des Pflanzenbaues ökonomisch und ökologisch** wirksam. Sie **wirken einer Krankheits- und Schädlingsvermehrung entgegen** und **ersparen oder minimieren** in vielen Fällen **chemische Bekämpfungsmaßnahmen**.

• **Chemische Maßnahmen**
Nachstehend einige **Beispiele**:
- Zwecks **Bekämpfung von Keimlings- und Auflaufkrankheiten** bzw. der **Fuß- und Brennfleckenkrankheit** ergibt sich **im Zuge der Saatgutaufbereitung** (obligate Gesundheitsuntersuchung) im **Bedarfsfall** die Möglichkeit der **Saatgutbeizung**.
- Wird betriebseigenes **Nachbausaatgut** verwendet (vielfach ohne Gebrauchswertuntersuchung), so wird vorbeugend eine Beizung empfohlen.
- Ein **Blattlausbefall** (grüne Erbsenblattlaus) wird oft übersehen bzw. eine Bekämpfung vielfach nicht für notwendig erachtet. Wird jedoch die **wirtschaftliche Schadensschwelle von 5–10 Blattläusen pro Pflanze** überschritten, sollte sofort eine **nützlingsschonende Bekämpfung** durchgeführt werden. **Oft genügt** eine **Randbehandlung des Erbsenfeldes**!

7.9 Reife, Ernte und Lagerung

❑ Reife

Die **Reife der Erbse** ist am zunehmenden **Verlust des Blattgrüns** und **späteren Zusammensacken des Bestandes** gut erkennbar.
Der **Abreifevorgang** erfolgt **entsprechend dem Blühverlauf** über einen längeren Zeitraum bzw. **von unten nach oben**.
Günstig für die Abreife der Erbse ist ein **gleichmäßig trockener Witterungsverlauf** bei **mittleren Temperaturen**, wodurch bis zur Erntereife **eine langsame und kontinuierliche Abnahme des Wassergehaltes im Samenkorn auf möglichst 20 % und darunter** erreicht wird.
Reife Hülsen sind von **gelbbrauner Farbe**, **springen leicht auf** und enthalten **harte Samen**.

Ungünstig (besonders für die Saatguterzeugung) wirkt ein **durch Regenfälle unterbrochener Abreifevorgang**. Es kommt zu einer spontanen, gegebenenfalls zu einer wiederholten **Quellung** und **erneuten Trocknung** der Samen. Die **Folgen** sind **Spannungen**, eventuell feine Risse im Samengewebe und häufig Keimschädigungen (z. B. Hohlherzigkeit).

Druschreife Erbse mit bereits aufgesprungenen Hülsen

❏ Ernte

Die **Erntereife** ist erreicht, wenn der **Erbsenbestand zur Gänze abgestorben** ist. Die beim **Mähdrusch** übliche **Kornfeuchte** liegt bei **Erbsen für Futterzwecke** häufig zwischen **14 und 18 %** bzw. für **Saatgutzwecke möglichst zwischen 16 und 18 %.**

Das **optimale Festigkeitsverhalten von Erbsen** liegt **aufgrund des besonderen Samenaufbaues** und dessen **Zusammensetzung** bei einem **Samenfeuchtigkeitsgehalt von 16 bis 18 %.**

Zu feuchtes Korn führt zu **Kornquetschungen** und **zu trockenes Korn** zu **erhöhtem Kornbruch**.

Zu vermeiden ist jede **unnötige Verzögerung der Ernte**, da ab dem Zeitpunkt der Erntereife einsetzendes **Schlechtwetter vermehrte Ernteerschwernisse, erhöhte Kornverluste** und **unerwünschte Qualitätsverluste** (Auswuchs, Keimschädigungen, Pilzbefall) mit sich bringt.

Für einen **verlustarmen und schonungsvollen Direktdrusch** der Körnererbse sind folgende **Voraussetzungen** nötig:
- Eine **ebene** („radspurfreie") und **steinfreie Bodenoberfläche**
- Ein **geschlossener** und **„unkrautfreier" Erbsenbestand**
- Bei einer **Kornfeuchte von unter 16 % ist der Mähdrusch schon vormittags** (taufeuchte Hülsen springen nicht so stark auf) durchzuführen.
- Lagern die Erbsen in der Druschrichtung, so sollte der Mähdrusch nur gegen die Lagerrichtung vorgenommen werden.
- Die **Haspel** des Mähdreschers ist nur **vorsichtig** (unterstützend) **einzusetzen**.
- Eine **schonungsvolle Einstellung des Mähdreschers** (Trommeldrehzahl reduzieren, Dreschkorb weit öffnen, möglichst starker Wind zur Reinigung, Korntankentleerung bei Leerlaufdrehzahl des Motors) vornehmen.

❏ Lagerung

Eine **qualitätserhaltende und verlustarme Lagerung** von Erbsen verlangt **nach der Ernte**
- vielfach eine **zusätzliche Reinigung** (Unkrautsamen, Grünteile, Erde etc.),
- einen **behutsamen Umgang** bei jeglicher Manipulation mit dem Erntegut (höchste Empfindlichkeit der Erbsensamen gegenüber mechanischen Belastungen) und
- oftmals eine notwendige bzw. **schonungsvolle Trocknung** auf ca. 13 % Wassergehalt.

Eine **Aufbewahrung mit höheren Kornfeuchtigkeitsgehalten** bringt zusätzliche **Gefahren** bei der **Verfütterung** (zunehmende Verpilzung und eine mögliche Giftstoffbildung gefährden die Gesundheit der Tiere) und führt **bei einer eventuellen Verwendung als Nachbausaatgut zu nachteiligen Keimverlusten.**

Diese **Gefahren bzw. Nachteile** verstärken sich besonders bei **schlechter Schüttbodenlagerung** (zu hoch und ohne Durchlüftung)! Das **Erbsenkorn** besitzt nur eine sehr **geringe Wassabgabefähigkeit**. Diese entspricht nur zu 40 % jener von Weizen, weshalb eine notwendige **Trocknung nur sehr langsam** erfolgen sollte.

7.10 Ertrag, Qualität und Verwertung

❏ Ertrag

Der Ertrag der Körnererbse schwankt häufig je nach Produktionstechnik und Standortbedingungen zwischen 2.500 und 4.000 kg/ha.

Durchschnittserträge der Körnererbse in Tonnen je Hektar

Erntejahr	2022	2023	20 . .
Österreich Bundesland	2,42	2,04	....
....	....	....	....
Eigener Betrieb	....	....	....

Siehe Berichte der Statistik Austria!

❏ Qualität

Aus qualitativer Sicht wird von Körnererbsen ein **Wassergehalt von maximal 14 % Basisfeuchte gefordert**, weiters ein **möglichst unbeschädigtes** (wenig Kornbruch und/oder Kornrisse), **gesundes** (keine Verpilzung, keine tierischen Schädlinge) und **gereinigtes Erntegut** mit max. 10 Zähl-% angefressenen Körnern, max. 5 Gew.-% Kornbesatz, max. 2 Gew.-% Schwarzbesatz und max. 4 Gew.-% Auswuchs.

Die **Eiweißqualität** ist im Vergleich zu Sojaschrot durch einen niedrigeren Gehalt an Methionin und einem höheren Gehalt an Lysin gekennzeichnet.

Mit dem Getreide- oder Maisprotein ergibt sich bezüglich der genannten Aminosäuren eine **gute Ergänzungswirkung**.

❏ Verwertung

Die **Verwertungsmöglichkeiten** für Körnererbsen liegen derzeit vorwiegend in der **Tierernährung**, wo sie im rohen und geschroteten Zustand an **Wiederkäuer**, **Schweine** und **Geflügel** verfüttert werden.

> Aufgrund des **Rohprotein- und Energiegehaltes** sind **Körnererbsen** sowohl als **Eiweißfuttermittel** als auch als **Energieträger** anzusehen.

7.11 Besonderheiten der Wintererbsen

Im Vergleich zu Sommererbsen haben Wintererbsen im Frühjahr einen **Wachstumsvorsprung,** kommen **früher in die Blüte** und sind ca. **2–3 Wochen früher druschreif.**
Im **Futterbau** werden vorwiegend l**angstrohige Sorten im Gemengebau mit hochwachsenden Getreidepartnern** (Roggen, Triticale, Weizen) empfohlen, da kurzstrohige Sorten häufig überwachsen werden. Versuche von **Gemengeanbau mit Körnerraps** brachten vielversprechende Ergebnisse.
Bei **Reinsaat zur Körnergewinnung** werden **kurzstrohige Erbsensorten** bevorzugt.
Die **Bodenvorbereitung** zur Aussaat kann so wie bei Getreide erfolgen.

Die **Aussaat** soll zwischen Ende September und Ende Oktober erfolgen. Bis zum Winterbeginn soll das **2- bis 4-Blattstadium** bzw. eine **Pflanzenhöhe von 3–5 cm** erreicht werden. Eine zu üppige Entwicklung verringert die Winterhärte.
Die **Saattiefe** soll 4–6 cm betragen.
Die **Saatstärke liegt bei Reinsaaten** zwischen **70–100 keimfähigen Körnern/m².** Das sind bei einer TKM von 150 g und einer Keimfähigkeit von 90 % etwa **150 kg Saatgut je ha.**
Im **Gemengeanbau** werden bei einem **ausgeglichenen Verhältnis** 15–40 keimfähige Körner Erbsen pro m² und ca. 200–300 keimfähige Körner Wintergetreide pro m² ausgesät.

Ernte: Wintererbsen sind meist in der ersten Augusthälfte **druschreif,** Frühsorten oft schon ab Mitte Juli.
Die Kornfeuchte beim Drusch sollte zwischen 15 und 19 % betragen, um Kornverletzungen gering zu halten. Bei einem Gemengeanbau kann das Druschgut in der Reinigungsanlage wegen der ungleichen Korngrößen problemlos getrennt werden.

8. KICHERERBSE *(Cicer arietinum)*

Die **Kichererbsen** sind eine Pflanzengattung in der Unterfamilie der **Schmetterlingsblütler** (*Faboidea*) innerhalb der Familie der Hülsenfrüchte (Leguminosen). Bei den Verbrauchern und im ÖKO-Landbau wird die Kichererbse immer beliebter (2023 in Österreich 500 ha Anbaufläche). Als besonders trockenheitstolerante und wärmeliebende Kulturart könnte sie in den kommenden Jahren eine interessante Alternative für den Ackerbau sein. Sie ist aber sehr frostempfindlich. Die **Aussaat** kann daher erst sehr spät (Mitte April bis Mitte Mai) erfolgen. **Anbaupausen** von 5 bis 6 Jahren sind einzuhalten.
Je nach TKM (180-400 g), Saatform (Drill- oder Einzelkornsaat) und Pflanzen pro m² (z. B. 50) beträgt die **Saatmenge** 100-290 kg/ha.
Aufgrund der **hypogäischen** (unterirdischen) **Keimung** ist zur **Unkrautbekämpfung** ein vorsichtiges Striegeln vor dem Aufgang möglich.
Die gute Standfestigkeit ermöglicht eine problemlose Ernte mit dem Mähdrescher, je nach Sorte ab Mitte August bis Mitte Oktober. Ertragserwartung: 1,5 bis 2 Tonnen/ha!
Kichererbsen haben einen sehr **hohen Gehalt an Eiweiß** und **Eisen,** wodurch sie besonders bei Menschen mit einer vegetarischen oder veganen Ernährungsweise beliebt sind.

9. SÜSSLUPINE *(Lupinus)*

Lupinen zählen zu den ältesten Kulturpflanzen. Ihre Wildformen kommen in vielen Regionen der Erde vor. Sie sind eine Pflanzengattung in der Unterfamilie der **Schmetterlingsblütler (*Faboideae*)** innerhalb der Familie der **Hülsenfrüchte (*Leguminosea* oder *Fabaceae*).** Erst die

Entwicklung von **alkaloidarmen Sorten**, den sog. **Süßlupinen** mit einem geringen Anteil an Bitter- und Giftstoffen, ermöglichte die Verwendung als **eiweißreiche Kornfrüchte** sowie zur Produktion von **eiweißreichem Grünfutter** bzw. im **Zwischenfruchtbau**. Süßlupinen werden vermehrt im **Biolandbau** angebaut, wobei vorwiegend drei **Lupinenarten** zur Anwendung kommen:
- **Gelbe Lupine** *(Lupinus luteus)*,
- **Blaue Lupine** *(Lupinus angustifolius)* und
- **Weiße Lupine** *(Lupinus albus)*

Leichtere Böden mit **niedrigem pH-Wert** (5,5-6,5) werden bevorzugt. Eine Kalkung sollte wegen der Kalkchlorose erst nach der Ernte erfolgen.

Alle drei Lupinenarten sind **mit sich selbst unverträglich.** Anbaupausen von fünf bis sechs Jahren sollten daher eingehalten werden. Gute Vorfrüchte sind Getreide und Mais.

Bei der **Düngung** sind 60 bis 80 kg P_2O_5 und 120 bis 180 kg K_2O zu empfehlen. Bei einer erfolgreichen **Rhizobienimpfung** des Saatgutes zur Entwicklung der Knöllchenbakterien kann eine Stickstoffdüngung entfallen. Zum **Anbau** gelangen Sorten der Blauen Lupine oder der Weißen Lupine. Diese ist toleranter gegen die Brennfleckenkrankheit (Anthraknose).

Die Aussaat sollte von Mitte März bis Mitte April erfolgen. Die Mindestkeimtemperatur beträgt +3 bis +4 °C. Ein früher Anbau sichert bessere Kornerträge.

Die Saat kann als Drillsaat (12,5 cm) oder Einzelkornsaat mit weiterem Reihenabstand in eine Tiefe von 2 bis 3 cm erfolgen. Aufgrund der **unterschiedlichen Tausendkornmasse** (170 bis 250 g) variieren die Saatstärken sehr stark (120 bis 250 kg/ha).

Wichtige Krankheiten und Schädlinge:

Krankheiten	Schädlinge
Brennfleckenkrankheit (Anthraknose)	Wild- und Vogelfraß
Sklerotinia	
Rhizoctonia	

Die Ernte der Lupinen erfolgt je nach Art zwischen Ende Juli bis Anfang September. Reife Pflanzen werfen die Blätter ab, beim Schütteln der Hülsen hört man ein Rascheln. Die optimale Erntefeuchte liegt zwischen 13 und 16 %. Wegen der guten Standfestigkeit sind Lupinen problemlos zu ernten. Die Erntemenge beträgt zwischen 10 und 40 dt/ha, bei der weißen Lupine zwischen 15 und 35 dt/ha.

Bei der Verwendung als Tierfutter muss die Lupine nicht getoastet werden.

Druschreife weiße Lupine

Lupine – *Samen*

Lupine – *Blüte*

E. KULTURPFLANZEN MIT REGIONAL UNTERSCHIEDLICHER BEDEUTUNG

1. **LEIN (FLACHS)** *(Linum usitatissimum)*

2. **WEISSER SENF** *(Sinapis alba)*

3. **BUCHWEIZEN** *(Fagopyrum esculentum)*

4. **KORIANDER** *(Coriandrum sativum)*

5. **HANF** *(Cannabis sativa)*

6. **HOPFEN** *(Humulus lupulus)*

7. **TOPINAMBUR** *(Helianthus tuberosus)*

8. **SAFLOR** *(Carthamus tinctorius)*

9. **MARIENDISTEL** *(Silybum marianum)*

10. **ÖLRETTICH** *(Raphanus sativus)*

11. **CHINASCHILF** *(Miscanthus sinensis)*

12. **AMARANT** *(Amaranthus cruentus, Amaranthus hypochondriacus)*

13. **QUINOA** *(Reismelde) (Chenopodium quinoa)*

14. **SÜSSKARTOFFEL** *(Ipomoea batatas)*

15. **FENCHEL** (Samen-Fenchel) *(Foeniculum vulgare)*

16. **KÜMMEL** *(Carum carvi)*

Siehe Abbildungen auf den folgenden Seiten!

Lein (Flachs) – *Samen*   **Lein** – *Blüte*   **Weißer Senf** – *Samen*   **Weißer Senf** – *Blüte*

Buchweizen – *Samen*   **Buchweizen** – *Blüte*   **Koriander** – *Samen*   **Koriander** – *Blüte*

Hanf – *Samen*   **Hanf** – *Pflanze*   **Hopfen** – *getrocknet*   **Hopfen** – *Pflanze*

Topinambur – *Knollen*   **Topinambur** – *Pflanze*   **Saflor** – *Samen*   **Saflor** – *Blüte*

247

Mariendistel – *Samen*

Mariendistel – *Blüte*

Ölrettich – *Samen*

Ölrettich – *Blüte*

Chinaschilf – *Rhizome*

Chinaschilf – *Pflanze*

Amarant – *Samen*

Amarant – *Blüte*

Quinoa (Reismelde) –
Samen

Reismelde – *Pflanze*

Süßkartoffel –
Speicherwurzeln

Süßkartoffel – *Pflanze*

Fenchel – *Samen*

Fenchel – *Pflanze*

Kümmel – *Samen*

Kümmel – *Blüte*

F. ZWISCHENFRUCHTBAU UND BEGRÜNGEN

❑ Allgemeines

Der Anbau von **Zwischenfrüchten und Begrünungsmischungen** zum Zwecke der **Gründüngung/Begrünung** bewirkt neben der **Zufuhr von organischer Substanz** für den Boden einen wichtigen Beitrag für den **Umweltschutz**. Dabei werden Vorteile wie **Erosionsschutz**, **Verbesserung der Bodenstruktur und des Humusgehaltes**, **Nährstoffspeicherung und Erhöhung der Wasserspeicherkapazität im durchwurzelten Bodenbereich, Kohlenstoffspeicherung** sowie eine **Förderung der Artenvielfalt** erreicht.

I. FORMEN DES ZWISCHENFRUCHTBAUES

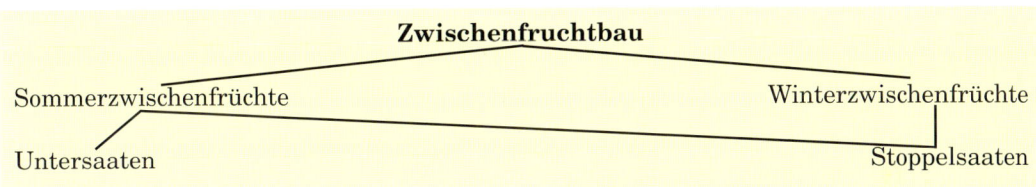

Beim Zwischenfruchtbau werden die Pflanzen **zwischen den jeweiligen Hauptfrüchten** angebaut.

Beispiel: Winterweizen – **Zwischenfrucht** – Sommergerste

Vorteile:

- Eventuell zusätzliche Futtergewinnung
- Auflockerung getreidestarker Fruchtfolgen
- Ständige Bodenbedeckung und Bodenlockerung
- Anreicherung des Bodens mit Wurzelhumus
- Verhinderung einer Bodenerosion in Hanglagen

Nachteile:

- Zusätzlicher Wasserverbrauch
- Höherer Aufwand an Dünger,
  Saatgut, Maschineneinsatz

Zwischenfrüchte werden vermehrt als **Gründüngung** angebaut zur **Verhinderung von Erosionen, Verminderung von Nährstoffverlusten, Eingrenzung von Brachezeiten** und **Verbesserung der Humusbilanz des Bodens.**

1. SOMMERZWISCHENFRÜCHTE

Die Sommerzwischenfrüchte werden entweder im Frühjahr in Getreide als **Untersaaten** oder nach Aberntung der Hauptfrüchte als **Stoppelsaaten** angebaut. Die **Nutzung** erfolgt **noch im Herbst**.

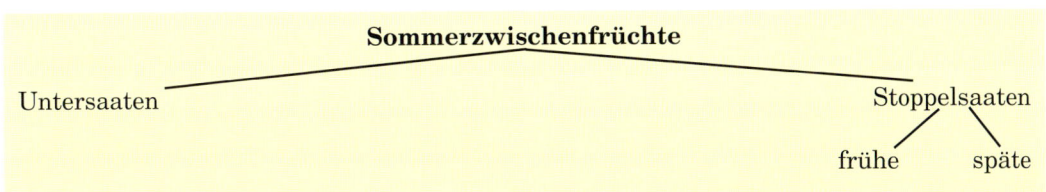

1.1. Untersaaten

Der **Anbau** wird im **Frühjahr in eine früh räumende Deckfrucht** durchgeführt. Nach der Aberntung der Deckfrucht erfolgt meist nur eine **einmalige Nutzung im Herbst**.

Als Untersaat geeignete Pflanzen:
- Rotklee
- Alexandrinerklee
- Weißklee
- Krumenklee
- Schwedenklee
- Perserklee
- Gelbklee
- Einjähriges Weidelgras (Rein- oder Gemengesaat)

Die genannten Pflanzen müssen zunächst Beschattung vertragen und nach Aberntung der Deckfrucht rasch wachsen.

Diese Form des Zwischenfruchtbaues ist wenig verbreitet. Gründe dafür sind:
- hohe Anbaukosten im Vergleich zum Nutzen
- Erschwerung des Mähdrusches
- Förderung der Queckenvermehrung
- Empfindlichkeit gegen Herbizide

1.2. Stopppelsaaten

Die **Aussaat** erfolgt **nach der Aberntung der Hauptfrucht als Blanksaat**.
Die Stoppelsaaten sind am stärksten verbreitet, bringen jedoch in trockenen Sommermonaten und bei verspätetem Anbau unbefriedigende Leistungen.
Sie müssen **an die klimatischen Verhältnisse** und an die **Fruchtfolge angepasst** werden.

Man unterscheidet **frühe Stoppelsaaten** und **späte Stoppelsaaten.**

❏ Frühe Stoppelsaaten

Diese Pflanzen sind nicht frosthart. Ihr Anbau muss möglichst bis Ende Juli erfolgen, sodass noch eine Vegetationszeit von 70 bis 100 Tagen zur Verfügung steht.

Für frühe Stoppelsaaten geeignete Pflanzen:
- Grünmais
- Alexandrinerklee
- Sorghumhirse
- Krumenklee
- Sonnenblumen
- Perserklee
- Futtergemenge (Sommermischling)

Diese Pflanzen verlangen, da sie in kurzer Zeit entsprechende Masse bilden sollen,
- frühräumende Vorfrüchte (z. B. Wintergerste),
- genügend Sommerniederschläge und
- sofortigen Anbau nach der Getreideernte.

❏ Späte Stoppelsaaten

Es handelt sich um frosthärtere, jedoch nicht winterharte Pflanzen, die noch im August angebaut werden sollen und mit einer Vegetationszeit von unter 70 Tagen auskommen.

Für späte Stoppelsaaten geeignete Pflanzen:
- Sommerraps
- Perko PVH (auch als Winterzwischenfrucht nutzbar)
- Senf
- Ölrettich
- Futtergemenge

2. WINTERZWISCHENFRÜCHTE

Je nach Schnittzeitpunkt unterscheidet man:		
Frühe Winter-zwischenfrüchte	**Mittelfrühe Winter-zwischenfrüchte**	**Späte Winter-zwischenfrüchte**
Als Winterzwischenfrüchte geeignete Pflanzen:		
- Winterraps - Winterrübsen - Perko PVH - Grünroggen	- Wickroggen - Wickweizen - Wintererbsen+Grünroggen	- Landsberger Gemenge - Futtergräser

Der **Anbau** dieser Pflanzen erfolgt im **Spätsommer** (Mitte August bis Ende September) als **Stoppelsaat**, die **Nutzung oder Einarbeitung** in den Boden erst im **Frühjahr**.

II. PFLANZEN DES ZWISCHENFRUCHTBAUES UND DER BEGRÜNUNGEN

Die Pflanzen im Feldfutter- und Zwischenfruchtbau teilen sich in **zwei große Gruppen:**

Stickstoffmehrer und Stickstoffzehrer

1. STICKSTOFFMEHRER

Die **Stickstoffmehrer** gehören innerhalb der Familie der **Hülsenfrüchte** (*Leguminosae* oder *Fabaceae*) zur Unterfamilie **Schmetterlingsblütler** (*Faboidea*) und weisen einen **großen Formenreichtum** auf.
Sie haben die Fähigkeit, den freien Luftstickstoff über die Knöllchenbakterien zu binden.
Der **Anteil an Leguminosen** (inclusive Zwischenfrüchte und Gemenge) **in der Fruchtfolge** sollte höchstens im **Bereich von 50 %** liegen, da sonst verschiedene Pilzkrankheiten, die für die **Leguminosenmüdigkeit** verantwortlich sind, zunehmen.
Bei einem erstmaligen Anbau einer bestimmten Leguminose kann das Saatgut mit einer entsprechenden Knöllchenbakterienkultur geimpft werden.

Vorteile der Leguminosen:
- Einsparung von Stickstoffdüngern
- Hoher Gehalt an Eiweiß und Mineralstoffen
- Förderung und Erhaltung
  einer guten Bodenfruchtbarkeit
- Biologische Verbesserung der Fruchtfolge

Nachteile der Leguminosen:
- Begrenzte Anbaumöglichkeit
  durch ihre Unverträglichkeit
- Höhere Saatgutkosten

1.1 Familie der Leguminosen

Alexandrinerklee	**Futtererbse**	**Rotklee***	**Schwedenklee***
Perserklee	**Wicke**	**Luzerne***	**Gelbklee***
Inkarnatklee	**Ackerbohne**	**Weißklee***	**Esparsette***

Die mit einem Stern* gekennzeichneten Leguminosen werden in Teil II. Zeitgemäße **Grünlandbewirtschaftung, Kapitel A7** behandelt!

1.1.1. Alexandrinerklee *(Trifolium alexandrinum)*

❏ Herkunft und Bedeutung

Diese aus den südlichen Mittelmeerländern stammende Kleeart ist sehr raschwüchsig und wird von den Tieren gerne gefressen.
Alexandrinerklee kann als Lückenbüßer für Rotklee (nach einer starken Auswinterung) angebaut werden.
Auch im **Zwischenfruchtbau** (Futternutzung und Gründüngung) wird dieser Klee gerne verwendet.

❏ Botanisches

Alexandrinerklee ist eine Pflanzenart in der Unterfamilie der Schmetterlingsblütler *(Faboideae)*. Er erinnert im Habitus an die Luzerne, hat aber gelblich-weiße Blüten im endständigen Köpfchen.

❏ Ansprüche an den Standort

Der Alexandrinerklee gedeiht besonders gut auf humosen, mittelschweren und nicht zu sauren Böden. Die Wasserversorgung soll gleichmäßig und ausreichend sein. Wegen seiner Frostempfindlichkeit ist im Frühjahr ein späterer Anbau zweckmäßig. Die geringe Winterhärte ermöglicht nur eine **einsömmerige Kultur**.

❏ Stellung in der Fruchtfolge

Die Kleekrebsgefahr ist wegen der Sommerjährigkeit sehr gering, sodass ein **Anbau nach drei bis vier Jahren** wieder erfolgen kann.

❏ Ernährung und Düngung

Die **PK-Düngung** entspricht etwa der vom Rotklee.
Auf sauren Böden ist für eine entsprechende Kalkung zu sorgen (2.000 kg kohlensaurer Kalk oder 1.500 kg Mischkalk je ha).
Bei **Stickstoff** ist eine geringe **Startdüngung** von ca. **30 kg N/ha** zu empfehlen.

❏ Bodenvorbereitung, Anbau und Pflege

Der Alexandrinerklee braucht ein feines und **nicht zu lockeres Saatbett**.
Die **Ausssaat als Hauptfrucht** erfolgt meist in der **zweiten Aprilhälfte** in **Reinsaat** mit einer **Saaatmenge von 25–35 kg/ha.**
Als **Zwischenfrucht** soll Alexandrinerklee **bis möglichst Ende Juli angebaut** werden.

Bei Verunkrautung soll möglichst früh ein nicht zu tiefer „**Reinigungsschnitt**" durchgeführt werden. Es sinkt zwar die Futterertragsleistung anfänglich ab, der Aufwuchs der weiteren Schnitte wird aber gefördert.

❑ Nutzung

Trotz langsamer Jugendentwicklung kann bei günstigen Verhältnissen der erste Schnitt ca. 8 Wochen nach der Aussaat erfolgen.

Bei frühem Anbau und idealen Bedingungen sind drei bis vier Schnitte möglich, da die weiteren Aufwüchse sehr schnell erfolgen.

Der erste Schnitt sollte rechtzeitig (knapp vor der Blüte) und nicht zu tief (Schonung der Neutriebe aus den Knospen der Wurzelkrone) erfolgen. Dadurch kann die Leistung der nachfolgenden Aufwüchse wesentlich gesteigert werden. Wegen des hohen Wassergehaltes ist nur eine **Grün- oder Silagenutzung** zu empfehlen. Die **Blähgefahr** ist geringer als bei Rotklee!

❑ Ertrag

Gute Grünmasseerträge liegen in Summe aller Schnitte bei 60 bis 70 t/ha. Der Trockenmasseertrag liegt in im Durchschnitt bei ca. 15 bis 17 %.

1.1.2. Perserklee *(Trifolium resupinatum)*

❑ Herkunft und Bedeutung

Der **Perserklee** stammt aus dem Orient. Er ist wie der Alexandrinerklee eine **sommerjährige Kleeart** und wird auch als Ersatz für Rotklee angebaut. Er ist ebenfalls eine schnellwüchsige Futterpflanze, die ein eiweiß- und energiereiches Futter liefert. Perserklee kann als **Hauptfrucht oder als Zwischenfrucht** (Futternutzung und Begrünung) angebaut werden. Häufig erfolgt eine **Mischung** mit einjährigen Weidelgräsern.

❑ Botanisches

Der Perserklee ist eine Pflanzenart in der Unterfamilie der Schmetterlingsblütler. Er wächst buschiger als Rotklee und neigt bei Blühbeginn zum Lagern.

Die Tausendkornmasse beträgt 1,2 bis 1,5 Gramm.

❑ Ansprüche an den Standort

Der Perserklee stellt an den Boden geringere Ansprüche als der Alexandrinerklee. Bei guter Niederschlagsverteilung kommen auch leichtere Böden für den Anbau in Frage. Da er in der Jugend nicht so kälteempfindlich ist wie der Alexandrinerklee, kann er etwas früher ausgesät werden.

Bei **Fruchtfolge und Düngung** gelten dieselben Empfehlungen wie bei Alexandrinerklee!

❑ Bodenvorbereitung, Anbau und Pflege

Der Perserklee braucht so wie der Alexandrinerklee ein feines und abgesetztes Saatbett. Die **Aussaat** erfolgt meist **Mitte April** in **Reinsaat** mit einer **Saatmenge von 15–25 kg/ha** oder auch im **Gemisch mit einjährigen Weidelgräsern**. Zum Anbau gelangen alle **mehrschnittigen Sorten und Herkünfte**.

Zur **Pflege** gelten dieselben Maßnahmen wie bei Alexandrinerklee!

❑ Nutzung

Der Schnitt kann beginnend von der Knospenbildung bis zur Vollblüte erfolgen. Wegen des hohen Wassergehaltes ist Perserklee nur als **Grünfutter** (geringe Blähgefahr bei Rindern!) und **bedingt zur Silierung** geeignet. Nicht geeignet ist er für die Heutrocknung und Weidenutzung.

❑ Ertrag

Es können **60 bis 80 t/ha Grünmasse** geerntet werden. Der durchschnittliche **Trockenmassegehalt** liegt mit **12 bis 13 %** unter dem des Alexandrinerklees.

1.1.3. Inkarnatklee *(Trifolium incarnatum)*

Der Inkarnatklee ist eine raschwüchsige Kleeart, welche hauptsächlich in **Winterzwischenfruchtbau** (Landsberger Gemenge) Verwendung findet.
Er liefert aber nur **eine Schnittnutzung**!
Erkennbar ist der Inkarnatklee an seinen behaarten Blättern und den meist **dunkelroten**, länglichen **Blütenständen** (Blutklee). Er ist dankbar für ein mildes Klima und bevorzugt mittlere bis leichtere Böden in gutem Kultur- und Kalkzustand.
Wegen seiner **Kleekrebsanfälligkeit** darf Inkarnatklee nur alle 6 Jahre angebaut werden. Deshalb sollte er in Rotkleefruchtfolgen nicht aufgenommen werden. Die **Ansaat** erfolgt **Ende August bis Anfang September in Form von Gemengen**, wobei er meist mit Zottelwicke und Italienischem Raygras angebaut wird (Landsberger Gemenge); Inkarnatklee ist auch ein häufiger Mischungspartner bei **Weingartenbegrünungen**. **Reinsaatmenge ca. 25–40 kg/ha.**

1.1.4. Futtererbse *(Pisum sativum convar. speciosum)*

Die Futtererbse wird meist in **Futtergemengen** verwendet, wodurch der Wert und die Bekömmlichkeit des Futters erhöht werden. Außerdem besitzen Erbsen einen ausgezeichneten Vorfruchtwert.

❑ Botanisches

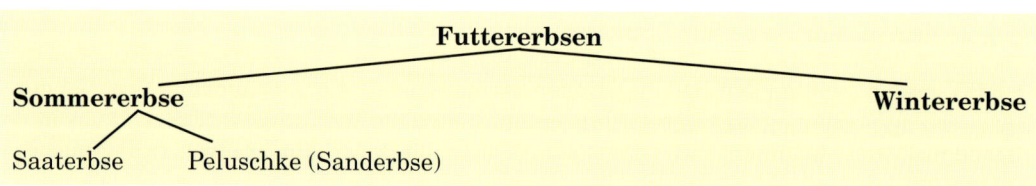

Für **Futterzwecke** wird meist nur die **Saaterbse** angebaut. Sie bildet lange, reich beblätterte Stängel, die eine Stützpflanze benötigen. Daher ist nur eine **Gemengesaat** zu empfehlen. **Wintererbsen** sollten im **Gemenge mit Getreide** angebaut werden. Das Getreide gibt den meist sehr langwüchsigen Typen eine Stütze und das Unkraut wird besser unterdrückt.

❑ Ansprüche an den Standort

Leichte bis mittelschwere Böden werden gut vertragen, mildes Klima wird bevorzugt. Die Erbse ist wenig frostempfindlich.

❏ Ernährung und Düngung

Der Kalkgehalt soll in Ordnung sein. Eine gute Grunddüngung mit Phosphor und Kalium ist erforderlich. Die Stickstoffdüngung variiert je nach Mischungsanteil im Gemenge.

❏ Anbau

Sommererbse: Zur **Futtergewinnung** erfolgt die **Aussaat nur im Gemenge**. Eine Aussaat ist von **Ende März bis Ende Juli möglich.** Bei einer eventuellen **Samengewinnung** erfolgt der Anbau von März bis Anfang April im sogenannten „Einspritzverfahren". Dabei werden in Hafer 10 bis 40 kg/ha Erbsen eingesät und man lässt beide ausreifen. Nach dem Drusch werden bei der Reinigung Hafer und Erbsen getrennt. **Reinsaatmenge 110–190 kg/ha.**

Wintererbse: Im **Gemenge mit Wintergetreide** erfolgt die Aussaat Ende September bis Ende Oktober. **Reinsaatmenge 90–150 kg/ha.**

1.1.5. Wicken *(Vicia)*

Wegen ihrer Anspruchslosigkeit gegenüber Boden und Klima ist die Wicke eine beliebte Pflanze für **Futtergemenge**. Dabei ist wie bei der Erbse auch eine Stützpflanze erforderlich. Die Wicke ist eine sehr raschwüchsige Pflanze.

❏ Botanisches

```
                          Wicken
   Sommerwicke                              Winterwicke

                        Zottelwicke   Pannonische Wicke
```

Sommerwicke oder Saatwicke *(Vicia sativa)*:
Sie ist an den **rosafarbigen Blüten** zu erkennen und stellt etwas höhere Ansprüche als die Winterwicke. **Reinsaatmenge 70–140 kg/ha.**

Zottelwicke *(Vicia villosa)*:
Sie ist **blaublühend**, dicht behaart und hat ein tiefergehendes Wurzelsystem. Sandböden werden noch gut vertragen (Ausnützung der Winterfeuchtigkeit). Die Winterfestigkeit ist sehr gut. **Reinsaatmenge 60–110 kg/ha.**

Pannonische Wicke *(Vicia pannonica)*:
Diese ist **weißblühend**. Die Winterfestigkeit ist nicht so gut, dafür ist die Widerstandskraft gegen Frühjahrs- und Sommertrockenheit höher. **Reinsaatmenge 60–120 kg/ha.**

❏ Ernährung und Düngung

Die Düngung richtet sich nach der Zusammensetzung des Feldfuttergemenges!

❏ Anbau

Die **Aussaat der Sommerwicke im Gemenge** erfolgt vom **zeitigen Frühjahr bis Ende Juli.** Die **Winterwicken** werden in Gemengen je nach Anbaulage in der Zeit von **Ende August bis September** angebaut (Landsberger Gemenge). Die Futternutzung erfolgt im Frühjahr (Grünfütterung oder Silage).

1.1.6. Ackerbohne *(Vicia faba)*

Die Ackerbohne kann in **Sommerzwischenfruchtgemengen** als Stützpflanze verwendet werden.

Eine Reinsaat ist für Futterzwecke aus geschmacklichen Gründen nicht zu empfehlen (schmeckt bitter!).

Die Ackerbohne eignet sich besonders für **schwere Böden** (gute Wasserspeicherung) und Gegenden mit reichlichen Niederschlägen. Gegen Spät- und Frühfröste ist sie wenig empfindlich.

Gute **Kalkversorgung** ist die Voraussetzung für einen erfolgreichen Anbau!

Die **Saatmengen** sind von der Zusammensetzung des Zwischenfruchtgemenges abhängig.

Reinsaatmenge 150–300 kg/ha.

Blühende Ackerbohne

2. STICKSTOFFZEHRER

Die Vertreter dieser Gruppe gehören zu **verschiedenen Pflanzenfamilien**. Alle haben einen **hohen Bedarf an Stickstoff** und verwerten diesen auch gut.

2.1 Familie der Süßgräser

Diese Pflanzenfamilie umfasst nicht nur die **Getreidearten**, sondern auch die vielen **Grasarten im Feldfutterbau und Grünland.**

Für die Verwendung im Zwischenfruchtbau sind von Bedeutung:

Grünroggen ⎫	Silo- und Grünmais (siehe Maisbau)
Grünhafer ⎬ siehe	Futterhirsen (siehe Sorghumhirse)
Grüngerste ⎭ Getreidebau	Futtergräser (siehe Kapitel Grünland)

2.2. Familie der Kreuzblütler

Wichtige Kreuzblütler im Feldfutterbau

Grünraps (siehe auch Kapitel Körnerraps)	**Senf**
Rübsen	**Rettich**

2.2.1. Grünraps *(Brassica napus)*

Raps hat bei den Feldfutterpflanzen als **Zwischenfrucht** eine besondere Bedeutung. Bei der Auswahl der Rapsformen sind die besonderen Eigenschaften entscheidend.

Rapsformen und wichtige Eigenschaften

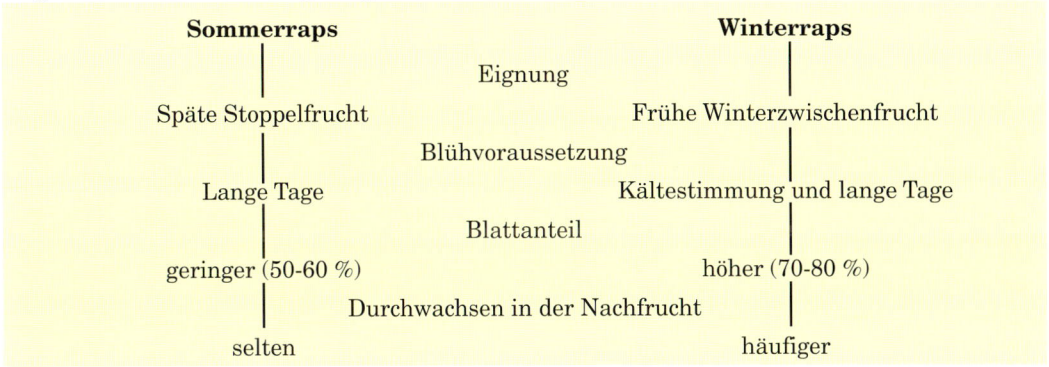

Sommerraps		Winterraps
	Eignung	
Späte Stoppelfrucht		Frühe Winterzwischenfrucht
	Blühvoraussetzung	
Lange Tage		Kältestimmung und lange Tage
	Blattanteil	
geringer (50-60 %)		höher (70-80 %)
	Durchwachsen in der Nachfrucht	
selten		häufiger

❏ Ansprüche

Raps kann fast überall angebaut werden. Er liebt genügend Feuchtigkeit und humusreiche, tiefgründige Böden.

❏ Fruchtfolge

Raps ist eine **nematodenfreundliche Pflanze**. Beim Rübenbau besteht erhöhte Gefahr der Verseuchung durch Nematoden. Daher ist unmittelbar vor Rübe eine andere Futterpflanze für den Zwischenfruchtbau vorzuziehen.
Raps selbst verlangt eine **Anbaupause** von ca. **drei Jahren.**

❏ Düngung

Raps ist ein ausgesprochener „Düngerfresser". Ausreichende Grunddüngung mit Phosphor und Kali und hohe Stickstoffgaben werden gut ausgenutzt.

Düngungsempfehlungen in kg/ha je nach Ertragslage bei ausreichender PK-Versorgung (Gehaltsstufe C):

kg Reinnährstoffe je ha		
N	P_2O_5	K_2O
80-140	40-80	100-160

Phosphor und Kali sollten vor dem Anbau ausgebracht werden.
Bei **Winterraps**, der erst im **Frühjahr geerntet** wird, ist die **Stickstoffdüngung** am besten auf **zwei Gaben** aufzuteilen.

Stallmist kann gegeben werden, ist aber nicht unbedingt erforderlich. **Jauche** und **Gülle** werden sehr gut ausgenützt.

❏ Bodenvorbereitung und Anbau

Raps verlangt eine gut **abgesetzte Ackerkrume** und darüber ein **feinkrümeliges Saatbett**. Die **Saattiefe** soll **1–2 cm** betragen.
Die **Saatmenge** beträgt je nach Saatmethode (Breit-, Drill- oder Schlitzdrillsaat), Anbauzeit, Klima- und Bodenverhältnissen bei Sommer- und Winterfutterraps **8–12 kg/ha.**

Der häufigste **Anbautermin** für Futterzwecke liegt in der Zeit von **Mitte August bis Anfang September**.

Bei der Züchtung von neuen Sorten wird auf **Doppelnutzung** (frei von Erucasäure und Glucosinolate) gezüchtet. Dadurch wird die Schmackhaftigkeit verbessert und eine höhere Futteraufnahme erreicht.

❏ Ernte

Grünraps muss **vor der Blüte geerntet** werden und wird als **Grünfutter verwertet.** Durch die gute Frosthärte lässt sich **Sommerraps** bis in den Dezember hinein ernten. **Winterraps** kann man schon im zeitigen Frühjahr ernten.

Raps wird häufig für **Begrünungen** angebaut.

2.2.2. Rübsen *(Brassica rapa)*

Gut entwickelter Winterraps im Spätherbst

Winterrübsen eignet sich je nach Sorte als **Winter- oder Sommerzwischenfrucht.**

Er dient zur **Futternutzung** oder **Gründüngung**. Winterrübsen ist spätsaatverträglicher (ev. 10 Tage nach Raps) und hat geringere Standortansprüche als Raps.

Angebaut wird in Breit- oder Drillsaat mit ca. **5–8 kg** Saatmenge je ha.

Winterrübsen treibt nach einer zeitigen Herbstnutzung wieder aus.

Sommerrübsen zur Gründüngung friert meist über den Winter ab, hinterlässt eine lockere Mulchschicht für eine störungsfreie Direktsaat von Mais. Als Gründüngung schützt sowohl Winter- als auch Sommerrübsen den Stickstoff im Boden vor einer Auswaschung.

Winterrübsen

❏ Perko PVH

Perko PVH ist eine tetraploide winterharte **Kreuzung von Chinakohl und Rübsen**.

Er ist sehr frohwüchsig, schmackhaft und hat einen geringen Nitratgehalt. Wegen des hohen Zuckergehaltes ist er auch gut silierfähig.

Je nach Anbauzeitpunkt bzw. Sorte kann er als **Sommerzwischenfrucht, Winterzwischenfrucht** oder als **Sommer- und Winterzwischenfrucht** genutzt werden.

Demnach erfolgt der **Anbau ab Mitte Juli bis September**. Die **Saatmenge** beträgt **8–10 kg/ha**. Bei rechtzeitigem Anbau kann Perko PVH im Herbst und nach dem Wiedererünen im zeitigen Frühjahr auch als **Futter oder Gründecke** genutzt werden.

2.2.3. Senf *(Sinapis)*

Gelbsenf bzw. Weißer Senf *(Sinapis alba L.)* stellt geringe Ansprüche an Boden und Klima. Er bringt auch auf schlechteren Standorten noch gute Erträge. Es können innerhalb kürzester Zeit (40 bis 55 Vegetationstage) Massenerträge hervorgebracht werden.

Gelbsenf ist im Allgemeinen eine sehr verbreitete, nicht winterharte (abfrostende) **Brgrünungspflanze**.

Vorteile: verträgt trockene Bedingungen, raschwüchsig, spätsaatverträglich, gute Durchwurzelung, guter Erosionsschutz, sehr hohe N-Aufnahme, niedrige Saatgutkosten.

Der **Anbau** erfolgt **Mitte August bis Anfang September**.

Die **Saatmenge** beträgt **8 bis 13 kg/ha.**

In der Rinderfütterung wird Senf wegen des scharfen Geschmacks (Senfölglykosid Sinalbin) selten verwendet.

Blühender Gelbsenf

Nematodenresistente Gelbsenfsorten:
Zur Reduzierung der unerwünschten Rübennematoden wurden Senfsorten gezüchtet, die eine erhebliche **Resistenz gegen Nematoden** aufweisen und daher als **Begrünung in einer Fruchtfolge mit Zuckerrüben** eingesetzt werden können.

❏ **Brauner Senf oder Sareptasenf** *(Brassica juncea)*

Sareptasenf ist eine **schnellwüchsige Zwischenfrucht** mit guter Standfestigkeit und mittlerer bis geringer Blühneigung. Die Durchwurzelung des Bodens ist besser als beim Gelbsenf infolge eines kräftigen und tiefreichenden Wurzelwerkes. Hohe Mengen an Glucosinolaten prädestinieren diese Art zur **Bekämpfung von bodenbürtigen Krankheiten.**

Anbauzeit ist wie bei Gelbsenf Mitte August bis Anfang September. Die **Reinsaatmenge** beträgt **5 bis 8** (10) kg/ha. Sareptasenf eignet sich auch als Silage bei frühem Schnitt (vor der Senfölbildung!).

2.2.4. Rettich *(Raphanus)*

❏ **Ölrettich** *(Raphanus sativus var. oleiformis)*

Ölrettich ist eine **einjährige, nicht winterharte Pflanze aus der Familie der Kreuzblütler**. Er ist raschwüchsig, hat ein gutes Durchwurzelungsvermögen mit einer ausgeprägten, tiefreichenden Pfahlwurzel und einem stark verzweigten Nebenwurzelsystem. Dadurch wird der Boden nachhaltig verbessert und die Nährstoffe gut aufgeschlossen. Somit ist er für die **Verwendung als Begrünungspflanze** bestens geeignet.

Die **Standortansprüche** sind gering, die Jugendentwicklung erfolgt sehr zügig. Die **Ansaat** ist von Juli bis Anfang September möglich.
Die **Reinsaatmenge** beträgt **15 bis 30 kg/ha.**
Ein früher Anbau (bis Mitte August) verringert die Rettichbildung.
Der **Anbautermin** hat nur geringen Einfluss auf den Blühzeitpunkt. Ölrettich ist daher weniger auf eine Spätsaat angewiesen.
Ölrettich ist gut geeignet als **Mischungspartner** in einer **Begrünungsmischung**.
Bei rechtzeitigem Anbau eignen sich **nematodenhemmende Sorten gut für eine biologische Bekämpfung der Nematoden in einer Rübenfruchtfolge.**

❑ **Meliorationsrettich** *(Raphanus sativus var. longipinnatus L.)*

Meliorationsrettich ist eine spezielle Züchtung des weißen Speiserettichs. Im Vergleich zum Ölrettich bildet der Meliorationsrettich eine wesentlich dickere Pfahlwurzel aus, die bis zu 30-40 cm tief in den Boden vordringen kann. Dadurch können Bodenverdichtungen noch besser gelockert werden. Bei dem Anbau in der zweiten Jahreshälfte (Juli bis September) bei abnehmender Tageslänge geht der Meliorationsrettich nicht mehr in die generative Phase. Dadurch stängelt er nicht mehr auf und verholzt nicht.

Zudem ist der Meliorationsrettich weniger winterhart als herkömmliche Ölrettichsorten und er sorgt für eine schnellere Bodenerwärmung im Frühjahr. Das dichte Blattwerk bewirkt eine schnelle Bodenbedeckung, fördert die Schattengare und unterdrückt Unkraut. **Anbau** am besten als **Zwischenfrucht im Gemenge**.

Reinsaatmenge (bei einer TKM 11–13 g) **18–25 kg/ha.**

2.2.5. Weitere Kreuzblütler

Markstammkohl *(Brassica oleracea)*
Stoppelrübe *(Brassica rapa subsp. rapa)*
Kohl oder Steckrübe *(Brassica napus subsp. rapifera)*

Leindotter *(Camelina sativa)*
Kresse *(Lepidium sativum)*

2.3. Zwischenfrucht- und Begrünungspflanzen aus verschiedenen Pflanzenfamilien

Pflanzen	Familie
Sonnenblume	Korbblütler
Ramtillkraut/Gingellikraut/Mungo	Korbblütler
Buchweizen	Knöterichgewächse
Phacelia oder Büschelschön	Wasserblattgewächse

2.3.1. Sonnenblume *(Helianthus annuus)*

Die Sonnenblume gehört zur Familie der **Korbblütler** und ist **einjährig**. Sie ist eine hochwachsende Pflanze (bis 2 m) und entwickelt einen dicken Stängel.

Die **Bodenansprüche** sind gering. Sie kann sich durch ihr intensives Wurzelnetz auch auf trockenen Standorten Wasser und Nährstoffe gut aneignen. Der Wasserverbrauch ist aber relativ hoch.

In der **Fruchtfolge** ist zu beachten, dass die Sonnenblume zur Vermehrung der Pilzkrankheit Sklerotinia beitragen kann!

Als eine Hauptkultur kann sie als **Mischungspartner in einer Zwischenfrucht** nur unter 50 % vorkommen.

Als **Feldfutter- oder Begrünungspflanze** wird die Sonnenblume daher meist nur im **Gemenge** ange-

Blühende Sonnenblumen

baut und dient auch als Stützpflanze für andere Mischungspartner. Als **Zwischenfrucht** erfolgt der **Anbau Mitte Juli bis Anfang August** mit einer **Reinsaatmenge** von **25–35 kg/ha.** Die Sonnenblume ist **nicht winterhart** und frostet leicht ab. Die **kräftigen Stängel** sollen im Frühjahr vor dem Anbau einer Folgefrucht mechanisch **zerkleinert** werden.

2.3.2. Ramtillkraut/Gingellikraut *(Guizotia abyssinica)*

Das **Ramtillkraut**, auch **Gingellikraut** genannt (Mungo ist eine Handelsbezeichnung), ist eine **einjährige**, nicht winterharte krautige Pflanze und gehört wie die Sonnenblume zur Familie der **Korbblütler**. Es wird meist als **Gründecke** im **Gemenge** mit anderen abfrostenden Begrünungspflanzen angebaut. Infolge der raschen Jugendentwicklung bildet die Pflanze in kurzer Zeit viel Blattmasse aus.

Bei **früher Saat** (Juli bis spätestens Mitte August) ist die Entwicklung sehr zügig und es kommt zu einem sehr kräftigen Herbstaufwuchs, der allerdings bei den ersten Frühfrösten schnell abfriert.

Das Ramtillkraut verholzt kaum und hinterlässt im Frühjahr eine leicht verrottende Biomasse – ideal für eine Mulchsaat.

Die **Reinsaatmenge** beträgt ca. **7–10 kg/ha.**

2.3.3. Buchweizen *(Fagopyrum esculentum)*

Buchweizen ist kein Getreide, sondern eine einjährige Pflanze aus der Familie der **Knöterichgewächse**. Buchweizen kann als **Körnerfrucht**, als **Zwischenfruchtfutterpflanze** oder im Rahmen einer **Begrünung** (in Reinsaat oder vor allem in **Mischungen**) angebaut werden. Danach richtet sich auch der Anbauzeitpunkt.

Bei frühem Anbau Mitte Mai als **Hauptfrucht**, oder spätestens Mitte Juli als **Zweitfrucht** (z. B. nach frühräumender Wintergerste) kann Buchweizen zur Samenreife gelangen.

Je nach Anbauzeit blüht der Buchweizen ab Juni bis in den September. Daher ist er auch eine sehr gute Bienenweide. Bei späterem Anbau in einer **Begrünungsmischung** bietet der Buchweizen wegen der raschen Bodenbedeckung einen guten Schutz für die anderen

Aus der großen Palette der Zwischenfrüchte wird Buchweizen wegen seiner guten Durchwurzelung gerne verwendet.

Gemengepartner. In Reinsaat ist Buchweizen als Begrünungskultur nicht zu empfehlen. Bei leichten Frösten friert er bereits ab. In der Fruchtfolge gilt der Buchweizen als selbstverträglich und als Nematodenfeindpflanze. **Saatmenge** bei Reinsaat **50 bis 100 kg/ha**.

2.3.4. Phacelia oder Büschelschön *(Phacelia)*

Die Phacelia gehört zur Unterfamilie der Wasserblattgewächse in der Familie der Raublattgewächse. Meist werden Sorten der Art **Reinfarn-Phacelia** *(Phacelia tanacetifolia)* verwendet. Sie wird gerne als **Gründüngungspflanze** angebaut, auch als Zierpflanze und Bienenweide. Sie ist eine **einjährige Pflanze**, hat eine **schnelle Jugendentwicklung**, hohe **Beschat-**

tungsintensität, ist **trockenheitsresistent** und besitzt ein gut ausgeprägtes **Feinwurzel-system.**

Leichte und mittlere Böden mit guter Durchlüftung sind als Standort gut geeignet.

Die Phacelia ist mit keiner anderen heimischen Pflanze verwandt und daher ein **gutes Glied in der Fruchtfolge**. Da die Pflanzen gut abfrieren und das Pflanzenmaterial bei der Bodenbearbeitung im Frühjahr leicht zerbricht, eignet sich die Phacelia ausgezeichnet für die **Mulchsaat** der Folgekultur im Frühjahr. Um eine gute Bestandesentwicklung als **Zwischenfrucht** zu erreichen, sollte die Phacelia zeitgerecht (Juli bis Mitte August) in **Reinsaat** oder im **Gemenge** angebaut werden; **Saatmenge** in Reinsaat **8–12 kg/ha.**

2.3.5 Weitere Zwischenfrucht- und Begrünungspflanzen aus verschiedenen Pflanzenfamilien

Kulturmalve *(Malva sylvestris)*	*Malvengewächse*
Futterrübe oder Runkelrübe *(Beta vulgaris)*	*Fuchsschwanzgewächse*
Topinambur *(Helinathus tuberosus)*	*Korbblütler*
Futtermöhren *(Daucus carota subsp. Sativus)*	*Doldenblütler*

III. ZWISCHENFRUCHTGEMENGE

Samenmischungen, die als **Qualitätsmischungen** deklariert werden und als solche in den Handel kommen, müssen **lt. Saatgutgesetz den Rahmenbedingungen für Saatgutmischungen im Feldbau entsprechen**.

Darauf aufbauend gibt die „Österreichische Arbeitsgemeinschaft für Grünland und Viehwirtschaft, Fachgruppe Saatgutproduktion und Züchtung von Futterpflanzen" Empfehlungen für Qualitätssaatgutmischungen für den **Zwischenfruchtbau.**

❑ Anforderungen:

- Sie müssen den Rahmenbestimmungen der Mischungsrezepte der Bundesanstalt für Pflanzenbau entsprechen. Das Saatgut muss hinsichtlich Reinheit und Keimfähigkeit den Normen gerecht werden.
- Für Qualitätsmischungen muss geeignetes Sortensaatgut verwendet werden. Die zu verwendenden Sorten können vorgeschrieben werden.
- Das Saatgut muss ampferfrei sein.
- Bei der Auswahl der Sorten von Klee und Gräsern muss auf den zusammenpassenden Vegetationsrhytmus der Partner geachtet werden.
- Bei der Bezeichnung der Mischungen sind nähere Angaben über die ökologische Verwendbarkeit (z. B. milde oder raue Lagen) zu machen. Es können auch zusätzliche Angaben über die Standorteignung und den Nutzungszweck gemacht werden.

1. WICHTIGE BEGRIFFE

Bei der **Erstellung einer Samenmischung** im Feldfutterbau sind **wesentliche Begriffe** zu beachten:
- **Einzelsaatstärke**   **kg/ha**
- **Aussaatmenge**   **kg/ha**
- **Flächenprozent**   **Fl.-%**
- **Gewichtsprozent**   **Gew.-%**

Einzelsaatstärke (kg/ha)
Das ist die **Saatstärke einer einzelnen Pflanzenart in kg/ha**, die bei einem Anbau in **Feldfuttermischungen** als **Berechnungsgrundlage für die Anteilsberechnung** dient.

Aussaatmenge (kg/ha)
Das ist die **Menge einer Mischung in kg, die zur Aussaat auf einem Hektar notwendig ist**. Die Höhe der Aussaatmenge hängt von den jeweils verwendeten Mischungspartnern und ihren Anteilen in der Mischung ab. Die vorgesehene Aussaatmenge einer Mischung soll nicht über- oder unterschritten werden.

Flächenprozent (Fl.-%)
Das sind die **Anteile der einzelnen Mischungsbestandteile**, mit denen sie auf der Fläche vertreten sein sollen.

Gewichtsprozent (Gew.-%)
Das ist der **gewichtsmäßige Anteil der einzelnen Mischungsbestandteile** am Gesamtgewicht der Mischung.

2. MISCHUNGEN

2.1. Sommermenggetreide

	Gew.-%	Praktisches Beispiel			
		Fl.-%	Einzelsaat-stärke kg/ha	Aussaatmenge kg/ha	Gew.-%
Sommergerste	30-70	40	170	68	43,0
Hafer	30-70	40	140	56	35,5
Sommerweizen	0-50	20	170	34	21,5
Aussaatstärke			158 kg/ha		

Primär sind für Sommermenggetreide bei Sommergerste alle, bei Hafer und Sommerweizen nur alle sehr frühen und frühen Sorten, die in der **„Österreichischen Sortenliste"** aufgeführt sind, geeignet.
Sommermenggetreide eignen sich meist als **einsömmerige Hauptfrucht** und werden im **zeitigen Frühjahr** angebaut.

2.2. Zwischenfruchtgemenge

Winterzwischenfruchtgemenge aus Getreide, Winterwicke (Zottelwicke), Pannonischer Wicke, Inkarnatklee, Italienischem und/oder Bastardraygras und anderen Arten (u.a.A.) in Summe max. 20 Gew.-%

Gewichtsprozente (Gew.-%)	Wickroggen	Landsberger Gemenge	z. B. Mischung
Getreide	50-70	-----	80
Winter (Zottel)wicke und/oder Pannonische Wicke	30-50	30-40	-----
Inkarnatklee	-----	30-40	-----
Ital. und/oder Bastardraygras	-----	30-40	-----
u. a. A.: z. B. Cruciferen (Kreuzblütler)	-----	-----	20

Diese Gemenge sollen im September angebaut werden und bringen als **mittelfrühe Winterzwischenfrucht** einen ausgiebigen und qualitativ hochwertigen Futterertrag im Folgejahr.

Sommerzwischenfruchtgemenge aus Getreide und Leguminosen

	Gewichtsprozente (Gew.-%)
Getreide	50-80
Leguminosen	20-50

Diese Mischung braucht als **frühe Stoppelfrucht** noch genügend Vegetationszeit und soll nach frühräumenden Hauptfrüchten (z. B. Wintergerste) bis **spätestens Ende Juli** angebaut werden.

Zweit- und Stoppelfruchtgemenge aus Leguminosen, Kreuzblütlern (Cruciferen), Mais, Sonnenblumen und anderen Arten (u. a. A. in Summe max. 10 Gew.-%)

Gewichtsprozente (Gew.-%)	z. B. Leguminosengemenge	z. B. Leguminosengemenge mit Winterraps	z. B. Leguminosengemenge mit Mais	z. B. Leguminosengemenge mit Sonnenblume
Saatwicke	25-30	30-40	25-35	30-40
Erbse	40-50	55-65	45-55	55-65
Ackerbohne	25-30	-----	-----	-----
Winterraps	-----	1-2	-----	-----
Mais	-----	-----	10-15	-----
Sonnenblume	-----	-----	-----	2-3

2.3. Düngungsempfehlungen

Sonstige Futtergemenge	Reinnährstoffe in kg/ha		
	N	P_2O_5	K_2O
Sommermenggetreide	40-50 (zum Anbau)	40-70	100-140
Zwischenfruchtgemenge:			
Winterzwischenfruchtgemenge	40-50 (im zeitigen Frühjahr)	40-80	120-160
Sommerzwischenfruchtgemenge	40-50	40-70	100-140
Zweit- und Stoppelfruchtgemenge	-----	40-70	100-140

IV. BEGRÜNUNG VON ACKERFLÄCHEN

Eine der wesentlichsten **Forderungen im modernen Ackerbau** ist die **Erhaltung und Verbesserung der Ackerkrume**. Dabei ist es wichtig, **Pflanzenbausysteme und Fruchtfolgen zu beachten**, die eine lange und soweit als möglich ständige **Bodenbedeckung** gewährleisten (Schutz vor Auswaschungen und Erosion).

Durch **Zufuhr organischer Substanz**, **intensive Durchwurzelung** und **lange Bodenbedeckung** kann mit dem Anbau von gelungenen **Begrünungspflanzen** bzw. **Begrünungsmischungen** eine wesentliche Bodenverbesserung erreicht werden.

1. BEGRÜNUNG VON ACKERFLÄCHEN NACH DEM SYSTEM „IMMERGRÜN" (LT. ÖPUL 2023)

Bei diesem System handelt es sich um eine **besondere Gestaltung der Fruchtfolge**, die sich durch eine **ständige Bodenbedeckung** auszeichnet, die nur zum Zweck einer Bodenbearbeitung oder mechanischen Unkrautbekämpfung unterbrochen wird. Dabei kommt dem **Anbau von Zwischenfrüchten** eine **besondere Bedeutung** zu!

Die **zeitlichen Abstände zwischen Ernte und Anbau einer Folgekultur** sollten **möglichst kurz** sein.

Längere **Zwischenbrachezeiten** werden daher durch **Zwischenfrüchte** überbrückt. Durch diese Fruchtfolgevariante kann auch die Maßnahme **„Begrünung von Ackerflächen"** erfüllt werden.

Die Ziele: - Reduktion von Bodenerosion und
               - Vermeidung von Schadstoffeinträgen in Gewässer

werden hier dadurch erreicht, dass zumindest **85 Prozent der Ackerfläche ganzjährig bedeckt** sind.

Als **Bodenbedeckung** gelten sowohl **Hauptfrüchte** (Getreide, Mais, Hackfrüchte ....) als auch **Zwischenfrüchte**. Da zwischen der Ernte der Kultur und dem Anbau einer Folgekultur der Boden zwangsweise nicht bedeckt ist, gibt es **Vorgaben zur Dauer dieser Zeiträume**:
- Maximal 30 Tage zwischen Ernte der Hauptkultur und Anbau einer Zwischenfrucht
- Maximal 30 Tage zwischen Umbruch Zwischenfrucht und Anbau einer Hauptkultur
- Maximal 50 Tage zwischen Ernte der Hauptkultur und Anbau einer folgenden Hauptkultur

Wird die Dauer von 50 Tagen zwischen zwei Hauptkulturen überschritten, sind **Zwischen-früchte** anzubauen. Erfolgt die Anlage bis spätestens 20. September, muss die Zwischen-frucht mindestens 3 Mischungspartner aus 2 Pflanzenfamilien aufweisen. Zwischenfrüchte, die nach dem 20. September und bis spätestens 15. Oktober angelegt werden, müssen aus-schließlich aus winterharten Mischungspartnern oder aus einer winterharten Kultur in Rein-saat bestehen und dürfen **frühestens am 15. Februar des Folgejahres umgebrochen** werden. Nach dem 15. Oktober angelegte Zwischenfrüchte werden nicht mehr anerkannt.

Die Mindestdauer von Zwischenfrüchten muss 42 Tage betragen. Untersaaten sind als Zwi-schenfrüchte anrechenbar, sofern sie die angeführten Bedingungen erfüllen. Zwischenfrüchte und Untersaaten, die die Mindestdauer von 42 Tagen nicht erreichen, zählen als unbegrünt.

Die **Pflege und Nutzung von Zwischenfruchtbegrünungen ist zulässig**, wobei dabei die **flächendeckende Begrünung erhalten** werden muss.

Bei der Maßnahme sind schlagbezogene Aufzeichnungen über folgende Termine zu führen:
- Ernte der Hauptfrucht
- Anlage und Umbruch der Zwischenfrucht (Begrünung)
- Anlage der folgenden Hauptfrucht

2. BEGRÜNUNGSMISCHUNGEN

Bei Begrünungsmischungen können **die Aussaatmengen im Vergleich zu den Reinsaat-mengen als Basis für die Mischungen oft wesentlich verringert werden!**

2.1 Nematodenhemmende Begrünungsmischungen

In diesen Mischungen dürfen nur nematodenhemmende Senf- und/oder Ölrettichsorten ver-wendet werden. Deren Anteil muss in Summe mindestens 30 Gew.-% betragen.

	Gewichtsprozente (Gew.-%)
Senf	0-30
Ölrettich	0-30
Buchweizen	0-40
Phacelia	0-70
Leguminosen	0-35

2.2 Kurzfristige Begrünungsmischungen

Gewichtsprozente (Gew.-%)		z. B. Mischung	z. B. Mischung	z. B. Mischung
Leguminosen	0-80	50	25	----
Buchweizen	0-70	----	55	70
Phacelia	0-70	15	8	----
Kreuzblütler (Cruciferen)	0-30	30	12	30
Andere Arten *)	0-10	5	----	----

*) Andere Arten = z. B. Öllein, Malve, Kümmel etc.

2.3 Langfristige Begrünungsmischungen

Gewichtsprozente (Gew.-%)		z. B. Mischung	z. B. Mischung	z. B. Mischung
Luzerne	0-60	5	40	----
Weißklee	0-30	3	25	10
Andere Leguminosen *)	0-50	12	35	15
Schwingel-Arten	0-50	35	----	45
Engl. und/oder Bastard-raygras	0-50	30	----	15
Andere Gräser *)	0-55	15	----	15

*) Andere Leguminosen = z. B. Rotklee, Schwedenklee, Inkarnatklee, Wicke etc.

*) Andere Gräser = z. B. Glatthafer, Knaulgras, Wiesenrispe etc.

3. BEGRÜNUNGSVARIANTEN (LT. ÖPUL 2023)

Variante	späteste Anlage	frühester Umbruch	einzuhaltende Bedingungen
1	31.07.	10.10.	- Mischung aus mindestens 5 insektenblütigen Mischungs-partnerN aus mindestens 2 Pflanzenfamilien - Befahrungsverbot bis 30.09. (ausgenommen Überqueren) - Nachfolgend verpflichtender Anbau einer Hauptkultur im Herbst
2	05.08.	15.02.	- mind. 7 Mischungspartner aus mind. 3 Pflanzenfamilien
3	20.08.	15.11.	- mind. 3 Mischungspartner aus mind. 2 Pfllanzenfamilien
4	31.08.	15.02.	- mind. 3 Mischungspartner aus mind. 2 Pflanzenfamilien
5	20.09.	01.03.	- mind. 3 Mischungspartner aus mind. 2 Pflanzenfamilien
6	15.10.	21.03.	- Ansaat folgender winterharter Kulturen (gem. Saatgutgsetz) oder deren Mischungen: Grünschnittroggen, Pannonische Wicke, Zottelwicke, Winterackerbohne, Wintererbse oderWinterrübsen (incl. Perko)
7	15.09.	31.01.	- Begleitsaat im Winterraps - mind. 3 Mischungspartner aus mind. 2 Pflanzenfamilien - kein Herbizideinsatz nach dem 4-Blatt-Stadium des Rapses bis zum Ende des Begrünungszeitraumes

3.1 Mischungsbeispiele für Begrünungsvarianten

3.1.1 Varianten 1/2/3/4

ÖpulPluss (Die Saat)

Kulturart	Gew. %	kg/ha
Alexandrinerklee	30	6,00
Ölrettich	20	4,00
Phacelia	15	3,00
Senf	15	3,00
Sommerwicke	15	3,00
Kresse	2,5	0,50
Leindotter	2,5	0,50
Aussaatmenge		**20,00**

HumusPluss (Die Saat)

Kulturart	Gew. %	kg/ha
Rau-/Sandhafer	24	6,00
Sommerwicke	22	5,50
Alexandrinerklee	12	3,00
Öllein	8	2,00
Ölrettich	8	2,00
Perserklee	8	2,00
Ramtillkraut (Gingelli)	4	1,00
Kresse	4	1,00
Leindotter	4	1,00
Phacelia	4	1,00
Sonnenblume	2	0,50
Aussaatmenge		**25,00**

3.1.2 Variante 1/3/4

BodenPluss (Die Saat)

Kulturart	Gew. %	kg/ha
Buchweizen	58	14,50
Alexandrinerklee	20	5,00
Phacelia	12	3,00
Ramtillkraut (Gingelli)	8	2,00
Kresse	2	0,50
Aussaatmenge		**25,00**

3.1.3 Variante 2/3/4

RübenPluss (Die Saat)

Kulturart	Gew. %	kg/ha
Linse	46,7	7,00
Ölrettich	40,0	6,00
Senf	13,3	2,00
Aussaatmenge		**15,00**

3.1.4 Variante 1/2/3/4/5

HR 137 Gründecke mit Meliorationsrettich (Hesa)

Kulturart	Gew. %	kg/ha
Buchweizen	51	8,16
Gartenkresse	15	2,40
Ölrettich	10	1,60
Inkarnatklee	6	0,96
Meliorationsrettich	6	0,96
Gelbsenf	6	0,96
Phacelia	6,	0,96
Aussaatmenge		**16,00**

3.1.5 Variante 1/3/4/5

HR 140 Gründecke CLASSIC (Hesa)

Kulturart	Gew. %	kg/ha
Buchweizen	35	4,90
Alexandrinerklee	20	2,80
Gelbsenf	15	2,10
Kresse	15	2,10
Ramtillkraut (Gingelli)	10	1,40
Phazelia	5	0,70
Aussaatmenge		**14,00**

3.1.6 Varianten 3/4

Leguminosengemenge früh (Die Saat)

Kulturart	Gew. %	kg/ha
Körnererbse	45	54
Sommerwicke	35	42
Grünmais	15	18
Futtererbse	5	6
Aussaatmenge		**120**

Leguminosengemenge spät (Die Saat)

Kulturart	Gew. %	kg/ha
Körnererbse	45	54
Sommerwicke	20	24
Ackerbohne	15	18
Rau-/Sandhafer	10	12
Futtererbse	5	6
Sojabohne	5	6
Aussaatmenge		**120**

3.1.7 Varianten 3/4/5

Bodenlockerungs-Pluss (Die Saat)

Kulturart	Gew. %	kg/ha
Ölrettich	45	9
Rau-/Sandhafer	35	7
Meliorationsrettich	10	2
Sareptasenf	10	2
Aussaatmenge		**20**

HR 144 Gründecke NEUTRAL (Hesa)

Kulturart	Gew. %	kg/ha
Ramtillkraut (Gingelli)	50	6
Alexandrinerklee	25	3
Phacelia	25	3
Aussaatmenge		**12**

BioPluss (Die Saat)

Kulturart	Gew. %	kg/ha
Buchweizen Bio	70	17,50
Alexandrinerklee Bio	20	5,00
Phacelia Bio	10	2,50
Aussaatmenge		**25,00**

3.1.8 Varianten 7

(Begleitsaat im Winterraps)
RapsuntersaatPluss (Die Saat)

Kulturart	Gew. %	kg/ha
Sommerwicke	40	4
Alexandrinerklee	20	2
Perserklee	20	2
Ramtillkraut (Gingelli)	10	1
Öllein	10	1
Aussaatmenge		**10**

H 147 Rapsuntersaat (Hesa)

Kulturart	Gew. %	kg/ha
Ramtillkraut (Gingelli)	25	2
Inkarnatklee	25	2
Alexandrinerklee	25	2
Öllein	25	2
Aussaatmenge		**8**

Weitere Mischungsbeispiele sind in den einschlägigen **Beratungsbroschüren** zu finden!

Die **Wahl von Begrünungspflanzen** soll gut überlegt sein. So ist im Besonderen die **Fruchtfolge** ein wichtiges Kriterium. In **Fruchtfolgen mit Raps und Sonnenblumen als Hauptfrüchte** sollten in der Zwischenfrucht **keine Pflanzen der gleichen Pflanzenfamilie** (Kreuzblütler und Korbblütler) verwendet werden (Risiko eines Sklerotiniabefalls). Wenn viele Leguminosen als Hauptfrucht angebaut werden (z. B. Erbsen, Wicken), sollten diese bei Begrünungen eingeschränkt werden.

Mischungen verschiedener Begrünungspflanzen verbessern und **erhöhen die Sicherheit und den Nutzen** einer Begrünung. Das **Ausfallsrisiko durch Schädlinge** wird bei der Verwendung mehrerer Pflanzenfamilien **gesenkt**. Die unterschiedlichen **Wurzelsysteme verbessern die Bodenstruktur** und können auch mehr **Bodenvolumen** erschließen. Die Kombination **unterschiedlicher Wuchsformen** erhöht die **Biomasse** und die **Bodenbedeckung** wird verbessert.

Sowohl im Zwischenfruchtbau als auch bei Begrünungen bringen Samenmischungen gegenüber Reinsaaten (Blanksaaten) wesentliche Vorteile.

Verwendete Literatur/Quellen für Kapitel Zwischenfruchtbau und Begrünungen

ÖAG Fachgruppe Saatgutproduktion und Züchtung von Futterpflanzen: Handbuch für ÖAG Qualitätsmischungen für Dauergrünland und Feldfutterbau
Beratungsschriften der Landwirtschaftskammern NÖ. und OÖ.
AMA – ÖPUL 2023 Begrünung von Ackerflächen – Zwischenfruchtbau
Beratungsschriften der SAATBAU LINZ: „Zwischendrin" Magazin für den besseren Zwischenfruchtbau, „Die Saat" Fachblatt Zwischenfrüchte & Begrünungen
F.M. Hesa Saaten - Begrünungen
Feldbauratgeber: Landwirtschaftskammer Österreich/AGES/LFI
AGES – Agentur für Gesundheit und Ernährungssicherheit
BMLRT – Saatgutgesetz
Bundesamt für Ernährungssicherheit

LITERATUR

A. Fachzeitschriften

„Der fortschrittliche Landwirt", Leopold Stocker Verlag, Graz

„Der Pflanzenarzt", Österreichischer Agrarverlag, Leopoldsdorf b. Wien

„Die Landwirtschaft", Zeitschrift der NÖ LLWK, St. Pölten

„Agrozucker-Agrostärke", Fachblatt der Zucker- und Stärkewirtschaft Österreichs
    des Vereines Agrozucker in Wien

„Raps", Fachzeitschrift für Öl- und Eiweißpflanzen, Verlag Th. Mann, Gelsenkirchen

„Kartoffelbau", Fachzeitschrift, Verlag Th. Mann, Gelsenkirchen

„Mais", Fachzeitschrift, Verlag Th. Mann, Gelsenkirchen

„DLG-Mitteilungen", Verlag Max-Eyth Verlagsgesellschaft, Frankfurt am Main

„top-agrar", Landwirtschaftsverlag Münster

B. Beratungsschriften und Broschüren

„Anbauinformationen" für Getreide, Öl- und Eiweißpflanzen der NÖ LLWK, St. Pölten

„Integrierter Pflanzenbau", Fördergemeinschaft Integrierter Pflanzenbau e. V., Rheinischer
Landwirtschaftsverlag GmbH, Bonn

„ÖPUL 2007", Verlautbarungsblatt der AMA (Agrar Markt Austria) für den Bereich pflanzlicher Erzeugnisse, Wien

„Richtlinien für die sachgerechte Düngung" (8. Auflage) des Fachbeirates für Bodenfruchtbarkeit und Bodenschutz,
    Geschäftsstelle AGES, Wien

„Die Reform der EU-Agrarpolitik" (GAP-Reform 2003), Broschüre des BM f. Land- und Forstwirtschaft, Umwelt und
    Wasserwirtschaft in Wien

„Usancen der Börse für landwirtschaftliche Produkte" in Wien

„Übernahmebedingungen" für Getreide, Mais, Raps, Sonnenblume und Sonderkulturen. Broschüre der LLWK für NÖ, OÖ,
    Stmk, Burgenland und Wien

„Österreichische Sortenliste" der AGES Wien

„Österreichische Beschreibende Sortenliste" für landwirtschaftliche Pflanzenarten der AGES Wien

„Empfehlungen für die Unkrautregulierung" der AGES Wien

„Empfehlungen für die Pflanzenschutzarbeit im Feldbau" der AGES Wien

„Krankheiten, Schädlinge und Nützlinge im Getreide- und Maisbau", Beratungsbroschüre der AGES Wien

„Wichtige Krankheiten und Schädlinge der Kartoffel", Beratungsbroschüre der AGES Wien

„Krankheiten, Schädlinge und Nützlinge im Rübenbau", Beratungsbroschüre der AGES Wien

„Krankheiten, Schädlinge und Nützlinge im Eiweiß- und Ölpflanzenbau", Beratungsbroschüre der AGES Wien

„Soja - eine Kulturpflanze mit Geschichte und Zukunft", Broschüre der LLWK für NÖ undOÖ

„Biosoja aus Europa" – Broschüre des Forschungsinstitut für biologischen Landbau (FiBL)
    Schweiz und der Donau Soja Wien

„Leitlinie für den integrierten Feldbau" – Broschüre der österr. Arbeitsgemeinschaft für integrierten Pflanzenschutz (ÖAIP)

C. Bücher

CHRISTEN und FRIEDT: Winterraps (Das Handbuch für Profis). 2. überarbeitete Auflage, DLG-Verlag,
    Frankfurt am Main 2011.

CRAMER, M.: Raps, Anbau und Verwertung. Verlag Eugen Ulmer, Stuttgart 1990.

DIERCKS, R., HEITEFUSS, R.: Integrierter Landbau. 2. Auflage, Verlag Eugen Ulmer, Stuttgart 1994.

GEISSLER, G.: Pflanzenbau. 2. Auflage, Verlag Paul Parey, Berlin 1988.

GEISSLER, G.: Farbatlas landwirtschaftlicher Kulturpflanzen. Verlag Eugen Ulmer, Stuttgart 1991.

RANUS, H. und andere: Handbuch des Pflanzenbaues, Band 3, Knollen- und Wurzelfrüchte,
    Körner- und Futterleguminosen. Verlag Eugen Ulmer, Stuttgart 1999.

HEYLAND, K-U.: Landwirtschaftliches Lehrbuch, Spezieller Pflanzenbau. Verlag Eugen Ulmer, Stuttgart 1998.

HEYLAND, K-U.: Integrierte Pflanzenproduktion. Verlag Eugen Ulmer, Stuttgart 1997.

HUGGER, H.: Sonnenblumen, Züchtung, Anbau, Verarbeitung. Verlag Eugen Ulmer, Stuttgart 1989.

KARPENSTEIN-MACRAN, M., HONERMEIER, B., HARTMANN, F.: Triticale, Produktion aktuell. DLG-Verlag, Frankfurt
    am Main 1994.

KÜBLER, E.: Weizenanbau. Verlag Eugen Ulmer, Stuttgart 1994.

MÖLLER, K, KOLBE, H., BÖHM, H.: Ökologischer Kartoffelbau. Österreichischer Agrarverlag 2003.

SCHIESENDOPPLER-CATE.: Wichtige Krankheiten und Schädlinge der Kartoffel, Verlag für Jugend und Volk, 2002.

SEMBACH, W.: Pferdebohnen- und Körnererbsenanbau. Leopold Stocker Verlag, Graz 1988.

SPERBER, BARISICHIEDINGER, WEIGL: ÖI- und Eiweißpflanzen, Anbau, Kultur, Ernte.
    Österreichischer Agrarverlag, Leopoldsdorfbei Wien.

ZSCHEISCHLER, J. und andere: Handbuch Mais. DLG-Verlag, Frankfurt am Main.

SEMBACH, W.: Pferdebohnen- und Körnererbsenanbau. Leopold Stocker Verlag, Graz 1988.

SPERBER, BARISICHIEDINGER, WEIGL: ÖI- und Eiweißpflanzen, Anbau, Kultur, Ernte.
    Österreichischer Agrarverlag, Leopoldsdorfbei Wien.

ZSCHEISCHLER, J. und andere: Handbuch Mais. DLG-Verlag, Frankfurt am Main.

NOTIZEN

Andreas Klingler, Lukas Gaier, Karl Buchgraber

II. TEIL

ZEITGEMÄSSE

GRÜNLAND-

BEWIRTSCHAFTUNG

INHALTSVERZEICHNIS

K. BEWERTUNGEN, EINSCHÄTZUNGEN UND MASSNAHMEN

Online-Inhalte

Mit diesem Link können Sie zusätzliche Onlineunterlagen
für Powerpoint-Präsentationen herunterladen:

**https://www.stocker-verlag.com/
gruenlandbewirtschaftung/**

Mit der 9. Auflage des Schulbuchs „Pflanzen-
bau 2" übernahmen DI Andreas Klingler und
DI Lukas Gaier die Be- und Überarbeitung
von Teil II „Zeitgemäße Grünlandbewirt-
schaftung". So wie ihr Vorgänger Univ.-Doz.
Karl Buchgraber arbeiten die beiden Grün-
landexperten am Institut für Pflanzenbau
und Kulturlandschaftsforschung der HBLFA
Raumberg-Gumpenstein. DI Andreas Klingler
leitet aktuell das Referat „Standortgerechte
Grünlandbewirtschaftung". DI Lukas Gaier
hat die Leitung des Referats „Futterpflanzen,
Sorten- und Mischungswesen" inne. Beide
unterrichten an der Universität für Boden-
kultur in Wien. Sie sind auch in der Ausbil-
dung durch landwirtschaftliche Facharbeiter-
und Meisterkurse eingebunden.

DI Andreas Klingler

Univ.-Doz. Dr. Karl Buchgraber hat sich stets
bemüht, die Fragen um die Grünlandwirt-
schaft rechtzeitig wissenschaftlich zu bear-
beiten, um dann die Ergebnisse mit den prak-
tischen Erfahrungen auf den Höfen und
Regionen insbesondere in den Bergregionen
je nach Bedarf umzusetzen.

Als Leiter des Institutes für Pflanzenbau und
Kulturlandschaft an der HBLFA Raumberg-
Gumpenstein war es ihm immer wichtig, die
produktionstechnischen Fragen in der Grün-
landbewirtschaftung im Einklang mit der
ökologischen Sinnhaftigkeit zu betrachten.

DI Lukas Gaier

Zunehmend spielen auch klimarelevante Fra-
gestellungen (Dürre, Hagel, Kälte, katastro-
phale Niederschläge etc.) sowie die Akzep-
tanz der Konsumentenschaft für das
bäuerliche Wirtschaften und Überleben eine
entscheidende Rolle. Kårl, wie ihn die meis-
ten nennen, hat unzählige österreichweite
Veranstaltungen (Wintertagung, Jägerta-
gung, Dialog Landwirtschaft & Konsumen-
tenschaft, Pferdetagung, Feldtage, Seminare
und Vorträge im In- und Ausland etc.) organi-
siert und mit aktuellen Inhalten Impulse für
die Praxis gegeben. Für den Lehrer Karl
Buchgraber war es immer wichtig, das aktu-
elle Wissen an die Jugend weiterzugeben.

Univ.-Doz. Dr. Karl Buchgraber

Die Grünlandbewirtschaftung im Alpenraum findet unter „benachteiligten" Bedingungen in den schönsten Lebensräumen der Welt statt. Die oftmals kleinstrukturierten Bauernhöfe liegen in schwierigen Geländeformen, wo auch die Höhenlage mit kurzen Vegetationszeiten in rauer Wetterlage für Mensch und Tier eine tägliche Herausforderung darstellt. Die Grünland- und Viehbauern haben zu den alten Traditionen die neuen Techniken und Arbeitsweisen aufgenommen und so bei schwierigen Rahmenbedingungen eine ökologisch beispielgebende Leistung nicht nur für die eigenen Höfe, sondern darüber hinaus auch für den ländlichen Raum, ja für die gesamte Gesellschaft, erbracht. Die standortangepasste und umweltgerechte Bewirtschaftung ermöglicht eine Lebensmittelsicherheit und -qualität, die im Alpenraum und deren speziellen Regionen Zukunft hat. Dieser pflegliche Umgang mit der Natur hinterlässt auch eine reichhaltige und abwechslungsreiche Kulturlandschaft, die die Basis für den Tourismus und für das bäuerliche Einkommen darstellt. Angesichts der Herausforderungen durch den Klimawandel, den Verlust der Biodiversität und die steigenden gesellschaftlichen Erwartungen an eine nachhaltige Landwirtschaft, wird die Bewirtschaftung des Grünlands im Alpenraum allerdings noch anspruchsvoller.

Herr Prof. Anton Deutsch hat im Jahre 1970 den vielbeachteten „Bestimmungsschlüssel für Grünlandpflanzen" sowie 1972 das Fachbuch „Pflanzenproduktion" verfasst. Die Herren Univ.-Prof. Dr. Giselher Schechtner, Dr. Hans Neubauer, Dipl.-Ing. Erhard Czerwinka und Univ. Doz. Petrus Gruber legten zwischen 1950 bis 1990 für die österreichische Grünlandwirtschaft die fachliche Basis. In den Jahren 1990–2020 hat Karl Buchgraber diese mit der Kollegenschaft an der HBLFA Raumberg-Gumpenstein, insbesondere mit Univ. Doz. Dr. Erich Pötsch, Dr. Bernhard Krautzer und Ing. Reinhard Resch, wie auch mit der Praxis weiterentwickelt. PD Dr. Andreas Steinwidder und Dipl.-Ing. Walter Starz haben im Bio-Landbau insbesondere die Low-Input-Strategien in der Grünland- und Viehwirtschaft in der Praxis etabliert.

Im Jahr 1994 erschien die erste Auflage der „Zeitgemäßen Grünlandbewirtschaftung", mit der Autorenschaft „Buchgraber, Deutsch und Gindl". Die rasche Weiterentwicklung in den Produktionstechniken, Umweltstandards und geänderte agrarpolitische Rahmenbedingungen haben im Jahr 2004 eine völlig neue zweite Auflage mit den Autoren „Buchgraber und Gindl" entstehen lassen. Die vorliegende Auflage der „Zeitgemäßen Grünlandbewirtschaftung" im Jahre 2024 mit den Autoren „Klingler, Gaier und Buchgraber" enthält das bereits in der Praxis ein- und umgesetzte Fachwissen und berücksichtigt zudem die neusten Erkenntnisse aus laufenden Forschungsprojekten. Die aktuellen wissenschaftlichen Ergebnisse der HBLFA Raumberg-Gumpenstein, die vielen praktischen Erfahrungen der Lehrer, Berater, Firmen und Landwirte sowie die übertragbaren neuen Erkenntnisse von internationalen Arbeiten wurden in dieses Fach- und Lehrbuch eingearbeitet. Möge dieses Fachbuch von den Grünland- und Viehbauern, von den Schulen und Beratungsstellen wie auch von den Lehrenden sowie Studenten an den Universitäten stark angenommen werden, damit der aktuelle Wissensstand in die praktische Grünlandwirtschaft eingehen kann.

Die Autoren möchten sich mit diesem Buch bei den Grünland- und Viehbauern für ihre geleistete Arbeit auf ihren Höfen bedanken. Erst durch ihre ausdauernde und fachkundige Bewirtschaftung werden in Österreich rund 1,3 Mio. ha Grünland in produktiver Form erhalten und daraus qualitative Lebensmittel auf den täglichen Teller gebracht und auch die Kulturlandschaft vom Bauern und seinem Vieh erhalten. Die unzähligen Begegnungen mit den Grünlandbauern haben uns nicht nur inspiriert, sondern geben uns auch Kraft für Innovationen und Perspektiven.

Graz, 2024   Andreas Klingler, Lukas Gaier und Karl Buchgraber

A GRUNDLAGEN DER GRÜNLANDWIRTSCHAFT

In Österreich, aber auch in den übrigen Alpenländern, gewinnt die Bewirtschaftung des Grün-landes an ökologischer und langfristig betrachtet an wirtschaftlicher Bedeutung. Die Nutzung der oberirdischen Teile von Gräsern, Leguminosen und diversen Kräutern als Grundfutter, Weide, Heu, Gärheu oder Silage für den Wiederkäuer hat selbst unter den oft schwierigen Standort- und Wetterverhältnissen Tradition. Grünlandwirtschaft wird auch in Zukunft not-wendig sein, um über eine produktive landwirtschaftliche Nutzung die Kulturlandschaft in ihrer Vielfalt zu erhalten.

Die Rahmenbedingungen, die national und von der gemeinsamen Agrarpolitik (GAP) der EU festgelegt werden, sind ausschlaggebend für den Erhalt des ländlichen Raumes in den benach-teiligten Gebieten. Besonders in den Berggebieten sollten sie eine funktionierende und multi-funktionale Land- und Forstwirtschaft fördern. Die Nutzungsaufgabe von Grünland in den letzten 50 Jahren in Österreich führte bei rund 550.000 ha Grünland zu Wald oder zur Ver-siegelung. Der sensible Grünlandraum sollte noch bewusster bewirtschaftet werden.

Wiesen, Weiden und Almen sind multifunktional ...

- für eine kräftige Durchwurzelung des Oberbodens, unter Grünland beste **Aggregatsta-bilität**, vielfältiges und aktives **Bodenleben**, beste **Lebendverbauung** und hohes **Was-ser- und Nährstoffhaltevermögen**.
- für den **Erosionsschutz**, insbesondere in Hang- und Steillagen. Naturgefahren (Muren) und Nährstoffeinträge in Gewässer werden bei intakten Grünlandflächen hintangehal-ten oder vermieden.
- für bestes **Trinkwasser**. Der dichte Wurzelfilz über die gesamte Vegetationsperiode sorgt bei gezielter und ordnungsgemäßer Bewirtschaftung für ein sauberes Trinkwasser. Der Alpenraum ist das „Wasserreich" Mitteleuropas.
- für **Sauerstoffproduktion**. Die Wiesen, Weiden und Almen produzieren in der Photo-synthese viel Sauerstoff. Grünland und Wald sorgen für beste Luftqualitäten. Im Alpen-raum herrschen kühlere Temperaturen vor. Die Alpenregionen sind wichtige **Lebens- und Erholungsräume** sowie Zukunftsraum auch für den Sommertourismus.
- für eine hohe **Biodiversität** in **Flora** und **Fauna**. Die großen Unterschiede in den geo-logischen, topographischen und klimatischen Verhältnissen bei **individueller** und **mo-saikträchtiger Bewirtschaftung** durch die Bauern liefern diese einzigartige Vielfalt im Alpenraum. Die Nutzungsaufgabe führt zur Verwaldung, die Biodiversität geht da-durch zurück.
- für rund **100.000 landwirtschaftliche Betriebe in Österreich**, die mit den raufutter-verzehrenden Tieren das Grünlandfutter produktiv zu **Fleisch, Milch, Wolle und Le-der** veredeln und dabei die **Kulturlandschaft** pflegen und erhalten.
- für eine gewisse **Nahversorgung und Verfügbarkeit von Lebensmitteln**, für eine Be- und Nachverarbeitung von Lebensmitteln und für **Arbeitsplätze** in der Landwirt-schaft sowie in den vor- und nachgelagerten Bereichen, das ist die Basis für Regionalität und Authentizität des Landes sowie für die **Ernährungssouveränität Österreichs**.
- für die Erhaltung der Infrastruktur im Berggebiet und damit auch für die **Erholungs- und Tourismuswirtschaft.**
- für die **Seele der Kulturlandschaft**. Neben einem hohen Waldanteil ist jede offene Grünlandfläche auch für das ökologische Gleichgewicht (Natur, Wildtiere und Mensch) im Lebensraum entscheidend.
- für den Alpenraum und für Europa. Sie sind ein **elementarer und alternativloser Teil der Kultur- und Erholungslandschaft** mit ökologischer Produktionsleistung qualita-tiv hochwertiger Lebensmittel im Herzen Europas. Wunderschöne und abwechslungsrei-che Lebensräume sollten auch künftig mit einer intakten „standortangepassten" Bewirt-schaftung durch Bauernhand ihr Gesicht erhalten.

Wächst dieser Lebensraum förmlich zu, so ist er sowohl für die Bewohner als auch für die Bewirtschaftung verloren, so könnte dies unwiederbringlich und irreversibel sein. Und das muss mit aller Vehemenz verhindert werden, denn wir brauchen inmitten Europas diese Erholungsoase und es bietet dieses natürliche Umfeld der Bergwelt eine vorzügliche Basis für die ökologische und produktive Bewirtschaftung. Europa braucht künftig diesen wertvollen Lebensraum – und diesen besonderen ökologischen Produktionsraum.

In Österreich reicht das Grünland vom Boden- bis zum Neusiedler See und von den Niederungen bis in die Bergregionen.

Die Nahrungsmittelnachfrage wird langfristig weltweit steigen, der fruchtbare Boden wird flächenmäßig weniger und die Extremereignisse infolge der Klimaveränderung führen langfristig zu einer Verknappung der Erträge aus Ackerkulturen. Die Futtermittelpreise werden steigen und die raufutterverzehrenden Nutztiere (Rind, Ziege, Schaf, Pferd, Wildtiere, Alpaka etc.) werden wieder mehr mit dem heranwachsenden eigenen Grünland in der Kreislaufwirtschaft versorgt werden. Wiesen, Weiden und Almen dürfen nicht weiter zuwachsen, da eine künftige Versorgung mit Lebensmitteln sowie deren nachvollziehbare Verfügbarkeit nicht gegeben sein werden. Die Ernährungssouveränität wird für alle Länder, insbesondere für Österreich, einen hohen Stellenwert bekommen!

> **Grünland- und Viehwirtschaft sind ökologische und ökonomische Schlüssel zur offenen und gepflegten Kulturlandschaft im Alpenraum, die Lebensmittel daraus sind regional, bäuerlich und bodenständig.**

„Der Bauer und sein liebes Vieh" sind naturgemäß in einen nährstoff- und jahreszeitlichen Kreislauf eingebettet. In den letzten 40 Jahren gab es verlockender Weise auch im Berggebiet und speziell in den Gunstlagen einen erhöhten Kraftfuttereinsatz, um eine höhere Milchleistung zu erzielen. Die Genetik der Kühe ist mittlerweile auf einem derart hohen Standard, dass es ökonomisch sinnvoll war, mit Kraftfutterimporten in den Betrieben das Einkommen zu steigern; ökologisch wurde damit das natürliche Ertragspotenzial auf manchen Betrieben überzogen. In diesem **Wettrausch der Leistungssteigerungen** beim Milchvieh gibt es durch das Umdenken im **„Low-input-System"** gerade für die Berglagen einen Ausweg. THOMET et al. (2002) hat mit viel Einsatz und Leidenschaft Systeme gepredigt und auch in die Praxis eingeführt. Kleinere Kühe mit einer höheren Flächen- und Energieeffizienz auf grasbasierter Fütterung sind das Ziel dieser in Europa „neuen" Richtung der Bewirtschaftung, insbesondere in den Berggebieten.

> Der ländliche Raum und die kleinstrukturierte Landwirtschaft haben eine große Chance, wenn sie sich weiterentwickeln. Voll-, Neben- und Zuerwerbsbauern sowie Gemeinschaftsbauern im modernen Landmanagement in gefährdeten Regionen, in dem die noch wenigen Bäuerinnen und Bauern versuchen, ihre Fähigkeiten einzubringen, um dabei die nötige Bewirtschaftung zu gewährleisten. Die Gesellschaft, insbesondere der Tourismus, müsste für diese Entwicklung größtes Interesse haben, werden doch das wertvolle und nicht importierbare Gut „Kulturlandschaft" sowie die hoch qualitativen Lebensmittel aus dieser intakten Umwelt von heimischer Landwirtschaft erzeugt. Künftig sollten wir uns in den gefährdeten Regionen im Landmanagement weiterentwickeln, sonst könnte diese oft zu kleinstrukturierte Landwirtschaft gerade in den benachteiligten Gebieten ein unlösbares Problem werden.

1. GRÜNLANDFLÄCHEN IN ÖSTERREICH

In den Hauptproduktionsgebieten des österreichischen Alpenraumes, dem Hochalpengebiet, Voralpengebiet und Alpenostrand, nimmt das Grünland (Dauergrünland und Ackergrünland) etwa 80–100 % der landwirtschaftlichen Nutzfläche ein. Aber auch im Kärntner Becken, Alpenvorland, Wald und Mühlviertel sowie im südöstlichen Flach- und Hügelland liegt der Grünlandanteil noch bei 40–55 %.

Österreichweit bedeckt das Grünland inklusive der feldfutterartigen Gräser- und Kleemischungen 1,92 Mio. ha (vergleiche Tabelle 1).

Die Grünlandflächen liefern die Futtergrundlage für rund 2,0 Mio. raufutterverzehrende Großvieheinheiten (GVE = 500 kg Lebendgewicht) und tragen bei Aufrechterhaltung der standortangepassten Nutzung auch wesentlich zur hohen Biodiversität und zur offenen Kulturlandschaft in Österreich bei.

> Die Grünlandfläche hat in den letzten 50 Jahren in Österreich um 25 % oder 550.000 ha abgenommen, zwei Drittel davon sind verwaldet, der Rest wurde verbaut oder versiegelt. Die verbaute Fläche hat in Österreich in diesem Zeitraum um 64 % zugenommen und die landwirtschaftliche Nutzfläche (Ackerland und Grünland) um 30 % abgenommen (vgl. Tab. 8).

1.1 Wirtschaftsgrünland

Die Wiesen und Weiden, die **mehr als zwei Nutzungen** (Schnittnutzungen oder Weidegänge) aufweisen, zählen zum Wirtschaftsgrünland. Der Großteil der Wirtschaftswiesen wird drei- bis viermal gemäht, manche werden in den besten Grünlandlagen auch fünf- bis sechsmal in der Vegetationszeit genutzt. Auf den guten Standorten des Wirtschaftsgrünlandes versucht der Grünland- und Viehbauer möglichst gute Futtererträge bei bester Futterqualität zu erzielen. Dadurch können die Milchleistungen und Fleischzuwächse aus dem eigenen Grundfutter (Weide, Grassilage, Gärheu und Heu) verbessert werden.

Wirtschaftsgrünland – bestes Grundfutter für eine graslandbasierte Fütterung

Mit der Zunahme der Schnitte auf über vier pro Saison **gehen die bodenständigen Obergräser** (Knaulgras, Wiesenschwingel, Timothe, Wiesenfuchsschwanz etc.) und somit auch der Ertrag **verloren**. Das Engl. Raygras oder Deutsche Weidelgras halten zwar den Vielschnitt aus, doch sind diese anfällig gegenüber Schneeschimmel. In den milderen Lagen, wo das Engl. Raygras über mehrere Winter überlebt und die Obergräser dem Vielschnitt zum Opfer gefallen sind, bleiben die Untergräser (Wiesenrispe, Gemeine Rispe), der Weißklee und gewisse Kräuter im Pflanzenbestand mit der Risikopflanze „Engl. Raygras" insbesondere im Berggebiet übrig.

Tabelle 1: **Grünlandflächen für Futter und Kulturlandschaft in Österreich 2016 (Quelle: BMLFUW, 2017a)**

Wirtschaftsgrünland (mehr als zwei Nutzungen pro Jahr)	566.651 ha
Ökogrünland	1.205.623 ha
Extensives Grünland (weniger als drei Nutzungen pro Jahr)	303.733 ha
Almfutterflächen lt. AMA	335.222 ha
Almflächen mit Landschaftselementen und Wald	523.468 ha
Nichtgenutztes Dauergrünland	43.200 ha
Feldfutterbau und Wechselwiesen (ohne Silomais) auf Ackerflächen	147.732 ha
Gesamtfläche mit Grünlandkulturen	**1.920.006 ha**

Prozentuelle Aufteilung:	62,8	29,5	7,7
	Ökogrünland	Wirtschafts-grünland	Feldfutter-bau

1.2 Ökogrünland

Hier fallen die extensiven Bergwiesen, Streu-wiesen, Streuobstwiesen, Hutweiden, Alm-weiden und Bergmähder sowie die temporär nicht genutzten Grünlandflächen hinein.

Das Ökogrünland mit 1,2 Mio. ha stellt die **weitaus größte „Kulturart"** in Österreich dar. Es fallen hier auch die Almflächen mit den so genannten „Landschaftselementen" sowie mit Bewuchs mit Almrausch, Schwarz-beere, Grünerle, Latsche etc. mit über 500.000 ha hinein, die es gilt weiterhin mit dem Wei-devieh zu bewirtschaften.

Ökogrünland im Berggebiet *– vielfältig und kleinstrukturiert*

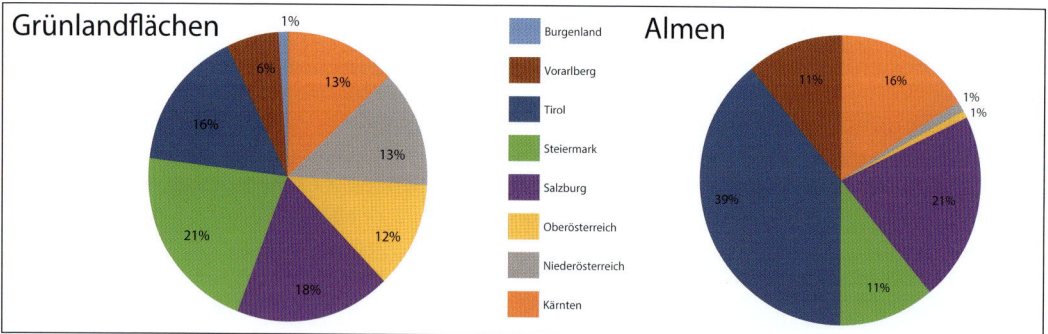

Grafik 1: ***Potenzielle Futterflächen in den Bundesländern Österreichs im Jahre 2020*** *(Quelle: BML, 2023a)*

Das Ökogrünland liefert geringe Erträge und oftmals auch nicht die besten Futterqualitäten. Die traditionelle Bewirtschaftung verlangt einen hohen Arbeits- und Maschinenaufwand, die durch die Erträgnisse nicht abgedeckt werden können. Auf den Almflächen wurden im Jahre

2023 die Almfutterflächen im Ausmaß von 305.600 ha gefördert, das sind nur mehr 36 % der Almkatasterfläche.

Der ökologische Wert dieser artenreichen „Grünlanddecke" über unsere steilen Hänge, steinigen und moorigen Flächen ist im Hinblick auf Wasserqualität, Sauerstoffproduktion und Schutz vor Naturgefahren enorm hoch. Um den Charakter der österreichischen Lebensräume in den Berggebieten zu erhalten, braucht es die **standortangepasste Bewirtschaftung** der „Ökoflächen". Die ein- bis zweimähdigen Wiesen sind meist die traditionellen Bergwiesen mit einer extrem hohen Artenvielfalt und Futtererträgen von 3.000–5.000 kg Trockenmasse pro ha. Diese Wiesen sind die Basis für unsere Bergbauern mit meist Biolandwirtschaft, Kreislaufwirtschaft und Mutterkuhhaltung sowie Schaf- und Ziegenhaltung. Damit dies auch weiterhin geschieht, braucht es gerade hier die Unterstützung der öffentlichen Hand und der Konsumenten. Grafik 1 veranschaulicht die Aufteilung der Grünlandflächen in den Bundesländern.

1.3 Feldfutterbau

Die schnellwüchsigen Feldfuttermischungen aus Gräser- und Klee- bzw. Luzernesorten werden aus Fruchtfolgegründen, aber auch wegen der optimalen Nutzung in Abstimmung mit den Ackerkulturen auf den umbruchfähigen Ackerböden in den Grünland- wie auch Übergangs- und Gunstlagen für ein bis fünf Jahre angebaut und drei- bis sechsmal pro Vegetationsperiode geerntet. Mit diesen Feldfuttermischungen können hohe Erträge und beste Futterqualitäten erzielt werden. Sollte der Frost, die Trockenheit oder die intensive Bewirtschaftung die Bestände geschädigt haben, so können diese Flächen, deren Böden durch das Feldfutter oder Wech-

Luzernegras, *ein wertvolles Feldfutter in den trockenen Lagen*

selwiese gesundet sind, wieder mit einer Hauptackerkultur bestellt werden. Über 60 % des Feldfutters stehen in den Bundesländern Nieder- und Oberösterreich (siehe Grafik 2).

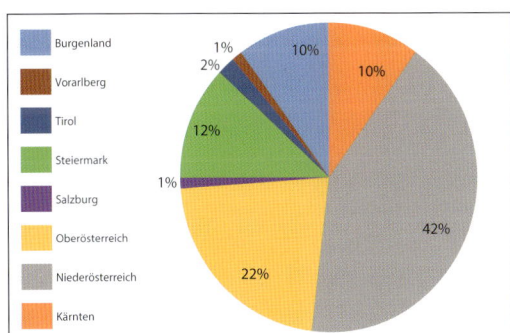

Grafik 2: **Feldfutter und Wechselwiesen (ohne Silomais) in den Bundesländern Österreichs im Jahre 2020** *(Quelle: BML, 2023a)*

Die **Grünlandbetriebe sind klein strukturiert** *und 70 % davon wirtschaften im benachteiligten Gebiet.*

Das Wirtschaftsgrünland macht nur 29 % vom Gesamtgrünland in Österreich aus. Das Ökogrünland (extensive Wiesen, Weiden und Almen) mit der hohen Biodiversität in den schönen Bergwiesen und Weiden liegt bei 63 % und stellt so gerade in den Berglagen ein wichtiges Element in der offenen Kulturlandschaft dar. 8 % der Grünlandfläche steht auf Ackerböden, wo die Feldfutterflächen ein hervorragendes Fruchtfolgeglied darstellen und diese ein hochqualitatives Grundfutter liefern.

2. STRUKTUREN BEI DEN GRÜNLAND- UND VIEHBETRIEBEN

2.1 Land- und forstwirtschaftliche Betriebe

In Österreich wurden im Jahre 2020 rund **155.000 Betriebe** in der Land- und Forstwirtschaft gezählt. Rund zwei Drittel der Betriebe basieren auf Grünlandwirtschaft und rund ein Drittel der Betreibe sind im Ackerbau, Obst-, Wein- und Gemüsebau tätig. Die Anzahl der Betriebe hat sich in den letzten 20 Jahren noch um 20 % verringert (vergleiche Grafik 3).

Von den rund **100.000 Grünlandbetrieben** in Österreich befinden sich im Jahr 2023 rund 54.000 Betriebe im sogenannten Berggebiet, im Jahre 1999 wurden davon noch 85.000 Betriebe gezählt (BML, 2023a).

Von den knapp **30.000 Milchviehbetrieben** in Österreich befinden sich 22.000 Milchviehbetriebe im Berggebiet, 8.000 Milchviehbetriebe stehen in so genannten Gunstlagen, wobei die Flächenausstattung und Tierzahlen gemessen an Großbetrieben in Europa oder USA etc. eher gering ausfallen. In den Erschwerniszonen 1 und 2 bewirtschaften 17.500 bzw. 19.500 Betriebe, in der Zone 3 sind noch 10.500 und in der schwierigsten Zone 4 noch 7.000 Betriebe, die ihre Flächen mit Viehhaltung bewirtschaften. Die meisten extremen Bergbauernhöfe befinden sich in Tirol (3.001), Kärnten (1.437), der Steiermark (1.296) und in Salzburg (1.079). Die durchschnittliche landwirtschaftliche Nutzfläche im Berggebiet liegt je Betrieb bei 15,3 ha, wobei die besseren Lagen bei rund 18,7 ha und die extremen Berglagen bei 8,4 ha im Jahre 2016 lagen (BMLFUW, 2017a).

Von den 155.000 landwirtschaftlichen Betrieben werden in Österreich 60 % im Nebenerwerb und 40 % im Haupterwerb geführt, je extensiver der Betrieb liegt und in je schwieriger Lage, desto eher muss ein Neben- oder Zuerwerb stattfinden, um den Betrieb wirtschaftlich abzusichern.

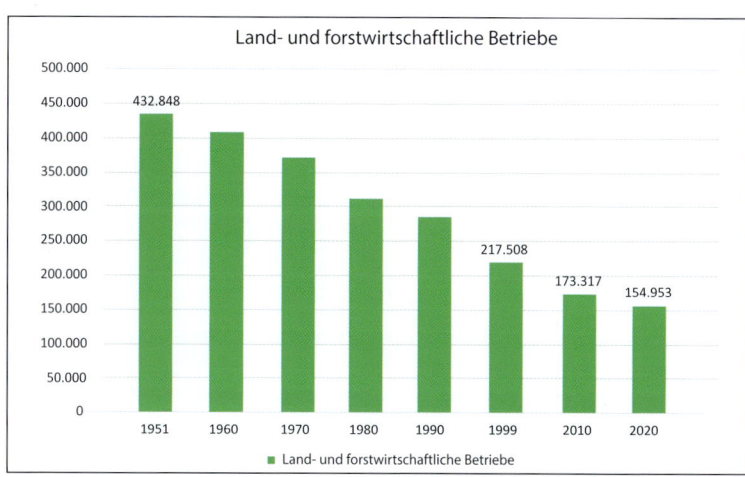

Grafik 3: *Strukturveränderung in der österreichischen Land- und Forstwirtschaft in der Betriebsanzahl (1951–2020) lt. Agrarstrukturerhebung 2020*

92 % der land- und forstwirtschaftlichen Betriebe sind reine Familienbetriebe – die bäuerliche Familie stellt also das innovative und leistungsbreite Rückgrat für den Erhalt dieser kleinstrukturierten Land- und Forstwirtschaft dar.

Im Jahr 2022 gab es rund **53.000 Rinderhalter**, im Vergleich zum Jahr 1999 um 46 % weniger, wobei die Rinderzahl mit rund 2,0 Mio. etwa gleich blieb. Von den Rinderhaltern sind noch knapp 30.000 Milchviehbetriebe, die mit rund 550.000 Milchkühen knapp über 3,5 Mio. t Milch liefern. Etwa 7.000 Milchviehbetriebe lieferten dabei weniger als 50.000 kg Milch pro Jahr, nur rund 900 Betriebe lieferten im Jahr 2022 über 500.000 kg Milch, der durchschnittliche Milchviehbetrieb lieferte rund 136.000 kg pro Jahr ab. Die durchschnittliche Kuhzahl pro Milchkuhbetrieb lag 2021 bei 20 Kühen oder 35 Rindern. 25.000 Rinderhalter in Österreich halten rund 186.000 Mutterkühe in den eher extensiven Lagen. Bei den Mutterkuhbetrieben waren es 2016 durchschnittlich sieben Kühe pro Betrieb.

Knapp **13.000 Schafbetriebe** hielten im Jahre 2021 in Österreich rund 410.000 Schafe und rund **7.600 Ziegenbetriebe** hielten über 80.000 Ziegen. Bei den Schaf- bzw. Ziegenbetrieben lag die Anzahl bei durchschnittlich 32 bzw. elf Tieren.

Die rund **20.000 Pferdebetriebe** hielten 105.000 Pferde großteils für den Freizeitbereich. Rund 2.500 Halter hielten rund **50.000 Nutztiere** (Wildtiere, Lama, Alpaka etc.) sowie rund 25.000 Imker betreuten rund 380.000 Bienenvölker.

> Die Tierhaltung bei allen Tiergattungen, die vom Grünland in Österreich leben, wird von Bauernfamilien durchgeführt, Massentierhaltungen finden bei Grünlandnutzern in Österreich keine statt.

Der durchschnittliche Tierbesatz pro Hektar bewegt sich bei rund 1 Großvieheinheit (GVE/ha), d. h., eine Kuh steht pro ha Grünland, wobei die Spannbreite von **0,1–2,0 GVE/ha** je nach Potenzial der Standorte und Zukauffutter geht. Der durchschnittliche Grünlandbetrieb weist etwa 20 ha in Österreich auf und besitzt großteils dazu noch Waldflächen.

2.2 Arbeitskräfte in der Land- und Forstwirtschaft

Haben im Jahr 1951 noch 1,6 Mio. Arbeitskräfte in der Land- und Forstwirtschaft in Österreich ihr tägliches Brot verdient, so nahm die Zahl innerhalb von 50 Jahren auf rund 575.000 ab. In den letzten 20 Jahren gingen rund 150.000 Arbeitskräfte oder 30 % in dieser Primärproduktion verloren. Es werden derzeit rund 10.000 Arbeitskräfte aus der Land- und Forstwirtschaft jährlich freigesetzt (siehe Grafik 4). Die Agrarquote liegt derzeit bei 3,1 %, d. h., von der arbeitenden Bevölkerung stehen noch durchschnittlich 3,1 % in der Land- und Forstwirtschaft, in manchen Regionen, insbesondere Tourismusregionen, ist dieser Prozentsatz bereits unter 1 % (vergleiche Grafik 5).

Die guten Grünlandtage werden noch von vielen Grünland- und Viehbauern bzw. -bäuerinnen besucht – sie sind interessiert und motiviert.

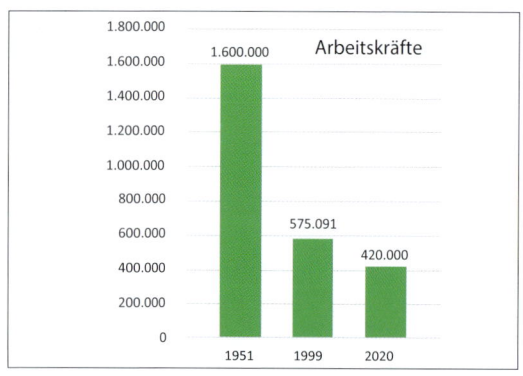
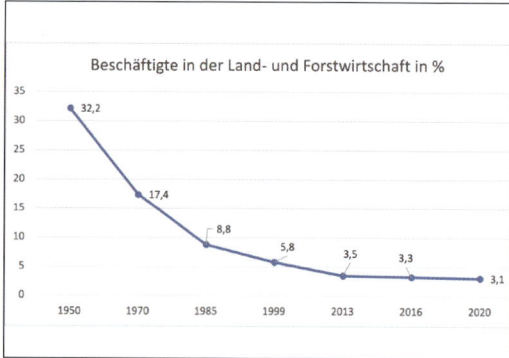

*Grafik 4: **Arbeitskräfte in der Land- und Forst-
wirtschaft in Österreich in den letzten Jahren
(1951–2020)**, Quelle: Statistik Austria 2024*

*Grafik 5: **Strukturveränderung in der öster-
reichischen Land- und Forstwirtschaft in Be-
zug auf die Agrarquote (1950–2020)***

Die Land- und Forstwirtschaft sollte nicht weiterhin Arbeitskräfte freisetzen. Der ländliche
Raum, die Kulturlandschaft, die Eigenversorgung und der Tourismus leiden darunter. Der
Arbeitsplatz am „Bauernhof" braucht über das Produkt und die Wertschätzung der gesam-
ten Leistungen eine Aufwertung.

Aus diesen komprimierten Strukturdaten geht hervor, dass es sich in Österreich um eine
kleinstrukturierte, den natürlichen Erschwernissen angepasste Landwirtschaft handelt. Die
Betriebe liefern nicht nur Milch, Fleisch, Holz etc., sondern bewahren die kostbare, gepflegte,
vielfältige Kulturlandschaft als Produkt für den Konsumenten und die Gesellschaft.

3. BEDEUTUNG DES GRÜNLANDES

Grünland ist hauptsächlich dort verbreitet, wo Ackerbau nicht oder nur mit Vorbehalt mög-
lich ist, sei es wegen der ungünstigen Bodenverhältnisse (Flachgründigkeit, hoher Stein-
gehalt etc.), zu hoher Niederschläge oder Grundwasserstände, steiler Hanglage oder zu
kurzer Vegetationszeit wie in den Höhenlagen.

3.1 Einkommen der Landwirte

Über 54.000 landwirtschaftliche Betriebe bezogen im Jahr 2023 ihr Einkommen aus der Ar-
beit in der Grünland- und Viehwirtschaft (Grafik 3).

Land- und forstwirtschaftliche Betriebe in Österreich wiesen 2022 Einkünfte aus der Land-
und Forstwirtschaft von durchschnittlich € 36.723 auf, wobei Betriebe in nicht benachteilig-
ten Gebieten € 46.976 und jene in Berggebieten € 27.441 Einkünfte für die nachhaltige
Bewirtschaftung sowie für die Familie zur Verfügung hatten (BMLFUW, 2023a). Bei den
öffentlichen Geldern waren die wesentlichen Positionen die Betriebsprämie, die
ÖPUL-Zahlungen sowie die Ausgleichszulage. Diese drei Fördermaßnahmen machten 2022
rund 67 % der öffentlichen Gelder für die Betriebe aus (BMLFUW, 2023a).

Das Wesentliche für den wirtschaftenden Bauern ist es, dass er mit seiner Familie am Hof mit
Vieh, Wiesen, Weiden und Almen sowie Äckern, aber auch mit Wald über gute Preise möglichst

ausreichende Einkünfte erwirtschaftet. Das ist für den Bauern die unmittelbare Wertschätzung seiner Arbeit. Hier wird es künftig immer wichtiger werden, dass der Konsument bei seinem Einkaufsverhalten die besondere Qualität der bäuerlichen Produkte, die Pflege der Kulturlandschaft, die Erhaltung der Infrastruktur sowie alle ökologischen Leistungen durch die standortangepasste Bewirtschaftung auch honoriert. Durch beste und ehrliche Information sollte der mündige Konsument den Wert seiner Lebensmittel erkennen und danach kein Problem dabei haben, dass er trotz höherer Preise zum einheimischen/bäuerlichen Lebensmittel im Regal greift. In Grafik 6 wird darauf eingegangen, dass künftig die Konsumenten direkt das Einkommen der Bauern über das Produkt erhöhen sollen. Trotz allem wird ein außerlandwirtschaftliches Erwerbseinkommen für die Neben- und Zuerwerbslandwirte notwendig sein.

Bei höherer Wertschöpfung seiner Produkte kann der Bauer, die Bäuerin und auch die heranwachsende bäuerliche Jugend am Hof ihr Einkommen finden und „zuhause" bleiben, wo sich die Jugend bestens auf die Hofnachfolge vorbereiten kann.

Die Entgelte der öffentlichen Hand (EU, Bund, Länder) für die ökologischen und tierwohlrelevanten Leistungen sowie die Abgeltung der natürlichen Erschwernisse der Betriebe insbesondere in Berglagen sollten ein künftiges Bewirtschaften dieser Lebensräume ermöglichen.

> Eine wertgeschätzte Bezahlung der Produkte durch den Konsumenten sollte den Bauern erreichen, damit dieser mit seiner Familie die künftigen Herausforderungen meistern kann. Die öffentliche Hand sollte jeden Betrieb, der eine ökologische und tierwohlrelevante Leistung oft in schwieriger Lage erbringt, unterstützen, wobei der Zukunftsbetrieb durchaus auch klein, bergig und familiär sein kann.

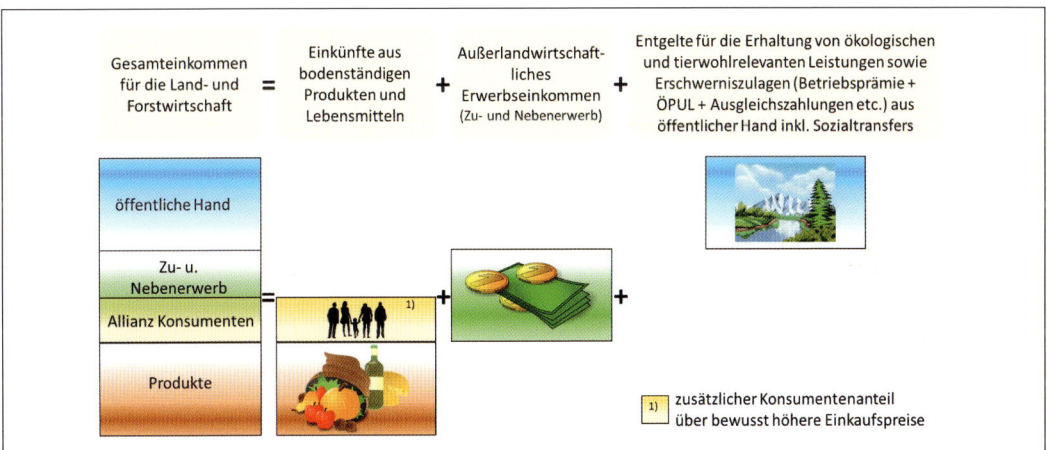

*Grafik 6: **Einkommenssituation in der Land- und Forstwirtschaft in Österreich für die Zukunft***

3.2 Grundfutter für die Veredelung

Die Wiesen, Weiden und Almen sowie die diversen Feldfutterkulturen liefern den weitaus größten Anteil des Futters für das raufutterverzehrende Vieh. Es werden davon in Österreich rund 2,0 Mio. Rinder, 105.000 Pferde, 410.000 Schafe und 80.000 Ziegen ernährt (BMLFUW, 2023a).

In durchschnittlichen Jahren, bei ausreichend Niederschlag und wenigen extremen Wettersituationen (Hagelschlag, Hochwasser, Trockenheit, Schädlingsbefall etc.) liefert das österreichische Grünland rund **6–7 Mio. t Trocken-masse (TM)** pro Jahr. Die durchschnittlichen Nettoerträge lagen dabei beim Wirtschaftsgrünland bei 7,0 t TM/ha und beim Feldfutter bei 9,0 t TM/ha, auf dem gesamten Grünland (Wirtschafts- und Ökogrünland) betrug im Jahr 2017 der durchschnittliche Trockenmasseertrag 3,3 t/ha (vergleiche Tabelle 2). Dieser Nettoertrag reicht österreichweit aus, um **durchschnittlich rund 0,8 GVE/ha aus dem Grünland zu ernähren**. In guten Grünlandjahren können standortangepasste Erträge mit durchaus guten Qualitäten (Energie und Rohprotein) erzielt werden. In trockenen Jahren können die Erträge in den „Trockengebieten" um bis zu 80 % fallen. Diese Mindererträge wirken sich bis hin zur täglichen Versorgung der Tiere aus und können

Qualitativ hochwertiges Grundfutter hat für die österreichische Viehwirtschaft eine vorrangige Bedeutung.

echte Krisensituationen am Hof auslösen. Das Wirtschaftsgrünland liefert rund 61 % des Futters, während das Ökogrünland gerade 19 % vom Futter bereitstellt. Das Feldfutter (Rotklee- und Luzernegras) wie auch die Wechselwiesen mit 8 % Flächenanteil aus den Grünlandflächen hingegen produzieren rund 20 % des Grünlandfutters.

Tabelle 2: **Futtererträge, Protein- und Energieerträge aus dem Grünland Österreichs (2016)**

Nutzungsform	Wirtschafts-grünland	Ökogrünland (extensive Wiesen und Weiden, Almen, Almflächen m. Landschaftselementen)	Feldfutter und Wechselwiesen	Grünland gesamt
Fläche in ha	566.651	1.205.623	147.732	1.920.006
REL %	29 %	63 %	8 %	100 %
Ertrag in t/ha	7.0	1.0	9.0	3.3
Futterertrag in t TM	3.966.557	1.205.623	1.329.588	6.501.768
REL %	61 %	19 %	20 %	100 %
Rohproteingehalt g/kg TM	140	90	170	137
Rohproteinertrag in t	555.318	108.506	226.030	889.854
REL %	62 %	12 %	26 %	100 %
Energiegehalt in MJ NEL/kg TM	5.6	4.9	5.9	5.5
Energieertrag in GJ NEL	22.213	5.908	7.845	35.966
REL %	62 %	16 %	22 %	100 %

Das **Wirtschaftsgrünland** produziert im Durchschnitt pro ha knapp 1.000 kg Rohprotein, insgesamt sind die Wirtschaftswiesen zu 62 % die Lieferanten von Rohprotein und Energie. Knapp 40.000 MJ NEL liefert das Wirtschaftsgrünland durchschnittlich pro ha. Etwa 26 % von den Gesamtrohproteinerträgen wie auch 22 % von den Energieerträgen stellen das Feldfutter und die Wechselwiesen zu der Versorgung der Wiederkäuer und Pferde bereit.

Das Ökogrünland liefert pro ha durchschnittlich mit 1.000 kg TM-Erträgen etwa 90 kg Rohprotein und knapp 5.000 MJ NEL/ha. Obwohl das Ökogrünland mit 1,2 Mio. ha die größte „Kulturform" darstellt, vom Proteinertrag (12 %) und Energieertrag (16 %) kann es nur einen geringen Teil in die Futterleistung österreichweit einbringen (siehe Tabelle 2).

Der Anreiz für die Bewirtschaftung von Ökogrünland liegt für den Grünland- und Viehbauern nicht im Futter-, Rohprotein- und Energieertrag, sondern in dieser besonderen Grünlandfläche. Diese zu erhalten, sie in traditioneller Form zu bewirtschaften und damit im Kreislauf für Tier und Mensch in nachhaltiger Weise zu nutzen – auch das liegt in der Verantwortung der Grünland- und Viehbauern. Nachdem sich diese Bewirtschaftungsform bezogen auf die derzeitigen Preise für die Bauern nicht rechnet, braucht es die Hilfe der Konsumenten und der Gesellschaft.

3.3 Ökoleistungen des Grünlandes in Österreich

Neben den Futtererträgen zur Ernährung von 2.0 Mio. GVE und den daraus veredelten Produkten Milch und Fleisch als wertvolle Lebensmittel liefern die Wiesen, Weiden und Almen noch zusätzliche ökologische Leistungen.

❏ Kulturlandschaft und Lebensräume

Die Erhaltung der Kultur- und Erholungslandschaft sowie der vielfältigen Lebensräume ist eine Forderung unserer Gesellschaft, insbesondere der Tourismuswirtschaft. Der Landwirt ist im Wesentlichen derjenige, der mit seiner nachhaltigen Bewirtschaftung und Pflege diese Aufgabe erfüllen kann. Das „Bauernsterben" in den Berglagen und im Hügelland hat allerdings dazu geführt, dass viele ursprünglich bewirtschaftete Gebiete bereits mit Wald zugewachsen sind. Jährlich gehen in Österreich Grünlandflächen von rund 4.000 ha in Wald über; in den

In den Übergangslagen prägen neben Wald und Ackerkulturen die Wiesen und Weiden das Landschaftsbild.

letzten 50 Jahren waren es insgesamt um die 550.000 ha, die zugewachsen sind oder versiegelt wurden.

Die fruchtbaren und über Jahrhunderte **kultivierten Flächen** sind nicht vermehrbar und **nehmen weltweit ab**, so dass bei steigender Weltbevölkerung bei Nahrungsmitteln ein massiver Engpass droht. Auch in Österreich wird die landwirtschaftliche Nutzfläche ständig durch Verkehrs- und Bauflächen konsumiert. Der gesamte **Flächenverbrauch** in Österreich **für Bauten und Verkehrsflächen** liegt **pro Tag bei rund 15–25 ha**,

Die von Bauernhand geschaffene Kulturlandschaft ist ein hohes Gut für unser Land.

das sind jährlich zwischen 5.000 und 10.000 ha. Der Pro-Kopf-Flächenverbrauch bewegt sich in Österreich zwischen 7 und 12 m²/Jahr. Mittlerweile hat sich die verbaute Fläche in Österreich auf über 1 Mio. ha ausgeweitet. Die landwirtschaftliche Fläche hat sich in diesem Zeitraum um 29,4 % verringert (siehe Tabelle 3).

Tabelle 3: **Flächen in Österreich, Veränderungen in den letzten 50 Jahren (BMLFUW, 2017a)**

Staatsfläche	8.387.800 ha	Veränderungen
Land- u. forstwirtschaftliche Fläche	6.285.645 ha	– 11,1 %
Landwirtschaftliche Fläche	2.879.895 ha	– 29,4 %
Forstwirtschaftliche Fläche	3.405.750 ha	+ 14,0 %
Ödfläche	1.061.891 ha	± 0 (–)
Verbaute Fläche	1.040.264 ha	+ 63,5 %

Die zweite große Verminderung an landwirtschaftlicher Fläche findet durch den Übergang von extensiven Wiesen, Weiden und Almen **zu Wald** statt. Die Forstfläche hat in diesem Zeitraum um 14 % zugenommen.

Die Verwaldung des Grünlandes in den Bergregionen Österreichs beträgt zurzeit **rund 5.000 ha/Jahr** und könnte durch die Reduzierung der Milch- und Fleischwirtschaft in den Extensivlagen noch ansteigen.

Durch die Verbauung und Verwaldung sind in Österreich künftig pro Jahr rund 20.000 ha landwirtschaftliche Nutzfläche gefährdet, sofern kein Umdenken und Handeln erfolgt.

Grünlandflächen, die keine Nutzung erfahren, werden rasch verwildern und später in Wald übergehen. Die Artenvielfalt – sowohl bei Pflanzen als auch bei Tieren – ist bereits in dieser Übergangsphase wesentlich geringer als bei einer üblich bewirtschafteten Wiese, Weide oder Alm. In einigen Regionen und Seitentälern Österreichs wird diese rasche Entwicklung mit größtem Unbehagen beobachtet.

Die heutige Landschaft mit dem Wechsel zwischen Wald, Wiese, Weide, Alm, Ackerland, Wein- und Obstgärten sowie Gemüseland ist weitgehend der landwirtschaftlichen Nutzung zu verdanken. Der Landwirt leistet dauernd einen wesentlichen Beitrag zur Gestaltung und Erhaltung unserer Kulturlandschaft. Je mehr wir uns Grenzstandorten nähern, umso mehr tritt als Leistung das Produkt „Kulturlandschaft" in den Vordergrund.

Eine ordnungsgemäße Pflege und Erhaltung der Grünlandflächen in allen Lagen sowie eine spezielle Betreuung wertvoller Pflanzen und Tiergesellschaften bedürfen einer finanziellen Abgeltung. Diese Leistungen sind ein Produkt der Landwirtschaft und werden von der Gesellschaft und vom Tourismus genutzt. **„Stirbt der Bauer – vergeht die Kulturlandschaft – verlieren wir unsere Identität – vergessen uns die Gäste."** Dieses Szenario sollte nicht eintreten, da der ländliche Raum in seiner Gesamtheit schwerst betroffen wäre (BUCHGRABER, 2001).

Eine offene, gepflegte und blühende Landschaft wird durch die ökologische Bewirtschaftung gesichert.

Der Alpenbogen erstreckt sich nach der Alpenkonvention über die Fläche von 190.879 km². Die **landwirtschaftliche Nutzfläche** liegt **im Alpenraum bei 4,7 Mio. ha**, das sind nur rund **25 % des Alpenbogens**. In den Jahren 1980–2000 sind rund 13 % der landwirtschaftlichen Nutzfläche mit Wald zugewachsen oder verbaut worden. Etwa 370.000 landwirtschaftliche Betriebe bewirtschaften großteils in steilen Lagen die Wiesen, Weiden und Almen im Alpenbogen. 240.000 Betriebe haben im Alpenbogen in den Jahren 1980–2000 aufgehört zu wirtschaften, das sind alarmierende 40 %. Der Alpenbogen wird in acht Staaten ständig von rund 13 Mio. Personen bewohnt.

Die differenzierte Bewirtschaftung auf den unterschiedlichen Standorten bewirkt eine größtmögliche Artenvielfalt – das Mosaik der Bewirtschaftung.

Über 50 % des Alpenbogens liegen in Österreich und Italien. In Österreich befinden sich rund 90.000 landwirtschaftliche Betriebe im Berggebiet, also rund 25 % aller Bergbauern im Alpenraum und diese bewirtschaften rund 35 % der Grünlandflächen im Alpenbogen.

Viele Regionen im Alpenbogen sind von der **Landflucht** und der Bewirtschaftungsaufgabe ganz massiv betroffen.
In den Jahren 1990–2010 zeigten im Alpenraum 74 % der Gemeinden ein Bevölkerungswachstum, während die übrigen Gemeinden stark abfielen. Etwa 34 % der Alpenfläche wurde nach TASSER (2018) zu Entsiedlungsgebieten, aus denen sich der Mensch zurückzieht. Dieser Trend hat sich in den letzten zehn Jahren noch beschleunigt. Damit verschwinden zugleich alpine Kulturen mit einer langen Tradition und die früher so vielfältige, kleinräumige und lebenswerte Kulturlandschaft verwildert. Der Naturschutz mag sich über derartige Entwicklung freuen, doch birgt diese Urbanisierung wohl große Probleme.
In Österreich, Südtirol und der Schweiz ist diese Entwicklung dank einer offensiven Politik für einen intakten ländlichen Raum noch nicht so weit gediehen, obwohl auch hier viele gefährdete Regionen mehr und mehr geschlossene, monotone Kulturlandschaften aufweisen.

Hier braucht es die Erhaltung bzw. einen Ausbau der Infrastruktur, eine wirtschaftliche, virtuelle und digitale Belebung.

❑ Bodenfruchtbarkeit und Bodenerosionsschutz

Ein fruchtbarer Boden setzt sich aus einer Vielzahl von Bodenaggregaten zusammen, die Krümelstruktur besitzen. Zwischen den Aggregaten befinden sich die Bodenporen, die von Luft, Mikroorganismen und Wasser ausgefüllt werden. Die Pflanzennährstoffe im Boden sind nur teilweise an die Aggregate angelagert (adsorbiert), teilweise befinden sie sich in der wässrigen Bodenlösung. Die Wurzeln verkleben die Bodenaggregate miteinander durch ihre Wurzelausscheidungen (pektinähnliche Substanzen) und tragen somit wesentlich zur so genannten **Lebendverbauung** bei. Aus der Bodenlösung holen sich die Wurzeln ihr Vegetationswasser und die Nährstoffe. Die räumliche Anordnung der Aggregate bestimmt nun das Bodengefüge, auch Bodenstruktur genannt. Von der Stabilität der Aggregate sind viele Bodeneigenschaften abhängig.

Stabile Aggregate
- schützen die Bodenoberfläche vor Verschlämmung,
- gewährleisten eine hohe Infiltrationsrate und
- reduzieren dadurch den Oberflächenabfluss und damit auch den Bodenabtrag.

In einem **gut strukturierten Boden** erfolgt ein besserer Gasaustausch und die dort herrschenden günstigeren Feuchtigkeits- und Temperaturverhältnisse schaffen bessere Lebensbedingungen sowohl für die Pflanzen als auch für die Bodenorganismen. Letztere leisten ebenfalls durch ihre Ausscheidungen einen wesentlichen Beitrag zur Erhöhung der Aggregatstabilität.

Unter den mehrjährigen Kulturen (Wiese, Grünbrache, Kleegras und Gräservermehrung) entstehen bessere Lebensbedingungen für Mikroorganismen und andere Bodenlebewesen, was sich durch deren Aktivitäten positiv auf die Aggregatstabilität auswirkt, während bei Ackerkulturen durch den jährlichen Umbruch, die geringe Schattengare (der Boden ist nur kurzzeitig mit Pflanzen bedeckt) und die bewirtschaftungsbedingten geringeren Humusgehalte die Stabilität der Aggregate auf 20–30 % abfällt (vgl. Grafik 7).

Das Wasserspeicherungsvermögen insbesondere auf gesunden Grünlandböden – nicht verdichtet – ist auch nach Trockenperioden extrem groß, es kommt dadurch auch bei Starkniederschlägen zu geringeren Abflüssen.

Der ganzjährig bewachsene und durchwurzelte Grünlandboden weist eine hervorragende Bodenfruchtbarkeit mit bester Krümelstabilität auf – der wirksamste Schutz gegen Erosionen und Auswaschungen.

Der kompakte Wurzelballen einer Grünlandnarbe weist eine hohe Lebendverbauung auf.

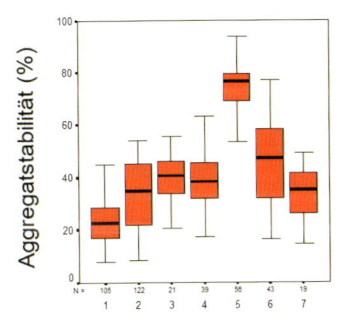

y-Achse: Aggregatstabilität (%)
x-Achse: Fruchtgruppen: 1 Hackfrüchte (Mais, Erdäpfel),
2 Getreide, 3 Kleegras, 4 Vermehrungsgräser, 5 Wiese im
Ackerbaugebiet, 6 Grünbrache, 7 Raps

Grafik 7: **Aggregatstabilität von Kulturen in den Ackergebieten Niederösterreichs, Oberösterreichs und der Steiermark im Durchschnitt der Jahre 1999–2001** *(BUCHGRABER, EDER und TOMANOVA, 2003)*

Die **Dauerwiesen**, ob extensiv oder intensiv, zeigen eine **hohe Aggregatstabilität** von durchschnittlich über 95 % (vgl. Grafik 8).

Ein stabiler Boden (Aggregate, Humus, Nährstoffe, Gas- und Wasserhaushalt sowie Bodenleben) braucht eine pflegliche Bewirtschaftung, damit er nachhaltig Erträge mit zufriedenstellenden Futterqualitäten liefert. Grünland verhindert am wirksamsten Erosionen und Nährstoffauswaschungen und weist ein extrem vielfältiges und reichhaltiges Bodenleben auf.

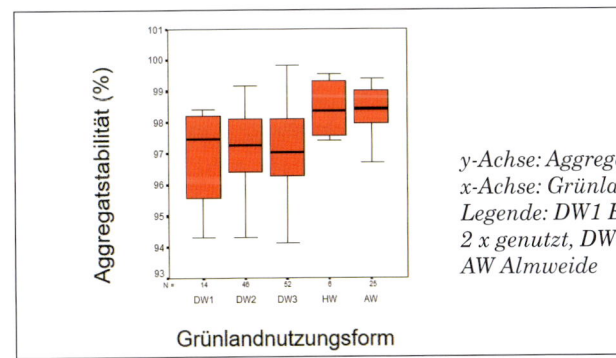

y-Achse: Aggregatstabilität (%)
x-Achse: Grünlandnutzungsform
Legende: DW1 Extensivwiese, 1 x genutzt, DW2 Wiese,
2 x genutzt, DW3 Wiese, 3 x genutzt, HW Hutweide,
AW Almweide

Grafik 8: **Aggregatstabilität von Grünlandnutzungsformen im absoluten Grünlandgebiet im Jahr 2001** *(BUCHGRABER, EDER und TOMANOVA, 2003)*

❑ Kohlenstoffspeicher

Die Grünlandböden weisen durch die langjährige Kreislaufwirtschaft mit Tierhaltung und ein stabiles Ökosystem „Dauergrünland" einen hohen Humusgehalt – meist zwischen 5 und 10 % – auf. In diesem Humusanteil werden nach Gründigkeiten etwa 15 t Kohlenstoff/ha gespeichert. Man spricht hier im Zuge der CO_2-Emissionen von einer CO_2-Senke.

Blaiken, in sonst mit Grünlandpflanzen bewachsenen Steillängen in den Berglagen, sind oftmals Ausgangsfläche für Muren – auch eine Form der Nichtnutzung.

❑ Erhaltung wertvoller Pflanzen- und Tiergesellschaften

Die Grünlandwirtschaft mit ihren 1,2 Mio. ha Ökoland ist ein wichtiger Partner des Naturschutzes. Die schönen Wiesenflächen mit allen Übergängen vom Trockenrasen bis zur Feuchtwiese können nach dem Ermessen des Naturschutzes einen verschobenen Nutzungszeitpunkt aufweisen und eine ökologisch angepasste oder auch keine Düngung erhalten, damit das Ziel, naturnahe Lebensräume in unserer Kulturlandschaft zu erhalten, verstärkt erreicht werden kann. Mit der ausschließlichen „Wildnis in der Natur", d. h. ohne Pflege und gezielte Nutzung, werden bestimmte Naturräume in ihrer Artenvielfalt eher verarmen und die Stabilität dieser Systeme leiden. Im ÖPUL, NATURA 2000 etc. sind Maßnahmen und Programme zur Erhaltung wertvoller Flächen und Regionen ausgewiesen. Die Artenvielfalt bei den Pflanzen auf Österreichs Grünland ist groß. Im Wirtschaftsgrünland können auf den Mäh- und Weideflächen rund 20–40 Arten pro 100 m² angetroffen werden. In den Extensivflächen (Hutweiden, einmähdige Wiesen, Almen) können insbesondere seltene und wertvolle Arten noch häufiger bonitiert werden.

Wertvolle Grünlandflächen gehen verloren und es droht eine zunehmende Verbuschung und Verwaldung.

Besonders wertvolle Pflanzen, auch „Rote-Liste-Arten", müssen durch eine gezielte Bewirtschaftung erhalten werden.

Die große Vielfalt ist durch die unterschiedliche und großteils extensive Bewirtschaftung, durch die unterschiedlichen Voraussetzungen in puncto Boden, Klima und Höhenstufen vom Bregenzerwald bis hin zum Neusiedler See begründet. In Österreichs genutztem Grünland sind rund 3.000 Pflanzenarten vertreten. Diese können nur durch die Aufrechterhaltung einer **angepassten Nutzung** gesichert werden.

Mosaik der Bewirtschaftung

Die Wiesen und Weiden in Österreich weisen zu 60 % eine Größe von weniger als 0,5 ha auf, größere Einheiten befinden sich in den Gunstlagen, wobei Flächen mit 5 ha eher selten vorkommen. Die Standortsverhältnisse (Boden, Wasserverhältnisse im Boden, Klima – Temperaturen, Einstrahlung, Niederschlag, Wind, Höhenlage – Vegetationsdauer, Himmelsrichtung) sowie die äußerst unterschiedliche Bewirtschaftung auf den Betrieben (konventionell, biologisch, Tierbesatz von 0,1–2,0, Schnittzeitpunkt und Schnitthäufigkeit der Wiesen, Düngung mit Stallmist/Jauche oder Gülle, aber auch Kompost, Futterkonservierung Heu/Silage/Gärheu etc.) auf engstem Raum oder in den Regionen führt zu einem kleinstrukturierten Mosaik. Der wesentlichste Einfluss in diesem System „Grünland- und Viehwirtschaft" sind die Bauern und Bäuerinnen sowie die bäuerliche Familie. Die Vielfalt und Prägung dieser „Bauers Leut" ist extrem unterschiedlich innerhalb der Talschaft einer Region und stark differenziert zwischen

Berg- und Gunstlagen. Dieses traditionelle Mosaik ist die wesentlichste Grundlage für die Artenvielfalt bei Pflanzen und Tieren sowie für das Erscheinungsbild der abwechslungsreichen Landschafts- und Lebensräume.

Mit der Aufgabe der Betriebe insbesondere in den Berglagen und besten Gunstlagen geht diese Vielfalt und dieses Mosaik der Bewirtschaftung mehr und mehr verloren.

❑ Sauberes Wasser

Viele Regionen weltweit und manche auch in Österreich leiden darunter, dass zu wenig oder nicht ausreichend Qualitätswasser für den menschlichen, tierischen und pflanzlichen Bedarf zur Verfügung steht. Österreich hat mit der Wasserrechtsgesetznovelle 1990 und der Trinkwasserverordnung bereits frühzeitig reagiert, die EU-Nitratrichtlinie regelt seit 2003 (Aktionsprogramm 2017) die Düngemengen und die Ausbringung in Bezug auf den Stickstoff aus dem Wirtschaftsdünger. Die Richtlinie für die sachgerechte Düngung (BML, 2023b) ist die Grundlage für die Düngung der Grünlandnutzungsformen.

Infolge der ganzjährigen Bedeckung des Bodens mit Grünlandpflanzen und der beinahe ganzjährigen Nährstoffaufnahme gibt es **keinen oder nur einen äußerst geringfügigen Nitrataustrag**. Hier ist das System „Immergrün" von Natur aus gegeben, und es bietet bei einer ordnungsgemäßen Düngung einen großen Nährstoffrückhalt (vergleiche Grafik 9). Das Trinkwasser darf **keine höheren Nitratwerte als 50 mg/l** aufweisen. Unter Grünland ist dies langfristig möglich, zumal die Bewirtschaftungssysteme in Österreich sehr ökologisch praktiziert werden.

Die ökologische Bewirtschaftung des Grünlandes sichert beste Trinkwasserqualitäten.

Ein permanenter Bewuchs mit Gräsern, Kräutern und Leguminosen lässt eine dichte Wurzelmasse in den Boden wachsen. Diese unterschiedlich tief wachsenden Wurzeln nehmen ab einer Bodentemperatur von 5–10 °C mineralisierte und gedüngte Nährstoffe, insbesondere Stickstoff, auf. Ein ganzjähriger Bewuchs mit Grünlandpflanzen und eine sachgerechte Düngung können die Nährstoffe bestmöglich nutzen, ohne dass sie ins Grundwasser gelangen.

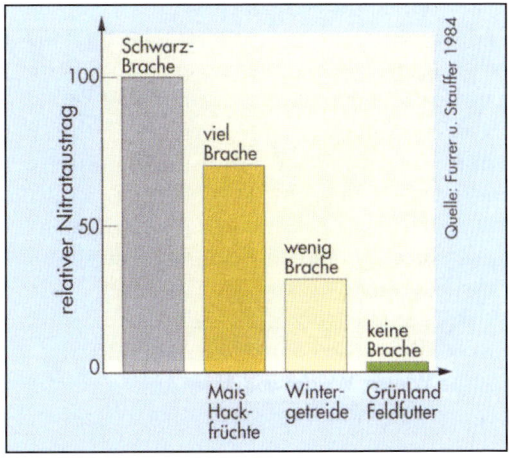

Grafik 9: **Pflanzenbewuchs und Nitratauswaschung**

Rund 43.000 ha Grünland sind derzeit nicht genutzt und stehen in der Nutzungsaufgabe. Obwohl diese Bestände nicht gedüngt werden, die heranwachsende Biomasse jedoch auch nicht verbraucht wird, findet die Mineralisation im Boden und der heranwachsenden Biomasse statt. Diese vorhandenen Nährstoffe werden meist in der Schneeschmelze vom Wasser in die Tiefe verlagert, ohne dass schon aufnahmefähige Wurzeln die Nährstoffe binden können. So fällt zur „Unzeit" aus dem natürlichen Mineralisierungsprozess Nitratstickstoff an, der ins Grundwasser gelangt.

> Eine Nutzungsaufgabe des Grünlandes lässt den Pflanzenbestand an Vielfalt verarmen, lässt Nährstoffe aus dem Abbauprozess in tiefere Bodenschichten und schlimmer Weise auch ins Grundwasser gelangen.

Die **N-Höchstgrenze** gemäß Aktionsprogramm zum Schutz der Gewässer vor Verunreinigungen durch Nitrat (2017) aus landwirtschaftlichen Quellen liegt im Betriebsdurchschnitt bei **max. 170 kg/N/ha** im Wirtschaftsdünger und nach Abzug aller Verlustquellen. Bei Gründecken oder N-zehrenden Fruchtfolgen gilt als N-Obergrenze 210 kg/ha (BMLFUW, 2017). Die 50 mg Nitrat/l Wasser als Obergrenze sollten in Österreich im Grünland nie erreicht werden. Unter bewirtschafteten Wiesen und Weiden finden wir Nitratgehalte im Grundwasser von 1–3 mg/l, bei Nutzungsaufgabe kann das 10-fache ins Grundwasser gelangen, im Frühjahr bei der Schneeschmelze das 20- bis 30-fache.

Zwischenfrüchte sind im Begrünungsjahr aktiv angelegte Kulturen (inkl. Untersaaten) nach Hauptfrüchten, die spätestens im darauffolgenden Frühjahr umgebrochen werden und auf die eine aktiv angelegte Hauptfrucht folgt.

Hier gilt nach ÖPUL ein Verzicht auf mineralische N-Düngung, in Wasserschongebieten teilweise auch eine Düngung mit Wirtschaftsdünger. Es sind hier die vertraglichen und gesetzlichen Vorgaben einzuhalten.

❑ Sauerstoff- und Energieproduktion

Die Sonne gibt uns die Energie, die von den Pflanzen über das Blattgrün (Chlorophyll) assimiliert wird und mithilfe der Chlorplasten in den Pflanzenzellen mit Wasser (H_2O) über die Wurzeln und Kohlendioxid (CO_2) über die Blattunterseite zu Zucker (Glucose) umgewandelt wird. Daraus entsteht unsere Energie, die uns auf der Erde zur Verfügung steht.

Über die Pflanzen können rund **1,5 % der eingestrahlten Sonnenenergie genutzt** werden. Mit Solar und Photovoltaik werden derzeit noch 0,5 % Sonnenenergie aufgefangen. Künftig sollte die Sonnenenergie die fossile Energie gänzlich ersetzen. Die Pflanzenbauer mit ihren Kulturen leisten heute dazu schon einen wichtigen Beitrag.

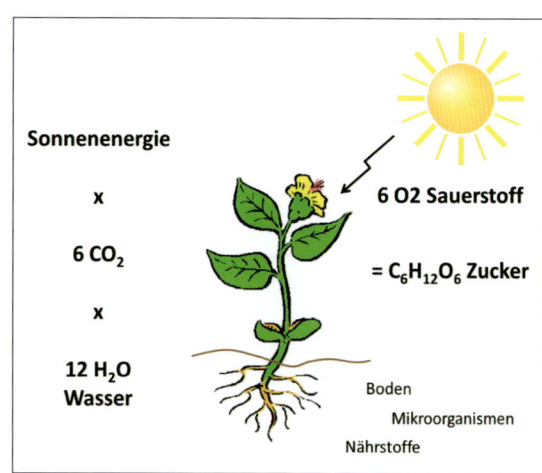

Grafik 10: **Photosynthese – natürlicher Prozess für Energie und Sauerstoff**

> In Österreich können die Grünlandpflanzen rund 36 Mio. MJ NEL pro Vegetationsperiode an Sonnenenergie abspeichern.

In diesem genialen und entscheidenden Energietransfer Sonne/Erde über die Pflanzen wird auch noch der für uns lebensnotwendige Sauerstoff (O_2) frei.

Der erwachsene Mensch braucht pro Tag bei normaler Aktivität rund 2 kg reinen Sauerstoff, dafür müssen wir rund 7 m³ Luft durch unsere Lungen atmen. Pro Jahr und Person ergibt das rund 700 kg Sauerstoff.

Eine Dreischnittwiese mit einem Futterertrag von rund 7.000 kg TM/ha gibt auch etwa 7.000 kg Sauerstoff/ha in der Vegetationszeit ab. Das heißt, dass von einer Dreischnittwiese pro ha rund zehn Personen ihren jährlichen Sauerstoff erhalten. Das bewirtschaftete Grünland (viel aktive Blattmasse) liefert mindestens so viel Sauerstoff wie der Wald und aufgrund der längeren Vegetationszeit mehr als Ackerkulturen.

Die ausgezeichnete Solarfläche der Grünlandbestände sorgt für Energiespeicher, Proteinsynthese und Sauerstoffversorgung.

❏ Proteinlieferant

Im Grünlandfutter wird bei ausreichender Stickstoffversorgung der Pflanzen über Wurzeln/Boden/Mikroorganismen das ernährungswichtige Protein/Eiweiß synthetisiert. Das Eiweiß ist für die menschliche und tierische Ernährung enorm wichtig. Da Menschen die Grünlandpflanzen nicht direkt verwerten können, wandeln die Wiederkäuer (Rinder, Schafe, Ziegen, Wildtiere etc.) und die Pferde das Grünlandfutter und das enthaltene Protein in Milch- und Fleischeiweiß um, welches wir Menschen zu uns nehmen können. Das Grünland in Österreich liefert durchschnittlich **800.000 bis 1 Mio. t Rohprotein pro Vegetationsperiode**. Die Ackerkulturen bringen sich in die Proteinversorgung der Tiere, insbesondere Schweine und Geflügel, auch stark ein. Eine Proteinautarkie in Europa ist anzustreben.

4. ZIELE DER GRÜNLANDWIRTSCHAFT

Das österreichische Grünland hat in den letzten 70 Jahren in seiner Bedeutung für Bauern und Gesellschaft eine starke Wandlung erfahren. Wurden ursprünglich auch die noch so kleinen Grünlandflächen für Zugtiere (Pferde, Ochsen, Kühe etc.) und Milchtiere (Kühe, Ziegen und Schafe) auf allen Standorten eher mäßig genutzt, so fand in den Jahren 1970–2000 in den Gunstlagen eine Intensivierung der Nutzung und Düngung statt. Durch die Anhebung der Flächen- und Tierleistungen versuchte der Grünland- und Viehbauer sein Einkommen einigermaßen zu halten. In den Gunstlagen nahmen die Tierbestände infolge einer Vergrößerung der Betriebe sowie der Erhöhung der Milchkontingentausstattung (bis März 2015) besonders in den letzten Jahren zu. In den Bergregionen hat diese Strategie der höheren Produktionsleistung wegen der Steilheit der Flächen, der geringen Humusauflage, des raueren Klimas mit seinen kürzeren Vegetationszeiten und der ungünstigen Verkehrslage nicht gegriffen.

Aufgrund dieser topographischen und klimatischen Unterschiede entstehen **zwei große Bewirtschaftungsrichtungen** in der österreichischen Grünlandwirtschaft (vergleiche Grafik 11). Von den rund 1,9 Mio. ha Grünland, wobei rund 63 % als Ökogrünland, 29 % als Wirtschaftsgrünland und 8 % als Feldfutterbau gelten, werden in Österreich künftig

- rund 1,6 Mio. ha (80 %) mit einer extensiven bis mittleren Nutzung sowie einer kreislaufbezogenen Düngung und damit flächen- und ertragsangepassten Tierhaltung bewirtschaftet werden.
- Auf den restlichen 20 % der Grünlandflächen inkl. Feldfutterbau (Alpenvorland, Tal- und Beckenlagen) wurden vorwiegend in den letzten Jahren die Nutzung (4–6 Schnitte) und der Tierbesatz pro ha erhöht, wobei auch die Milchleistung über ein verbessertes Grundfutter sowie durch Kraftfuttergaben erhöht wurde.

Der Grünlandbetrieb mit seinem fast geschlossenen Kreislaufsystem ist die umweltverträglichste Form der Ökolandwirtschaft. In allen Nutzungsformen des Grünlandes (Wirtschaftsgrünland, Ökogrünland, Feldfutterbau) finden kreislaufkonforme Bewirtschaftungsweisen statt.

Künftig werden die Mutterkühe mit ihren Kälbern sowie die Schafe, Ziegen, Pferde und Wildtiere die eher extensiven Grünlandflächen nutzen.

Die Milchwirtschaft soll in den besseren Berglagen wie auch in den Gunstlagen nachhaltig gesichert werden. Die heimische Hochleistungskuh sollte möglichst viel Grundfutter aufnehmen – denn Kraftfutter verdrängt Grünlandfläche.

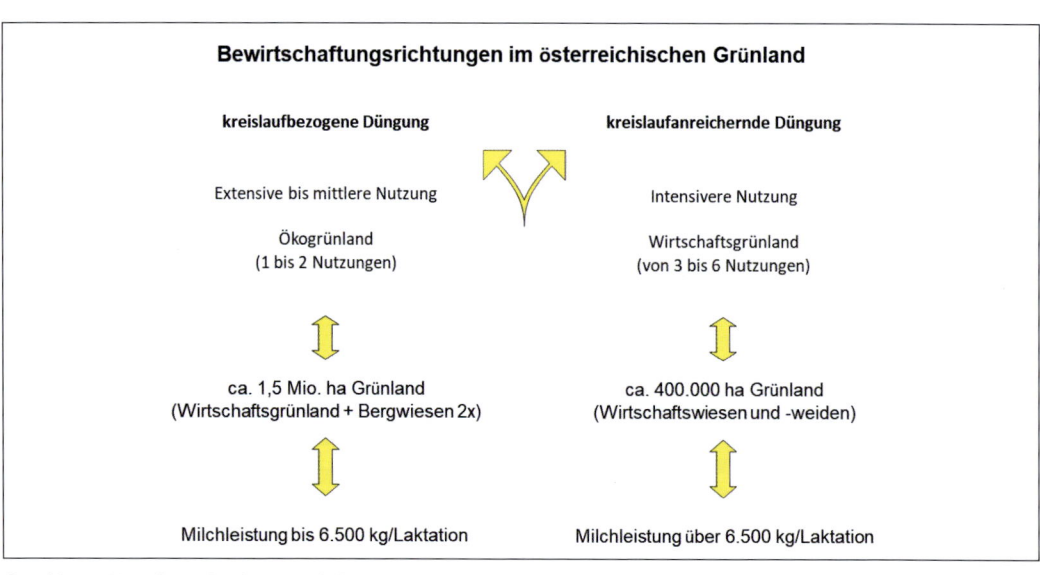

Grafik 11: **Bewirtschaftungsrichtungen in der österreichischen Grünland- und Viehwirtschaft**

4.1 Bäuerliche, ökologische und konventionelle Grünlandwirtschaft

Die österreichische Grünland- und Viehwirtschaft hat sich aus dem Traditionellen in den Gunst- und Berglagen weiterentwickelt. Es wurden in den besseren Lagen und bei „größeren" Betrieben die „Kreisläufe" ab den 1980er Jahren im Tierbesatz, in der Futterkonservierung und in der Fütterung hochgefahren. Die Genetik wurde ständig bei allen Tiergattungen verbessert und die Leistungen angehoben (GRUBER und LEDINEK, 2017).

> Trotz dieser Entwicklungen, die nur bei manchen Betrieben sehr weit gingen, werden heute die Grünland- und Viehbetriebe bäuerlich und großteils ökologisch-konventionell bewirtschaftet.
> Rund 20 % aller Landwirtschaftsbetriebe werden biologisch und die restlichen Grünland- und Viehbetriebe bäuerlich/konventionell, keineswegs industrialisiert geführt.

Der österreichische Grünlandbauer und Viehhalter strebt eine hohe Qualität seines Grundfutters an, um damit auf wiederkäuergerechte Art möglichst hohe tierische Leistungen zu erzielen. Wir erreichen dieses **hochwertige Grundfutter** durch
- harmonische und dichte Pflanzenbestände,
- ausgewogene, standortangepasste Düngung,
- gezielte Nutzung im optimalen Vegetationsstadium,
- verlustarme Futterkonservierung,
- optimale Fütterungstechnik und Rationsgestaltung sowie
- richtige Zusammensetzung der Sämereienmischungen bei Neuansaaten bzw. Nachsaaten.

Die Tiere sollten hochwertiges Grundfutter gut aufnehmen und bestens umsetzen (GRUBER et al., 2004). **Ein fortschrittlicher Landwirt erzeugt pro Kuh und Jahr zwischen 5.000 und 6.000 kg Milch aus dem Grundfutter**. Vor allem die Hochleistungsbetriebe mit mehr als 8.000 kg Milch pro Laktation sind auf beste Grundfutterqualitäten angewiesen. Dadurch werden die laufend nachwachsenden Grünlanderträge ökologisch sinnvoll und in einem betriebsinternen Kreislauf bestmöglich verwertet. Es kommt dadurch unter den vorherrschenden Bewirtschaftungsintensitäten in Österreich, die zwischen 0,1

Blattreiche und ausdauernde Sorten weisen bei späterem Nutzungszeitpunkt auch noch gute Qualitäten bei stabilen Pflanzenbeständen auf.

und 2,0 GVE/ha im Grünlandgebiet liegen, zu einer schonenden Bewirtschaftung, die eine Artenvielfalt in der Pflanzen und Tierwelt ermöglicht. Künftig ist nicht nur die Tierleistung, sondern die Flächenleistung aus dem Grünland entscheidend (BUCHGRABER, 2005).

> Die Milchleistung pro ha Grünland hängt vom natürlichen Ertragspotenzial der Fläche ab und die Kraftfutterimporte sollten sich mit unter 20 % (Energiebasis) in der bäuerlichen Bewirtschaftung in Grenzen halten. Die beste Kuh ist jene, die am Ende die höchste Leistung aus dem Grundfutter gegeben hat und möglichst viele Kälber gesund zur Welt gebracht hat.

❏ Nutzungstolerante Bestände

Betriebe mit Hochleistungstieren sahen in der häufigeren Mahd (5–6 Mal) durch die Vorverlegung des Schnittzeitpunktes auf „Ende Schossen" die einzige Chance, die Inhaltsstoffe im Grundfutter zu steigern. In den Nachsaatmischungen sind insbesondere bei den Obergräsern Sorten in Verwendung, die einen hohen Blattanteil auch beim ersten Aufwuchs aufweisen. Der höhere Blattanteil liefert dann mehr Energie, Protein, Rohfett, Mengen- und Spurenelemente. Auch bei späterer Mahd erhalten sie diese Qualität – es werden durch das Einbringen von blattreicheren Sorten die **Bestände nutzungstoleranter**. Die Vielschnittbetriebe sollten ihre Bestände dahingehend umbauen, so ersparen sie sich bei gleicher Futterqualität und höheren Erträgen ein bis zwei Schnitte/Jahr. Wer schon mal die ÖAG-Nachsaatmischung Ni in einer Neuansaat probiert hat, konnte die Erfahrung machen, dass der Blattreichtum auch beim Ähren- und Rispenschieben sehr hoch ist und auch die Inhaltsstoffe bei 6,5 MJNEL/kg TM und 160 g RP/kg TM liegen. **Diese „neuen" Mischungen in den „alten" Beständen wirken verbessernd und bauen diese in „moderne" Bestände um.** In diesem umgewandelten „modernen" Bestand ist auch ein erhöhter Kleeanteil enthalten, der zu höheren Proteingehalten führt. Im Normalfall (Na, Ni) werden Weiß- und Rotklee und auf besonders trockenen Lagen (Natro) auch die Luzerne in den ÖAG-Mischungen mit besten Sorten eingebracht.

Rechenbeispiel
Ein **10 % höherer Kleeanteil** im Bestand bedeutet rund 5 g RP/kg TM mehr. Bei einem Ertrag von 10.000 kg TM/ha bedeutet dies einen Rohproteinmehrertrag von 50 kg/ha. Bei 10 ha sind dies 500 kg RP, was eine Kompensation an Soja von 1.250 kg im Betrieb bedeutet – eine Kostenersparnis von rund € 1.000.

Es werden aber auch Nachsaatmischungen mit 50–80 % Rohrschwingel angeboten – aus pflanzenbaulicher Sicht ist das insbesondere als Aufbesserer in trockenliegenden Dauerwiesen der absolut falsche Weg und keineswegs für den Betrieb zielführend.

> Das Ziel muss es für jeden Grünland- und Viehbauern sein, möglichst hohe tierische Leistungen aus dem Grundfutter zu erzielen.
> Zeigen Wiesen und Weiden einen kompakten, stufigen und harmonischen Pflanzenbestand, dann können wir uns darüber freuen. Da brauchen wir keine Nach-/Übersaat und auch keine Sanierung infolge Gemeiner Rispe. Jene Betriebe, die ihre Bestände über Jahre standortangepasst bewirtschaftet haben, können leistungsfähige und qualitative Bestände ernten – es braucht auch hier immer ein wachsames Auge. Jede Übernutzung in den Dauerwiesen (mehr als 4 Schnitte) dezimiert die Obergräser und damit die Ertragsfähigkeit, die Grasnarbe öffnet sich für Gemeine Rispe & Co.

4.2 Biologischer Landbau am Grünland

Seit 1970 gibt es eine kontinuierliche und in den letzten Jahren enorme Steigerung in der Anzahl jener Betriebe, die ihre Bewirtschaftung im **biologischen Landbau** vornehmen. Waren es 1970 noch einige hundert Betriebe, so konnten 1989 über tausend, 1992 rund 6.000 und 2022 rund 25.000 landwirtschaftliche Biobetriebe gezählt werden. Die landwirtschaftlich genutzte Biofläche ist gegenüber 2015 um 154.000 ha bzw. 28 % gestiegen. Von der gesamten landwirtschaftlichen Nutzfläche Österreichs wurden im Jahr **2022** rund **27,7 % nach der biologischen Wirtschaftsweise** bearbeitet.
78 % der Biobetriebe hielten Vieh, wobei der durchschnittliche GVE-Bestand bei 23 lag. Die Biobetriebe hielten rund 42 % der Mutterkühe, 23 % der gesamten Milchkühe Österreichs,

30 % der Schafe und 13 % der Legehennen (BMLFUW, 2023a). Der Bio-Milchanteil liegt bei 20 %, wobei die Biomilch mit 693.301 t zur Verarbeitung und Vermarktung gebracht wird. Der Großteil der Biobetriebe wirtschaftet als Grünland- und Viehbauern, obwohl in den letzten Jahren Zuwachsraten im Ackerbau zu verzeichnen waren. In den letzten Jahren sind ökologisch-konventionell geführte Grünlandbetriebe wieder in die biologische Produktionsweise umgestiegen. Einige hundert landwirtschaftliche Betriebe in Österreich wirtschaften nach den bio-dynamischen Grundsätzen nach Rudolf Steiner.

Innerhalb Europas nimmt Österreich mit seinem Anteil an bewirtschafteter Biofläche derzeit **die erste Position** ein. Wie sich der biologische Landbau in den osteuropäischen Staaten (Polen, Ungarn etc.) entwickeln wird und welchen Einfluss dieser auf die Vermarktung von Bioprodukten haben wird, gilt abzuwarten. Das Potenzial an Flächen und Arbeitskräften ist groß.
Mit dieser Ausrichtung auf Bioproduktion seitens der österreichischen Bauern, mit einer Verbesserung der Marktsituation für biologisch erzeugte Produkte sowie mit einer Förderung der Biobetriebe und deren Maßnahmen, könnte die Anzahl der Biobetriebe durchaus aus dem Potenzial ökologisch-konventioneller Betriebe noch erhöht werden.

Biobetriebe zeigen in ihrer gelebten Kreislaufwirtschaft, welch wertvolles Potenzial in Haus und Hof steckt.

Die österreichische Landwirtschaft produziert ihre Produkte in biologischer Wirtschaftsweise oder in einer ökologisch-konventionellen Bewirtschaftung in bäuerlichen Familien. Die Auflagen sind streng und die Kontrollen am Hof durch AMA und BioAustria laufend gegeben. Im Bereich der Grünlandwirtschaft gibt es derzeit keine Massentierhaltung und industrialisierte Landwirtschaft.

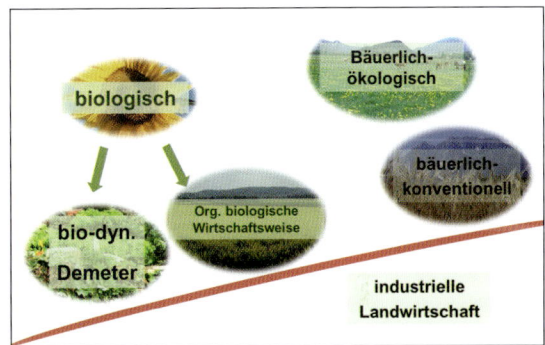

*Grafik 12: **Höchste Qualität aus bäuerlicher Bewirtschaftung versus industrielle Landwirtschaft***

Die Bio- und bäuerlich-ökologischen Produkte haben eine spezielle Qualität und verdienen eine höhere Wertschätzung. Der Konsument sollte diese Zusammenhänge verstehen lernen und den Einkauf am Regal bewusst nach diesen Kriterien auch mit höheren Preisen tätigen. Der Preisdruck über industrielle Produkte aus anderen Ländern ist groß und bringt unsere bäuerliche Landwirtschaft in Schwierigkeiten.

4.3 FarmLife – Bewertungsinstrument für Ökoeffizienz

Ökoeffizienz in der Landwirtschaft verpflichtet sich zum standortangepassten, leistungsorientierten und nachhaltigen Einsatz von Betriebsmitteln mit dem Ziel, Verluste zu reduzieren. Die an den Betrieb angepasste Optimierung muss sowohl ökologischen als auch ökonomischen Erfordernissen Rechnung tragen.

Der Einsatz des **Betriebsmanagement-Werkzeugs FarmLife** auf den heimischen Betrieben wird zu einer Verbesserung der Ökoeffizienz beitragen. Das nutzt den teilnehmenden Betrieben. Durch die Analyse und Bewertung von Betriebsausstattungen und Nährstoffkreisläufen kann der **Betriebsmitteleinsatz optimiert** werden. Die Ausstattung des Betriebes mit Maschinen und Gebäuden wird ebenso einer vergleichenden Bewertung zugeführt wie der Einsatz von Futter- und Düngemitteln. Ein besonderer Schwerpunkt liegt auf der einzigartigen Risikoanalyse beim Einsatz von Pflanzenschutzmitteln. Die Wirtschaftlichkeitsanalyse wird mit einer Vollkostenrechnung abgedeckt.

FarmLife-Betriebe haben die Chance, entscheidende Kennzahlen aus allen Betriebsbereichen vergleichend zu bewerten. Stärken und Schwächen werden sichtbar und zeigen so den Handlungsbedarf für die Zukunftsplanung auf (HERNDL et al., 2016).

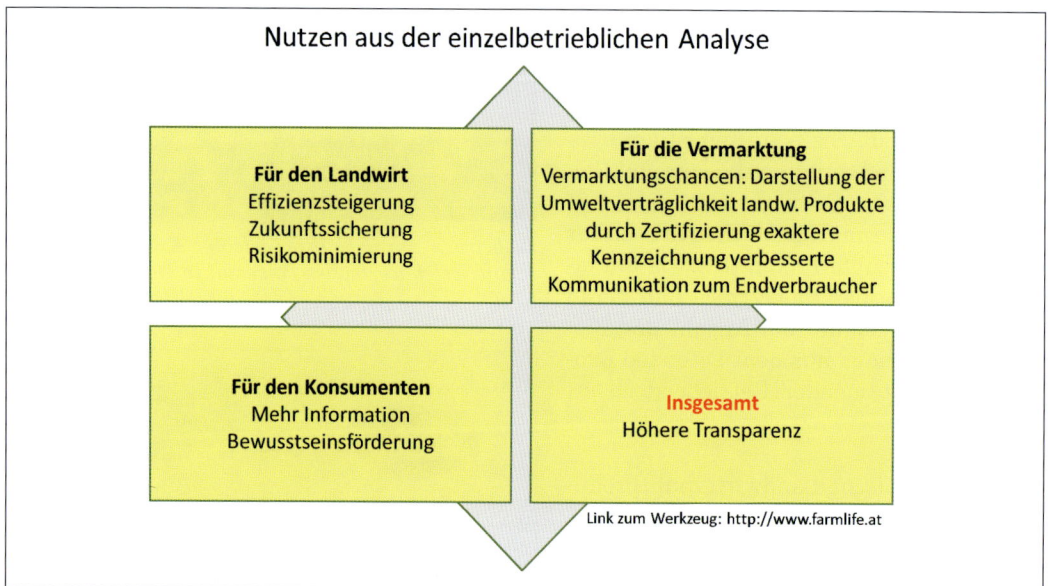

4.4 Dialog Landwirtschaft & Konsumentenschaft

Die Bevölkerung, insbesondere im urbanen Bereich, hat sich in den letzten Jahrzehnten nicht mehr mit dem Entstehen der Lebensmittel beschäftigt. Wir wurden zum „Konsumieren" erzogen, wobei nicht die Qualität, sondern die Quantität im Vordergrund stand. In der Zeit der großteils nationalen Märkte (vor 1995) konnte der Konsument an heimische Produkte gebunden werden. Heute, im globalen Markt, treffen sich Produkte aus aller Welt im Regal, wo sich der Konsument großteils nur nach den Preisen verhält, ohne den Hintergrund der Produktion zu hinterfragen oder verstehen zu wollen.

Nachdem die österreichisch kleinstrukturierte Land- und Forstwirtschaft andere ökologische und soziale Standards in den bäuerlichen Betrieben aufweist als industrialisierte Großbetriebe mit ständigen Fremdarbeitskräften, sollte hier den mündigen und bewusst lebenden Konsumenten die wertvolle Arbeit der Landwirte und bäuerlichen Jugend einfach und ehrlich näher gebracht werden (BUCHGRABER, 2013).

Der Bauer und die Bäuerin sollen sich bei ihrer Arbeit über die Schulter schauen lassen und mit den Konsumenten laufend kommunizieren und oft über schwerverständliche Arbeits- und Verhaltensweisen beiderseits diskutieren.

Im Jahr 2016 wurde dazu die österreichweite Tagung „Dialog Landwirtschaft & Konsumentenschaft" in St. Wolfgang am See ins Leben gerufen (BUCHGRABER, 2016 + 2017), wo Impulse für dieses Miteinander entstanden. Schule am Bauernhof, Urlaub am Bauernhof, Tag der offenen Stalltür, Seminare für Ernährung und Landwirtschaft, vor allem Land schafft Leben (www.landschafftleben.at), und AMA sowie Aus- und Weiterbildungsprogramme des LFI und der LK sind wichtige Aktivitäten, um hier einen vertrauensvollen Wissensstand bei den Konsumenten herbeizuführen.

Der Dialog soll im Kindesalter beginnen und täglich mit unseren Konsumenten geführt werden.

Was nützt es, wenn die bäuerlich, ökologisch, tiergerecht denkende und handelnde Landwirtschaft von den Konsumenten so nicht erkannt wird und diese zu Billigprodukten greifen? Eine Allianz Landwirtschaft & Konsumentenschaft ist entscheidend für den Fortbestand unserer eigenen Lebensmittelversorgung, Kulturlandschaft und Tourismuswirtschaft.

4.5 Landwirtschaft und sektorales Zusammenwirken

Die Land- und Forstwirtschaft hat in Österreich als Landbewirtschafter und Eigentümer eine größere Bedeutung. Im vorigen Jahrhundert stand die Land- und Forstwirtschaft im Zentrum und bestimmte in der Regel, was am Land passierte. Der heutige ländliche Raum und auch das Hineinwirken in die Gesellschaft brauchen eine Öffnung und einen laufenden Dialog zwischen den Sektoren. Das vernetzte Denken und Handeln über die Sektoren hinaus muss von allen gelernt werden und muss im ländlichen Raum als „Normalität" Einzug halten.

Wenn es um gemeinsames Handeln und Entwickeln geht, so sollte sich jeder Sektor im Interesse etwas zurücknehmen, damit das Gemeinwohl eine Chance bekommt.

Dieses Aufeinanderzugehen, Eingehen, Zuhören und Diskutieren fehlt meist noch. Es soll in allen Sektoren die „Ego-Mentalität" zugunsten einer gemeinsamen Strategie abgelegt werden.

Akzeptanz und Respekt vor den Akteuren anderer Sektoren sind Voraussetzung für ein Miteinander. Langfristige und zukunftsweisende Lösungen können nur entstehen, wenn ausdiskutierte gemeinsame Lösungsansätze verwirklicht werden – zu denen alle stehen können.

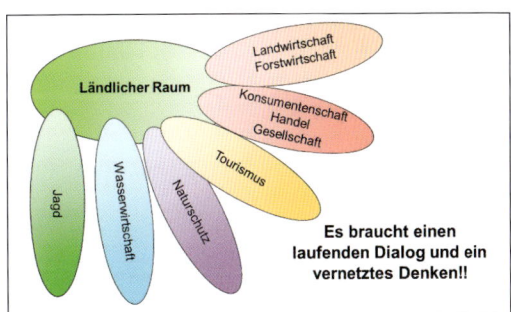

*Grafik 13: **Sektorales Zusammenwirken und vernetztes Miteinander***

Nicht die unterschiedlichen fachlichen Zugänge zu den Themen sind das Problem, sondern oftmals Befindlichkeiten, Eitelkeiten und Machtansprüche. Können diese menschlichen Hürden im Entwicklungsprozess einigermaßen beseitigt werden, steht einer streitfreien und lösungsorientierten Zielsetzung nichts mehr im Wege.

Die Land- und Forstwirtschaft braucht diesen Dialog genauso wie die anderen Sektoren, wollen wir dem ländlichen Raum und somit der Land- und Forstwirtschaft eine Zukunft geben.

5. NUTZUNGSFORMEN DES GRÜNLANDES

Das Grünland unterscheidet sich in seiner botanischen Zusammensetzung, in der Art der Nutzung und in der Zielsetzung der Bewirtschaftungs- bzw. Erholungsfunktion.

5.1 Dauergrünland

- Wiesen mit mehr als zwei Nutzungen, Kulturweiden und Mähweiden (**Wirtschaftsgrünland**)
- Bergwiesen (ein- und mehrschnittig), Streuwiesen, Hutweiden, Streuobstwiesen, Biotopflächen und Almen (**Ökogrünland**)

Dauergrünland setzt sich in der Regel vielfältig zusammen und wird als Wiese, Weide oder Mähweide genutzt. Flächen, die **länger als zehn Jahre ohne Umbruch** permanent eine Pflanzendecke tragen, gehören bereits zum Dauergrünland. Bei den Wiesen werden die extensiven Bergwiesen (ein- und zweischnittige Wiesen) und die drei- bis sechsmalig genutzten Wiesen unterschieden. Bei den

Das Dauergrünland kann beweidet oder gemäht werden und zeichnet sich durch ein breites Artenspektrum in den verschiedensten Pflanzengesellschaften aus.

Weiden gibt es die Kulturweiden mit den unterschiedlichsten Weideformen (Kurzrasenweide, Portionsweide, Koppelweide etc.) und die extensiven Hut- und Almweiden.

5.2 Wechselgrünland

- Feldfutterartig für vier bis fünf Jahre
- Danach Übergangscharakter vom Feldfutter in die Dauerwiese

Wechselgrünland besteht **anfänglich aus feldfutterartigen Pflanzenbeständen**, die einer Nutzung von vier bis fünf Jahren standhalten. Danach wird die Fläche wieder großteils als Acker genutzt. Die Form des Wechselgrünlandes mit einem fließenden Übergangscharakter zum Dauergrünland wird aus wirtschaftlichen (hoher Ertrag in den ersten Jahren) und ökologischen (kein Umbruch für das Dauergrünland notwendig) Gesichtspunkten nur dort genutzt, wo der Bewirtschafter künftig auf den Ackerstatus verzichten will.

Die Wechselwiesen weisen in den ersten Jahren feldfutterartige Bestände auf und können in den folgenden Jahren in Dauergrünland übergeführt werden.

5.3 Ackergrünland (Feldfutterbau)

- Kurzfristiger Feldfutterbau (ein bis zwei Nutzungsjahre)
- Mittelfristiger Feldfutterbau (drei bis vier Nutzungsjahre)
- Zwischenfruchtfutterbau

Rotklee- und Luzernegräser setzen sich aus den jeweils besten Sorten zusammen. Sie können zwischen ein und fünf Jahre genutzt werden.

Der Feldfutterbau (bzw. Ackergrünland) bietet die Chance, besonders leistungsfähige Arten von Grünlandpflanzen zur Futterproduktion heranzuziehen, auch wenn sie nicht bodenständig (z. B. Raygräser) sind. Dadurch sind besonders hohe Erträge und eine Verbesserung der Futterqualität zu erzielen. Auf entsprechenden Standorten und bei richtiger Durchführung ist der Feldfutterbau daher **auf guten Standorten wirtschaftlich attraktiver als die Dauergrünlandwirtschaft**. In Grenzlagen des Silomaisanbaues stellt der Anbau von Klee und Feldgräsern eine sinnvolle Alternative dar. Der günstige Einfluss auf die Fruchtbarkeit der Ackerböden, besonders im Fall leguminosenreicher Bestände (Bindung von Luftstickstoff) bei kostengünstiger Futtererzeugung, zeichnet diese Art der Grundfutterproduktion auf eigenen Flächen besonders aus. Auf trockenen, umbruchfähigen Standorten löst der Feldfutterbau mit Luzerneanteilen die Dauerwiesen allmählich ab.

6. PRODUKTIONSBEEINFLUSSENDE FAKTOREN

Die Kenntnis der produktionsbeeinflussenden Faktoren ist eine wichtige Voraussetzung und eine wertvolle Hilfe für die erfolgreiche Gestaltung der Grünlandbewirtschaftung und in weiterer Folge auch der Viehwirtschaft. Die Ausrichtung der Bewirtschaftung eines Betriebes hängt wesentlich von diesen elementaren Grundlagen ab.

In diesem Kapitel werden die naturbedingten Faktoren besprochen, die sowohl für den Feldfutterbau als auch für die Dauergrünlandwirtschaft von Bedeutung sind. Es ist effizient, Flächen je nach Standortspotenzial umweltgerecht zu nutzen – es sollten dabei die natürlichen Grenzen (Boden, Mikrobiologie im Boden, Erosion, Nährstoffe, Grundwasser, Pflanzenbestand, Schnitthäufigkeit, Tierbesatz pro ha, Kraftfutterimporte, Tierleistungen, Emissionen etc.) nicht überschritten werden.

Allgemeine Ertragsfaktoren

Faktoren, die naturbedingt kaum änderbar sind und daher eine Anpassung verlangen:	Faktoren, die nur fallweise veränderbar sind und bei einer Veränderung eine langfristige Planung verlangen:	Faktoren, die verhältnismäßig einfach und rasch geändert werden können:

• Klima und Wetter
• Bodenverhältnisse
  Standort, Neigung und
  Exposition der Fläche
	• Grundstückslage zum Hof
	• Form und Größe der
	  Grünlandfläche
		• Pflanzenbestand
		• Nutzung
		• Düngung
		• Pflege
		• Krautregulierung
		• Nachsaat/Sanierung

⇕	⇕	⇕ ⇕ ⇕

Alle Ertragsfaktoren muss der Betriebsführer in seine Überlegungen einbeziehen. **Der wesentlichste Faktor ist ein ökologisch denkender und marktorientierter Betriebsführer.**

6.1 Klima und Klimafolgen

Die **Niederschlagsmenge** und die **Niederschlagsverteilung** sind speziell in der Grünlandbewirtschaftung im Hinblick auf Bestandesführung, Futterkonservierung und Fütterungsart wichtig. Im absoluten Grünlandgebiet Österreichs liegen die Jahresniederschläge meist über 800 mm; ein hoher Anteil der Niederschläge fällt im Durchschnitt der Jahre vorwiegend während der Sommermonate von Mai bis September. Unter 800 mm Jahresniederschlag ist es auf ackerfähigen Standorten günstiger, Feldfutterbau mit wenig trockenheitsempfindlichen Futterpflanzen zu betreiben.

Überflutete oder ausgedorrte Grünlandflächen zeigen, welche Kraft und Vernichtung das Klima/Wetter auf die Kulturen ausüben kann.

Die derzeit herrschende Klimaveränderung bringt es mit sich, dass extreme Trockenperioden mit hohen Temperaturen auch in Österreich auftreten. Was bisher nur im Pannonikum (Jahresniederschlag unter 500 mm) bekannt war, dringt vom Südosten Österreichs immer weiter ins Landesinnere vor.

Die Niederschlagskarte von SCHAUMBERGER (2018) zu den durchschnittlichen Niederschlägen 2006–2017 (siehe Grafik 14) zeigt, wie unterschiedlich die Niederschläge in Österreich ausgefallen sind. Österreich zeigt demnach einen **Trockengürtel** im Norden, Osten und Süden. Das Mühl- und Waldviertel sowie das Weinviertel, Marchfeld, Burgenland, die Südoststeiermark, Südkärnten sowie Osttirol weisen kaum 800 mm Jahresniederschlag auf, viel eher liegen sie zwischen 500 und 700 mm. In diesen Regionen sind die Sommermonate Juni, Juli und August mit sehr heißen Temperaturen (auch über 35 °C) und geringen Niederschlägen absolut **limitierend für einen Grünlandbewuchs**. Dürre insbesondere auf den seichtgründigen Südhängen führt zum „Ausbrennen" der Flächen und zu Ertragsausfällen. Die Österreichische Hagelversicherung hat vor zwei Jahren eine Dürreindex-Versicherung im Grünland mit Erfolg eingeführt.

Auf insgesamt 54 Versuchsparzellen im Grünland werden seit 2014 an der HBLFA Raumberg-Gumpenstein weltweit einzigartige Freilandexperimente mit den Klimafaktoren „Temperatur, CO_2 und Niederschläge/Trockenstress" in unterschiedlichen Variationen durchgeführt. Mit namhaften Partnern werden neue Erkenntnisse im System Boden–Pflanze–Atmosphäre hinsichtlich Klimafolgenforschung auch für die praktische Grünlandwirtschaft erwartet (PÖTSCH, 2017).

Ziel der Grünlandbewirtschaftung muss es sein, auch auf den „trockenen" Standorten Österreichs, wo es umweltökologisch nicht sinnvoll ist umzubrechen, die Wiesen und Weiden zu erhalten. Die Herausforderungen dabei werden die Dürreperioden in den Sommermonaten (Sommerloch) sein. Hier muss es gelingen, diese Wiesen- und Wei-

Freilandexperimente zur Klimafolgenforschung am Grünland an der HBLFA Raumberg-Gumpenstein

debestände **nach und nach auf trockenresistente Pflanzenarten und Sorten umzubauen**, damit diese die Dürreperioden überleben und im Spätsommer/Herbst wieder ergrünen und Ertrag bringen. Die ÖAG-Nachsaatmischungen „Natro und Nawei" sind für trockene Standorte ideal und sollten nach Trockenschäden eingesetzt werden.

In den bisher kühleren Berglagen wird es künftig wärmer und wüchsiger, für das Grünland nicht unbedingt ein Nachteil, wenn da nicht eine zu warme und trockene Frühjahrswitterung zu einer geringeren Bestockung der Gräser führen wird, ebenso zu einer früheren Vegetation generell. Die Bestockung im Grünland braucht möglichst lange kühle und nasse Perioden im Frühjahr, dann entstehen untergrasstarke, bodengrasstarke erste Aufwüchse. Diese intensive Bestockungsphase der Gräser gibt es nur im Frühjahr. Ein Striegel mit Nachsaat/Übersaat vor der Bestockung würde diese stimulieren.

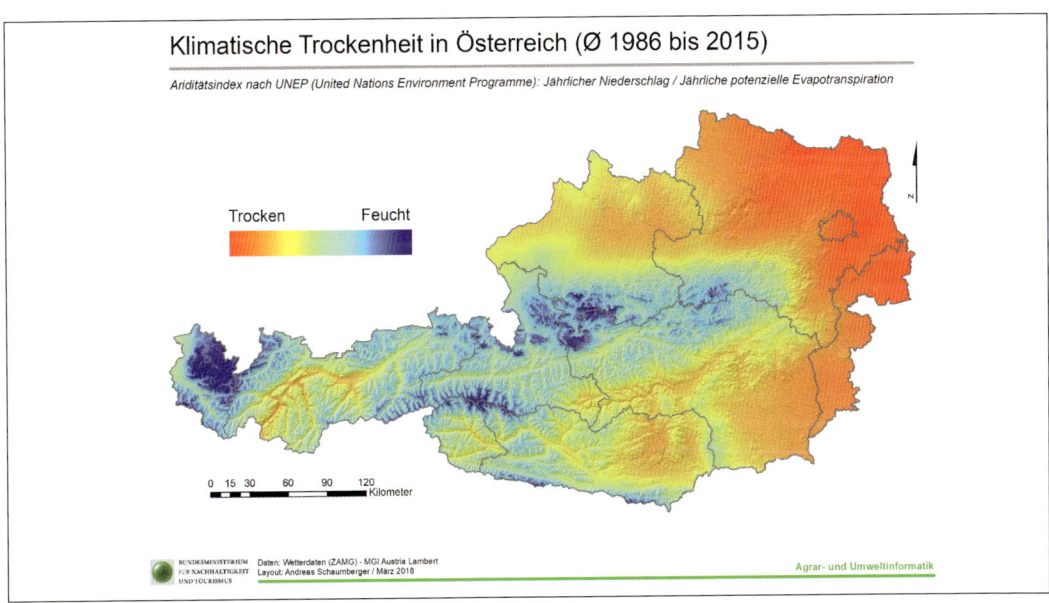

Grafik 14: ***Durchschnittliche Niederschlagssumme von 2006–2017*** *(SCHAUMBERGER, 2018)*

In den Grünlandgebieten macht uns auch die lange Vegetationsperiode bis hinein in den Dezember, ohne dass es zu Bodenfrost kommt, Sorgen. Wir wollen doch mit den Pflanzenbeständen nicht zu hoch in den Winter gehen, da hier insbesondere beim Raygras die Schneeschimmelgefahr ansteigt. Die ideale „Nachweide" kann wegen der vielfachen Streulage der Flächen nicht überall stattfinden.

Da ein **früheres Frühjahr** und ein **späterer Herbst** die Vegetationszeit um ca. 14 Tage durchschnittlich deutlich verlängert, steigt bei Beibehaltung der Nutzungsfrequenzen die Schnittanzahl insbesondere in den Gunst- und Übergangslagen auf über vier bis zu sechs Nutzungen. Diese Nutzungshäufigkeit halten aber unsere **Obergräser** (Knaulgras, Goldhafer, Wiesenschwingel etc.) wegen **Schnittempfindlichkeit** nicht aus. Das Englische Raygras hält wohl dieser Schnitthäufigkeit stand, doch bei Schneelage kann der Schneeschimmel zuschlagen. Der Ausweg könnten „Moderne Grünlandbestände" sein.

Erschwerend kommt hinzu, dass rund 70 % der Grünlandflächen in Österreich südexponiert sind, da unsere Vorfahren eher warme Südlagen gerodet haben, um Haus, Hof und Heuflächen in warmer Lage zu haben.

Die durchschnittliche Tagestemperatur nimmt mit zunehmender Höhenlage ab. Dadurch verkürzt sich die **Wachstumszeit** von rund 200 Tagen im Flach und Hügelland auf praktisch 60 Tage in den Almregionen der Hochalpengebiete.

6.2 Bodenverhältnisse

Bodentyp, Bodenart, Struktur und Gründigkeit des Bodens spielen neben den Bodenwasserverhältnissen, dem Gehalt an verfügbaren Nährstoffen sowie weiterer physikalischen, chemischen und biologischen Eigenschaften für den Erfolg der Grünlandwirtschaft eine große Rolle. Diese Bodenverhältnisse werden vom **Ausgangsgestein** wesentlich mitbestimmt. Die Österreichkarte (siehe Grafik 15) zeigt die unterschiedlichen geologischen Formationen. Diese große Vielfalt innerhalb kurzer Distanzen ist auch zum Teil für die Vielfalt in der Pflanzenwelt verantwortlich.

Seichtgründige und steinige Standorte sind in den Berglagen unter Grünland häufiger anzutreffen als tiefgründige und ackerfähige Böden. Bodenansprache im Bodenprofil mit Dr. BOHNER.

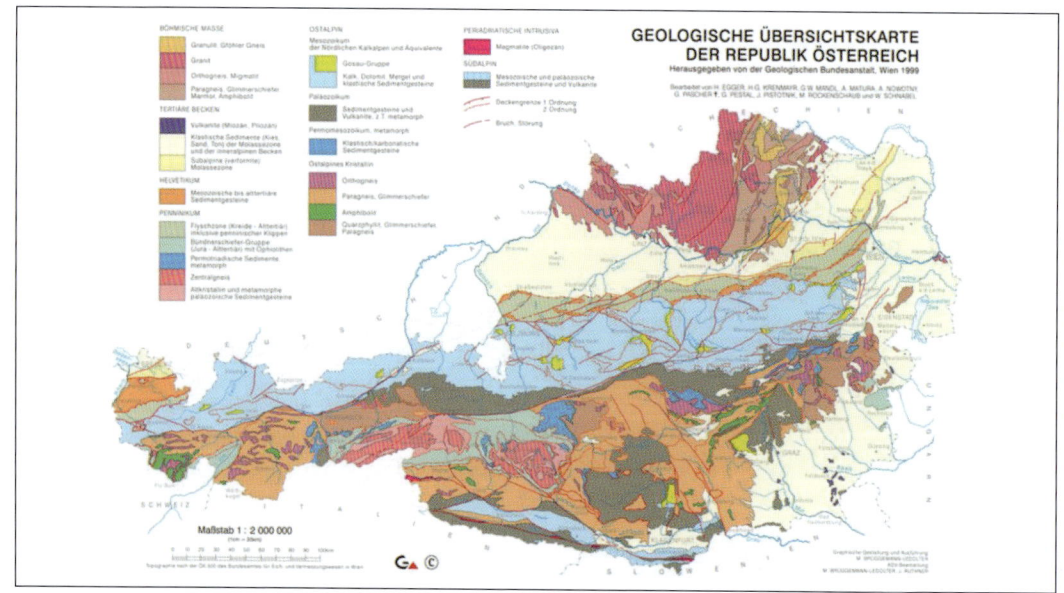

*Grafik 15: **Geologische Übersichtskarte Österreich** (GEOLOGISCHE BUNDESANSTALT WIEN, 1999)*

Feldfutterbau verlangt einen gut ackerfähigen Boden. Dauergrünlandböden können etwas bindiger, feuchter, seichtgründiger sowie steiniger sein und sich auch in Hanglagen befinden.

Leichte, seichtgründige, sonnseitige Böden sind besonders trockenheitsempfindlich. Weiden und Wiesen verdorren besonders leicht, weil sich die Hauptwurzelmasse nur in einer Bodentiefe bis zu 5–10 cm befindet. Feldfutter, insbesondere Luzerne, durchwurzelt die gesamte Ackerkrume und ist daher weniger dürreempfindlich. Luzerne und Grünlandkräuter mit Pfahlwurzeln, z. B. Ampfer, Bärenklau, Kuhblume, dringen tief in nicht vernässte und nicht verdichtete Böden ein.

Der Humusgehalt im Dauergrünland liegt in der Regel zwischen 5 und 10 %, in Ackerböden zwischen 1 und 3 %.

Der **pH-Wert** sollte je nach Sorptionskraft (Schwere des Bodens) **im Dauergrünland und bei Kleegrasmischungen zwischen 5,0 und 6,5** liegen. Fällt der pH-Wert unter 5,0 ab, so sollte eine Kalkung erfolgen. Eine Kalkzufuhr bei pH-Werten über 7,0 legt manche Spurenelemente fest und sollte daher unterbleiben. Die Luzerne braucht Böden mit einem pH-Wert von 6,5–7,0. Anmoorige Böden sind hingegen nicht aufzukalken.

Der Gehalt der Grünlandböden an Kalium und Phosphor sollte zwischen 88 und 170 bzw. zwischen 47 und 68 mg je 1 kg Feinboden betragen, damit keine Mangelsituation bei der Versorgung des Grünlandes auftritt (BML, 2023b). Die Kleearten reagieren empfindlich auf eine Unterversorgung mit Kali und Phosphor. Durch die ordnungsgemäße Rückführung der Wirtschaftsdünger (Stallmist, Jauche, Gülle und Kompost) wird der Nährstoffkreislauf meist geschlossen, sodass eine mineralische Ergänzungsdüngung im Grünland erst bei Absinken unter 87 mg K und 47 P je 1 kg Feinboden erfolgen sollte.

7. PFLANZENBESTÄNDE UND PFLANZENARTEN AUF WIESEN UND WEIDEN

Die Grünlandbestände bestehen aus vielen Pflanzenarten und je nach Standort auch aus vielen Pflanzengesellschaften. Wie viele Pflanzenarten im Pflanzenbestand vorhanden sind und wie hoch der Anteil der einzelnen Arten ist, wird einerseits von den natürlichen Standortfaktoren beeinflusst, andererseits wird die vorhandene Pflanzengesellschaft aber auch besonders stark durch die Bewirtschaftungsform geprägt (BOHNER und SOBOTNIK, 2001).

Im Rahmen des MAB-Forschungsprojektes der HBLFA Raumberg-Gumpenstein wurden in Österreich acht Testgebiete im Alpenraum ausgewählt und auf Artenzahlen in den einzelnen Nutzungsformen untersucht (vergleiche Tabelle 4). In den extensiven Wiesen konnten pro 100 m² rund 45 Arten angetroffen werden (PÖTSCH et al., 2000). **Je häufiger die Nutzung, desto geringer die Artenzahl.** Sie fällt bei der Vielschnittnutzung (4 Mal) auf durchschnittlich 27 Arten ab; ebenso viele konnten auch in der Wechselwiese und im Feldfutter angetroffen werden. Im Feldfutter sind natürlich auch Ackerkräuter vertreten. Mäh- und Kulturweiden enthalten rund 40 Arten, wobei auch hier Ausnahmeflächen angetroffen wurden, die über 70 Arten aufwiesen. Die Hutweiden sind mit bis zu über 100 Arten pro 100 m² wohl am artenreichsten (siehe Tabelle 4). Bewirtschaftete Almweiden und Bergmähder zeichnen sich ebenfalls durch eine große Artenvielfalt aus. Streuwiesen können je nach Wasserhaushalt sowohl mit geringem Arteninventar (feuchte bzw. nasse Standorte) als auch mit Artenreichtum aufwarten. Wird die Nutzung aufgelassen (Brache), so nimmt die Artenvielfalt langfristig ab.

Tabelle 4: **Artenzahlen bei unterschiedlichen Nutzungsformen im österreichischen Grünland aus acht Untersuchungsgebieten im Berggebiet (MAB, 2000)**

Nutzungsformen im Grünland	Anzahl der Aufnahmen	Ø Artenzahl pro 100 m²	Standardabweichung	Minimum	Maximum
Einschnittwiese	366	45	± 17	8	91
Zweischnittwiese	864	40	± 12	7	88
Dreischnittwiese	508	35	± 11	13	81
Vielschnittwiese	20	27	± 5	18	39
Wechselwiese	12	28	± 8	20	38
Feldfutter (Kleegräser)	53	34	± 9	23	63
Mähweide	209	39	± 10	18	71
Kulturweide	178	41	± 12	24	86
Hutweide	197	48	± 19	4	115
Almweide	42	35	± 24	21	115
Nicht genutztes Grünland	56	29	± 14	7	55
Streuwiesen	153	40	± 15	4	62

7.1 Ansprüche und Eigenschaften der Pflanzen

Ein Grünlandbauer soll die Pflanzenbestände seiner Futterflächen richtig beurteilen und einschätzen können. Das heißt, er soll die wichtigsten Pflanzen auch ohne Blüten erkennen können, da die meisten Pflanzen nur einmal im Jahr blühen. Von Ausnahmen abgesehen blühen sie meistens im ersten Aufwuchs. Eine bewährte Hilfe zur Bestimmung der Grünlandpflanzen während der ganzen Vegetationszeit ist der Bestimmungsschlüssel nach DEUTSCH (1997).

Einschürige Wiesen liefern zwar geringe Erträge und Qualitäten, sind aber durch das Artenspektrum äußerst interessant.

Feuchtwiesen zeichnen sich durch ein üppiges Wachstum und besonders attraktive Pflanzengesellschaften aus. Die Futterqualität ist aber insbesondere bei später Nutzung nur mäßig.

Es ist jedem guten Naturbeobachter oder auch Allergiker sicher schon aufgefallen, dass die meisten Pflanzen derselben Art auf einem Standort fast immer zum selben Zeitpunkt blühen. Die meisten Pflanzenarten haben daher einen ganz bestimmten Blühtermin. Eine Pflanzengesellschaft im Grünland besteht jedoch aus verschiedenen Pflanzenarten, die in der Regel in verschiedenen Zeiträumen blühen. Daraus ergibt sich eine jährlich wiederkehrende, ganz bestimmte Blühreihenfolge, die oft den Eindruck erweckt, dass der Pflanzenbestand nur aus den jeweils blühenden Pflanzenarten besteht.

Die ein- bis zweimal genutzten Bergwiesen sind reichhaltig an Arten. Sie verlangen je nach Höhen- und Hanglage eine differenzierte Bewirtschaftung.

41

Die **Blühreihenfolge** beginnt beispiels-
weise mit den zarten, weißen bis bläuli-
chen Blütensträußen des Wiesenschaum-
krautes im zeitigen Frühjahr. Manche
Wiese scheint dabei mit einem hellen
Schleier überzogen. Ein wenig später kann
auf derselben Wiese die als „Löwenzahn"
benannte Kuhblume mit ihren intensiv
gelben Blütenköpfen das Bild beherrschen.
Häufig wird die Kuhblume vom ebenfalls
gelb blühenden Hahnenfuß abgelöst. Das
weiße Blütenmeer der Doldenblütler prägt
so manche nährstoffreiche Wiese. Die wei-
ßen Doldenblüten von Geißfuß, Wiesenker-
bel, Wiesenkümmel etc. prägen oft den ers-
ten und der Bärenklau den zweiten
Aufwuchs. Dann folgen am selben Standort
meistens die gelb blühenden Arten Wiesen-
bocksbart und Wiesenpippau. Das Echte
und das Gefleckte Johanniskraut öffnen
ihre ebenfalls gelb gefärbten Blüten auch
in günstigen Lagen erst Ende Juni, also um
den Johannistag herum. Allen bekannt ist
die im Herbst blassviolett blühende, giftige
Herbstzeitlose.

Großteils leben die einzelnen Pflanzenar-
ten am Grünland im vegetativen, d. h. im
blüten- oder fruchtlosen Zustand. Viele
Grünlandpflanzen „vegetieren" im wahrs-
ten Sinne des Wortes in diesen Zeiträumen
dahin, insbesondere aber während der win-
terlichen Ruhepause. Im **vegetativen** Zu-
stand ist der Blattanteil hoch. Wird die
Pflanze **generativ**, dann verstärkt sich
der Stängel, er wird länger und ragt seine
Rispe, Dolde, Korbblüte etc. zur Blüte und
Samenreife gegen den Himmel.
Die Artenanzahl nimmt im Grünland ten-
denziell, bedingt durch die Anpassung der
Nutzungsformen, mit der Höhenlage zu
(vergleiche Grafik 16). Extensivere Nut-
zungsformen (Hutweiden, ein- oder zwei-
mähdige Wiesen etc.) kommen in Höhen-
lagen häufiger vor als Trockenrasen in den
Niederungen. Auf rund 500 Höhenmeter
können etwa zehn zusätzliche Arten auf
den Wiesen und Weiden erwartet werden.

*Die Fettwiesen in den Tal- und Gunstlagen zeigen
meist gräserreiche Bestände und sind auch ohne mi-
neralische Stickstoffdüngung sehr ertragsfähig.*

*Auf guten und nährstoffreichen Standorten kann das
Wirtschaftsgrünland auch entarten, wobei häufig die
Kräuter in zu dominanter Weise in Erscheinung tre-
ten, auf dieser Wiese der Geißfuß.*

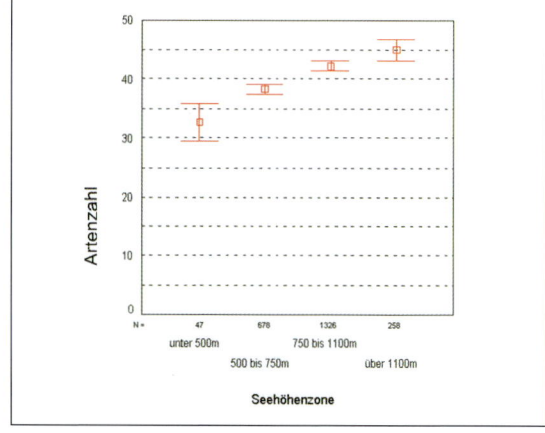

Grafik 16: **Artenanzahl nach Höhenstufen des
Berggrünlandes in Österreich** *(MAB, 2000)*

42

7.2 Pflanzenarten – Bausteine der Pflanzenbestände

Die Pflanzengesellschaften der einzelnen Futterflächen setzen sich je nach Standort und Bewirtschaftungsweise meist aus nur wenigen, manchmal aber auch aus über 50 Pflanzenarten zusammen. In den vielen Pflanzengesellschaften im österreichischen Grünland (Wiesen, Weiden, Almen) können rund 3.000 Gefäßpflanzen gefunden werden.

Eine laufende Beobachtung der Pflanzenbestände lässt eine bessere Beurteilung zu. Aus diesem Wissen heraus sind gezielt notwendige Bewirtschaftungsmaßnahmen abzuleiten, die starke Dynamik in den Pflanzenbeständen wird dann sichtbar.

Ein guter Grünlandwirt soll zumindest die wichtigsten Pflanzenarten auch im blütenlosen Zustand erkennen. Dies ist eine wichtige Voraussetzung für die Beurteilung der Pflanzenbestände und für eine richtige Bestandesführung bzw. für das Ergreifen erforderlicher Verbesserungsmaßnahmen.

7.3 Artengruppen in den Futterpflanzenbeständen

Die auf den Futterflächen vorkommenden Pflanzenarten werden zu **drei Artengruppen** zusammengefasst:
- **Gräser** (Süßgräser und Sauergräser)
- **Leguminosen** (Klee und kleeartige Pflanzen)
- **Kräuter**.

Diese werden in Gewichtsprozente geschätzt – sie ergeben in Summe 100 % (siehe Kapitel K). Bei deren Beurteilung erhält man bereits wertvolle Hinweise über den Zustand eines Pflanzenbestandes. Es ist natürlich, dass sich das Aussehen einer bestimmten Pflanzengesellschaft während der Vegetationszeit durch Klimaeinflüsse sowie Bewirtschaftung (Pflege, Nutzungshäufigkeit, Nährstoffversorgung etc.) ändert.

Als ideal werden aus Sicht der Fütterung und Konservierung Wirtschaftsgrünlandbestände angesehen, die in Dauerwiesen einen Grasanteil von mindestens 50–60 % aufweisen, auf Kulturweiden kann sich der Grasanteil auf 80 % erhöhen. Der restliche Anteil sollte etwa je zur Hälfte aus Leguminosen und Kräutern bestehen.

Im Gegensatz dazu werden bei Feldfutter- und Wechselwiesenbeständen je nach Nutzungsrichtung die Artengruppen, Gräser- und Kleeanteile in den Saatgutmischungen variiert. So kann ein gutes Kleegras für die Grünverfütterung durchaus 50 % Kleeanteil besitzen, für die Silierung wie auch für eine mögliche Heubereitung wird es günstig sein, wenn der Gräseranteil bei 80 % und der Kleeanteil nur bei 20 % liegt.

Im Pflanzenbestand sollten jedoch **keine oder möglichst wenig echte „Unkräuter"** enthalten sein. Es sind dies vor allem giftige, schädliche, minderwertige oder auf wertvollen Futterpflanzen schmarotzende Pflanzenarten. Auch zur Dominanz neigende Kräuter wie Ampfer, Geißfuß, Hahnenfuß etc. sind unerwünscht. Beikräuter oder sogenannte Futterkräuter sind in diesem Ausmaß von 20–30 Flächenprozent erwünscht.

Die Pflanzenbestände des Grünlandes setzen sich aus den Artengruppen „Gräser", „Kräuter" und „Leguminosen" zusammen.

Tabelle 5: **Zusammensetzung eines idealen, leistungsfähigen Dauergrünlandbestandes**

50–60 Gew.-%	**GRÄSER**
20–30 Gew.-%	Untergräser (Wiesenrispe, Engl. Raygras, Rotschwingel, Straußgras etc.)
30–40 Gew.-%	Obergräser (Knaulgras, Goldhafer, Wiesenschwingel, Wiesenfuchsschwanz etc.)
Aber wenig „Problemgräser" wie Gemeine Rispe, Weiche Trespe, Rasenschmiele und nicht zu viel Goldhafer (Kalzinosegefahr)	
10–30 Gew.-%	**LEGUMINOSEN**
	Weißklee, Wiesenrotklee, Hornklee, Wicken, Wiesenblatterbse etc.
10–30 Gew.-%	**KRÄUTER**
Aber keine Problemkräuter wie Stumpfblättriger Ampfer, Geißfuß, Herbstzeitlose, Weißer Germer, Kreuzkrautarten, Rossminze etc.	

❑ Eigenschaften der Artengruppen

Jede Pflanzenart hat spezifische Eigenschaften im Pflanzenbestand, trägt unterschiedlich zum Ertrag und zur Futterqualität bei und verhält sich auch in der Futterkonservierung sehr differenziert (siehe Tabelle 6).

Tabelle 6: Spezifische Eigenschaften der Artengruppen im Pflanzenbestand und Grundfutter

▪ **Kräuter**
+ Mineralstoffgehalt
+ Anpassungsfähigkeit
- Ertragsfähigkeit
- Konservierbarkeit
- Narbendichte

▪ **Gräser**
+ Ertragsfähigkeit
+ Ertragssicherheit
+ Fruchtfolgestabilität
+ Narbendichte
+ Konservierbarkeit
+ Strukturwirksamkeit
- Mineralstoffgehalt

+ positiv
- negativ

▪ **Leguminosen**
+ N-Bindung über Knöllchenbakterien
+ Rohproteingehalt
- Fruchtfolgelabilität
- Ausdauer
- Konservierbarkeit

❏ Gräser

Die Gräser sind **fruchtfolgestabil**, **ertragssicher** und weisen eine **hohe Ertragsfähigkeit** auf, insbesondere die Obergräser, sofern sie ausreichend mit Nährstoffen versorgt werden. Die Dichte der Grasnarbe geht großteils von den Gräsern, insbesondere den Untergräsern, aus. Die Gräser bröckeln bei der Heuernte wenig ab und liefern über die **zuckerreiche Blattmasse** die Energie für die Milchsäuregärung bei der Silagebereitung. In der Futterqualität liefern die Gräser beim Nutzungszeitpunkt „Ähren-/Rispenschieben" gute bis sehr gute Inhaltsstoffe und Gerüstsubstanzen. Schwächen zeigen die Gräser bei den Mengen- und Spurenelementen, insbesondere wenn der Blattanteil bei späterer Ernte abnimmt. Die Gräser **wurzeln** eher nur **in den obersten 10–15 cm** und sind so auch bei Trockenheit unmittelbar betroffen. Die Gemeine Rispe (muffiges Futter), Weiche Trespe, Wolliges Honiggras, Rasenschmiele und der Bürstling auf der Alm sowie alle Sauergräser zählen aus Sicht der Fütterung und Weidehaltung zu den minderwertigen und unerwünschten Arten.

❏ Kräuter

Die Kräuter sind äußerst vielfältig aufgestellt und sind generell in den **Mineralstoffgehalten** und in den **speziellen Inhaltsstoffen** im Futter bei vergleichbarer Nutzung zu den Gräsern etwas höher einzustufen. In der Ertragsfähigkeit sind die Kräuter eher schwach und sie verhindern mit ihrem Blätterdach oftmals eine dichte Grasnarbe. Die blattreichen Kräuter sind bei der Heuzubereitung anfällig auf Bröckelverluste und die dicken Stängel behalten, auch wenn die Blätter schon trocken sind, noch eine hohe Feuchtigkeit (> 15 % in der Trockenmasse), die sich dann in der Einlagerung als hitzige Fermentation entpuppt.

Kräuter **wurzeln eher tief bis sehr tief** und zeigen so auch bei Trockenheit und Dürre ein deutlich besseres Durchhaltevermögen. Die Wurzelkörper der Kräuter, insbesondere der Oberkräuter, lagern Reservestoffe in Form von Kohlenhydraten ein, wo sie sich gerade im kühleren Frühjahr durch die Mobilisierung dieser Reservestoffe einen Wachstumsvorsprung gegenüber den Gräserarten von bis zu zehn Tagen holen und somit dominant im Platzverhalten auftreten. Viele Kräuter sind auch extrem stark in der generativen Phase, d. h., sie produzieren viele Samen, die im Boden über Jahre ihre Keimfähigkeit behalten.

❏ Leguminosen

Die Kleearten und andere Leguminosen im Dauergrünland (Rotklee, Weißklee, Hornklee, Vogel- und Zaunwickel, Wiesenblatterbse, Steinklee etc.) können über die Knöllchenbakterien an den Wurzeln **Luftstickstoff im Bakterieneiweiß binden**. Nach Absterben der Knöllchenbakterien wird das Bakterieneiweiß wieder zu Stickstoff mineralisiert und von den Wurzeln in die Pflanze aufgenommen.

> 1 % Leguminosen im Pflanzenbestand kann so pro ha je nach Vegetationsdauer rund 2–4 kg Stickstoff binden.

Eine Dauerwiese mit 20 Flächenprozent Kleeanteil bekommt so rund 60 kg N/ha aus der Luft in den Kreislauf, Feldfuttermischungen mit Schwerpunkt Rotklee oder Luzerne können so bis zu 200–300 kg N pro ha binden. Durch diese höhere Stickstoffverfügbarkeit an der Kleewurzel kann die Kleepflanze auch **höhere Proteingehalte in der Pflanze** aufbauen.

> **10 % Leguminosen** im Futter (Silage/Heu) bedeuten **zusätzlich 5 g Rohprotein/kg TM** im Vergleich zu einem Gräser-/Kräuterbestand bei gleicher Düngung und gleichem Schnittzeitpunkt.

Eine Dauerwiese mit guter N-Versorgung liefert beim Ähren-/Rispenschieben rund 150 g Rohprotein/kg TM. Bei einem Kleeanteil von 20 % im Futter kommen zu den 150 g von den Gräsern und Kräutern noch 10 g Rohprotein zusätzlich von den Leguminosen, sodass im Futter dann 160 g Rohprotein/kg TM enthalten sind.

Kleearten in der **Dauerwiese** sind **nicht permanent ausdauernd**, da bei starkem Kleeanteil die Fadenwürmer im Boden den Kleeanteil reduzieren. Der Kleeanteil erholt sich wieder nach zwei bis drei Jahren, dies nennt der Grünlandbauer „Kleemüdigkeit".

Der Rotklee hält in der Dauerwiese zwei bis max. drei Schnitte pro Jahr aus, wird er zu häufig genutzt, so fällt er aus. Im Feldfutter hält der Rotklee bei drei bis fünf Nutzungen zwei bis drei Jahre durch, dann bricht er im Pflanzenbestand ähnlich zusammen wie eine übernutzte Luzerne. Der Weißklee hingegen kommt bei drei Schnitten und wird bei noch häufiger Nutzung dominierender.

In der Konservierung weisen die Kleearten bei der Heubereitung meist extreme Bröckelverluste auf, stehen oft am Feld 20 % Kleearten, so findet man im Heu/Grummet nur wenige Anteile, in der Grassilage gibt es diese Verluste nicht. Bei der Silagezubereitung allerdings übt ein hoher Proteingehalt in der Vergärung eine gewisse Pufferwirkung gegenüber der Ansäuerung durch Milchsäure aus. Klee- oder luzernereiche Futterpartien bekommen daher manches Mal „Zucker" als Silierzusatz. Besser ist es, die Luzerne oder den Rotklee mit dementsprechenden Gräsern gemeinsam in der Mischung anzusäen, dann kommt der nötige Zucker von den blattreichen Gräsern.

7.4 Häufig vorkommende Gräser

Die Gräser sollen im Pflanzenbestand ein ausreichendes Gerüst bilden; je nach Höhenstufe sollten 50–60 % Gräser im Bestand vorkommen. In Hochlagen kann der Gräseranteil naturbedingt bis auf 30 % abfallen. Die Gräser sind zuständig für den dichten Narbenschluss (vor allem die Untergräser) sowie für die Ertragsbildung und für die Erzielung einer guten Futterqualität. Bei zunehmendem Vegetationsstadium (vor allem der Obergräser) nehmen die Gerüstsubstanzen rasch zu und die Verdaulichkeit der organischen Masse ab. Gräserreiche Bestände müssen daher für das Milchvieh unbedingt rechtzeitig beim Ähren-/Rispenschieben (Grassilage/Gärheu) bzw. beim Ähren-/Rispenschieben bis zur Blüte (Heu) geerntet werden.

Die wichtigsten Gräser

❑ **Knaulgras** *(Dactylis glomerata)*

Dieses Obergras ist für trockene und frische Wiesen, Weiden und für Kleegrasmischungen in allen Lagen bestens geeignet; für Weiden sollten besonders blattreiche und „weiche" Sorten (z. B. Gumpensteiner Sorte Tandem) verwendet werden. Das Knaulgras bildet Horste und ist besonders unter intensiveren Verhältnissen (Düngung und Nutzung) ertragreich, konkurrenzstark und kann die Trockenheit am besten überstehen. In den Grünlandlagen unter 600 m Seehöhe stellt das Knaulgras das „Leitgras" dar.

Das Knaulgras, hier im Rispenschieben, zählt zu den ertragsstärksten Obergräsern unserer Wirtschaftswiesen. Es ist ein wichtiges Leitgras.

❏ Glatthafer, Franz. Raygras, Fromental *(Arrhenatherum elatius)*

Dieses hochwüchsige, horstbildende Obergras ist ein wichtiger Bestandteil in den Fettwiesen der milden und mittleren Lagen mit trockener Ausprägung. Für Weiden und Wiesen mit mehr als drei Nutzungen hat der Glatthafer wegen seiner Nutzungsempfindlichkeit kaum eine Bedeutung. Die Ertragfähigkeit ist bei gewöhnlicher Nutzung hoch und das schossfreudige Gras geht besonders beim ersten Schnitt früh in den Stängel und in die Rispe.

❏ Wiesenschwingel *(Festuca pratensis)*

Vielseitig verwendbares, trittfestes und horstbildendes Obergras mit guter Ertragfähigkeit in Weiden, Wiesen und im Kleegrasbau aller Klimalagen. Die Konkurrenzkraft und auch fallweise die Vitalität sind beim Wiesenschwingel auf den Fettwiesenstandorten nicht ganz entsprechend. Der Wiesenschwingel fühlt sich auf schweren Böden und feuchteren Lagen wohl. Er sollte allerdings auch bei Dauer und Wechselwiesen auf Fettwiesenstandorten in der Neuansaat mit guten Sorten mitberücksichtigt werden. Auch auf leichteren Böden kommt er besonders in feuchten Jahren relativ gut zur Geltung.

❏ Timothe oder Wiesenlieschgras *(Phleum pratense)*

Dieses spätblühende (meist erst im zweiten und dritten Aufwuchs) und horstbildende Mittelgras kann in allen Lagen auf den Wiesen, Weiden und in Kleegrasmischungen vorkommen. Wegen der guten Winterhärte und Trockenheitsresistenz ist das Wiesenlieschgras auch für höhere und trockene Lagen besonders geeignet. Die Nachteile bei den meisten Wiesenlieschgrasorten liegen in der geringen Konkurrenzkraft sowie im langsamen Wiederaustrieb im Sommer. Die frühschossende Sorte Tiller kann diesen Nachteil wettmachen, sie ist konkurrenzstark und behauptet sich im Dauerwiesenbestand, aber auch im Feldfutter. Beachtenswert ist auch die starke Empfindlichkeit gegen eine tiefe Saatgutablage.

❏ Wiesenfuchsschwanz *(Alopecurus pratensis)*

Besonders frühreifes und hochwüchsiges, wenig trittfestes Obergras mit lockeren Horsten in feuchten und nährstoffreichen Wiesen. In den Feuchtwiesen tritt der Wiesenfuchsschwanz ebenfalls unregelmäßig auf. Als Hauptbestandesbildner muss er rechtzeitig genutzt werden, damit neben der guten Ertragfähigkeit auch eine gute Futterqualität erzielt wird. Spätreifende Sorten, insbesondere die Gumpensteiner Sorte Gufi, passen beim ersten Aufwuchs schon etwas besser zum übrigen Sortiment und bleibt auch im Blatt gesünder.

❏ Goldhafer *(Trisetum flavescens)*

Der Goldhafer ist ein horstbildendes Mittelgras für das kühlere bis raue und niederschlagsreiche Klima des Alpenraumes. Es stellt in Lagen über 600 m Seehöhe das Leitgras dar. In den Fettwiesen und Weiden ist der Anteil an Goldhafer vornehmlich auf leichteren Böden oftmals besonders hoch. Dieses an sich wertvol-

Der Wiesenfuchsschwanz, hier in der Blüte, ist das frühreifste Obergras der feuchten Wiesen.

le Gras zeigt in einigen Regionen Österreichs bei hohen Bestandesanteilen, insbesondere bei Nutzung vor dem Rispenschieben, eine kalzinogene Wirkung. Goldhaferreiche Bestände sollten vorwiegend zur Winterfuttergewinnung und die goldhaferärmeren Bestände zur Grünfuttergewinnung sowie zum Weidetrieb herangezogen werden. In den Gumpensteiner Sorten

Gunther und Gusto ist der kalzinogene Faktor nur zu 50 % enthalten. Damit kann künftig der Kalzinose wirksam begegnet werden (WURM und STEINWIDDER, 1998).

Goldhafer in hohen Anteilen in dreischnittigen Bergwiesen

❏ Wiesenrispe *(Poa pratensis)*

Wichtigstes Untergras unter mitteleuropäischen und kontinental beeinflussten Klimaverhältnissen. Unter nährstoffreicheren Bedingungen ist sie oft das vorherrschende Gras in den Dauerweiden und Dauerwiesen. Die Wiesenrispe verträgt – im Gegensatz zu den Raygräsern – die Winterkälte und Schneelagen gut, und sie trägt aufgrund ihrer unterirdischen Ausläufer wesentlich zur Rasen und Narbenbildung dauerhaft bei. Bei entsprechender Stickstoffzufuhr und rechtzeitiger Nutzung (insbesondere Weidenutzung) ist die Wiesenrispe zu hohen Leistungen bei guter Qualität fähig. Die Wiesenripe braucht etwa zwei Vegetationsperioden, bis sie in der Grasnarbe voll angekommen ist, das Eng. Raygras kann schon im ersten Jahr wesentliche Ertrags- und Grasnarbenfunktionen übernehmen. Bei ständig zu später Mahd geht die Wiesenrispe, und mit ihr eine gute Narbenbildung, verloren. Zurzeit wird gerade an einer trockenresistenten Sorte in Gumpenstein gezüchtet. In den Nachsaatmischungen sind die wertvollsten Wiesenrispensorten vertreten.

❏ Rotschwingel *(Festuca rubra)*

Der ausläufertreibende Rotschwingel stellt ein Untergras für trockene bis feuchte Wiesen und Weiden mit geringer Nährstoffversorgung dar. Für höhere Lagen und extensiv bewirtschaftete Grünlandflächen mit nährstoffärmeren Böden ist er ähnlich bedeutungsvoll wie die Wiesenrispe für die in tieferen Lagen intensiver bewirtschafteten Flächen mit nährstoffreichen Böden. Die Ertragfähigkeit ist in solchen Lagen relativ gut, die Futterqualität aber nur mittelmäßig. In trockenen Lagen übernimmt der Rotschwingel eine wichtige Funktion in der Grasnarbe.

❏ Rotstraußgras *(Agrostis capillaris)*

Verbreitetes Untergras auf nährstoffärmeren Silikatverwitterungsböden und sauren Standorten, besonders in Berglagen. Das Rotstraußgras bildet niedrige Horste bzw. kurze Ausläufer. Die Sorte Gudrun stammt aus dem Gumpensteiner Zuchtgarten. Die Ertragfähigkeit ist in diesen Lagen gut und die Futterqualität ähnlich wie beim Rotschwingel.

❏ Kammgras *(Cynosurus cristatus)*

In extensiveren Wiesen und Weiden bildet das Kammgras blattarme Horste aus. Dieses Untergras zeigt eine mäßige Ertragfähigkeit und Futterqualität. In höheren Lagen ist es besonders in den Dauerweiden durchaus empfehlenswert.

❏ Deutsches Weidelgras oder Englisches Raygras *(Lolium perenne)*

Wichtiges Weidegras und Bestandteil der Dauerwiesen in milden bis mittleren Lagen. In den milderen Lagen Österreichs können bestimmte Sorten des Engl. Raygrases bis zu vier Jahre überdauern, während in den kühleren und höheren Lagen je nach Strenge des Winters und der Schneelage die Gumpensteiner Sorte Guru und die Sorte Nivana ca. zehn Jahre durchhalten. Durch die rasche Narbenbildung verhindert ein Anteil von 10 % Engl. Raygras eine stärkere Basisverunkrautung bei Neuansaaten. Wegen der hohen Konkurrenzkraft des Engl. Raygrases werden für Dauerwiesen und Dauerweiden eher spätreife Sorten verwendet. In den Nachsaatmischungen Na und Ni sorgen die besten Sorten für eine rasche Schließung der Grasnarbe. Für die Kleegras und Wechselwiesenmischungen werden frühreifere Sorten des Engl. Raygrases wegen ihrer hohen Ertragfähigkeit und ihrer hervorragenden Futterqualität gerne verwendet. Der hohe Zuckergehalt im Engl. Raygras lässt eine gute Silagebereitung zu. Es kann außerdem auch Gülle- und Jauchegaben gut verwerten.

Das Englische Raygras (Deutsches Weidelgras) ist wohl das intensivste Gras für raygrasfähige Lagen mit guter Nährstoffversorgung.

❏ Bastardraygras *(Lolium hybridum)*

Ist ein Kreuzungsprodukt aus Englischem und Italienischem Raygras. In der Winterhärte ist das Bastardraygras dem Ital. Raygras deutlich überlegen und bei durchschnittlicher Witterung kann mit zwei Hauptnutzungsjahren gerechnet werden. Die momentanen Hauptsorten beim Bastardraygras sind spätreifer und blattreicher als die italienischen Raygrassorten. Das Bastardraygras ist im Feldfutterbau aufgrund seiner Ertragfähigkeit und seiner hervorragenden Futterqualität bestens zu verwenden. Als Mischungspartner ist das Bastardraygras mit Rotklee, Luzerne, Weißklee und den übrigen Grasarten infolge seiner angepassten Reifezeit gut kombinierbar. In den Dauerwiesen kann sich das Bastardraygras durch Nachsaat in ungewünschter Weise durchsetzen und den Altbestand verdrängen. Die ersten Nachsaatversuche wurden ab 1975 mit L100 oder Gumpensteiner Bastardraygras vorgenommen – heute stellen solche Wiesen eher ein Problem dar. In den Folgeaufwüchsen in Vielschnittwiesen bringt das Bastardraygras die nötigen Gerüstsubstanzen.

❏ Italienisches Raygras *(Lolium multiflorum)* Einjähriges Weidelgras oder Westerwoldisches Raygras *(Lolium multiflorum westerwoldicum)*

Die Winterfestigkeit ist für unsere Lagen in Österreich relativ gering, daher liegt das Anwendungsgebiet dieser beiden Arten im kurzfristigen Feldfutterbau und Zwischenfruchtbau. Das einjährige Weidelgras ist nur für Nutzungen im Ansaatjahr geeignet. Einmal überwintert das Italienische Raygras ganz gut, insbesondere als Jungpflanze. Die Ertragfähigkeit und die Futterqualität sind bei rechtzeitiger Nutzung sehr gut. In den Dauerwiesen sollte es ebenso wie das Bastardraygras nicht nachgesät werden.

Gräser mit minderer Futterqualität

❑ Gemeine Rispe *(Poa trivialis)*

Dieses ausdauernde Untergras schließt mit den oberirdischen Ausläufern die Lücken der Grasnarbe. Vielfach verfilzt es die Narbe. Die Futterqualität ist wegen der Frühreife nur mittelmäßig und der Ertrag ist nur beim ersten Aufwuchs nennenswert. Außerdem führt die Gemeine Rispe zu einem muffigen Geruch im Futter. Auf den Vielschnittwiesen (mehr als drei/vier Schnitte) gehen meist die Obergräser zu-

Die Gemeine Rispe (hellgrüne Flächen) gilt als das gefürchtetste Ungras in den Wirtschaftswiesen mit intensiver Bewirtschaftung.

rück, die Lücken werden von der Gemeinen Rispe geschlossen. Damit sich nicht Bestände mit über 15 % Gemeiner Rispe einstellen, werden die meist intensiven Dauerwiesen von der Gemeinen Rispe saniert (siehe Kapitel F).

❑ Weiche Trespe *(Bromus hordeaceus)*

Ist in letzter Zeit auf Wiesen, die lückig sind oder einen schlecht geschlossenen Bestand aufweisen, stark im Kommen. Dieses frühreife Gras samt bald aus und verbreitet sich so in den Lücken. Die Futterqualität ist schlecht. Die Weiche Trespe ist einjährig und besitzt keine Winterhärte. Will man sie aus dem Bestand haben, so darf sie ein bis drei Jahre nicht aussamen, denn bis dahin hat sich der Samenvorrat im Boden erschöpft.

❑ Quecke *(Agropyron repens)*

Dieses ausdauernde Obergras mit unterirdischen Ausläufern kann sich in Beständen mit guter Nährstoffversorgung (insbesondere mit Stickstoff) infolge der hohen Konkurrenzkraft stark ausbreiten. Die Futterqualität ist eher schlecht, doch im jungen Zustand liefert es eine akzeptable Qualität. Bei Neuansaaten sollten alle Queckenrhizome entfernt werden – eine Fräsbearbeitung trägt wesentlich zur rascheren Vermehrung der Quecke bei. Sie nützt auch die Trockenheit, um mit ihren Rhizomen die Lücken zu füllen.

❑ Wolliges Honiggras *(Holcus lanatus)*

Auf nährstoffarmen und meist feuchten bis trockenen Wiesen. Es wird vom Vieh nahezu abgelehnt.

❑ Zittergras *(Briza media)*

Ist ein Magerkeitszeiger und kommt nur mehr selten auf Rainen, Schuttkegeln und Wegstreifen vor.

❑ Rohrschwingel *(Festuca arundinacea)*

Die Wildform weist harte Blätter auf und zeigt nur eine geringe Futterqualität, Zuchtsorten können bei rechtzeitigem Schnitt bessere Qualitäten bringen. Hält extreme Trockenheit aus. Sollte aber in Dauerwiesen und -weiden

Der Rohrschwingel breitet sich in den Trockenlagen auf den eher extensiven Dauerwiesen und -weiden bedenklich aus.

keinesfalls nachgesät werden. **Rohrschwingel breitet sich in den Trockengebieten extrem aus,** die Futterqualität und vor allem die Pflanzenbestände leiden stark darunter.

❏ Ruchgras *(Anthoxanthum odoratum)*

Dieses sehr frühreife Gras schließt Lücken und zeigt uns magere Böden an. Intensiver Heugeruch (Kumarin) der Magerwiesen.

❏ Schafschwingel *(Festuca ovina)*

Hält große Trockenperioden durch und kommt auch in extensiven Weiden in höheren Lagen vor. In Weingärten kann der Schafschwingel zwischen den Reihen auch bei Trockenstress eine „Gründecke" bilden helfen.

❏ Borstgras, Bürstling *(Nardus stricta)*

Auf extensiv bewirtschafteten Almen mit vornehmlich Silikatverwitterungsböden (pH-Wert unter 5,0) ist es sehr kampfkräftig und konkurrenzstark. Bei besserer Nährstoffversorgung, insbesondere mit Stickstoff, geht das Borstgras zurück. Bei Nutzung in der Bestockung und im Schossen wird es geringfügig von den Tieren aufgenommen, wie auch in Zeiten mit Mangel an Gerüstsubstanzen. Im Allgemeinen wird es jedoch bei Alternativfutter von den Tieren gemieden. Die Verdaulichkeit eines älteren Bürstlings liegt bei 30 % in der organischen Substanz – Wiesenfutter liegt bei 60–75 %.

❏ Rasenschmiele *(Deschampsia caespitosa)*

Sie ist in ungepflegten und leicht feuchten Weiden das bedeutendste „Ungras". Es bildet starke Horste – „Stollen" – aus. Die Blätter sind stark verkieselt und werden daher nur ungern gefressen. Es ist größtes Augenmerk auf die Bekämpfung zu legen.

❏ Sauergräser

Sauergräser (vor allem Seggen), Simsen und Binsen können Schleimhautreizungen verursachen und somit ebenfalls gesundheitsschädlich wirken. Der Futterwert der Sauergräser ist äußerst gering.

7.5 Leguminosen und Kleearten

Die Kleearten im Ausmaß von 10–30 % – auch Leguminosen genannt – sind in der Lage, Luftstickstoff für ihre eigene Versorgung, aber auch teilweise für die übrigen Pflanzen im Bestand dank der Lebensgemeinschaft (Symbiose) mit den Knöllchenbakterien zu binden und zu verwerten. Rotklee und besonders Weißklee behalten auch bei etwas späterem Erntezeitpunkt ihren höheren Rohproteingehalt, ihre gute Verdaulichkeit und den hohen Energiegehalt. Ein Kleeanteil von 20–30 % im Bestand der Dauerwiesen ist wünschenswert.

Die wichtigsten Leguminosenarten

❏ Weißklee *(Trifolium repens)*

In intensiv genutzten Wiesen (mehr als drei Nutzungen) und Weiden kommt der Weißklee mehr oder weniger stark vor. Auch im Feldfutterbau, in den Wechselwiesen und in den mehrjährigen Intensivmischungen nimmt er mit fortdauernder Nutzung – Rotklee und Obergräser werden weniger – eine bedeutende Stellung ein.

Der Weißklee kann sich aufgrund seiner Ausläufer gut vegetativ vermehren. Bei der Nutzung bleiben die Ausläufer erhalten und können rasch nachtreiben. Der lichthungrige Weißklee braucht zudem häufigen Schnitt, damit er im Bestand nicht von den höherwüchsigen Gräser und Kräuterarten unterdrückt wird.

In Bezug auf Klima und Boden ist der Weißklee anpassungsfähig. Als Flachwurzler ist er allerdings auf eine gute Wasserversorgung angewiesen.
Er startet im Frühjahr langsam und wird oftmals erst gegen Sommer und Herbst hin im Bestand stärker.

Der Weißklee ist die wichtigste Leguminose der Weiden und Vielschnittwiesen.

Wegen der Lagerungsgefahr sollten weißkleereiche Bestände zeitgerecht genutzt werden. Die Futterqualität ist beim Weißklee ausgezeichnet, nur sollte er wegen der geringen Struktur und bestimmter Inhaltsstoffe (Saponine, Blausäure) nicht über längere Zeit als ausschließliches Futter verabreicht werden.

> Der Weißklee ist in Wiesen (mehr als drei Nutzungen) und Weiden unsere wichtigste Kleeart. Er verlangt eine zeitgerechte Nutzung (Lagerungsgefahr) und bringt eine hohe Futterqualität. Er benötigt eine gute Phosphor- und Kaliumversorgung.

❑ **Rotklee** *(Trifolium pratense)*

In alten Dauerwiesen tritt der Rotklee bei zwei bis dreimaliger Nutzung und gemäßigter Düngung als Wiesenrotklee fallweise stärker in den Vordergrund. Im Feldfutterbau spielt er eine entscheidende Rolle, und mit den ausdauernden Sorten können über zwei bis drei Winter ausreichend Anteile im Bestand erhalten werden.

Rotklee verträgt im Feldfutterbau bis zu vier/fünf Schnitte pro Jahr, wobei das Knospenstadium als Erntetermin gelten sollte. Seine Ertrags- und Qualitätsleistung ist äußerst hoch. Diese hohen Erträge sind bei guter PK-Versorgung und ohne Stickstoffgaben zu erzielen. Im Gegensatz zu einer weit verbreiteten Meinung verträgt der Rotklee auch kleine Stallmist- und Kompostgaben im Herbst.

Bestände mit vorherrschendem Rotkleeanteil eignen sich schlecht für die Trockenfuttergewinnung, da die Bröckelverluste hoch sind und die Stängel nur langsam trocknen. Rotkleegrasmischungen mit über 40 Fl.-% Rotklee eignen sich gut für Grünfutter, solche mit einem Anteil von 20–35 Fl.-% können bei rechtzeitiger Ernte auch in Form von Silage konserviert werden; der Anwelkgrad sollte bei 28–35 % TM liegen.

Die Fruchtfolgepause für Kleegrasmischungen beträgt vier bis fünf Jahre (ohne weitere Leguminosen), da sonst Kleemüdigkeit auftritt.

Der Rotklee kann sich in der Dauerwiese bis zu zwei Nutzungen gut behaupten, bei mehr Nutzungen verschwindet er in drei bis vier Jahren.

Der Rotklee ist eine „Mähleguminose", die ohne Stickstoffdüngung hohe Erträge bringt. Er passt sich dem Klima und Boden an und verträgt wegen des tiefen Wurzelgangs auch Trockenperioden auf schweren Böden recht gut.

❑ Luzerne *(Medicago sativa)*

Die Luzerne wird wegen ihres hohen Futterwertes oft als die „Königin der Futterpflanzen" bezeichnet. Sie ist zwar die klassische Futterpflanze der Trockengebiete, wird aber zunehmend auch in etwas feuchteren Lagen mit Erfolg angebaut. Die Bastardluzerne ist eine Kreuzung aus Sichel- und Saatluzerne. Zu dieser Form gehören die meisten Herkünfte und Zuchtsorten. Die Luzerne bestockt sich durch das Austreiben sogenannter Reserveknospen des oberirdisch liegenden Wurzelkopfes (Frühwirth et al., 2022). Dies erklärt auch die hohe Empfindlichkeit der Luzerne

Die Luzerne wird mittlerweile bevorzugt in Feldfuttermischungen für Trockengebiete verwendet und findet sich auch in den Nachsaatmischungen für Dauerwiesen (NATRO) wieder.

gegen einem tiefen Schnitt oder Biss. Je mehr Reservestoffe der vorangegangene Aufwuchs in den Wurzeln speichern konnte, umso besser sind der Austrieb und die Bestockung. Die Nährstoffspeicherung beginnt jeweils vor der Blüte und dauert bis in die Samenreife. Alle Maßnahmen, die die Wurzelausbildung und Reservestoffspeicherung fördern, wirken auch gleichzeitig ertragssteigernd. Die Luzerne beansprucht neutrale (pH-Wert über 6,5), durchlässige und unverdichtete Böden. Moore oder zu schwere Böden verträgt sie nicht. Sie braucht genügend „Ruhezeit" zwischen dem vorletzten und letzten Schnitt (mindestens sieben bis acht Wochen). Sie sollte mit einer Wuchshöhe von 7 cm in den Winter gehen.

Luzerneanbau ist auf trockenen Standorten in Mischungen mit Gräsern sowie mit anderen Leguminosen zu empfehlen. Die Luzerne ist in den „Trockengebieten" aus futterbaulicher Sicht neben dem Mais ein Lichtblick.

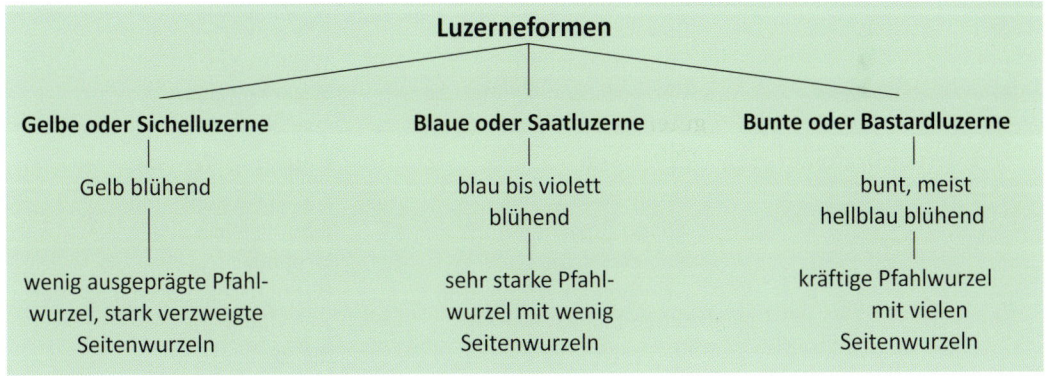

Luzerneformen		
Gelbe oder Sichelluzerne	**Blaue oder Saatluzerne**	**Bunte oder Bastardluzerne**
Gelb blühend	blau bis violett blühend	bunt, meist hellblau blühend
wenig ausgeprägte Pfahlwurzel, stark verzweigte Seitenwurzeln	sehr starke Pfahlwurzel mit wenig Seitenwurzeln	kräftige Pfahlwurzel mit vielen Seitenwurzeln

❑ Schwedenklee *(Trifolium hybridum)*

In frischen und feuchten Wiesen sowie teilweise in Wechselwiesen und im Feldfutterbau kommt der Schwedenklee als Mischungspartner gut zur Geltung. Er verträgt feuchte und kühle Lagen, harte und schneereiche Winter und ist wenig empfindlich gegen Spät- und Frühfröste. Kalte, saure und schwere Böden werden noch gut vertragen. Er kann sogar auf Moor- und Torfböden angebaut werden. Der Ertrag ist aber wesentlich geringer als bei Rotklee. Außerdem bringt der Schwedenklee nur einen guten ersten Schnitt und wächst nur langsam nach. Futter, das einen allzu hohen Anteil an Schwedenklee aufweist, wird von den Tieren wegen bestimmter Inhaltsstoffe (Glykoside) nicht gerne angenommen.

❑ **Esparsette** *(Onobrychis viciifolia)*

Die Esparsette wird vor allem in Trockengebieten als Futterpflanze (Pferdefutter) und Boden-verbesserer verwendet. Als Tiefwurzler übersteht sie Trockenzeiten sehr gut und gewinnt so-mit infolge des Klimawandels wieder mehr an Bedeutung. Ideal für die Esparsette ist ein tiefgründiger, kalkhaltiger und durchlässiger Boden. Schwere Böden, die zu Verdichtungen neigen und einen pH-Wert unter 6 aufweisen sind für die Esparsette nicht geeignet.

❑ **Hornklee, Gelbklee, Wundklee, Wiesenplatterbse, Zaun- und Vogelwicke**

Diese Arten finden sich in den meisten nicht zu intensiv genutzten Wiesen. Von den ausdau-ernden Wildformen gibt es noch kaum Saatgut. Die teilweise angebotenen Zuchtsorten sind in ihrer Winterhärte für unsere Lagen nicht ausreichend, die Gumpensteiner Hornkleesorte Marianne kann in den raueren Lagen bestens bestehen.

7.6 Kräuter, Beikräuter und Unkräuter

Sämtliche Pflanzen, die nicht zu den Gräsern und zu den Kleearten gehören, werden unter dem Sammelbegriff „Kräuter" – sie sollten im Ausmaß von 10–30 % vorkommen – geführt (Tabelle 7). Beikräuter haben eine wichtige Funktion in den Pflanzengesellschaften und im Futter zu erfüllen. Problemunkräuter sind fallweise Platzräuber und zum Teil für die Tiere giftig und machen dadurch das Futter minderwertig.

Tabelle 7: **Die Kräuter des Grünlandes eingeteilt nach Nutzwerten und Giftigkeit**

	Futterwürzkräuter	**bevorzugt gefressen**	**gern gefressen**
B E I K R Ä U T E R		Kuhblume[2)3)] Bärenklau, jung Frauenmantel Löwenzahnarten, jung Spitzwegerich[2)] Wiesenkümmel, jung Kleiner Wiesenknopf	Kohldistel, jung Sauerampfer[2)] Wiesenbocksbart Wiesenkerbel, jung Wiesenkümmel[2)] Wiesenpippau[2)]
	Futterwürzkräuter	**gefressen**	**ungern gefressen**
		Große Bibernelle Kleine Bibernelle Kohldistel, älter Kriechender Hahnenfuß[2)3)] Wilde Möhre Geißfuß[1)] Beinwell, jung Brennnessel (angewelkt)	Bärenklau, alt[1)] Breitwegerich Brunelle Wiesenflockenblume Kohldistel, alt Schafgarbe[1)] Vogelknöterich Wiesenkerbel, alt[2)] Wiesenknöterich[2)] Wiesenkümmel, älter[2)] Wiesensalbei Wucherblume Behaarter Kälberkropf[1)] Wiesenstorchschnabel[2)] Beinwell, alt[1)]

UNKRÄUTER	**Geringe Akzeptanz als Futter**	**meist gemieden**	
		Acker(kratz)distel	Kuckuckslichtnelke
		Brennnessel[1]	Pastinak
		Gänsefingerkraut	Stumpfblättriger Ampfer[1]
		Großer Wiesenknopf	Almampfer[1]
		Hirtentäschel	Wegwarte
		Krauser Ampfer[1]	Wiesenkümmel, alt
		Weiße Taubnessel[2]	Vogelmiere[1]
	„Milchverpester" bzw. „giftverdächtige bzw. giftige Kräuter"	**vollkommen gemieden**	
		Adlerfarn[2]	Huflattich
		Ackerminze	Kleiner Klappertopf[2]
		Rossminze	Pestwurz[1]
		Bärlauch	Sumpfdotterblume
		Beinwell[1]	Sumpfkratzdistel[1]
		Feigwurz	Sumpfschachtelhalm
		Greiskrautarten	Weißer Germer[1]
		Große Klette	Wiesenschaumkraut
		Herbstzeitlose	Wolfsmilcharten[1]
		Scharfer Hahnenfuß[2]	Kren[1]

[1] Platzräuber, [2] dominant, [3] Lückenfüller

❏ Giftige Unkräuter und „Milchverpester"

Bei Aufnahme dieser Pflanzenarten, meist im frischen, aber auch im getrockneten Zustand, können die Tiere Stoffwechselstörungen erleiden, erkranken und unter Umständen dadurch auch sterben. Einige Pflanzenarten geben der Milch einen ungünstigen Geschmack (z. B. Sumpfschachtelhalm – bitterer Milchgeschmack; Bärlauch – starke Qualitätsminderung von Milch, Butter, Käse etc.). Sie sollten daher auch aufgrund ihrer gesundheitsbeeinträchtigenden Wirkung von den Tieren nicht aufgenommen werden.

Auf extensiv bewirtschafteten Flächen findet man häufiger Giftpflanzen als im intensiv genutzten Grünland. Etwa 200 in Frage kommende Giftpflanzen sind bekannt. Bei zur Neige gehendem Futterangebot kann es durch deren Verzehr zu Vergiftungserscheinungen kommen. Nach Anwendung von Herbiziden zu ihrer Bekämpfung ist die Wartefrist für die Beweidung laut Gebrauchsanweisung unbedingt einzuhalten, da sonst die Weidetiere durch die Änderung des Geruches die Giftpflanze als solche nicht mehr erkennen können und sie „irrtümlich" fressen.

Der Weiße Germer breitet sich im alpinen Grünland, insbesondere auf Almweiden, immer mehr aus – er ist sehr giftig.

Herbstzeitlose, Jakobskreuzkraut, Kreuzkrautarten, Scharfer Hahnenfuß, Weißer Germer und Farne

Vergiftungssymptome zeigen sich durch
- plötzlichen Milchrückgang; Milch, Butter und Käse werden bitter;
- Blutharnen mit Blutarmut und körperlicher Schwäche;
- Unruhe, Schreckhaftigkeit, Apathie;
- Speichelfluss, Erbrechen, Durchfall, Koliken; Pansenstillstand;
- Schweißausbruch, Muskelzittern, Krämpfe, Taumeln, Lähmungen, Festliegen;
- Fruchtschädigung, Atemlähmung, Herzschwäche, Tod.

Zierpflanzen als Hecken und Abzäunungen zu Siedlungsgärten
Oleander, Buchsbaum, Eibe, Forsythie, Seidelbast, Ginster; ihr Schnittgut wird teilweise auch unsachgemäß an Feldrändern entsorgt.

Die giftigen Arten sind absolute Unkräuter und müssen auf Wiesen, Weiden und Almen bekämpft und ausgemerzt werden. Zu dieser Gruppe zählen auch die Problemunkräuter wie Ampfer, Geißfuß, Disteln und Herbstzeitlose, Weißer Germer, Greiskrautarten, Rossminze etc.

❏ Kräuter als Platzräuber und mit Neigung zur Bestandesdominanz

Die Bewirtschaftung – Düngung, Nutzung, Pflege und Nachsaat – muss so abgestimmt sein, dass ein Massenauftreten dieser Arten (z. B. Kuhblume, Hahnenfuß, Wiesenkerbel, Bärenklau, Spitzwegerich etc.) von vornherein verhindert wird. Treten diese Kräuter in höheren Anteilen auf, so werden sie allmählich bestimmend und unterdrücken die wertvollen Pflanzenarten. Die Harmonie der Pflanzengesellschaften wird dadurch erheblich gestört, deswegen müssen diese Arten mit biologischen, mechanischen und, wenn nicht anders möglich, auch mit chemischen Maßnahmen zurückgedrängt werden.

❏ Tolerierbare Anteile

Wenn diese Anteile nicht überschritten werden, können sich die **Beikräuter** auch positiv auf die Schmackhaftigkeit, Futterqualität und damit auf die Futteraufnahme auswirken. Die Kräuterarten sollten nicht nur in geringeren Anteilen vorhanden sein, sondern auch eine Vielfalt aufweisen. Bei der Heuwerbung erhöhen sie allerdings die Bröckelverluste. Bei der Grünfütterung sind eher höhere Anteile tolerierbar.

Die Kuhblume als Besiedler von Lücken in Fettwiesen und -weiden kann bei zu geringem Gräseranteil zur Dominanz gelangen.

Giftige Unkräuter und **Problemunkräuter** sind in guten Wiesen und Weiden nicht erwünscht. **Kräuter mit Neigung zur Bestandesdominanz** sollten insgesamt je nach Nutzung und Höhenlage nicht mehr als 20–30 Fl.-% einnehmen (Problemunkräuter sollten dabei keine enthalten sein).

7.7 Die wichtigsten Beikräuter und Unkräuter

Hier wird nur auf wenige Arten eingegangen, die auf unseren Wiesen und Weiden stärker in Erscheinung treten und Probleme bereiten.

❏ Ampfer

Unter den vielen Ampferarten ist der Stumpfblättrige Ampfer (*Rumex obtusifolius*) auf unseren Wiesen und Weiden das Problemunkraut schlechthin. Auf den Almen kann der Almampfer (*Rumex alpinus*) auf den Viehlägern meist rund um die Almhütten dominieren.

Diese Ampferarten weisen eine große Anpassungsfähigkeit auf und können durch die starke Vermehrung durch Samen und deren lang anhaltende Keimfähigkeit (mehrere Jahrzehnte) jede Lücke in der Grasnarbe besetzen. Der Ampfer kann nur

Der Wiesenampfer hat viele Flächen in Beschlag genommen. Er ist das Symbolunkraut des Grünlandes.

befriedigend hintangehalten werden, wenn er von allem Anfang an bekämpft wird (siehe Kapitel F). Gleichzeitig muss die Bewirtschaftung sorgfältig erfolgen und auf einen geschlossenen Bestand ausgerichtet sein. Der Ampfer gehört zu den Lichtkeimern. Eine dichte Grasnarbe ist der beste Schutz vor Ampferpflanzen.

❏ Doldenblütler

Die wichtigsten Vertreter sind Wiesenkerbel, Bärenklau, Geißfuß, Schafgarbe, Wiesenkümmel und Behaarter Kälberkropf. Oftmals werden diese Kräuter und Platzräuber auch unter dem Sammelbegriff „Gülleflora" geführt. Diese Bezeichnung ist etwas unglücklich gewählt, da diese Arten positiv auf jegliche Form der Nährstoffzufuhr (Gülle, Jauche, Mist, Mineraldünger etc.) reagieren. Da die Wiesen und Weiden in den 1970er Jahren kaum mit Mineraldüngern überdüngt wurden, war es naheliegend, die Schuld der Gülle zuzuschieben.

Die Doldenblütler (hier der Behaarte Kälberkropf) zeigen wüchsige Verhältnisse und eine zu späte Nutzung an. Der zu geringe Gras- und Kleeanteil in derartigen Wiesen verspricht keine gute Futterqualität.

Die Doldenblütler sind bei guter Nährstoffversorgung und bei einer extensiven Schnittnutzung am konkurrenzfähigsten, sie bevorzugen eher feuchte Standorte. Durch häufigeren Schnitt oder durch Weidenutzung wie eine angepasste Düngung können sie zurückgedrängt werden. Auch kann der Einsatz einer Walze (z. B. Prismenwalze) in einer Wuchshöhe von ca. 12 cm die Trittempfindlichkeit dieser Arten simulieren. Bei zu starkem Auftreten kann kurzfristig auch eine chemische Bekämpfung notwendig sein, um die Qualität der Bestände zu verbessern.

❑ Kuhblume (Gemeiner Löwenzahn) und Rauer Löwenzahn

Die Kuhblume (*Taraxacum officinale*) blüht vorwiegend im Frühjahr und kommt besonders bei Vielschnittnutzung und guter Nährstoffversorgung vor; die Blütenstiele sind hohl. Der ebenfalls einblütige Raue Löwenzahn (*Leontodon hispidus*) blüht vorwiegend im Spätsommer und Herbst. Er bevorzugt nährstoffärmere Standorte. Der Blütenstiel ist fester und die Blüte etwas kleiner als bei der Kuhblume. Bei der Kuhblume tritt sowohl beim Blütenstiel als auch bei den Blattrippen beim Ausstreifen eine weiße Flüssigkeit (Milch) aus, die sehr bitter schmeckt. Die Löwenzahnblätter sind kleiner und für die Zubereitung von Salaten weniger bitter.

Die Kuhblume kommt auf unseren Wiesen vielfach in großen Anteilen vor. Sie kann mit ihrem Flugsamen die Lücken im Bestand rasch besiedeln. Bestände, die im Grasgerüst schwach sind, werden schon bei der ersten Lückenbildung stärker mit Kuhblume, aber auch mit Rauem Löwenzahn besetzt. In diesen Fällen sollte der rechtzeitige Schnitttermin nach der Blüte, aber noch vor dem Samenflug der Kuhblume angesetzt werden.

Im grünen Zustand zählt die Kuhblume qualitativ zu den wertvollsten Futterpflanzen. Die Ertragfähigkeit ist aber unbefriedigend und beim Trocknen bleibt nicht viel davon übrig. Beim Anwelken für die Silagebereitung macht sie bei Anteilen über 30 % Anwelkprobleme und bei der Heubereitung sind die Bröckelverluste bei der Bodentrocknung hoch. Durch die tiefgehende Pfahlwurzel kann sie Trockenstress bestens überleben und auch bei solchen Dürreperioden „Futter" bringen.

❑ Hahnenfuß

Mit Ausnahme des Kriechenden Hahnenfußes sind alle Hahnenfußarten giftig und müssen deshalb bei ihrem Auftreten bekämpft werden. Der Scharfe Hahnenfuß kann durch Mähweide reduziert werden. Der vor allem auf feuchteren oder zeitweise vernässten Böden vorkommende Kriechende Hahnenfuß kann durch rechtzeitige Mahd in seiner Ausbreitung gebremst werden, zurückdrängen kann man ihn allerdings nur mit einer chemischen Behandlung. Weiden sollten nach der Beweidung vom Hahnenfuß „gereinigt" werden.

Der Scharfe Hahnenfuß wird durch eine späte Nutzung begünstigt, während sich der Kriechende Hahnenfuß auf lückigen Narben der feuchten und nährstoffreichen Wiesen verbreitet.

7.8 Pflanzengesellschaften am Grünland

Nachfolgend wird auf einige Pflanzengesellschaften im Dauergrünland eingegangen. In Tabelle 8 werden die Nutzungsformen, Nutzungshäufigkeiten und der notwendige Feuchtigkeitszustand der Böden bei ausgewählten Pflanzengesellschaften mit den durchschnittlichen Artenzahlen dargestellt.

Tabelle 8: Artenzahlen bei Pflanzengesellschaften im Wirtschaftsgrünland und Ökogrünland bei angepasster Bewirtschaftung (MAB, 2000)

Pflanzengesellschaft	Nutzungs-form	Nutzungshäufig-keit pro Jahr	Ø Arten-zahl pro 100 m²	Feuchtigkeitszu-stand des Standortes
Kohldistel-Schlangen-knöterich	Dauerwiese	Zweischnittwiese	47	feucht
Fadenbinsen	Dauerwiese	Zweischnittwiese	40	nass
Rotschwingel-Straußgras	Dauerwiese	Ein- bis Zwei-schnittwiese mit Nachweide	49	frisch bis krumen-wechselfeucht
Rotschwingel-Weißklee	Hutweide	Ein bis zwei Weidegänge	54	frisch bis krumen-wechselfeucht
Mittelwegerich-Wiesen-Kammschmiele	Hutweide	Ein bis zwei Weidegänge	73	halbtrocken
Rohrglanzgrasröhricht	Dauerwiese	Ein- bis Zwei-schnittwiese	22	mäßig nass
Schlankseggen-Ried	Streuwiese	Einschnittwiese	28	nass
Frauenmantel-Weißklee	Kulturweide	4 bis 5 x beweidet	37	krumenwechsel-feucht
Weißklee-Gewöhnliches Rispengras	Mähweide	1 bis 2 x gemäht und 2 bis 3 x beweidet	40	überwiegend krumenwechsel-feucht
Frauenmantel-Glatthafer	Dauerwiese	Dreischnittwiese mit Nachweide	42	überwiegend frisch
Wiesenfuchsschwanz	Dauerwiese	Dreischnittwiese	34	feucht
Wald-Storchschnabel-Goldhafer	Dauerwiese	Zweischnittwiese mit Nachweide	45	überwiegend frisch
Kriech-Schaumkresse-Goldhafer	Dauerwiese	Zweischnittwiese mit Nachweide	43	überwiegend frisch

❑ Glatthaferwiese

In den milden bis mittleren Lagen Österreichs ist die Glatthaferwiese weit verbreitet. Sie reicht von den trockenen Standorten, die jährlich nur zwei Schnitte und eine eher extensive Bewirtschaftung zulassen, über die besser wasserspeichernden Braunerden mit jährlich dreimaliger Nutzung und mittlerer Bewirtschaftung bis hin zur frisch-feuchten Glatthaferwiese.

❑ Goldhaferwiese

Mit zunehmender Höhenlage wird die Glatthaferwiese von der Goldhaferwiese abgelöst. Die Goldhaferwiesen werden überwiegend als Wiese und Mähweide genutzt. Die Goldhaferwiesen sind schon wegen ihrer Höhenlage im Wuchs etwas niedriger als die Glatthaferwiesen. Sie weisen daher auch eine größere Nutzungselastizität auf. In den extensiven Bergwiesen und Wiesen der Übergangslagen tritt der Goldhafer stark auf.

Der Goldhafer setzt sich bei geringerem Nährstoffniveau im Berggebiet immer besser durch.

❏ Weißkleeweide

Weidebestände passen sich rasch der Nutzungshäufigkeit und der Nutzungsrichtung an, wobei eine Vielschnittnutzung der Weidenutzung etwa gleichkommt. Der nutzungsempfindliche Glatt- sowie der Goldhafer fehlen in diesen Gesellschaften. Bei intensiver Bewirtschaftung herrschen Wiesenrispengras, Knaulgras, Wiesenschwingel, Timothe und in den milderen Lagen Weidelgräser vor. Auf den extensiveren Flächen kommen Rotschwingel, Straußgras, Kammgras und Ruchgras stärker zur Geltung. Der Weißklee kommt bei dieser Nutzungshäufigkeit stark zum Tragen. In den extensiveren Lagen mit maximal zwei Nutzungen setzen sich Hornklee und Wiesenrotklee stärker durch.

7.9 Dynamische Pflanzengesellschaften

Das Auftreten von Gräsern, Kleearten und Kräutern hängt von der Konkurrenzkraft der Pflanzenarten und Umweltfaktoren wie Standort und Klima ab. Die Bewirtschaftung wirkt sich aber am stärksten aus.

Viele Landwirte neigen dazu, die schlechte botanische Zusammensetzung ihrer Wiesen und Weiden auf die natürlichen Faktoren wie Boden und Klima zurückzuführen. Unter extremen Verhältnissen (Tallagen ↔ Almregionen, Trockenlagen ↔ Feuchtlagen etc.) trifft dies auch zu. Doch wenn wir ein Gebiet oder eine Region herausgreifen, so stellen wir fest, dass die Unterschiede zwischen verschiedenen Wiesen und Weidebeständen vorwiegend durch die vom Menschen beeinflussten Faktoren (Nutzung, Düngung, Pflege, Nachsaat usw.) bedingt sind.

Der **Konkurrenzkampf** zwischen den Pflanzenarten (Gräser, Klee und Kräuter) wird von zahlreichen Faktoren bestimmt:
• Klima- und Bodenansprüche
• Wurzelausbildung (Wasser, Nährstoffe, Standraum)
• Wuchsform und Höhe (Licht und Standraum)
• Wuchstyp (horstbildend oder ausläufertreibend)
• Verbreitung durch Samen oder vegetative Vermehrung
• Wuchsbeginn im Frühling
• Nachtriebsvermögen nach dem Schnitt usw.

Wenn die Standortbedingungen über eine längere Zeit konstant bleiben, so bildet sich ein gewisses Gleichgewicht in dieser Pflanzengesellschaft.

Der **Landwirt** beeinflusst diesen Konkurrenzkampf vor allem durch:

- Nutzung (Nutzungshäufigkeit, Schnittzeitpunkt, Einstellung der Schnitthöhe etc.)
- Düngung (Düngermenge, Zeitpunkt der Anwendung, zeitliche Wirksamkeit der Nährstoffe, Verteilgenauigkeit etc.)
- Pflege und Unkrautbekämpfung (Weidereinigung, selektive Bekämpfung der Unkräuter etc.)
- Erneuerung und Regeneration (Neuansaat, Übersaat, Sanierung etc.)
- Technisch-mechanischen Einfluss (Verdichtungen, Grasnarbenverletzungen etc.)

Die botanische Zusammensetzung einer Wiese und Weide ist nicht das Produkt eines Zufalls, sondern das Resultat sämtlicher natürlicher und vom Menschen bedingter Faktoren. Die Dynamik im Pflanzenbestand muss bei einer optimalen Grünlandbewirtschaftung durch Begehungen, Bewertungen und Maßnahmen von den Grünlandbewirtschaftern erkannt werden, um ihr richtig begegnen zu können.

B NUTZUNG DES GRÜNLANDES

1. ERTRAGSPOTENZIALE IM GRÜNLAND

Die österreichischen Grünlandflächen liegen von rund 200–2500 m Seehöhe. Die Vegetationsdauer und der Reifezeitpunkt für die Nutzung werden davon mitbestimmt. Nach Untersuchungen der Reifestadien der Leitgräser im Wirtschaftsgrünland ergibt sich pro 100 Höhenmeter eine Verschiebung von drei bis vier Tage.

Die **Standortunterschiede** (Geologie, Klima, Topographie, Höhenlage, Exposition) und die Intensität der Bewirtschaftung in den Grünlandgebieten (Düngung, Nutzung, Pflege, Erneuerung, Wirtschaftsweise, Tierbesatz) sind im Berggebiet äußerst differenziert, sodass die gesamte Bandbreite an Erträgen vertreten ist.

Die Landwirte haben aus guter Tradition ihre Bewirtschaftung an die Standortverhältnisse angepasst und versuchen großteils über die **kreislaufbezogene Wirtschaftsweise** sowohl den Ertrag als auch die Artenvielfalt (Biodiversität) auf entsprechendem Niveau zu erhalten (vergleiche Grafik 17). Es hat sich bei dieser Kreislaufwirtschaft im Grünland ein Viehbesatz eingestellt, der die anfallenden Erträge verwertet. Der daraus anfallende Dünger wird wieder auf die Flächen zurückgeführt. Als zusätzlicher Input sind Nährstoffe aus einem Kraftfutteranteil in der Fütterung, der Leguminosenstickstoff, die Nährstoffe über die Mineralisation im Boden sowie Mineraldünger im System zu berücksichtigen.

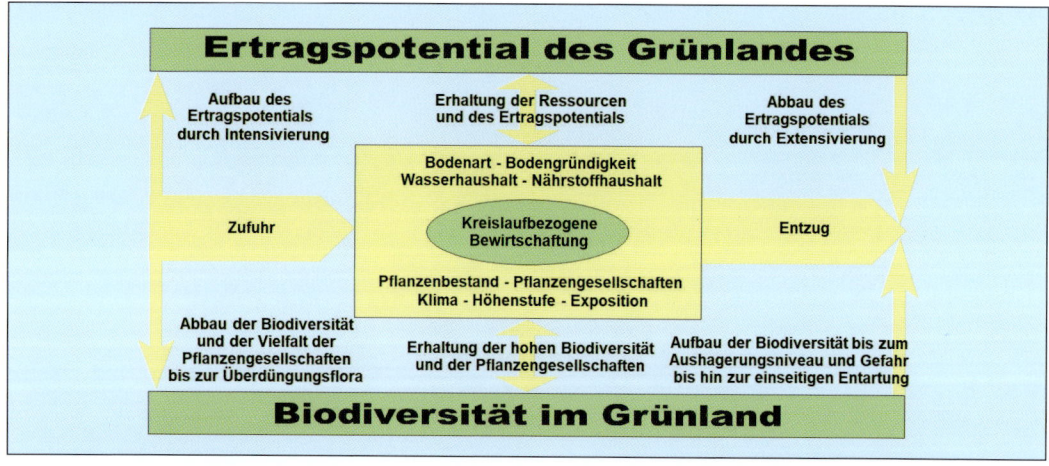

Grafik 17: *Potenziale im Ertrag und in der Biodiversität in Abhängigkeit vom Standort und der Bewirtschaftung auf Grünlandflächen*

Ziel dieser kreislaufbezogenen Wirtschaftsweise ist es, das „natürliche" Ertragspotenzial über einen ausgewogenen und artenreichen Pflanzenbestand zu erhalten.

Rund 80 % des Grünlandes (Ökogrünland und kleiner Teil des Wirtschaftsgrünlandes) werden in Österreich nach den Vorstellungen der Kreislaufwirtschaft geführt. Die restlichen 20 % des Grünlandes werden im Ertragspotenzial aufgewertet, in dem die Nährstoffzufuhren insgesamt höher sind als die Nährstoffentzüge. Hier gelangen neben dem Wirtschaftsdünger auch Mineraldünger und externe Kraftfuttergaben bei der Fütterung zum Einsatz. Die gesteigerte Nährstoffzufuhr ist meist mit einer Anhebung der Nutzungsfrequenz gekoppelt. Mit diesem höheren Nährstoffpotenzial und der gesteigerten Nutzungsfrequenz geht die Biodiversität zurück.

Diese Verhältnisse finden wir in Österreich in den Gunstlagen (Rheintal, Inn- und Salzachtal, im Alpenvorland und in den günstigen Tal- und Beckenlagen) vor. Hier wird das Grünland auch fallweise übernutzt, um bestes Grundfutter für die Hochleistungstiere zu produzieren. Auf den Almen, Bergmähdern, Streuwiesen, Hutweiden sowie ein- und zweischürigen Wiesen – also dem Ökogrünland – wird den Böden weniger zugeführt als entzogen, dadurch baut sich das System langfristig im Nährstoffhaushalt ab. Die Folge ist ein Rückgang der Ertragsleistung und zuerst ein leichter Anstieg der Biodiversität. Läuft dieser Prozess zu lange, so tritt eine Aushagerung im Boden ein, die auch eine Reduzierung der Pflanzenarten nach sich zieht. Bei der Extensivierung von Grünland kann eine dominierende Pflanzenart über das Samenpotenzial oder die Ausläufer zu größeren Anteilen im Bestand kommen, wodurch oft auch das breite Spektrum der Biodiversität verloren geht.

1.1 Futtererträge und Qualitätserträge

Jedes Grünland lässt eine spezifische Nutzungsform zu, in der es bestimmte Erträge und Futterqualitäten liefert. Die Erträge sind wichtige Größen, doch zudem sind der Energiegehalt, die Verdaulichkeit des Futters, die Inhaltsstoffe, die Mengen- und Spurenelemente sowie die Vitamine von entscheidender Bedeutung für die Verwertung und Umsetzung der Leistungen des Grünlandes (vergleiche Grafik 18).

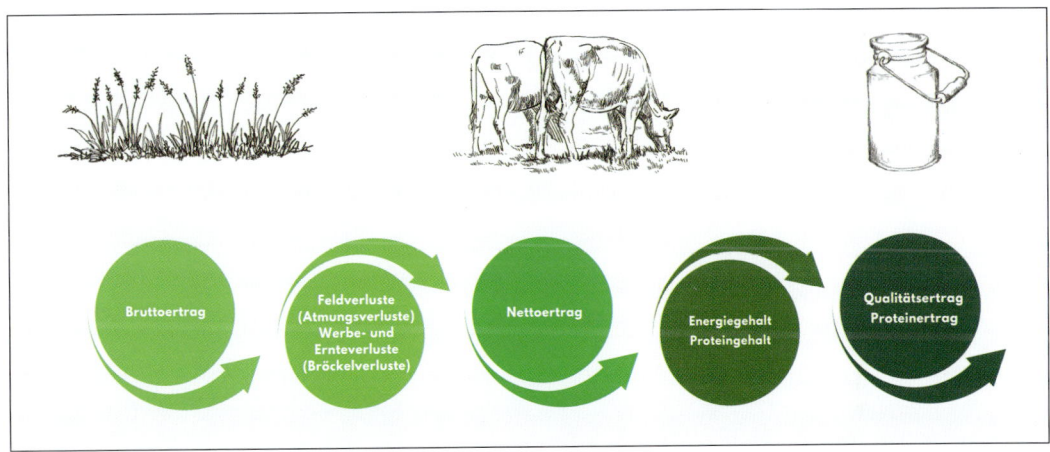

Grafik 18: **Erträge und mögliche Verlustquellen im Grünland. Die oberirdische Biomasse abzüglich der Schnitt- oder Bisshöhe entspricht dem Bruttoertrag. Der Nettoertrag entspricht dem Futter das tatsächlich von den Tieren aufgenommen wird.**

FORMEL:

Nettoertrag in kg TM / ha	x	Energiegehalt in MJ NEL / kg TM	=	Qualitätsertrag in MJ NEL / ha

1.2 Erträge bei den Nutzungsformen

In Tabelle 9 sind die Netto-TM-Erträge bei den einzelnen Nutzungsformen angegeben. Das Produkt aus Ertrag x Qualität ergibt den Qualitätsertrag. Die Spannbreite zwischen den Nutzungsfor-

Neben der traditionellen Futterernte wird in den Gunstlagen zunehmend der Feldhäcksler eingesetzt.

63

Tabelle 9: **Netto-Trockenmasseerträge sowie Qualitätserträge am österreichischen Grünland**

Nutzungsform am Grünland	Netto-TM-Erträge	Qualitätserträge	
	in kg/ha Ø Ertrag[1]	Ø Energiedichte in der Praxis in MJ NEL/kg TM	in MJ NEL/ha (gerundet) bezogen auf Ø TM-Ertrag
Einschnittflächen			
Einschnittfläche mit Nachweide	3.000	5,1	15.000
Magerwiesen	2.500	4,0	10.000
Feuchtwiesen	3.500	3,8	13.000
Streuwiesen	4.500	3,2	(15.000)[2]
Zweischnittflächen			
Zweischnittfläche	4.500	5,2	23.000
Zweischnittfläche mit Nachweide	5.500	5,4	30.000
Dreischnittflächen			
Landesübliche Wirtschaftsweise	7.000	5,6	39.000
Integrierte Wirtschaftsweise	8.000	5,8	46.000
Mehrschnittflächen			
Vierschnittflächen	8.500	5,8	49.000
Fünfschnittflächen	9.500	5,9	56.000
Sechsschnittflächen	10.500	6,0	63.000
Mähweiden			
Ein Schnitt mit zwei Weidegängen	5.000	6,1	31.000
Zwei Schnitte mit einem Weidegang	6.000	5,9	35.000
Zwei Schnitte mit zwei Weidegängen	7.500	5,8	44.000
Kulturweiden			
Drei Weidegänge	5.000	6,2	31.000
Vier und fünf Weidegänge	7.500	6,2	47.000
Hutweiden			
Ein Weidegang	2.500	5,0	13.000
Zwei Weidegänge	3.500	5,2	18.000
Almweiden	1.000	5,2	5.000
Bermähder	2.000	5,0	10.000
Feldfutter			
Rotkleegräser	11.000	6,0	66.000
Luzernegräser	10.000	5,8	58.000
Wechselwiesen	9.500	6,0	57.000
Gräserreinbestände	11.500	6,0	69.000

[1] Durchschnittlicher Ertrag wurde nach der Häufigkeit in der Natur im gewogenen Mittel festgelegt.
[2] Streuwiesen liefern Einstreu

men im alpenländischen Grünland ist sowohl bei den Masseerträgen als auch bei den Qualitätserträgen enorm, denn sie reicht von 5.000 MJ NEL/ha (Almen) bis auf 69.000 MJ NEL/ha (Feldfutter). Natürlich gibt es bei den einzelnen Nutzungsformen auch jährlich, je nach Witterung und Nährstoffwirkung, ertraglich und qualitativ erhebliche Schwankungen.

1.3 Höhenlage und Ertrag

Wie sich die Höhenlage im Alpenraum auf die Erträge der einzelnen Nutzungsformen im Grünland auswirkt, zeigen die Grafiken 19 und 20. So können im Talbereich Nutzungsformen mit einer höheren Nutzungsintensität noch an Ertrag zulegen, während in der mittleren Stufe (750–1.100 m) die Kultur- und Mähweiden ertraglich einen Rückgang verzeichnen und in der Höhenlage (über 1.100 m) die Dreischnittflächen erstens sehr selten vorkommen und zweitens ertraglich nicht mithalten können. Hingegen kann in jeder Höhenstufe die Zweischnittnutzung den Ertrag halten. Die Hauptursache für diesen Ertragsrückgang liegt in der Abnahme der Vegetationstage. Pro 100 Höhenmeter muss mit einer Verzögerung im Vegetationsverlauf von

In den Steillagen ist eine kostspielige Technik zur Bewältigung der Ernte notwendig.

etwa vier Tagen gerechnet werden. Erfolgt in einer Seehöhe von 600 m im ersten Aufwuchs einer Dreischnittfläche das Ähren- und Rispenschieben üblicherweise am 10. Mai, so wird dieses Vegetationsstadium auf 1.000 m Seehöhe bei den Leitgräsern (Goldhafer bzw. Knaulgras) etwa 14 Tage später beobachtet. Dieser spätere Vegetationsbeginn bewirkt spätere Nutzungstermine, dadurch auch andere Nutzungshäufigkeiten und letztendlich auch geringere Erträge übers Jahr. Das Vegetationsende stellt sich in den Höhenlagen natürlich früher ein.

Pro 100 m Seehöhe nehmen die TM-Erträge auf Dreischnittflächen durchschnittlich um etwa 250–500 kg/ha ab. Ein besonderes Mikroklima, besonders gute Bodenverhältnisse und eine optimale Bewirtschaftung können hier einen gewissen Ausgleich zwischen Tal- und Höhenflächen schaffen.

Die geringeren Erträge bewirken in einer flächenabhängigen Viehwirtschaft auch einen geringeren Tierbesatz in den Höhenlagen. Ein geringerer Tierbesatz bedeutet auch geringere Nährstoffflüsse über den Wirtschaftsdünger.

Pro 100 m Seehöhe nimmt die Anzahl der Großvieheinheiten (GVE = 500 kg LG) bezogen auf die Grundfutterbasis um etwa 0,1/ha ab.

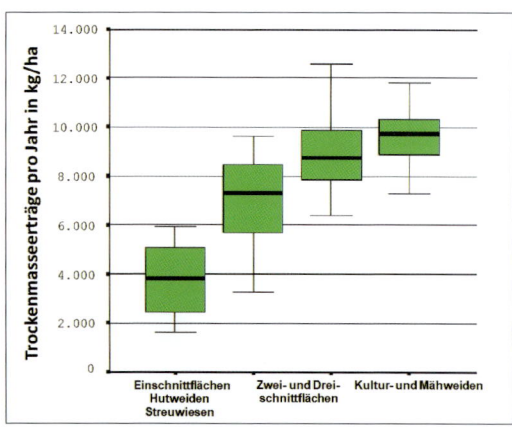
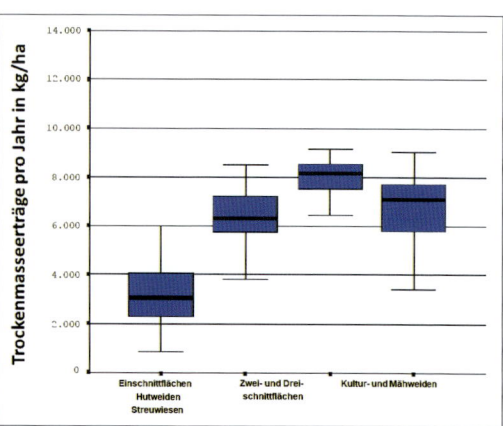

Grafik 19: **Ertragslage bei den einzelnen Nutzungsformen im Grünland im Talbereich unter 750 m** (MAB, 2000)

Grafik 20: **Ertragslage bei den einzelnen Nutzungsformen im Grünland in einer Seehöhe von 750–1.100 m** *(MAB, 2000)*

1.4 Standort und Ertragszuwachs

Der Standort hat nicht nur einen Einfluss auf die Biomasseproduktion im Jahr, sondern zeigt auch im täglichen Ertragszuwachs unterschiedliche Leistungen über die Vegetationsperiode. Vergleicht man zwei **Standorte unterschiedlicher Seehöhe** (700/1.180 m), so setzt das Wachstum des Grünlandes auf 700 m Seehöhe durchschnittlich am 1. April ein, auf einer Seehöhe von 1.180 m fängt das Wachstum erst am 20. April an. Die tägliche Zuwachsleistung im Frühjahr liegt auf dem Talstandort bei max. 120 kg TM/ha bzw. 12 g TM/m², während in der Höhenlage knapp 80 kg TM/ha bzw. 8 g TM/m², also um rund 30 % weniger zuwachsen. Vergleicht man diese zwei Wachstumskurven über die gesamte Vegetationszeit, so fällt die Leistung auf dem Höhenstandort, in der um 40 Vegetationstage verringerten Wachstumsperiode, um rund 60 % geringer aus. Obwohl der Standort auch auf einer Seehöhe von 720 m noch keine Gunstlage darstellt, zeigt er gegenüber dieser Höhenlage auf der Kulturweide beachtliche Unterschiede im Wachstumsverlauf und im Gesamtertrag (vergleiche Grafik 21).

Nicht nur die Höhenstufe, sondern auch die **Exposition** – die Lage zur Sonne – spielt eine wichtige Rolle im Wachstumsverlauf. Vergleicht man eine Süd- mit einer Nordexposition auf einer Seehöhe von 760 m, so startet im Frühjahr der früher erwärmte Südstandort mit dem Wachstum rascher und besser, während aber derartige Standorte im Sommer, vor allem in niederschlagsarmen Jahren, in der Zuwachsleistung gegenüber einem Nordstandort abfallen (vergleiche Grafik 22). Im Jahresertrag konnte die Nordlage auf dieser Seehöhe die Südlage um etwa 5 % übertreffen.

Wie sich **trockene Standortverhältnisse** auf die Ertragsbildung auswirken, müssen in den Trockenjahren viele Grünland- und Viehbauern leidvoll erfahren. Bei gleicher Höhenlage und gleichen Niederschlagsverhältnissen sind die Zuwachsleistungen je nach Bodenart recht unterschiedlich. Nachdem das Grünland für die Ertragsbildung von 1 kg TM rund 600 l Wasser benötigt, kommen mäßig bis halbtrockene Standorte auch bei rund 1.000 mm Jahresniederschlag in eine Wassermangelsituation, die sich sowohl auf den Zuwachs als auch auf den Jahresertrag negativ auswirkt. Mäßig feuchte Standorte hingegen könnten zwar im Frühjahr eine starke Zuwachsleistung bringen, doch können die Verhältnisse bei einer hohen Niederschlagsmenge im Juni und Juli zu nass für ein optimales Wachstum und für die Ernte ausfallen. Der krumenwechselfeuchte Standort ist in diesen Witterungsphasen den nassen Standorten überlegen (vergleiche Grafik 23). Der mäßig halbtrockene Standort brachte um 24 % geringere Jahreserträge als der mäßig feuchte Wiesenstandort.

Anhand dieser Ergebnisse ist auch nachvollziehbar, dass trockene Standorte bei Ausbleiben der Niederschläge oft gar keine Erträge mehr bringen und auch im Pflanzenbestand kaputt gehen. Diese Situationen werden mit extremen Auswirkungen auf die Pflanzenbestände häufiger auftreten – das „Sommerloch" wird uns gerade im Dauergrünland zu schaffen machen.

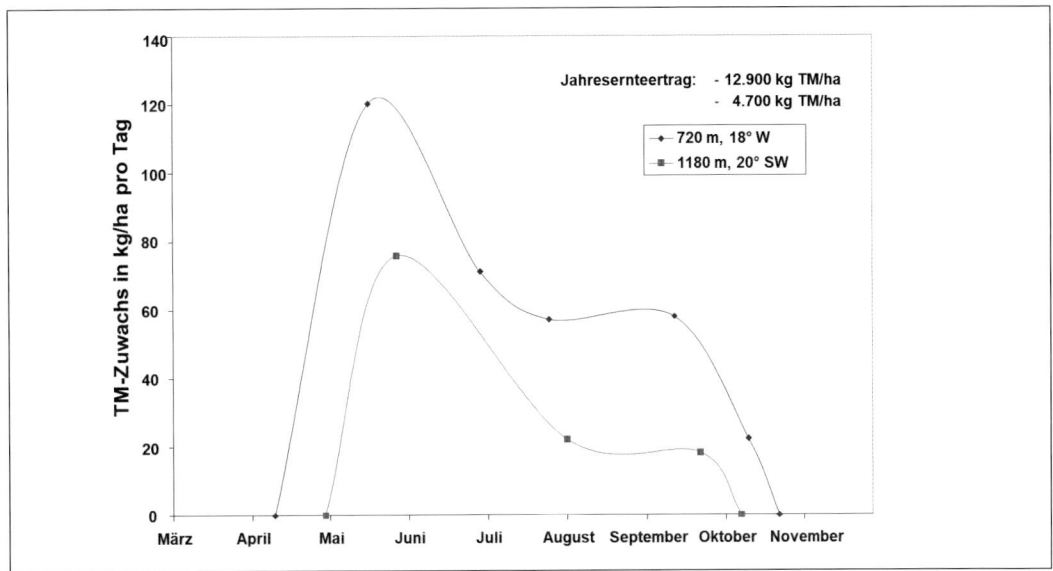

Grafik 21: **Tägliche TM-Produktion von Kulturweiden in Abhängigkeit von der Seehöhe auf Braunerde** *(BOHNER und SOBOTIK, 2001)*

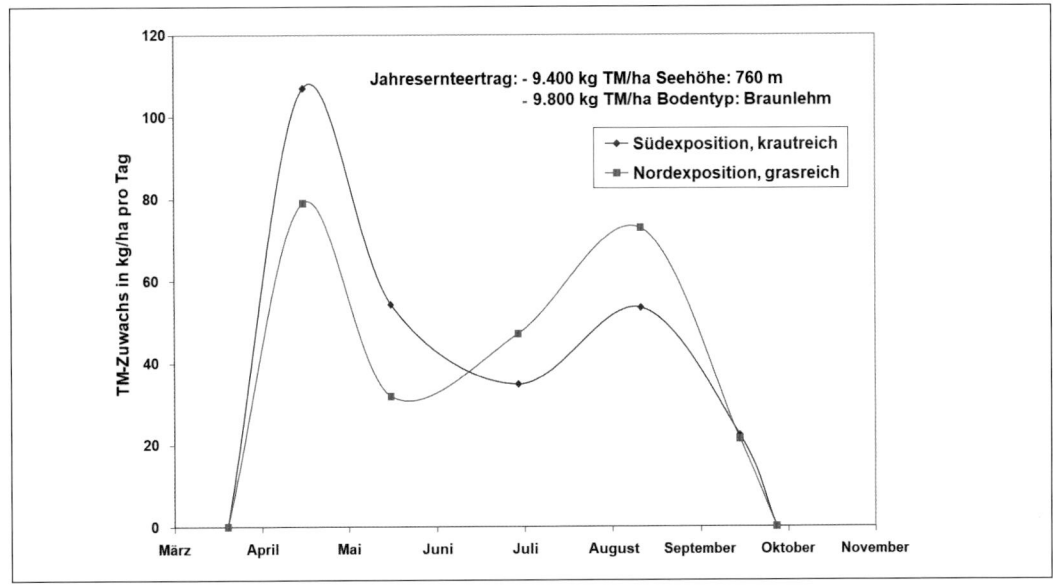

Grafik 22: **Tägliche TM-Produktion von Kulturweiden in Abhängigkeit von der Exposition** *(BOHNER und SOBOTIK, 2001)*

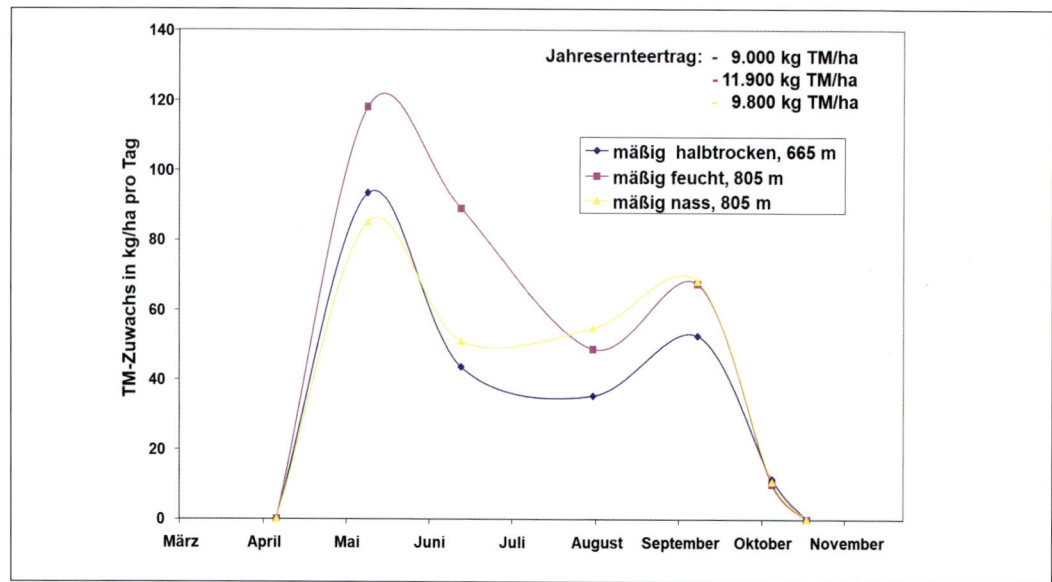

Grafik 23: **Tägliche TM-Produktion von Mähweiden in Abhängigkeit vom Wasserhaushalt** (BOHNER und SOBOTIK, 2001)

Die HBLFA Raumberg-Gumpenstein bearbeitet in Kooperation mit den Fachschulen ein umfassendes Versuchsnetz in den Grünlandregionen Österreichs. Es werden die Bodengüte, die Pflanzenbestände und die Erträge mit ihren Qualitäten bei unterschiedlichen Nutzungshäufigkeiten laufend erhoben.

1.5 Ertragslage in den Grünlandbetrieben

Die Höhenstufe hat Einfluss auf die Nutzungsfrequenz, auf die Ertragslage sowie auf den Anteil der Flächenverteilung im Betrieb in Bezug auf das mögliche Ertragspotenzial der Flächen. Nach den Ertragsfeststellungen und den Flächenerhebungen lässt sich ein Modellbetrieb mit einer Flächenausstattung von 20 ha in allen Höhenstufen darstellen (vergleiche Tabelle 10). In den Talbetrieben kommen die Einschnittflächen nur zu 6 % vor, während die Betriebe in einer Seehöhe von über 1.100 m bereits über 30 % davon aufweisen. Bei den Zweischnittflächen liegt die Verteilung bei 19 % (Talbetrieb), 50 % (mittlere Höhenlage) und 62 % (über 1.100 m Seehöhe). Die Dreischnittflächen kommen hingegen schwerpunktmäßig in der Tallage (75 %) und nur mehr sporadisch in der Höhenlage (8 %) vor.

Vergleichen wir die ermittelten TM-Erträge bei gleicher Betriebsgröße von 20 ha und die nutzungsbedingten Energiegehalte, so ernten die 20-ha-Betriebe im Tal 703.600 MJ NEL, in der Höhenstufe bei 750–1.100 m etwa 475.400 MJ NEL und der Bergbetrieb über 1.100 m nur mehr 388.180 MJ NEL. Bei gleicher Flächenausstattung kann der Betrieb über 1.100 m Seehöhe nur 55 % der Energie eines Betriebes in Tallage erzeugen.

Tabelle 10: **Trockenmasse- und Energieerträge repräsentativer Grünlandbetriebe mit 20 ha in unterschiedlicher Seehöhe**

	in Tallage bei 650–750 m	in Berglage bei 900–1.100 m	in Höhenlage bei 1.100–1.300 m
Einschnittflächen			
Flächenanteil in ha	1,2	4,0	6,0
Flächenanteil in % am Gesamtbetrieb	6	20	30
TM-Nettoertrag je ha in kg	3.000	2.500	2.500
MJ NEL/kg TM	4,5	4,9	5,1
Energieertrag in MJ NEL	**16.200**	**49.000**	**76.500**
Zweischnittflächen			
Flächenanteil in ha	3,8	10,0	12,4
Flächenanteil in % am Gesamtbetrieb	19	50	62
TM-Nettoertrag je ha in kg	4.500	4.000	4.000
MJ NEL/kg TM	5,2	5,2	5,2
Energieertrag in MJ NEL	**88.920**	**208.000**	**257.920**
Dreischnittflächen			
Flächenanteil in ha	15,0	6,0	1,6
Flächenanteil in % am Gesamtbetrieb	75	30	8
TM-Nettoertrag je ha in kg	7.000	6.500	6.000
MJ NEL/kg TM	5,7	5,6	5,6
Energieertrag in MJ NEL	**598.500**	**218.400**	**53.760**
Gesamtenergieertrag je Betrieb	703.600	475.400	388.180
Relativer Energieertrag	100 %	68 %	55 %

Die standortspezifische Futtergrundlage ist auf den Betrieben die Basis für den jeweiligen Tierbesatz und in Folge für die flächenbezogene Milch- oder Fleischleistung.

Die Extensivierung der Grünlandflächen (Wiesen und Weiden) mit zunehmender Höhenlage und vor allem in den Flächenanteilen der Nutzungsformen in den Höhenstufen führt in Summe zu geringen Energieerträgen und damit zu geringeren Leistungen aus dem Grundfutter. Beschränkt sich nun ein Grünland- und Milchviehbetrieb ausschließlich auf das kreislaufgewonnene Grundfutter, so kann dieser im Durchschnitt seiner Flächen pro ha 6.240 kg Milch in der Tallage aus den Dauerwiesen und Dauerweiden erwirtschaften. Hat der Betrieb die Möglichkeiten mit Feldfutter oder sogar mit Silomais, so kann dieser die Grundfutterleistung dadurch heben. Bei reinem Dauergrünland mit den angenommenen Ertragsanteilen geht in den mittleren Berglagen die Milchleistung auf durchschnittlich 4.070 kg Milch/ha und in den Höhenlagen sogar auf 3.150 kg Milch/ha aus dem Grundfutter zurück. Gemessen an der Tallage kann der Betrieb mit 20 ha allerdings mit geringerer Ertragslage gerade noch 65 % und jener in der Höhenlage noch 50 % an Milchleistung pro ha erzielen, obwohl der Aufwand der Bewirtschaftung um ein Vielfaches ansteigt (vergleiche Tabelle 11).

Tabelle 11: **Milchertrag aus dem Grundfutter pro Milchkuh und ha in den Höhenstufen**[1]

Höhenstufe	MJ NEL-Ertrag pro ha	REL %	Milchleistung aus dem Grundfutter	MJ NEL-Bedarf[2] pro Kuh/Jahr	Milchkühe/ha	Milchleistung aus dem Grundfutter pro ha	REL %
<7 50 m Tallage	35.180	100	6.000 kg	33.840	1,04	6.240	100
750–1.100 m Berglage	23.770	68	5.500 kg	32.270	0,74	4.070	65
> 1.100 m Höhenlage	19.404	55	5.000 kg	30.700	0,63	3.150	50

[1] Bezogen auf die TM-Erträge und Energieerträge auf den Standorten (siehe Tabelle 9)
[2] Berechnungsbasis: Milchleistung x 3,14 MJ NEL/kg Milch + Erhaltungsbedarf für eine Kuh mit 650 kg Lebendgewicht von 15.000 MJ NEL/Jahr

1.6 Nutzungsintensitäten und Ertragslage

Für die dem Standort angepasste Nutzung liegt der optimale Schnittzeitpunkt auf Wirtschaftswiesen beim „Ähren- und Rispenschieben" der Leitgräser Knaulgras bzw. Goldhafer. In diesem Nutzungsstadium erzielt der Landwirt gute Erträge und Futterqualitäten, erhält seinen Pflanzenbestand und erwirtschaftet damit über die Veredelung den höchsten Ertrag (vergleiche Grafik 24).

Eine **Unternutzung** findet in den Vegetationsstadien „Blüte bzw. überständig" der Leitgräser statt. Bei gleichzeitig angepasster Düngung – entsprechend dieser Unternutzung – sinkt der Futterertrag und in verstärktem Ausmaß die Futterqualität. Der Qualitätsertrag fällt bei der Unternutzung deutlich gegenüber der angepassten Nutzung ab. Wird allerdings bei Unternutzung die Düngungsintensität so beibehalten, wie sie in der angepassten Nutzung durchgeführt wird, so steigt zwar der Futterertrag an, jedoch weist das Futter nur mehr die mindere „Qualität von Streu" auf. Diese Überdüngung stellt eine Disharmonie in der Beziehung zwischen „Düngung und Nutzung" dar und wirkt sich negativ auf Pflanzenbestand und Ökologie aus.

Pro Tag gehen zwischen den Stadien „Ähren- und Rispenschieben" und „Beginn Blüte" in der Verdaulichkeit rund 0,5 % und im Energiegehalt etwa 0,1 MJ NEL/kg TM am Feld verloren.

Die **Übernutzung** findet dann statt, wenn Wiesenbestände in der Schossphase oder zu Beginn des Ähren- und Rispenschiebens permanent genutzt werden. Bei den Weiden liegt eine Übernutzung vor, wenn die Ruhezeiten nicht ausreichend eingehalten werden und sich laufend ein Überbesatz an Tieren auf den Weiden befindet.

Die Übernutzung einer Ein-, Zwei- oder Dreischnittfläche (siehe Grafik 24) um jeweils einen zusätzlichen Schnitt oder Weidegang wirkt sich weniger gravierend auf den Pflanzenbestand aus, als wenn eine Drei- bis Vierschnittfläche in der Tal- oder Gunstlage durch eine Umstellung permanent fünf oder sechs Mal genutzt wird. Hier fallen in den ersten fünf Jahren nach und nach die ertragsreichen Obergräser (Knaulgras, Wiesenschwingel, Wiesenfuchsschwanz,

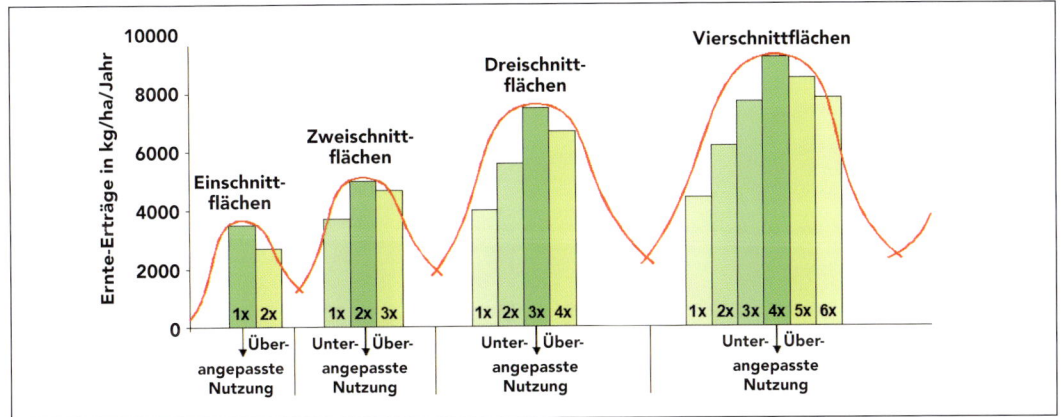

Grafik 24: **Ertragspotenziale auf Grünlandstandorten bei angepasster Düngung sowie angepasster Nutzung (Schnittzeitpunkt beim Ähren- und Rispenschieben) im Vergleich zur Unter- und Übernutzung**

Timothe etc.) wegen der natürlichen Nutzungsempfindlichkeit aus. Diese heimischen Obergräser halten gerade drei oder vier Nutzungen pro Vegetationsperiode noch aus, bei mehr Nutzungen (auch durch Weidegang) fallen diese aus dem Pflanzenbestand und hinterlassen Lücken.

Werden diese Lücken rechtzeitig mit dem ausdauernden und nutzungsunempfindlicheren Untergras (Wiesenrispe) und dem schneeschimmelanfälligen Engl. Raygras aufgefüllt, so kann eine Verkrautung und eine Ausbreitung mit Gemeiner Rispe verhindert werden. Zu hohe Anteile an Engl. Raygras birgen die Gefahr in sich, dass bei Jahren mit starker Schneelage es zu großen Schneeschimmelschäden und damit zum Ausfall des ersten Aufwuchses kommen kann. Außerdem müssen erst Pflanzenbestände mit höheren Engl. Raygrasanteilen (größer 30 Fl.-%) die nötige Nährstoffversorgung insbesondere mit Stickstoff erhalten. Höhere Anteile an Engl. Raygras machen die Pflanzenbestände zwar blattreicher, doch auch frühreifer und fordern eine höhere Nutzungsfrequenz.

Werden übernutzte Bestände mit lückiger Grasnarbe nicht nachgesät, dann können sich die Kuhblume, der Stumpfblättrige Ampfer und alle bodenständigen Kräuter etc. sowie die Gemeine Rispe, aber auch der Weißklee extrem ausbreiten.

Die Erträge fallen bei permanenter Übernutzung und Abnahme der Obergräser über die Jahre ab. Die Pflanzenbestände verändern sich dynamisch und bei massivem Auftreten von Gemeiner Rispe ist die Futterakzeptanz gefährdet.

Vielfach wird eine angepasste Nutzung zum Ähren- und Rispenschieben mit der Forderung nach frühzeitigem Schnitttermin verwechselt. Eine angepasste oder rechtzeitige Nutzung der Wiesen geht auf das jeweilige standörtliche Ertragspotenzial ein und sorgt dafür, dass die Futterqualitäten entsprechen und die Pflanzenbestände in ihrer Artenvielfalt dauerhaft erhalten bleiben.

Betriebsinterne Überlegungen hinsichtlich der Weiterführung der Wiesen und der Produktion von Grundfutter sowie die Einhaltung von ÖPUL-Maßnahmen können die Wirtschaftsweise sowohl in die Richtung der Extensivierung als auch der Intensivierung lenken. Wie sich beide Richtungen ertraglich und qualitätsmäßig im Grünland auswirken, wird in Grafik 25 dargestellt. Auf sechs Standorten wurde eine bisherige Dreischnittfläche auf eine Zweischnittfläche bei

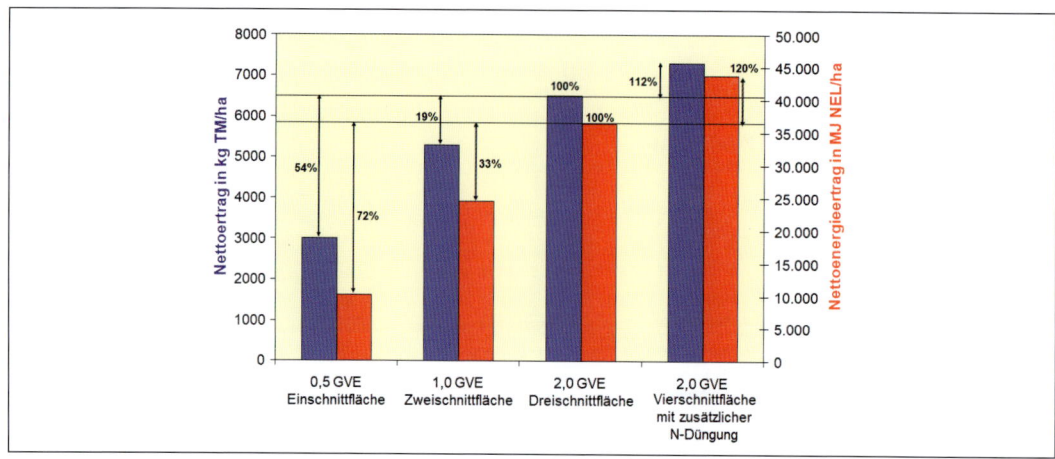

Grafik 25: **Vergleich der TM-Nettoerträge und MJ-Qualitätserträge auf Basis einer Dreischnittfläche**

Reduzierung der Düngung extensiviert. Der Nettoertrag ist durchschnittlich in den ersten sieben Jahren um 19 % und im Qualitätsertrag um 33 % abgefallen. Eine radikale Extensivierung einer Dreischnittfläche auf das Niveau einer Einschnittfläche hat den Nettoertrag um 54 % und den Qualitätsertrag um 72 % reduziert. Wird eine bisherige Zweischnittfläche auf eine Einschnittfläche bei 0,5 GVE-Dungeinheiten extensiviert, so fiel der Nettoertrag um 43 % und der Energieertrag um 58 %.

Spät genutztes Grünland zeigt vor allem minderwertige Qualitäten und auf lange Sicht geringe Erträge.

Die Intensivierung einer Dreischnittfläche auf eine Vierschnittfläche mit zusätzlicher N-Düngung von 50 kg N/ha kann den Nettoertrag wie auch den Energieertrag um 12–20 % steigern. Eine weitere Intensivierung geht langfristig auf Kosten des Pflanzenbestandes und des Futterertrages sowie möglicherweise auf die Futterakzeptanz (Gemeine Rispe).
Die Entscheidung, welchen Weg man einschlägt, sollte betriebs- und flächenindividuell getroffen werden.
Werden künftig gewisse Flächen nach den Vorgaben des Vertragsnaturschutzes vom Bauern bewirtschaftet, so sollen die Verluste im Nettoenergieertrag und der Arbeitsaufwand abgegolten werden.

1.7 Futterertrag und Viehbestand

Eine flächenbezogene Viehwirtschaft, wie sie in den Grünlandgebieten überwiegend praktiziert wird, lebt von dem, was der Standort und das Bewirtschaftungsniveau hervorbringen. Bei den Hochleistungsbetrieben tritt durch den Kraftfuttereinsatz die Grundfuttermenge immer mehr in den Hintergrund.

Eine RGVE (raufutterverzehrende Großvieheinheit = 500 kg LG) nimmt im Mittel der Sommer und Winterfütterungsperiode 4.000–4.500 kg TM pro Jahr vom Grundfutter mittlerer

Qualität auf. Je nach Ertragslage können demnach je Fläche mehr oder weniger RGVE gehalten werden. Im Durchschnitt aller Dauergrünlandflächen in Österreich können etwa 0,5–2,0 RGVE/ha gehalten werden, was einer Ertragsleistung im jeweiligen Dauergrünland von knapp 2.000–9.000 kg TM/ha und Jahr netto entspricht. Die Einschätzung der Ertragslage auf allen produktiven Flächen lässt auch eine Planung für den Viehstand zu. Pro 100 kg Lebendgewicht nehmen die raufutterverzehrenden Tiere 2 kg Trockenmasse/Tag auf. So frisst eine 600 kg schwere Kuh etwa 12 kg Heu/Grummet pro Tag, oder sie nimmt bei einer Ration von Grassilage/Heu (50 : 50) etwa 20 kg Grassilage (ca. 33 % TM) und 6 kg Heu pro Tag auf. 12 Schafe à 50 kg Lebendgewicht würden bei gleicher Ration Ähnliches aufnehmen. Stehen 20 Ziegen à 25 kg Lebendgewicht ganztägig auf der Weide, so werden diese ca. 10 kg Trockenmasse oder 50 kg Weidefutter (ca. 20 % TM) pro Tag aufnehmen.

In den Bergregionen bewegt sich der Viehstand etwa von (0,1) 0,5–1,2 RGVE/ha, im Talbereich und in den Gunstlagen des Alpenraumes von 1,0–2,0 RGVE/ha; in den Voralpen- und begünstigten Klimalagen mit Silomaisbau liegt der Viehstand im Bereich von 1,4–2,5 RGVE/ha. Die Vorhersage der Futteraufnahme ist nach GRUBER et al. (2004) für Milchkühe bestens möglich.

> In den Grünlandbetrieben mit Viehhaltung liegt das landesübliche Produktionsniveau in einem Bereich von 0,5–2,0 RGVE/ha.

Im Vergleich zu Holland, Dänemark, Holstein etc. ist der Tierbesatz in den Betrieben den Klima und Standortverhältnissen angepasst und entspricht so aufgrund der traditionellen Bewirtschaftungsweise den ökologischen und naturnahen Verhältnissen. Hochleistungsbetriebe, mit dem Einsatz von großen Mengen an externem Kraftfutter, laufen bei geringer Flächenausstattung Gefahr, ökologisch wegen der hohen Nährstoffimporte in einen kritischen Bereich zu kommen.

1.8 Futterqualität und Milchleistung

Die Qualität des Grundfutters wirkt sich in zweifacher Hinsicht auf die Höhe der Grundfutterleistung aus. Eine hohe Grundfutterqualität ist sowohl durch eine hohe Nährstoffkonzentration als auch durch eine hohe Futteraufnahme gekennzeichnet.

> Von den futterrelevanten Einflussfaktoren auf die Futteraufnahme spielt die Zusammensetzung des Pflanzenbestandes, das Vegetationsstadium bei der Ernte der Grünlandpflanzen sowie die Futterkonservierung eine herausragende Rolle.

Eine durchschnittliche Kuh wird von Grünfutter in der Weidereife mehr als 15 kg TM täglich fressen, von Grünfutter in der Blüte dagegen weniger als 13 kg TM. Die Kombination von verringerter Energiekonzentration und geringerer Verdaulichkeit sowie herabgesetzter Futteraufnahme wirkt sich gravierend auf die Futteraufnahme und somit auf die Milch-/Fleischleistung aus dem Grundfutter aus. In der **optimalen Weidereife** (Kurzrasenweide) können unter bestem Weidemanagement etwas **mehr als 20 kg Milch aus dem Grundfutter pro Kuh und Tag** erzeugt werden. Nehmen hingegen dieselben Tiere Heu in der Blüte gemäht auf, so wird deutlich weniger bei geringeren Inhaltsstoffen pro Tag und Kuh aufgenommen. Die daraus resultierende Milchleistung aus diesem Grundfutter wird dann bei 8–10 kg/Tag liegen. Die damit verbundenen wirtschaftlichen Konsequenzen sind enorm. Zur Erzeugung von z. B. 20 kg Milch sind bei geringer Grundfutterleistung (in der Blüte) hohe Kraftfuttergaben erforderlich, welche die Futterkosten der Milcherzeugung gegenüber der Nutzung vor dem Ähren- und Rispenschieben sehr stark anheben.

2. NUTZUNG DES GRÜNLANDES

Unter Futternutzung versteht man, wann, wie und wie oft die Flächen beerntet werden.
- **Wann:** Entwicklungszustand des Pflanzenbestandes (Vegetationsstadium der Leitgräser (Knaulgras/Goldhafer) am Pflanzenbestand beachten)
- **Wie:** Durch Schnitt, Beweidung oder als Ökofläche
- **Wie oft:** Häufigkeit der Nutzung auf derselben Fläche (Nutzungsanzahl – Bestoßungshäufigkeit)

Eine qualitätsorientierte Futternutzung hebt die tierischen Leistungen aus dem Grundfutter und spart Zukauffutter. Nachhaltig ist die Nutzung auf Futterqualität erst dann, wenn auch die Pflanzenbestände nicht darunter leiden.

Mit einer schlagkräftigen Werbe- und Erntetechnik, möglicherweise überbetrieblich, können große Flächen zu besten Qualitäten rechtzeitig genutzt werden.

2.1 Vegetationsstadien, Nutzungsreife und Energiegehalt

Bei der Wahl des optimalen Schnittzeitpunktes bzw. Nutzungszeitpunktes muss zwischen dem ersten und den Folgeaufwüchsen grundsätzlich unterschieden werden. Es sollten aber auch die Pflanzenzusammensetzung und die Höhenstufe in die Betrachtung miteinbezogen werden. Je nach Verwertung des Futters (Milchvieh, Mutterkühe, Jungvieh, Schafen, Ziegen, Pferde etc.) ergibt sich jeweils ein optimaler Nutzungszeitpunkt.

Befinden sich die **Leitgräser** (Goldhafer, Knaulgras etc.) **am Beginn des Rispen- bzw. Ährenschiebens**, so sollte die Nutzung im Wirtschaftsgrünland zu **Heu oder Silage** erfolgen. In diesem Vegetationsstadium betragen die Gerüstsubstanzen (Zellulose, Hemizellulose und Lignin) rund 50 % und der energetische Futterwert liegt bei 5,5–6,5 MJ NEL (Nettoenergie-Laktation) je kg TM (vergleiche Grafik 26).

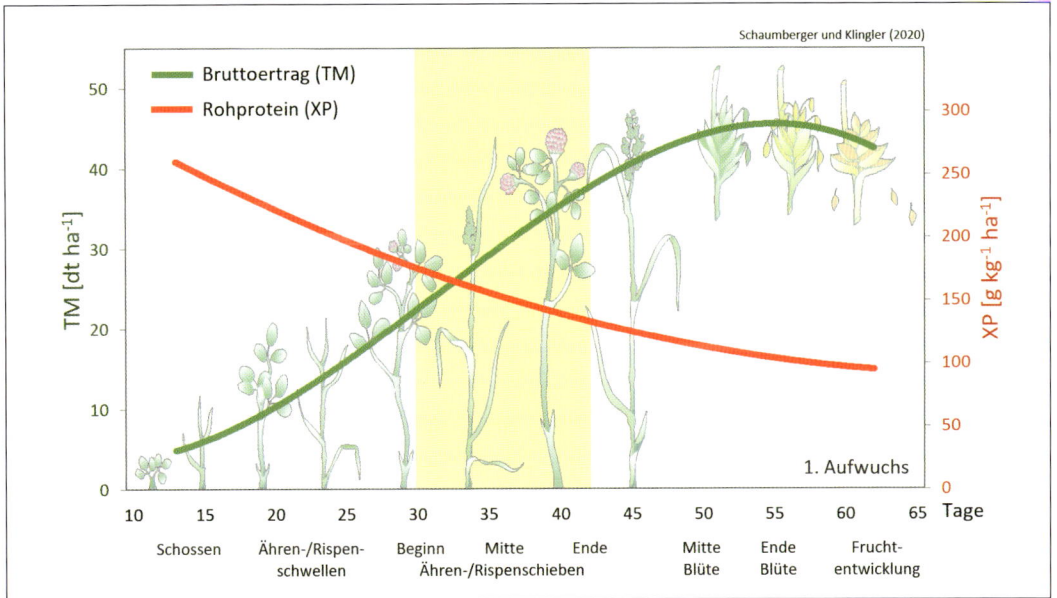

Grafik 26: **Entwicklungsstadien der Leitgräser (Knaulgras, Goldhafer) in Bezug auf Bruttoertrag und Rohproteingehalt bei unterschiedlichen Vegetationsstadien**

❑ Leitgräser zur Bestimmung des Vegetationsstadiums

In den Dauerwiesen, Dauerweiden sowie in den Wechselwiesen und im Feldfutter werden in Österreich ausschließlich zwei Leitgräser zur Bestimmung des Vegetationsstadiums herangezogen.

Knaulgras (*Dactylis glomerata*)
Das Knaulgras kommt in nahezu allen Grünlandbeständen in Österreich vor. Knaulgras gilt auf den Grünlandflächen (unter 600 m Seehöhe) und auf allen Feldfutterbeständen als Leitgras.

Ähren-/Rispenschieben (rechts)
Blüte (links)

Goldhafer (*Trisetum flavescens*)
Der Goldhafer kommt in allen Dauerwiesen und Dauerweiden über einer Seehöhe von 600 m vor, er gilt dort als Leitgras.

Ähren-/Rispenschieben (links)
Blüte (rechts)

Auch wenn andere Arten auf den Flächen dominieren oder häufiger im Bestand vorkommen, so gelten Knaulgras und Goldhafer als die Leitgräser. Wenn mehr als 50 % des Leitgrases im Pflanzenbestand ein Vegetationsstadium erreicht haben, dann ist das Vegetationsstadium erreicht. Alle Einstufungen der Futterqualitäten in der Futterwerttabelle für den Alpenraum und in anderen Bewertungen nach den Vegetationsstadien sind auf diese beiden Leitgräser abgestimmt.

2.2 Gerüstsubstanzen versus Rohfaser

Nach dem Analyseverfahren nach HENNEBERT und STROHMANN (1864), der Weender-Analyse, wurden die Kohlenhydrate in der Pflanze in „Rohfaser" und „stickstofffreie Extraktstoffe" dargestellt. Die „Rohfaser" umfasst die Faser – Kohlenhydrate, wobei hier die Fraktionen Lignin, Hemizellulose und Zellulose unterschiedlich in den Anteilen gefasst wurden. Mit der Methode nach VAN SOEST aus den 1960er Jahren können nun die „Zellwände und Gerüstsubstanzen" (NDF) in die Fraktonen Lignin (ADL), Zellulose (ADF – ADL) und Hemizellulose (NDF – ADF) besser analytisch zugeteilt werden (siehe Grafik 27). Die nicht-fasrigen Kohlenhydrate (NFC) können mit diesem Verfahren auch treffender den Zellinhaltsstoffen zugeteilt werden (GRUBER, 2017).

❑ Allgemeines zu Gerüstsubstanzen

Der Ausgangsstoff für die Gerüstsubstanzen und Zellwände in der Pflanze entsteht über die Photosynthese, wo das Blattgrün die Sonnenenergie aufnimmt und mit Wasser (H_2O) und Kohlendioxid (CO_2) Zucker (Glucose) entstehen lässt.
Je komplexer Glucosemoleküle sich aneinander lagern, umso kompakter und schwerer verdaulich werden diese. Ist Glucose noch leicht von Tier und Mensch verdaulich, so braucht es für Hemizellulose, Zellulose und Lignin schon Mikroorganismen im Verdauungstrakt bei den raufutterverzehrenden Tieren, um diese Gerüstsubstanzen aufzuschließen. Die Pflanze selber braucht diese Gerüstsubstanzen im Stängel und in den Blattrippen, um aufrecht zu stehen und die Blüte und Samenbildung für das Fortbestehen zu gewährleisten, um das Blatt in die richtige Stellung zur Sonne zu halten. Lignin wird mit zunehmendem Wachstum und Alter in der Pflanze eingelagert und blockiert so auch eine gänzliche Verdauung der Zellulose und Hemizellulose.

In der „erdgeschichtlichen" Entwicklung der Tiere, insbesondere der Wiederkäuer, haben die Faserkohlenhydrate (Zellulose, Hemizellulose, Lignin) wohl eine entscheidende Rolle gespielt. Einerseits haben sich die entsprechenden Mikroorganismen im Pansen/Verdauungsapparat eingestellt und andererseits machen die Faserstoffe eine Kautätigkeit notwendig, die den Speichelfluss auslöst und das Milieu im Pansen für die Mikroorganis-

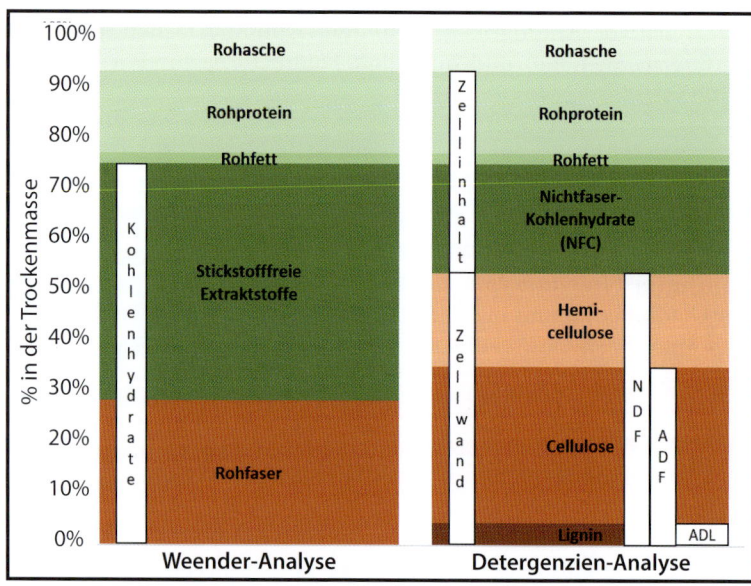

Grafik 27: **Auftrennung der Nährstoffe eines Futtermittels in Zellinhaltsstoffe und in Gerüstsubstanzen**

men schafft – eigentlich genial für die Verwertung von Futterpflanzen. Bei einer Anhebung von Kraftfutter über ein bestimmtes Maß wird dieses wunderbare Zusammenspiel in der Natur durchbrochen und kann zu Problemen (Acidose) führen.

Mit der Einführung der Gerüstsubstanzen nach VAN SOEST kann die Tierernährung nun den tatsächlichen Fasergehalt der Futtermittel besser quantifizieren und dies bietet künftig eine noch bessere Grundlage für die Ernährung der raufutterverzehrenden Tiere. Nach GRUBER (2018) ist der tatsächliche Fasergehalt entscheidend für die Beurteilung, ob eine Futterration wiederkäuergerecht und ausreichend strukturwirksam ist. Daher ist die so genannte physikalische effektive Faser (peNDF) die allgemein gültige Kenngröße für die Einschätzung der Strukturwirksamkeit und damit Wiederkäuergerechtheit einer Ration.

> Die Futtermittelanalyse nach Van Soest kann noch spezifischer und exakter die Fraktionen Lignin, Hemizellulose aus den Zellwänden und Gerüstsubstanzen ermitteln und gibt daher noch besseren Aufschluss über die Futterqualität. Das System „Rohfaser" gehört der Vergangenheit an, die Zukunft gehört NDF, ADL, ADF und NFC sowie Hemizellulose (NDF – ADF).

2.3 Gerüstsubstanzen im Futter

Die HBLFA Raumberg-Gumpenstein und auch das Futtermittellabor in Rosenau haben in der praktisch angewandten Forschung für die Grünland- und Viehwirtschaft die ersten Versuche und Untersuchungen zu den Gerüstsubstanzen umfangreich angestellt. GRUBER, RESCH und STÖGMÜLLER (2018) gehen in der ÖAG-Sonderbeilage (1/2018) zum Thema „Den Wert des Grundfutters an den Gerüstsubstanzen erkennen" erstmals mit konkreten Daten mit den Gerüstsubstanzen im Grünlandfutter und Silomais für die österreichischen Verhältnisse in die Praxis.

❑ Einfluss Pflanzenarten und Vegetationszeitpunkt

Je stärker die Anteile der Gerüstsubstanzen in den Pflanzen zunehmen, desto geringer werden die Anteile der Zellinhaltsstoffe (Mineralstoffe, Protein, Fett und die Nichtfaser – Kohlenhydrat, Zucker) pro kg TM. Es hängt nun von der Tiergattung und der erwarteten Leistung (Milch, Fleisch, Sport etc.) ab, welche und wie viel Gerüstsubstanzen die Einzelkomponente und wohl auch die Futterration letztlich aufweist.
So nimmt die Zellulose von der Schossphase bis zum samenreifen Vegetationsstadium von 220–350 g/kg TM zu, in der gleichen Entwicklungszeit steigt die Hemizellulose von 170–200 g/kg TM, während das Lignin einen eher konstanten Anteil von 40–60 g/kg TM aufweist. Je stängelreicher und blattärmer die Pflanzenbestände sich zeigen, desto höher wird der Zellwand- und Gerüstsubstanzanteil (NDF).
Nach Untersuchungen von DACCORD et al. (2001) in der Schweiz zeigten stängelreiche Obergräser wie Knaulgras und Wiesenfuchsschwanz NDF-Gehalte von über 500 g/kg TM, während die Raygräser zwischen 200 und 300 g/kg TM aufwiesen. Die ertragreichen Obergräser spielen in Bezug auf die Gerüstsubstanzen und folglich auf die Verdaulichkeit eine zentrale Rolle.

> Es braucht künftig Obergräsersorten, die blattreicher und spätreifer sind, dadurch werden die ersten Aufwüchse deutlich nutzungstoleranter, es könnte dadurch auch die Häufigkeit der Schnitte eingeschränkt werden.

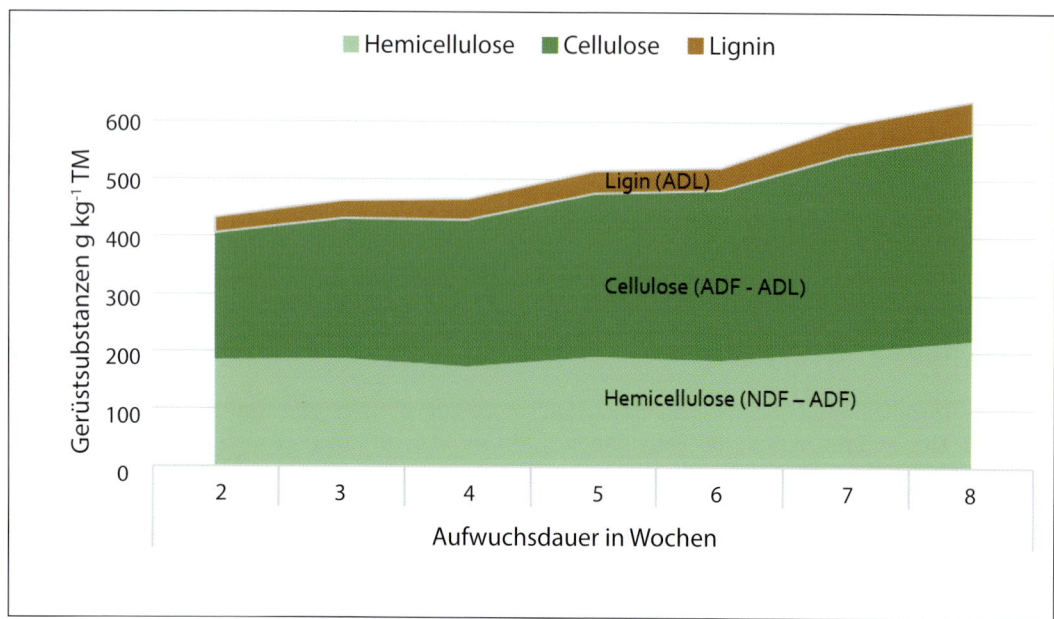

Grafik 28: *Einfluss der Vegetationsstadien auf die Zellwandbestandteile und Gerüstsubstanzen im Grünlandfutter*

Interessanterweise liegt nach DACCORD et al. (2001) der Ligningehalt (ADL) bei den Obergräsern bei 30–40 g/kg TM, bei Weißklee und Rotklee steigt dieser auf 50–60 g/kg TM an, die Kräuterarten liegen dazwischen. Extreme Ligningehalte kann die Luzerne mit 80–100 g/kg TM aufweisen.

In den Dauerwiesen und Dauerweiden kommt es bei den Folgeaufwüchsen oft zu höheren Anteilen von Weißklee und Kräutern, die in weiterer Folge auch höhere Ligningehalte und somit eine geringere Verdaulichkeit verursachen.

Eine Beurteilung der Futterqualität gerade im Hinblick auf Gerüstsubstanzen setzt künftig eine genaue Kenntnis des Pflanzenbestandes voraus. Mit besseren, blattreicheren und eher späteren Sorten im Obergrasbereich sollte es gelingen, beste und ertragreiche Pflanzenbestände im Wirtschaftsgrünland zu führen.

2.4 Rohprotein aus dem Grünland

Im österreichischen Grünland werden jährlich zwischen 800.000 und 1 Mio. t Eiweiß produziert. Durchschnittlich kann beim derzeitigen Nutzungs- und Düngungsniveau im Berggebiet mit 120 g Rohprotein pro kg TM des Grünlandfutters gerechnet werden. Betriebe in Gunstlagen, die rechtzeitig mähen und angepasst düngen, können mit 140–160 g Rohprotein/kg TM rechnen. Im Feldfutter (Rotkleegräser, Luzerne, kleereiches Dauergrünland) lässt sich der Rohproteingehalt durch den Leguminosenanteil auf 200 g pro kg Trockenmasse anheben. Ein Rotkleegras mit einem TM-Ertrag von 10 t und einem Eiweißgehalt von 200 g/kg TM bringt 2.000 kg/ha Rohprotein. Ein Dauergrünland mit 8 t TM/ha und 140 g Rohprotein/kg TM liegt auch noch bei 1.120 kg/ha. Diese Rohproteinerträge im Grünland zeigen schon, wie enorm hoch hier das Potenzial liegt.

Es gibt grundsätzlich **vier wesentliche Einflussmöglichkeiten** der Bewirtschaftung, **um den Rohproteingehalt im Futter zu steigern**. Diese liegen im

- Nutzungszeitpunkt,
- modernen Grünlandbestand,
- Leguminosenanteil des Futters und
- in der Bereitstellung von Stickstoff.

Beim rechtzeitigen Nutzungszeitpunkt zum „Ähren- und Rispenschieben der Leitgräser" liegt der Rohproteingehalt bei rund 150 g/kg Trockenmasse (vergleiche Grafik 29). Werden die Grünlandbestände älter – Blattanteil sinkt, Gerüstsubstanzen steigen an – so geht bis zur Blüte der Rohproteingehalt auf bis zu 100 g/kg TM zurück. Bei überständigem Futter liegt der Rohproteingehalt unter 80 g/kg Trockenmasse.

Der Landwirt kann bei gleicher Düngung **durch die Wahl des Nutzungszeitpunktes** den **Rohproteingehalt im Grünlandfutter enorm beeinflussen**. Jene, die ihre Wiesen zum Ähren- und Rispenschieben der Leitgräser ernten, können bei sachgerechter Düngung mit einem Rohproteingehalt von 15 % bzw. 150 g/kg Trockenmasse rechnen. Ein moderner Grünlandbestand mit blattreichen Sorten ist nutzungstolerant und behält auch bei späteren Schnittterminen einigermaßen den Rohproteingehalt.

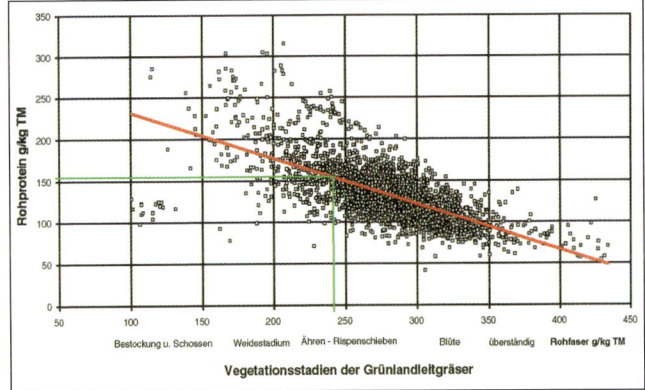

Grafik 29: *Einfluss des Nutzungszeitpunktes auf den Rohproteingehalt von Dauergrünland im ersten Aufwuchs*

Die **Nährstoffversorgung**, insbesondere mit Stickstoff, hat natürlich einen Einfluss auf den Rohproteingehalt des Grünlandfutters. Eine Wirtschaftsdüngerrücklieferung bei mittlerem GVE-Besatz lässt beim richtigen Nutzungszeitpunkt Rohproteingehalte von 120–130 g/kg TM erwarten. Im Stallmist- und Jauchesystem können etwas höhere Rohproteinwerte erwartet werden, wenn dadurch der Leguminosenanteil höher ist. Wird der Tierbesatz gegen 2,0 GVE/ha gesteigert, so fällt auch mehr Dünger meist in Form von Gülle an, der wiederum bei rechtzeitiger Nutzung den Rohproteingehalt auf 140–160 g/kg TM erhöhen kann, da ausreichend Stickstoff zur Proteinsynthese zur Verfügung steht.

Der **Rohproteingehalt der Kleearten** ist **höher als jener der Gräser und Kräuter**. Bei steigenden Kleeanteilen im Grünlandfutter erhöht sich somit der Rohproteingehalt. Reine Kleebestände erreichen durchaus bis zu 250 g Rohprotein/kg TM. Ein Kleeanteil von 10 % erhöht den normalen Rohproteingehalt eines Grünlandfutters um etwa 5 g/kg TM zusätzlich.

Bei einem Grünlandbestand mit 30 % Kleeanteil kämen zu den erwarteten 150 g beim Ähren-/Rispenschieben noch 15 g Rohprotein/kg TM dazu, das wären insgesamt 165 g/kg TM.

2.5 Energiegehalt im Grünlandfutter

Neben dem Rohprotein spielt der Energiegehalt im Grünlandfutter eine zentrale Rolle, insbesondere bei Hochleistungstieren. Die Verdaulichkeit der organischen Masse – sie ist stark abhängig von den Gerüstsubstanzen – ist maßgeblich verantwortlich für die Höhe des Ener-

Je höher die Verdaulichkeit, desto höher der Energiegehalt, desto höher die Futteraufnahme und desto höher auch die Leistung aus dem Grundfutter.

giegehaltes des Futters. So erreicht extensiv genutztes, spät gemähtes Futter Verdaulichkeiten von 40–60 % und Energiegehalte von 3,2–5,0 MJ NEL/kg TM.

Steigt die Verdaulichkeit auf 70 %, so steigt auch die Energiedichte je nach Nutzungsform auf 6,0 MJ NEL/kg TM (vergleiche Grafik 30). Bei Vielschnittflächen kann die Energiedichte im Futter auf 6,5 MJ NEL/kg TM in den Konserven Heu, Grummet, Gärheu oder Silage ansteigen, in der Weidereife können Energiewerte bis zu 7,0 MJ NEL/kg TM angeboten werden.

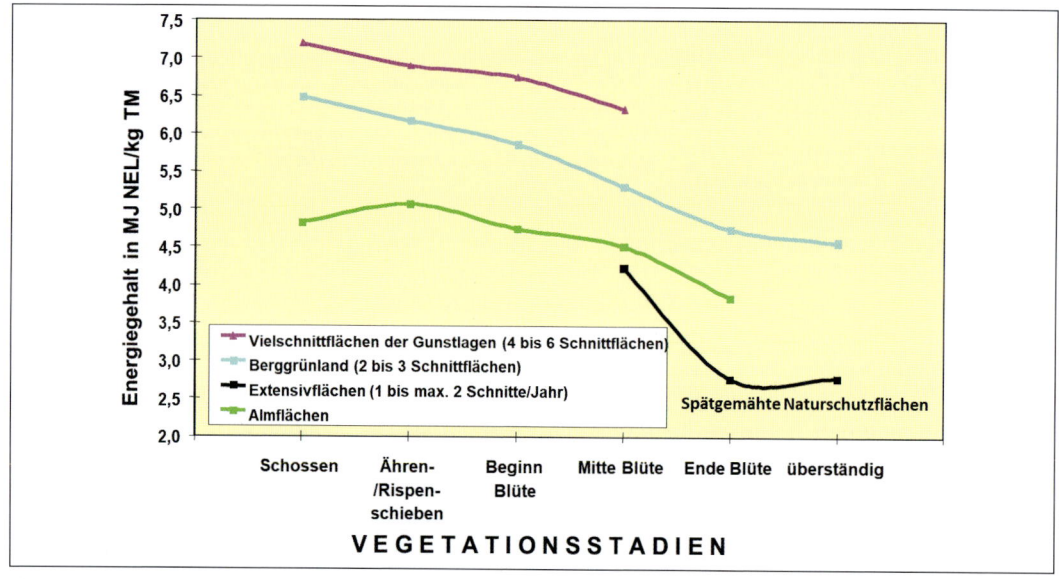

*Grafik 30: **Energiegehalt in MJ NEL/kg TM beim ersten Aufwuchs in Abhängigkeit vom Pflanzenbestand, von der Nutzungsform und vom Vegetationsstadium***

Gründe für eine Ernte zur Qualitätsreife (Ähren-/Rispenschieben)
- Hoher energetischer Futterwert
- Höherer Gehalt an Inhaltsstoffen im Futter
- Hohe Verdaulichkeit der organischen Masse
- Beste Grundfutteraufnahme
- Hohe Leistungen aus dem Grundfutter (Milch und Fleisch)
- Dichte, harmonische Pflanzenbestände; guter Unterwuchs
- Geringere Verkrautungsgefahr

- Rasche Regeneration der Schnitt- bzw. Weidefläche
- Bessere Konservierbarkeit
- Bei Silierung leichter zu verdichten
- Geringerer Pilzbefall im Bestand

In den milderen Lagen findet die Ernte von Qualitätsfutter beim ersten Aufwuchs Ende April/ Anfang Mai, in den Tal- und Gunstlagen des Alpenraumes in der ersten Maihälfte und in den raueren Lagen in der ersten Junihälfte, je nach Wetterlage, statt.

2.6 Anzahl der Nutzungen und Energieertrag

Die Anzahl der Nutzungen pro Jahr und Futterfläche richtet sich in erster Linie nach folgenden Kriterien:
- Höhenlage und Exposition der Flächen
- Nährstoffversorgung der Futterflächen
- Witterungsverhältnisse
- Verwendungszweck des Futters und der Futterart
- Schlagkraft des Betriebes oder des Maschinenringes bei der Ernte
- Bei Biodiversitäts- und Naturschutzflächen nach dem Blühverhalten der Pflanzenarten, nach Brutverhalten der Vögel und der Samenreife schützenswerter Pflanzen

Bei der **Ernte** des ersten Aufwuchses **zur Qualitätsreife** (im Vegetationsstadium Rispen- bzw. Ährenschieben) sind die Futtererträge zwar nicht so hoch wie bei der Mahd nach der Blüte, doch erfolgen die **Wiederbegrünung und die Regeneration viel rascher**, sodass die Folgeaufwüchse diesen Minderertrag wieder wettmachen. Der energetische Futterwert steigt bei der Vorverlegung des Schnittzeitpunktes bis zum Ähren-/Rispenschieben an (MJ NEL pro kg TM). Die Energiekonzentration je kg TM wird erhöht, aber auch die Energieerträge pro ha bleiben bei bis zu vier Aufwüchsen auf dem gleichen Niveau, sofern die Düngung angepasst wird.

> Eine **zu frühe und häufige Nutzung** hemmt den Nachwuchs und die nutzungsempfindlichen Obergräser fallen aus, die Grasnarbe wird lückig und die Ertragsleistung fällt ab. Eine **zu späte Nutzung** wirkt sich ungünstig auf die Qualität aus. Deshalb sollte der für den Betrieb und seine Flächen optimale Nutzungszeitpunkt standortangepasst gewählt werden.

Die optimale Anzahl der Nutzungen liegt
- in den milderen Lagen bei drei bis vier Schnitten,
- in den inneralpinen Tal- und Beckenlagen bei zwei bis drei Schnitten (+ Nachweide),
- in den raueren Lagen bei bis zu zwei Schnitten mit Nach- bzw. Vorweide.

Die Temperaturerhöhung hat in den letzten Jahren dazu geführt, dass in den so genannten rauen Lagen auf den besten Flächen mit wärmeren Mikroklima meist ein Schnitt hinzugekommen ist.
Die Weiden werden vier- bis achtmal, je nach Klima und Standort, bestoßen; auf den Almen reduziert sich die Weidenutzung auf den besten Flächen auf ein bis zwei/drei Weidegänge, sofern hier eine Koppelung erfolgt.

> Bei steigendem Düngereinsatz, insbesondere von Stickstoff, ist eine höhere Nutzungsfrequenz notwendig, um Qualitätsfutter zu erhalten. **Die Nutzung muss im Einklang mit der Düngung und der Nutzbarkeit der Pflanzenarten stehen.**

2.7 Rohfett – ungesättigte Fettsäuren

Im Grünlandfutter werden je nach Pflanzenzusammensetzung und Vegetationsstadium sowie dem Anteil Stängel/Blatt Rohfettwerte von 15–35 g/kg TM analysiert. Werden der Kuh **hochwertige Grundfutterpartien** angeboten, so nehmen diese bis zu **300–400 g Rohfette pro Tag** aus dem Grundfutter auf.

Milch und Fleisch setzen sich aus Wasser, Fetten, Proteinen, Kohlenhydraten, Vitaminen, Mineralstoffen und Spurenelementen zusammen. Die Milchinhaltsstoffe werden neben dem Laktationsstadium und der Genetik der Kuh hauptsächlich durch die Fütterung beeinflusst. Die Bildung von **Milcheiweiß** erfolgt durch aus dem Blut stammende Aminosäuren. Diese entstehen zum größten Teil durch nicht abgebaute Futterproteine aus dem Pansen, so genannte Mikrobenproteine, und wenige eigene Körperproteine. Das **Milchfett** hingegen wird hauptsächlich durch Neusynthese, z. B. aus Essigsäure (50 %), welche als Verdauungsprodukt im Pansen entsteht, im Eutergewebe gebildet. Ebenso werden Futterfette (35 %) direkt sowie Körperfettreserven (15 %) zur Milchfettbildung herangezogen (JAKOB et al. 2007). Die gesättigten Fettsäuren werden laut WEISS (2005) hauptsächlich aus kurzkettigen Fettsäuren entwickelt, die bei der Pansenfermentation entstehen. Langkettige und mehrfach ungesättigte Fettsäuren hingegen sind für das Rind essentiell und müssen über das Futter aufgenommen werden (JAKOB et al. 2007). Laut COLLOMB et al. (2002) sind bis heute über 400 Fettsäuren im Milchfett gefunden worden.
Den ungesättigten Fettsäuren, insbesondere den Omega-3-Fettsäuren und den konjugierten Linolsäuren, werden besondere physiologische Eigenschaften für die Humanernährung zugesprochen (STEHLE, 2007). Die Gruppe der ungesättigten Fettsäuren sind für den Menschen essentielle Fettsäuren, die er über die Nahrung aufnehmen muss, weil es der Körper nicht selbst herstellen kann. Das heißt, weder die Kuh noch der Mensch können diese essentiellen ungesättigten Fettsäuren selbst herstellen, diese müssen über die Pflanze, die Fütterung in die Milch, ins Fleisch, gelangen.

BRAACH (2013) fasst in ihrer Studie über die Fettsäuren in der Milch hinsichtlich Fütterung die bisherigen Ergebnisse aus der Schweiz, Deutschland und Österreich zusammen. Dabei stellte sich heraus, dass **Frischgras als Futtergrundlage** den **höchsten Gehalt an erwünschten speziellen Fettsäuren in der Milch** hervorbringt. Mit der Konservierung des Frischgrases zu Heu oder Grassilage können jedoch nahezu gleiche Ergebnisse erzielt werden. Zu berücksichtigen ist bei Grünfutter die **botanische Zusammensetzung**. Dauerwiesenfutter zeigt als Rationsgrundlage bessere Eigenschaften als Feldfutter. Darüber hinaus sind geographische Gegebenheiten der Futterflächen sowie deren Höhenlage zu bedenken, denn sie sind ausschlaggebend für die Artenvielfalt der Pflanzen. Wird das Grünfutter konserviert, ist der richtige Schnittzeitpunkt zu wählen sowie die saubere Herstellung der Futtermittel zu garantieren.

> Ganz wesentlich für das Fettsäuremuster bei der grünlandbasierten Fütterung erscheint der Anteil von Blatt und Stängel. Je höher der Blattanteil in der Futterration ist, desto mehr wertvolle Fettsäuren finden sich in der Milch wieder.

Je älter jedoch die Bestände sind, desto größer ist der Stängelanteil und desto geringer wird damit der Blattanteil, welcher Speicher von Omega-3-Fettsäuren ist. Bei der **Konservierung** des Grünfutters zu Heu muss daher besonders auf den **richtigen Schnittzeitpunkt** sowie auf geringe Bröckelverluste geachtet werden. Für die Grassilage gilt dies ebenfalls, jedoch spielen Bröckelverluste hier keine übergeordnete Rolle, was für einen ernährungsphysiologisch hohen Wert der Grassilage spricht und in den Milchfettsäuren zur Geltung kommt.

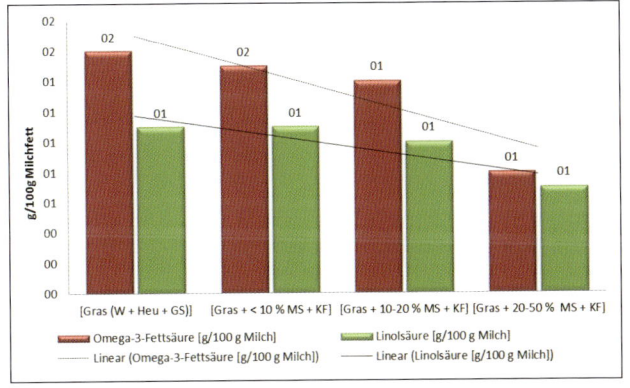

Grafik 31: **Veränderung der Omega-3-Fettsäuren und konjugierte Linolsäuren in Abhängigkeit der Futterkomponenten** (BRAACH, 2013).

Verlagert sich die grünlandbasierte Fütterung hin zu **hohen Maissilage- und Kraftfutteranteilen** in der Ration, so zeigt sich ein deutlicher Einfluss auf die Milchinhaltsstoffe. Ein generell **sinkender Gehalt an positiven speziellen Milchfettsäuren** ist dann zu verzeichnen. Dies spiegelt sich in den konjugierten Linolsäuren, aber vor allem bei den Omega-3-Fettsäuren wieder. In Grafik 31 ist die Veränderung dieser beiden Fettsäuren dargestellt. Beginnend bei reiner Grasfütterung (bestehend aus Weide, Heu, Grassilage) im linken Teil und mit prozentual steigenden Anteilen an Maissilage (MS) und Kraftfutterkomponenten (KF) bis hin zu 20–50 % im rechten Teil der Grafik. Die konjugierten Linolsäuren verringern sich im Vergleich der beiden Extremvarianten um 0,4 g/100 g Milchfett oder anders ausgedrückt um rund 36 %. Bei den Omega-3-Fettsäuren ist ein Abfall von 1,6 g/100 g auf 0,8 g/100 g festzustellen, welcher einer Halbierung dieser Fettsäuren durch die intensivierte Fütterung entspricht.

Beste Inhaltsstoffe im Futter geben höchsten Nährwert in Lebensmitteln.

Eine kreislaufbezogene Grünland- und Viehwirtschaft mit einem möglichst hohen Anteil an blattreichem Grundfutter liefert Milch und Fleisch mit höheren Anteilen an ungesättigten Fettsäuren. Das ist ein qualitatives Merkmal für die Auslobung von tierischen Produkten aus dem Berggebiet.

2.8 Rohasche, Mineralstoffe und Futterverschmutzung

Das geringe Bewusstsein und die oft weniger exakte Arbeitsweise für eine hohe Futterqualität, die Verzögerung der Ernte durch Schlechtwetterperioden sowie natürlich auftretende Ursachen zur Verschlechterung der Grasnarbe führen zur erdigen Verschmutzung der Ernte und somit zu höheren Rohaschegehalten.

Die Rohasche, die bei der Veraschung der Futterprobe übrigbleibt, beinhaltet Mengen- und Spurenelemente, also den anorganischen Anteil im Futter. Dieser anorganische Anteil beim Grünlandfutter liegt bei rund 10 % oder 100 g/kg TM. Je höher der Blattanteil und je besser die Nährstoff- und Spurenelementversorgung, umso höher die Rohasche. Je älter der Pflanzenbestand und extensiver die Nährstoffversorgung, desto niedriger der Rohaschegehalt im Futter.

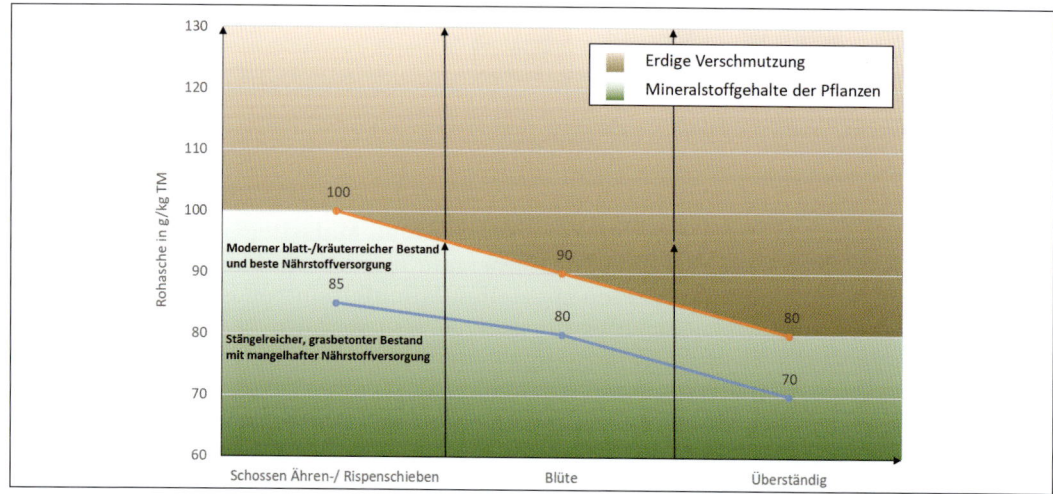

Grafik 32: **Rohaschegehalte und erdige Verschmutzung im Grünlandfutter**

Die Mineralstoffgehalte (Ca, P, K, Mg, Na, Fe, Zn, Cu, Mn ...) in den Pflanzen hängen vom Nährstoffangebot (Bodennährstoffe und Düngung), den Pflanzenarten und dem Vegetationsstadium zum Nutzungszeitpunkt ab. Je höher der Blattanteil insbesondere von Kräutern, desto höher der Mineralstoffgehalt, sofern die Pflanzen über das Nährstoffangebot die Mengen- und Spurenelemente über die Wurzeln aufnehmen können.

Die natürlichen Rohaschegehalte über die Mineralstoffgehalte der Pflanzen bewegen sich je nach Zusammensetzung, Nährstoffangebot und Nutzungszeitpunkt sowie Konservierungsform zwischen 70 und 100 g/kg TM.

Bei dichter Grasnarbe und bei einer Schnitthöhe von 5–7 cm sowie sachgerechter Ernte sollte keine Futterverschmutzung erfolgen.

Alle Rohaschegehalte, die laut Analyse höher liegen, stammen aus erdiger Verschmutzung oder Mist- und Gülleresten.

Beim optimalen Weidegang wird dieses blattreiche Weidefutter und damit hohe Mineralstoffwerte vom Tier aufgenommen, bei einer Bodenheuwerbung mit viel Bröckelverlusten werden die Mineralstoffwerte und somit der Rohaschegehalt abfallen, sofern nicht erdige Verschmutzung hinzukommt.

❏ Mineralstoffe und Spurenelemente in den Pflanzen

Der Gehalt an Mengenelementen des Wiesen- und Weidegrases wird im Wesentlichen von der Zusammensetzung des Pflanzenbestandes und dem Nutzungszeitpunkt bestimmt (vergleiche Tabelle 12).

Tabelle 12: **Gehalt der Artengruppen an Mengen- und Spurenelementen (MEISTER und LEHMANN, 1988)**

	Mengenelemente g/kg TM					Spurenelemente mg/kg TM		
	Ca	P	Mg	K	Na	Mn	Zn	Cu
Gräser	5	3,0	1,5	23	0,20	80	30	7
Leguminosen	15	3,0	2,8	23	0,25	50	35	9
Kräuter	15	3,5	3,5	35	0,30	70	40	12

Die Gräser haben einen geringen Kalzium- und Magnesiumgehalt, während die Kräuter bei diesen Elementen sowie bei Kalium und Natrium gehaltreicher sind.

Bei den einzelnen Pflanzenarten gibt es enorme Gehaltsunterschiede bei den Mengenelementen. So enthält ein junger Bärenklau rund das Vierfache an Kalzium gegenüber den Gräsern (vergleiche Tabelle 13).

Tabelle 13: **Mineralstoffgehalt einzelner Pflanzenarten zum Zeitpunkt der Weidereife von Knaulgras (MEISTER und LEHMANN, 1988)**

Pflanzenart	Rohfaser	Ca	P	Mg	K
			g/kg TM		
Knaulgras	186	4,5	4,9	1,8	40,3
Wiesenfuchsschwanz	220	3,4	5,0	1,7	37,0
Kuhblume	101	8,8	5,0	2,9	33,8
Bärenklau	94	13,8	5,7	2,9	46,2
Kriechender Hahnenfuß	113	8,6	5,0	2,8	44,4
Wiesenknöterich	110	5,6	5,2	4,8	26,8

Das Ziel sollte nach GRUBER et al. (1995) eine bedarfsdeckende Versorgung der Milchkühe mit Mengen- und Spurenelementen sein. Sowohl Unter- als auch Überversorgungen sollten vermieden werden. Dazu müssen sowohl die Gehaltswerte in den einzelnen Futterkomponenten (Grund-, Kraft- und Mineralfutter) als auch deren Aufnahme durch die Tiere bekannt sein.

Wenn keine Mineralstoff- und Spurenelementanalysen des Grundfutters vorliegen, sind folgende Informationen für eine einigermaßen zutreffende **Einschätzung des Mineralstoffgehaltes** erforderlich:
- Futterwerttabelle (ÖAG-Beilage 2017)
- Geographische und geologische Ausgangslage des Betriebes
- Düngungs- und Nutzungsintensität des Betriebes anhand von Bodenanalysen und Düngeplänen
- Rohnährstoffgehalt des Grundfutters, insbesondere aber der Gerüstsubstanzen
- Vergleichbare Analysenergebnisse aus anderen Jahren

Zur Erzielung einer optimalen Mineralstoffversorgung sollten die Gehalte des Grundfutters berücksichtigt und darauf aufbauend mit einem in allen Nähr- und Mineralstoffansprüchen bedarfsgerecht ausgestatteten Leistungsfutter kombiniert werden, sofern dies die Leistung verlangt.

Das Kalium (K) liegt im Grundfutter mit Gehalten von etwa 20–30 g/kg TM vor. Gehalte von über 30 g K/kg TM sollten nicht überschritten werden, da sie beim Tier Fruchtbarkeitsstörungen hervorrufen können. Hohe Düngegaben mit Gülle, Jauche und kalihaltigen Mineraldüngern können bereits unmittelbar im folgenden Aufwuchs zu hohe Kaliwerte im Futter verursachen.

Für den Wiederkäuer sind die Mengenelemente Phosphor (P), Kalzium (Ca), Magnesium (Mg) und Natrium (Na) von lebenswichtiger Bedeutung (siehe Tabelle 14).

Tabelle 14: **Erforderliche Konzentration der Mengenelemente in der Gesamtration von Milchkühen (g/kg TM) (Gesellschaft für Ernährungsphysiologie, 2001)**

Milch kg	Kalzium Ca	Phosphor P	Magnesium Mg	Natrium Na	Kalium K	Chlor Cl
5	3,2	2,1	1,3	1,0	10	2,2
10	4,1	2,6	1,5	1,2	10	2,6
15	4,7	2,9	1,6	1,3	10	2,9
20	5,3	3,3	1,6	1,4	10	3,2
25	5,6	3,5	1,6	1,4	10	3,3
30	5,8	3,6	1,6	1,4	10	3,4
35	6,2	3,8	1,6	1,5	10	3,5
40	6,4	4,0	1,6	1,5	10	3,7
45	6,7	4,1	1,6	1,5	10	3,7
50	6,9	4,2	1,6	1,6	10	3,8

Pflanzen und Tiere benötigen eine bestimmte Menge an **Spurenelementen**, damit keine Mangelerscheinungen auftreten können. Je nach Boden, Düngung und Nutzungsstadium gibt es bei allen Spurenelementgehalten einen enormen Schwankungsbereich. Treten Mangelsituationen bei den Spurenelementen in der Fütterung auf, so sollten die fehlenden Mengen über die Mineralstoffmischung ergänzt werden. Eine Anhebung des Spurenelementgehaltes über die Düngung ist nicht zielführend. Bei den einzelnen Nutzungsformen des Grünlandes zeigten sich bei rund 2.200 Futterproben folgende Gehalte der wichtigsten Spurenelemente (siehe Tabelle 15).

Tabelle 15: **Durchschnittliche Spurenelementgehalte in mg/kg TM im Grünlandfutter Österreichs (MAB, 2000)**

Nutzungsformen	Eisen Fe	Mangan Mn	Zink Zn	Kupfer Cu	Selen Se
Einschnittwiesen	479	223	46,4	6,5	0,027
Zweischnittwiesen	513	155	41,9	7,8	0,023
Dreischnittwiesen	450	119	39,1	7,6	0,017
Vielschnittwiesen	698	84	36,0	7,0	0,041

Nutzungs- formen	Eisen Fe	Mangan Mn	Zink Zn	Kupfer Cu	Selen Se
Mähweiden	855	117	42,8	8,4	0,077
Kulturweiden	1196	123	48,6	9,1	0,050
Feldfutter	500	111	33,6	9,5	0,009
Extensives Grünland	568	213	46,1	7,5	0,026
Durchschnitt	**586**	**138**	**41,3**	**7,8**	**0,028**
Normalwerte für die Versorgung der Tiere	über 100	60–100	30–40	5–10	0,1–0,2

Die Eisengehalte liegen im Durchschnitt der Wiesen- und Feldfutternutzung bei rund 500 mg/kg TM. Die Weiden, insbesondere die Kulturweiden, zeigten Eisenwerte von über 1.000 mg/kg TM.

Der Mangangehalt lag beim Grundfutter mit durchschnittlich rund 140 mg/kg TM über dem Normalwert. Die Zink- und Kupfergehalte lagen bei allen Nutzungsformen zwischen 33 und 49 bzw. bei 6,5–9,5 mg/kg TM etwa im Normalbereich. Auch bei Selen, welches in der Ration zu 0,2 g/kg TM enthalten sein soll, gibt es einen zu deckenden Bedarf. Das Selen sollte zwischen 0,1 und 0,2 mg/kg TM vorliegen, im österreichischen Grünlandfutter kommen durchschnittlich 0,028 mg/kg TM, also etwa 10 % vom Sollwert, vor.

❏ Erdige Verschmutzung

Wenn mineralische Bodenteile bei der Futteraufnahme (Weidegang) und bei der Ernte zum Futter gelangen, dann erhöht sich die Rohasche (siehe Grafik 32). Diese erdige Verschmutzung des Futters ist total unerwünscht, da Bodenorganismen die Futterqualität (z. B. Clostridien/Buttersäure) in der Hygiene verschlechtern und das Bodenmaterial ins Futter gelangt, wo es die Inhaltsstoffe und die Verdaulichkeit senkt sowie die Tiergesundheit beeinträchtigt. Eine geschlossene und dichte Grasnarbe ist wohl das oberste Ziel in der Grünlandbewirtschaftung auch im Hinblick auf eine Minimierung der erdigen Futterverschmutzung.

Zeigen Wiesen und Weiden eine lückige Grasnarbe infolge Auswinterung, Trockenschäden, tierischer Schädlinge oder Bewirtschaftungsfehler, so sollten die Fehler analysiert und abgestellt werden sowie die offenen Stellen im Pflanzenbestand mit den richtigen Saatgutmischungen mittels Nach-/Übersaat ergänzt werden.

Wenn tierische Schädlinge (Wühlmäuse, Maulwürfe, Wildschweine, Engerlinge, Schwarzkopfregenwürmer etc.) der Grasnarbe zusetzen, so sollten diese Schädlinge gezielt reduziert werden, damit der Schaden an der Ertragsleistung vermieden und die Futterqualität wieder hergestellt werden kann. Das Abschleppen von Erdhaufen und das Einarbeiten von aufgewühltem Grünlandboden im Frühjahr im Vegetationsstadium „Spitzen/ Bestocken" mit Übersaat zählt wohl mittlerweile in vielen Grünlandregionen Österreichs zu den Standardpflegemaßnahmen. Die Nutzung der Grünlandbestände sollte im trocke-

Wildschweinschäden in den Grünlandbeständen führen zu starken Ertragsverlusten und zu hohen Rekultivierungskosten.

nen Zustand und in einer Schnitthöhe von 5–7 cm bei scharfer Schneide der Messer erfolgen. Ganz entscheidend ist auch die nachfolgende Einstellung der Kreisel- und Schwadgeräte sowie der Pickups von Pressen, Ladewagen und Häckslern. Generell sollten diese Arbeiten auf der Wiese und Weide bei „erdfeuchten/trockenen" Bodenzuständen erfolgen, wo kein Boden über das Reifenprofil aufgegraben wird und später in das Futter gelangt. Auch im Hinblick auf Bodenverdichtung sollte dieser Grundsatz für jede Bewirtschaftung im Sinne der „pfleglichen Bodenkultur" erfolgen. RESCH et al. (2014) gehen auf die erdige Futterverschmutzung sowie die Ursachen und Auswirkungen in der ÖAG-Sonderbeilage ein.

2.9 Beta-Carotin – Vorstufe von Vitamin A

Bei der Sommerfütterung mit Weide und frischem Grünfutter steht den Tieren (Rinder, Schafe, Ziegen, Pferde etc.) ausreichend Beta-(β-)Carotin zur Verfügung. Es sollten 100 mg Carotin/kg TM im Grünlandfutter vorhanden sein. Bis zum Ähren- und Rispenschieben liegt der Carotingehalt meist deutlich darüber und erst mit Beginn der Blüte nimmt die Vorstufe zu Vitamin A ab (vergleiche Grafik 33). Vom Carotin gehen durch die Heulagerung monatlich etwa 10 % vom Ausgangswert verloren, hingegen können die Carotingehalte bei Silagen übers Jahr konserviert werden. In höheren Almregionen kann aufgrund der intensiven Bestrahlung das Carotin im Futter verloren gehen. Je mehr blattreiches Weidefutter die Tiere aufnehmen, desto höher der Carotingehalt in der Milch – dies gibt eine gelbe, streichfähige Butter.

> Bei permanenter β-Carotin-Unterversorgung treten Fruchtbarkeitsstörungen beim Tier auf! Füttert man überständiges und langgelagertes Heu, so treten hier Mangelsituationen auf. Altes Heu zum Weidegang vorlegen, so nehmen die Tiere ausreichend β-Carotin über die Gesamtration auf.

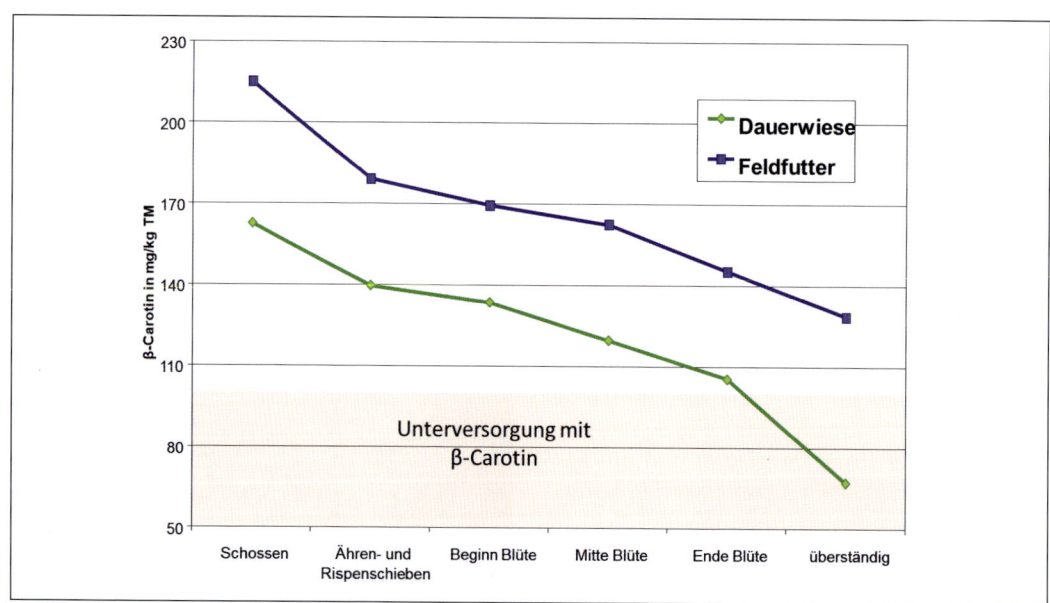

Grafik 33: β-Carotingehalt in Grünlandmischbeständen in Abhängigkeit vom Vegetationsstadium

2.10 Futterqualitäten, Erntetermine und Einsatz von Grundfutter

Die Zielsetzung, möglichst hohe Futterqualitäten immer und überall zu erreichen, ist von den Bewirtschaftungszielen im Betrieb (intensiv – extensiv) und vor allem von den klimatischen und topographischen Verhältnissen, insbesondere im Berggebiet, abhängig. Die Anforderungen der Fütterung an die Futterqualität sind in den Milchviehbetrieben, in der Kalbinnen- und Ochsenaufzucht, bei den Schafen, Ziegen und Pferden äußerst vielfältig. Spitzenbetriebe in Richtung Hochleistung sind verstärkt bemüht, höchste Grundfutterqualitäten zu erzielen, während in Betrieben mit mittleren Leistungen weniger auf Höchstqualitäten Wert gelegt wird (vergleiche Tabelle 16).

Tabelle 16: **Grundfutterkenndaten (Grassilagen, Gärheu, Heu und Grummet) für den Einsatz in der Fütterung**

	Normalbereich in der Praxis	Spitzenqualitäten für Hochleistungstiere
Energiegehalt in MJ NEL/kg TM	4,8–5,8	5,9–6,7
Verdaulichkeit der org. Masse in %	65–70	71–80
Zellwandbestandteile und Gerüstsubstanzen % i. d. TM	50–60	40–50
Rohprotein % i. d. TM	10–14	15–20
Rohaschegehalt % i. d. TM	11–14	8–10
Carotingehalt in mg/kg TM	50–100	101–140
Hygienische Belastung	mittel bis hoch	gering

Die Ernte des ersten Aufwuchses muss wegen der unsicheren Wetterverhältnisse von Anfang Mai bis Anfang Juni meistens rasch durchgeführt werden. Die maschinelle Schlagkraft der Ernte und des Konservierungsverfahrens müssen aufeinander abgestimmt sein. In der Regel wird mit dem ersten Aufwuchs Silage bereitet, der zweite Aufwuchs vornehmlich getrocknet und der dritte respektive vierte Aufwuchs werden je nach Wetterlage eher wieder siliert. Entscheidend für eine hohe Futterqualität beim ersten Aufwuchs ist die Ernte zum Qualitätsreifezeitpunkt. Die Ernte ist mit einem gut funktionierenden Silierverfahren und mithilfe des Maschinenringes am ehesten zu bewerkstelligen. Bei den Vielschnittflächen (mehr als drei Schnitte pro Jahr) wird großteils stets zu Beginn des Ähren- und Rispenschiebens siliert. Die gut mit Belüftungsanlagen eingerichteten Heubetriebe erreichen mittlerweile eine große Schlagkraft und produzieren „Energieheu".

Mit der Ernte des letzten Aufwuchses im Jahr sollte nicht zu spät begonnen werden, da hier die Verpilzungsgefahr ansteigt und die hygienische Qualität abnimmt. Im September/Anfang Oktober sollten die Schnitte für die Grünfutter-, Heu- und Silagegewinnung abgeschlossen werden. Die Beweidung hingegen kann in milderen Lagen in günstigen Jahren bis in den November hinein durchgeführt werden.

Fixe Erntetermine sind bei den unterschiedlichen Standortverhältnissen nicht zu nennen. Der Erntezeitpunkt sollte sich ausschließlich nach der Entwicklung der Leitgräser sowie nach dem Erntewetter richten.

Die europäische Agrarlandschaft weist Grünlandregionen auf, die in den Gunstlagen fast zehn Monate pro Jahr Weidefutter anbieten können. Je weiter wir aber in den Alpenraum vordringen, desto prägender werden die vegetationslose Winterzeit und die Strukturiertheit der Landschaft sowie die Besitzverhältnisse für die Weidewirtschaft. Im Alpenraum reicht die Weidezeit in den besten Lagen von Mitte April bis Ende Oktober und in den rauen Lagen stehen oft nur 60 Weidetage zur Verfügung.

Auf der Weide finden die Tiere die natürlichste Form des Futters.

Die Weidewirtschaft ist in Österreich durch einen relativ geringen Flächenanteil an Kulturweiden, einen relativ hohen Anteil an Extensivweiden und einen enorm hohen Anteil an Almweiden charakterisiert. In Österreich werden damit über 40 % der Grünlandfläche beweidet. Zählt man die Vor- und Nachweiden noch hinzu, so werden rund 80 % des Grünlandes zumindest einmal jährlich beweidet.

Das Beweiden ist die gebräuchlichste und kostengünstigste Form der Sommerfütterung. Der Arbeitsaufwand steigt allerdings mit der Länge der Triebwege und der Notwendigkeit des täglichen Vorzäunens. Kombinationsverfahren, wie beispielsweise Weide und Zufütterung von frischem Gras, sind durch einen erhöhten Arbeits- und Maschineneinsatz gekennzeichnet.

Der größte Nachteil der Weiden liegt im schwankenden Futterangebot während der Saison, was auch oft unterschiedliche Milch- und Zuwachsleistungen bedingt. Bei einem geschickten Management wird der Nut-

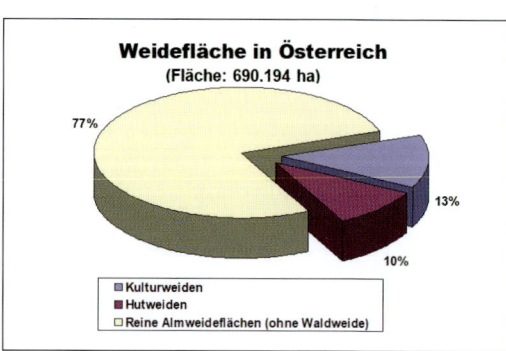

Grafik 34: **Weideflächen in Österreich im Jahre 2016** *(Quelle: BMLFUW, 2017a)*

zungsablauf mindestens für einen Monat im Voraus geplant, wodurch sich Engpässe vermeiden lassen. Schlecht bewirtschaftete Weiden haben eine ertragsschwache Grasnarbe mit einem hohen Anteil an Lückenbesiedlern und entsprechen häufig nur einem verbesserten Auslauf.

Vorteile der Weidewirtschaft
- Tiergerechte Ernährungs- und Haltungsform
- Kostengünstigste Art der Futternutzung und Schließen der Nährstoffkreisläufe
- Dichte, strapazierfähige Narben, bei hohem Anteil an Untergräsern
- Nutzung von extensiven Flächen, die schwierig mechanisierbar sind

Nachteile der Weidewirtschaft
- Saisonal oft stark schwankendes Futterangebot und Leistungsschwankungen
- Tritt- und Narbenschädigung besonders bei Regenperioden
- Höhere Futterverluste durch Weidereste bei extensiver Weideführung
- Hoher Arbeitsaufwand durch Zäunen, Viehtrieb und Pflege etc. bei intensiver Weideführung

1. VORAUSSETZUNGEN FÜR EINE NACHHALTIGE WEIDEWIRTSCHAFT

❏ Genügend weidefähige Fläche und weidegewohnte Tiere

Ebene bis leicht geneigte Flächen und **trittfeste Böden** mit **kompakter Grasnarbe** in arrondierter Lage um den Hof verkürzen die Triebwege und damit den Arbeitsaufwand – eine wesentliche Voraussetzung bei Milchviehweiden. Die steilen, kupierten und steinigen Flächen werden von leichteren Viehgruppen besser genutzt. Gewöhnt man bereits die Kälber an die Weide und erfolgt die Aufzucht in artgerechten Gruppen, so ist auch später die Weidehaltung im Herdenverband unproblematisch.

❏ Fortlaufende Bereitstellung von genügend weidereifem Futter

Die Futterproduktion beginnt im Frühjahr zögernd und wird von einer Phase der **stürmischen Zuwachsleistung im Mai** abgelöst. Gegen Ende Mai ist der Höhepunkt erreicht und die Nachwuchskraft der Narbe lässt gegen Herbst hin kontinuierlich nach. Im **Juli/August** ist allerdings noch ein **kleiner zweiter „Zuwachshöhepunkt"** zu beobachten. Dieser Futterzuwachs muss permanent beobachtet und im Weidemanagement insbesondere bei Flächenzuteilung und Tierbesatz berücksichtigt werden. Es setzt eine intensive Beschäftigung mit Grasnarbe, Futterzuwachs und Tierbesatz über die gesamte Vegetationsperiode voraus.

❏ Gute Ausnutzung des Futterangebotes gewährleistet die Nachhaltigkeit des Weidebetriebes

Ein **sauberes Abweiden** verringert den Aufwand an Koppelputz, birgt allerdings die Gefahr der „Überbeweidung". Auf den Extensivweiden mit ihren wechselnden Boden- und Geländeverhältnissen besteht auch die Gefahr der partiellen „Unterbeweidung". In diese Stellen dringen Farne, Disteln, Sträucher und Bäume vor. Eine fortschrittliche Weidetechnik orientiert sich an der Belastbarkeit des Standortes, findet die optimale Besatzzeit, pflegt laufend die weidefähige Grasnarbe und bietet den Tieren ihrem Leistungsstandard gemäß Futter an.

❏ Keine Überbeanspruchung oder „Erschöpfung" der Grasnarbe

So paradox es klingen mag, doch durch einen **zu späten Auftrieb** bei bereits reifem Futter wird eine Überbeanspruchung gefördert. Hier gelangt das Weidegras unmittelbar nach dem Auftrieb in die stürmischste Wachstumsphase und wird viel zu rasch überständig. Auf den vorher genutzten Koppeln steht durch die zu geringe Ruhezeit noch nicht genügend reifes Futter, sie müssen aber mangels anderer Weiden erneut bestoßen werden. Die Übernutzung nimmt so ihren Anfang.

Besonders häufig ist das so genannte „Weide-loch" ab Mitte Juni zu beobachten, bedingt durch noch nicht genügend reife Weidekoppeln, die unter dauerndem Besatz leiden. Als Folge entwickeln sich ertragsschwache Grasbestän-de mit Zeigerpflanzen der Übernutzung.

❑ Wasserversorgung

Auf den Weiden müssen die Weidetiere perma-nent **Zutritt zu sauberem Wasser** in einer erreichbaren Nähe von 50–150 m haben. Der Wasserbedarf liegt durchschnittlich bei 70 l (Milchkühe), 50 l (Mutterkühe) und 25 l (Kal-binnen) pro Weidetag (KREUZER et al., 2012). Kühles (unter 15 °C) und sauberes Wasser

Ständige Beweidung führt zu einer Übernutzung der Kulturgräser, deren Ausfall hat die Ausbrei-tung von Lückenbüßern zur Folge.

ohne Parasiten- und Krankheitsrisiko soll in Versorgungseinrichtungen (Quellfassungen, Trink-wasserleitungen, Wasserfässer und Tränkebecken etc.) kontinuierlich angeboten werden. Die Positionierung der Tränke stellt eine wichtige Lenkungsmöglichkeit auf der Weide dar.

2. STRATEGIEN DER WEIDEWIRTSCHAFT

❑ Tierbesatz etwas höher als Flächenangebot

Hier steht der **Ertrag** der Weidefläche im Vordergrund. Den Tieren wird eine eher knappe Fläche angeboten, damit sie nicht zu stark selektieren, sauber abweiden und die Weidereste gering gehalten werden. Es kann zugefüttert werden. Es besteht die Gefahr, dass die Gras-narbe durch den erhöhten Tritt und Verbiss überbeansprucht wird. Der sogenannte „**Weide-druck**" braucht eine genaue Beobachtung oder Messung des Futterangebotes.

> **Zeigerpflanzen der Übernutzung**
> Gemeine Rispe, Jährige Rispe, Flechtstraußgras, Kuhblume, Kriechender Hahnenfuß, Gän-seblümchen, Breitwegerich, Vogelknöterich, Hirtentäschel, Gänsefingerkraut etc.

❑ Futterangebot höher als Tierbesatz

Hier steht die **Leistung des Tieres** in Form von Milchmenge oder Fleischzuwachs im Vor-dergrund. Durch ein großzügigeres Flächen-angebot nehmen die Weidetiere mehr Futter auf. Auch finden niederrangige Herdentiere ausreichend Platz vor und werden nicht stän-dig von den besseren Futterplätzen ver-drängt, was sich positiv auf ihre Leistung auswirkt.

Durch die negative Futterselektion kommt es zur Unternutzung von Pflanzen, die von den Tieren nicht gefressen werden. Bei mangeln-der Pflege nehmen diese Pflanzenarten durch Aussamen überhand. Eine Nachweide mit Pferden wäre hier empfehlenswert.

Ein größeres Futterangebot führt zu höheren tieri-schen Leistungen, allerdings auch zu höheren Wei-deresten.

❑ Artgerechte Aufzucht und Ernährung

Unter natürlichen Bedingungen wird den Tieren das Erleben und Trainieren des Sozialverhaltens ermöglicht (Rangordnung, Belecken, Brunstzeichen). Der Körper erfährt eine Ertüchtigung durch klimatische Herausforderungen und Bewegungsreize, die sich positiv auf die Leistungsbereitschaft auswirken. Die Vorteile der Weidehaltung sind unbestritten, wenn man das Verhalten der Tiere als Maßstab für die Tiergerechtheit eines Haltungssystems heranzieht.

„Der Weidegang bringt die Seele gestresster Tiere ins Gleichgewicht. Dies entspricht auch den Erwartungen und Wünschen der Konsumenten."

❑ Erhalten artenreicher Pflanzen- und Tiergesellschaften

In einer sachgemäß genutzten Waldweide des Almbereiches wird die Biodiversität um etwa 200 Arten bereichert (FÜRST, 1999). Das Offenhalten oft schwierig zu bewirtschaftender Landschaftsteile bei Erhaltung eines reizvollen und artenreichen Lebensraumes durch Beweidung wird in der Zukunft eine ständig steigende Bedeutung erfahren. Keine wie auch immer geartete Erntetechnik nutzt eine Grünlandfläche kostengünstiger als das Weidetier. Daher ist diese für die Erhaltung der Kulturlandschaft eine unverzichtbare Notwendigkeit. Nachdem in Österreich das Berggebiet und steilere Flächen vorherrschend sind, wird die Beweidung durch die „kleinen" Wiederkäuer Schafe und Ziegen noch erheblich an Bedeutung gewinnen.

3. FACHBEGRIFFE DER WEIDEWIRTSCHAFT

Besatz
Viehbesatz (Besatzdichte, -stärke) je ha während einer Weidesaison; ausgedrückt in GVE* pro Hektar

*GVE = Großvieheinheit = 500 kg Lebendgewicht
GVE im Sinne von ÖPUL = z. B. Kuh (1,0 GVE), Kalbin (0,6 GVE) etc.

Mischbesatz oder kombinierte Haltung
Unterschiedliche Tierarten weiden neben- oder hintereinander, z. B. Pferde mit oder nach Rindern bzw. Schafe oder Ziegen nach Rindern.

Besatzzeit, Bestoßzeit
Darunter versteht man die Weidedauer in Tagen, welche die Tiere je Umtrieb (= Nutzungsperiode) auf derselben Weidefläche (Koppel) verbleiben.

Nachwuchszeit, Ruhezeit
Zahl der Wachstumstage bzw. -wochen, zwischen Ende der Beweidung und Wiederbeginn der Beweidung auf derselben Fläche. Diese beträgt im Vorsommer ca. drei Wochen und verlängert sich allmählich gegen den Herbst bis auf sieben Wochen. Diese Weideruhe hängt jedoch auch sehr stark von der Weideform ab.

Umtriebszeit, Rotationszeit

Zahl der Tage bzw. Wochen der Besatzzeit auf der Koppel und anschließender Ruhezeit, bis dieselbe Koppel wieder zu weidereifem Futter nachgewachsen ist. Die Umtriebszeit ergibt sich aus der Besatzzeit + Ruhezeit.

Beispiel: 1 Woche Besatz-(Bestoß-)Zeit + 3 Wochen Ruhezeit = 4 Wochen Umtriebszeit

Nutzungsarten nach täglicher Weidezeit, Fresszeit, Dauer des Grasens

- Stundenweide   Weidegang nur einige Stunden pro Tag
- Kurztagsweide   6–8 Stunden Fresszeit auf der Weide
- Halbtagsweide   10–14 Stunden Fresszeit auf der Weide
- Ganztagsweide   für Jungvieh; Milchvieh nur Melkzeit im Stall
- Nachtweide   mit Einstallung bei Tageshitze (auch Tauweide genannt)
- Vollweide   Grundfutterdeckung erfolgt ausschließlich über die Weide und ohne Beifütterung
- Vorweide   Die Weidenutzung im Frühjahr dient dem „Einbremsen von üppigem Kräuterwuchs" vor der Hauptnutzung und der Festigung von lockeren Wiesennarben.
- Nachweide   Die Weidenutzung des letzten Aufwuchses im Herbst nach der letzten Schnittnutzung dient der Narbenfestigung, wenn die Trittverluste in Grenzen gehalten werden. Ideale Form der „Endnutzung" je nach Wetterbedingungen im Herbst.
- Mähweide   Der Wechsel zwischen Schnitt- und Weidenutzung während der Hauptwachstumszeit fördert hauptsächlich die Ober- und Untergräser und somit einen ausgewogenen Pflanzenbestand.

GVE-Weidetage

Dies ist eine Maßzahl zur Ermittlung des Ertrages einer Weidefläche und ist auch für die Planung und Umstellung der Weidenutzung eine wichtige Entscheidungshilfe. Durch die Führung eines Weidebuches kann der Ertrag nach einer Weidesaison auf einfache Weise ermittelt werden. Die Futteraufnahme pro GVE (500 kg Lebendgewicht) pro Vollweidetag liegt bei rund 10 kg TM; die Futteraufnahme pro 100 kg Lebendgewicht beträgt 2 kg TM/Weidetag, dies gilt auch für Schafe, Ziegen und Pferde.

Beispiel: 18 GVE weiden in 6 Tagen die Koppel (1 ha) ab   = 108 GVE-Weidetage
108 GVE-Weidetage x 10 kg TM / GVE   = 1.080 kg TM / ha

Kulturweiden

Diese sind in mehrere Fressflächen mit geregelten Ruhezeiten unterteilt und werden wenigstens einmal jährlich durch einen Reinigungsschnitt „geputzt" oder gemulcht. In diese Kategorie sind die Koppel- und Umtriebsweiden, die Kurzrasenweide sowie Portionsweiden einzustufen. Diese Kulturweiden sind auch maschinell bearbeitbar und können gegebenenfalls auch gedüngt werden.

Extensivweiden

Zu dieser Gruppe zählen extensive Standweiden, Hutweiden sowie die überwiegende Anzahl der Almweiden und die Waldweide. Längere Aufenthaltszeiten und nur fallweise durchgeführte Pflegemaßnahmen sind ihr Kennzeichen. Im alpinen Raum ist ihr Anteil standortbedingt hoch. Hängiges, steiniges, mit Gräben/Kuppen/Waldstreifen durchsetztes Gelände lässt kaum eine andere Nutzung zu.

Almweiden

Dazu zählen alle im „österreichischen Almkataster" eingetragenen Weideflächen und Berg-mähder. Die Agrarmarkt Austria (AMA) kontrolliert die Almfutterfläche, welche konkret mit Gräsern, Kräutern und Leguminosen als Weide für die Almtiere zur Verfügung steht. Von der Gesamttalmfläche sind nur mehr 39 % Almfutterfläche.

Tabelle 17: **Almen, Höhenlage und Weidedauer (Bestoßzeiten)**

Niederalmen	900–1.300 m	120–150 Weidetage
Mittelalmen	1.300–1.700 m	90–120 Weidetage
Hochalmen	über 1.700 m	ca. 60 Weidetage

4. ANSPRÜCHE UND VERHALTEN VON WEIDETIEREN

Unsere raufutterverzehrenden Nutztiere haben grundverschiedene Ernährungsmuster. Ihre Kenntnis sollten wir in die Überlegungen für die Weideführung mit einbeziehen, um die Pflan-zenbestände der verschiedenen Standorte optimal zu nutzen. Das Weidemanagement auf ho-hem Niveau braucht viel Kenntnis über den Standort, den Pflanzenbestand, das tägliche Wachstum und um die Ansprüche der weidenden Tiere.

Milchkühe

Als wichtigste Einkommensbringer des Grün-landbauern verdienen die Milchkühe das größte Augenmerk. „Gute Kühe melken durch das Maul", lautet eine alte Bauernweisheit. Es zeigen sich erhebliche Unterschiede im Futteraufnahmevermögen je nach Tageszeit, Witterung und Jahreszeit. Werden Milchkühe geweidet, sollten die Weideflächen nicht zu weit vom Hof entfernt sein, um die tägliche Treibarbeit gering zu halten. Für schwere Milchkühe sollte die Hangneigung nicht über 30 % gehen, da sonst bei feuchten Verhältnis-sen die Grasnarbe und möglicherweise auch die Kühe darunter leiden.

Rinder schlingen mit der Zunge und rupfen mit Lippen und Kiefern das Gras.

Fleißige Fresser verzehren während eines Tages bis zu 90 kg Gras = 18 kg TM (GRUBER et al., 2001), aber nur wenn ihnen optimales Futter angeboten wird. Die **durchschnittliche Futteraufnahme** einer Kuh liegt bei **65–70 kg**, was 13–14 kg TM entspricht. Die Futterauf-nahme ist auch von Kuhgröße und Milchleistung abhängig. Bei regnerischem Wetter wird weniger Futter verzehrt und bei trockener Witterung mehr, aber selten über 16 kg TM täglich. Lückige Bestände beeinflussen das Fressverhalten negativ, da die Zeitspanne für das Grasen verlängert wird bzw. die Kuh in derselben Zeit nur eine geringere Futtermenge aufnehmen kann.

> Milchkühe benötigen Weidefutter mit hoher Energiekonzentration bei einem ausreichen-den, aber nicht überhöhten Gerüstsubstanzanteil.

Hat das Futter eine **Wuchshöhe von 15–20 cm** (1. Halmknoten 10 cm hoch) erreicht, ist dies für die Koppel- und Portionsweide ideal. Pro 100 m² stehen je nach Ertragslage 70–100 kg

Gras zur Verfügung, das bei einer guten Ausnutzung (ca. 80 %) für die Ernährung einer RGVE ausreicht. 20 % Verluste entstehen durch Vertritt, Verkotung und nicht zu kurzes Verbeißen (ca. 4–5 cm).

Rinder sind **dankbare Futterverwerter** und selektieren die angebotene Nahrung in geringerem Maße als andere Nutztiere. Extensivrassen verwerten fast alles Fressbare. Instinktiv gemieden werden verkotete Futterstellen. Dies vermindert die Ansteckungsgefahr mit Parasiten (Reinfektion = wiederholte Infektion!).

Jungrinder

Sie zeigen dasselbe Weideverhalten wie die Milchrinder. Durch ihr geringeres Gewicht und die ruhige Bewegungsart sind sie hervorragend geeignet, um auch extensive und hängige Weideflächen zu nutzen.

> Je steiler das Gelände, desto leichter sollte das Weidevieh sein.

Auf Extensivweiden wachsen die Jungrinder zu dankbaren Futterverwertern heran. Durch die Beweidung von Berg- und Almweiden werden neben dem Fundament auch die Or-

Leichteres und trittsicheres Vieh nutzt schonend das steilere Gelände.

gane und der Kreislauf gestärkt. Diese positive Beeinflussung der Konstitution ermöglicht eine längere Nutzung der Tiere, da diese dadurch dem Leistungsstress besser gewachsen sind.

Weideparasiten – ein verbreitetes Problem

Hauptsächlich erwachsene Rinder scheiden mit dem Kot die Eier von Magen- und Darmparasiten aus. Ansteckungsfähige Larven schlüpfen bald daraus und warten an den Wachstumsspitzen des Futters, um von einem neuen Wirt aufgenommen zu werden. Nach einigen Wochen der geschlechtlichen Reifung beginnt der Kreislauf von Neuem. Besonders gefährdet sind Kälber, wenn sie nach anderen Rindern weiden.

Folgende **Vorsorgemaßnahmen** helfen, Weideparasiten zu vermeiden:
- Silage- und Heuschnitte zwischen den Weidenutzungen wirken reinigend und festigen außerdem die Grasnarbe.
- Für im Herbst zuletzt beweidete Flächen ist eine Schnittnutzung im darauffolgenden Frühjahr optimal, da im Kot viele Eier der Parasiten den Winter überdauern können.
- Kälber sollten von Jungrindern getrennt werden, da diese latenten Parasitenträger ständig Eier von Magen-/Darmwürmern ausscheiden und so den Infektionsdruck erhöhen.
- Pferde, Schafe und Ziegen sind ideale Koppelputzer nach den Rindern. Durch die Nutzung der Weidereste werden die meisten der streng wirtsspezifischen Larven unschädlich gemacht.
- Feuchtstellen, Sümpfe und Tümpel auszäunen. Sie sind eine Infektionsquelle für Leberegel und Lungenwürmer.
- Auf gefährdeten Flächen können zur „Desinfektion" 300 kg/ha Kalkstickstoff auf die taunassen Pflanzen gestreut werden (Bio- bzw. ÖPUL-Richtlinien beachten!).
- Zwischen den Nutzungen Mistkompost statt Frischmist oder belüftete, mit Wasser verdünnte statt frischer Gülle anwenden.
- Rechtzeitige Entwurmung der Tierbestände.

Pferde

Die bodenständigen Rassen (z. B. Noriker, Haflinger, Isländer) nutzen auch Extensivweiden gut, während höher im Blut stehende Sportpferde nicht so genügsam sind. **Längere und größere Koppeln** erlauben das Decken des Bewegungsbedürfnisses und entsprechen dem angeborenen Fluchtinstinkt.

Der Bedarf an Gerüstsubstanzen der Pferde ist größer als jener der Rinder, weshalb grasreichere Bestände im Stadium des Schossens/Rispenschiebens für die Weide ideal sind. Ist das Futter aber zu alt, so werden junge Futterstellen ständig und rücksichtslos bis auf die Wurzeln verbissen.

Grasen Pferde nach Rindern, finden die Weidereste eine sinnvolle Verwertung. Es fördert auch die Weidehygiene. Für ein Pferd reichen die Weidereste von 7–10 Rindern. Bei überständigen Resten und zu langer Besatzzeit leidet aber die Grasnarbe. Laktierende Mutterstuten haben höhere Ernährungsansprüche. Steileres Gelände ist wegen der Gefahr des Abrutschens nicht so gut für Pferde geeignet wie für Jungrinder, Schafe und Ziegen. Pferdekoppeln benötigen ebenfalls unbedingt **Ruhezeiten** (Mischbesatz), damit sich die Pflanzendecke wieder erholen kann. Hier muss bei vielen Pferdebetrieben hinsichtlich Weidemanagement eine Verbesserung erfolgen.

Pferde nutzen auch noch „hartgrasiges Futter" und putzen so manche Weide.

Schafe

Schafe zählen wohl zu den vielseitigsten Kostgängern und sind ausgesprochene Feinschmecker. Die **hohen Ansprüche der Milchschafe und Lämmer** an das Futter können nur auf weichgrasigen und krautigen Weiden gedeckt werden. Sie benötigen noch jüngeres Gras als die Milchkühe. Im Gegensatz dazu verwerten Mutterschafe auch extensive Flächen und hartgrasige Futterbestände besser als andere Raufutterverzehrer.

Will man Wiesen und Weiden, die 10–15 Jahre außer Nutzung gestanden sind und noch nicht verwaldet sind, wieder in Richtung „Grünland" bringen, dann kann man mit Schafen bei gezielter Bewirtschaftung „Weide/Pflege/Nachsaat/Düngung" auch in einer Weideperiode die Pflanzenbestände wieder verbessern.

Durch sein geringes Gewicht ist das Schaf bestens geeignet, **auch steile Hänge** ohne größere Narbenschädigungen zu nutzen. Als Beispiel für die Genügsamkeit mögen die steilen, bis in die höchsten Bergregionen reichenden Matten bei der traditionellen Bergschafhaltung dienen. Sowohl Magerrasen als auch Kräuterbestände decken oft nahe der Gletscherregion ihr Nahrungsbedürfnis ab.

Schafe sind Feinschmecker und helfen die Kulturlandschaft offen zu halten.

Der marktorientierte Landwirt ist gezwungen, auf die anspruchsvollen Konsumentenwünsche einzugehen. Bei der Erzeugung von qualitativem Lammfleisch sollten die Stärken des Schafes in seiner Genügsamkeit und in seinem außerordentlichen Leistungspotenzial sowie seiner hervorragenden Futterverwertung gesehen werden. Vielleicht gelingt es uns noch mehr den Konsumenten das „Naturlamm" näherzubringen.

Ziegen

Sie sind die „kapriziösesten Nascher" und stellen die **größten Ansprüche** an den Abwechslungsreichtum der Nahrung. Die artenreichsten Grünlandbestände sind gerade gut genug für sie. Kleinere Bäume (Lärche, Eschen, Birken etc.), verholzte Sträucher jeder Art mit Knospen, Blättern und Rinde gehören zu ihren speziellen Vorlieben. Lässt man Ziegen die freie Wahl, dann werden sie zuerst zu den verholzten Arten und dann erst zu den verkrauteten und letztlich auch zu den Gräsern, Kräutern und Leguminosen, also zu den Grünlandpflanzen gehen.

Ein hoher Besatz an Ziegen erspart manch technische Lösung zur Freihaltung vor Sträuchern und Büschen.

SCHNECKENLEITNER (2017) konnte mit 14 Kleinziegen über einen Almsommer rund 2 ha verwilderte und verholzte Almfläche wieder in eine einigermaßen für Jungrinder brauchbare Almweide rückführen. Die Regenerierung dieser unzähligen extensiven Hutweiden und Almweiden sollte nicht mit großer Technik, sondern vielmehr mit Schafen (krautartig) und Ziegen (holzartig) erfolgen.

Für die **Offenhaltung** und auch für die **Rückführung von verkrauteten und verholzten Weiden** sind Schafe und Ziegen besonders wertvoll.

Bei ausschließlicher Weidenutzung durch Schafe oder Ziegen ist eine wertvolle Grasnarbe auch bei Einhaltung der Nachwuchszeiten kaum aufrecht zu erhalten. Die Koppelanzahl sollte so groß sein, dass auf den besseren Flächen durch eine Mähweidenutzung auch Winterfutter gewonnen werden kann. Dies hebt die Regenerationskraft der Narbe.

Wildtiere in Produktionsgattern

Die Haltung von Dam- und Rotwild in Produktionsgattern als Alternative zur Aufforstung hat zugenommen. Diese „Wildtiere" nehmen in **mehreren kurz dauernden Fressperioden**, vorzüglich bei Tau, die Nahrung auf und verwenden die restliche Tageszeit zur Pflege der Sozialkontakte und zum Komfortverhalten.

Als Nahrungsquelle dienen nicht nur die Grünlandpflanzen, sondern auch die jungen Triebe von holzigen Gewächsen. Vorhandene Bäume und Sträucher heben die Qualität des für Wild-

Wildtiere stellen erhöhte Ansprüche an den Lebensraum und an Äsungsflächen.

tiere eingeengten Lebensraumes, müssen aber gleichzeitig vor dem totalen Verbiss geschützt werden. Wildtiere haben ein starkes Bedürfnis nach der Möglichkeit eines Rückzugsraumes, von dem aus sich ihr Habitat gut überblicken (sichern) lässt. Eine Möglichkeit zum Suhlen als Schutz gegen Insekten ist unbedingt einzurichten.

Das größte Problem stellen aber die Infektionen mit Magen- und Darmparasiten dar, die als Eier mit dem Kot auf das Gras gelangen. Ohne Bekämpfungsmaßnahmen führt dies oft zu einem derartig massiven Befall mit Parasiten, dass viele Gattertiere verenden.

> Ein Weidewechsel in Gattern belebt nicht nur die Grasnarbe neu, sondern wirkt auch einem massiven Parasitenbefall entgegen.

Als Mindestforderung sollten wie bei den naturbelassenen Hutweiden mindestens **drei bis vier Weideabschnitte** zur Verfügung stehen. Durch den vermehrten Zaunaufwand steigen die Kosten nicht unbeträchtlich, doch wiegen sie auf lange Sicht die parasitär bedingten Ausfälle auf. Ähnlich gelagerte Probleme finden wir auch bei vielen Schafe haltenden Betrieben, wenn die Ruhezeiten zum Regenerieren des Pflanzenbestandes nicht in genügendem Maße eingehalten werden. Auch Schafe sind durch Reinfektionen (wiederholte Ansteckungen) äußerst gefährdet. Nur mit einem Weidewechsel, frischer Äsung auf Flächen nach einer Silage- oder Heunutzung oder einem erhöhten Medikamentenaufwand kann dieser Gefahr begegnet werden.

Wildfutterwiesen, **Wildäsungsflächen** wie auch **Grüninseln im Wald** zur Verbesserung des Äsungsangebotes können ihrer Rolle nicht gerecht werden, wenn sie nur der Natur überlassen werden. Böschungen von Forststraßen, Wegbegrünungen, Lift-/Schitrassen und Schneisen unter Stromleitungen dienen in steigendem Maße der Pflege von Wildäsungsflächen. Zur Erhaltung des Futterwertes und der Artenvielfalt sind Nutzungs- und Pflegemaßnahmen ähnlich wie auf Wirtschaftsgrünland notwendig. Wird kein Winterfutter von Äsungsflächen gewonnen, so wirkt die Arbeit mit dem Schlägelmulcher der Ausbreitung dominanter Platzräuber entgegen. Am wirksamsten ist sein Einsatz um die Sonnenwende, aber unbedingt noch vor der Samenbildung. Zur Feist- und Brunftzeit muss besonders Rotwild frische Äsung vorfinden.

5. WIRKUNG VON TRITT UND VERBISS

Rinder: Passen sich dem Gelände an; weitgehend rutschsicherer Tritt bei Steilheit des Geländes; zertreten Wurzelstöcke unerwünschter Kräuter (z. B. Doldenblütler) bei gleichzeitiger Schonung von Gräsern und Weißklee.

| Pferde: | Beanspruchen die Grasnarbe und den Boden sehr stark; verursachen oft Narbenschäden (starker Bewegungsdrang, harter Huf), oftmals zu tiefes Abbeißen der Pflanzen. |
| Schafe und Ziegen: | „Goldene Klauen – giftige Zähne". Keine Narbenschäden durch Tritt, dafür aber durch zu tiefen Biss. Auf Weiden mit Trockenstress (Südhang mit seichtgründigem Boden). Der „leichte" Tritt wirkt sich positiv auf die Grasnarbe aus. |

Der Tritt der Weidetiere wirkt festigend und verdichtend auf den Boden. Erwünscht ist dies bei aufgelockerten Wiesennarben und bei Wühlmausschäden. Bei einem erhöhten Anteil von Doldenblütlern („Wasserkraut") wirkt er verdrängend, wenn die Weide gezielt und mehrmals bei trockener Witterung bestoßen wird.

Wird vor dem letzten Weidetag bei normalen Trittschäden die ÖAG-Mischung „NA" oder „Nawei" eingesät und lässt man die Tiere das Saatgut in den Boden treten, so praktiziert man die so genannte „Hufkultivierung".

Trittschäden können eine Grasnarbe total zerstören und sind nach Einebnung durch eine Nachsaat zu beheben.

Auf **Steilflächen** bilden sich die so genannten „Gangeln". Diese horizontalen Pfade, von denen aus die Rinder bergsseitig grasen, wirken Erosionen und dem Abrutschen des Schnees entgegen.

Die **Beweidung zu feuchter Standorte** führt zu Bodenverdichtungen, fördert den Ausfall wenig trittfester Pflanzen und führt zur Ausbreitung von Lückenbesiedlern.

Wenn **Neueinsaaten** beweidet werden, dann sollte ein ausreichendes Entwicklungsstadium (Schossen) abgewartet werden. Der Boden muss trocken und fest (Scherkräfte der Hufe) sein. Eine gezielte Weidenutzung fördert die Entwicklung der Übersaaten, da die Konkurrenz durch „Altpflanzen" eingedämmt wird und somit die Jungpflanzen genügend Licht und Platz für ihre Entwicklung vorfinden.

Im Bereich von Weidetoren, Tränkefässern und Raufen für die Vorlage von Raufutter (der Standplatz sollte dafür befestigt sein) wird die Grasnarbe meist völlig zertreten. Nachsäen kann man diese Kahlstellen mit ÖAG-Weidemischung „G", „H" oder „NiK".

Bei günstigen Verhältnissen soll eine „hohe Besatzdichte" (viel Vieh pro Fläche) und „geringere Flächenvorgabe" für die Nutzung der Weide gewählt werden.
Bei feuchter Witterung hingegen schonen „geringere Besatzdichten", „großzügigere Tagesportionen" und „kürzere Fresszeiten" die Weide.

Das jüngste, zarteste, frisch nachgetriebene Futter wird von allen Weidetieren bevorzugt. Schafe, Ziegen, Pferde und in Gattern gehaltenes Schalenwild fassen das Futter wesentlich tiefer als Rinder und schädigen bei zu langer Bestoßung einer Koppel die wertvollsten Weidepflanzen. Die Rinder hinterlassen fast immer einen gut assimilations- und regenerationsfähigen Restbestand und können daher auch von Pferden oder Schafen überstrapazierte Weiden wieder ins rechte Lot bringen.

Wird eine Koppel über drei Tage lang bestoßen, so verbeißen die Tiere die besten Pflanzen und Ertragsbringer mehrmals. Besonders die rasch nachtreibenden und Horste bildenden Obergräser werden dabei am meisten geschädigt. Dies ist von größtem Nachteil für die Ertragsfähigkeit einer Weide und sollte bei der Wahl der Flächengröße Berücksichtigung finden. Daraus ist ein **Grundsatz der Weidewirtschaft** abzuleiten:

Hohe Besatzdichten – kurze Fresszeiten – längere Ruhezeiten

Nicht alle Pflanzen werden von den verschiedenen Tierarten gleichermaßen verbissen. Je länger aber die Aufenthaltszeit in einem Weideabschnitt ist, desto dramatischer wirkt sich der Verbiss der besten Pflanzen bei gleichzeitiger Schonung der weniger schmackhaften aus. Vor allem auf Extensivweiden können sich die unbekömmlichen und daher geschonten Pflanzen bis zur Samenreife entwickeln und vermehren.
Wird der Verbiss der Tiere nicht gesteuert, kommt es unweigerlich zur partiellen Unter-/Übernutzung. Je extensiver die Weideführung, desto stärker sind beide Bereiche unmittelbar nebeneinander anzutreffen. Das erklärt auch die Notwendigkeit eines **Reinigungsschnittes**.

Der Selektion durch das Maul des Weidetieres müssen entweder ein gemischter Viehbesatz und/oder der Koppelputz entgegenwirken. Auf ungepflegten Weiden steigt der Anteil der unverwertbaren Futterreste von 10 % im Vorsommer auf bis zu 30 % im Nachsommer an.

6. ELEKTROZÄUNE UND TIERGATTUNG

Der Tierhalter ist nach dem „Allgemein bürgerlichen Gesetzbuch (§ 1320 ABGB) für Schäden durch ausgebrochene Weidetiere haftbar, er muss seine Tiere ordnungsgemäß verwahren. Die Weidezäune und Triebwege müssen daher technisch entsprechen und ordnungsgemäß gewartet werden.

Neben dieser ordnungsgemäßen Weidehaltung müssen auch Wanderer über weidende Tiere noch besser aufgeklärt werden, damit sich diese richtig verhalten (STEINWIDDER und PÖTSCH, 2016).

Eine rationell betriebene Weidewirtschaft kann heute auf die verschiedenen Elektrozaunsysteme nicht mehr verzichten. Zäune aus Stacheldraht sind wegen des hohen Verletzungsrisikos umstritten und werden immer häufiger durch elektrische Festzäune im Außenbereich abgelöst. Dabei lassen sich Mobilzäune im Inneren der Koppeln einfach installieren (vergleiche Tabelle 18). Als Zaunsteher werden Kunststoff, Stahl, Glasfiber oder Holz verwendet.
GASTECKER und STEINWIDDER (2018) machten einen Preisvergleich zwischen einem Elektrofestzaun und einem Mobilzaun mit Ecken und Toren; verglichen wurden jeweils 1.000 m Zaunlänge, wobei der Festzaun

Ein leistungsstarkes Solarpaneel garantiert die Hütesicherheit auch in schwierigen Lagen.

Mobile, dem Weidevieh entsprechende Elektrozäune bieten praktikable Lösungen.

mit Stahldraht (Zweileiter) auf € 3.020 und der Mobilzaun mit Litzen und Glasfiberpfählen auf € 2.711 kam.

Tabelle 18: **Richtwerte für den Bau von Elektrozäunen für Weidetiere**

Weidetiere	Elektrozaun	Tierart	Drahtabstände bzw. Zaunhöhe in cm
Rinder	Festzaun	Jungrinder, Kühe, Mutterkühe	45–75–105
	Mobilzaun	Jungrinder, Kühe, Mutterkühe	60–85
Pferde	Festzaun	Großpferde, Kleinpferde	65–100–135 60–90–120
Schafe	Festzaun	Mutterschafe, Ziegen	15–30–45–65–90
Ziegen	Mobilzaun	mit Lämmern / Kitzen	15–30–45–80
		ohne Lämmer / Kitze	15–45–80
Wild	Festzaun	Rotwild, Damwild	20–50–80–110–130

Die wesentlichsten **Vorteile der Elektrozäune** liegen in der **Hütesicherheit**, dem **geringen Verletzungsrisiko** und der großen **Flexibilität** bei der Nutzung und Teilung von Weidekoppeln. Der Arbeitsaufwand für das Auf- und Ablegen der Drähte in schneereichen Gebieten lässt sich durch die Wahl geeigneter Isolatoren auf Bruchteile des Aufwandes im Vergleich zu herkömmlichen Zäunen reduzieren. Leistungsstarke Weidegeräte, die über Solarpaneele, Batterien oder über das Stromnetz betrieben werden, gewährleisten die Hütesicherheit.

Neue Techniken reichen von blinkenden Neonlampen, mit deren Hilfe sich die Funktion des Zaunes aus großer Entfernung beobachten lässt, bis zu durchfahrbaren elektrisch geladenen Weideschranken.

Die letzte Innovation, „Hüten auf Weiden ohne sichtbaren Zaun", wird wohl erst in einigen Jahren auch bei uns Verbreitung finden. Bei diesem System wird ein hellfarbig isoliertes Kabel, das vom Tier leicht zu erkennen ist, um die Weidefläche herum sichtbar auf dem Gras verlegt. Das Tier trägt ein elektronisches Halsband, das ein Warnsignal abgibt, sobald es sich der Abgrenzung nähert, und einen Stromschlag auf den Hals, sofern es sich weiter in dieselbe Richtung zum isolierten Kabel hin bewegt. Das am Boden liegende und stromführende Kabel ist durch die Isolation für Mensch und Tier ungefährlich.

Am schwierigsten sind Schafe, Ziegen und Hochlandrinder zu hüten. Die isolierende Wolle, das steife bzw. üppige Haar und der nahe über dem Boden zu führende unterste Draht mit daraus resultierenden Pflanzenberührungen, kosten Energie und verlangen daher impulsstarke Geräte mit Leistungsreserve. Rinder sind nach einer Gewöhnungsphase relativ leicht zu hüten und für Pferde sind Breitbänder wegen der guten Erkennbarkeit empfohlen. Auch bei fix gebauten elektrischen Drahtzäunen sollten für Rinder beim ersten Weideaustrieb zusätzlich gut sichtbare Bänder angebracht werden. Das rechtzeitige Erkennen des Zaunes schützt vor größeren Reparaturen.

7. PFLANZENWACHSTUM UND NUTZUNGSREIFE AUF WEIDEN

Je nach der **Höhenlage** eines Betriebes beginnt das Pflanzenwachstum zwischen Anfang und Ende April. Das zögernd beginnende Wachstum wird im Mai von einer „stürmischen" Phase der Masseproduktion abgelöst.

In höheren Lagen zeigt sich die Wuchskraft der Pflanzen ab Juni deutlich gesteigert. Ab August ist der Verlauf der Zuwachskurve ständig fallend.

Bereits zur Zeit der Sommersonnenwende ist fast in allen Höhenlagen die Hälfte der Jahrestrockenmasse gebildet.

Mit zunehmender Höhenlage wird die **Vegetationszeit** kürzer und damit die Produktion von Futtermasse geringer. Verfügt im Alpenraum ein Talbetrieb in 500 m Seehöhe über etwa 220 Wachstumstage, so verringern sich diese bei 750 m auf etwa 200 und bei rund 1.000 m Seehöhe auf etwa 180 Vegetationstage.

Mit der **Weidenutzung** im Frühjahr ist **rechtzeitig zu beginnen**, damit den Tieren nach einer Gewöhnungsphase das Futter auf den Koppeln „in das Maul" und nicht „aus dem Maul" wächst. Wird zu altes Futter angeboten, ist ein höherer Anteil von Weideresten zu erwarten. Besonders auf Standorten mit geringerer Futterqualität (Bürstling) ist ein früherer Auftrieb zweckmäßig. In diesem Fall wird wesentlich sauberer abgeweidet als bei zu später Bestoßung und die üblicherweise bis zur Samenreife geschonten Problempflanzen sind besser in den Griff zu bekommen.

Je nach Weidesystem ist die **Nutzungshöhe** unterschiedlich, sie sollte jedoch **nicht unter 5 cm** (Kurzrasenweide) und **nicht über 15 cm** (Koppelweide) liegen.

7.1 Pflanzenwachstum und Nachwuchszeit (Ruhezeit)

Darunter versteht man die Zeitspanne, welche abgeerntetes Grünland benötigt, um **wieder zur Weidereife heranzuwachsen**.

Grünlandwirtschaften finden wir in einem breit gefächerten Produktionsspektrum von den Niederungen bis zur montanen Stufe. Die Wachstumsbedingungen nehmen mit zunehmender Höhe ab. Der folgenden Tabelle 19 sind die Nachwuchszeiten (Ruhezeiten) für die unterschiedlichen Standorte zu entnehmen.

Tabelle 19: **Nachwuchs- und Ruhezeiten für Weidefutter bei Koppel- und Portionsweide**

Standort- und Bewirtschaftungsverhältnisse	Nachwuchs- und Ruhezeiten in Wochen				
	Mai	**Juni**	**Juli**	**Aug.**	**Sept.**
Beste Standorte Höhere bis mittlere Bewirtschaftungsintensität mit guter Nährstoffversorgung Talbetriebe bis etwa 700 m Seehöhe Sehr junges Weidefutter von ca. 15 cm Höhe	3	4	4	5	6
Mittlere Standorte Mittlere bis geringe Bewirtschaftungsintensität mit mittlerer Nährstoffversorgung Berglagen von 700–1.000 m Seehöhe	3–4	4	5	6	6
Ungünstige Standorte Geringe bis extensive Bewirtschaftungsintensität mit geringer Nährstoffversorgung Berglagen über 1.000 m Seehöhe	4–5	5	6	6	7

Die traditionsreiche Bewirtschaftung dieser komplexen Lebensräume genießt hohes Ansehen und erfüllt wirtschaftliche, ökologische und landeskulturelle Aufgaben (vgl. Fachbuch „Almen bewirtschaften", AIGNER et al., 2003).

Diese extensive Weidehaltung in den Berglagen erfährt durch die großen Beutegreifer, insbesondere durch das Auftreten des Wolfes, eine völlig neue Dimension, wo die traditionelle Weideform und die Almwirtschaft als Gesamtes in Frage gestellt werden. Ein flächendeckender Herdenschutz ist rein von der Topographie, dem Arbeitsaufwand und dem Geldaufwand nicht realistisch.

7.2 Pflanzenwachstum und Flächenbedarf

Überlastete Weiden verwandeln sich rasch in verunkrautete Weiden! Gleichermaßen nachteilig wirkt sich aber auch eine Unternutzung aus, da die wertvollen Weidepflanzen von Platzräubern überwuchert werden und das Eindringen von Sträuchern und Bäumen innerhalb einiger Jahre ermöglicht wird.

Das **Nachlassen des Zuwachses an Futtermasse mit fortschreitender Vegetationsdauer** verursacht einen zusätzlichen Bedarf an Weidefläche. Schwierigkeiten gibt es fast immer in der ersten Junihälfte, wenn auf den zuerst bestoßenen Koppeln das Futter zu langsam nachwächst.

Die Kunst der Weideführung liegt darin, den Tieren stets einheitliches und weidereifes Futter anzubieten.

Die Umtriebszeit (Rotation) dauert so lange, bis das Futter in der ersten Koppel nach dem Abweiden wieder nachgewachsen ist (vergleiche Tabelle 20).

Umtriebszeit = Ruhezeit zum Nachwachsen + Bestoßzeit je Koppel

Tabelle 20: **Nachwuchszeit, Bestoßzeit und Umtriebszeit guter Weidestandorte**

Weidemonat	Nachwuchszeit in Wochen	Bestoßzeit in Wochen	Umtriebszeit in Wochen bzw. Wochenkoppeln	Gesamte Weidefläche in m²/GVE/Monat
Anfang Mai	3	1	4	2.800
Anfang Juni	4	1	5	3.500
Anfang Juli	5	1	6	4.200
Anfang August	6	1	7	4.900
Anfang September	7	1	8	5.600

Der Weideflächenbedarf lässt sich durch die Teilung der Koppel mit einem Ruhezaun verringern. Dieser verhindert, dass die bereits abgeweidete Fläche neuerlich verbissen wird.

Die optimale Bestoßzeit einer Koppel beträgt 3–4 Tage. Werden größere Grundstücke länger bestoßen, wirkt sich dies auf die Nachwuchszeit ungünstig aus. Die schmackhaftesten und ertragreichsten Weidepflanzen werden mehrmals knapp hintereinander verbissen, was schließlich langfristig zu ihrer Verdrängung führt, da sie nicht mehr genügend Reservestoffe einlagern können.

Nichts schadet der Weidepflanze mehr, als wenn sie dauernd zurückgebissen wird.

8. WEIDENUTZUNGSFORMEN (WEIDESTRATEGIEN UND WEIDESYSTEME)

Die Grundlage für eine erfolgreiche Weidewirtschaft ist ein dichter und qualitativ hochwertiger Weidebestand. Je nach Arrondiertheit der Flächen und der weiteren betrieblichen Voraussetzungen bieten sich folgende **Weidestrategien** an:
• Ganztagsweide
• Stunden- bzw. Halbtagsweide

Welches Weidesystem bzw. welche Kombinationen daraus jeweils am Betrieb zur Anwendung kommen, hängt in erster Linie von der Flächenausstattung, Steilheit und den erwarteten Leistungsniveaus der Tiere ab. Folgende Weidesysteme stehen in den Viehbetrieben in den Grünlandgebieten in Verwendung.

8.1 Extensive Standweide – Hutweide und Almweide

Die Weide ist **nicht unterteilt** und wird dem Vieh **vom Vorsommer bis zum Herbst als gesamte Fläche** angeboten. Diese Weideform ist vorwiegend auf Almen anzutreffen, wo auf das Errichten von Zäunen großteils verzichtet wird.
Die Aufgabe der Hirten bestand darin, die Herde so zu lenken, dass alle Weideabschnitte mit ihren verschiedenen Bonitäten genutzt wurden. Diese traditionelle Rolle muss heute der „elektrische Halter" zur Lenkung der Nutzung übernehmen. Auf den extensiven Weideflächen am Heimbetrieb sind traditionell die Hutweiden eingerichtet.

Häufig wird auf zwei bis drei verschiedenen Hutweideflächen bis Mitte Juni das **Jungvieh** auf die Almperiode vorbereitet. Ein deutlich verringerter Viehbesatz mit **trächtigen Kalbin-**

nen etc. nutzt nach dem Almauftrieb den Zuwachs dieser Weiden während des Sommers. Nach der Alpung wird das restliche Futter noch einmal vom gesamten Jungvieh verwertet.

Vorteile

- Geringer Arbeitsaufwand
- Landschaft wird freigehalten
- Positive Wirkung für die Aufzucht von Jungvieh
- Hohe Artenvielfalt der Pflanzen

Nachteile

- Der Standweide ähnliche Verhältnisse mit selektiver Über- und Unternutzung
- Geringe Pflegemöglichkeiten
- Weite Wege zur Tränke und bei der Futtersuche erhöht sich die Trittbelastung
- Geringerer Zuwachs bei den Tieren durch erhöhten Bewegungsaufwand

Den größten Nachteil stellt das **ungleichmäßige Futterangebot** dar: Überschuss im Vorsommer, Knappheit im Sommer und Mangel gegen den Herbst. Eine Anpassung an den dramatisch nachlassenden Ertrag ist nur durch eine Verringerung des aufgetriebenen Viehs möglich. Heimweiden werden so durch die häufig praktizierte Alpung des Jungviehs ab Juni entlastet.

Das **selektive Fressverhalten** ist zu Weidebeginn besonders stark ausgeprägt, da ein Überangebot an schmackhaften Pflanzen vorhanden ist. Weniger bekömmliche Pflan-

Auf Standweiden ist die Gefahr der Unternutzung im Vorsommer sehr hoch.

zen werden gänzlich geschont und können so ungehindert blühen, fruchten und sich durch Samen vermehren, während die bevorzugten Futterstellen immer wieder aufgesucht und verbissen werden. Dies führt schließlich zu einer partiellen Überanstrengung der Narbe (= Überbeweidung).

Im Gegensatz dazu finden wir auf den unternutzten Stellen bald überständige Gräser, Wildwuchs, Farne und holzige Stauden, die sich mit der Fortdauer der versäumten Pflegemaßnahmen ständig größere Bereiche erobern. Die Regenerationskraft der Weidenarbe erfährt einen dauerhaften Schaden und die Flächenleistung beträgt nur ein Drittel im Vergleich zu den Umtriebsweiden.

Die tierische Leistung in Form von Zuwachs ist gering, da mit fortschreitender Vegetationsdauer der Bewegungsaufwand für die Nahrungssuche unverhältnismäßig ansteigt. Proportional dazu vermehren sich die Trittverluste und Bodenverwundungen. Das Resultat ist ein sukzessiver Qualitätsverfall der Grasnarbe, der bis zu einem möglichen Verlust an Kulturland reicht.

Verbesserungen

Auch für die Bewirtschaftung von Almen ist diese Nutzungsform kaum geeignet. Die wirksamste und nachhaltigste Maßnahme zur Erhöhung der Erträge und zur Wahrung der ökologischen Aufgaben stellt die **Unterteilung der Weidefläche** in mehrere Abschnitte dar. Der gelegentlichen Pflege durch das Entfernen von Wildwuchs sowie Anflug von Stauden und Bäumen sind durch den ständigen Besatz mit Weidevieh Grenzen gesetzt.

8.2 Kurzrasenweide – die intensive Standweide

Es braucht eine **optimale Abstimmung zwischen Weidezuwachs und Tierbesatz** auf der Fläche. Die Weidefläche oder der Tierbesatz werden dabei über die Weidesaison verändert. Die ideale **Aufwuchshöhe** liegt bei **5–7 cm**, das Weidefutter hat nahezu Kraftfutterqualität. Die Weidefläche ist über die gesamte Weidezeit mit Tieren besetzt.

Unter Wahrung der arbeitswirtschaftlichen Vorteile dieser intensiven Standweide bei nahezu gleich hohen Milcherträgen guter Portionsweiden wurde diese Form in Neuseeland entwickelt. Sie verbreitete sich über die küstennahen Gebiete Europas. Die äußerst positiven Erfahrungen aus der Schweiz (BURI und THOMET, 1996) wurden von STEINWIDDER und STARZ erfolgreich in die österreichischen Verhältnisse umgesetzt – sowohl in der Wissenschaft wie auch in der Praxis. Nähere Informationen dazu sowie ein Aufwuchsmessblatt auf der Website der HBLFA Raumberg-Gumpenstein (www.raumberg-gumpenstein.at).

Tabelle 21: **Schema einer Kurzrasenweide in der Weideperiode**

	1. Weideabschnitt	2. Weideabschnitt	3. Weideabschnitt
Besatzstärke	5–8 Kühe/ha	3–6 Kühe/ha	2–3 Kühe/ha
Vorsommer	Weidenutzung	Mähnutzung	Mähnutzung
Sommer	Weidenutzung	Weidenutzung	Mähnutzung
Nachsommer	Weidenutzung	Weidenutzung	Weidenutzung

Die optimale Nutzungshöhe für das Weidegras beträgt 5–7 cm, daher auch die Bezeichnung „Kurzrasenweide". Das wesentlichste Element der Weideführung ist die peinlich genaue **Beobachtung und Messung des Weidefutters**. Droht das Gras höher als 10 cm zu wachsen, wird der Viehbestand erhöht oder die Fläche verkleinert (vergleiche Tabelle 21). Droht diese unter 5 cm zu sinken, so wird die Weidefläche um den nächsten Abschnitt erweitert oder der Tierbesatz reduziert. Bereits im Vorsommer kann man bei ungünstigen Witterungsverhältnissen zu einer Verdoppelung der Weidefläche gezwungen werden.

Eine laufende Ertragsmessung ist die Voraussetzung für einen angepassten Tierbesatz.

Tabelle 22: **Viehbesatz und Flächenbedarf der Kurzrasenweide**

Weideperiode	Viehbesatz	Bedarf an Weidefläche	
	(Kühe je ha)	in m²/Kuh	in m²/GVE (500 kg LG)
Vorsommer	ca. 5–8	1.200–2.000	1.000–1.700
Sommer	ca. 3–6	1.700–3.300	1.400–2.800
Nachsommer	ca. 2–3	3.300–5.000	2.800–4.000

Was bringt die Kurzrasenweide?
- Geringster Arbeitsaufwand im Vergleich zu anderen Nutzungsformen
- Maximaler Milchertrag je ha Weidefläche
- Bestmögliche Ausnutzung des Graswuchses
- Geringste Futterkosten je kg Milch
- Auch rangniedere Tiere finden ein größtmögliches Futterangebot vor
- Vereinfachte Arbeitsabläufe, möglicherweise durch synchronisierte Abkalbungen

- Keine zusätzlichen Investitionen für die Futterkonservierung (z. B. TMR)
- Geringer Wirtschaftsdüngeranfall im Stall und somit geringere Ausbringung, dafür Geilstellen auf der Weide

8.3 Koppel- und Umtriebsweiden

Die Entwicklung neuer Weidenutzungsformen mit den Zielen **„bessere Flächenausnutzung, weniger Futterverluste und höhere Tierleistung"** hat eine lange Tradition (seit 1760). Das System Schuppli vom Grabnerhof (1936) zeichnete sich durch die Teilung der Herde in drei Gruppen aus. Ein fortschrittlicher Weidebetrieb um 1950 errichtete 20–24 mit Stacheldraht umzäunte Weidekoppeln und praktizierte die Halbtagsweide. Diese Aufwendungen sind heute kaum nachvollziehbar, da sich mit der Einführung des Elektrozaunes viele Möglichkeiten der Rationalisierung ergeben haben.

Die Weidefläche eines Betriebes wird in mehrere Koppeln eingeteilt. Wir finden dabei Systeme von etwa 4–10 Koppeln. Das Vieh bleibt **so lange in einer Koppel**, **bis diese abgeweidet ist**, und erhält **danach eine frische Koppel** zugeteilt. Je mehr Koppeln (8–10) vorhanden sind, desto kürzer sind die Besatzzeiten (3–4 Tage) und desto eher werden die Voraussetzungen der Umtriebsweiden erreicht. Bei dieser Nutzungsform ist das Weidegras auf der zu Beginn beweideten Koppel wieder nachgewachsen, wenn die zuletzt benötigte Fläche genutzt wird. Die **Aufwuchshöhe** des Weidegrases soll zur Bestoßung bei **12–15 cm** liegen.

Koppel- und Umtriebsweiden mit festen Zäunen und flexiblen E-Zaun-Abteilungen

Auf Großkoppeln herrschen ähnliche Verhältnisse vor wie auf Standweiden. Je nach Standort, Geländeform und Maschineneinsatz bringt eine zusätzliche Unterteilung mit dem Elektrozaun Vorteile. Werden beispielsweise die zwei frühesten Koppeln beim ersten Umtrieb mit einer Zaunschnur geteilt, weiden die Tiere das Futter auf den kleineren Teilflächen sauberer ab als ohne Trennung. Ab Juni wird die Trennung entfernt und die Tiere beweiden die gesamte Koppel. Zur Zeit des besten Pflanzenwachstums wird so mit einem geringen Mehraufwand eine relativ intensive Weideführung erreicht, die mit dem Nachlassen des Futterangebotes in eine extensive Form übergeht.

Die Wasserversorgung auf den Weiden stellt eine wesentliche Grundlage für das übrige Weidemanagement dar.

Eine Weidepflege mit dem Mulcher sollte bei Weideresten erfolgen, damit der Weidepflanzenbestand nicht entartet.

Vorteile
- Leichtere Regelung des Futterangebotes als auf Standweiden
- Geringerer Arbeitsaufwand als bei Portionsweiden
- Zusätzliche Unterteilung mit Elektrozaun (Portionsweide) gut möglich

Nachteile
- Unregelmäßiges Futterangebot und schlechtere Futterausnutzung durch Tritt und Verkotung (ohne zusätzliche Unterteilung mit Elektrozaun);
- Die ersten Tage mit einem Überangebot an Futter werden von Besatztagen mit Mangel abgelöst (Verzehrsleistungen von 16 kg auf etwa 8 kg TM/GVE sinkend).
- Je mehr die Besatzzeit über drei Tage dauert, desto überproportionaler steigen die Verluste und schwankt das Tagesgemelk.

8.4 Portionsweidehaltung

Die Einführung des Elektrozauns ermöglichte die Führung von Rationsweiden. Wird dem Weidetier die jeweils für eine Tagesration benötigte Fläche zum Grasen zugeteilt, so gibt es keine Futterverschwendung durch Tritt, Kot oder Liegestellen. Im Bestreben, die Weidefläche möglichst rationell zu nutzen, wurde auch die Kurztagsweide mit 6–8 Stunden Weidezeit entwickelt.

1. Nutzungsprinzip   100 m² je GVE und Tag

100 m² (1 Ar) Fläche mit 15 cm hohem Futter entspricht etwa einem Bruttoertrag von 100 kg Weidegras (= 20 kg TM). Nutzbar sind 10 cm bei mindestens 5 cm hohem Restbestand, was etwa einem Nettoertrag von 75 kg Gras = 15 kg TM entspricht.

2. Nutzungsprinzip   Hohe Besatzdichten

Das Vieh wird angehalten, das Futter auf kleiner Fläche in kurzer Zeit sauber abzuweiden. Zwangsläufig ist die Trittbelastung dadurch hoch und eine knappe Portionierung daher nur auf entsprechenden Böden bei trockener Witterung verkraftbar. Bei Regenperioden empfiehlt es sich, auf geeigneten Ausweichflächen großzügiger vorzustecken.
Im Bestreben, sauber abweiden zu lassen, kann es zu einer Übernutzung kommen. Die Untergrenze des Verbisses liegt bei 4–5 cm Stoppelhöhe, bei 7 cm erfolgt der Neuaustrieb jedoch etwas rascher, insbesondere in den trockenen und heißen Sommermonaten.

3. Nutzungsprinzip   Kurze Fresszeiten

Tiere reagieren empfindlich auf die Änderung ihrer Weidegewohnheiten! Umstellungen sind daher nur behutsam und in längeren Zeiträumen vorzunehmen.
Verkürzt man die übliche Fresszeit von 8 auf 6 Stunden, so reagieren die Kühe mit einem Milchrückgang, da sie Pausen zum Wiederkauen gewohnt waren. Sind für die Milchkühe aber 6 Stunden Weidezeit üblich, so wird die Koppel weniger vertreten und verkotet als bei längerer Fresszeit.

Lange Ruhezeiten erreicht man durch kurze Besatzzeiten. Auf größeren Grundstücken und vor allem auf gelegentlich beweideten Wiesenschlägen überschreiten die Besatzzeiten häufig vier Tage. Will man die Eintriebsbereiche nicht hoffnungslos überbeanspruchen, schafft ein zweites Koppeltor neben besserer Zaunführung geregelte Ruhezeiten und eine gleichmäßige Ertragsleistung.

Vorteile der Portionsweiden
- Höchste Flächenerträge durch bestmögliche Futterausnutzung
- Beste Steuerung von Futterangebot und Verzehr
- Geringe Trittschäden
- Geringer Pflegeaufwand

Nachteile der Portionsweiden
- Geringere tierische Leistungen bei zu strenger Portionierung
- Unterrangige Tiere werden von den besseren Futterplätzen verdrängt
- Hoher Arbeitsaufwand: Dieser vermehrt sich, je besser portioniert wird und je länger der Triebweg ist.

D DÜNGUNG DES GRÜNLANDES

Die Wiesen, Weiden, Almen und das Feldfutter benötigen je nach Standortverhältnissen und Bewirtschaftungsgrad unterschiedliche Mengen an Nährstoffen und anorganischer Masse. Diese Nährstoffversorgung der Pflanzenbestände erfolgt im Grünland- und Viehwirtschaftsbetrieb großteils in der **kreislaufbezogenen Rückführung der Wirtschaftsdünger**. Je nach Betrieb und Aufstallungssystem werden Gülle, Stallmist, Jauche oder Kompost standortbezogen und nach Vorgaben der Richtlinien für die sachgerechte Düngung (BML, 2023b) und Aktionsprogramm Nitrat (BGBl., 2017), basierend auf dem Wasserrechtsgesetz (WRG 1959 i. d. g. F.) und der EU-Nitratverordnung 2003, ausgebracht. Bei geschlossenem Kreislauf (Boden – Pflanzenertrag – Futter – Tierbesatz – Wirtschaftsdünger) im Betrieb und auch auf die Feldstücke bezogen stellen die vorhandenen Nährstoffe die Basis für Boden und Pflanzen sowie Tiere und Produkte dar.

Die Ertragslagen sind entscheidend, wie viel Futter geerntet und konserviert wird und wie viele Tiere daraus ernährt werden können, es entstehen daraus Kreisläufe auf unterschiedlichem Niveau. Reicht dieses natürliche Niveau nicht aus, so kann der Landwirt über Nährstoff- oder Kraftfutterzukauf diese Ertragslage bis zu einem bestimmten Bereich anheben.

Im Berggebiet Österreichs liegt durchschnittlich das natürliche Kreislaufniveau bis zu 1 GVE/ha, in den Übergangslagen (Tal- und Beckenlagen des Alpenraumes) mit reinen Grünlandflächen sind durchaus 1,5 GVE/ha und in besten Gunstlagen mit Silomais- und Kleegrasanbau auch 2 GVE/ha realistisch.

Die **Obergrenze für den Tierbesatz** liegt bei **170 kg Stickstoff/ha feldfallend** aus dem Wirtschaftsdünger. Will nun der Landwirt noch mineralischen Stickstoff verabreichen, so kann lt. WRG-Novelle 1990 der Gesamtstickstoff auf 210 kg/ha bei besten Ertragslagen angehoben werden. Die Empfehlungsgrundlage für die Stickstoff-, Kali- und Phosphordüngung hängt aber ganz wesentlich von der jeweiligen Ertragslage am Standort ab (BMLFUW, 2017b). Außerdem werden über das ÖPUL-Programm (BMLFUW, 2016) Anreize zur N-Reduzierung für eine ökologische Bewirtschaftung über Maßnahmen angeboten.

In **Wasserschongebieten** werden die **Nährstoffzufuhren** insbesondere **bei Stickstoff nochmals reduziert**, um das Grundwasser ohne Risiko unter 50 mg NO_3/l Wasser zu halten.

> Der Grünland- und Viehbauer muss seine Nährstoffflüsse im gesetzlichen Rahmen halten und sollte mit seiner vorsorglichen Bewirtschaftung Boden, Wasser, Pflanzen und Luft im guten Zustand bewahren.

1. GRUNDSÄTZLICHES ZUR GRÜNLANDDÜNGUNG

Rund 85 % der Grünlandflächen in Österreich erhalten ausschließlich entweder über den Weidegang oder über die Wirtschaftsdüngerausbringung die Nährstoffe über das Jahr rückgeliefert. Die Nährstoffzufuhren sollten sich mit den Nährstoffentzügen der Futtererträge über die Jahre die Waage halten, dabei dürfen weder der Boden, die Pflanzen, die Atmosphäre noch das Grundwasser belastet werden oder unter einer Mangelsituation leiden (vergleiche Grafik 36).

Die Auswaschungsverluste werden durch die meist oftmalige und mit geringen Mengen versehene Ausbringung sowie den Ausbringungsverboten in kritischen Zeiten (vegetationslose Zeiten, Boden schneebedeckt, wassergesättigt, überschwemmt oder gefroren) gering gehalten.

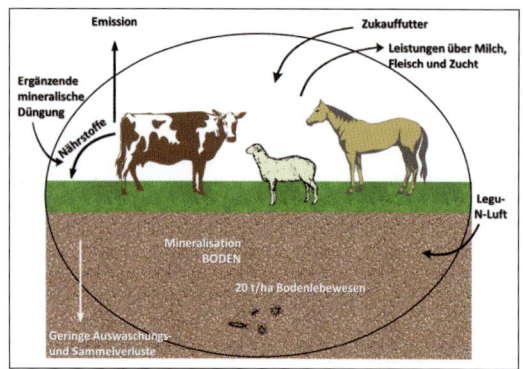

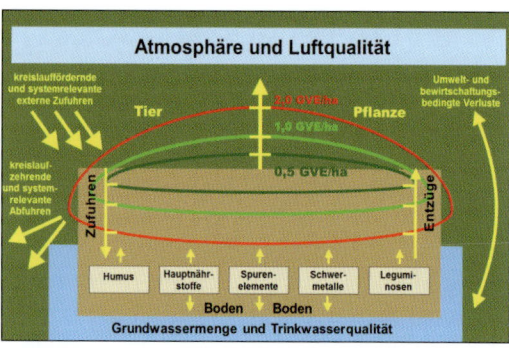

*Grafik 36: **Kreislaufbezogene Nährstoffversorgung im österreichischen Grünland***

*Grafik 37: **Geschlossene Kreisläufe mit kreislauf- und systemrelevanten Zu- und Abfuhren in Grünland- und Viehwirtschaftsbetrieben.***

Die Ammoniak- und Methanemissionen bei den raufutterverzehrenden Tieren sind vorhanden, viele stallbauliche und technische Maßnahmen bei der Lagerung und Ausbringung werden ständig verbessert. Über Düngepläne zu den einzelnen Kulturen und Feldstücken werden die Düngemengen gezielt zugeteilt (vergleiche Grafik 37).

In den Hochleistungsbetrieben mit Milchkühen wird in reinen Grünlandregionen relativ viel Kraftfutter importiert, was sich auf die anfallenden Nährstoffe und Düngemengen erheblich auswirkt.

Etwa 60 % der Grünland- und Viehwirtschaftsbetriebe bilanzieren in der Hoftor- und Parzellenbilanz mit ± 0. Hier werden all die Nährstoffe, die über den Verkauf von Milch, Fleisch, Zucht usw. den Betrieb verlassen, mit dem Zukauf von Kraftfutter, Stroh, Mineralstoffen etc. wieder ausgeglichen (siehe Grafik 38).

Milchleistung am Betrieb	Nährstoffbilanzen im Boden	Kraftfutterzufuhr
≈ 5.000 bis 10.000 kg		30 bis über 50 % in der Ration
ausgeglichene Bilanz		
Nährstoffexporte aus dem Betrieb (Milch, Fleisch, Zucht, etc.) werden durch Nährstoffimporte (hauptsächlich Kraftfutter, Leguminosen, etc.) ausgeglichen		
≤ 5.000 kg		ohne Kraftfutter

*Grafik 38: **Bewirtschaftungsintensität und Auswirkungen auf die Nährstoffbilanz in den Grünland- und Viehwirtschaftsbetrieben.***

Betriebe, die keinen Ausgleich infolge einer totalen Extensivierung (z. B. Mutterkuh, Schafe, Ziegen, Pferde) herbeiführen, steigen jedes Jahr mit einem negativen Saldo aus, schätzungsweise rund 20 % der Betriebe investieren nicht mehr in die ausgeglichene Kreislaufwirtschaft. Betriebe, die durch hohe Milchleistungen Kraftfutter zukaufen müssen, erhöhen die Nährstoffausscheidung und auch die Nährstoffkonzentrationen.

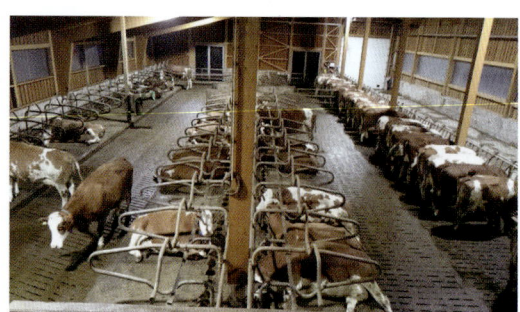

Im Stall werden die Wirtschaftsdünger gesammelt, gelagert und in den Kreislauf gebracht.

Etwa 20 % der Grünland- und Viehbetriebe in Österreich, ohne nennenswerten Ackerbau, kurbeln über Zukauf (Kraftfutter und/oder Mineraldünger) diese Bilanz an. Nicht selten kommen vor allem flächenschwächere Betriebe mit der Obergrenze von 170 kg N/ha aus dem Wirtschaftsdünger nicht zurecht. Eine gewisse Zeit, je nach Bodenart und Tiefgründigkeit, kann der Boden kompensieren, aber früher oder später können Nährstoffe ins Grundwasser oder in die Atmosphäre gelangen.

Die **Leguminosen** (Rotklee, Luzerne, Weiß-klee, Wicken, Blatterbsen etc.) haben im Dau-ergrünland und besonders im Feldfutterbau eine besondere Bedeutung. Ein Hindernis für ein noch verstärktes Auftreten liegt oftmals in der schwachen Phosphorversorgung so man-cher Grünlandböden. Nahezu 90 % der Grün-landböden sind mit unter 47 mg P/1.000 g Feinboden mangelhaft versorgt.

Die Entzüge bei P_2O_5 liegen pro t TM je nach Bewirtschaftungsintensität bei 7–10 kg, bei K_2O werden dem Boden je t TM dabei 20–25 kg pro ha entzogen. Bei einem pH-Wert des Bodens von über 6,0 kommt weicherdiges Phosphat (z. B. Hyperphosphat) nicht mehr

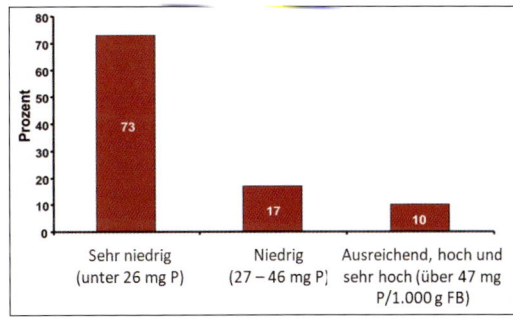

Grafik 39: **Wasserlösliche Phosphorreserven im Oberboden (0–10 cm) von Wiesen und Wei-den in Österreich im Jahr 2015** *(BOHNER et al. 2014)*

zur Wirkung. Ab diesen pH-Wert wird daher der Einsatz von aufgeschlossenen Phosphaten (z. B. Superphosphat) empfohlen. Leider haben Biobetriebe bei pH-Wert ≥ 6 derzeit keine Mög-lichkeit, den Phosphorwert mineralisch zu verbessern und daher müssen die Biobetriebe oft auf „Legu-N" weitgehend verzichten, obwohl sie diese Stickstoffquelle für die Proteinsynthese dringend bräuchten.

> Die natürlichen Phosphorreserven gehen weltweit zu Ende, es gilt den im Boden festgeleg-ten Phosphor für die Wurzeln über das Bodenleben freizumachen.

2. STANDORTANGEPASSTE DÜNGUNG

Die Düngung und somit die Nährstoffversorgung muss an die sehr unterschiedlichen natür-lichen Gegebenheiten sowie an die Ertragslage am Standort der Fläche angepasst werden, also Klima (Jahreswitterung, Neigung zu Dürre, Starkniederschlag etc.), Höhenlage, Exposi-tion (Himmelsrichtung), Geländeneigung, Boden (vorangegangene Bewirtschaftung in den letzten zehn Jahren), Pflanzengesellschaft und Nutzungsart berücksichtigen. Dazu gibt es von der HBLFA Raumberg-Gumpenstein langjährige Versuche und praktische Umsetzungs-erfahrungen.

Um diese möglichen Ertragspotenziale auszuschöpfen, braucht es eine **auf den Standort ab-gestimmte Nutzung** und dazu auch die **Zufuhr von Nährstoffen**. Die erzielbaren Futter-mengen aus diesen Ertragspotenzialen ergeben einen „natürlichen und kreislaufbezogenen" Tierbesatz. Dieser Tierbesatz scheidet nach der Verdauung der Futtermittel wieder Kot, Harn und damit Nährstoffe aus. Diese Ausscheidungen werden je nach Aufstallungssystem und Wei-terbehandlung als Wirtschaftsdünger (Gülle, Stallmist, Jauche, Kompost) auf die Flächen ge-zielt (Kultur, Menge, Zeit, gesetzliche Vorgaben etc.) mit bester Verteiltechnik ausgebracht. In Anlehnung an die Ertragslage „niedrig, mittel, hoch" werden für die Grünlandnutzungsformen Erträge von 2,5–12 t/ha und Vegetationsperiode erzielt (siehe Tabelle 23).

Wird das Grünland (Wiesen, Weiden, Almen und Feldfutter) standortangepasst mit Wirt-schaftsdünger wie Gülle, Jauche, Stallmist und Stallmistkompost kreislaufmäßig versorgt, dann ist für eine kontinuierliche Versorgung der Böden und Pflanzen mit organischer Subs-tanz, Hauptnährstoffen und Spurenelementen gesorgt. Ein „lebendiger" Boden kann bei guten

Tabelle 23: **Ertragspotenziale bei unterschiedlichen Ertragslagen und Nutzungsformen auf den Grünlandflächen in Österreich (BMLFUW, 2022b).**

Nutzungsformen	Ertragslage Ø Ertrag in t TM/ha und Jahr		
	niedrig	mittel	hoch
Dauer- und Wechselwiesen			
1 Schnitt	< 2,5	≥ 2,5	-
2 Schnitte	< 4,0	≥ 4,0	-
3 Schnitte	< 6,0	6,0–8,0	> 8,0
4 Schnitte	-	< 9,5	≥ 9,5
5 Schnitte	-	< 11,0	≥ 11,0
6 Schnitte	-	-	≥ 12,5
Mähweiden			
1 Schnitt + 1 bis 2 Weidegänge	< 5,5	≥ 5,5	-
2 Schnitte + 1 bis 2 Weidegänge	-	< 8,0	≥ 8,0
2 Schnitte + 2 oder mehr Weidegänge	-	< 9,0	≥ 9,0
Dauerweiden (ein Weidegang entspricht 1,5 – 2,0 t TM/ha), Kulturweiden			
Ganztagsweide (> 12 Stunden)	< 6,0	6,0–9,0	> 9,0
Halbtagsweide (6–12 Stunden)	< 6,0	6,0–9,0	> 9,0
Stundenweide (2–6 Stunden)	< 6,5	6,5–9,5	> 9,5
Hutweiden	< 2,0	≥ 2,0	-
Feldfutter			
Kleebetont	< 7,0	7,0–10,0	> 10,0
Gräserbetont	< 7,0	7,0–10,5	> 10,5
Gräserreinbestände	< 8,0	8,0–12,0	> 12,0
Sämereienvermehrung (Samenertrag)			
Alpingräser	< 0,1	0,1–0,4	> 0,4
Gräser für das Wirtschaftsgrünland	< 0,2	0,2–0,7	> 0,7
Rotklee	< 0,3	0,3–0,5	> 0,5

Temperaturen und Niederschlägen über die Mineralisierung und die organische Stickstoffbindung der Leguminosen wertvolle oder beträchtliche Nährstoffmengen nachliefern.

Je nach Standort und Humusgehalt in Böden können **im Extensivgrünland zwischen 10 und 30 kg N/ha** und **im Wirtschaftsgrünland zwischen 30 und 60 kg N/ha** über die **Vegetationsperiode** im Boden freigesetzt werden. Die Leguminosen (Weißklee, Rotklee, Luzerne, Wicken etc.) können pro Flächenprozent im Pflanzenbestand und Vegetationsdauer rund 1–4 kg/ha Luftstickstoff in den Knöllchenbakterien binden und später nach Abbau des Bakterieneiweißes an die umliegenden Wurzeln freigeben. In einer Dreischnittwiese mit 15 Fl.-% Leguminosenanteil auf 700 m Seehöhe können rund 45 kg N/ha (Luft-N) gebunden werden und stehen der Kultur zur Verfügung. Je nach Nutzungsform und Ertragslage können 0–210 kg Stickstoff/ha durchschnittlich auf den Flächen über die Vegetationszeit angeboten werden (vergleiche Tabelle 24).

Tabelle 24: **Empfehlung der Stickstoffdüngung in Abhängigkeit von der Ertragslage und der Nutzungsform im Grünland (BMLFUW, 2022b).**

Nutzungsformen	Ertragslage in kg N/ha		
	niedrig	mittel	Hoch
Dauer- und Wechselwiese			
1 Schnitt	0–20	20–30	-
2 Schnitte	40–60	60–90	-
3 Schnitte kleereich	60–80	80–100	100–120
3 Schnitte gräserbetont	-	100–120	120–150
4 Schnitte kleereich	-	100–120	130–150
4 Schnitte gräserbetont	-	140–160	170–200
5 Schnitte gräserbetont	-	160–200	210
6 Schnitte gräserbetont	-	-	210
Mähweide			
1 Schnitt + 1 bis 2 Weidegänge	40–60	70–90	-
2 Schnitte + 1 Weidegang	-	90–110	120–140
2 Schnitte + 2 oder mehr Weidegänge	-	100–120	150–170
Dauerweiden, Kulturweiden			
Ganztagsweide (> 12 Stunden)	40–60	80–100	120–140
Halbtagsweide (6–12 Stunden)	50–70	90–110	130–160
Stundenweide (2–6 Stunden)	60–80	100–130	140–180
Hutweiden	0–20	20–30	-
Feldfutter			
Kleebetont (über 40 Flächen-%)	0–40	0–40	0–40
Gräserbetont	60–100	140–180	210
Gräserreinbestände	-	160–200	210
Sämereienvermehrung (Samenertrag und Futter)			
Alpingräser	40–80	80–100	100–150
Gräser für das Wirtschaftsgrünland	70–90	90–110	110–170
Rotklee	0–20	0–20	0–20

* Die für Mähweiden und Dauerweiden angeführten Empfehlungen verstehen sich als Summe aus N-Ausscheidungen auf der Weide sowie einer allfälligen Ausbringung von Wirtschaftsdüngern und/oder Mineraldüngern. Bei kleebetonten Feldfutterbeständen ist eine Start- oder Herbstdüngung im Ausmaß von bis zu 40 kg N/ha möglich.

3. WIRTSCHAFTSDÜNGER

Die Wirtschaftsdünger (Stallmist, Jauche, Stallmistkompost, Gülle, Biogasgülle etc.) spielen im Grünland- und Viehwirtschaftsbetrieb in der Nährstoffversorgung der Böden und Pflanzen eine zentrale Rolle. Die Wirtschaftsdünger sind ein wichtiges Betriebsmittel und sie haben einen hohen Stellenwert. Der **Umgang** mit dem Wirtschaftsdünger sollte aus ökologischer und ökonomischer Sicht **sorgsam und zielgerichtet** sein.

Eine Ergänzung mit Mineraldünger ist im Grünland in Österreich eher seltener notwendig – kann aber bei Bedarf und Bewirtschaftungsintensität unter Einhaltung der gesetzlichen und vertraglich vereinbarten Obergrenzen erfolgen.

Unter Einbeziehung der Ergebnisse der Bodenuntersuchung, der Ertragslage und der Nutzungsform sollte der Wirtschaftsdüngeranfall auf den Flächen in guter Verteilung und Menge mit Einhaltung aller Regelungen zeitlich richtig eingesetzt werden. Daraus ergeben sich die Nährstoffmengen aus dem Wirtschaftsdünger, die allerdings in der Wirksamkeit (rasch/langsam) eingestuft werden müssen.

In den Güllegruben oder Stallmistplätzen wird der Dung gelagert und zielgerichtet auf die Wiesen und Weiden ausgebracht.

Die **Nährstoffe aus Boden und Leguminosen** sollten **in die Düngerplanung miteinbezogen** werden. Stellt man die Nährstoffentzüge aus den Erträgen von den Flächen in Bezug zur verlustbereinigten Nährstoffversorgung (Boden, Leguminosen, Wirtschaftsdünger), so sollte zumindest über die Jahre ein N-Saldo mit ± 0 entstehen. Der Stickstoffeintrag über die nasse Deposition hält sich mit der Denitrifikation im Boden etwa die Waage und wird deswegen in dieser N-Bilanzierung nicht berücksichtigt.

3.1 Wirtschaftsdüngeranfall

Je nach Tierart, Fütterung und Haltungssystem ist beim Anfall von Wirtschaftsdüngern mit unterschiedlichen Nährstoffgehalten zu rechnen. Die Nährstoffversorgung der Böden und damit der Pflanzenbestände sowie die Nutzungsart (Mähzeitpunkt, Konservierung etc.) beeinflussen die Nährstoffgehalte der Wirtschaftsdünger ebenso wie die Rationsgestaltung und der Kraftfutteranteil. In der Tabelle 26 sind alle Nährstoffwerte in kg/t angegeben. Als mögliche Umrechnung von m³ zu t und umgekehrt soll die Tabelle 25 dienen.

Tabelle 25: **Umrechnung von m³ zu t bei Wirtschaftsdüngern (Richtlinie für die sachgerechte Düngung, BML, 2023b).**

	t/m³	m³/t
Flüssige Wirtschaftsdünger (Gülle, Jauche, Biogasgülle)	1	1
Rindermist	0,83	1,2
Pferdemist	0,5	2
Schweinemist	0,91	1,1
Schaf- und Ziegenmist	0,7	1,4
Stallmistkompost	0,8	1,2
Hühner- und Putenmist	0,5	2
Hühnertrockenkot (mit 50 % TM)	0,5	2
Bio- und Grünschnittkompost	0,7	1,4

Tabelle 26: Mengenanfall pro GVE und Jahr an Wirtschaftsdünger sowie anrechenbare, durchschnittliche Nährstoffgehalte von Wirtschaftsdüngern aus der Tierhaltung in kg/t (BMLFUW, 2017b)

Tierart und Wirtschaftsdüngeranfall	TM-Gehalt in %	Mengenanfall in t/Jahr	Nff [1] anrechenbar, feldfallend	P_2O_5	K_2O	CaO	MgO	Org. Substanz
Rottemist von Rindern (einstreuarm)	20–30	9–13 t/GVE [2]	3,0–4,5	2,5–3,0	4,5–5,5	5,0	2,0	175
Stallmistkompost aus Rindermist	30–50	5–7 t/GVE	4,0–5,5	4,0–5,0	6,0–10,0	9,0	4,0	155
Rottemist von Schafen und Ziegen (viel Einstreu mit Stroh/Heu)	25–35	5–8 t/GVE	4,0–5,0	2,0–3,0	5,0–10,0	4,0	2,0	200
Pferdemist (auf Stroh)	25–30	5–12 t/ Klein- bis Großpferd	4,0–5,6	2,0–3,0	6,0–8,0	8,0	1,5	225
Pferdemist (auf Sägespänen)	30–35	5–12 t/ Klein- bis Großpferd	4,0–5,6	2,0–3,0	6,0–8,0	8,0	1,5	225
Rindergülle (Sommergülle bei Grünfütterung unverdünnt oder Wintergülle verdünnt)	5–7	20–30 t/ GVE	2,0–3,0	1,0–1,5	2,5–4,0	1,5	0,8	38
Rindergülle unverdünnt (Ganzjahresstallfütterung und Mast mit Silomais in der Ration sowie kraftfutterbetonte Fütterung)	8–10	15–25 t/ GVE	3,5–4,5	1,5–2,5	5,0–8,0	3,0	1,5	75

[1] Hier sind schon die Verluste im Stall, am Lager und bei der Ausbringung abgezogen.
[2] GVE lt. AMA-Liste, z. B. 1 Kuh = 1 GVE; 1 Kalbin = 0,6 GVE

Nährstoffwert pro GVE und Jahr
Euro 150,00–200,00

Nährstoffwert pro m³/t Gülle, Jauche bzw. t Mist bzw. Kompost
~ Euro 10,00–20,00

3.2 Nährstoffgehalte

Die Nährstoffe und deren Konzentration im Wirtschaftsdünger hängen stark von der Tierart, dem Aufstallsystem, der Fütterung (Ration), der Verdünnung (Wasser, Stroh), der Lagerung und der Ausbringung ab (siehe Tabelle 26).

Oberstes Ziel sollte sein, die Nährstoffe, wie sie im Stall anfallen, möglichst mit geringsten Verlusten in den Boden und schließlich zur Pflanze zu bringen. Es muss im Betrieb gelingen, die umweltrelevanten Auswirkungen der „Nährstoffe" zu vermeiden oder zu verringern. Die Wirtschaftsdünger sind wertvolle Betriebsmittel und daher ökologisch wie ökonomisch höchst bedeutend.

Düngemittel und Treibhausgase

Das Treibhausgas **Lachgas (N_2O)** wird vorwiegend bei Abbauprozessen stickstoffhaltiger Dünger und im Zuge der Güllelagerung freigesetzt. Lachgas besitzt eine knapp 300-mal so hohe Treibhausgaswirksamkeit wie Kohlenstoffdioxid (CO_2). Bei der Lagerung von Wirtschaftsdüngern wird darüber hinausgehend auch das Treibhausgas **Methan (CH_4)** emittiert, das um einen Faktor 25 stärker als CO_2 wirkt. Methan entsteht durch anaerob ablaufende Gär- und Zersetzungsprozesse von organischem Material. In den Biogasanlagen nutzt man diesen Prozess, um daraus Strom zu gewinnen.

Düngemittel und Luftqualität

Ammoniak (NH_3) entsteht hauptsächlich beim Abbau von organischem und mineralischem Dünger sowie bei der Lagerung von Gülle. NH_3 ist an der Bildung versauernder und eutrophierender Schadstoffe und sekundärer Partikel (Feinstaub) beteiligt.

Düngemittel und Wasserqualität

Nitrat (NO_3) wird einerseits im Boden durch Mineralisierung organischer Substanzen gebildet, andererseits kann es dem Boden auch unmittelbar als Stickstoffdünger zugeführt werden. Nitrat kann im Boden kaum gespeichert werden. Das nicht von Pflanzen aufgenommene Nitrat kann daher ausgewaschen werden und ins Grundwasser gelangen. Wesentliche Grundlage für Regelungen und Vorschriften im Bereich der Stickstoffdünger ist die EU-Nitratrichtlinie aus dem Jahr 1991. In Österreich wird diese Richtlinie mittels eines periodisch zu überarbeitenden Aktionsprogrammes umgesetzt, das die Bedingungen und Verfahren für die Ausbringung von stickstoffhaltigen Düngemitteln enthält. Darüber hinaus werden auch im Rahmen des Österreichischen Umweltprogrammes (ÖPUL) freiwillige Förderungsmaßnahmen angeboten, die das Thema Düngung im Zusammenhang mit Wasser behandeln.

3.3 Nährstoffwirksamkeit

Die Nährstoffe in den aufgezeigten Schwankungsbreiten sind gute Richtwerte für die Einschätzung der Größenordnung um die ausgebrachte Nährstoffmenge. Bei genauer Einschätzung geben die Richtlinien für die sachgerechte Düngung (BML, 2023b) detaillierte Werte wieder, will man die Nährstoffgehalte der eigenen Wirtschaftsdünger, so sollte nach repräsentativer Probennahme eine Analyse eines anerkannten Labors die exakten Werte ermitteln, die dann für die exakte Düngeplanung eingesetzt werden können.

❑ Wirksamkeit des Stickstoffs aus den Wirtschaftsdüngern

Die unmittelbare Wirksamkeit des in Wirtschaftsdüngern enthaltenen Stickstoffs (N) ist wesentlich vom Verhältnis zwischen mineralisch und organisch gebundenen Anteilen abhängig. Der mineralische Stickstoff, bestehend aus dem raschwirksamen Ammoniumstickstoff (NH_4N), kann relativ rasch von den Pflanzen über die Wurzeln aufgenommen werden. Allerdings ist diese Stickstofffraktion sehr mobil und erfordert höchste umweltrelevante Aufmerksamkeit. Es sollte nicht zu viel an leichtlöslichem Stickstoff in der Bodenlösung vorliegen, eben so viel, wie von den Pflanzen in der jeweiligen Wachstumskurve benötigt wird. Der organisch gebundene Stickstoff hingegen wirkt erst dann, wenn dieser von den Mikroorganismen abgebaut wird, daraus entsteht eine mehr oder weniger lange Nachwirkung des ausgebrachten Stickstoffs über die Wirtschaftsdünger im Boden.

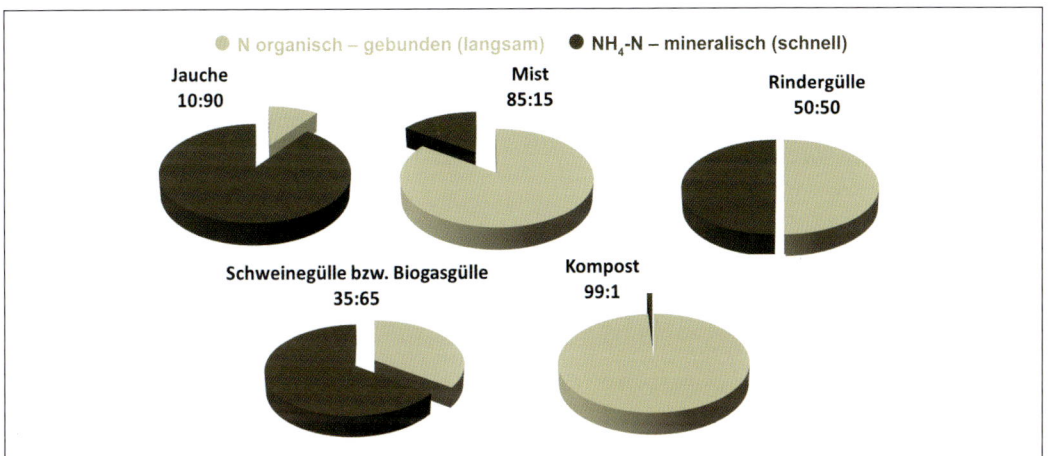

*Grafik 40: **Stickstoffkomponenten in den Wirtschaftsdüngern***

Wirtschaftsdünger mit hauptsächlich den Komponenten „Kot + Stroh" weisen einen geringen NH_4N-Anteil (1–15 %) und hohen Anteil an organisch gebundenem Stickstoff (85–99 %) auf. Sind umgekehrt im Wirtschaftsdünger hauptsächlich die Harnanteile (Jauche), so steigt der NH_4N-Anteil bis 90 %. Werden Kot und Harn im Aufstallungssystem zu Gülle, so enthalten je nach Tierart und Fütterung die Güllen 50–60 % NH_4N-Anteile. Auch die Biogasgüllen liegen bei etwa 60–65 % NH_4N-Anteilen. Werden Güllen in der Biogasanlage fermentiert, so wird Biomasse abgebaut und es steigt der leichtlösliche N-Anteil.

Je höher die NH_4N-Anteile, desto höher auch die unmittelbare Wirksamkeit und die Jahreswirksamkeit der Wirtschaftsdünger. Wird der Wirtschaftsdünger im Sinne einer Kreislaufwirtschaft Jahr für Jahr regelmäßig auf den Flächen angewandt, dann erhöht sich die Gesamtwirksamkeit (unmittelbare Wirksamkeit, Jahreswirksamkeit und Nachwirkungen der vorangegangenen Düngeperioden) durch die langsame Wirksamkeit des organisch-gebundenen Stickstoffs.

Bei regelmäßigem Einsatz von Wirtschaftsdüngern und günstigen Mineralisierungsverhältnissen kann im Grünland bestenfalls 100%ige Wirksamkeit bezogen auf den feldfallenden Sticksoff (Nff) erreicht werden.

Der Stickstoff (N) ist verantwortlich für das Wachstum der Pflanze, wobei aber Phosphor (P) und Kalium (K) ausreichend vorhanden sein müssen. Außerdem braucht es Stickstoff, damit Protein (Eiweiß) in der Pflanze entstehen kann. Im Blattgrün kann der Stickstoffversorgungsgrad visuell eingeschätzt werden.

❏ Kalkulatorische Stickstoffverluste im Stall, am Lager und bei der Ausbringung

Laut Aktionsprogramm „Nitrat", es setzt national die EU-Nitratrichtlinie um, darf die jährlich ausgebrachte Menge an Wirtschaftsdüngern nicht mehr als 170 kg Stickstoff durchschnittlich pro ha landwirtschaftlich genutzter Fläche betragen. Dieser Begrenzungswert bezieht sich auf den stallfallenden Stickstoff abzüglich unvermeidbarer gasförmiger Verluste im Stall, am Lager und letztlich bei der Ausbringung (vergleiche Tabelle 27).

Tabelle 27: **Kalkulatorische Stickstoffverluste in % im Stall und am Lager (BMLFUW, 2017b).**

Tierart	Entmistungssystem		
	Gülle	Mist/Jauche	Tiefstallmist
Rinder	15	30	30
Schweine	30	35	35
Geflügel	30		40
Pferde			30
Puten			45
Schafe, Ziegen			45

Die **Stickstoffausbringungsverluste** werden bei Gülle und Jauche mit 13 % und bei Stallmist und Kompost mit 9 % des Stickstoffanfalls ab Lager angesetzt. Wird mineralischer Stickstoffdünger eingesetzt, so werden keine Verluste angesetzt.

Bei der Düngeplanung wird von den Wirtschaftsdüngern der eingesetzte Stickstoff feldfallend kalkulatorisch wirksam. Für die ökologisch und ökonomisch denkenden Landwirte ergibt sich daraus, dass einerseits diese kalkulatorische Stickstoffobergrenze absolut eingehalten wird und dass das beste Wirtschaftsdüngermanagement die möglichst geringsten Verluste zulässt.

❏ Wirksamkeit der wertvollen Nährstoffe im Wirtschaftsdünger

Im Grünland (Wiesen, Weiden, Feldfutterbau und Almen) bilden die im Kreislauf anfallenden Wirtschaftsdünger die Hauptquelle für eine kontinuierliche Versorgung der Böden und Pflanzen mit organischer Substanz, mit Haupt- und Nebennährstoffen sowie Spurenelementen.

> Grünlandwirtschaft mit Viehhaltung ergänzt sich in idealer Form – eine nützliche Symbiose mit Kreislaufwirtschaft.

Eine mineralische **PK-Düngung** im Grünland soll jedenfalls dann erfolgen, wenn entweder eine Anwendung von Wirtschaftsdünger nicht möglich ist oder die P- und K-Gehalte im Boden die Gehaltsklasse (47 mg P und 88 mg K je 1.000 g Feinboden) unterschreiten. Die Empfehlung der PK-Versorgung hängt ebenso wie bei der N-Versorgung von der Ertragslage und den Nutzungsformen ab (vergleiche BMLFUW, 2017b).

Der Grünlandbestand entzieht dem Boden pro t Heu etwa 7 kg (extensiv) und 10 kg P_2O_5 (intensiv). Beim K_2O werden bei extensiver Bewirtschaftung pro t Heu etwa 20 kg und bei intensiver Bewirtschaftung 25 kg K_2O dem Boden entzogen.

Bei Phosphor und Kali werden die Gehaltswerte im Wirtschaftsdünger ohne Verluste angerechnet. Im Zeitraum von 5 Jahren sollten die K_2O und P_2O_5-Salden auf den Feldstücken ausgeglichen bilanzieren.

Die Grünlandböden in Österreich sind großteils mit **Magnesium** ausreichend versorgt. Bei sachgerechter Düngung mit Wirtschaftsdünger sollte eine ausreichende Magnesiumversorgung im Grünland möglich sein. Auf kalkarmen Böden können zur Magnesiumversorgung auch magnesiumhaltige Düngekalke eingesetzt werden, auf Kalkböden ist hingegen die Verwendung von Kieserit oder Bittersalz zu empfehlen. Bei gleichzeitigem Kalium- und Magnesiummangel eignet sich der Einsatz von Patentkali.

3.4 Schwefeldüngung im Grünland

Vor Jahren waren auch die Schwefeldioxid-Emissionen hinsichtlich sauren Regens und Gesundheitsgefährdung ein großes Thema. Damals wurden noch etwa 50 kg Schwefel/ha aus der Atmosphäre eingetragen. Heute sind es aufgrund der verbesserten Abgasreinigungstechnik und des Ersatzes von schwefelarmen bzw. schwefelfreien Kraft- und Brennstoffen noch etwa 6 kg Schwefel pro ha und Jahr, die auf unsere Felder wirken.

Wozu Schwefel?
Schwefel wird als **Sulfat (SO_4)** über die Wurzeln und zu einem geringen Teil als **Schwefeldioxid (SO_2)** über die Blätter aufgenommen. Schwefel ist Bestandteil in essenziellen Aminosäuren und daher für den Proteingehalt und die -qualität von besonderer Bedeutung.

Löst der Schwefel in der Nährstoffversorgung der Pflanzen eine Mangelsituation aus, kann auch die Stickstoffdüngung nicht voll wirken. Bei Schwefelmangel wird aufgenommenes Nitrat (NO_3) nicht in Proteine umgewandelt, da das schwefelhaltige Enzym „Nitrat-Reduktase" fehlt. Ein Schwefelmangel bewirkt Ertragsreduktion und geringere Proteinwerte. Als S-Richtwert im Futter werden 2 g/kg TM für den Bedarf der Tiere angesehen. Eine unzureichende S-Versorgung bei den Tieren führt zu einer verminderten mikrobiellen Proteinsynthese und zu einer geringeren Verdaulichkeit der organischen Masse.

In der Weide kann mit 3,5 g S/kg TM, im Wiesenfutter mit 1,9–2,1, im Rotklee mit 2,5, im Sojaextraktionsschrot mit 4,8 und im Rapsextraktionsschrot mit 16,3 g S/kg TM gerechnet werden. Um diese S-Werte in der TM für die Fütterung der Tiere und in weiterer Folge für die menschliche Ernährung zu haben, braucht es eine ausreichende S-Versorgung (BMLFUW, 2017b).

Schwefeleinträge sind gesunken
Im Boden liegt Schwefel (S) zum überwiegenden Teil organisch gebunden vor. Für die Mineralisation von Schwefel aus dem Humusvorrat ist der mikrobielle Umsatz von schwefelhaltigen Verbindungen von zentraler Bedeutung. Meist werden daraus jedoch nur etwa 10 kg/ha Schwefel für die Pflanzenversorgung bereitgestellt.

Aus der Luft wurden Mitte der 80er Jahre rund 50 kg S/ha in den Boden eingetragen. Heute können wir mit durchschnittlich 6 kg S/ha rechnen. Pro Großvieheinheit (GVE), natürlich abhängig von der Leistung, wird eine durchschnittliche S-Ausscheidung von rund 15 kg pro Jahr gerechnet.

Im Jahre 1985 hat ein Grünlandbetrieb mit 1 GVE/ha und der Bodennachlieferung und des Lufteintrages rund 75 kg S/ha, mit 2 GVE rund 90 kg S/ha in den Boden eingebracht. Heute liegen die Betriebe bei gleichem GVE-Besatz bei 30–45 kg S/ha (siehe Grafik 41).

Schwefelentzug bei den Kulturen

Die Schwefelentzüge richten sich nach den Pflanzenarten und der Ertragslage. Beim Grünland wird davon ausgegangen, dass ein normaler Aufwuchs von 2.500–3.500 kg TM/ha dem Boden rund 8 kg S/ha entzieht. Legt man diesen Durchschnittswert pro Aufwuchs zugrunde, so braucht eine Dreischnittwiese 24 kg S/ha, eine Fünfschnittwiese 40 kg S/ha.

Im Jahr 1985 hatte sicher keine Intensitätsstufe ein S-Versorgungsproblem, heute kann ein Grünland-Viehbetrieb mit 1,0 GVE/ha ein Dreischnittsystem mit ausreichend Schwefel abdecken. Würde dieser Betrieb mit diesem GVE-Besatz auf vier Schnitte gehen, so käme dieser an die Grenzen der S-Versorgung. Bei 1,5 GVE/ha liegt der Betrieb bei rund 40 kg S/ha und könnte Vierschnittflächen noch gut mit Schwefel nährstoffmäßig abdecken. Intensivste Betriebe mit 2 GVE/ha und Vielschnittflächen stoßen schon heute leicht an die Grenze der Schwefelversorgung. Sie bieten im Boden 46 kg S/ha an und verbrauchen bei einer Sechsschnittwiese rund 48 kg S/ha (siehe Grafik 41). Nehmen in Zukunft die S-Vorräte im Boden ab, so wird man Schwefel in der Düngung einsetzen.

Schwefeldüngung bringt keine Mehrerträge

An der HBLFA Raumberg-Gumpenstein konnten nun 10-jährige Exaktversuche mit zusätzlicher Schwefeldüngung auf Drei- und Vierschnittflächen ausgewertet werden. Der Güllebzw. NPK-Düngung wurden auf den Dreischnittflächen auf der Nährstoffbasis von 1 GVE/ha noch 500 kg/ha Biosalin (45 kg S/ha) sowie auf der Vierschnittfläche bei 2 GVE/ha Grunddüngung noch 800 kg/ha Biosalin (75 kg S/ha) verabreicht. Somit lag die Schwefelzufuhr bei der Dreischnittvariante bei 31 kg/ha, der errechnete Schwefelentzug wird mit 24 kg/ha angenommen. Die Vierschnittvariante bei 2 GVE/ha bringt hier eine Schwefelzufuhr von 46 kg/ha, der S-Entzug wird hier bei 32 kg S/ha errechnet (siehe Grafik 41).

Die 10-jährigen Dauerwiesenversuche mit Schwefeldüngung zeigten, dass bei der Dreischnittvariante ein geringfügig höherer Kleeanteil vorherrscht. Im Rohproteingehalt wie auch im Rohproteinertrag konnte aber bei allen Vergleichsvarianten keine Erhöhung durch die Schwefeldüngung festgestellt werden. Im Durchschnitt von 10 Jahren kamen sowohl bei der Drei- wie auch bei der Vierschnittvariante beachtliche Futtererträge von 9.000–10.774 kg TM/ha zustande.

Die Vierschnittvariante auf diesen Standorten war den Dreischnittflächen nur um rund 7 % überlegen. Die zusätzliche Schwefeldüngung brachte in den 10 Jahren durchschnittlich keine signifikanten Mehrerträge. Werden alle Varianten einbezogen, so ergibt sich derzeit im Grünland keine Ertragserhöhung durch die zusätzliche Schwefeldüngung.

Bei einem Tierbesatz von 1 GVE/ha und Kreislaufwirtschaft werden mit dem Eintrag aus der Atmosphäre sowie der Mineralisationsrate im Boden rund 30 kg Schwefel/ha und Jahr den Pflanzen zur Verfügung gestellt. Das extensiv geführte Grünland bis hin zu Dreischnittflächen kann vom Schwefelbedarf gedeckt werden. Die intensive Grünlandwirtschaft mit Vielschnittwiesen und Kurzrasenweiden könnte bei höherem Schwefelbedarf zu leichten Engpässen kommen.

Steht allerdings genug Gülle bzw. Stallmist aus der Tierhaltung zu Verfügung, so werden bei einem Tierbesatz von 2 GVE/ha rund 30 kg S pro ha und Jahr dem Boden bereitgestellt. Bei guter S-Nachlieferung in die Böden können damit Fünfschnittflächen noch ausreichend mit Schwefel abgedeckt werden. Je höher die Schnitt- und Weidefrequenz, je leichter der Boden und je geringer die Wirtschaftsdüngerzufuhr, umso größer wird in der Regel der zusätzliche Schwefelbedarf im Grünland. Wird Schwefel als Zusatzkomponente im Düngermittel nahezu „gratis" angeboten, so ist dies für die intensive Grünlandpraxis kein Schaden.

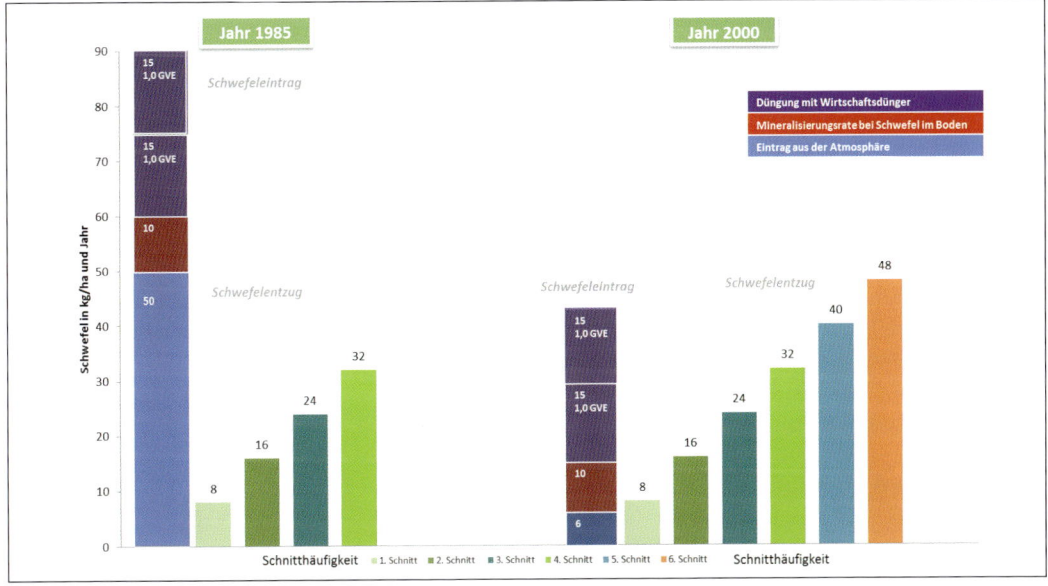

*Grafik 41: **Schwefeleinträge und -entzüge bei unterschiedlicher Intensität** (BUCHGRABER und WISTHALER, 2014).*

3.5 Die wichtigsten Wirtschaftsdünger

Erst gegen 1950 wurde die Güllewirtschaft kommend aus der Schweiz und dem Allgäu in Österreich eingeführt, zuvor sammelten die Viehbauern den Stallmist und hatten eine Jauchegrube. Heute hat die Güllewirtschaft auf vielen Betrieben Einzug gehalten, aber auch das Stallmist-Jauche-System hat sich mit wesentlichen technischen Fortschritten weiterentwickelt. Die Kompostwirtschaft hat mit den Umsetzgeräten und Maschinen auch seit 1980 wesentliche Schritte gemacht und ist nicht nur im kommunalen Bereich sondern, auch in der Landwirtschaft, speziell in Pferde-, Schafe- und Ziegenbetrieben, im Einsatz.

❏ Gülle

Gülle ist ein Volldünger, der den **gesamten Kot- und Harnanfall** der Tiere beinhaltet. Ihre Nährstoffzusammensetzung entspricht daher fast immer dem Pflanzenbedarf, sofern die kreislaufbezogene Nährstoffsituation im Boden bzw. in der Pflanze ausreichend ist. Arbeitswirtschaftliche, technische, pflanzenbauliche und finanzielle Überlegungen sprechen auf vielen Betrieben für das System „Gülle".

Die Diskussionen um den Wert der Gülle ziehen sich schon bald über ein Jahrhundert hin. Hinzu kommen die Probleme (Nitratbelastung des Grundwassers, Ammoniakemission in die Luft etc.) der intensiven Veredelungswirtschaft. Dass aber die Gülle **bei sachgerechtem Einsatz ein idealer Wirtschaftsdünger** sein kann, zeigen unzählige Versuche und Grünlandbetriebe, sowohl in Gunst- wie in Berglagen, vor allem auf tiefgründigeren Böden.

In den Gunstlagen mit reichlich ebenen Flächen versucht man über großtechnische Lösungen die Gülle in den Boden zu bringen. Der Aufwand ist enorm.

Die Gülle kann **im Herbst und Frühjahr ohne Wasserzusatz** ausgebracht werden. In der kühleren Zeit ist die Ammoniakverdunstung nicht mehr bzw. noch nicht so stark. Außerdem sollte zu diesem Zeitpunkt der gelöste Stickstoff nicht zu rasch in tiefere Bodenschichten zu den tiefer liegenden Beikrautwurzeln verfrachtet werden, es ist aber auf die durchschnittliche N-Obergrenze zu achten.

In der heißen Vegetationszeit sollte die **Gülle mit Wasser** (Gebrauchs- bzw. Regenwasser) **verdünnt** werden (1 : 0,5 bzw. 1 : 1 Wasser), damit mehr Stickstoff in NH_3-Form verfügbar bleibt und nicht so leicht als Ammoniak ausgast. Dadurch werden eine höhere Infiltration und somit Nährstoffwirksamkeit, eine geringere Futterverschmutzung und somit eine bessere Futterqualität erreicht (siehe Grafik 42).

Die **Höchstmengen pro Aufwuchs** sollten auch bei **Verdünnung** mit Wasser nicht mehr als **max. 20 m³/ha** betragen (BUCHGRABER, 1981). **Unverdünnt** liegt die Aufwandmenge je Aufwuchs bei **10–15 m³ Gülle pro ha** am Grünland. Im Silomaisbau, aber auch bei gräserbetonten Feldfutterbeständen kann die Güllemenge auf 20–25 m³/ha und Aufwuchs gesteigert werden.

Die **Biogasgülle**, wie sie in den Fermentern konzentriert anfällt, weist ebenso eine hohe Wertigkeit wie andere Güllen auf. Durch die Bakterientätigkeit im Fermenter kommt es zum Abbau von organischer Substanz und somit zu **dünnflüssigeren Güllen**. Die Nährstoffgehalte werden durch die Fermention nicht wesentlich beeinflusst, wohl aber der Trockensubstanzgehalt der Güllen. Die Biogasgüllen müssen ebenso ordnungsgemäß und sachgerecht eingesetzt werden, der konzentrierte zentrale Anfall stellt eine große Herausforderung für die „kreislaufbezogene" Verteilung dar. Eine „Entsorgung" durch überhöhte Ausbringungsmengen führt zwangsläufig zu Problemen in der Wasserqualität.

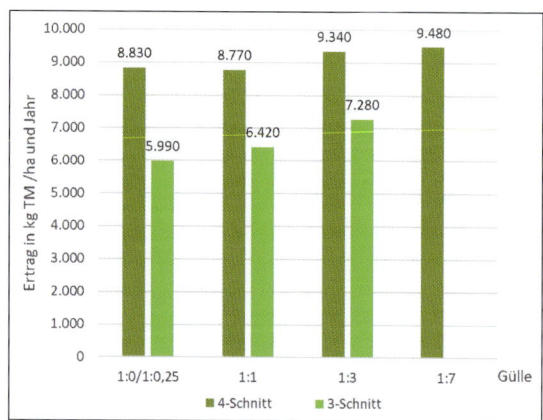

Grafik 42: Wirksamkeit der Gülleverdünnung bei der langjährigen Düngung von einer Drei- bzw. Vierschnittwiese an der HBLFA Raumberg-Gumpenstein

Entscheidend ist, dass die Gülle bodennah, bei kühlen Temperaturen und möglichst bei Windstille in guter Längs- und Querverteilung auf oder in die Grasnarbe gebracht wird. In den wärmeren Jahreszeiten sollten Gülle und Jauche mit Regenwasser bis max. 1 : 1 verdünnt, möglicherweise in den Abendstunden ausgebracht werden.

In den Berglagen hat sich bei arrondierten Betrieben die **Gülleverschlauchung** bisher am besten bewährt. Bei oft schwierigen, steilen Verhältnissen kann bei geringerem Risiko und wenig Narbenverletzung die Gülle möglicherweise mit Kalk und Phosphor angereichert und zeitsparend ausgebracht werden. Gerade auf diesen eher extensiven Bergwiesen können Güllemengen von 8–10 m³/ha Aufwuchs gut verteilt werden, auch in jene Flächenabschnitte, die mit einem Miststreuer bisher nicht erreicht werden konnten. Die Gülleverteilung mit Rohrleitungen und Verteiler sind selten geworden.

In den großflächigen Gunstlagen, auch kombiniert mit Ackerbau, hat sich der überbetriebliche Einsatz der **Schleppschlauchtechnik** bewährt. In den Übergangslagen – und das ist der Großteil der Grünlandflächen in den Tal- und mittleren Hanglagen – haben sich die Güllebauern ihre Technik speziell für ihren Betrieb zurechtgelegt, damit ist die Größe der Fässer in den letzten Jahren extrem erhöht worden. Die Pachtverhältnisse über weite Strecken erfordern hier ein effizientes Transport- und Ausbringungssystem. Besondere Rücksicht soll gerade bei diesen hohen Gewichten auf die Befahrbarkeit der Böden im Hinblick auf die Verdichtung der Flächen genommen werden.

Die Gülleverschlauchung hat sich bei arrondierten Betrieben, insbesondere in Hanglagen, und im überbetrieblichen Einsatz gut etabliert.

Die Gülleausbringung führt oftmals bei der Bevölkerung zu negativen Äußerungen gegenüber der Bauernschaft. Vielfach wird mittlerweile in den verbauten Lagen drei- bis viermal jährlich die Gülle und Jauche in kleinen Mengen ausgebracht, um die Grundwasserqualität als Trinkwasser zu erhalten. Die Geruchssituation in Tourismusregionen führt insbesondere an Wochenendtagen zu heftigen Reaktionen. Eine Information an die betroffenen Nachbarn (z. B. via Smartphone) vor der Gülle- und Jaucheausbringung wäre ein positives Zeichen der Wertschätzung gegenüber dem „Nachbarn".

❏ Stallmist und Kompost

Sie können je nach Aufstallung, Haltungsform, Strohzugabe und Verrottungsstadium in sehr unterschiedlicher Form vorliegen. Der Kot fällt mit einem Strohanteil von rund 2–3 kg/GVE und Tag an.

In den Laufstallungen fallen **Tretmist** oder **Mist aus Tieflaufställen** an. Hier beläuft sich die Strohzugabe auf 4–10 kg/GVE und Tag. Der Kot wird mit dem **Harn** (* 15 l/GVE und Tag) und dem Stroh bereits stark gemischt und gebunden. Es liegt dann ein nährstoffreicherer Mist (insbesondere Stickstoff und Kali) vor.

Stallmist besitzt einen hohen Anteil an organischer Masse. Seine Wirkung auf die Bodeneigenschaften, das Bodenleben und die Pflanzen ist positiv und äußerst nachhaltig.

Mistrotte und Kompostierung

Innerhalb der ersten Woche nach Anfall spricht man noch von **Frischmist**. Der organisch biologische Landbau bringt fallweise Frischmist im dünnen „Schleier" auf die Flächen aus = **Flächenkompostierung**.

Nach einigen Tagen beginnt bei Stapellagerung die erste Rottephase mit einer Temperaturerhöhung auf 60–70 °C. Oftmals wird diese Rotte auf dem Mistplatz durch das Umlagern mit dem Frontlader noch gefördert. In einigen Gebieten wird der Wintermist auch auf Feldmieten umgelagert, um dort die Endrottephase zu durchlaufen (Aktionsprogramm beachten). Nach 3–4 Monaten Lagerzeit spricht man von **Rottemist**. Die Verluste (besonders die Kaliauswaschungen) bei der Feldlagerung können groß sein, wenn die Mieten nicht mit Vlies abgedeckt werden.

Die kontrollierteste und rascheste Art, die Rotte voranzutreiben, ist die **Kompostierung von Stallmist**. Hier werden mit Umsetz- bzw. Durchmischungsgeräten die Stallmistmieten zwei- bis viermal umgesetzt. Die allmähliche Homogenisierung und der Sauerstoffeintrag bewirken einen raschen Ablauf der Rotte. Die Temperaturen in der Kompostmiete steigen auf rund

Die Kompostmiete soll mit einem Vlies abgedeckt werden, damit Nährstoffverluste weitestgehend vermieden werden.

Die Umsetzung der Miete fördert die Verrottung und hygienisiert (Wurmeier, Unkrautsamen etc.) den wertvollen Dünger.

100 °C, dabei werden Unkrautsamen und Wurmeier unschädlich gemacht. Innerhalb von 2 4 Monaten liegt bereits ein **Stallmistkompost** vor. Natürlich ist auch bei der Kompostierung auf die Verluste zu achten. Das Abdecken mit grünem Vlies hat sich bewährt.

Das Kompostieren bringt gerade bei strohreichem Mist (Schafe, Ziegen, Pferde) einen guten Wirtschaftsdünger, allerdings ist dieses Verfahren arbeits- und kostenintensiv. Es sollte nur bei hohem Mistanfall, strohreichen Misten oder bei Ausbringung des Düngers im Frühjahr und Sommer im Grünland angewandt werden. Der Kompost, wie er in Kompostlaufställen hervorgeht, hat je nach „Einstreu" ähnliche Nährstoffgehalte wie ein Stallmistkompost.

Ausbringung von Mist und Kompost

Auf Wiesen, Weiden oder auch im Feldfutterbau sollte möglichst im Herbst zeitgerecht eine Menge von 15–20 t Stallmist pro ha ausgebracht werden. Falls Ackerflächen zur Verfügung stehen, wäre hier der Wintermist im Frühjahr im Ausmaß von 20–30 t/ha vor dem Anbau zu Mais, Sommergerste oder Kartoffel zu geben. Findet aber kein Ackerbau im Betrieb statt, so sollten **im Herbst die sonnseitigen** und **im Frühjahr die schattseitigen Flächen** bevorzugt mit verrottetem Mist gedüngt werden.

Auf Mähflächen, die für die Silagebereitung herangezogen werden, aber auch auf Weiden sollte nur im Herbst Mist ausgebracht werden. Es sei denn, es handelt sich um stark verrotteten Mist bzw. Kompost. Diese können im Frühjahr, aber auch nach den einzelnen Nutzungen, ausgebracht werden. Der ausgebrachte Mist muss im Frühjahr auf alle Fälle mit einer Wiesenschleppe in die Grasnarbe eingerieben werden, damit keine Futterverschmutzung stattfinden kann.

Stallmistkompost hat den Vorteil, dass er kaum Futterverschmutzungen verursacht und so auch auf allen Flächen im Frühjahr und nach den einzelnen Nutzungen ausgebracht werden kann. Da sich bei der Kompostierung das Ausgangsmaterial Mist mengenmäßig auf etwa 50 % zu Kompost verringert, wird auch die **Ausbringungsmenge auf rund 10 t/ha/Jahr oder 20 t/ha und alle zwei Jahre reduziert**, will man weiterhin alle Flächen damit düngen.
Für die Ausbringung von 10–20 t Kompost/ha benötigt man einen Spezialkompoststreuer, ohne den eine gute Verteilung unmöglich ist. Um weniger oft auf die Wiesen und Weiden zu fahren, sollte nur alle zwei Jahre, dafür aber 20 t Kompost/ha im Frühjahr ausgebracht werden.

Der **Biokompost** aus getrennter und kontrollierter Sammlung von organischen Abfällen weist gute Qualitäten auf, jedoch sollten bei „kommunalen Komposten" nur A-Qualitäten mit Vorlage der Untersuchungsergebnisse in der Landwirtschaft eingesetzt werden.

❏ Jauche

Jauche besteht aus **Harn mit Wasser und kleinen Strohanteilen** und ist ein rasch wirksamer Stickstoff-/Kalidünger. Sie fördert das Pflanzenwachstum und die Bodenaktivität, insbesondere in Böden mit einem hohen Gehalt an organischer Substanz, das C/N-Verhältnis wird dadurch eingeengt und die Mineralisation im Boden gefördert.

Jauche sollte nicht während Trockenperioden (besonders in Hanglagen) ausgebracht werden. Besonders günstig ist der **Einsatz im zeitigen Frühjahr** und sofort nach einer Mäh- oder Weidenutzung. Klee- und Luzerneschläge sollten keine Jauche erhalten.
Die Ausbringungsmenge von maximal 10–15 m³/ha und Aufwuchs, ist wegen der Erhöhung der Kaliwerte im Futter unbedingt einzuhalten. Eine Verdünnung mit Wasser im Ausmaß von 1 : 1 verringert die Ammoniakabgasung und erhöht die Infiltration im Boden.

Extensiv genutzte Heuwiesen oder Weiden, auf seichtgründigen und südseitigen Lagen, sollten eher mit Stallmist oder Kompost gedüngt werden. Intensiv bewirtschaftete mehrschnittige Wiesen und mehrmals bestoßene Weiden sollten mit kleinen, aber häufiger wiederkehrenden Gülle- bzw. Jauchegaben in verdünnter Form versorgt werden.

❏ Auswirkungen der Wirtschaftsdünger auf Boden, Pflanze und Futterertrag

Ein Langzeitversuch (50 Jahre) der HBLFA Raumberg-Gumpenstein auf einer Dauerwiese mit drei bis vier Aufwüchsen pro Jahr liefert bei einem Systemvergleich „Gülle" zu „Stallmist + Jauche" auf der Basis von 1,5 GVE/ha interessante Ergebnisse.

Der Braunerdeboden wurde dabei langjährig durch die Güllegaben weder im pH-Wert noch im Humusgehalt verändert. Dem Stallmist/Jauche-System wurde über 50 Jahre Stroh im Kreislauf von 1,5 GVE im Ausmaß von 3 kg/Tag zugeführt. Diese Zufuhr an organischer Masse führte zu einer Erhöhung des Humusgehaltes von 0,3, im pH-Wert führte der Stallmist zu einer Erhöhung von 0,2 Einheiten (vergleiche Tabelle 28), der pH-Wert bei der PK-Variante liegt bei 5,5. Die Rindergülle-Variante zeigte nach 50 Jahren keine Versauerung des Bodens und auch der Humusgehalt konnte gehalten werden.

Tabelle 28: **Bodengehalte im 50-jährigen Wirtschaftsdüngervergleich der HBLFA Raumberg-Gumpenstein**

	Rindergülle	Stallmist + Jauche
pH-Wert	5,4	5,7
P mg/kg FB	66	88
K mg/kg FB	143	169
Humusgehalt	7,4	7,6

Die Bodennährstoffe (PK) zeigen eine leichte Tendenz zum System „Stallmist + Jauche", es liegen beide Systeme nach dieser kreislaufbezogenen Nährstoffrückführung in einem ausgewogenen Verhältnis.

Tabelle 29: **Pflanzenbestand (in Gewichtsprozent) im 50-jährigen Wirtschaftsdüngervergleich der HBLFA Raumberg-Gumpenstein**

	Gülle	Stallmist + Jauche
Gräseranteil	59 %	56 %
Kräuteranteil	33 %	33 %
Leguminosen	8 %	11 %

Interessant ist auch, dass sich die Pflanzenbestände nach einheitlichem Ausgangsbestand über die 50 Jahre nicht sonderlich durch die Wirtschaftsdüngersysteme verändert haben. Die Gülledüngung führte zu gräserreicheren und leguminosenärmeren Beständen und das Stallmist/Jauche-System brachte es auf mehr Leguminosen (+ 3 Gew.-%) und dafür weniger Gräseranteil (– 3 Gew.-%).

Beide Systeme schafften es über 50 Jahre bei Vier- und Dreischnittigkeit den Gräseranteil über 50 % zu halten. Die Situation mit dominierenden Kräuterbeständen blieb bei einem Düngungsniveau von 1,5 GVE/ha aus; durchschnittlich traten 33 % Kräuter in beiden Systemen auf – eine spezielle Gülleflora konnte bei dieser kreislaufbezogenen Düngung mit 1,5 GVE/ha nicht festgestellt werden (vergleiche Tabelle 29).

Tabelle 30: **Trockenmasse Jahresertrag in t/ha im 50-jährigen Wirtschafts-düngervergleich der HBLFA Raumberg-Gumpenstein**

	in t	REL %
Rindergülle	6,59	100
Stallmist + Jauche	6,91	105

Das „Stallmist/Jauche-System" brachte im Durchschnitt der Versuchsjahre auf dieser Vier-/Dreischnittwiese Ernteerträge von knapp 7.000 kg TM/ha, um etwa 5 % mehr als das „Güllesystem" bei einem Wirtschaftsdüngerkreislauf von 1,5 GVE/ha. Zieht man Ernte-, Lagerungs- und Krippenverluste im Gesamtausmaß von 15 % ab, so verbleiben als Nettoertrag rund 6.000 kg TM/ha.

Wenn 1 GVE rund 4.000 kg TM Futter pro Jahr aufnimmt, so konnten in diesem Kreislauf langjährig 1,5 GVE auf 700 m Seehöhe ohne externe Zufütterung ernährt werden. In intensiveren Lagen, wo Vier- oder Fünfschnittwiesen bewirtschaftet werden, liegt das Güllesystem besser, da die Nährstoffzufuhr im Sommer, insbesondere bei Verdünnung mit Wasser, Vorteile gegenüber dem „Stallmist/Jauche-System" bietet.

Es ist für jeden tierhaltenden Betrieb aus ökologischen wie auch ökonomischen Gründen wichtig, seine Nährstoffe im Kreislauf auf seinen Flächen zu verteilen.

Ein guter Bauer wertschätzt seinen Mist und seine Gülle – dies ist die Basis für fruchtbare Böden, Futtererträge für die raufutterverzehrenden Tiere und die wertvollen Produkte für unseren Teller.

E BEREGNUNG VON WIESEN, WEIDEN UND FELDFUTTER

Bis ins letzte Jahrhundert war es durchaus üblich, trockenliegende Hänge durch Berieselung zu bewässern. Die dazu benötigten Quergräben kann man noch heute selbst oben auf den Almen beobachten. In Südtirol, aber auch in der Schweiz hat man schon vor rund 20 Jahren begonnen, auch Grünlandflächen zu beregnen. In Österreich war bisher kaum Bedarf, jedoch entstanden in den letzten trockenen Jahren ebenfalls die ersten Beregnungsanlagen auf Wiesen und Weiden.

Aufgrund der Trockenheit haben Bauern in Österreich die ersten Beregnungsanlagen installiert.

Gräser, Kräuter und Leguminosen brauchen für die Bildung der Futtermasse sehr viel Wasser. Um die Pflanzen für 1 kg Heu (das sind ca. 5 kg Frischmasse) heranwachsen zu lassen, müssen von ihnen rund 600 kg Wasser aufgenommen werden. Bei einem Heuertrag von 3.000 kg pro ha und Aufwuchs werden rund 1,5 Mio. l Wasser pro ha, das sind 150 mm Niederschlag, benötigt. Für einen Jahresertrag von 10 t Heu sind es immerhin 500 mm Niederschlag, die alleine durch die Biomassebildung wieder verdunstet werden. Bei anhaltender Trockenheit kommt es daher relativ rasch zu Ertragseinbußen bzw. zur Schädigung der Grasnarbe.

Nach Schweizer Beregnungsversuchen führt bei Trockenheit eine alle 10–14 Tage durchgeführte Beregnung von 20–40 mm auf mittleren Bodenverhältnissen zu Ertragserhöhungen. Auf sonnseitigen und seichtgründigen Standorten sind bei andauernder Trockenheit bis zu 60 mm Niederschlag alle 10 Tage notwendig, um Grasnarbe und Ertragsfähigkeit zu erhalten (CALAME, F., J. TROXLER und B. JE-ANGROS, 1992).

Die Trockenheit hat nicht nur den Ertragszuwachs verhindert, sondern auch die Narbe kaputt gemacht.

Die Wasserhaltefähigkeit und der effektive Wassergehalt im Boden sollten mittels Tensiometer gemessen werden, um danach Beregnungsmenge und -zeit festzulegen. In der Forschung laufen in Österreich an der HBLFA Raumberg-Gumpenstein umfangreiche Projekte – „Clim-Grass" – zu Grünlandfragen und Trockenheit (PÖTSCH et al., 2017).

> Wollen wir künftig in Österreich den so genannten „Trockengürtel" bewirtschaften, so müssen Großprojekte die Wasserversorgung für Mensch, Tier, Pflanze und Boden sicherstellen.

Die Österreichische Hagelversicherung hat im Jahre 2016 ein Versicherungsmodell „Dürreindex bei Grünlandflächen" österreichweit eingeführt, um das Risiko bei den Grünlandbauern gegenüber Trockenheit zu minimieren.

Wenn der Landwirt nach Beobachtung und Bestandesbeurteilung einer Wiese oder Weide zum Schluss kommt, dass die Grasnarbe zu lückig ist und zu viele dominante Kräuter, Platzräuber oder sogar giftige Unkräuter seinen Bestand stören und die Futtererträge sowie Futterqualität schwach sind, stehen zahlreiche Gegenmaßnahmen zur Verfügung. Im folgenden phasenweise dargestellten Verlauf der Bestandesentwicklung sind Vorschläge für die Erhaltung und Verbesserung bis hin zur Erneuerung des Grünlandes angeführt.

Ein harmonischer Pflanzenbestand verlangt weiterhin eine sorgsame Bewirtschaftung.

Zustand des Pflanzenbestandes	Pflanzenbauliche Maßnahmen
Phase 1 • Harmonischer, stabiler Bestand mit starkem Grasgerüst und dichter Grasnarbe	• Keine Änderung von Düngung und Nutzung notwendig; bisherige Pflegemaßnahmen beibehalten
Phase 2 • Bestand lockert über 10 % Lücken auf, vereinzelt werden die Lücken verstärkt mit Kräutern besiedelt • Ausfall von wichtigen Gräsern, hervorgerufen durch: - Trockene Sommer, strenge Winter - Zu späte (Rückgang der Untergräser) oder zu häufige Nutzung (Rückgang der Obergräser) - Unausgeglichene Düngung - Schädlingsbefall	• Düngung überprüfen sowie rechtzeitige Nutzung zur Verhinderung des Aussamens von Kräutern und Unkräutern • Über-/Nachsaat mit Nachsaatmischung im Frühjahr oder Spätsommer mit etwa 8–15 kg/ha • Falls Problemunkräuter auftreten, muss eine Einzelbekämpfung stattfinden – entweder mechanisch, biologisch oder chemisch

Trockenperioden und Schädlingsbefall führen zu Schäden in der Grasnarbe (mehr als 35 % Lücken). Eine Nachsaat mit der ÖAG-Mischung „Natro" ist hier erforderlich.

Die entstandenen Lücken werden bei weiterer Fehlentwicklung von Kräutern und minderwertigen Gräsern besiedelt.

Phase 3

- Störender Kräuteranteil über 40 % in Tallagen, über 50 % in Berglagen; Gräseranteil auf deutlich unter 30–35 % abgesunken; schwache Narbe, mittlerer Futterertrag und ungenügende Futterqualität
- Zum Ausfall wichtiger Ober- und Untergräser in Phase 2 kommt hier meist noch Folgendes hinzu:
  - Eine zu hohe Düngung mit Gülle bzw. Jauche in einmaligen Gaben
  - Stärkerer und vitalerer Krautbesatz, Platzräuber setzen sich durch
  - Bei zu später Ernte Aussamen der Unkräuter
  - Offene Narbe und höherer Keimlingsdruck von Unkräutern sowie durch Flugsamen

- Phase 2 wurde bereits übersehen. Es ist höchste Zeit, den Bestand wieder in Ordnung zu bringen.
- Düngung zurücknehmen und rechtzeitige Nutzung (Ähren-/ Rispenschieben)
- Wenn möglich Mähweide einführen
- Wiederholte und verstärkte Beweidung (Vor- und Nachweide)
- Einzelbekämpfung (chemisch, biologisch, thermisch oder mechanisch)
- Selektive Flächenbekämpfung mit zugelassenen Herbiziden; bei Bio und ÖPUL nicht möglich!
- Über- oder Nachsaat mit 10–15 kg/ha
- Im Feldfutterbau Umbruch mit Neueinsaat erforderlich

Phase 4

- Totale Verunkrautung und Problembestände mit Ampfer, Geißfuß, Quecke etc., zerstörte Grasnarbe und geringe Futterqualität, schlechter Ertrag
- Stabile Unkrautbestände mit lückiger Narbe; Gräseranteil unter 20 %, Kräuter bzw. Ungräser dominieren (Ampfer, Doldenblütler, Hahnenfuß, Quecke, Gemeine Rispe, Rasenschmiele etc.).

- Die Problembestände können nur mehr mit gezielter Beweidung (Schafe, Ziegen) und technischen Maßnahmen saniert werden.
- Unsachgemäße Düngung und Nutzung sowie andere Bewirtschaftungsfehler müssen analysiert werden, damit später der erneuerte Bestand besser geführt und gelenkt werden kann.
- Einziger Ausweg aus stark verunkrauteten Beständen ist die Grünlanderneuerung und Rekultivierung.
- Auf ackerfähigen Standorten: Umbruch und Neuansaat, Reinigungsschnitt und Unkrautregulierung ernst nehmen.
- Auf nicht ackerfähigen Böden muss eine selektive Bekämpfung der Unkräuter durch intensive Beweidung oder mit chemischen Mitteln erfolgen, um danach mit einer gezielten Nach- bzw. Übersaat einen neuen Bestand aufzubauen.

Wiesen und Weiden haben bei einem natürlich bedingten Gras und Kleeanteil eine hohe Regenerationskraft, d. h., sie können sich meist selbst wieder ins Lot bringen, sofern nicht weiter mit Bewirtschaftungsfehlern dagegen gearbeitet wird. Man sollte daher die natürliche Vitalität des Grünlandes ausnützen, um die guten Bestände ohne aufwendige Maßnahmen zu erhalten. Falls der Pflanzenbestand trotzdem labil und locker werden sollte, muss man ihn **aufbessern** und/oder **verbessern**. Schlimm wird es, wenn das Gleichgewicht zugunsten der

Lücken werden durch „Lückenbesiedler" besetzt und gelangen danach oft zur Dominanz. Neben der Kuhblume treten auch Stumpfblättriger Ampfer und Gemeine Rispe verstärkt auf.

Auf manchen nährstoffreichen und gut mit Wasser versorgten Standorten können auch die „hohen Kräuter" wie Wiesenkerbel, Kälberkropf, Wiesenkümmel, Bärenklau, Geißfuß, Schafgarbe und Ampfer die Lücken besiedeln und den Bestand entarten.

Kräuter bzw. Unkräuter kippt und die Gräser nicht mehr konkurrenzfähig sind. In diesem Fall muss der Pflanzenbestand grundlegend erneuert werden.

Laufend beobachten und beurteilen! Nur so können wir unsere Wiesen und Weiden rechtzeitig und kostengünstig fit halten.

1. UNKRAUTBEKÄMPFUNG UND BEIKRAUTREGULIERUNG

Wie und mit welchen Maßnahmen gegen eine Entartung angekämpft werden kann, hängt vom Zustand des Pflanzenbestandes und der Ausbreitungsgefahr der Unkräuter/Ungräser ab. Vorbeugen ist besser als spritzen!

1.1 Weiden- und Wiesenpflege

Die Weidepflege – das Koppelputzen – sollte unbedingt mit einem Mähwerk oder besser noch mit einem **Mulcher** erfolgen, damit die Unkräuter und Ungräser nicht zum Aussamen kommen. Die Tiere lassen minderwertige Pflanzenarten und Pflanzen auf Geilstellen übrig. Diese müssen, bevor sie Samen ausbilden, gemäht oder gemulcht werden. Nach dem Koppelputzen können Untergräser und Kleearten wieder stärker in Erscheinung treten – die Konkurrenzverhältnisse werden für die erwünschten Pflanzenarten verbessert und minderwertige, dominante Arten zurückgedrängt.

Ein rechtzeitiger Schnitt, insbesondere des ersten Aufwuchses bei höherem Unkrautbesatz, muss vor der Blüte erfolgen, damit einerseits die Untergräser stärker aufkommen können, um die Lücken zu schließen, und andererseits die Kräuter auf keinen Fall aussamen können.

Die Regeneration und Erneuerung der Wiesen über das Aussamenlassen der Gräser muss in den überwiegenden Fällen abgelehnt werden, da üblicherweise mehr Kräuter und Ungräser aussamen als wertvolle Gräser und Kleearten.

1.2 Nutzungswechsel

Wenn es die Bewirtschaftungsweise am Betrieb ermöglicht, Mäh- und Weidenutzung abzuwechseln, also Mähweidewirtschaft zu betreiben, so sollten die positiven Auswirkungen des Weidegangs auf die Untergräser, die Dichte der Narbe und die Eindämmung bestimmter Unkräuter bewusst genutzt werden. Eine ordnungsgemäße **Beweidung im Frühjahr (Vorweide) oder im Herbst (Nachweide)**, ob mit Rindern, Schafen und Ziegen oder mit Pferden, verstärkt die Konkurrenzfähigkeit der Gräser sowie Leguminosen und verringert die Konkurrenzkraft der Kräuter.

1.3 Abschleppen der Wiesen und Weiden

Das Abschleppen der Erdhaufen (Maulwurfhügel, Wühlmausgänge, Umbau durch Wildschweine etc.) und das „Anreiben" der Mistreste im Frühjahr ist auf vielen Wiesen und Weiden notwendig, da sonst der Erdbesatz im Futter zu sehr ansteigen würde. Eine Futterverschmutzung ist vor allem bei der Silagebereitung äußerst störend, da sie zu Fehlgärungen führt.

Die „Geräte", die für das Abschleppen Verwendung finden, sind sehr vielfältig (massive Metallringe, Autoreifenkombinationen, Baustahlgitter, Striegelkombinationen etc.). Wichtig ist, dass nicht zu schnell und bei feuchten Bodenverhältnissen gefahren wird, damit die gewachsene Narbe dabei nicht zu sehr verletzt und verschmutzt wird. Wenn viele Erdhaufen eingeebnet werden müssen und der Pflanzenbestand lückig ist, sollten diese Bereiche durch eine Über- oder Nachsaat gleich mit einem Arbeitsgang im Vegetationsstadium „Spitzen – Beginn Bestocken" wieder ausgebessert werden.

Wiesenschleppen ebnet die Flächen ein und mindert den Verschmutzungsgrad.

1.4 Wieseneggen oder Wiesenstriegel

Mit einem Schwachstriegel (0,6 mm Zinkenstärke) oder einem Starkstriegel (1,2 mm Zinkenstärke) und einem Abstreifblech oder einem Ripperboard können die Erdhaufen zu einem Saatbett angeglichen werden. Meist sind diese Striegel auch mit einer Säeinrichtung ausgestattet, um gleich die Nachsaat beim Striegelgang kombiniert mit einer Walze durchzuführen.

Das Abschleppen und das Striegeln reduzieren die Futterverschmutzung durch Erde und ermöglichen eine gleichzeitige Über- und Nachsaat. Mit den Kombigeräten kann dies in einem Arbeitsgang erfolgen.

1.5 Walzen der Wiesen

Diese Maßnahme sollte nicht generell eingesetzt werden, sondern nur dort, wo sie einem ganz bestimmten **Ziel** dient:

- Festigung von leichten Böden, z. B. anmoorigen Böden, zur Behebung von Auswinterungsschäden (Verbesserung des Bodenschlusses = Kontakt zwischen Wurzel und Boden)
- Anwalzen nach dem Abschleppen und nach erfolgter Über- oder Nachsaat
- Walzen (Prismenwalze) von druckempfindlichen Unkräutern (z. B. Wiesenkerbel, Bärenklau, Herbstzeitlose)
- Einwalzen von Steinen
- Bei einer Neuansaat sollte das Saatbett insbesondere im „Trockengebiet" unbedingt rückverfestigt werden, damit der Bodenschluss gegeben ist und die Verschmutzung des Futters bei der ersten Nutzung geringer ausfällt (mit Glatt- oder besser mit Cambridgewalze)

Entscheidend für den Einsatz der Walze:

- Bei leicht feuchtem Boden „erdfeucht" walzen (bei nassem Boden Verdichtungsgefahr, bei trockenem Boden geringer Effekt)
- Glattwalze verwenden und mit Wasser füllen; pro Laufmeter sollte ein Gewicht von 700–1.000 kg erreicht werden.

> Zum Rückverfestigen von aufgefrorenen, humosen Böden oder lockeren Saatbetten sollte eine Walze eingesetzt werden.

1.6 Mechanische und thermische Maßnahmen gegen Unkräuter und Ungräser

❑ Ausstechen, Ausfräsen, Ausziehen, Abschneiden, Ausbrennen und Auslesen von Samenständen

Bei rechtzeitigem Erkennen von Problemunkräutern, wie z. B. Ampfer, führt das Entfernen (Ausstechen, Ausfräsen, thermische Behandlung) zum Erfolg, wenn die Wurzel bis auf eine Tiefe von mindestens 20 cm zur Gänze entfernt oder zerstört wird. Ebenso ist nach einer niederschlagsreichen Periode das Ausziehen von Einzelpflanzen möglich, insbesondere bei Neuansaaten. Das ständige Abschneiden mit der Sense und das Auslesen von Samenständen verhindern zum einen die Reservebildung in den Wurzeln und können zum anderen den Samenausfall auf den Wiesen und Weiden vermeiden. Die thermischen

Mit einem Ampferstecher lassen sich Einzelpflanzen gut aus dem Boden heben.

Verfahren wie das Ausbrennen mit Gasgemisch und „Thermodorn" bzw. mit heißem Wasser – „Dampfstrahler" –, verschmort die Wurzel und die Triebknospen.

❑ Erschöpfen durch Tiefschnitt

Die Rasenschmiele ist ohne Herbizideinsatz nur schwer zu bekämpfen. Eine Möglichkeit besteht aber in der rechtzeitigen Mahd mit tief eingestellten Scheiben oder Trommelmähwerken bzw. mit Schlägelhäckslern und Mulchern. Werden die kräftigen Horste mehrmals stark geschwächt, kann mit begleitender Erneuerung über Jahre der Pflanzenbestand verbessert werden. Ein Aushacken oder Ausreißen wäre auch denkbar, doch der Handarbeitsaufwand hierbei ist sehr groß. Als besondere Vorbereitung für eine Übersaat kann auch ein vorangegangener einmaliger Tiefschnitt (ca. 2 cm) dienen, um eine geschwächte und offenere Narbe zu bekommen.

❏ Biologische Beikrautregulierung

Dazu zählen alle wirksamen Maßnahmen in der Feinabstimmung in der Bewirtschaftung (Vor- und Nachweide, generelle Abstimmung Tierbesatz und Flächenleistung, gezielte Düngung und standortangepasste Nutzung etc.) sowie der Einsatz von Nützlingen/Schädlingen im Grünland (siehe Ampferbekämpfung, Seite 139).

1.7 Chemische Maßnahmen gegen Unkräuter und Ungräser

Während Herbizide im konventionellen Ackerbau eingesetzt werden, gilt im Grünland folgender Leitsatz:

> Chemische Mittel sind in der konventionellen Bewirtschaftung nur dort einzusetzen, wo biologische und mechanische Maßnahmen nicht mehr greifen. Die Anwendung erfolgt aber ausschließlich im Sinne des integrierten Pflanzenschutzes.

In Österreich kommt es äußerst selten vor, dass auf Wiesen, Weiden oder Almen chemische Mittel eingesetzt werden. Dies ist nur dann notwendig, wenn alle anderen Maßnahmen nicht ausreichen, um entartete Bestände wieder ins Gleichgewicht zu bringen.

❏ Wirkung der Herbizide

Viele Herbizide sind gegen die Wiesen und Weideunkräuter wirksam. Wir sollten aber sehr schonend und selektiv vorgehen und nur bestimmte Unkräuter bekämpfen, ohne andere Futterpflanzen zu schädigen. Mit April 2018 waren für das Grünland in Österreich im Pflanzenschutzmittelregister insgesamt 35 Mittel eingetragen, davon 24 Glyphosate.

Mit dem Rotowiper ist eine Einzelpflanzenbekämpfung beim Ampfer, aber auch bei anderen „hohen Kräutern" durchführbar.

Der Einsatz von Glyphosat (Roundup) im Grünland war in Österreich schon immer äußerst gering und sollte künftig keine Anwendung finden.

❏ Bekämpfung von Ampfer

Der Stumpfblättrige Ampfer (Blacke, Strumpf, Scheißplotschen oder Foiss'n, wie er u. a. im Volksmund genannt wird) kann aufgrund der großen Samenproduktion sowie seiner Reservestoffe in der starken Wurzel zu einem hartnäckigen und konkurrenzstarken Unkraut werden. Er kann allerdings nur dort stark auftreten, wo im Pflanzenbestand Lücken (viel Platz und Licht) vorhanden sind. Mit seinen Nährstoffreserven in der Wurzel kann er im Frühjahr früher beginnen Blätter zu treiben, die Assimilate gehen über den Saftstrom wieder in die Wurzel

Tabelle 31: **Produktpalette und Einsatzbereiche von Herbiziden im Grünland**

Mittel	Einsatzbereich	Beispiele[1]
Selektive Mittel Unkräuter werden teilweise bekämpft, Kleearten werden etwa zu 70 % geschont; Gräser werden vollständig geschont.	Punkt- und Flächenbehandlung	Systemische Herbizide ohne Wuchsstoffcharakter: Harmony SX, Hoestar, Simplex gegen Ampfer. Wuchsstoffherbizide aus der Gruppe MCPA: Dicopur® M & Co, Dicopur® 500 flüssig, Agro MCPA, Star MCPA gegen Hahnenfuß etc.
Halbselektive Mittel Breiteres Spektrum von Unkräutern wird bekämpft, Kleearten werden zu über 95 % geschädigt, Gräser werden geschont.	Punkt und Flächenbehandlung[2]	Systemische Herbizide: Ranger gegen Ampfer, Wiesenkerbel, Bärenklau, Wiesenstorchschnabel etc.

[1] Diese beispielhafte Aufzählung erhebt keinen Anspruch auf Vollständigkeit. Sie entspricht dem Stand des Pflanzenschutzmittelregisters vom April 2024.
[2] Eine Flächenbehandlung mit den angeführten Wuchsstoffherbiziden und systemischen Herbiziden ist nur auf Wiesen und Weiden mit geringem Kleeanteil (unter 10 %) empfehlenswert.

und füllen diese wieder auf. Reift der Ampfer vollständig aus, dann kann mit ca. 5.000 Samen pro Pflanze gerechnet werden.

Vorbeugende Maßnahmen

- Durch **sorgfältige Bewirtschaftung,** richtige Düngung und Nutzung einen geschlossenen, dichten Pflanzenbestand erhalten. Es sollen keine Lücken entstehen. Der Ampfer ist ein Lichtkeimer und braucht für seinen Aufgang Lücken.
- Wenn nur Einzelpflanzen auftreten: die Samenbildung und das Aussamen durch frühzeitiges **Entfernen** (Schneiden, Schröpfen, Abreißen, Ausziehen etc.) der Pflanzen bzw. **der Blütenstände verhindern**.
- **Keine Samen über Krippenrückstände** über Gülle, Mist oder zugekauftes Futter bzw. Stroh in den Betriebskreislauf bringen.
- **Vorsichtiges Befahren** der Grünlandflächen bei nicht zu feuchten Bodenverhältnissen. Die Geräte sollen mit narbenschonender Bereifung ausgestattet sein.
- **Richtige Einstellung der Geräte** beim Mähen und bei der Ernte
- Weidegang bei nassen Bodenverhältnissen wegen Auftritt vermeiden.

Der Stumpfblättrige Ampfer ist sicherlich das Symbolunkraut im Grünland. Seine Verbreitung über das Samenpotenzial ist groß, seine Ausdauer wegen der kräftigen Pfahlwurzel nachhaltig und seine Bekämpfung äußerst schwierig.

Geringfügiges Auftreten (bis maximal 1 Ampferpflanze pro 5 m²)

Bei diesem Auftreten (das sind etwa 2.000 Stück pro ha) sollte die Bekämpfung der Einzelpflanzen entweder mechanisch, thermisch oder chemisch punktuell mit selektiven Mitteln durchgeführt werden:

- Ausstechen mit Ampfereisen, Ausfräsen der Wurzel: Der Wurzelstock muss bis zu 20 cm tief vollständig entfernt werden.
- Ausziehen der Ampferpflanzen: Bei feuchten Bodenverhältnissen, insbesondere in Neuanlagen, können die Einzelpflanzen per Hand ausgezogen werden.
- Ausbrennen mit Thermodorn
- Thermische Behandlung mit Dampfstrahler und heißem Wasser
- Chemische Einzelpflanzenbekämpfung mit Rückenspritze und Spritzschirm sowie mittels Rotowiper.

Mit dem **Rotowiper**, der eine Dochtwalze trägt, kann die überstehende Ampferblattmasse mit einem selektiven Herbizid benetzt werden. Die im Wuchs niedrigeren Grünlandpflanzen sind davon nicht betroffen, daher gilt die flächenmäßig ausgeführte Maßnahme als Einzelpflanzenbekämpfung.

Auftreten von Ampfernestern

Ausgehend von aussamenden Einzelpflanzen (bis zu 5.000 keimfähige Samen/Pflanze) bilden sich Ampfernester, die oftmals von Mistablageplätzen und ungepflegten Wald, Weg und Ökostreifen ausgehen. Solche Nester müssen frühzeitig vor der Samenreife (Fingerprobe) mit der Sense abgemäht werden.

Fingerprobe und Keimfähigkeit

Um zu erkennen, ob eine Ampferpflanze bereits keimfähige Samen trägt, prüft man diese mit der Fingerprobe (Daumen und Zeigefinger). Man entnimmt von der Ampferrispe Samen, riffelt sie aus und versucht diese zwischen den Fingern zu zerdrücken. Solange die Samen milchig und wässrig beim Zerreiben sind, ist keine Keimfähigkeit gegeben, werden die Samen härter und grießähnlicher, so kann davon ausgegangen werden, dass diese zumindest nach einer Heutrocknung keimfähig sind.

Ampferpflanzen mit milchig-wässrigem Samen können in den Futterkreislauf gebracht werden, hingegen sollten „reife" Ampferstauden aus dem Futter entfernt werden, damit nicht die Samen, die auch im Pansen nicht kaputtgehen, nach der Gülle- oder Stallmistausbringung nicht wieder die Wiesen und Weiden verunkrauten. Wird der Mist kompostiert (100 °C), so geht die Keimfähigkeit dabei verloren.

Diese Fingerprobe gilt auch bei den anderen Arten.

Starker, flächenmäßiger Ampferbesatz

Da die Einzelbekämpfung sehr arbeitsaufwendig ist, sollte eine selektive Flächenbehandlung bereits bei einem Besatz von mehr als 2.000 Ampferpflanzen/ha (ab 1 Ampfer/5 m²) in Betracht gezogen werden. Für leguminosenreiche Bestände ist die Anwendung von Harmony SX, Hoestar und Simplex zielführend, auf kleearmen Standorten (weniger als 10 % Kleeanteil) könnten hingegen durchaus Wuchsstoffherbizide und systemische Herbizide eingesetzt werden. Dies trifft bei einer Mischverunkrautung (Ampfer, Wiesenkerbel, Löwenzahn, Bärenklau etc.) in verstärktem Maß zu. Derzeit ist Ranger für diesen Einsatz registriert. (Zulassungen prüfen!) Nicht zugelassen als ÖPUL-Maßnahme ist die Flächenspritzung!

Die chemische Behandlung vom Stumpfblättrigen Ampfer (*Rumex obtusifolius*) sollte immer nur im Rosettenstadium der Blätter mit den registrierten Mitteln (siehe Tabelle 32) erfolgen. Dabei sollten die Blätter trocken sein und danach sollte noch 3 Stunden die Sonne scheinen. Die Wartezeit von der Spritzung bis zur Verfütterung des Futters beträgt etwa 3–4 Wochen, d. h. nicht weiden.

Tabelle 32: **Zur Ampferbekämpfung registrierte Herbizide in Österreich (Stand 2023; Zulassungen überprüfen!)**

Herbizid	Wirkstoff	Aufwand bei Einzelpflanzenbekämpfung	Aufwand/ha bei Flächenbehandlung
Harmony SX	Thifensulfuron	1,5 g/10 l	45 g/300 l
Hoestar	Amidosulfuron	2,0 g/10 l	60 g/300 l
Simplex	Aminopyralid-Kaliumsalz + Fluroxypyr-MHE	100 ml/10 l	2 l/300 l
Ranger	Triclopyr	400 ml/10 l	2 l/300 l

❑ Biologische Ampferbekämpfung

Der **Ampferblattkäfer** (*Gastrophysa viridula*) legt seine 30–50 Eier auf die Blattunterseite, daraus schlüpfen Larven, die zwischen den Blattrippen ihre Nahrung finden. Das Ampferblatt stirbt ab, wird braun und liefert so keine Assimilate in die Wurzel. Würden dies die Ampferkäfer/Larven permanent bei jedem Aufwuchs durchführen, dann würde es zur Erschöpfung der Reservestoffe in der Wurzel kommen und auch die Vitalität würde darunter leiden. Dies passiert leider nicht bei jedem Aufwuchs, da der Ampferkäfer nur bei warmfeuchter Witterung auftritt und da

Fraßbild der Larven vom Ampferkäfer bei einem Ampferblatt

nicht immer verlässlich. Die Vielschnittstrategie und die rasche Verarbeitung des Futters in Ballen oder im Fahrsilo dezimiert die Population der Ampferkäfer auch ständig.

Der gelbe und rote **Glasflügler** (Sesiidae), eine Schmetterlingsart aus dem Mittelmeerraum, die ihre Eier am Blattgrund hin zur Wurzel der Ampferpflanze ablegt, könnte eine Zukunftshoffnung für eine biologische Lösung dieses massiven Problems sein. In einem EU-Forschungsprojekt werden die ersten Glasflügler im Mittelmeerraum gefangen und bei uns im Glashaus zur Vermehrung gebracht. Die Eier werden dann auf den „Wurzelkopf" der Ampferpflanze gesetzt und die daraus schlüpfende Larve frisst sich in die Wurzel und lässt diese absterben. So die theoretische Strategie, an der praktischen Umsetzung wird noch gearbeitet.

❑ Verbesserung der Nutzung und Düngung nach der Unkrautbekämpfung

Nach der chemischen, aber auch nach einer mechanischen und biologischen Behandlung treten Lücken in der Grasnarbe auf, die rasch von Unkräutern besetzt werden können. Es muss deshalb alles getan werden, um diese zuerst „offenen" Bereiche möglichst rasch zu schließen:

Wenn zu große Lücken (größer 10 %) in der Grasnarbe vorhanden sind, sollte eine Über- oder Nachsaat ins Auge gefasst werden.

Nach der Behandlung die Bestände häufig nutzen und wenn möglich auf Mähweide umstellen (verbessert die Konkurrenzverhältnisse für erwünschte Pflanzen).

Weiters muss die Verbreitung der Unkrautsamen unterbunden und das Entstehen neuer Lücken vermieden werden.

2. GRÜNLANDERNEUERUNG

Nach trockenen Jahren, nach Schäden von Wühlmäusen, Maulwürfen, Engerlingen und Wildschweinen sowie nach Fehlern in der Bewirtschaftung sind oftmals lückige Grasnarben ohne ausreichenden Untergrasanteil feststellbar. Um das Grünland nachhaltig nutzen zu können, muss es jedoch über eine dichte Grasnarbe verfügen.

> Die Narbenerhaltung und das frühzeitige Erkennen von Fehlentwicklungen im Pflanzenbestand sind das oberste Ziel der Grünlandbewirtschaftung. Hat sich eine Beikrautregulierung oder eine Unkrautbekämpfung als notwendig erwiesen, so sollte diese möglichst schonend durchgeführt werden. Entscheidend für die Verbesserung der Pflanzenbestände sind allerdings die Regenerationskraft des bestehenden Grasgerüstes und die Verwendung von geeigneten, ausdauernden Saatgutmischungen mit blattreichen Sorten bei Über- oder Nachsaat.

In den Jahren um 1970 begann man in Österreich im Alpenvorland und in den Tallagen nach holländischem und norddeutschem Vorbild mit Bastardraygras (L 100, später Pilot) nachzusäen. Bei gleichzeitiger Anhebung der Stickstoffdüngung setzte sich das Bastardraygras gegenüber den dauerhaften Gräsern durch und bildete kurzfristig einen höheren Ertrag. Nach dem ersten harten Winter brach das Raygras jedoch zusammen und der geschwächte Altbestand war lückiger und ertragsschwächer als je zuvor.

Mit der Striegelkombination ist eine Übersaat rasch, gezielt und kostengünstig durchführbar.

2.1 Strategien für Grünlanderneuerungen im Alpenraum

Grünlanderneuerungen müssen nachhaltig, ausdauernd und standortangepasst (vergleiche Tabelle 33) sein. Die Nachsaatmischung Na (mit und ohne Kleeanteil) verbessert eher die extensiven Grünlandflächen, insbesondere in der Narbendichte. Die leistungsbetonte und nachhaltige Nachsaatmischung Ni mit und ohne Kleeanteil hat bei Vielschnittflächen nicht nur für eine Verbesserung der Narbe, sondern vor allem für eine Ergänzung des fehlenden Obergräserbesatzes zu sorgen.

Treten im Grünland hohe Anteile an Gemeiner Rispe oder Goldhafer (in kalzinosegefährdeten Regionen) auf, so sollte eine Sanierung in mehreren Arbeitsschritten erfolgen, um diese Arten zurückzudrängen und weitere Impulse mit neuen blattreichen Sorten in den Altbestand zu setzen.

Tabelle 33: Strategien für die Grünlanderneuerung im Alpenraum

Strategie	Ausgangs-pflanzenbestand	Ziel der Grünland-erneuerung	Nach- bzw. Über-saatgutmischungen
Schwerpunkt „Untergrasbestand stärken"	2–3 Nutzungen pro Jahr – extensiv und landesüblich	Dichte Grasnarbe und Ergänzung der Untergräser	Na, Nawei, Kwei in ÖAG-Qualität
Schwerpunkt „Ober-grasbestand verbessern"	Vielschnittflächen – intensiv über 4 Nutzungen	Dichte Grasnarbe und Ergänzung der Obergräser	Ni, Natro in ÖAG-Qualität
Schwerpunkt „Sanierung von Gemeiner Rispe, Goldhafer etc."	Größer 15 Fl.-% Gemeine Rispe, größer 25 Fl.-% Goldhafer	Kurzfristige Verbesserung mit Engl. Ray- und Knaulgräsern	NiK

In Grafik 43 sieht man, dass es bei der Nachsaat mit Na zwar etwas länger dauert, bis sich die einzelnen Komponenten im Altbestand durchsetzen und ihn ergänzen. Die Ni-Mischung setzt sich aufgrund des Engl. Raygrases auch innerhalb von 1–2 Jahren insbesondere im Obergräserbereich durch und verliert nach intensiver Bewirtschaftung (vier und mehr Schnitte pro Jahr) wieder an Obergräseranteil. Sie sollte nach Beobachtung alle 2–3 Jahre wieder periodisch eingesät werden. Diese Bestände brechen nach strengen Wintern nicht weg, sondern werden nur durch die häufige Nutzung ertragsschwächer, die Grasnarbe wird allerdings bei dieser Nutzungsintensität immer dichter. Auf extrem trockenen Standorten sollten die Mischungen „Natro" und „Nawei" eingesetzt werden.

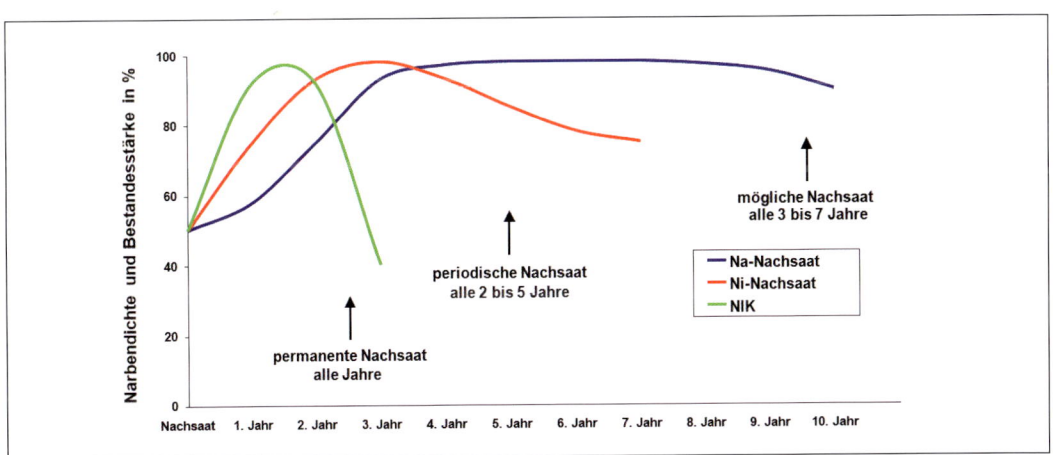

*Grafik 43: **Die zeitliche Erfolgsdauer der Strategien zur Grünlanderneuerung im Alpenraum***

Seit dem Jahr 2003 werden **ray- und knaulgrasbetonte Mischungen** eingesetzt. Die Engl. Raygräser überwachsen die unerwünschten Kräuter, zum Teil auch den Ampfer und ergeben kurzfristig bei ausreichender Nährstoffversorgung einen verbesserten Pflanzenbestand. Die Kräuter sind optisch verdrängt und geschwächt, was auch für die Dauergräser bis auf Knaulgras zutrifft.

Das **Problem** bei dieser NiK-Mischung liegt in der **schwächeren Ausdauer** und in der notwendigen **hohen Stickstoffversorgung**, die in den ÖPUL-Betrieben kaum umsetzbar ist. Nach einem schneereichen und kalten Winter können diese raygrasbetonten Bestände zusammenbrechen und hinterlassen eine total lückige Grasnarbe, wobei jene Kräuter, die überlebt haben, nun erst recht viel Platz zur Ausbreitung bekommen. Die Gumpensteiner Raygrassorte GURU und die Bayrische Sorte NIVANA sind in der Winterhärte ein großer Fortschritt, doch absolut schneeschimmelresistent sind sie nicht. Die ausdauernden Gräser reichen nicht mehr aus, um den Kräutern Konkurrenz zu bieten.

Das Dauergrünland sollte nachhaltig und standortangepasst bewirtschaftet werden. Der Alpenraum ist trotz Klimaveränderung derzeit nur bedingt raygrasfähig und kann damit langfristig nicht so einseitig geführt werden. Es wird davor gewarnt, bestehende verkrautete Dauerwiesen in raygrasbetonte Bestände umbauen zu wollen. Die kurzfristige Verbesserung macht eine dauernde Übersaat notwendig und verwandelt die ökologisch breit gefächerten Dauerwiesen im Berggebiet in intensiv-monotones Grasland, welches bei den Düngerempfehlungen (BMLFUW, 2017b) kaum zu ernähren ist.
Bleiben wir bei einer Strategie der nachhaltigen Grünlanderneuerung und setzen auf ökologisch vielfältige Pflanzenbestände. Für bisher schon raygrasbetonte Dauerwiesen und Dauerweiden sollten bei weiterer Nachsaat Mischungen ohne Raygräser angeboten werden.

2.2 Methoden der Grünlanderneuerung

Tabelle 34: **Methoden der umbruchlosen Grünlanderneuerung**

	Übersaat	Nachsaat	Sanierung
Zustand des Pflanzenbestandes	Lückigkeit > 10 %	Lückigkeit > 10 %	Anteil von Gemeiner Rispe > 15 % oder von Goldhafer > 25 %
Arbeitsschritte und Arbeitsgänge	Aussaat auf Grasnarbe und Boden mit oder ohne Walze	Aussaat mit Striegelarbeit und Walze	Vier Arbeitsgänge: Striegeln (kreuz und quer) Schwaden der ausgestriegelten Biomasse Abfuhr der Biomasse Nachsaat mit Walze
Tätigkeit und Geräte	Händisch Händisch/Hufkultur Kleinsamenstreuer	Kombigerät Leicht- oder Starkstriegel mit Walze	Kombigerät Starkstriegel mit Walze
Offener Boden	> 10 % je nach Ausgangslückigkeit	> 20 % je nach Ausgangslückigkeit	> 40 %
Bodenschluss	Gering	Mittel	Sehr gut
Zeitpunkt der Arbeit	Frühjahr „spitzen" und Spätsommer	Frühjahr „spitzen" und Spätsommer	Spätsommer bis Mitte September
Saatgutbedarf	Je nach Lückigkeit und Aussaatmethode maschinell 8–15 kg/ha, händisch ~ 50 kg/ha	Je nach Lückigkeit 8–15 kg/ha	Je nach Offenheit der Grasnarbe 15–25 kg/ha
Kosten pro ha	Etwa 100–150 €/ha (mechanisch), etwa 150–500 €/ha (händisch)	Etwa 100–150 €/ha	Etwa 300 €/ha

Für das Gelingen der Über- und Nachsaat ist neben den Wetter- und Standortverhältnissen die rechtzeitige Nutzung nach der Saat von großer Wichtigkeit. Die jungen Keimlinge dürfen keiner zu großen Konkurrenz durch die Altnarbe ausgesetzt sein. Eine leichte Beweidung oder eine Mähnutzung 3–4 Wochen nach der Saat ist für das Gelingen von Nach- und Übersaaten notwendig.

❑ Über- oder Nachsaat

In den Anfängen der Grünlanderneuerung wurden für die **Nachsaat** Schlitzgeräte (Vredo, Hassja, Köckerling usw.) und Bandfräsen (Vakuumat Slotter, Hunter's usw.) forciert. Die Erfahrungen in der Praxis zeigten aber, dass eine **Übersaat**, ohne den Boden direkt zu bearbeiten, mittels Striegelkombination (Hatzenbichler, Einböck usw.) kostengünstiger und flexibler durchführbar ist und sich bei lückigen und offenen Grünlandbeständen bewährt.

In den Jahren um 2005 trat in Österreich auf den intensivsten Grünlandregionen (Flachgau, Regionen um Braunau und Schärding) die Gemeine Rispe erstmals in Österreich großflächig auf. Mit den bisherigen Leichtstriegeln (6 mm Zinkenstärke) konnte diese nicht entfernt werden. Die Firmen Güttler und später APV bauten einen Starkstriegel (12 mm Zinkenstärke) mit Ripperbord, pneumatischem Sägegerät und einer schweren Walze, um den Bodenschluss (Samen-Keimling-Boden) herbeizuführen. Heute sind die Striegelkombinationen aller Firmen flächendeckend im österreichischem Grünland (privat oder gemeinschaftlich bzw. MR und Lohnunternehmer) verfügbar, sodass bei großflächigen Narbenschäden insbesondere durch Dürre eine breitangelegte Aktion die verdorrten Wiesen und Weiden wieder herrichtet.

Nachsaat: Das Saatgut wird mit Geräten flach in den Boden eingebracht und angewalzt.
Übersaat: Das Saatgut wird breit auf dem Boden oberflächlich aufgebracht und möglicherweise angewalzt oder in feuchten Regionen vom Regen in den Boden eingewaschen.

Wann sind diese notwendig?
- Wenn gute Wiesenbestände plötzlich starke Auswinterungs,- Trocken-, Mäuse-, Maulwurf-, Wildschwein- oder Engerlingschäden aufweisen,
- Weidenarben stark verletzt und aufgetreten werden,
- die Grasnarbe aufgrund der zu späten Mahd locker geworden ist,
- das Grasgerüst infolge zu hoher Schnittfrequenz schwach wird und sich Lücken bilden,
- nach dem Einsatz selektiver Herbizide die entstandenen Lücken durch wertvolle Futterpflanzen ausgefüllt werden sollen.

Engerlingschäden in der Dauerwiese

Die Nachsaat mittels Kreiselegge, Rototiller usw. kommt beinahe einer Neuansaat gleich. Hier werden meist durch Trockenheit und Schädlingsbefall auf das Ärgste geschädigte Bestände in einer Bodentiefe von 7–10 cm bearbeitet und das Saatgut eingebracht. Böden, in denen ein hohes Unkrautsamenpotenzial (Ampfer usw.) vorliegt, zeigen nach dieser Art der Nachsaat einen besonders hohen Unkrautdruck.

Zeitpunkt der Über- oder Nachsaat

Als idealer Zeitpunkt für eine Übersaat ist im Alpenraum das Frühjahr beim „**Spitzen bis Anfang Bestocken**" anzusehen, da sie ohne erheblichen zusätzlichen Aufwand zusammen mit den Pflegearbeiten am Grünland durchgeführt werden kann. Zu diesem Zeitpunkt (Anfang bis Mitte April) wird meist die Winterfeuchte noch gut genutzt. Besonders bei der Übersaat hängen Keimung und Entwicklung der jungen Saat stark von den Wasserverhältnissen ab. Dabei sollte die **Bodentemperatur** bei **mindestens 10 °C** liegen – dies zeigt sich durch das Ergrünen „Spitzen" der Grasnarbe. Weist die Grasnarbe schon eine Wuchshöhe von nahezu 10 cm auf, sollte keine Über- oder Nachsaat mehr erfolgen, da dabei das Saatgut nicht ausreichend in den Boden kommt. Diese nachgesäten ersten Aufwüchse sollten frühzeitig im Schossen geerntet werden, damit die Keimlinge und Jungpflanzen Licht für das Wachstum erhalten.

In der Sommerperiode, die allerdings vielfach trockener wird, ist nur auf tiefgründigen Böden und niederschlagreichen Regionen bei einer guten Wasserführung und eventuell zusätzlicher Schattenlage eine Regeneration zu empfehlen. Die meist feuchteren Spätsommertage (Ende August bis Anfang September) können noch gut für eine Grünlanderneuerung genutzt werden. Wichtig ist allerdings, dass bei der Nach- bzw. Übersaat die Böden gut befahrbar sind.

Nachsaatmischungen

Das Gelingen der Übersaat hängt neben den Wetter- und Bodenbedingungen in einem hohen Maß von der Qualität und der Zusammensetzung der Saatgutmischung ab. Sowohl für die Nachsaat als auch für die Übersaat sollten bevorzugt die ÖAG-Nachsaatmischungen mit Ni und Na eingesetzt werden, zwei speziell den österreichischen Bedingungen angepasste Qualitätssortenmischungen mit dauerhaften und vor allem winterharten Gräsern und Leguminosen. Diese Nachsaatmischungen wurden über die Jahre entwickelt, verbessert, in der Praxis eingesetzt und geprüft. In diesen Nachsaatmischungen sind die besten blattreichen Sorten in Bezug auf Ausdauer, Futterqualität und Kombinierbarkeit mit den Altbeständen enthalten. Die Mischungskomponenten können sich gegenüber der Altnarbe durchsetzen und den lückigen oder mangelhaften Pflanzenbestand wieder verbessern oder erneuern.

Die Saatgutmengen bei der Nach- und Übersaat liegen je nach Lückigkeit zwischen 8 und 15 kg/ha, bei extremer Lückigkeit können bis zu 20 kg/ha eingesetzt werden. Bei mittleren Trockenschäden sollten 15–20 und bei totalen Schäden 20–25 kg/ha nachgesät werden (vergleiche Tabelle 35).

Damit eine umbruchlose Grünlanderneuerung die größtmöglichen Erfolgsaussichten hat, sollte nicht nur auf die Nachsaattechnik, sondern ganz besonders auf die Konkurrenz durch die Altnarbe geachtet werden. Eine genaue Beobachtung des Bestandes bis zur frühzeitigen Nutzung des Folgeaufwuchses in der Höhe von 15–20 cm ist entscheidend. Die Technik kann zwar gute Voraussetzungen für die Saat schaffen, ein Garant für den Erfolg ist sie jedoch nicht. Es müssen eine Reihe von Maßnahmen im richtigen Zeitablauf gesetzt werden und das „Wetter" muss mitspielen.

> Lückige Wiesen und Weiden können durch Über- und Nachsaat nachhaltig verbessert werden. Am wichtigsten dafür sind feuchtes Wetter, gute Saattechnik, bestes Saatgut (Nachsaatmischung) und die frühzeitige Nutzung nach der Saat.

Tabelle 35: **ÖAG-Nachsaatmischungen für das geschädigte Dauergrünland – Komponenten in Flächenprozent (nach ÖAG-Handbuch 2022)**

Arten	Ausgewählte ÖAG-Sorten	Für Zwei- bis Dreischnittflächen		Für Wiesen mit mehr als drei Nutzungen		Für Wiesen auf extremen Trockenlagen	Für Weiden auf extremen Trockenlagen	Für Kurzrasenweide und intensive Weidesysteme
		Na mit Klee	Na ohne Klee	Ni mit Klee	Ni ohne Klee	Natro	Na-wei	Kwei
Weißklee	Klondike, Merida	10	-	10	-	10	10	10
Luzerne	Luzelle	-	-	-	-	10	-	-
Rotklee	Blizzard, Carbo, Milonia, Pavona, Van	5	-	15	-	-	-	-
Knaulgras	Tandem	15	15	20	25	15	15	-
Wiesen-schwingel	Cosmolit, Cosima, Pradel	15	15	10	15	-	10	-
Engl. Raygras	Guru, Ivana, Alligator, Barnauta, Abertorch, Charisma, Barfamos, Kentaur, Novello, Polim, Soraya	15	15	20	25	15	15	40
Wiesenrispe	Limagie, Oxford, Lato, Selista	25	30	20	25	10	20	50
Rotschwingel	Gondolin, (Light)	-	5	-	-	15	20	
Timothe	Tiller	15	20	15	25	15	10	-
Glatthafer	Arone	-	-	-	-	10	-	-
	Nach-/Übersaat in kg/ha	10–15		10–15		15–20	15–20	10–20

❑ Sanierung am Grünland von unerwünschten Arten

Mit der **Starkstriegeltechnik** und dementsprechendem Walzengewicht können über den Oberlenker die starken Zinken im Oberboden 1–4 cm tief wirksam werden und die seichtwurzelnden Arten herauskämmen. Hier ist in erste Linie die **Gemeine Rispe** zu nennen, die sich in den letzten 10 Jahren in den Wiesen und Weiden von 3–5 % auf oft über 30 % ausgeweitet hat. Dieses seichtwurzelnde Untergras nützt im Frühjahr als Erstes die oberflächliche Bodenwärme und beginnt frühzeitig zu spitzen und, wenn sie Platz hat, auch auszubreiten. Bei dementsprechender Düngung, insbesondere mit rasch wirksamem Stickstoff, explodiert diese Art und kann offene Lücken in der Grasnarbe besiedeln.

Ein Anteil über 15 % von Gemeiner Rispe kann Geschmacksprobleme in der Grassilage verursachen, wo zunehmend die Futterakzeptanz durch die Tiere zurückgeht oder nicht mehr gegeben ist.

Der **Goldhafer**, ein extrem wichtiges Gras in den Berggebieten über 600 m Seehöhe kann bei über 25 % Rationsanteil eine Kalzinose bei allen raufutterverzehrenden Tieren auslösen (WURM und STEINWIDDER, 1998). Damit dieser Goldhaferanteil nicht zu hoch wird, sollte bei Auftreten der Kalzinose (erkennbar durch schweren Gang der Tiere, durch Abmagern und krumme Haltung wie auch seichtes Atmen) eine Sanierung dieser Bestände – meist auch Weidebestände – mittels Starkstriegeltechnik erfolgen. Der Goldhafer kann nicht so leicht ausgestriegelt werden wie die Gemeine Rispe, jedoch kann er im Bestand deutlich reduziert werden.

Mithilfe von Starkstriegeltechnik kann der Goldhafer vor allem im Spätsommer bis Mitte September ausgestriegelt werden.

Auf extensiven Wiesen und Weiden, insbesondere in Schattenlage und am Waldesrand, treten bei Nährstoffunterversorgung die **Moose** auf. Diese können mit den Striegeln relativ leicht ausgestriegelt werden.

Extensive Grünlandflächen mit hohem Moosanteil können rekultiviert werden, indem das Moos entfernt, die Flächen nachgesät und leicht angedüngt werden.

Arbeitsgänge bei der Sanierung
Im Gegensatz zur Nachsaat, wo ein Arbeitsgang bei kombinierter Technik notwendig ist, sind bei der Sanierung vier Arbeitsschritte erforderlich.

1. Einsatz des Starkstriegels
Es braucht oft mehrere Fahrten kreuz und quer oder schräg versetzt über die Felder, bis die unerwünschten Arten ausgestriegelt sind. Der Boden soll dabei nicht zu trocken, aber auch nicht zu feucht sein.

Einsatz des Starkstriegels

Schwaden der Biomasse

Abfuhr der Biomasse   *Einsaat und Rückverfestigung*

2. Schwaden der Biomasse

Quer zur Striegeltätigkeit sollte ein tiefgestellter „alter" Schwader bei einer Geschwindigkeit von rund 4 km/h die gesamte ausgestriegelte Biomasse (Pflanzen, Wurzeln, Bodenmaterial etc.) zusammenrechen. Eine saubere Arbeit ist da gefragt, alles was liegen bleibt, kann wieder anwachsen.

3. Abfuhr der Biomasse

Gleichzeitig zum Schwaden soll bereits der Ladewagen die „Erde/Pflanzenmasse" aufnehmen, damit aber nichts liegen bleibt, soll die Schwadtätigkeit „nahtlos" erfolgen – immer nach dem Ladewagen auch wieder weiter schwaden, so bis zum Feldrand. Wird auf normale fertige Schwaden zusammengerecht und dort mit dem Ladewagen aufgenommen, so bleibt immer am Schwadgrund etwas liegen, wo die Gemeine Rispe wieder beginnt sich auszubreiten.

4. Einsaat und Rückverfestigen

Ist am Feld die Striegelarbeit erledigt, so sollte der Traktor mit Saattechnik plus Walze die Nachsaat mit Rückverfestigung beginnen können. Dazu ist aber notwendig, dass in der Zwischenzeit geschwadet und abgeführt wurde. Es werden also drei Garnituren „Traktor mit Starkstriegel", „Traktor mit Schwader", „Traktor mit Ladewagen" und „Traktor mit Saattechnik und Walze" für diese Sanierung benötigt, wobei der 1. und 4. Arbeitsschritt mit derselben Garnitur, nur anderer Einstellung, im Einsatz ist.

> Es braucht eine gute Planung und Koordinierung auch zwischen den Nachbarn und des Maschinenrings, um eine Sanierung effizient abwickeln zu können.

Saatgutmischungen bei der Sanierung

Nach den ersten drei Sanierungsschnitten zeigt sich oft ein offener Boden, gemessen an einer geschlossenen Grasnarbe von 50–80 %. Auf die verbleibende Restvegetation wird nun mit der Saatgutmischung „NiK" nachgesät, die einen hohen Anteil (40–45 Fl.-%) an Engl. Raygräsern aufweist, damit diese Grasnarbe möglichst rasch zuwächst, bevor noch andere Arten den freien Lebensraum nützen. 2–3 Jahre nach der Sanierung sollte eine Nachsaat mit Na oder Ni für die Dauerhaftigkeit zum Einsatz kommen.

Tabelle 36: ÖAG-Nachsaatmischungen für die Sanierung von Grünland (nach ÖAG-Handbuch 2022)

Arten	Ausgewählte ÖAG-Sorten	Komponenten in FL-%	
		NI mit Klee	NI ohne Klee
Engl. Raygras ausdauernd	Alligator, Allodia, Arvicola, Barcampo, (Barnauta), (Guru), Ivana, Polim	10	12,5
Engl. Raygras ertragsbetont	(Aberclyde), Abergain, Abertorch, (Aberwolf), Diwan, Kentaur, Novello, Soraya, Tribal	10	12,5
Knaulgras	Tandem	20	25
Timothe	Summergraze, Tiller	15	25
Wiesenrispe	(Balin), Kupol, Lato, (Limagie), (Oxford), Selista	20	25
Rotklee	Blizard, Carbo, (Merula), Milonia, Pavona, Van	15	-
Weißklee	Apis, Bombus, Edith, Klondike, Merida	10	-
	Sanierung	20–25 kg/ha	20–25 kg/ha

3. NEUANLAGE VON GRÜNLAND

Wenn ein Grünlandbestand keine oder weniger als 20 % gute, förderungswürdige Gräser aufweist und alle Maßnahmen zur Verbesserung keinen Erfolg gebracht haben, sollte auf umbruchfähigen Standorten eine Neuansaat durchgeführt werden. Dabei ist größter Wert auf eine gezielte Auswahl der passenden Qualitätssaatmischung zu legen.

3.1 Anlagemethoden

Bei jeder Neuanlage von Dauergrünland oder Feldfutter kann man praktisch zwischen vier Methoden wählen:
• Frühjahrsansaat (ohne Deckfrucht) in Blanksaat
• Einsaat im Getreide als Untersaat
• Spätsommersaat ohne Deckfrucht
• Einsaat in eine Gründeckfrucht (Hafer, Sommergerste)

❏ Frühjahrsansaat (ohne Deckfrucht) in Blanksaat

Vorteile	Nachteile
• Beste Steuerungsmöglichkeiten für junge Ansaaten • Geringere Gefährdung durch Sommertrockenheit • Neue Dauerwiesen mit 10 % Engl. Raygras schließen und entwickeln sich rasch	• Geringerer Ertrag im Ansaatjahr
Besondere Eignung Vor allem für Dauergrünlandsaaten	

Bei der Neuansaat mittels Pflugumbruch ist auf eine Ablage der Sämereien auf 0,5–1 cm zu achten. Diese kann als Breitsaat (Wiesen, Weiden) und als Drillsaat (Feldfutter) erfolgen.

Durchführung

Herbstackerung und grobe Einebnung; in Gebieten mit Frühjahrstrockenheit möglichst frühe Saat (März bis Anfang April); bei späterer Ansaat Abschwemmungsgefahr durch Gewitterregen.

❏ Einsaat in Getreide als Untersaat

Vorteile	Nachteile
• Untersaat wird vom Getreide – meist Sommergerste oder Hafer – vor trockener und heißer Witterung und vor Erosion geschützt • Arbeitsersparnis (keine Stoppelbearbeitung), ertragreicher Stoppelschnitt • Voller Ertrag im ersten Hauptnutzungsjahr	• Schwierigkeiten beim Mähdrusch, bei Durchwachsen der Untersaat oder Lagerung des Getreides • Erschwerte Unkrautbekämpfung, Fahrspuren bei feuchtem Boden • Ersticken der Untersaat bei Lagerung, schlechte Entwicklung in dichten Getreidebeständen • Keine gezielte Pflege oder Düngung der jungen Ansaat möglich • Geringere Erträge bei der Hauptfrucht

Besondere Eignung

Für standfestes, nicht zu dichtes Getreide, vor allem für kurzlebige, robuste Arten und Mischungen wie Rotklee, Rotkleegras, raygrasbetonte Grasmischungen und Einsaaten für den Zwischenfruchtbau

Das Durchwachsen kann durch Einsaat in spannhohes (ca. 10 cm) Getreide verhindert werden.

❏ Spätsommersaat ohne Deckfrucht

Vorteile	Nachteile
• Keine Behinderung der Kultur und Pflege der Vorfrucht (Getreide) • Meist sicherer als Untersaat (außer bei Spätsommertrockenheit) • Eingriff in die Entwicklung möglich • Voller Ertrag im ersten Hauptnutzungsjahr • Entnimmt bereits im Herbst Stickstoff aus dem Boden	• Häufig kein Stoppelschnittertrag • Zusätzliche Arbeit • Meistens ein Reinigungsschnitt im Herbst notwendig

Besondere Eignung
Praktisch für alle Feldfutter- und Dauergrünlandansaaten geeignet, auch für Winterzwischenfrüchte

Letzter Sätermin
Ungünstige Lagen: Mitte August
Günstige Lagen (Maisklima): Anfang September
Die Ansaat sollte nicht zu hoch in den Winter gehen! Reinigungsschnitt noch im Herbst.

❑ Einsaat in eine Gründeckfrucht (Hafer, Sommergerste)

Vorteile	Nachteile
• Schutz der keimenden Saat vor Schlagregen • Abschwemmung in Hanglage wird verhindert • Futterertrag der Deckfrucht • Bei Trockenheit gibt die Deckfrucht wüchsigeres Mikroklima	• Zusätzliche Saatgutkosten für die Deckfrucht (60–80 kg/ha) • Steuerungsmöglichkeit für Ansaat etwas beschränkt • Gefahr von Trockenschäden nach dem Deckfruchtschnitt • Silierung der sperrigen Deckfrucht schwierig und zeitlich eingeengt, gute Futterqualität sehr fraglich, braucht guten Häcksler

Besondere Eignung
Für langjähriges Feldfutter und Dauergrünlandsaaten

Voraussetzungen und Durchführung: schüttere Deckfrucht
Schnitt der Deckfrucht bei 40 cm Wuchshöhe, wenn möglich in einem Arbeitsgang (Silierung) bei trockenem Wetter (wegen Fahrspuren).

3.2 Saatbettvorbereitung und Saatmethoden

Grünlandsämereien sind Feinsämereien! Sie brauchen für einen sicheren Aufgang ein gut abgesetztes und nur oberflächlich 0,5–1 cm tief gelockertes, krümeliges Saatbett. Nach der Ansaat braucht es eine Rückverfestigung mittels Walze, um den Bodenschluss herbeizuführen.

• Ein tieferes Saatbett verlangen nur die großsamigen Futterpflanzen wie Mais, Pferdebohne, Futtererbse, Sonnenblume, Wicke, Getreide etc.
• Die Grassamen sind Lichtkeimer und dürfen nur bis max. 0,5 cm (in trockenen Lagen max. 1 cm) Tiefe in den Boden abgelegt werden.
• Wichtig ist, dass bei der Saat die Samen seicht in den Boden eingebracht werden und mit einer Cambridge-/Prismen- oder Glattwalze der Bodenschluss (Kapillarwirkung) wiederhergestellt wird.
• Sehr ungünstig wirkt sich ein zu tief gelockertes und nicht genügend abgesetztes oder nicht rückverfestigtes Saatbett auf den Aufgang aus.

Für die meisten Futtersaaten ist die Breitsaat die günstigste Saatmethode. Zwischenfrüchte und ein- bis zweijähriges Feldfutter können auch gedrillt werden.

Eine Handsaat, wie sie für kleinere Flächen auch heute noch üblich ist, sollte möglichst bei windstillem Wetter erfolgen. Bei bester Feinmotorik in der Hand sollte eine gleichmäßige Verteilung des Saatgutes erfolgen.

Werden Sämaschinen verwendet, können die Säschare hochgestellt oder abgenommen werden. Es gibt auch eigene Kleesamenstreuer als Zusatzeinrichtung. Wichtig ist, dass im Saatgutbehälter keine Entmischung von leichteren Grassamen und schwereren Kleesamen stattfindet.

Eine exakte Abdrehprobe vor der Aussaat mit der verwendeten Saatgutmischung ist unbedingt erforderlich. Das Rieselverhalten jeder Saatgutmischung wirkt sich unterschiedlich auf die Saatgutmenge aus.

Saatmenge

Bei jeder ÖAG-Saatgutmischung sind am Sackanhänger die Saatmengen in kg pro ha sowie die eingemischten Sorten angegeben. Diese **Saatmengen pro ha** liegen **zwischen 23 und 26 kg**. Sie sind grundsätzlich ausreichend und auch einzuhalten. Wird die Saatmenge erhöht, so werden die auflaufstarken und raschwüchsigeren Arten die etwas langsameren Arten unterdrücken und damit die laut Mischungsrezeptur zu erwartende Zusammensetzung des Pflanzenbestandes verändern.

Beste Ansaattechnik, insbesondere mit Rückverfestigung, richtige Ablagetiefe von 0,5–1 cm und Saatmenge mit qualitativ hochwertigen, ausdauernden und blattreichen Sorten einsetzen.

3.3 Pflege der jungen Ansaaten

Je nach Unkrautdruck durch auflaufende Samen muss ein Reinigungsschnitt bei 12–15 cm Wuchshöhe vorgenommen werden.

- Die auflaufende Ansaat soll bei einer Wuchshöhe von ca. 12–15 cm bei einer Schnitthöhe von 6 cm gemäht und bei zu hoher Biomasse verbracht werden.
- Bei Wechselwiesenmischungen und bei Dauergrünlandmischungen sind die Untergräser zu fördern und die raschwüchsigen Obergräser zu bremsen. Das geschieht vor allem durch häufigere Schnittnutzung im Anlagejahr. Es ist darauf zu achten, dass das Futter nicht höher als 25–35 cm wird.
- Die Düngung der Neuansaat sollte verhalten erfolgen, damit sich die Mischungskomponenten ohne zu starke Förderung der Obergräser, insbesondere des Engl. Raygrases, entwickeln können.
- Weide- und Mähweidesaaten können bereits nach dem ersten Schnitt bei trockener Witterung leicht und vorsichtig beweidet, Pferdeweideeinsaaten erst im zweiten Hauptnutzungsjahr mit Pferden bestoßen werden. Dadurch werden die Untergräser und die Bestockung gefördert und somit die Grasnarbe gestärkt.
- Rotklee- und luzernehaltige Mischungen sind hingegen im Ansaatjahr schonend, d. h. nicht zu jung, zu nutzen.
- Der Herbstaufwuchs sollte mit einer Wuchshöhe von höchstens 7–9 cm in den Winter gehen, höhere Bestände wintern leicht aus (Schneeschimmel usw.). Bei höheren Aufwüchsen sollte gemulcht werden, sofern das Futter nicht gebraucht wird.
- Unkräuter wie Ampfer, Wiesenkerbel und Geißfuß sollten schon beim ersten Aufwuchs ausgezogen oder anders bekämpft werden.

Tabelle 37: **Verbesserung und Erneuerung der Grasnarbe im Überblick**

Maßnahme	Erscheinungsbild der Grasnarbe	Zeit der Aktivitäten	Technik/Arbeitsschritte	ÖAG-Saatgutmischung	Menge von Saatgut/ha
Kleine Reparaturen an der Grasnarbe	Tritt- und Spurschäden sowie sonstige offene Stellen in der Grasnarbe	Beginn im Frühjahr beim Spitzen der Gräser bis Ende August (Berglagen) und Mitte September (Gunstlagen). Immer nach Mahd oder Weidegang und bei regnerischer Wetterlage	Händische Saat, zuerst den Boden mit Eisenrechen aufkratzen, säen, das Saatgut einrechen und die Flächen antreten oder mit Handwalze rückverfestigen	Generell: Na mit Klee, Pferdekoppeln NiK ohne Klee	Rund 50 kg (per Hand, weniger kaum möglich) 50 : 50 Na + Ni mit Klee oder Natro bzw. Nawei
Hufkultur	Viele offene Stellen hervorgerufen durch Trittschäden und tierische Schädlinge (Engerlinge, Wildschweine, Maulwürfe, Wühlmäuse)	Nach jedem Weidegang in der Koppel, außer Hochsommer	Auf steilen und kleinen Flächen nach Weidegang mit Schafen und Ziegen – zuerst tief abweiden lassen, dann händisch säen und danach die Tiere noch einen Tag weiden lassen. Auf Almen nach Pförchen der Tiere, Verbesserung der Almweide möglich	Auf Mähweiden Na mit Klee, auf Weiden Nawei mit Klee und auf trockenen Hängen Natro mit Klee. Auf Almen die Mischung „H"	Rund 50 kg (per Hand, nur bei Spezialisten, weniger möglich) 50 : 50 Na + Ni mit Klee oder Natro bzw. Nawei
Nach- und Übersaat	Mehr als 10 % handtellergroße Lücken in der Grasnarbe	Beginn beim Spitzen der Gräser im Frühjahr, in der Hauptvegetationszeit, je nach Niederschlagsbedingungen – nicht in der Trockenheit. Im Spätsommer, in den Berglagen Ende August in den Gunstlagen bis Mitte September	Mit den Striegelkombinationen – Leichtstriegel eher bei Übersaat und Starkstriegel bei Nachsaat einsetzen. Der Bodenschluss der Samen ist bei der Nachsaat und daher auch für die keimende Saat besser. In Trockenlagen und bei offener Grasnarbe sind auch Schlitzgeräte sinnvoll	Auf zwei- bis dreischnittigen Wiesen – Na, auf vier- bis sechsschnittigen Wiesen – Ni, auf Weiden in Richtung Kurzrasenweide – Kwei oder Nawei (trockene Flächen), je nach Kleeanteil im Altbestand die Mischung mit oder ohne Klee einsetzen	Im Frühjahr beim Abschleppen zur Zeit des Spitzens als vorbeugende Maßnahme 5–8 kg Ni mit Klee, sonst nach Lückigkeit der Grasnarbe 8–15 kg

Maßnahme	Erscheinungsbild der Grasnarbe	Zeit der Aktivitäten	Technik/ Arbeitsschritte	ÖAG-Saatgut- mischung	Menge von Saatgut/ha
Sanierung	Frühsanierung bei mehr als 10 % Gemeiner Rispe, Spätsanierung bei schon mehr als 40 % Gemeiner Rispe. Bei Goldhafer die extremsten Flächen mit über 60 % sanieren, sofern Probleme bei Tieren auftreten	Im Frühjahr beim Spitzen der Gräser und im Spätsommer, bis Ende August in Berglagen und Mitte September in Gunstlagen	Striegelkombinationen mit starken Striegeln, zwei- bis dreimalige Striegelarbeit. Anschließend tief und sauber schwaden, bei langsamer Fahrgeschwindigkeit und nahtloser Ladewagentätigkeit. In offenen Boden von 40–80 % einsäen	Bei Sanierung nur die Mischung NiK mit Klee verwenden, auf Pferdeweiden NiK ohne Klee. In weiterer Folge (nach 3–4 Jahren) mit Na + Klee nachsäen	20–25 kg der Mischung NiK
Umbruch	Wenn die Pflanzenbestände total entartet oder verfilzt sind und die Böden ackerfähig und einigermaßen eben sind	Der Umbruch mit dem Pflug sollte im Herbst erfolgen und die Einsaat im Frühjahr beim Spitzen der Gräser auf den Nachbarwiesen, die Fräsarbeiten mit Saat sollten im Frühjahr oder Spätsommer erfolgen	Pflug und Fräse Achtung bei Quecke und Geißfuß, keine Fräse verwenden!	Je nach Standort und Nutzung stehen alle Dauerweidemischungen und Dauerweidemischungen zur Verfügung. In guten Lagen können auch die Wechselwiesen- und Feldfuttermischungen herangezogen werden	23–26 kg Mischung je nach Nutzungs- und Standortbedingungen

Von den rund 1,9 Mio. ha Grünland in Österreich werden etwa 150.000 ha als Feldfutterbau oder als Dauerwiese und -weide jährlich eingesät. Zudem werden für die Über- oder Nachsaat sowie die Sanierung noch über 120 t Nachsaatmischungen gebraucht. Die unterschiedlichen Ansprüche an die Saatgutmischungen in puncto Höhenstufe, Standorte und Nutzungsrichtung sind gerade in Österreich groß. Man kann ihnen jedoch durch entsprechende Zuchtsorten gerecht werden.

1. ZÜCHTUNG, PRÜFUNG UND VERMEHRUNG DER ZUCHTSORTEN

1.1 Futterpflanzenzüchtung

In Österreich befasst sich zurzeit nur die HBLFA Raumberg-Gumpenstein mit der Züchtung von Gräsern und Leguminosen für das Wirtschaftsgrünland und für die Begrünung in Höhenlagen. Das Zuchtmaterial stammt von Ökotypen, die in Österreich gesammelt und in Raumberg-Gumpenstein bis zu Sorten weiterselektiert, entwickelt und durch die AGES geprüft werden. Dieses genetisch hochinteressante Material wird an der HBLFA Raumberg-Gumpenstein auf kleineren Flächen bis zur Vorstufe vermehrt und später an die Basissaatgutvermehrung in Österreich und in das Ausland für die kommerzielle Verwertung weitergegeben.

Die Futterpflanzenzüchtung an der HBLFA Raumberg-Gumpenstein befasst sich mit Gräsern und Kleearten für das Wirtschaftsgrünland. Eine „Spezialität" ist die Veredelung von Ökotypen für das alpine Grünland zur Rekultivierung von Schipisten und für kulturtechnische Eingriffe.

Folgende Gumpensteiner Sorten befinden sich in der „Beschreibenden nationalen Sortenliste" wie auch im „EU-Sortenkatalog" und sind daher für den EU-Markt zugelassen:
'Hornklee Marianne', 'Gumpensteiner Bastardraygras', Knaulgras 'Tandem', Goldhafer 'Gusto und Gunther', Englisches Raygras 'Guru', Rotes Straußgras 'Gudrun' und der Wiesenfuchsschwanz 'Gufi'.

1.2 Sortenwertprüfung

Die Österreichische Agentur für Gesundheit und Ernährungssicherheit GmbH (AGES) in Wien und die HBLFA Raumberg-Gumpenstein führen in Österreich die amtliche Sortenwertprüfung bei Gräsern und Leguminosen auf Grünland durch. Bevor eine Neuzüchtung als Sorte in Österreich in die „Beschreibende Sortenliste" aufgenommen wird, muss sie mindestens 3 Jahre auf mehreren Standorten auf ihre Eigenschaften geprüft werden. Nach dieser strengen Prüfung unter den österreichischen Klimaverhältnissen werden die geeigneten Sorten national und international eingetragen. Die besten Sorten werden noch weitere 3–4 Jahre in der Ausdauer geprüft und bei positiver Beurteilung in die privatrechtliche ÖAG-Sortenliste (vergleiche Grafik 44) eingetragen.

Mit der Sortenwertprüfung wird das internationale Sortiment auf Eigenschaften und Ausdauer im Alpenraum langjährig geprüft. Die besten Sorten werden in die „Beschreibende Sortenliste", die allerbesten in die „ÖAG-Sortenliste" aufgenommen.

Der Landwirt sollte wissen, dass die passenden und geprüften Sorten mit ihren Eigenschaften entscheidend für die Leistungen auf seinen Flächen und in seinem Stall sind. In den ÖAG-Qualitätsmischungen sind diese ausgewählten Zuchtsorten, die im Futterertrag, in der Futterqualität, der Schmackhaftigkeit, in der einheitlichen Entwicklung bis zum Schnittzeitpunkt sowie in der Ausdauer insbesondere im Dauergrünland und in der Wechselwiese gegeben sind. Bevor die Sorten vermehrt und im Verkehr (Verkauf) gesetzt werden, müssen diese im EU-Katalog verzeichnet sein.

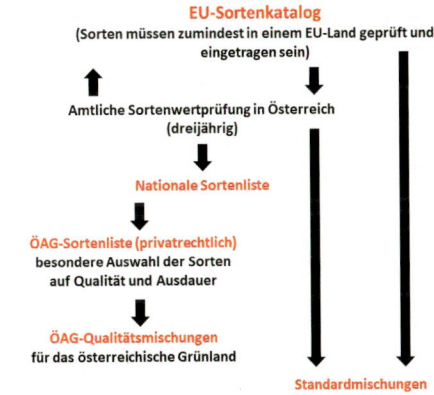

EU-Sortenkatalog
(Sorten müssen zumindest in einem EU-Land geprüft und eingetragen sein)

Amtliche Sortenwertprüfung in Österreich
(dreijährig)

Nationale Sortenliste

ÖAG-Sortenliste (privatrechtlich)
besondere Auswahl der Sorten
auf Qualität und Ausdauer

ÖAG-Qualitätsmischungen
für das österreichische Grünland

Standardmischungen

*Grafik 44: **Sortenprüfung und Auswahl der Sorten für die Grünlandmischungen in Österreich***

Der bewusste Einsatz von guten Qualitätsmischungen im Grünland ist gleichzusetzen mit dem bewussten Einsatz von Zuchtsorten im Ackerbau. Qualitätsmischungen sind Sortenmischungen.

1.3 Saatgutvermehrung für das Grünland

Der Dachverband für Sämereienproduktion in Österreich umfasst drei Vermehrungsgebiete in Ober- und Niederösterreich, in der Steiermark und im Burgenland sowie in Kärnten. Von den Landwirten werden rund 1.000 ha vornehmlich Gumpensteiner Züchtungen für den öster-

Die Sämereienvermehrung findet in Ober- und Niederösterreich, dem Burgenland, Kärnten sowie der Steiermark statt.

Die qualitative Produktion von Sämereien wird von den Landwirten auf über 1.000 ha vorgenommen, hier wäre noch mehr möglich, sofern der Grünlandbauer mehr Qualität nachfragt.

reichischen Markt in höchster ÖAG-Qualität erzeugt. Die inländischen Vermehrungen bringen den Landwirten eine Wertschöpfung und den Grünlandbauern ein bodenständiges Saatgut. In den ÖAG-Mischungen ist ein bestimmter Saatgutanteil aus inländischer Vermehrung vorgeschrieben. Zurzeit können rund 30 % des Saatgutes für das Wirtschaftsgrünland aus inländischer Vermehrung zur Verfügung gestellt werden. Für die Hochlagenbegrünung werden rund 100 ha aus Gumpensteiner Ökotypen in Kärnten vermehrt. Diese Mischungen werden im gesamten Alpenraum eingesetzt (KRAUTZER, 2001).

2. SAATGUTMISCHUNGEN

Je besser die Mischungswahl für Standort, Nutzungsrichtung und Bewirtschaftungsintensität getroffen wurde, desto aussichtsreicher ist das Erreichen eines ausgewogenen und dauerhaften Pflanzenbestandes. Die natürlichen Einflüsse, die Wirtschaftsweise und die Konkurrenzverhältnisse zwischen den Sorten prägen im Laufe der Jahre einen Bestand.

In Österreich gibt es seit 1995 ÖAG-Saatgutmischungen (ÖAG = Österreichische Arbeitsgemeinschaft für Grünland und Viehwirtschaft). Hier werden privatrechtliche Normen, die deutlich über den EU-Normen liegen, umgesetzt und kontrolliert (ÖAG-Handbuch, 2022). So liegen bei den ÖAG-Mischungen die Keimfähigkeit und Reinheit der ausgewählten Sorten besonders hoch. Besonderer Wert wird auf die Ampferfreiheit des Saatgutes gelegt. Sowohl in den einzelnen Komponenten als auch in der Mischung darf bei Untersuchungen kein Ampfer gefunden werden (vergleiche Tabelle 38).

Tabelle 38: **Vergleich der ÖAG-Normen mit den lt. Saatgutgesetz 1994 gültigen EU-Normen in Bezug auf Keimfähigkeit, Ampferbesatz und Probengröße** (KRAUTZER, 2001)

Art	EU-Norm			ÖAG-Norm		
	KF %	A in Stück	P in g	KF %	A in Stück	P in g
Knaulgras	80	5	30	80	0	100
Bastardraygras	75	5	60	85	0	100
Wiesenrispe	75	2	5	80	0	50
Wiesenschwingel	80	5	50	85	0	100
Timothe	80	5	10	85	0	50
Weißklee	80	10	20	85	0	50
Rotklee	80	10	50	85	0	100

KF = Mindestkeimfähigkeit; A = Maximaler Ampferbesatz; P = Umfang der Untersuchungsprobe für den Ampferbesatz

Diese Qualität hat sich österreichweit durchgesetzt und nahezu 65 % aller Saatgutmischungen für das Wirtschaftsgrünland und den Feldfutterbau sind heute ÖAG-Mischungen. Die Grünlandbauern bestätigen den Erfolg mit den besten blattreichen Sorten und den abgestimmten Mischungen. Die privatrechtlichen ÖAG-Saatgutkontrollen haben sich bestens bewährt.

Die ÖAG-Mischungen sind Sortenmischungen, setzen sich aus den besten Sorten und bodenständigem Saatgut zusammen und werden auf höchste Qualität sowie Ampferfreiheit kontrolliert.

H FELDFUTTERBAU UND SAATGUTMISCHUNGEN

1. VERGLEICH „DAUERGRÜNLAND", „WECHSEL-GRÜNLAND" UND „FELDFUTTERBAU"

Auf nicht umbruchfähigen Standorten, insbesondere aber im Berggebiet, sind Dauerwiesen und -weiden der „natürliche" Bewuchs. Altes Dauergrünland wird oft schon über 100 Jahre permanent genutzt.

Altes Dauergrünland zeigt meist einen höheren Humusgehalt im Boden (5–10 %), hat eine Aggregatsstabilität von über 90 %, weist je nach Bewirtschaftungsintensität eine höhere Artenvielfalt auf und ist den Standortbedingungen am besten angepasst.

Im Bereich des Dauergrünlandes (Wiesen und Weiden), der Wechselwiesen sowie des Feldfutterbaus werden in Österreich regional abgestimmte ÖAG-Mischungen angeboten (vergleiche Grafiken 45 und 46). Dazu kommen die spezifischen Nachsaatmischungen mit unterschiedlichster Zusammensetzung als Ergänzung von lückenhaften Wiesen und Weiden in Trocken- und Feuchtgebieten.

Das Feldfutter löst im Berggebiet oftmals den Silomais und im Trockengebiet das Dauergrünland ab.

Grafik 45: **ÖAG-Saatgutmischungen für Dauerwiesen und Dauerweiden**

Ausdauer	Kurzbe-zeichnung	Art der ÖAG-Mischung	Grünfutter	Weide	Silage	Heu
				Verwendungszweck		
Dauerwiese	A	Dauerwiesenmischung - für trockene Lagen	x	(x)	x	x
	B	Dauerwiesenmischung - für mittlere Lagen	x	(x)	x	x
	D	Dauerwiesenmischung -für raue Lagen	x	(x)	x	x
	OG	Dauerwiesenmischungen ohne Goldhafer für kalzinosegefährdete Lagen	x	(x)	x	x
	VS	Dauerwiesenmischung für intensive Bewirtschaftung Vielschnittflächen	x	(x)	x	x
Dauerweide	G	Dauerweidemischung für milde und mittlere Lagen	(x)	x	(x)	(x)
	H	Dauerweidemischung für raue Lagen	(x)	x	(x)	(x)
	PW	Mischung für Pferdeweiden in allen Lagen	(x)	x	(x)	(x)
	Kwei	Dauerweidemischung für Kurzrasenweide und andere intensive Weidesysteme	(x)	x	(x)	(x)
Nach- und Über-saat Sanierung	Na	Nachsaatmischung mit und ohne Klee für intensive Dauerwiesen bis zu drei Nutzungen	x	x	x	x
	Ni	Nachsaatmischung mit und ohne Klee für intensive Dauerwiesen mit mehr als drei Nutzungen	x	(x)	x	x
	Natro	Nachsaatmischung für Wiesen in extrem trockengefährdeten Lagen	x	(x)	x	x
	Nawei	Nachsaatmischung fur Weiden in extrem trockengefährdeten Lagen	x	x	x	x
	Nik	Nachsaatmischung mit und ohne Klee nach Sanierung	x	(x)	x	x
Wechsel-wiese	WWI	Wechselwiesenmischung für drei und mehr Hauptnutzungsjahre	x	(x)	x	x

Für den **Feldfutterbau nützt man die ackerfähigen Flächen** des Betriebes, um **höhere Erträge** als vom Dauergrünland zu erzielen und eine **bodenverbessernde Fruchtfolge für die Ackerkulturen zu erreichen.**

Rotklee-, Luzerne- und Kleegrasanbau haben in den letzten Jahren unter Einsatz von leistungsfähigen Sorten an Bedeutung zugenommen, zumal sie in den Grenzlagen des Silomaisanbaues ertraglich mithalten können und zudem hohe Proteinerträge liefern. Nach der Ausdauer der Mischungen gibt es einjährige Mischungen ohne Winterhärte bis hin zu mehrjährigen Intensivmischungen (vergleiche Grafik 46).

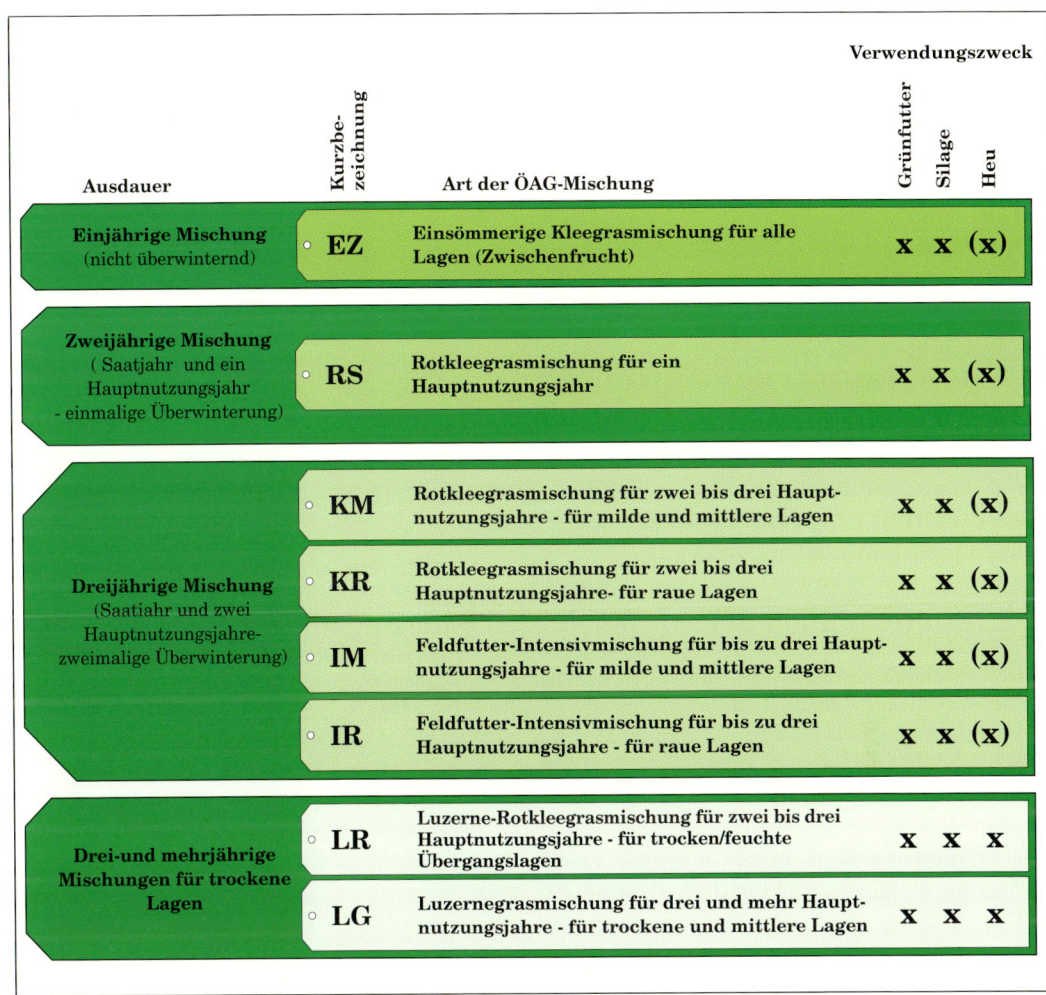

*Grafik 46: **Überblick über die ÖAG-Saatgutmischungen für den Feldfutterbau in Österreich***

Vergleicht man die Erträge der einzelnen „Grünlandkulturen" mit dem Silomais sowohl in Berg- als auch in Gunstlagen, so fällt das beachtliche Leistungsvermögen der Feldfuttermischungen auf. Eine Gegenüberstellung aus qualitativer und ökonomischer Sicht mit dem Silomais verbessert die Attraktivität des mehrjährigen Feldfutterbaues noch beträchtlich. Kleegras benötigt den geringsten Nährstoff-Input, stellt über die Knöllchenbakterien hohe Stickstoffmengen pro ha bereit und verhindert Erosionen sowie eine Stickstoffauswaschung. Kleegräser und Luzerne/Rotkleegräser liefern die höchsten Proteinerträge/ha, sie können zwischen 2.000 und 3.000 kg Rohprotein/ha erzielen. Diese wertvolle und kostengünstige Proteinquelle kann am Betrieb mit ackerfähigen Flächen nachhaltig produziert werden.

2. MERKMALE DES HAUPTFRUCHT- UND ZWISCHENFRUCHTBAUES

Im Feldfutterbau unterscheiden wir zwischen Hauptfrucht- und Zwischenfruchtbau.

Alle Kultur- und Nutzpflanzen, die auf einem Acker gesät oder gepflanzt werden, werden „Früchte" genannt (Feldfrüchte, Ackerfrüchte, Hackfrüchte, Hauptfrüchte, Zwischenfrüchte usw.).

Hauptfrüchte verbrauchen den größten Teil der verfügbaren Vegetationszeit für ihre Entwicklung. Beansprucht die Hauptfrucht nicht selbst die gesamte Vegetationszeit bis zur Erntereife, werden in der bis zum Anbau der nächsten Hauptfrucht „dazwischen" liegenden Zeit entweder Zwischenfrüchte angebaut oder die Äcker brach („ungenützt") liegen gelassen. **Zwischenfrüchte** sind „Früchte", die in einem Vegetationsjahr vor oder nach einer Hauptfrucht genutzt werden. Durch den Zwischenfruchtbau werden Brachezeiten im Ackerbau vermieden und wertvolles Futter erzeugt („System Immergrün"). Dies ist vor allem in futterschwachen Jahren (Trockenheit, Überschwemmung, Hagel, Schädlingsbefall usw.) von großer Bedeutung. Zwischenfrüchte sind eine äußerst sinnvolle Investition für die nachhaltige Bodenfruchtbarkeit sowie für ein sauberes Grund-/Trinkwasser.

2.1 Der Hauptfruchtfutterbau

❏ Nutzungsdauer eines Feldfutterbestandes

Wie lange Feldfutter genutzt werden kann, ist vom **Klima** und der **Lebensdauer der verwendeten Futterpflanzen**, insbesondere jedoch von der **Winterfestigkeit** der verwendeten Mischungspartner abhängig.

❏ Einteilung nach der vorgesehenen Nutzungsdauer

• Kurzfristiger Feldfutterbau mit 1–2 vollen Nutzungsjahren
• Mittelfristiger Feldfutterbau mit 3–4 vollen Nutzungsjahren
• Langfristiger Feldfutterbau (Wechselwiese) mit bis zu 5 vollen Nutzungsjahren.

Der kurzfristige Feldfutterbau ist die intensivste Form des Feldfutterbaues. Die Ansaat- und Saatgutkosten verteilen sich hier auf 1–2 Jahre. Da es bei dieser Art des Futterbaues einige Möglichkeiten gibt, ist eine weitere Unterteilung sinnvoll:
• **Streng einjähriger Feldfutterbau (EZ)**
Die dabei verwendeten Futterpflanzen sind nicht winterhart.
• **Überjähriger Feldfutterbau (KM)**
Die Futterpflanzen überdauern wenigstens einen Winter und nutzen die folgende Vegetationszeit voll aus.
• **Zweijähriger Feldfutterbau (KR, IM, IR, LR, LG)**
Die Futterpflanzen sollen bereits zwei Winter überstehen und daher auch zwei volle Vegetationszeiten ausnutzen können. Bei durchschnittlichen Wintern sind diese Mischungen durchaus geeignet, über drei Winter zu gehen.

2.2 Gesichtspunkte für die Auswahl von Feldfuttermischungen

• Im Feldfutterbau werden vor allem kleehaltige Mischungen verwendet. Dadurch kann auf eine mineralische Stickstoffdüngung verzichtet werden. Eine Düngung mit Kompost oder Stallmist sollte im Herbst vorgenommen werden.

- Je nach Nutzungsdauer werden dabei Rotklee, Luzerne, Weißklee und fallweise Schwedenklee, Alexandrinerklee sowie Perserklee als Mischungspartner mit passenden Obergräsern verwendet.
- Luzernegrasmischungen können anhaltende Wasserknappheit in Trockengebieten mit trockenresistenten Sorten am ehesten überleben.
- Für jedes Gebiet gibt es passende Feldfuttermischungen für verschiedene Verwendungszwecke und Standortbedingungen. Qualitätsmischungen bringen viele Vorteile und eine größere Sicherheit!
- Rotklee und Luzerne verlangen fünf- bis sechsjährige Anbaupausen. Das gilt im Prinzip auch für alle kleehaltigen Mischungen. Werden diese Grundsätze nicht beachtet, kann es zum völligen Ausfall der Leguminosen kommen. Auch bei den übrigen Kleearten sollten mindestens vierjährige Anbaupausen eingehalten werden.

2.3 Der Zwischenfruchtbau

Hinweis: Der Zwischenfruchtbau wird im Kapitel F – Ackerbau behandelt.

Die österreichischen Grünland- und Viehbauern sind es gewöhnt, die Tiere in den Wintermonaten (150–210 Tage) mit Heu, Gärheu oder Silage zu versorgen. Bis vor rund 50–60 Jahren stand nur Heu/Grummet dafür zur Verfügung. Ab 1950 hat die Grassilage in Österreich Einzug gehalten und hat mehr und mehr das Heu, insbesondere in den Gunstlagen, verdrängt. Ab dem Jahr 1970 kam immer mehr die Ganzjahresstallhaltung und damit auch die Ganzjahresstallfütterung, wobei hier auch die Grassilage in der Ration überwog. Seit 1995 erlebt das Heu bei den Heumilchbauern eine wesentliche Aufwertung und auch die Weidehaltung genießt wieder einen Aufwärtstrend.

Bei der Einlagerung des Grünlandfutters zur Silierung standen anfänglich kleine Tiefsilos und später Hochsilos zur Verfügung. In den 1970er Jahren kamen verstärkt die Fahrsilos/Traunsteinsilos auf und ab dem Jahr 1988 begann die Ausbreitung der Ballensilage in Österreich.

> Von den jährlich rund 6,5 Mio. t Grünlandfutter TM in Österreich werden zurzeit etwa 60 % zu Grassilage und Gärheu, 25 % zu Heu konserviert und eingelagert. Rund 15 % des heranwachsenden Grünlandfutters werden beweidet oder als Frischfutter den Tieren angeboten.

Mit mühevoller Handarbeit, insbesondere auf den Hanglagen, wurde das **Heu** in der Bodentrocknung geworben, später durch die Gerüsttrocknung etwas wetterunabhängiger gestaltet und heute durch Trocknungsanlagen unter Dach in Richtung besserer Heuqualität weiterentwickelt. Wurde früher das Futter zur Heubereitung in oder nach der Blüte gemäht – meist 14 Tage nach der Grassilagebereitung – so sind manche Heubauern heute bestrebt, zum Silageschnitt ihren Heuaufwuchs auch beim Ähren-/Rispenschieben zu ernten, unter Dach ohne Bröckelverluste zu belüften und als Energieheu einzulagern. Hier wird auch versucht, wie bei der Silagewirtschaft, die Grünlandfutterbestände bestmöglich als hochwertigstes Grundfutter für die Tiere bereitzustellen.

> Das Bemühen um eine hohe Grundfutterqualität schlägt sich bei der Milchviehhaltung bereits positiv nieder, bei Schafen, Ziegen und vor allem Pferden könnten die Heuqualitäten noch besser sein.

Die **Grassilage** wurde ab 1950 zuerst als Nasssilage in Kleinbehältern und dann mehr und mehr in größeren Einheiten als Anwelksilage zubereitet. In den letzten Jahren gewinnt auch das Gärheu/Heulage große Beliebtheit. Die größeren Talbetriebe gehen in Richtung Traunsteinsilo oder Siloplatte, während kleinere Betriebe mit geringerem Tierbesatz in Berg und Tal ihr Futter in Silageballen konservieren, einlagern und je nach Bedarf verfüttern.

> Die Silagebereitung kann bei unsicherer Wetterlage mit hoher Schlagkraft rascher und kostengünstiger erfolgen. Problematisch zeigt sich hier die erdige Verschmutzungsgefahr und die Verdichtung der Grünlandböden durch hohe Tonagen bei der Ernte.

Alle Grünpflanzen mit einem Wassergehalt von über 12 % laufen bei der Lagerung Gefahr, durch Bakterien, Pilze und Enzyme zersetzt zu werden und so ihre Eignung als Lebens- oder Futtermittel zu verlieren. Durch das Trocknen von Futter wird die Tätigkeit der Mikroorganismen unterbunden, während beim Silieren über die Milchsäuregärung eine Ansäuerung stattfindet, die das Futter haltbar macht.

Ein **dreijähriger Exaktversuch** an der HBLFA Raumberg-Gumpenstein vergleicht die Futterkonservierungsverfahren und deren Verluste zwischen Mahd und Futtertisch (FRITZ, 2018). Es zeigt sich, dass bei der Bodenheugewinnung 27 % und bei der Anwelksilage 17 % Trockenmasseverluste auftraten, bei der Luftentfeuchtung lag man dabei auch bei 17 %. Im Energieertrag pro ha und Jahr lag die Bodenheuvariante bei 33 % Verlusten von der Mahd bis zur Verfütterung, die Kaltbelüftung wies noch 25 % und die Entfeuchtervariante sowie die Silagevariante gingen auf 21 bzw. 22 % zurück. Also insgesamt erhebliche Verluste durch die Konservierung, wobei es hier deutliche Differenzen zwischen den Verfahren und letztlich auch den Arbeitsweisen auf den Betrieben gibt.

Die nachfolgenden Kapitel befassen sich eingehend mit der Heu- und Silagebereitung, wobei Erkenntnisse der Ernte und Werbung des Futters für beide Verfahren gelten.

1. HEUBEREITUNG

In der menschlichen Ernährung werden **Luft-, Sonne-, Wärme- und Gefriertrocknung** beim Dörren von Obst, Tee, Gemüse und bei der Haltbarmachung von Fleisch eingesetzt. Einige dieser Methoden dienen auch der Konservierung von Grünlandfutter.

Der **Trocknungsvorgang** bei der Erzeugung von Raufutter kann auf mehrere Arten erfolgen:
- Durch die Wärmestrahlung des Sonnenlichtes und die unterstützende Wirkung des Windes
- Durch den Luftstrom einer Heubelüftungsanlage, bei der die Luft entfeuchtet und/oder vorgewärmt sein kann
- Durch den Heißluftstrom einer Grünmehltrocknungsanlage (Cobs)

1.1 Einflussgrößen auf den Trocknungsvorgang

- Der Einstrahlungswinkel der Sonne trifft die südseitig gelegenen Hänge senkrechter als ebene Flächen oder nordseitige Lagen.
- In Flussniederungen und Mulden hält sich die für den Trocknungsverlauf ungünstige kaltfeuchte und damit auch schwerere Luft länger als in höheren Lagen.
- Trockene und warme Luft hat ein höheres Sättigungsdefizit und kann daher dem Grundfutter wesentlich mehr Feuchtigkeit entziehen als kalte und feuchte Luft.
- Leichter Wind erneuert ständig die bodennahe, feuchtere Luftschichte und begünstigt dadurch wesentlich die Trocknung.
- Ganzflächig aufgestreute Pflanzen trocknen trotz aller gegenteiligen Bemühungen rascher als am Schwad liegendes Futter, jedoch ist die „Nachtrocknung" am Schwad bei leichtem Wind optimal.
- Ausgewogene und gräserreiche Grünlandbestände trocknen rascher als klee und kräuterreiche, insbesondere mit grobstängeligen Kräutern.
- Aufbereiter fördern durch das Quetschen oder Knicken der Halme bzw. Stängel die Wasserabgabe.

❏ Das Wasseraufnahmevermögen der Luft

Mit Thermometer (Temperatur) und Hygrometer (Luftfeuchtigkeit) wird der Zustand der Luft gemessen. Dieser Zustand bietet die Grundlage bei der Boden- und Belüftungstrocknung.

Die Luftfeuchtigkeit sagt aus, zu wie viel Prozent die Luft mit Wasserdampf gesättigt ist bzw. wie viel Prozent Feuchtigkeit bis zur Sättigung noch aufnehmbar sind (Sättigungsdefizit). Der

Sättigungsgrad der Luft wird zu einem hohen Maß von der Lufttemperatur bestimmt, da warme Luft mehr Wasserdampf halten kann als kalte.

Dieses physikalische Prinzip wird bei Belüftungsanlagen nutzbar gemacht. Die nicht ganz einfach zu erklärenden Zusammenhänge über den Zustand der Luft und ihr Aufnahmevermögen an Verdunstungswasser sind in Grafik 47 verdeutlicht.

Von 1 m³ Luft mit 10 °C können 9,4 g Wasserdampf gehalten werden. Erwärmt sich die Luft jeweils um 5 °C auf 15, 20, 25, 30 °C, so erhöht sich das Wasserhaltevermögen auf 12,9, 17,3, 22,9, 30,3 g/m³. Daraus lässt sich

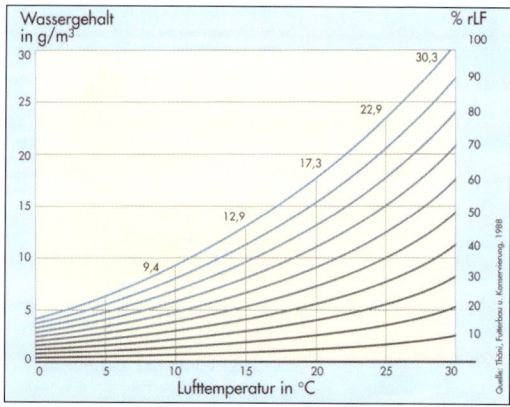

Grafik 47: **Wasserhaltevermögen der Luft bei unterschiedlicher Temperatur und relativer Luftfeuchtigkeit** *(THOENI, 1988)*

erkennen, dass mit zunehmender Erwärmung der Luft deren relative Feuchte sinkt. Gleichzeitig erhöht sich ihr zusätzliches Wasseraufnahmevermögen (= Sättigungsdefizit), wodurch sich auch die Trocknungseigenschaft erhöht.

Natürliche Schwankungen der Luftfeuchtigkeit

Der Feuchtigkeitsgehalt der Luft ist tageszeitlich großen Schwankungen unterworfen, die hauptsächlich von der Jahreszeit, der Stärke der Sonneneinstrahlung, dem Kleinklima und der Witterung abhängig sind.

An **Schönwettertagen** steigt mit Erhöhung der Sonnenstrahlung auch die Trocknungseignung der Luft beträchtlich an, während sie mit der Abkühlung gegen den Abend sinkt und durch Tau- bzw. Nebelbildung in den Nachtstunden endet. Im **Hochsommer** finden wir die günstigsten Voraussetzungen für die Trocknung von Raufutter, während im Vor- und Nachsommer die Temperaturen und die Dauer der Sonnenstunden geringer sind. Im Herbst führen die kühlen Nächte zu einer hohen Rückfeuchtung des Futters am Feld, da große Mengen Wasserdampf aus der Luft als Tau kondensieren.

Aus Hochdruckgebieten stammende Winde unterstützen die Futtertrocknung wesentlich, da sie immer wieder frische und trockene Luftmengen herbeischaffen. Den letzten „Kick der Trocknung" erhält das Heu, wenn der locker liegende Schwad einige Stunden von einem leichten Wind bei Sonnenschein durchfächert wird.

Alpine Lagen sind durch größere Niederschlagsmengen und eine höhere Niederschlagshäufigkeit im Vergleich zum Flachland hinsichtlich der natürlichen Trocknungsbedingungen deutlich hinsichtlich Heubereitung benachteiligt.

❏ Die Trocknung von Grünfutter

Wird Grünfutter zu lagerfähigem Heu getrocknet, sind enorme Wassermengen zu verdunsten oder zu entziehen. Ein guter Aufwuchs bringt rund 3.000 kg Heu pro ha. Bei seiner Trocknung müssen rund 15.000 kg Wasser aus dem Grünfutter entweichen (vergleiche Grafik 48). Unmittelbar nach dem Schnitt sowie die ersten Stunden nach einem Bearbeitungsgang wird am meisten Feuchtigkeit abgegeben. Da aus dem Inneren der Halme und Stängel die restliche Feuchtigkeit entweichen muss, erfolgt die Anfangstrocknung rascher als die Endtrocknung.

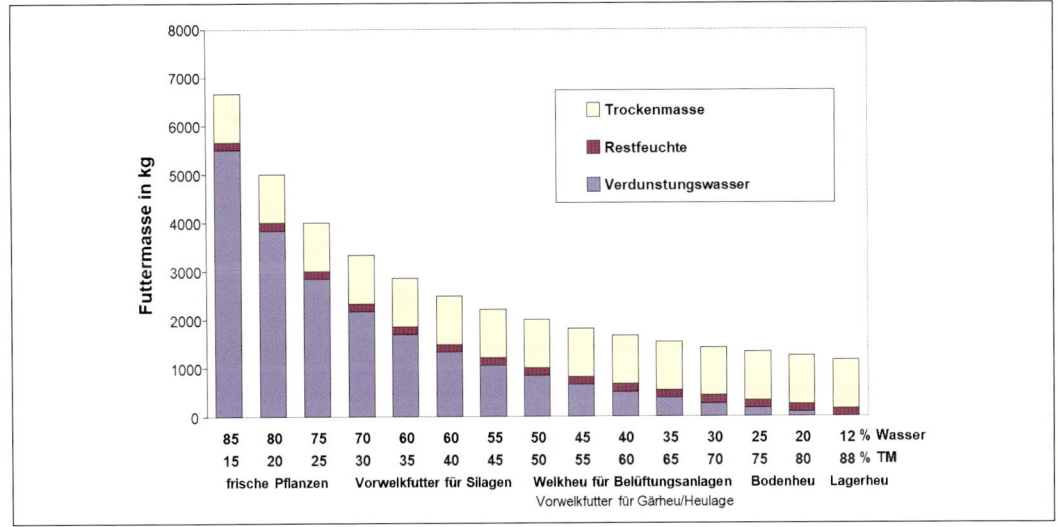

Grafik 48: **Wasserverdunstung von Grünlandfutter aus dem Ertrag von 1.000 kg TM/ha**

Aus der Grafik 48 lässt sich erkennen, dass aus gering vorgewelktem Futter etwa doppelt so viel Feuchtigkeit entzogen werden muss wie aus stark vorgewelktem. Die Leistungsfähigkeit einer Belüftungsanlage wird zum einen durch den Grad der Lufterwärmung bzw. den Grad der Entfeuchtung bestimmt, zum anderen bestimmen die Luftmengenleistung des Gebläses und seine Druckstabilität den Vorwelkgrad des Futters.

❑ Verschiedene Pflanzenbestände – unterschiedliche Trocknung

Die Vielfalt der Pflanzenbestände reicht von den intensiven Gras- und Kleeschlägen des Ackerfutterbaus bis hin zum artenreichen Dauergrünland des Alpenraumes.

- **Futter von ertragreichen Flächen** trocknet langsamer als das von Extensivflächen.
- **Klee- und kräuterreiche Bestände**, besonders aber Leguminosengemenge, enthalten im frischen Zustand wesentlich mehr Feuchtigkeit und weniger Trockenmasse als ausgewogene und gräserreiche Pflanzenbestände.
- Das Futter von **kräftig mit Jauche, Gülle oder mineralischem Stickstoff** versorgten Flächen ist wasserreicher.
- **Junge Futterpartien** mit zarter Struktur lagern dichter als ältere.
- **Zarte Blattteile** trocknen wesentlich rascher (Bröckelverluste beachten) als die gröberen Halme oder dickwandigeren Stängel (Neigung zum Nachschwitzen).
- Tetraploide Sorten weisen einen höheren Wassergehalt auf als diploide Sorten (z. B. Raygräser, Rotklee, Weißklee etc.).

❑ Trocknungsintensivierung durch Aufbereiter

Schon bald nach dem Schnitt beginnen sich die Spaltöffnungen (Stomata) an den Blattunterseiten durch das Welken zu schließen, wodurch die Abgabe von Wasserdampf eine deutliche Reduktion erfährt.

Futteraufbereiter arbeiten mit quetschend-knickenden oder reibend-schlagenden Werkzeugen. Sie reißen die wachshaltige Blattoberfläche (Cuticula) auf und fügen vor allem den gröberen Halm- und Stängelteilen Verletzungen zu. Aufbereitetes Futter trocknet dadurch rascher.

Um die Vorzüge der Aufbereiter voll zu nutzen, ist der Schnittzeitpunkt so anzusetzen, dass die **Anfangstrocknung in die wärmste Tageszeit** fällt. Die Wirkung ist in den ersten 4–6 Stunden nach der Bearbeitung am effektivsten. Wird das Futter bereits am Vorabend des Trocknungstages oder am zeitigen Morgen bei Taunässe gemäht und gleichzeitig konditioniert, so ist der wesentlichste Vorzug dieser Geräte wegen des Nachteils der höheren Futterverschmutzung in Frage zu stellen.

Das aufbereitete und breitflächig gestreute Futter gibt die Feuchtigkeit rascher ab und weist somit einen um 2–4 Stunden beschleunigten Trocknungsverlauf auf.

Mit dem Aufbereiten werden nach dem Mähvorgang alle Blätter und Halme geknickt, aufgeschlagen oder gequetscht. Dadurch trocknet das Futter rascher.

Vorteile der Aufbereiter

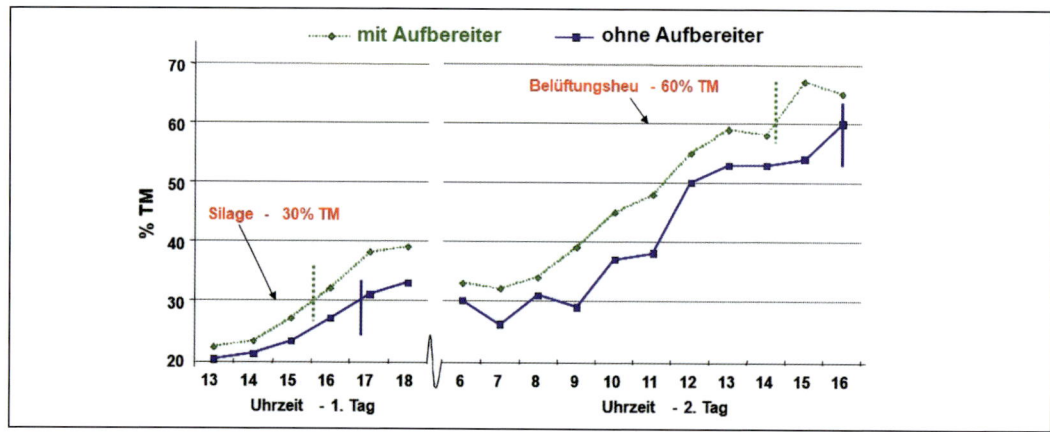

Grafik 49: **Trocknungsverhalten von Wiesengras** *(PÖTSCH und RESCH, 2002; verändert nach PÖLLINGER, 2000)*

- Aufbereitetes Futter trocknet rascher, die Feldzeiten werden kürzer
- Geringere Anzahl von Bearbeitungsgängen erhöht die Qualität (Verringerung von Bröckel- und Atmungsverlusten)
- Verringertes Wetterrisiko, bessere Ausnutzung von Schönwetterperioden
- Einsatz über den Maschinenring (MR) spart Anschaffungskosten

Nachteile der Aufbereiter
- Höhere Anschaffungs- und Betriebskosten (wenn nicht über MR)
- Individuelle Gerätewahl und Einstellung nach den Pflanzenbeständen treffen:
  - → Geräte mit Zinkenrotoren eher für gräserreiches Futter
  - → Geräte mit Walzen eher für klee- und kräuterreiche Bestände
- Nicht nur der Aufbereiter alleine, sondern das gezielte Wenden danach führt zum Ausschöpfen der Vorteile in der Heubereitung
- Größere Verluste bei unsachgemäßer Anwendung und überraschendem Schlechtwetter

❏ Zetten, Wenden und Schwaden des Futters

Die Technik ist bemüht, die Werbegeräte für die Grünlandernte ständig weiterzuentwickeln. Die Angebote reichen von leistungsstarken Typen für die ebenen Flächen bis zu hang- und geländetauglichen Maschinen für Bergbauern. Allen gemeinsam ist, dass sie nur so gründlich arbeiten, wie der Mensch sie einstellt und bedient.

> Die rascheste Trocknung wird erreicht, wenn im Abstand von etwa 2,5–3 Stunden das Halmgut am ersten Tag gewendet wird – gleichgültig, ob aufbereitet oder nicht. Mit der Aufbereitung erspart man sich in der Regel einmal Wenden.

Gerade hier liegt einer der wesentlichsten Ansatzpunkte zur Verbesserung der Heuqualität. **Zetten und zweimal Wenden am ersten Tag** fördern wie keine andere Maßnahme das gleichmäßige Welken des Halmgutes bei begrenzter Bröckelung. Die Versäumnisse des ersten Tages lassen sich am zweiten Trocknungstag durch nichts wettmachen. Ganz im Gegenteil muss am zweiten Trocknungstag jeder zusätzliche Arbeitsgang mit einer überdimensionalen Erhöhung der Bröckelverluste erkauft werden. Von der Bröckelung hauptsächlich betroffen sind die zartesten, inhaltsreichsten und am leichtesten verdaulichen Teile des Futters.

Der Kreisler wendet und zettet das am Boden liegende Futter. Eine zu tiefe Einstellung erhöht die Futterverschmutzung.

Die Praxis ist in diesem Bereich leider noch sehr traditionsverhaftet. Hier hat der Bauer in der Umsetzung im Vergleich zu Mähtiefe oder Silierregeln noch viel an Terrain aufzuholen.

> Das zweimalige Wenden am ersten Tag fördert die Trocknung des Futters am meisten und bringt einen Zeitgewinn, während sich durch das zweimalige Wenden am zweiten Tag die Bröckelverluste sprunghaft erhöhen. An Hitzetagen mit leichtem, trockenem Wind und bei geringen Erträgen kann das Wenden reduziert werden.

Bei der Heubereitung wirken sich die Bröckelverluste auf die Höhe der Gesamtverluste am gravierendsten aus. Das Futter verliert nicht nur an Masse, sondern darüber hinaus auch deutlich an Qualität. Genau betrachtet erntet man durch das Kreiseln eine verringerte Futtermasse mit einer geringeren Qualität, da sich die am leichtesten verdaulichen Nahrungsteile durch das Abbröckeln verringern und die schwerer aufschließbaren Anteile (Gerüstsubstanzen) in der Futtermasse sich relativ erhöhen.

Ständig muss sich der Landwirt für eine Bearbeitungsintensität bei bestimmtem Feuchtigkeitsgehalt des Erntegutes entscheiden. **Je höher der Trocknungsgrad** des Futters, **desto schonender und weniger oft sollte gewendet werden**. Die Größenordnung dieser Verlustquelle schwankt je nach den Erntebedingungen zwischen 6 und 30 %. Diese enormen Größenunterschiede sollten in der Praxis Anlass dafür sein, Arbeitsweisen und die verwendete Technik dahingehend zu überprüfen.

Gegen den Herbst hin erfolgt durch die stärkere Abkühlung der Luft in den Nächten eine verstärkte Tau- und Nebelbildung. Ein **Nachtschwad** verringert durch die verkleinerte Oberfläche die Befeuchtung des Erntegutes. Bei Welkheu unter 50 % Wassergehalt führt dieser Arbeitsgang zu Diskussionen, ist aber in der Praxis, scheinbar nicht zu Unrecht, generell üblich.

Der geringeren Taubenetzung stehen allerdings zwei zusätzliche Arbeitsgänge (schwaden + zetten) gegenüber. Es ist abzuwägen, ob der zusätzliche Aufwand bei einer Erhöhung der Verluste gerechtfertigt erscheint oder ob man sich nicht für eine alternative Konservierungsmethode (Ballensilage) entscheiden sollte.

❏ Futterverschmutzung

Eine wesentliche Forderung bei qualitativ hochwertigem Grundfutter ist auch die nach Sauberkeit. Mitgeerntete Reste von Hofdüngern (siehe Kapitel D) und ein erhöhter Anteil an erdiger Verschmutzung bringen nicht nur konservierungstechnische Nachteile. Die Staubbelastung während der Arbeit, im Stall und die Verfütterung verschmutzten Futters führen auch vielfach zu gesundheitlichen Beeinträchtigungen bei Mensch und Vieh (Farmerlunge, Fruchtbarkeitsprobleme u. a.). In einem Futteruntersuchungszeugnis wird die Verschmutzung durch einen überhöhten Gehalt an Rohasche ausgedrückt.

1 GVE verzehrt täglich etwa 15 kg TM. Bei einem Rohaschegehalt von 150 g/kg TM werden zwangsläufig 0,75 kg trockene Erde/Feinsand (15 kg TM/Tag x 50 g Erde/kg TM) mit verschlungen. Dies kann zu massiven Belastungen im Tier führen.

> Der größte Anteil an Futterverschmutzung ist hausgemacht!

Grünlandnarben, die arm an Untergräsern und Weißklee sind, neigen zu Bestandeslücken und verschmutztem Futter. Platzräuber dringen vielfach in die Lücken ein und führen durch ihre Ausbreitung zu einer weiteren Auflockerung der Narbe.

Maßnahmen gegen die Futterverschmutzung
* Abschleppen im Frühjahr und ein Weidegang zur Festigung des Bodens bei einem erhöhten Besatz mit Schädlingen.
* Druckmindernde Reifen auch bei den Werbegeräten schonen die Ausläufer von Untergräsern und Weißklee.

Ein erdig verschmutztes Futter beinhaltet Bodenbakterien, unter anderem auch Clostridien.

* Mähtiefe zwischen 5–7 cm wählen sowie Schwader und Kreisler nicht zu tief einstellen.
* Tau und Regentropfen an den Pflanzen zur Schnittzeit erhöhen die Verschmutzung wesentlich.
* Strenge Weideportionen und ständig tiefer Biss hemmen die Narbendichte.
* Sitzstangen für Bussarde schaffen Beobachtungs- und Beutemöglichkeiten, wenn Maus/Maulwurf zum Problem werden. Bei einem massiven Mäusebesatz sollten Fangmethoden in Erwägung gezogen werden.
* Schonung und maßvolle Verjüngung der Strauchhecken, damit sie ihrer ökologischen Aufgabe als Schlupf- und Wohnraum für kleine Räuber entsprechen.
* Bei massiven Schäden durch Wildschweine müssen die Jagd- und Fangeinrichtungen intensiviert werden.

Nicht eine einzelne Maßnahme kann in kurzer Zeit das akut gewordene Problem regulieren. Zum Ziel führt das Zusammenwirken möglichst vieler Teilbereiche.

❏ Verlustquellen bei der Heuwerbung

Die Nutzung von Futter als Silage oder Heu bringt Verluste am Feld, am Lager und am Futtertisch. Je länger die Feldzeit dauert, und je mehr Arbeitsgänge notwendig sind, desto höher sind die Verluste. Für die Gewinnung von inhaltsreichem Dürrfutter ist neben einem rechtzeitigen Schnitt vor allem eine möglichst rasche und schonende Feldtrocknung entscheidend. Bei der Bodenheuwerbung muss die Trocknung so gründlich sein, dass es zu keinen nennenswerten Verlusten durch das Nachschwitzen (Fermentation) im Heustock kommt (vergleiche Tabelle 39 auf der nächsten Seite).

Massen- und Qualitätsverluste
- **Massenverluste** entstehen durch am Feld liegen gebliebene Futterteile, hauptsächlich durch die **Bröckelung**, aber auch durch mechanischen Abrieb beim Laden/Entladen.
- **Qualitätsverluste** entstehen durch eine Verminderung der Nährstoffkonzentration im geernteten Futter (z. B. durch Atmung, Auswaschung).

Eine Einschätzung der Verlusthöhe ist für den Landwirt nur schwer möglich, da jede Verlustart sowohl die Masse wie auch die Qualität negativ beeinflusst. Durch die Bröckelung wird weniger Futter geerntet, als zum Zeitpunkt des Mähens vorhanden war. Die Bröckelverluste beeinflussen in negativer Form aber auch die Qualität, da in erster Linie die feinen und zarten Pflanzenteile davon betroffen sind. Zwangsläufig verschieben sich daher die Inhaltsstoffe der Futterkonserve in folgende Richtung: Weniger leicht verdauliche organische Masse mit einem höheren Prozentgehalt an Gerüstsubstanzen.

Ähnlich, aber meistens nicht so krass in der Auswirkung, verhalten sich die Atmungs-, Auswasch- und Fermentationsverluste.

❏ Atmungsverluste 1–10 %

Eine möglichst rasch einsetzende Trocknung und gleichmäßige, intensive Anwelkung des Futters unmittelbar nach dem Mähen sind das oberste Gebot der Erntetechnik. Mit fortschreitender Trocknung (bei 30–35 % TM) wird die Intensität der Atmungsprozesse reduziert. Betroffen sind in erster Linie die leicht löslichen Kohlenhydrate und das Protein.
Der sachgemäße Einsatz des Futteraufbereiters, dem die 4–6 Stunden mit der besten Trocknungszeit folgen müssen, und das sofortige Zetten fördern die Abgabe der Feuchtigkeit. Bereits etwa 2,5 Stunden nach dem Zetten ist der günstigste Zeitpunkt für das erste Wenden erreicht.

> In der Futteraufbereitung stecken noch enorme Reserven und es gilt durch eine verbesserte Arbeitstechnik noch viel aufzuholen. Mit Aufbereitern geerntetes Futter kann einen um 0,2 MJ NEL/kg TM höheren Energiegehalt als konventionell geerntetes Futter aufweisen.

❏ Bröckelverluste

6–10 %   bei optimalen Bedingungen
10–20 % bei durchschnittlichen Bedingungen
20–30 % bei ungünstigen Bedingungen, Schlechtwetter

Die Bröckelverluste unterliegen den größten Schwankungen und können die Erntemasse wie auch deren Qualität gravierend vermindern.

Tabelle 39: **Mögliche Nährstoffverluste und ihre Auswirkungen bei der Heubereitung**

Art der Verluste	Höhe der Verluste	Auswirkungen	Maßnahmen zur Verlustminderung
Atmung	1–10 % (Ø 4 %)	Energieverlust	• Mähaufbereiter • Rasche Anfangstrocknung durch häufiges Wenden am ersten Trocknungstag
Werbeverluste durch ... ... Bröckelung	6–10 % optimale Bedingungen	Der Nährwert der verloren gegangenen Blattteile ist höher als der des Erntegutes!	• Ausgewogene Grünlandbestände mit einem Grasanteil von 50–70 % anstreben • Dem Welkegrad angepasste Bearbeitungsintensität (je trockener, desto schonender)
... Abrieb	10–20 % mittlere Bedingungen	1. Masseminderung	• Aufbereiter auf Pflanzenbestand abstimmen (knicken oder quetschen) und gezielt einsetzen
... Pickup	20–30 % ungünstige Bedingungen Schlechtwetter	2. Qualitätsminderung durch Verluste von Energie, Eiweiß, Mineralstoffen, Vitaminen, Aromastoffen	• Mehrmals Kreiseln am ersten Tag, möglichst wenig und schonend am zweiten Tag • Gärheu und Belüftungsanlagen • Pressung im Erntewagen vermeiden • Schonender Umgang im Bergeraum
Schlechtwetterverluste, (Auswaschverluste)	Abzüge an NEL MJ/kg TM: 1 Tag Regen – 0,2 2 Tage Regen – 0,4 ab 3. Trocknungstag je Tag – 0,2	Masse- und Qualitätsminderung durch Verlust an Energie, Eiweiß etc. Verlust an organischer Masse	• Silierverfahren besonders beim 1. Schnitt und spätem letzten Schnitt ausweiten • Heugewinnung nur auf Restflächen • Aufbereiter verringern das Wetterrisiko • Heubelüftungsanlagen • Bereitung von Gärheu
Erwärmung am Heustock (Fermentation bei 35–100 °C)	0–35 % bis 2 MJ pro kg TM	• Verluste durch den Abbau organischer Masse • Hohe Qualitätsverluste durch Abbau von Energie, Eiweiß etc. • Verschimmelung	• Gräserreiche Bestände anstreben, denn kräuterreiche neigen eher zum Nachschwitzen • Aufbereiter gezielt einsetzen • Belüftungsanlagen: Temperatursonde und Hygrometer verwenden • Automatische Steuerungen
Barren- und Krippenverluste	0–40 %	Fressunlust durch grobe Stängel oder verdorbenes Futter	• Diese Reste nicht auf der Düngerstätte entsorgen oder als Einstreu verwenden; Gefahr der Ampferverschleppung; separate Kompostierung wäre ideal

Dem entgegenzuwirken ist vor allem bei klee- und kräuterreichem Futter eine Herausforderung, während die ausgewogenen und gräserreichen Bestände weniger stark betroffen sind. Nicht unerheblich ist auch die Art des verwendeten Aufbereiters und seine Einstellung. In blattreichen und zarten Futterbeständen sind quetschende Geräte den Zinkenrotoren überlegen.

Ab einem Trockenmassegehalt von unter 40–50 % kann das Kreiseln die größten Verluste verursachen, vorwiegend wenn nach zu langen Intervallen bearbeitet wird. In diesem Fall steht ein an der Oberfläche stark gewelktes Futter („Rauschen des Futters") einer darunterliegenden Schichte mit zum Teil noch vollkommen frisch-grünen Pflanzen gegenüber. Gleichmäßig durchgewelktes und insgesamt noch zähes Futter ist wesentlich bröckelstabiler und lässt sich am zweiten Trocknungstag problemloser bearbeiten.

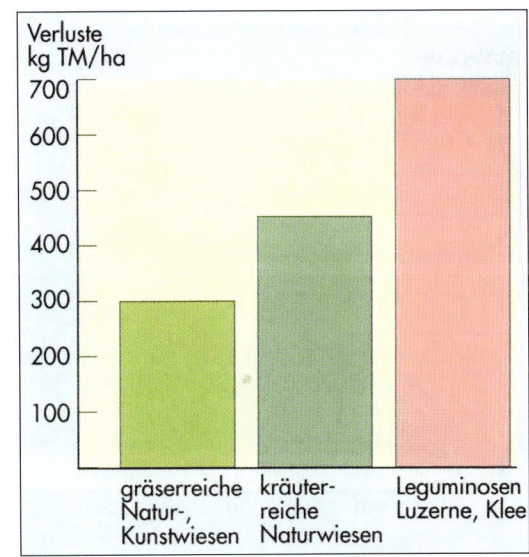

Grafik 50: **Pflanzenbestände und Feldverluste in einem Erntejahr pro ha** (HÖHN, 1989)

Alle 2,5–3 Stunden kreiseln. Am ersten Tag so oft wie nötig, am zweiten so wenig wie möglich. Zu lange Intervalle provozieren geradezu Bröckelverluste!

Bei einem Arbeitsgang können bis zu 100 kg TM/ha verloren gehen, daher ist die Arbeitsgeschwindigkeit mit der Höhe der Drehzahl der Zapfwelle auf den Welkegrad des Futters abzustimmen.

Durch Ernteverzögerung bei Schlechtwettereinbrüchen können die Verluste bis auf das Dreifache ansteigen. Die Grafik 51 gibt einen Überblick über die Verlusthöhe bei den einzelnen Konservierungsverfahren bei gleichen Bedingungen und Pflanzenbeständen.

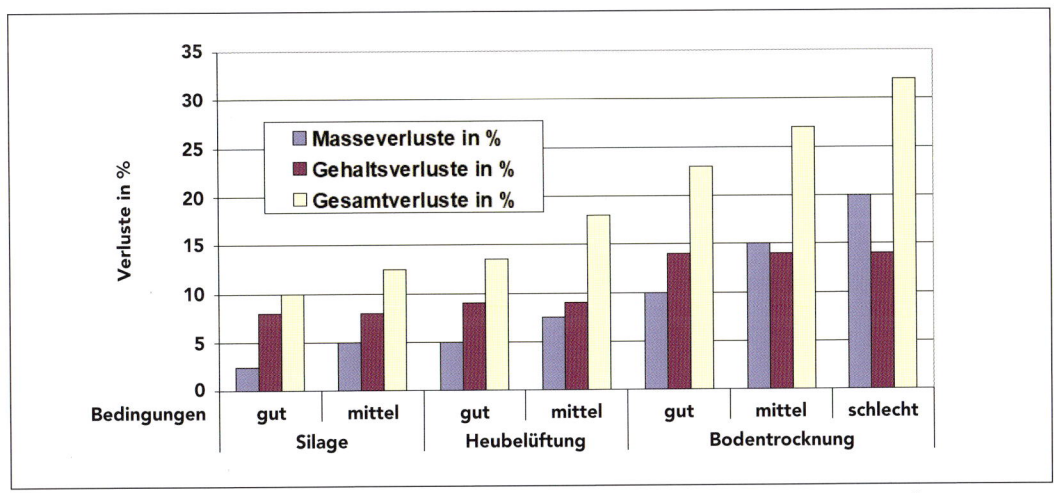

Grafik 51: **Verluste nach Konservierungstechnik und Konservierungsverfahren** (HÖHN, 1989)

❏ Schlechtwetterverluste

Wird Trocknungsgut von Niederschlägen getroffen, so leidet das gesamte Nährstoffspektrum unter Auswaschung. Der Schwund an leicht verdaulicher organischer Substanz durch den Befall mit Mikroorganismen führt zu einem gering- bis hochgradigen Verlust an unbekömmlichem Futter.

Eine energetische Einschätzung verregneter Futterpartien für die Rationsgestaltung ermöglichen die „ÖAG-Futterwerttabellen für den Alpenraum". Kurzer, leichter Regen beeinflusst die Qualität kaum, länger anhaltende Regenfälle können eine Energieverringerung von 0,2–0,4 MJ NEL/kg TM bedeuten (RESCH et al., 2017).

❏ Fermentationsverluste durch Erwärmung am Heustock

Auch gut getrocknetes Bodenheu enthält noch im Inneren der dickwandigen Halme und Stängel Reste von Feuchtigkeit, die zu einer Erwärmung (Mikroorganismentätigkeit) des Futters am Lager führen. Temperaturen **bis etwa 35 °C** sind als **unvermeidlich** zu betrachten (außer bei Belüftung), doch darüber kommt es zu einer „heißen Fermentation" mit empfindlichen Einbußen an Inhaltsstoffen.

Am Futterabbau beteiligen sich neben den Hefepilzen stets auch Schimmelpilze, die bei Manipulation des Futters und der Verfütterung zu vielfachen Belastungen von Mensch und Tieren führen. Weißlich, silbrig gefärbte Blätter und Stängel weisen darauf hin.

Braune, tabakähnlich riechende Blätter weisen auf eine **heiße Fermentation** von über 60 °C hin, diese stammt von der Karamellisierung des Zuckers. Früher wurde sogar angenommen, dass die Erzeugung von Braun- und Brennheu wegen seines Geruches für die Tiere von Vorteil sei. Heute wissen wir, dass jegliche Erwärmung von Futter negative Auswirkungen auf die Inhaltsstoffe zur Folge hat.

Olivgrüne Heufarbe ist ein Qualitätsmerkmal, während eine Fermentation im Heustock braunes Futter ergibt.

Wenn die Gefahr der Selbstentzündung (über 120 °C) besteht, darf am Heustock nur unter Anwesenheit der Feuerwehr (Heuwehrgeräte) manipuliert werden.

1.2 Heubereitungsverfahren

Bei der Erzeugung von Heu wird frisches Futter mit einem Wassergehalt von 80–85 % durch verschiedene Techniken auf einen Feuchtegehalt von ca. 12–14 % herabgetrocknet. Ab diesem Trocknungsstadium ist Heu lagerfähig.

Der Arbeitsaufwand für Heugerüste ist beträchtlich, aber die Futterqualitäten konnten auf diese Weise in den unsicheren Wetterperioden gegenüber der Bodentrocknung verbessert werden.

Für die Gewinnung von Heu werden verschiedene Wege beschritten. Neben der Ausnutzung des Schönwetters für die Bodentrocknung werden auch aufwendige technische Verfahren, die Verluste und Wetterrisiko mindern sollten, angewandt.

Wir unterscheiden folgende **Verfahren**:
- Bodenheuwerbung
- Gerüsttrocknung
- Kaltheubelüftungen ohne dichte Seitenwände
- Kaltheubelüftungen mit Flachrost und Box
- Heubelüftungen mit Lufterwärmung
- Heubelüftungen mit einer Luftentfeuchter-Wärmepumpe

❏ Bodenheuwerbung

Dies ist die **traditionellste Form der Heugewinnung**, die am meisten von Schönwetterperioden abhängig ist, es braucht dazu mindestens **3– 4 Schönwettertage**.

Gute Grundfutterqualitäten sind primär durch einen zeitgerechten Schnitt erzielbar. Mit dem ersten Schnitt, insbesondere in den Berggebieten, muss oft wegen der zu dieser Zeit noch nicht ausreichenden Temperaturen und schlechter Wetterbedingungen zugewartet werden.

Besser im Ertrag stehende Wiesen laufen jedoch bei einer Nutzungsverzögerung Gefahr, aus dem optimalen Qualitätsstadium hinauszuwachsen. Die „Verholzung" der Pflanzen verläuft wesentlich rascher als bei Wiesen mit geringer Nährstoffzufuhr. Wenn die Witterung die Heubereitung zulässt, befinden sich diese Pflanzenbestände meist schon nach dem Qualitätsreifestadium. Auch bei guter Witterung sind dann zwangsläufig wegen des späten Schnittzeitpunktes eher nur mehr mittlere Qualitäten erzielbar. Für eine Silagebereitung reichen zu dieser Zeit die wenigen Schönwettertage aus, um viel gutes Futter zu konservieren.

Die Bodentrocknung verlangt trockenes und warmes Wetter, damit das Grünfutter in 2–3 Tagen zu Trockenfutter (Heu, Grummet) wird.

Der zweite und dritte Schnitt – sie sind auch nutzungselastischer – finden fast immer in einer Zeitspanne mit wesentlich günstigeren Temperaturen bei stabileren Wetterphasen für die Heubereitung statt und daher sind gute Qualitäten beim „Grummet" leichter zu erreichen.

Die Bodenheuwerbung birgt sicherlich viele Gefahren und Nachteile, wird aber meist negativer beurteilt, als sie tatsächlich ist. In Kombination mit der Silowirtschaft und für Betriebe mit extensiver Bewirtschaftung wird sie ihren Platz halten – und gut geworbenes Bodenheu ist immer noch bekömmlicher als Heu von einer überforderten Belüftung.

Schwächen der Bodentrocknung
- Hohe Verluste hauptsächlich durch Bröckelung und Nachschwitzen am Heustock
- Hohes Wetterrisiko und lange Zeitspanne für das Abernten
- Gefahr der Selbstentzündung

❏ Bodenheu und Rundballenernte

Rundballenpressen werden in verstärktem Maße auch bei der Ernte von Heu eingesetzt. Rundballen sind auf einfache Weise zu manipulieren und können dadurch in kurzer Zeit unter Dachvorsprüngen oder in Scheunen zwischengelagert werden. Weiters stellt Rundballenheu eine beliebte handelsfähige Ware dar und die Arbeiten am Lager wie auch beim Füttern geschehen unter geringer Staubbelastung.

Die Gewinnung von einwandfreiem Rundballenheu ist die Königsdisziplin unter allen Heuwerbemethoden. Die Ballen müssen locker gepresst werden, damit feuchte Luft aus dem Ballen bei stirnseitiger Lagerung entweichen kann. Eine Einlagerung auf Paletten wäre ideal.

Bei loser Lagerung beträgt das Raumgewicht von Bodenheu die ersten Tage am Stock etwa 50 kg/m³, während bei Rundballen je nach Pressdruck das Raumgewicht 120–150 kg/m³ beträgt. Rundballen geben daher im Vergleich zu losem Heu **längere Zeit Restwasser** ab (Nachschwitzen). In dieser Zeit erwärmen sich die Ballen und bieten Schimmelpilzen ein Milieu mit idealen Vermehrungsbedingungen.

Dieser Gefahr, die stets unterschätzt wird, begegnet man am ehesten, indem das Heu **erst am dritten Schönwettertag eingebracht** wird. Auch das „Auslüften" der Rundballen mit einem starken Luftdurchzug in der ersten Woche bringt erhebliche Vorteile. Werden mehrere Lagen von Rundballen in der Nachschwitzphase übereinander gestapelt, erhöht sich durch den Druck die Tätigkeit der Schimmelpilze ebenso wie bei walzenförmiger Lagerung.

Den Vorteilen der Rundballen steht eine Reihe von Nachteilen gegenüber. Im Gegensatz zu Silageballen soll hier der Pressdruck nicht über 40–50 bar gehen. Eine Endbelüftung der Heuballen könnte jedes Risiko einer Fermentation und Verschimmelung nehmen.

❏ Gerüsttrocknung

Durch den **hohen Arbeits- und Materialaufwand** ist diese Form der Trocknung nur mehr vereinzelt anzutreffen. Wichtig ist, dass zwischen Boden und aufgerüstetem Futter kein Kontakt besteht, da anderenfalls das in den Stängeln und Halmen ansteigende Kapillarwasser die unteren Futterschichten immer wieder befeuchtet und qualitativ abwertet.

Gerüste für frisch gemähtes Grünfutter:
• Schwedenreuter
• Schnurreuter, Rollenreuter, Stangenreuter

Gerüste für vorgewelktes Futter:
• Natur- und Kunsthiefler
• Schlaghainzen
• Heuhütten

❏ Heubelüftungen

Im Bestreben, die gewichtigsten Nachteile der Bodentrocknung (Wetterrisiko, Bröckelung) zu minimieren, wurden um 1960 die ersten Heubelüftungen eingeführt. Von den ursprünglichen Typen sind kaum mehr welche in Betrieb, da diese Art der Werbetechnik ständig verbessert wurde.

Vorteile von Belüftungsanlagen

- Feuchtem Erntegut wird durch das Belüften das restliche Wasser entzogen. Je nach Kapazität der Anlage kann das Welkheu schon mit einem Feuchtigkeitsgehalt von 50 % nach 1–2 Sonnentagen eingefahren werden.
- Welkheu besitzt je nach Feuchtigkeitsgehalt geschmeidigere Blätter, wodurch sich die mechanisch verursachten Verluste verringern.
- Durch die Belüftung findet gleichzeitig eine Kühlung statt, wodurch die Gär- und Fermentationsvorgänge beim Heustock reduziert werden und gleichzeitig die Gefahr von Heustockbränden gemindert wird.
- Fachgerecht belüftetes Heu ist weitgehend frei von Schimmelpilzen.
- Durch das Belüften kann der Schnittzeitpunkt rechtzeitig durchgeführt werden, wodurch wesentlich mehr Nährstoffe gewonnen werden.
- Belüftungsfutter spart je nach Anwelkgrad 1–2 Arbeitsgänge und belastet daher die Grasnarbe weniger.
- In nur Heu fütternden Milchviehbetrieben stellt die Belüftung wohl die einzige Möglichkeit zur Erzeugung von Qualitätsfutter dar.

Das „Energieheu" der Heumilchbauern stellt eine neue Dimension in der Heubereitung dar.

Nachteile von Belüftungsanlagen

- Die Installation von Belüftungen erfordert erhebliche Investitionen.
- Neben den Anlagekosten treten Betriebskosten (Stromgebühren, Energiebedarf zur Lufterwärmung etc.) auf.
- Das Gebläsegeräusch stört in geschlossenen Siedlungen und bei Gästebeherbergung.
- Ohne Verteilergebläse oder Kran ist die lockere Verteilung im Belüftungskasten kaum möglich. Alte Greifer und die Handverteilung führen meistens zu einem Verdichten des Welkheus. Der Luftstrom verteilt sich im teilweise vorverdichteten Futter ungleich – verdorbene Stellen sind die Folge.
- Belüftungsanlagen sind in ihrer Kapazität begrenzt.

Das Überfordern der Anlage durch zu große Erntemengen oder zu geringes Vorwelken ist ein weit verbreitetes und unterschätztes Übel.

Die Vorteile der Belüftungen kommen oft nur beschränkt zur Geltung, da die überproportional ansteigenden Betriebskosten bei schlechteren Qualitäten das Grundfutter verteuern. Die Belüftungstechnik ist ziemlich ausgereift, doch erliegt der Betriebsführer zu häufig der Versuchung, bei Schönwetter die Erntemenge bzw. bei Schlechtwettergefahr den nötigen Feuchtigkeitsgrad zu überschreiten.

❑ Kaltbelüftungen ohne dichte Seitenwände

Diese Auslaufmodelle aus den Anfängen der Belüftung sind nur für druckschwache Axialgebläse und geringe Stockhöhen geeignet. Die einfache und kostengünstige Bauweise gewährleistet aber nicht, dass die Trocknungsluft auch durch das zuoberst aufgeschichtete Welkheu strömt. Ein hoher Anteil des Luftstromes entweicht unproduktiv durch die unteren Schichten bereits getrockneten Futters.
Zur Lüftercharakteristik der Axialgebläse zählt die hohe Luftmengenleistung bei geringer Druckstabilität. Ihr Wirkungsfaktor ist daher gering und die Leistungsgrenze wird bei einem Feuchtigkeitsgehalt von 20–25 % erreicht.
Zu dieser Belüftungsgruppe zählen Giebelrost, Ziehlüfter, Ziehkanal und Heuturm.

❏ Kaltbelüftungen mit Flachrost und Belüftungsbox

Kasten- und Boxenbelüftungen werden mit druckstärkeren und druckstabilen Radiallüftern betrieben. Sie gewährleisten, dass auch noch durch die obersten Heuschichten genügend Luft geblasen wird und sorgen so für einen störungsfreien Trocknungsverlauf. Der Rost mit seinen dichten Seitenwänden gewährleistet, dass die Trocknungsluft von unten nach oben strömen muss. So wird sie gezwungen, auch die zuletzt aufgebrachte Schichte von Welkgut mit einem höheren Strömungswiderstand zu passieren.

Dieses System ist auch für größere Grundflächen (sogar über 100 m²) und Höhen bis 5 m sehr gut geeignet. Der Aufwand für den Bau einer stabilen Box wird durchwegs unterschätzt. Versteifungen und Abstützungen erhöhen die Stabilität und damit auch die Dichtheit der Box. Je mehr der Belüftungskasten gefüllt wird, desto höher wird der Druck und alsbald bilden sich Ritzen und Klüfte. Durch diese entweichen enorme Mengen an Belüftungsluft, da diese den Weg des geringsten Widerstandes geht. Die Dichtheit des Belüftungskastens bedarf allergrößter Aufmerksamkeit und ständiger Kontrolle, denn Belüftungsluft ist teuer.

Mithilfe von Belüftungsanlagen können die Verluste (Bröckel- und Fermentationsverluste) vermindert und die Futterqualitäten erhöht werden.

❏ Heubelüftungen mit Lufterwärmung durch die Dachfläche

Diese Art der Belüftungstechnik wird auch Solartrocknung, Kollektorbelüftung oder Belüftung mit Dachabsaugung genannt. Zur Verbesserung des Wirkungsgrades gewöhnlicher Kaltbelüftungsanlagen wird ein unter der Dachhaut erwärmter Luftpolster abgesaugt und zur Belüftung verwendet. Diese Technik nutzt die Sonnenenergie mit einfachsten Mitteln und kann in geeigneten Lagen mit einem relativ geringen Aufwand den Nutzeffekt der Belüftung enorm steigern. Das Umrüsten bestehender Kaltbelüftungen erfolgt in den meisten Fällen problemlos, weshalb ein gründliches Abchecken der betrieblichen Gegebenheiten auf diese Möglichkeit hin lohnend ist.

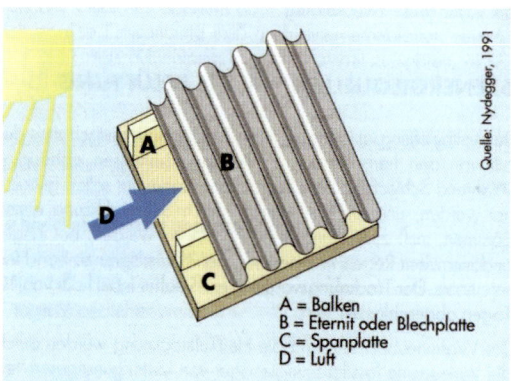

A = Balken
B = Eternit oder Blechplatte
C = Spanplatte
D = Luft

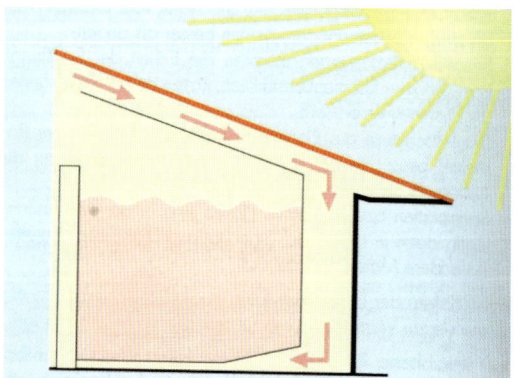

Grafik 52 und 53: **Aufbau einer Solarbelüftung und Arbeitsprinzip eines Kollektors. Links Kollektor – rechts System einer Heubelüftung** *(NYDEGGER, 1991)*

Zum Absorbieren der Sonnenenergie sind am besten Dachhäute wie Wellblech, Welleternit, Eternit, Dachziegel u. Ä. geeignet. Die Dachhaut darf allerdings nur auf Latten liegen und nicht auf einer isolierenden Bretterverschalung.

Angestrebt wird eine Lufterwärmung um mindestens 5 °C, wodurch die Trocknungsfähigkeit annähernd verdoppelt wird.

❏ Lufterwärmung durch Wärmetauscher

Für die Energiegewinnung kann zur Erwärmung der Trocknungsluft unter mehreren Quellen gewählt werden.

Die aus Hackschnitzelheizungen oder Biogasanlagen gewonnene Energie lässt sich auch für die Warmheubelüftung nutzen, wenn der Brennkessel und die Belüftung in geringer Entfernung stehen. Für die Lufterwärmung sind ähnlich wie bei der Solartrocknung etwa 5 °C anzustreben, um die Heubelüftung kostenbewusst und ökologisch betreiben zu können.

Kriterien kurz gefasst:
• Von der Witterung unabhängiger Betrieb möglich
• Leitungsverluste sind von der Gebäudeentfernung abhängig
• Höherer Investitionsbedarf als bei Solardächern

❏ Heubelüftung mit einer Luftentfeuchter-Wärmepumpe

Nach ihrem Wirkungsprinzip sind diese Anlagen auch unter dem Begriff „Kondensationsbelüftungen" bekannt. Sie arbeiten nach dem Prinzip einer Wärmepumpe, bei der ein Kompressor einen Kühlmittelkreislauf aufrechterhält. Mittels Lamellenkühler wird die Ansaugluft bis zum Taupunkt abgekühlt und verliert dabei einen Großteil ihrer Feuchtigkeit in Tröpfchenform (Kondensationsvorgang). Dieses Kondensationswasser wird in einer Rinne gesammelt und abgeleitet. Diese Lamellenkühler entziehen der Luft (> 70 % RLF und bei 20 °C) Wasser. Bei feuchter und sehr warmer Witterung kann sich die Kondensationskapazität deutlich erhöhen.

Die durch diesen Vorgang abgekühlte und bereits trocken gewordene Luft wird nun durch die Lamellen des Kondensators (Nachwärmer des Kältemittelkreislaufes) gesaugt, wobei die aus der Luftentfeuchtung gewonnene Energie durch das Kältemittel zu einer Erwärmung um etwa 2–6 °C genutzt wird.

> Eine durch einen Kondensator entfeuchtete Luft kann mehr Feuchtigkeit aus dem Heu entziehen als unbehandelte Luft. Durch die Nacherwärmung im Kondensator erfährt dieser Effekt eine zusätzliche Steigerung (= weitere Senkung der Luftfeuchtigkeit).

Diese Funktionsweise bewirkt auch, dass dem Erntegut (Heu, Getreide, Mais u. a.) größere Mengen an Feuchtigkeit, in kürzerer Zeit und vom Wetter unabhängig, entzogen werden können als bei den übrigen Systemen. Im Gegensatz zu anderen Anlagen findet sowohl am Tag wie auch während der Nachtstunden eine gleichmäßige Trocknung statt. Die Vorteile dieser Belüftung kommen besonders bei regnerischem Wetter, geringer Sonneneinstrahlung, feuchter Luft sowie an Nebeltagen zum Tragen. Hier ist die Überlegenheit der Kondensationsbelüftung am größten, da trotzdem trocknungsfähige Luft erzeugt wird. Damit kann auch die Lüfterleistung vergleichsweise niedrig gehalten werden, da die fortwährende Trocknung mit einer gleichzeitigen Erhöhung des Luftwiderstandes das Heu am Zusammensacken hindert.

Die Verwendung entfeuchteter Luft zur Trocknung von Welkheu mit einem Gehalt von 40–50 % H_2O erlaubt die Ernte von „Ein-Tag-Heu". Bereits 24–28 Stunden nach dem Mähen und dem Einsatz eines Aufbereiters kann die Belüftung mit diesem extrem feuchten Erntegut beschickt werden. Unter peinlich genauer Befolgung aller Belüftungsregeln lässt sich bestes Qualitätsheu – „Energieheu" – erzeugen. Werden aber Beschickungsfehler begangen, so wirken sich diese durch die hohe Erntefeuchte besonders gravierend aus. Überlastungen durch zu hohe tägliche Erntemengen sind auch durch die aufwendigste Technik nicht zu bewältigen.

❏ Rundballen – Heubelüftung

Die Rundballen-Heuernte liegt aus arbeitstechnischen Gründen im Trend der Zeit. Die Nachteile dieser Werbungsart versucht man durch Belüftung in den Griff zu bekommen. Gepresstes Heu liegt jedoch im Grenzbereich der Luftdurchlässigkeit und stellt daher höchste Anforderungen an Erntetechnik und Belüftungsanlage. Gebräuchlich sind Anlagen mit Luftverteilerkanälen und aufgesetzten Metallringen, welche der Luftverteilung im Ballen dienen. Zur Verbesserung der Trocknungsleistung werden verstärkt Luftentfeuchter-Wärmepumpen und auch Warmluft von Wärmetauschern eingesetzt.

Futter und Presse
Gräserreiches und strukturiertes Futter gewährt durch die geringere Dichtlagerung eine günstigere Luftführung als jüngeres, zartes und kleereiches Futter, wenn der Pressdruck nicht zu hoch eingestellt war. Pressen mit konstanter Kammer verdichten den Kern des Ballens weniger stark. Diese Heuballen eignen sich daher eher für Ballenbelüftungen als jene von Bandpressen. Als günstiger Druck hat sich der Bereich von 40–50 bar herausgestellt, wobei je nach Futterart zu variieren ist. Ältere und schon beinahe trockene Partien mit einem Gehalt von etwa 80 % TM gewähren bei 50 bar Arbeitsdruck eine ausreichende Luftführung, während bei einem geringen Trocknungsgrad mit diesem Druck keine gleichmäßige Luftverteilung im Ballen mehr zu erreichen ist. Vor zu geringem Vorwelkgrad und zu hohem Arbeitsdruck sei gewarnt, da zumindest einzelne Ballen auch bei doppelter Belüftungszeit nicht fertig zu trocknen sind. Gefährdet sind besonders etwa 20 cm der äußeren Schichte in der oberen Ballenhälfte.

Wird das Futter während der Pressung von etwa 7–10 Messern geschnitten, begünstigt dies die Wasserabgabe bei einer Erhöhung des Ballengewichtes. Über 10 Messer einzusetzen ist weniger ratsam, da durch die fehlende Verflechtung der Halme und Stängel die Ballen beim Manipulieren leicht brechen.

Bei der Rundballentrocknung fallen pro Ballen rund 40–60 l Wasser an.

Vorwelkgrad
Bei über 35 % Wassergehalt stoßen wir auch mit 40 bar Pressdruck an die Grenzen des Machbaren und je Ballen sind etwa 60 l Wasser zu verdunsten. Im Bereich von etwa 30 % Feuchtigkeit kann der Pressdruck bei gut strukturiertem Futter leicht erhöht werden, doch liegt der Idealbereich für 50 bar erst bei einem Feuchtigkeitsgehalt des Futters von 25 % und darunter.

Ernte- und Belüftungstechnik
Nur möglichst gleichmäßig durchgetrocknetes Futter sichert eine gute Luftverteilung im Ballen. Während des Erntevorganges zeigen Pressen mit höherem Bedienungskomfort die Druck-

verhältnisse im Ballen und damit den günstigsten Aufnahmebereich an – eine wichtige Hilfe für optimale Belüftungsergebnisse. Der druckstabile Lüfter muss je Ballen und Stunde ca. 1.500 m³ Luft fördern.

Es ist zu empfehlen, die Heustöcke und Heuballen auf Temperatur und Restfeuchte zu kontrollieren.

2. SILAGE- UND GÄRHEUBEREITUNG

Die Silage- und Gärheuzubereitung verursacht in der Regel geringere Kosten und Nährstoffverluste als die Trockenfutterbereitung. Außerdem ist die Abhängigkeit vom Wetter geringer und die arbeitstechnische Schlagkraft (auch über den Maschinenring) größer als bei der Heubereitung. Aus diesen Gründen und angesichts der Erfahrung, dass Silage und Gärheu in der Fütterung gut einsetzbar sind, nimmt die Konservierung über die Ansäuerung eine wichtige Rolle in der Vorratshaltung über die vegetationslose Zeit ein.

Die Landwirte haben in den letzten Jahren sehr viel Wissen und Erfahrungen beim Silieren dazugewonnen.

Voraussetzungen für das Gelingen von Silage und Gärheu:
- Zeitgerechte Ernte (Ähren-/Rispenschieben)
- Angepasster Anwelkgrad
- Saubere Futtergewinnung (trockene Mahd, Mähtiefe 5–7 cm)
- Kurze Häcksellänge (wegen Restluft)
- Beste Verteilung im Silo (Luftsäcke)
- Optimale Verdichtung
- Totaler Luftabschluss (Planen, Folien etc.)
- Der pH-Wert sollte in den ersten 2–5 Tagen rasch abgesenkt und dann stabil gehalten werden.
- Buttersäure- und Essigsäurebakterien sind durch saubere Ernte und luftfreie Lagerung großteils zu vermeiden.
- Die gewünschte Milchsäuregärung muss optimale Bedingungen vorfinden:
  - Zuckerkonzentration im Futter heben (zeitgerechte Mahd, hoher Blattanteil, Anwelken etc.)
  - Kurze Häcksellänge, beste Verdichtung und garantierter Luftabschluss
- Salze, Säuren sowie Bakterienpräparate (Impfung des Siliergutes) als Zusätze können die Konservierung verbessern.

Österreichweite Beobachtungen und Erhebungen zeigen, dass es nicht nur „Silagemeister" gibt, sondern auch viele Betriebe, bei denen noch erhebliche Mängel in der Silage- bzw. Gärheuproduktion auftreten. Die nachfolgende Gegenüberstellung von Schwachstellen in der Silierkette vom Feld bis zur Fütterung mit den Lösungsansätzen sollte von jedem Landwirt als Checkliste verwendet werden, um seine angewandte Routine zu überprüfen und wenn notwendig zu verbessern.

Besondere Schwachstellen in der Praxis	Lösungsansatz – Silierregeln beachten!
• Entartete Pflanzenbestände mit großen „erdigen" Lücken in der Grasnarbe • Mahd von feuchten Beständen (Haftwasser durch Regen oder Tau) • Tiefer Schnitt und tiefe Geräteeinstellungen (Gefahr der Futterverschmutzung) • Zu später Nutzungstermin (erst zur Blüte der Leitgräser) • Spät genutztes und grobes Futter, zu starke Anwelkung • Zu geringe Zerkleinerung bei grobem und stark angewelktem Futter • Hohe Schlagkraft am Feld stimmt nicht mit der Schlagkraft im Silo überein, ungenügende Verteilung und Verdichtung • Zu späte Folienabdeckung, erst am nächsten Tag nach der Einbringung • Falsche Produktwahl, zu geringe Mengen, ungenügende Dosierung und Verteilung von Silierzusätzen • Zu große Anschnittfläche bei zu geringem Vortrieb und Verbrauch an Silage bzw. Gärheu	• Grünlandverbesserung mittels Über- oder Nachsaat – harmonischer Pflanzenbestand mit einer dichten Grasnarbe als Basis für bestes Grundfutter • Nur abgetrocknetes Futter mähen • Nur sauberes Futter ernten, Mindestschnitthöhe 5–7 cm, Mäh- und Werbegeräte richtig einstellen • Zum richtigen Zeitpunkt mähen, insbesondere beim ersten Aufwuchs (Ähren- und Rispenschieben) • Ersten Aufwuchs bei Grassilage zwischen 30 und 35 % TM, die Folgeaufwüchse gleichmäßig auf 30–40 % TM anwelken, das Gärheu weist Anwelkgrade von 50–75 % TM auf • Je gröber und trockener das Futter, desto mehr zerkleinern (bis zu 2 cm Häcksellänge günstig) • Anlieferungsmenge zeitlich besser auf die Siloarbeit abstimmen (Walzfahrzeug) • Kurze Feldliegezeiten anstreben, aber nicht um jeden Preis innerhalb eines Tages silieren • Sorgfältige, rasche Walzarbeit und Abdeckung • Wenn Silierzusätze verwendet werden, dann richtig und sachgerecht einsetzen • Wöchentlicher Vorschub im Fahrsilo von 70 cm (Winter) und 140 cm (Sommer), im Hochsilo täglich 10–20 cm

2.1 Gärverlauf

Die pflanzliche Zusammensetzung der Futterpartien, die Inhaltsstoffe des Futters sowie speziell das Verhältnis Zucker : Rohprotein sind entscheidend für den Verlauf der Gärung. Nicht nur für den energetischen Futterwert, sondern auch für die pH-Wert-Absenkung sind die Verhältnisse (Verluste durch Veratmung, Bröckelverluste etc.) am Feld von Bedeutung.

Kommen die Futterpartien in den Silo bzw. in die Siloballen, so veratmen die Pflanzen den noch vorhandenen Restsauerstoff und sterben dann ab. Danach tritt der zuckerhaltige Zellsaft aus und dient den Bakterien als Futter. Die Milchsäurebakterien, die im Frischfutter zahlenmäßig höchstens 1–2 % der Gesamtkeimzahl betragen, können sich unter Luftabschluss und bei 20 °C rasch vermehren und so die Gärung bestimmen. Unter hervorragender Ausnützung der vorhandenen Energie produzieren sie Milchsäure. Diese ist für die pH-Wert-Absenkung auf 4,0–5,5 verantwortlich.

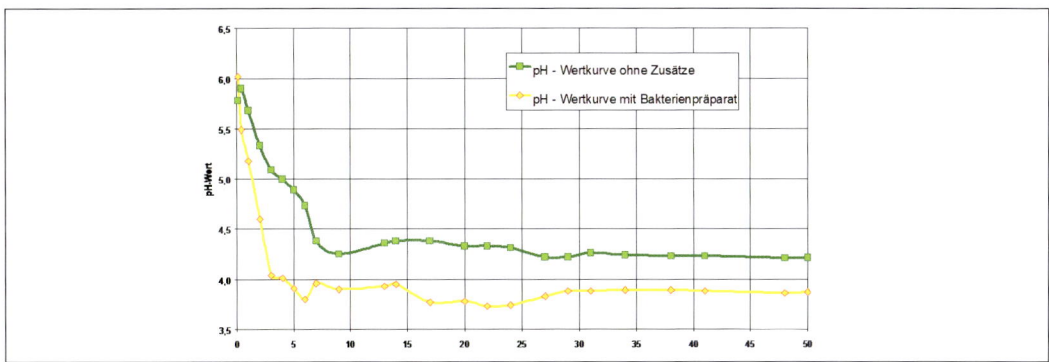

Grafik 54: **Zeitliche pH-Wert-Absenkung bei Grassilage mit und ohne Bakterienpräparate** *(BUCHGRABER, RESCH 1992)*

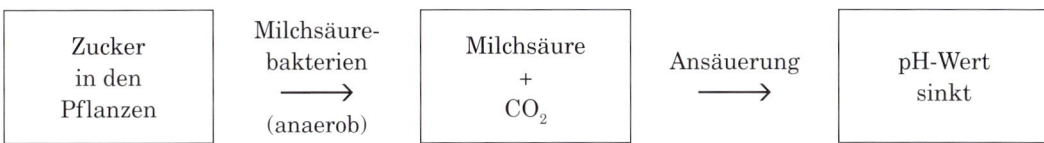

Bis eine Silage bzw. ein Gärheu stabil ist und geöffnet werden kann, dauert es 3–6 Wochen (je nach Futterart). Wird ein Silo bzw. Ballen zu früh geöffnet, so besteht die Gefahr des „Umkippens", d. h., die gebildete Milchsäure kann von den Gärschädlingen (Hefe- und Schimmelpilzen) abgebaut und dadurch der pH-Wert auf über 6,0 angehoben werden. Bei der Ballensilage spielt dieser Vorgang bei rascher Verfütterung keine allzu große Rolle.

Achtung bei Hoch- und Tiefsilo!
Die Erstickungsgefahr durch hohe Konzentrationen an Kohlendioxid (CO_2), insbesondere in den Hoch- und Tiefsilos, stellt eine große Bedrohung menschlichen und tierischen Lebens dar. CO_2 fällt bei Haupt- und Nachgärung als Nebenprodukt der Gärung an. Das CO_2-Gas kann durch unsere Sinnesorgane nicht wahrgenommen werden (unsichtbar, geruchlos). Es ist schwerer als Luft. Die tödliche CO_2-Konzentration von über 10 % ist bereits wenige Stunden nach der Befüllung erreicht. Bei Nitrosegasen besteht erst einige Tage nach dem Befüllen die größte Gefahr. Daher immer Vorsicht bei der Nachsilierung!

Die **Lebensansprüche der am Gärverlauf beteiligten Mikroorganismen** werden von drei wesentlichen **Kriterien** bestimmt:
• Sauerstoffbedarf
• Säureverträglichkeit, kritischer pH-Wert
• Temperaturanspruch

Der Betriebsleiter kann die gärbiologischen Abläufe über die pflanzenbaulichen, organisatorischen und technischen Maßnahmen mitbestimmen, indem er dafür sorgt, dass **genügend Pflanzenzucker verfügbar** ist. Es muss die Luft im Siliergut bestens ausgepresst (gewalzt) und ein sicherer Luftabschluss erreicht werden. So wird rasch und nachhaltig über die Milchsäuregärung genügend Säure gebildet. Die erforderliche sauerstofffreie Atmosphäre (anaerob) ist das wesentliche Kriterium bei der Silierung.

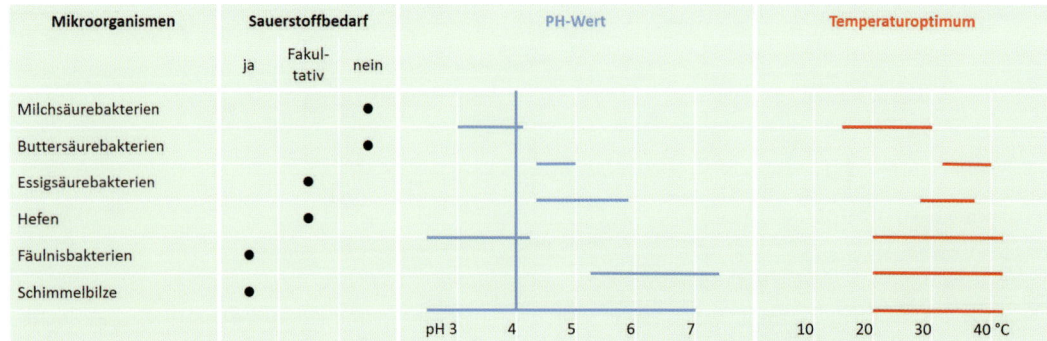

Mikroorganismen	Sauerstoffbedarf			PH-Wert	Temperaturoptimum
	ja	Fakul-tativ	nein		
Milchsäurebakterien			●		
Buttersäurebakterien			●		
Essigsäurebakterien		●			
Hefen		●			
Fäulnisbakterien	●				
Schimmelbilze	●				

pH 3   4   5   6   7   10   20   30   40 °C

*Grafik 55: **Lebensansprüche der Mikroorganismen** (vereinfacht) nach THÖNI (1988)*

❑ Milchsäuregärung

Die Milchsäurebakterien sollen die Gärung im Futterstock tragen sowie rasch und nachhaltig die konservierende Milchsäure bilden. Ein **Milchsäure/Essigsäure-Verhältnis von 4–5 : 1** zeigt die erwünschte Milchsäuregärung an.

Der pH-Wert sinkt infolge der Milchsäuregärung (je nach Anwelkgrad) bis zu einem bestimmten Wert ab. Dabei werden mit Ausnahme der Hefen alle anderen Mikroorganismen ausgeschaltet, zuletzt sogar die Milchsäurebakterien selbst. Langkettige Kohlenhydrate wie Zellulose oder Stärke sowie Proteine und Vitamine werden von den Milchsäurebakterien nicht abgebaut.

Aus diesen und weiteren Gründen ist die Milchsäuregärung erwünscht. Milchsäure ist ein hochwertiger Nährstoff für die Tiere; sie verhindert als Konservierungsmittel die Proteinzersetzung. Bei der Umwandlung von Zucker zu Milchsäure geht nur sehr wenig Energie verloren (nur 3 %). In der alternativen Grünlandnutzung kann diese Milchsäure abgepresst werden und als Rohstoff vielfältige Verwendung (Reinigungsmittel, Konservierungsstoffe für Lebensmittel etc.) finden.

Traunsteinsilo sind in den größeren Betrieben Standard für eine rasche und saubere Ernte.

Wenn während der Lagerung im Futterstock der Säuregrad nicht aufrecht gehalten werden kann, kippt die Silage um. Durch schleichenden Lufteintritt (Loch in der Folie, undichter Silobehälter etc.) bzw. Kohlendioxid-Verlust sowie durch den Abbau der Milchsäure steigt der pH-Wert wieder an, und bakterieller wie auch pilzlicher Verderb setzen ein.

2.2 Fehlgärungen

Als Gegenspieler und Nahrungskonkurrenten zu den Milchsäurebakterien können folgende Gärschädlinge auftreten:
• Buttersäurebildner (Clostridien)
• Essigsäurebildner (Enterobakterien und Colibakterien)
• Fäulnisbakterien und Proteinzersetzer
• Schimmel- und Hefepilze

❏ Buttersäuregärung

Die Buttersäurebakterien (Clostridien) sind überall im Boden verbreitet und gelangen durch erdige Verschmutzung in den Futterstock. Die sehr vielseitigen Buttersäurebakterien, die gleich wie die Milchsäurebakterien anaerob sind, können Folgendes bewirken:

Bildung von Buttersäure aus Pflanzenzucker bzw. aus Milchsäure, wobei ein Energieverlust bis zu 20 % auftritt.

Abbau von Protein und Entstehung von Aminen sowie Ammonium als nicht erwünschte Endprodukte.

Die Lagerung von Ballensilage auf festem Untergrund soll auch sicherheitstechnisch, insbesondere wenn spielende Kinder am Hof sind, geklärt sein.

> Buttersäure wie auch Ammoniak und Amine beeinträchtigen den Geruch und bei hoher Konzentration auch den Geschmack der Silagen wesentlich.

Die Clostridien sind strikt sauerstofffeindlich und bevorzugen feuchtes Material (Nass bzw. Feuchtsilagen) sowie höhere Temperaturen von 30–35 °C. Sie sind säureverträglich, aber nur bis zu so genannten kritischen pH-Werten:

- Nass- und Feuchtsilagen bis höchstens pH 4,2
- Anwelksilagen und Gärheu bis höchstens pH 4,5

Bei Anwelksilagen und Gärheu verhindert mit zunehmendem Trockenmassegehalt der osmotische Druck eine Buttersäuregärung.

Grafik 56: **Kreislauf der Clostridien vom Boden bis ins Nahrungsmittel**

Die Clostridien sind auch die Verursacher von Spätblähungen im Hart- und Schnittkäse und waren ursprünglich der Grund für das „Silageverbot" bei der Milchlieferung in Hartkäsereigebieten.

> Mit einer sauberen Melkhygiene können Clostridien von den Zitzen und dem Euter entfernt werden, damit sie nicht in der Rohmilch landen, wo sie extreme Probleme in der Milchverarbeitung, insbesondere in der Hartkäseproduktion, bereiten.

❏ Essigsäurebildung

In der Anfangsphase des Gärverlaufes treten Enterobakterien und verstärkt auch Colibakterien auf. Sie produzieren neben Essigsäure und Ethanol auch CO_2. Dabei werden viel Wärme und Energie frei. Zusammen mit der Restatmung der im Futterstock absterbenden Pflanzen sind die **Essigsäurebakterien** deshalb neben den **Hefepilzen** für die **Erwärmung** verantwortlich. Für Milchsäurebakterien ist dieser Temperaturbereich (> 30 °C) ungünstig, für Gärschädlinge geradezu ideal. Die Essigsäure sticht bei der Bewertung scharf in die Nase. Verschiedene Milchsäurebakterienstämme produzieren neben Milchsäure auch etwas Essigsäure.

Eine leichte Essigsäure (< 3,0 %) stört die Futteraufnahme nicht und wirkt in der Konservierung stabilisierend. Die Essigsäurebakterien sind fakultativ, d. h., sie können mit oder ohne Luft leben (siehe Grafik 55).

❏ Fäulnisbakterien und Proteinzersetzer

Die Fäulnisbakterien gehören zu den luftliebenden (aeroben) Mikroorganismen und kommen im Grünfutter in großer Zahl vor. Bei Luftabschluss und Säurebildung werden sie rasch und vollständig ausgeschaltet. Die Proteinzersetzer können das Eiweiß bis zu Ammoniak abbauen, was wiederum den pH-Wert ansteigen lässt. Nass- und Feuchtsilagen sowie Futterpartien mit hohem Proteingehalt (z. B. Kleegräser) sind hierbei stark gefährdet.

❏ Schimmelbildung

Die Schimmelpilze wachsen bei Luftzutritt oder ausreichender Restluft im Futterstock. Eine unzureichende Verdichtung bei älterem und grobstängeligem Futter sowie bei hohen Anwelkgraden, insbesondere bei Gärheu, kann zu einer raschen Zunahme der **Schimmel-** und **Hefepilze** führen.

Es kommt dabei zu starkem Nährstoffabbau, einem Verlust der Schmackhaftigkeit und manchmal gar zu gesundheitlichen Beeinträchtigungen. Verschimmelte Partien oder Nester im Futterstock sollten weder an die empfindlicheren Schweine noch an Rinder, Schafe, Ziegen oder Pferde verfüttert werden.

Schimmel- und Hefepilze brauchen Sauerstoff. Schon der kleinste Zutritt von Luft oder auch ein zu hoher Restluftanteil im Silostock fördern diese Gärschädlinge.

❏ Hefepilze

Hefen in der Silage und im Gärheu sind für den Vorgang der Nacherwärmung, fälschlich Nachgärung genannt, verantwortlich. Die Hefen sind aerob und hoch säuretolerant. Sie beteiligen sich anfänglich an der Alkoholgärung, wobei die entstehenden Geschmacksstoffe durchaus positiv zu werten sind. Kommt es durch eine zu langsame Kohlensäurebildung oder einen schleichenden Luftzutritt im Futterstock nicht zur Ausschaltung der Hefen, so können diese sich stark vermehren. Die Stabilität solcher Silagen ist nach der Öffnung und bei der Entnahme extrem gefährdet.

Der Restzucker und die Milchsäure werden bei vollem Luftzutritt durch explosionsartige Vermehrung der Hefen verbraucht. Dadurch wird eine kräftige **Nacherwärmung** ausgelöst. Da gleichzeitig auch der pH-Wert ansteigt, entstehen plötzlich günstige Bedingungen für alle möglichen Mikroorganismen, was Fehlgärungen zur Folge haben kann. Nährstoffreiche und gut vergorene Silagen (Silomais, CCM und Körnersilagen) sind davon insbesondere bei zu geringen täglichen Entnahmemengen betroffen. Propionsäure kann als Hilfsmittel gegen das Risiko der Nacherwärmung auf der Anschnitt- und Oberfläche eingesetzt werden.

Die Milchsäuregärung im Futterstock liefert uns Milchsäure als hochwertiges Konservierungsmittel. Alle Fehlgärungen verbrauchen Zucker, Milchsäure etc. und sind sowohl im Silo oder im Ballen sowie in der Fütterung unerwünscht.

Tabelle 40: **Auswirkungen der Mikroorganismen in den Silagen**

Milchsäure-bakterien*	→ Milchsäure-bildung, z. T. auch Essigsäure	→ angenehmer Geruch	**Gewünschte Werte je g Futter** Grassilage: > 100.000–1 Mio.	
			Werte in den Silagen und im Gärheu	
			tolerierbar	ungünstig
Essigsäurebildner	→ Essigsäure-bildung, z. T. auch Alkohol	→ stechender, saurer Geruch	unter 3,0 % in der TM	über 4,5 % in der TM
Buttersäure-bakterien = Clostridien*	→ Buttersäure-bildung, z. T. auch Proteinabbau zu Ammoniak	→ unangenehmer, stinkender Geruch	unter 0,3 % in der TM < 10.000	über 1,2 % in der TM > 10.000
			je g Futter	
Proteinzersetzer und Fäulnis-bakterien	→ Proteinabbau zu Ammoniak und Amide	→ stechender, reizender Geruch, Fäkalgeruch	Anteil Ammoniak zu Gesamtstickstoff	
			unter 10 %	über 15 %
Schimmelpilze*	→ Schimmelbildung	→ muffig, derber Geruch	< 10.000	> 10.000
			je g Futter	
Hefepilze*	→ Alkoholgärung Nacherwärmung	→ alkoholischer Geruch	< 100.000	> 100.000
			je g Futter	

* Werte laut Dr. Adler, AGES

2.3 Silierregeln und Siliertechnik

❏ Rechtzeitiger und richtiger Erntezeitpunkt

Die Schönwetterperioden während der Erntezeit sind meist kurz. Deswegen müssen vor dem richtigen Erntezeitpunkt bzw. vor dem Erreichen des richtigen Entwicklungsstadiums auf dem Feld und beim Silo alle Vorkehrungen getroffen werden, die für die Ernte eine schlagkräftige und sorgfältige Arbeit zulassen (PÖLLINGER et al., 2000).

Vorbereitungen
- Silo sorgfältig reinigen und falls notwendig Schutzanstrich erneuern
- Ablauf und Auffanggrube für Sickersäfte kontrollieren
- Geräte zur Mahd, Werbung und Ernte einsatzbereit halten
- Silobeschickungsgeräte vorbereiten
- Bei Ballensilagen alle organisatorischen Vorkehrungen treffen
- Falls nötig, Silierzusätze besorgen

Befinden sich **rund 50 % der Leitgräser** (Knaulgras oder Goldhafer) **am Beginn des Ähren- bzw. Rispenschiebens**, so kann mit **guten Silage- und Gärheuqualitäten** gerechnet werden. Der Gerüstsubstanzanteil und die Zellwandbestandteile liegen in diesem Vegetationsstadium bei rund 45–51 % (siehe Grafik 28), das Futter kann dabei noch bestens verdichtet werden und besitzt auch ausreichend Zucker für die Milchsäurevergärung. Alle übrigen Inhaltsstoffe, Mengen- und Spurenelemente sowie Vitamine liegen in der Regel bei diesem Nutzungszeitpunkt in hohem Maße vor.

Eine frühzeitige Mahd im Vegetationsstadium „Ende Schossen" bringt zwar noch bessere Qualitäten, doch der ökonomische Ertrag ist nicht immer gegeben. In weiterer Folge gehen bei der Vielschnittstrategie (mehr als vier Schnitte pro Vegetationsperiode) die Pflanzenbestände ein.

Eine spätere Mahd im Vegetationsstadium „Blüte" liefert keine Qualitätssilage, da sowohl der Gehalt an Inhaltsstoffen als auch die Gärqualität stark abfallen. Bei später Mahd und hohem Anwelkungsgrad (Gärheu größer 60 % TM) ist mit einer Verschimmelung zu rechnen.

> Rechtzeitig beim Ähren- und Rispenschieben ernten bringt gute Voraussetzungen für beste Gärqualität und erfolgreiche Fütterung.

❑ Sauberes Futter ernten

Ein Hauptproblem in der Praxis ist oft eine starke erdige Verschmutzung des Futters. Sauber geerntetes Futter weist einen Rohaschegehalt von generell unter 10 % bzw. 100 g/kg TM auf (vergleiche Grafik 32, Kapitel B). In der Praxis findet man aber nicht selten Werte bis zu 15 % und mehr. In diesen durch Erd- und Mistbeimengungen verursachten Verschmutzungen befindet sich eine große Anzahl von Gärschädlingen, die von der Vergärung (z. B. Buttersäure) bis hin zur Fütterung und Milchqualität (z. B. Clostridien) große Probleme bereiten.

Der Feldhäcksler bereitet das Futter optimal auf. Das vom Feldhäcksler aufbereitete Futter lässt sich gut verdichten und weist auch eine raschere und bessere Vergärung auf. Diese Technik ist allerdings nicht überall einsetzbar.

Daher:

- Dichte Grasnarben mit einem hohen Untergrasanteil anstreben und Lücken rasch nachsäen.
- Mähgeräte richtig auf eine Schnitthöhe von 5–7 cm einstellen (kein Rasierschnitt, besonders wichtig bei Feldfutter).
- Werbegeräte (Kreisel, Schwader und Pickup) auf der Grasnarbe „tanzen" und nicht kratzen lassen.
- Abgetrocknetes Futter mähen (erst am Vormittag oder am Nachmittag mähen) – speziell bei „verwühlten" Wiesen.
- Rechtzeitig mit der Mausbekämpfung beginnen (z. B. Sitzstangen für Greifvögel aufstellen, mechanische Fallen legen).
- Nicht zu früh im Frühjahr abschleppen, nicht im Ergrünen, sondern beim Bestocken.
- Auf erdigen Grasnarben bevorzugt Finger- oder Doppelmessermähwerke einsetzen.
- Erdiges, verschmutztes Futter stärker anwelken, nicht zu feucht silieren.
- Vorplatz beim Fahrsilo befestigen, ansonsten Erde im Profil.
- Gleichmäßige Ausbringung und Verteilung der Wirtschaftsdünger; Gülle mit Wasser verdünnen und Miste im Frühjahr anreiben.

> Sauberes Futter vergärt besser und führt bei rechtzeitiger Ernte durch bessere Qualität auch zu höchsten Futteraufnahmen.

❑ Richtiger Trockenmassegehalt (Anwelkgrad)

Durch die Verdunstung des in der Pflanze gebundenen Wassers erhöht sich die Zuckerkonzentration im Zellsaft. Die Vergärung läuft rascher (innerhalb von 5 Tagen) und intensiver ab. Anwelksilagen weisen einen besseren Futterwert auf, werden in größeren Mengen gefressen und erbringen auch bei frühzeitiger Nutzung eine günstigere Strukturwirksamkeit in der Fütterung. Anwelksilagen bereiten keine Probleme durch Gärsaftverluste, die bei Anwelkgraden unter 28 % TM auftreten.

Tabelle 41: Bedeutung des Anwelkgrades für die Vergärung

Nass- bis leichte Anwelksilage	Anwelksilage	Gärheu
< 28 % TM	30–35 (40) % TM	> 40 (50–80) % TM
Große Sickersaft-Verluste und Gefahr der Buttersäuregärung	Optimalbereich	Hefe- und Schimmelpilze Nacherwärmung

Ein starkes Anwelken (über 50 %) führt zu Gärheu. Hier braucht es eine perfekte Verdichtung. Bei Anwelkgrade von > 70 % sollte das Pressen von Ballen in die Nachtstunden verlegt werden, da das halbtrockene Futter mit Tau versetzt wird und sich besser pressen lässt.

Der Anwelkverlauf hängt natürlich sehr stark von der Witterung (Temperatur, Luftfeuchtigkeit, Wind etc.) und auch von der zu trocknenden Futtermenge ab. Durch den Einsatz von Mähaufbereitern kann dieser Abtrocknungsprozess beschleunigt werden.

Mit der Wringmethode kann bei einiger Übung der Trockenmassegehalt rasch ermittelt werden. Hier stellen gerade Landwirte ihr Können unter Beweis.

Tabelle 42: Praktisches Erkennen des Anwelkgrades beim Futter

Praktische Überprüfung des Anwelkgrades vor Silierbeginn	
20–28 % TM Nass- bzw. leichte Anwelksilage	Hier tritt bei kräftigem Händedruck Pflanzensaft aus; aus dem Futter tropft Wasser, die Hände sind stark befeuchtet. Der Futterknäuel bleibt nach dem Auspressen geschlossen.
28–40 % TM Normale Anwelksilage	Die Hände werden nur bei stärkstem Pressen und kräftigem Winden feucht – gegen 40 % TM tritt bei Auswinden kein Pflanzensaft mehr aus. Die Blätter sind welk und hell, die Stängel noch grün. Der gepresste Futterknäuel geht wieder leicht auf. Die Hände fühlen sich so an, als ob sie „schwitzen" würden.
40–50 % TM Starke Anwelksilage	Trotz starken Auspressens und Windens bleiben die Hände nahezu trocken – es tritt kein Pflanzensaft mehr aus. Blätter sind noch elastisch, Stängel und Halme sind welk und sehr zäh – Futter lässt sich schwer mit der Gabel stechen.
Über 50 % TM Gärheu	Zarte Blätter fast trocken, Stängel nur mehr innen feucht. Das Futter beginnt leicht zu rascheln und hellt auf. Die ersten Blätter beginnen zu bröckeln.

❑ Optimale Zerkleinerung, Verteilung und Verdichtung

Eine Zerkleinerung, insbesondere von stark angewelktem und/oder etwas zu spät gemähtem bzw. grobem Futter, bringt den großen Vorteil, dass eine Verdichtung leichter erfolgen kann und ein rascher Gärverlauf möglich ist.

> Der mit einer Zerkleinerung verbundene Zellaufschluss erleichtert die Milchsäuregärung und beschleunigt die Säurebildung.

Die bessere Zerkleinerung wirkt Erwärmungen (= Nährstoffverluste durch Pflanzenatmung) und den gefürchteten Fehlgärungen entgegen. Die Strukturwirksamkeit ist bei Silagen mit einer Anwelkung von mehr als 30 % TM selbst bis zu einer Futterlänge von nur 1–2 cm noch gegeben.

Damit im Silostock überall eine luftfreie (anaerobe) Atmosphäre entstehen kann, muss das Futter auch gut verteilt eingebracht werden. Bei der Kranbefüllung treten fallweise Luftsäcke auf. Oftmals ist eine ergänzende Handverteilung notwendig. Das Futter sollte sich beim Befüllen nicht allzu stark entmischen und eine Kegelbildung an der Wand sollte verhindert werden. Das Stampfen oder Treten an den Silowänden (Hochsilo) bzw. das Befahren mit Walzgeräten bis zur (schrägen) Silowand (Traunsteinsilo) trägt sehr viel zum Siliererfolg bei.

Eine bestimmte Schwadgröße, die richtige Fahrgeschwindigkeit und der optimal eingestellte Druck der Presse sollten bei der Produktion von Rundballen beachtet werden.

Man beachte beim Verdichten:
- Nur bei guter Verdichtung wird die Luft ausreichend und nachhaltig aus dem Futterstock verdrängt. Dadurch ist sichergestellt, dass
- die Atmung des Futters rasch zu Ende geht und damit verbundene Nährstoffverluste vermindert sowie
- umgehend optimale Bedingungen für die Entwicklung der erwünschten Milchsäurebakterien im Futterstock geschaffen werden.

> **Die Luft muss raus!**

Besonders bei der Fahrsilobeschickung ist darauf zu achten, dass dem Walztraktor genügend Zeit zur ordentlichen Verdichtung bleibt. Das gilt speziell für arrondierte Betriebe und bei Ladewagen mit hoher Anlieferleistung.

Tabelle 43: **Ernteverfahren, Anlieferleistung und Walzgewicht (PÖLLINGER et al., 2003)**

Ernteverfahren*	Anlieferleistung in ha/h	Walzgewicht in t
30 m³ Kurzschnittladewagen	1,5	4,2
45 m³ Kurzschnittladewagen	2,5	7,0
60 m³ Kurzschnittladewagen	4,0	11,2
Feldhäcksler	6,0	16,0

*(2.800 kg TM/1. Schnitt, arrondierte Hoflage)

❑ Befüllzeiten

Die ratenweise Silobefüllung fördert die Gärschädlinge, weshalb nach Möglichkeit in einem Zug befüllt werden sollte. Dabei geht es aber nicht um Arbeitsproduktivität, sondern ausschließlich um die Gärfutterqualität (Tempo im Dienste der Qualität). In den Fahrsilo sollten pro Tag mindestens 50 cm gewalztes Siliergut eingebracht werden. Der Silo sollte über Nacht abgedeckt werden (Hochsilos am nächsten Tag vor Arbeitsbeginn wegen der Gase gründlich lüften). Siliergut sollte nicht länger (z. B. über Nacht) auf dem Wagen liegen gelassen werden, da es sonst zu Erwärmung à Zuckerverlusten à Fehlgärungen à Qualitätsverlusten kommt. Rundballen sind am besten sofort, längstens aber nach 3–4 Stunden nach dem Pressen zu wickeln und nach Möglichkeit stehend am Hof (auf der Stirnseite) zu lagern.

❏ Abdecken

Der Sauerstoffentzug stellt eine wichtige Maßnahme zur Steuerung der Gärvorgänge im Silo sowie im Siloballen dar. Praktisch hält man die Luft vom Siliergut fern, indem man den gesamten Futterstock gut verdichtet und die oberste Futterschicht luftdicht abdeckt. Die Abdeckung erfolgt mit einer UV-beständigen Plastikfolie und einem Schutzvlies oder -gitter. Bei der Ballensilage sind beim ersten Aufwuchs sowie bei Futter aus Ackerfutterschlägen, insbesondere bei Luzerne, sechsfache und bei Folgeaufwüchsen vierfache Stretchfolienlagen zum völligen Luftabschluss notwendig.

Die Arbeit am Silo ist die wichtigste. Gut verteilen, verdichten und luftdicht abschließen sind Grundvoraussetzungen für die rasche Gärung im Futterstock.

Es darf keine Luft hinein!

❏ Auf ordnungsgemäße und ausreichende Entnahme achten

Bis zur Öffnung des Silos ist eine **Gärdauer** von mindestens **3 Wochen** abzuwarten und beim Einsatz nitrithaltiger Siliermittel muss eine Wartezeit von **4 Wochen** eingehalten werden. Rundballen, die innerhalb von 3 Tagen verfüttert werden, können bereits **10 Tage** nach der Silierung geöffnet werden.

Beim Fahrsilo sind im Winter mindestens 70 cm Vorschub pro Woche (im Sommer das Doppelte) über die gesamte Anschnittfläche notwendig.
Im Hochsilo sind 10–20 cm Entnahmetiefe pro Tag die untere Grenze. Es ist darauf zu achten, dass der im Silo verbleibende Futterstock nicht aufgelockert wird (Achtung bei Kranentnahme).

Werden diese Vorgaben nicht eingehalten, ist mit Nacherwärmung und Futterverpilzung zu rechnen. Bei Siloneubauten muss daher die Anschnittfläche der Behälter unbedingt auf den silageverzehrenden Viehbestand abgestimmt werden. Dies trifft vor allem auf Sommersilage zu.

❏ Zusammenfassung der Silierregeln

1. Beim Silieren ist auf Sorgfalt in der Vorbereitung und eine entsprechende Sauberkeit in der Arbeitsweise zu achten. Eine zeitliche Abstimmung zwischen den Arbeitsgängen ist notwendig.
2. In den teuren Siloraum bzw. die Siloballen gehört nur energiereiches, hochwertiges und sauberes Futter. Kein verregnetes Heu mangels Schönwetter silieren!
3. Die Luft muss rasch und vollständig aus dem Futter verdrängt werden, daher kurz häckseln, zügig einfüllen, optimal verteilen, gut verdichten und luftdicht abdecken.

2.4 Ganzjahressilage

Acker-Grünland-Betriebe, aber auch reine Grünlandbetriebe mit Milchwirtschaft, insbesondere mit Hochleistungstieren, haben in den letzten Jahren auf den ganzjährigen Silageeinsatz umgestellt. Durch die oft extreme Streulage der Futterflächen scheidet eine Beweidung aus. Die oft hohen Niederschläge in den Weidegebieten führen zu Trittschäden und zu ungleichem Futterangebot, welche mit der Silagebereitung verhindert werden können.

Die Silagen für die Fütterung in der Vegetationszeit können im Hoch-, Tief- oder Fahrsilo sowie auf der Siloplatte hergestellt und entnommen werden. Die Ballensilage bietet sich besonders für die rechtzeitige Nutzung auch von kleineren Feldstücken sowie für die Verfütterung in kleineren Herden an.

> Durch die hohen Temperaturen im Sommer werden an die Stabilität der geöffneten Silage höchste Anforderungen gestellt. Ausreichende Futterentnahme notwendig!

Vorrangig müssen **Maßnahmen** gesetzt werden, **die einer Erwärmung und einem Verderb des Futters entgegenwirken**:
- Schlagkraft
- Geringster Verschmutzungsgrad
- Einwandfreies Futter
- Schmälere, dafür längere Fahrsilos/ Siloplatten
- Ausgereifte Silier- und Entnahmetechnik
- Größerer Vortrieb bei der Entnahme
- Einsatz von Propionsäure beim Anschnitt und auf der Futteroberfläche sowie an den Rändern

Dies alles zählt zu den wichtigsten Kriterien, die von Silierprofis eingehalten werden.

Die Ganzjahressilage ist dem Silierprofi vorbehalten. Nacherwärmungen in der warmen Jahreszeit und bei zu geringem Vortrieb können zum Problem werden.

Die Ganzjahressilage stellt die höchsten Anforderungen an die Fachkenntnisse des Betriebsführers, da sich Fehler im Konservierungsbereich besonders stark auswirken.

> **Sommersilage: Mit Siloballen kein Problem – im Fahrsilo oder auf der Siloplatte „die Königsdisziplin"!**

2.5 Silierzusätze

Der Landwirt muss dafür sorgen, dass die Silierregeln 100%ig eingehalten werden und der arbeitstechnische Ablauf zeitlich abgestimmt ist. Liegt ein sauberes, feines, gut gehäckseltes und gut angewelktes Futter vor, so ist bei den üblichen Gras-Leguminosen-Kräuter-Mischbeständen kein Silierzusatz notwendig.

Treten allerdings durch schlechtere und unerwartete Witterung oder im Pflanzenbestand Probleme auf, oder besteht der Wunsch nach zusätzlichen Nährstoffen selbst im Futter, so können zur Optimierung der Milchsäuregärung bzw. zur rascheren pH-Wert-Senkung Silierzusätze in optimaler Dosierung und Verteilung verabreicht werden. Flächengrößere Betriebe können eher auf die mit bester technischer Ausstattung für den Einsatz von Silierzusätzen gerüsteten Maschinenringe zugreifen. Bergbetriebe mit ihren kleinen Strukturen verfügen diesbezüglich über geringere Rationalisierungsmöglichkeiten.

Schlampige Arbeit und schlechtes Futter können durch einen Silierzusatz niemals wettgemacht werden.

In Tabelle 44 wird erläutert, zu welchen Futterpartien welche Silierzusätze anwendbar sind. Die Marktübersicht über die Silierhilfsmittel kann unter RESCH (2017) sowie https://gruenland-viehwirtschaft.at gewonnen werden. Die Liste und die Vielfalt der spezifischen Mittel ist groß. Bevor man einen Einsatz von Silierzusätzen in Erwägung zieht, sollte man das aktuelle Angebot studieren.

ACHTUNG! Ausreichende Mengen und vor allem eine genaue Verteilung mittels Dosiereinrichtungen sind entscheidend für eine wunschgemäße Wirkung der Silierzusätze. Der Zusatz kann nur dort wirken, wo er hingebracht wird. In der Praxis mangelt es an optimalen Verteileinrichtungen!

Ohne exakte Dosierung und Verteilung können Silierzusätze ihre Wirkung nicht entfalten.

Tabelle 44: **Anwendungsbereiche für Silierzusätze** (Stand 2017)

Risikosilagen	**1. Situation:** Leguminosenreicher Futterbestand, insbesondere Klee oder Kleegrasmischung bzw. Luzerne oder eiweißreiche, junge Futterpartien, sauber geerntet, **ausreichend angewelkt**. **Geeignete Silierzusätze:** Zusätze auf Basis von Zucker (z. B. Melasse, Rübenschnitzel etc.)
	2. Situation: Futter nicht bzw. schwach angewelkt (z. B. unsichere Wetterlage) **Geeignete Produktpalette:** Zusätze auf der Basis von Säuren und Salzen
	3. Situation: Spät gemähtes Futter (in der Blüte der Leitgräser), **grobes und teilweise verschmutztes Futter**; bereits zu Nacherwärmung neigende Silagen; auch bei Sommersilagefütterung **Geeignete Produktpalette:** Zusätze auf Basis von Säuren und Salzen sowie Kombinationsprodukte
Verbesserung des Futterwertes	**4. Situation:** Bestes, **leicht silierfähiges Futter**, rechtzeitig gemäht, gut angewelkt (30–40 % TM) und sauber geerntet sowie gut verdichtet und abgedeckt = d. h. optimale Silierbedingungen **Geeignete Produktpalette:** Hier sind Bakterienprodukte mit unterschiedlichen Stämmen in Abstimmung mit dem Siliergut einsetzbar.

2.6 Siloformen

Der Einsatz der einzelnen Siloformen hat in den letzten Jahrzehnten eine starke Veränderung erfahren. Waren es in den 50er bis 70er Jahren die Hoch- und Tiefsilos, so wurden in den 80er Jahren die Fahrsilos forciert und in den 90er Jahren kam die Ballensilage stark auf.

❑ Hochsilo und Tiefsilo

Für kleinere Betriebe, insbesondere in Berglagen, wo nur ein geringes Platzangebot vorhanden und die Schlagkraft über den Maschinenring nur schwer zu verbessern ist, stellt der Hochsilo auch heute noch eine brauchbare Bauart dar. Mittlere und größere Betriebe sollten den Hochsilo langfristig durch andere Verfahren ersetzen, da die Errichtung von Hochsilos teuer, die Mechanisierung und Handarbeit aufwendig und die Maschinenringtauglichkeit unbefriedigend ist. Der „moderne" Tiefsilo hat unter bestimmten Situationen in Kombination mit Krananlagen an Bedeutung gewonnen.

❑ Flachsilo und Traunsteinsilo

Die ältere Generation der Flach- bzw. Fahrsilos war gekennzeichnet durch eine massive Bauweise, eine geringe Breite und relativ hohe Seitenwände, die vielfach keine Neigung nach außen aufwiesen. Fahrsilos jüngeren Datums weisen bereits schräge, nach außen geneigte Seitenwände und eine Durchfahrmöglichkeit auf.

Der Traunsteinsilo ist jene Spezialform, die am häufigsten errichtet wird. Die Landwirte schaffen damit unter Einbringung von Eigenleistung gemeinsam mit den Maschinenringen kostengünstigen Siloraum, der den Anforderungen der modernen Befüllungs- und Entnahmetechnik voll gerecht wird.

❑ Siloplatte

Die Vorarlberger Siloplatte ist vom Kostenaufwand wohl die billigste Silobauweise. Sie besitzt keine Seitenwände, wohl aber eine ordnungsgemäße Sickersaftentsorgung über die betonierte Bodenplatte. Der Einsatz, insbesondere bei Sommersilagefütterung, hat sich sowohl bei kleinen als auch bei großen Betrieben bewährt. Die Siloplatte verlangt bestes Management und höchste Sorgfalt. Sie bleibt den Spezialisten unter den Landwirten vorbehalten.

❑ Ballensilage

In den letzten Jahren hat die Produktion von Ballensilage in Österreich kräftig zugenommen. Mit Pressen und Wickelgeräten wird Rundballensilage hergestellt, die gerade für Neben und Zuerwerbsbetriebe, aber auch für größere Betriebe ein flexibles Verfahren darstellt. 1988 wurden in Österreich 77 Ballen, im Jahr 2002 rund 3,5 Mio. Silorundballen und 2017 rund 4 Mio. Ballen meist überbetrieblich hergestellt. Die produzierten Futterqualitäten in den Rundballen sind durchschnittlich gut, jedoch im Allgemeinen nicht besser als von guten Fahr- oder Hochsilos.

Seit dem Jahr 1988 hat sich die Ballensilage in Österreich etabliert. Die Bauern kennzeichnen ihre Ballen nach Herkunft und Qualität.

Jedes Silierverfahren ist so gut, wie es bedient wird. Bei Einhaltung der gärbiologischen Vorgaben kann jedes Verfahren Spitzenqualitäten liefern, es sollte dem Betrieb und dem Tierbesatz angepasst sein.

Pressen von Grassilagen und Gärheu

Es werden viele Pressgerätetypen angeboten. Grundsätzlich ist zwischen Pressen mit variablem Durchmesser (Bandpressen) und solchen mit konstantem Durchmesser (Walzen oder Kammerpressen) zu unterscheiden. Die Pressen mit variablem Durchmesser pressen von innen nach außen mit konstantem Druck und die Variabilität der Ballengröße kann von 0,8–1,8 m^3 Volumen gut gesteuert werden. In der Praxis sind Rundballen mit 1,3–1,5 m^3 Volumen üblich. Für einen exakten Pressvorgang sind eine optimale Einstellung der Pressdichte, eine angepasste Fahrgeschwindigkeit und ein exakt gelegter Schwad von größter Wichtigkeit. Unter Einhaltung dieser Forderungen sind beide Presssysteme in der Lage, gute Arbeit zu leisten. Systeme mit Schneideinrichtung können bei etwas überständigem Futter eher noch für einen ausreichenden Pressdruck sorgen.

Je nach Anwelkgrad und Ballengröße sind in etwa 200 kg TM/Ballen Futter enthalten, die Ballen wiegen dabei 500–800 kg.

Wickelmaschinen und Folie

Mit der Verwendung der Stretchfolie und den verschiedenen Wickeltechniken vom Halb- bis zum Vollautomaten gelingt es binnen kürzester Zeit, die Ballen luftdicht zu verschließen. Dabei sollte die **Anzahl der Umhüllungen** bei **mindestens vier**, **beim ersten Aufwuchs** bei **sechs Lagen** liegen. Pro Ballen werden rund 0,7–1,0 kg Folie benötigt, die es zu recyclen gilt. Der Trend geht nach RESCH (2018) bei der modernen Folienproduktion in Richtung Mehrschichtigkeit (mindestens drei Lagen) mit hochwertigen Komponenten, welche in der Reiß- und Durchstoßfestigkeit sowie UV-Stabilität sich verbessert zeigen. Mehrschichtige OB-Folien mit Barriereschichten aus Polyamid oder Ethylen-Vinylalkohol-Copolymer führten zu einer Verbesserung der aeroben Stabilität der Silagen und des Gärheus.

Die **Lagerung** der gekennzeichneten Rundballen sollte **stirnseitig** und ordnungsgemäß auf einem **sauberen, befestigten Lagerplatz am Hof** erfolgen. Beschädigte Folien sollten rasch mit Klebebändern repariert werden. Eine Herkunfts- und Qualitätsbeschreibung in Form eines Kürzels am Ballen erleichtert den Futterzugriff.

1. BODENANSPRACHE UND BODENBEPROBUNG MIT BEWERTUNG

1.1 Einfache Bodenansprache für Praktiker

Die Qualität des Grünlandbodens kann im Gelände mit einfachen Hilfsmitteln beurteilt und bewertet werden. Hierbei muss allerdings das Klima (Niederschlag und Temperatur) mitberücksichtigt werden. Die wichtigsten Beurteilungs- und Bewertungskriterien nach BOHNER.

Über ein Bodenprofil lassen sich die einzelnen Horizonte gut ansprechen.

Bodengründigkeit

Tiefgründige Böden sind mehr als 70 cm mächtig. Seichtgründige Böden erreichen eine Mächtigkeit bis zu 30 cm. Seichtgründige Böden können weniger Wasser und Nährstoffe speichern als tiefgründige Böden.

Horizontgrenzen

Allmählich übergehende Horizontgrenzen sind ein Hinweis für eine hohe biologische Aktivität im Dauergrünlandboden. Der oberste Horizont wird mit A bezeichnet, erkennbar an der Humusfarbe. B ist der Übergangshorizont und C der Horizont mit dem Ausgangsgestein für die Bodenbildung.

Humusgehalt und Humusmenge

Je dunkler und mächtiger die oberste Bodenschicht ist, desto höher sind Humusgehalt und Humusmenge im Grünlandboden.

Bodenfarbe

Günstig ist eine gleichmäßig braune Farbe im Boden unterhalb der humusreichen obersten Bodenschicht. Ungünstig ist eine gleichmäßig graue Farbe, insbesondere in kühlen, niederschlagreichen Gebieten oder in Muldenlage, denn sie zeigt eine starke Vernässung im Boden an. Rostflecken sind ein Hinweis für einen deutlichen Einfluss von Grund-, Stau-, Hang- oder Überflutungswasser im Boden. Grund-, Stau- oder Hangwasser erhöhen in warmen, niederschlagarmen Gebieten oft die Qualität des Grünlandbodens. In kühlen, niederschlagreichen Gebieten wirken sie eher qualitätsverschlechternd.

Bodenart

In warmen, niederschlagarmen Gebieten ist ein tonreicher Boden und in kühlen, niederschlagreichen Gebieten ein sandiger Boden günstig.

Struktur im Oberboden

Eine krümelige Struktur im Oberboden zeigt einen lockeren Boden an, während eine plattige Struktur typisch für verdichtete Grünlandböden ist.

Durchwurzelung

Günstig ist eine gleichmäßige, intensive und tiefreichende Durchwurzelung des Bodens. Ungünstig ist eine ungleichmäßige Durchwurzelung oder eine starke Konzentration der Wurzelmasse auf die oberste Bodenschicht. Die Wasser- und Nährstoffvorräte im Boden werden dadurch schlecht ausgenützt.

Kalkgehalt

Der Kalkgehalt im Boden kann mittels 10%iger Salzsäure festgestellt werden. Kalkhaltige Böden brausen nach Anträufeln mit verdünnter Salzsäure stark auf, der pH-Wert liegt dann oberhalb von 6,2 (BOHNER et al., 2002).

1.2 Bodenprobenahme und Bodenuntersuchung

Eine Standortbewertung mit einer Bodenuntersuchung liefert für den Praktiker wichtige Informationen über den aktuellen Nährstoffzustand und bestimmte Bodeneigenschaften wie etwa den pH-Wert. Die Probenziehung auf dem Grünland soll im Frühjahr bei abgetrockneten Böden und vor der Frühjahrsdüngung erfolgen. Es sollte die vorangegangene Düngung (Wirtschaftsdünger oder Mineraldünger) keinen unmittelbaren Einfluss auf das Untersuchungsergebnis haben. Bei der Auswahl der Bodenprobenziehung steht die Homogenität (Einheitlichkeit) der zu beprobenden Fläche im Vordergrund.

Rund **25–30 Einstiche** sollten beim Grünland auf dem ausgewählten „homogenen" Flächen von 0–10 cm und bei Ackerflächen von 0–20 cm stattfinden. **Schüsselbohrer** haben sich dafür im Grünland bestens bewährt. Die Einzeleinstiche werden in einem sauberen Plastikkübel gesammelt und zuletzt gut zu einer „Mischprobe" gemischt. Aus dieser Mischprobe (ohne Steine, Pflanzenreste, Mistreste) nimmt man rund 1 kg und gibt sie in ein beschichtetes Papiersäckchen. Wichtig ist dann eine genaue Beschriftung des Säckchens mit Name, Feldname und Probennummer.

Wichtig ist, dass man sich selbst ein Probenverzeichnis mit Schlagname und Probennummer anlegt. Die einzelnen Labors zur Untersuchung der Bodenproben stellen Prüfungsauftragsformulare zur Verfügung. Die Landwirtschaftskammern und die Maschinenringe bieten hier „Bodenaktionen" im Herbst oder Frühjahr an.

Untersuchungsparameter: pH-Wert, pflanzenverfügbarer Anteil an Kalium und Phosphor, Humusgehalt

Zusätzlich können auch das verfügbare Magnesium, der nachlieferbare Stickstoff, der Carbongehalt und der Tongehalt sowie Spurenelemente im Boden untersucht werden.

❑ Einstufung der Analysenergebnisse

Wichtig ist, nicht nur eine Bodenuntersuchung machen zu lassen, sondern diese auch zu verstehen und sie bestmöglich in der Düngepraxis umzusetzen. Die Richtlinie für die sachgerechte Düngung (BML, 2023b) gibt hier Werte für die richtige Einstufung der Untersuchungsergebnisse vor.

Mit einem Schüsselbohrer lassen sich Probeneinstiche von 0–10 cm schnell machen.

pH-Wert im Grünland

pH-Wert (CaCl$_2$)	Bodenreaktion	GRÜNLAND Anzustrebender pH-Wert Bodenschwere			ACKERLAND Anzustrebender pH-Wert Bodenschwere		
		Leicht	Mittel	Schwer	Leicht	mittel	Schwer
Unter 5,0	Sauer bis stark sauer						
5,1–6,5	Schwach sauer	Grünlandflächen			Hafer, Roggen, Kartoffeln, alle übrigen Kulturen		
6,6–7,2	Neutral						
Über 7,2	Alkalisch bis stark alkalisch						

Die pH-Werte sollten beim Grünland nicht unter 5,0 abfallen. Ideal wären pH-Werte im Grünland von 5,5–6,5. Feldfutterbau mit Luzerne sollte pH-Werte von 6,5–7,0 aufweisen.

Geht der pH-Wert unter 5,0, sollte gekalkt werden, alle 2–3 Jahre 1.000–1.500 kg/ha kohlensaurer Kalk (BOHNER et al., 2002).

Humusgehalt

Als Humus wird die abgestorbene Masse in und auf dem Boden bezeichnet. Ausgangsstoffe für die Bildung von Humus sind anfallende Pflanzenteile (Ernterückstände, Zwischenfruchtbau), Wirtschaftsdünger sowie Pflanzenwurzeln und Bodentiere.

Einstufung des Humusgehaltes im Acker- und Grünland für Mineralböden

	Niedrig	Mittel	Hoch
Grünland	< 4,5 %	4,6–9 %	> 9 %
Ackerland	< 2,0 %	2,1–4,5 %	> 4,6 %

Im Grünlandboden sollten je nach Schwere des Bodens über 5 % Humus angestrebt werden.

Einstufung Phosphorgehalte im Boden

Gehaltsklasse	Nährstoffversorgung	Ackerland	Grünland
		mg P/1000g	
A	Sehr niedrig	Unter 26	Unter 26
B	Niedrig	26–46	26–46
C	Ausreichend	47–111	47–68
D	Hoch	112–174	69–174
E	Sehr hoch	Über 174	Über 174

Die Phosphorgehalte im Grünland sollten bei 47–68 mg P/1.000 g Feinboden liegen, an wasserlöslichem Phosphor sollten 4,4–8,7 mg P/1.000 g Feinboden im Grünland vorliegen.

Einstufung der Kaliumgehalte in den Böden nach Bodenschwere

Gehaltsklasse	Nährstoff-versorgung	Ackerland mg K/1000g FB			Grünland mg K/1000g FB
		Bodenschwere/Tongehalt (%)			
		Leicht < 15	Mittel 15–25	Schwer > 25	
A	Sehr niedrig	Unter 50	Unter 66	Unter 83	Unter 50
B	Niedrig	50–87	66–112	83–137	50–87
C	Ausreichend	88–178	113–212	138–245	88–170
D	Hoch	179–291	213–332	246–374	171–332
E	Sehr hoch	Über 291	Über 332	Über 374	Über 332

Auf tonreichen (schweren) Böden kann es zur Festlegung von Kalium kommen, dann sollte eine Ausgleichsdüngung dazu erfolgen.

Alle speziellen Hinweise zu den Nährstoffen (Magnesium, Spurenelemente) sowie zur Stickstofffreisetzung im Boden werden eingehend in den Richtlinien für die sachgerechte Düngung (BML, 2023b) erläutert. (siehe www.bml.gv.at)

Die Bodenwerte aus der Bodenuntersuchung sollten von allen Feldschlägen in eine Dünge-planung mit den jeweiligen Ansprüchen der Kulturen einfließen. Das Management mit den anfallenden Dünge- und Nährstoffmengen auf den Kulturen, auf den Flächen in viehhalten-den Betrieben ist wirklich spannend.

Eine gute Düngeplanung und eine laufende Beobachtung der Kulturen im Wachstum, in der Vitalität und im Blattgrün machen gute Pflanzenbauer oder Grünländer aus. Ein ge-zielter und effizienter Einsatz der Nährstoffe hat höchste ökologische und ökonomische Priorität.

2. AUFNAHME UND BEWERTUNG VON PFLANZENBESTÄNDEN

Der Grünlandbauer sollte die wichtigsten Pflanzenarten ansprechen (also erkennen) können und bei Feldbegehungen die Bestände laufend beobachten und beurteilen. In einem Pflanzen-bestand einer Wiese oder Weide steckt eine permanente Dynamik und Entwicklung. Der Grünlandbauer sollte mit seinem Wissen und seinen Erfahrungen mehrmals in der Vegetati-onszeit über alle Wiesen und Weiden gehen und sich Notizen über die Lückigkeit der Gras-narbe, über die Artengruppenzusammensetzung sowie über wenig geschätzte Arten machen. Daraus kann er frühzeitig Fehlentwicklungen erkennen und Maßnahmen setzen. Er sollte sich folgende Fragen stellen, diese beantworten und danach entsprechend handeln:

- Ist der Bestand ausgeglichen, ist er harmonisch aufgebaut?
- Welche Arten herrschen vor und wie sind die drei Hauptartengruppen verteilt?
- Welchen Anteil haben Gräser, Kleearten und Kräuter im Bestand?
- Ist die Grasnarbe dicht, sind ausreichend Untergräser und Weißklee vorhanden?
- Ist das Grasgerüst insgesamt zu schwach und sind Verbesserungen durch Nach-/Übersaat notwendig?

- Sind gewisse Unkräuter, Platzräuber oder minderwertige Kräuter im Kommen?
- Muss bekämpft, die Bewirtschaftung verändert oder der gesamte Pflanzenbestand erneuert werden?

Jede Wiese, Weide und jedes Feldfutter trägt abhängig von Standort und Saatgutmischung einen eigenen Pflanzenbestand, der sich im Laufe der Vegetationsperiode und über die Jahre durch Wetterbedingungen und Bewirtschaftung (Pflege, Nachsaat, Düngung, Nutzungsform) verändert. Um diese Veränderungen wahrzunehmen, braucht es eine wiederkehrende Aufnahme der Pflanzenbestände, insbesondere der Grasnarben.

Am Fuße des Grimmings an der HBLFA Raumberg-Gumpenstein haben schon viele die Bewertung der Pflanzenbestände erlernt.

2.1 Feststellung der Grasnarbendichte

Wer die Gräser, Kleearten und Kräuter kennt, kann eine Bestandesbeurteilung durchführen. Dadurch können die Leistungsfähigkeit und die Qualität der Wiesen und Weiden eingeschätzt werden. Veränderungen im Pflanzenbestand können frühzeitig erkannt werden. Oberstes Ziel ist es, langfristig die Wiesen und Weiden zu erhalten und gutes Grundfutter zu produzieren.

Besonders im Frühjahr in den Vegetationsstadien „Spitzen" und „Bestocken" sollte die Grasnarbe von allen Wiesen und Weiden beobachtet und bewertet werden. Sind handtellergroße Lücken in der Grasnarbe auf über 10 Fl.-% angestiegen, so sollte eine Nachsaat überlegt werden. Diese Bewertung der Grasnarbe kann nach jeder Ernte wiederholt werden.

Methodische Vorgangsweise
Man nimmt fünf homogene Teilstücke von 2 x 5 m (ca. 10 m²) auf einer Wiese oder Weide und bewertet die Lückigkeit.

Lückig ist die Grasnarbe dort, wo man bis zum Bodengrund handtellergroße, unbewachsene Flächen sieht. Die Moose zählen nicht zum gewollten Bewuchs und werden auch als Lücke bewertet.

In der Bewertung der Lücken in % schiebt man die gesamten Lückenflächen der Beobachtungsfläche auf diesen ca. 10 m² zusammen. Ist dabei 1 m² lückig, so sind 10 Fl.-% Lückigkeit hier vorhanden. Sind 2,5 m² in der Grasnarbe offen, so liegt hier eine Lückigkeit von 25 Fl.-% vor.

Bewertungstabelle Lückigkeit im Grünland	Betrieb:					
		Bewertung der Lückigkeit in %				
Flächen-name	Fläche in ha	Frühjahr 2019	Nach dem 1. Schnitt	Herbst 2019		
Hauswiese						
Leit'n I						
Leit'n II						
Bachwiese						

Mit dieser genauen Beobachtung und Bewertung der Lückigkeit in der Grasnarbe kann die dynamische Entwicklung als Kriterium für eine Nachsaat/Übersaat herangezogen werden.

2.2 Aufnahme der Pflanzenbestände

Beim Ähren-/Rispenschieben oder in der Blüte, sofern die Mahd so spät erfolgt, sollten die Pflanzenbestände beim ersten Aufwuchs aufgenommen werden – dies wäre der beste Zeitpunkt. Geübte Pflanzenkundler und Grünländer können auch beim vegetativen Stadium (Schossen) oder bei den Folgeaufwüchsen gut aufnehmen.

❏ Bestandesaufnahme für die Bewirtschaftung

Auf mehreren homogenen Stellen auf der Wiese und Weide soll die Aufnahme auf 50–100 m² erfolgen. Diese aufzunehmende „Parzelle" wird im Pflanzenbestand ausgetreten – es entsteht rund um diese Fläche im Pflanzenbestand ein 30 cm breiter Weg im Bestand, so grenzt sich dann der übrige Bestand vom zu bewertenden Bestand ab. Das „Auge" und das „Gehirn" können sich nun auf diese Flächen in der Wiese oder Weide vollkommen konzentrieren. Eine Aufnahme (Bonitur) ist eine mentale Herausforderung und verlangt Ruhe, Konzentration und Wissen. In einer Skizze sollte die Aufnahmefläche vermerkt sein, damit in nachfolgenden Bewertungen auch darauf Bezug genommen werden kann.

Vorgangsweise
a) Projektive Deckung
Man schaut die Parzelle in der Vogelperspektive von oben, durch den Pflanzenbestand, auf den Untergrund (Boden) an. Alle Lücken, auch kleinere und jene, die mit Moosen bewachsen sind, werden summiert und von der Gesamtfläche abgezogen.

> Projektive Deckung = Gesamtfläche – Lücken im Pflanzenbestand bis zum Boden

Diese projektive Deckung ist auch bei der Ertragsschätzung erforderlich.

b) Artengruppenverhältnis „Gräser/Kräuter/Leguminosen"
Die Fläche wird mehrmals umrundet, genau von oben betrachtet und der Pflanzenbestand mit den Händen an mehreren Stellen geteilt, um auch bis auf die untersten Pflanzenschichten zu blicken. Man beginnt mit jener Artengruppe, die am leichtesten zu bewerten ist, meist sind dies die Leguminosen. Bei den nächsten Umrundungen konzentriert man sich ausschließlich auf die Leguminosen Rotklee, Weißklee, Hornklee, Wicken, Blatterbsen etc. Diese Artengruppe wird in der Summe aller Leguminosenarten in Gewichtsprozent bewertet. Man schätzt den Flächenanteil dieser Leguminosenarten und bedenkt, ob das Flächenausmaß aufgrund der Wuchshöhe, Vitalität etc. auch dem Gewichtsausmaß entspricht. Man schiebt hier auch alle Leguminosenarten auf die „reine Leguminosenfläche" auf der Parzelle zusammen und korrigiert die Fl.-% auf Gew.-%. Dies wird auch mit den Kräutern so durchgeführt, wobei hier auch bedacht wird, ob niedrige, mittelhohe oder hohe Kräuter vorhanden sind. Es braucht auch hier bei den Kräutern den totalen Fokus auf diese Arten

Trennung der drei Artengruppen in Fraktionen im Jahr 1977 (BUCHGRABER, 1983).

(Kuhblume, Gänseblümchen, Ehrenpreis, Spitzwegerich, Hahnenfuß, Geißfuß, Wiesenkerbel, Ampfer etc.). Hat man die Gewichtsprozente der Kräuter und Leguminosen auch in ihrer Relation zueinander abgestimmt, so werden die Kräuter und Leguminosen addiert.

Artengruppenverhältnis
Gewichtsprozente = Leguminosen + Kräuter + Gräser
z. B. 100 = 20 + 20 + 60

Die Gew.-% an Gräsern werden aus der Differenz zu 100 % errechnet und auch am Pflanzenbestand in der Schätzung nochmals verglichen. Die Abschätzung des Artengruppenverhältnisses ist wichtig zur Beurteilung der groben Zusammensetzung der Pflanzenarten und gibt auch Hinweise für die Fütterung.

Anteil Ober- und Untergräser: Bei den Gräsern sollte noch die Unterscheidung zwischen Ober- und Untergräsern erfolgen. Die Untergräser (z. B. Wiesenrispe, Rotschwingel, Straußgras und Engl. Raygras) sind gerade für die kompakte Grasnarbe wichtig. Es sollte eingeschätzt werden, ob im Unterbau des Pflanzenbestandes ausreichend Gräser für eine strapazierfähige Grasnarbe vorhanden sind. Die Obergräser (Knaulgras, Wiesenschwingel, Wiesenfuchsschwanz, Glatthafer, Goldhafer etc.) sind neben einer gewissen Narbenbildung hauptsächlich für den Futterertrag zuständig.

Der Untergrasanteil sollte bei 20–30 % und der Obergrasanteil bei 30–40 % liegen, wobei je nach Sorte, Reife und Wuchshöhe die Mittelgräser zu diesen Kategorien zählen.

c) Auffällige Arten
Hier sollten besonders jene Arten beobachtet und bewertet werden, die im Pflanzenbestand (Stumpfblättriger Ampfer, Wiesenkerbel, Geißfuß, Gemeine Rispe, Rasenschmiele etc.) störend oder im Futter (Herbstzeitlose, Kreuzkrautarten, Weißer Germer, Klappertopf, Scharfer Hahnenfuß etc.) nicht gewollt sind.
Diese störenden oder nicht gewollten Arten sollten bei der Bewertung der Fläche unbedingt auch im Flächenausmaß in Fl.-% eingeschätzt werden. Wie viele Fl.-% nimmt nun der Stumpfblättrige Ampfer auf der Wiese schon ein? Bei dieser Einzelpflanzenbewertung schiebt man diese einzelne Art wieder flächenmäßig zusammen und schätzt daraus den Flächenanteil an der Gesamtfläche oder man zählt pro 100 m² die Anzahl der Einzelpflanzen dieser Art, sofern zählbar.
Ganz wichtig ist hier auch die Bewertung der Gemeinen Rispe. Diesem feinen, filzigen, hellgrünen Untergras sollte besonderes Augenmerk geschenkt werden. Sind mehr als 10 Fl.-% davon vorhanden, dann sollte eine Sanierung angedacht werden. Hier ist es auch besonders wichtig, immer wieder in den „Untergrund" des Pflanzenbestandes zu schauen. Am besten kann das Anwachsen der Gemeinen Rispe beim ersten Begrünen beobachtet werden. Alle anderen Gräser sind noch „braun", während die Gemeine Rispe schon zart hellgrün durchtreibt. Sie wurzelt so seicht, dass die ersten Sonnenstrahlen im Frühjahr dafür schon reichen.

❏ Wissenschaftliche Pflanzenbestandesaufnahme

Hier wird neben dem Artengruppenverhältnis auch eine detaillierte Pflanzenaufnahme nach SCHECHTNER (1958) durchgeführt. Dabei werden alle Pflanzenarten erfasst und nach Fl.-% angegeben, meist wird zum deutschen Namen auch der lateinische Name hinzugestellt. Rechnet man alle Pflanzenarten in den Fl.-% zusammen, so erhält man die **Gesamtdeckung** in Fl.-%. Diese kann je nach Pflanzenzusammensetzung zwischen 100 und 160 Fl.-% liegen, ist abhängig von der Vielfalt, den Pflanzenschichten (Überlappung) und dem Blattanteil. In Gutachten, fachlichen Stellungnahmen, vorwissenschaftlichen Arbeiten (Matura) und Forschungsarbeiten sollten die Pflanzenbestände tiefgehend bewertet werden.

3. ERTRAGSSCHÄTZUNG IM GRÜNLAND

Es gibt mehrere Möglichkeiten, um den Ertrag zu schätzen oder zu messen. Bei Schadensfällen, bei der Einstufung der Ertragslage, aber auch bei der Einschätzung der Futterernte braucht es eine Ertragsangabe.

❑ Vorgangsweise „Ertragsschätzung über Wuchshöhe"

In der Wiese oder Weide werden die Pflanzenbestände auf ihre **durchschnittlich dichte Wuchshöhe in cm** gemessen. In jedem Pflanzenbestand gibt es eine Wuchshöhe, wo man beim Durchschauen erkennt, dass bis zu einem bestimmten Punkt ein dichter Wuchs vorherrscht und ab dort nur mehr ein lockerer Bestand und mehr Übersteher (Halme, Stängel, Einzelpflanzen etc.) vorliegen. Diese durchschnittliche Wuchshöhe wird vom Boden aus in cm gemessen. Davon werden die Lücken (aus der projektiven Deckung) und die unterdurchschnittlichen Wuchshöhen, die in Fl.-% vorliegen, abgezogen. Ebenso wird die Schnitthöhe oder Weidehöhe in cm von der durchschnittlichen Wuchshöhe abgezogen.

> Untersuchungen haben gezeigt, dass 1 cm durchschnittliche dichte Wuchshöhe ca. 100 kg TM/ha Ertrag ergibt.

Beispiel für die Ermittlung des Ernteertrages

Wiese im ersten Aufwuchs beim Ähren-/Rispenschieben		
Durchschnittliche Wuchshöhe		33 cm
Projektive Deckung 95 % (Lücken 5 %)	5 % von 33 cm	− 2 cm
Unterdurchschnittliche Wuchshöhe auf 10 % der Fläche (Magerstellen, nur Weißkleebewuchs etc.)	10 % von 33 cm	− 3 cm
Schnitthöhe in cm		− 6 cm
Ernteertrag in cm		**22 cm**

Diese Fläche hätte zum Zeitpunkt der Ernte einen Futterertrag von 2.200 kg TM/ha (22 cm x 100 kg TM/ha). Davon müssten noch die Feldverluste (Atmungs- und Bröckelverluste), die Lagerungs- und Krippenverluste abgezogen werden, um zum Nettoertrag für die Umsetzung beim Tier zu gelangen.

❑ Vorgangsweise „Ertragseinschätzung über Futteraufnahme"

Auf Hutweiden und Almweiden, wo die Wuchsbedingungen meist extrem heterogen sind, wird eine Ertragsermittlung über die Futteraufnahme der Tiere realistischere Daten liefern als über die Wuchshöhe.
Entscheidend sind hier der Tierbesatz in GVE (500 kg Lebendgewicht), die Weidetage und möglicherweise die Zufütterung.

> 100 kg Lebendgewicht (LG) der raufutterverzehrenden Tiere nehmen pro Weidetag als Vollweide (ohne Zufütterung) 2 kg TM auf, d. h., 1 GVE (500 kg LG) nimmt pro Tag 10 kg TM auf.

Vorgangsweise

Man schätzt die weidenden Tiere im Gewicht und führt ein Weidebuch, wo jeden Tag die Koppel, das Weidegebiet, der Almabschnitt etc. festgehalten werden. Hier können bei genauer Beobachtung auch Weidebereiche (Polygone) im Ertrag bewertet werden oder es kann die Ertragsleistung der Alm über den Almsommer in Gegenwert von Heu ermittelt werden.

Beispiel:

GVE-Feststellung 10 Kühe à 680 kg	6.800 kg
17 Kalbinnen à 350 kg	5.950 kg
3 Pferde à 500 kg	1.500 kg
10 Schafe à 50 kg	500 kg
Σ Tiergewicht	14.750 kg

GVE (14.750 : 500) = 29

Weidetage laut Weidetagebuch
95 Almtage ohne Zufütterung vom Heimbetrieb

Fresskäfig zur Ermittlung des Ertrages bei Weidehaltung

Ertragsermittlung über die Futteraufnahme

29 GVE x 95 Weidetage x 10 kg TM/Tag = 27.550 kg TM

In diesem Beispiel wurden von den 27 Rindern, 3 Pferden und 10 Schafen über den Almsommer 27.550 kg TM, rund 30.000 kg Heu aufgenommen. Würde man das dadurch ersparte Futter (Heu) im Heimbetrieb mit 20 Cent/kg Heu bewerten, so war der monetäre Heuertrag auf der Alm rund € 6.000,– wert.

Ähnlich können auch Futterverluste auf Wiesen und Weiden bewertet werden, wo Wildtiere über das Lebendgewicht (pro GVE/10 kg TM/Tag) Futter aufnehmen. In dieser Einschätzung, was hier das Schalenwild wohl aufgenommen hat, wäre es noch hilfreich, wenn „Weidekörbe" den tatsächlichen Aufwuchs vor Äsung schützen würden. Dann kann man beide Ermittlungsverfahren vergleichen.

❏ Einschätzung des Rohprotein- und Energieertrages

Aus der ÖAG-Futterwerttabelle (RESCH et al., 2017) können die Gehalte an Rohprotein und MJ NEL/kg TM bei den einzelnen Vegetationsstadien abgelesen werden. Zudem liefert die Bestandesbewertung Hinweise auf den Blattanteil (moderne Sorten), auf den Leguminosenanteil (10 Fl.-% Leguminosen liefern 5 g Rohprotein/kg TM zusätzlich) und auf die Stickstoffversorgung (Blattgrün).

Beispiel

Wiese im ersten Aufwuchs beim Ähren-/Rispenschieben mit 20 Gew.-% Kleeanteil und standortangepasster Nährstoffversorgung mit 15 m³ Rindergülle/ha			
Inhaltsstoffe	Gehalt in g bzw. MJ NEL/kg TM	TM-Ertrag/ha	kg bzw. MJ NEL/ha
Rohprotein	150 + 10 (160)	2.200	352
MJ NEL	6,1	2.200	13.420

Beim Ähren-/Rispenschieben liegen bei angepasster Düngung und „normalem" Wiesenbestand 150 g Rohprotein/kg TM inkl. 10 g Rohprotein/kg TM aus den 20 Gew.-% Leguminosen vor. Somit erreichen wir hier bei diesem Aufwuchs einen Rohprotein-Ernteertrag von 352 kg/ha (160 g/kg TM x 2.200 kg TM/ha). Der Energieernteertrag liegt hier bei 13.420 MJ NEL/ha (6,1 MJ NEL/kg TM x 2.200 kg TM/ha). Diese Daten aus dem Grundfutter bieten eine gute Schnittstelle hin zur Fütterung.

Aus dem Rohproteinertrag kann auch der N-Entzug (Boden-Düngung-Legu-N) mit 56 kg/ha errechnet werden. Der N-Anteil am Rohprotein liegt konstant bei 16 %, d. h. 352 kg Rohprotein/ha x 0,16 = 56 kg N/ha. Damit können auch ökologische Parameter gleich mitdiskutiert werden. Hier stimmt der N-Entzug mit der N-Zufuhr (15 m³ Gülle à 3,5 kg N/m³ = 52,5 kg N/ha aus WD) überein. Die N-Bilanz auf dieser Parzelle und bei diesem Aufwuchs ist ausgeglichen und für das Grundwasser unbedenklich.

4. BEWERTUNG DER FUTTERQUALITÄTEN

❏ Futterprobenziehung

Wenn eine Futteranalyse eine genaue Auskunft über die Inhaltsstoffe, Mineral- und Spurenelemente, den Verschmutzungsgrad oder den mikrobiellen hygienischen Zustand über eine Futterpartie geben soll, dann braucht es zuerst eine exakte Futterbeprobung. Am Fahrsilo oder bei den Siloballen wie auch im Heustock kann mittels eines Futterprobenbohrers aus mehreren Bohrkernen eine durchschnittliche Probe gezogen werden. Die Futterstichproben werden in einem Plastikeimer gesammelt, durchgemischt und rund 1 kg Futterprobe eingesackt. Trockenfutter möglichst ohne zusätzliche Bröckelverluste in Papiersäckchen geben und verschließen. Si-

Futterprobenzeichnung mit Stechzylinder quer durch den Futterstock oder in den Ballen

lagen oder Gärheu in Plastiksäckchen, wenn geht vakuumverpackt oder mit Auspressen der Luft aus den Säckchen, luftdicht verschließen und bei gekühlten Bedingungen rasch zur Laborstelle bringen. Die Landwirtschaftskammer macht hier mit der HBLFA Raumberg-Gumpenstein und dem Futtermittellabor Rosenau immer wieder „Futteraktionen".

❏ Bewertung und Einstufung von Analysenwerten

Aus den repräsentativen Futterproben werden im Futterlabor Rosenau die Grundfutterpartien auf bestimmte Inhaltsstoffe, Mengen- und Spurenelemente untersucht. Sie bekommen dann für diese Futterpartie Analysedaten, die in die Rationsberechnungen einfließen (vergleiche Tabelle 45).

Tabelle 45: **Richtwerte für Silagewerte zur Einschätzung der Untersuchungsproben und der Einlagerungswerte**

Qualitätsparameter	Toleranzbereich bei Grassilage
Trockenmassegehalt in %	30–40
Trockenmassegewicht in kg/m³	über 180
Zellwandbestandteil und Gerüstsubstanzgehalte, % i. d. TM	45–50
Rohasche, % i. d. TM	unter 10
Energiegehalt in MJ NEL je kg TM	über 5,5
Verdaulichkeit in VQ (OS) %	über 68
pH-Wert	3,5–5,5
Milchsäuregehalt, % i. d. TM	2–6
Essigsäuregehalt, % i. d. TM	bis 3
Buttersäuregehalt, % i. d. TM	bis 0,3
NH_4-N zu Gesamt-N in %	unter 10
Milchsäurebakterien pro g Futter	über 1.000.000
Schimmelpilze pro g Futter	unter 10.000
Hefepilze pro g Futter	unter 100.000
Clostridien pro g Futter	unter 10.000

Tabelle 46: **Richtwerte bei Heu und Grummet nach dem Untersuchungsergebnis**

Vegetationsstadium	Verdaulichkeit der org. Masse in %	Energiewert MJ NEL je kg TM	RP (Rohprotein) Gramm je kg TM
Schossen, Ä/R[1]	über 70	6,2–6,6	über 160
Ähren-/Rispenschieben	65–70	5,7–6,1	125–155
Blüte	60–65	5,0–5,6	100–125
Überständig	unter 60	unter 4,9	unter 100

[1]Ä/R=Ähren-/Rispenschieben

❏ Futterbewertung „Energie und Hygiene"

Die Futtergrundlage für Wiederkäuer und Pferde stammt in Österreich von den rund 1,92 Mio. ha Grünland- und Feldfutterflächen. Im Laufe des Jahres werden 6,5 Mio. t Trockenmasse (netto) auf den Grünlandbetrieben produziert, wobei diese aufgrund der Kleinstrukturiertheit der Flächen von rund 1 Mio. Futterpartien stammen. Auf den Betrieben lagert eine enorme Vielfalt an Futterpartien in konservierter Form, die es vor dem Einsatz in der Futterration zu bewerten gilt.

Heu und Grummet in unterschiedlicher Qualität

Eine gesamtheitliche Futterbewertung enthält neben den Futtergehaltswerten auch eine Feststellung der Futterqualität (vergleiche Grafik 57). Eine exakte **Futtermittelanalyse** wäre grundsätzlich die beste Information, jedoch wird es speziell bei kleinen Futterpartien nicht rentabel sein, hier eine Analyse durchzuführen. Wird keine Analyse bei der jeweiligen Futterpartie durchgeführt, so kann der Futtergehaltswert über eine **Futterwerttabelle** (RESCH et al., 2017) abgelesen werden.

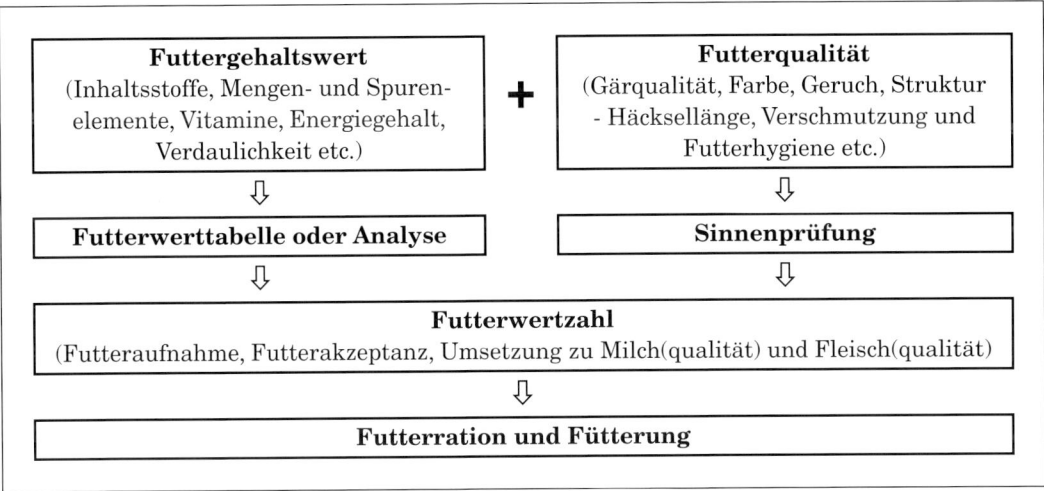

Grafik 57: ***Grundfutterbewertung bei Heu, Grummet, Silagen und Gärheu***

Für den richtigen Einsatz der einzelnen Grundfutterpartien sollten die **Gehaltswerte**, die von Analysen oder der Futterwerttabelle stammen, zum Tragen kommen. Diese Werte (Inhaltsstoffe, Mengen- und Spurenelemente, Vitamine etc.) sind relevant für die Gestaltung der Futterration im Hinblick auf den Erhaltungs- und Leistungsbedarf der Tiere. Oder man bedient sich den Futterrationsprogrammen der Landwirtschaftskammern und errechnet daraus die Grundfutternährstoffe – diese beruhen auch auf den ÖAG-Futterwerttabellen.

Die Tiere nehmen das Futter aber nicht nur wegen der Inhaltsstoffe und der Verdaulichkeit auf. Der Geschmack, der Geruch, die Struktur, das Gefüge, die Farbe und etwaige Verschmutzungen beeinflussen neben den Gehaltswerten im Futter seine Akzeptanz und damit die quantitative Futteraufnahme.
Über die **sensorische Prüfung** können gerade diese Parameter im Futter einigermaßen nachempfunden und bewertet werden.
Beide Bewertungen, zum einen nach den **Futtergehaltswerten** und zum anderen nach der **Futterqualität,** ergeben die **Futterwertzahl** des jeweiligen Grundfutters. Mit dieser Futterwertzahl können der Landwirt, der Berater und der Tierarzt selbst eine rasche und billige Einstufung der Futterpartien durchführen (BUCHGRABER, 1998).
Mit dieser Futterwertzahl kann man selbst in seinem Betrieb oder mit seinen Kollegen das Grundfutter vergleichen. Erst dadurch entstehen ein Bewusstsein und ein Fortschritt in der Grundfutterproduktion.

Aus der Futterwerttabelle für den Alpenraum (RESCH et al., 2017) können von einer jeweiligen Futterpartie Werte für Inhaltsstoffe, Energie etc. entnommen werden. Die Gehaltswerte sind in ihrem absoluten Wert entscheidend für den Einsatz in der Rationsberechnung. Die Qualitätspunkte sind ebenso in der Futterwerttabelle ablesbar.
Als Basis für die Punktebewertung der Futtergehaltswerte wird einerseits das Grünfutter aus einem Mischbestand im Vegetationsstadium „Ähren-/Rispenschieben" vom ersten Aufwuchs herangezogen. Dieses Futter erhält 100 Qualitätspunkte. Andererseits wird ein Grünfutter

aus einer Extensivwiese im Vegetationsstadium „überständig" im ersten Aufwuchs für die Bewertung herangezogen. Dieses Futter bekommt 1 Qualitätspunkt (vergleiche Grafik 58).

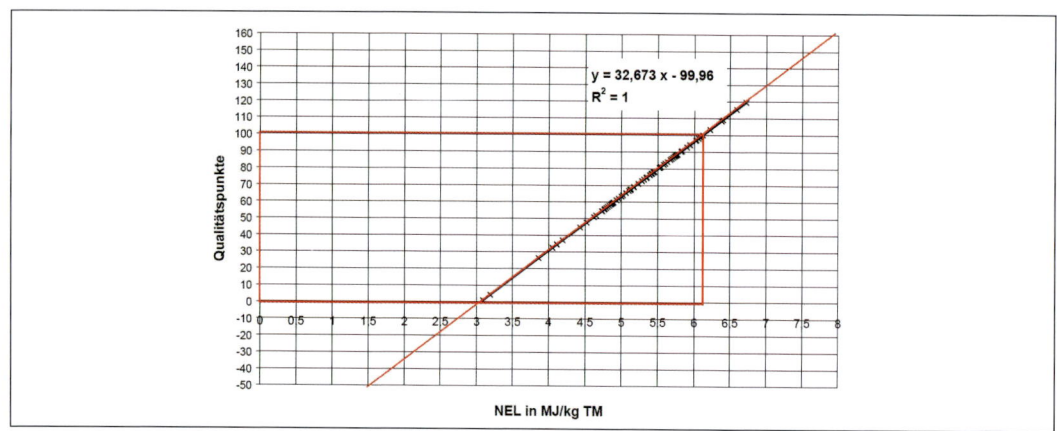

Grafik 58: **Grundfutterbewertung mit einer Punktezuordnung (Faktoren für die Berechnung der Punkte aus einer Regressionsgleichung) auf Basis Nettoenergie-Laktation (NEL)**

Der **Energiegehalt** des Futters ist die Grundlage für die Einstufung in diesem Punktesystem. Bestes Grundfutter im Ähren- und Rispenschieben enthält oft mehr als 6,12 MJ NEL/kg TM – diese Futterpartien bekommen nach den Futtergehaltswerten mehr als 100 Punkte. Das Grünfutter des ersten Aufwuchses im Vegetationsstadium „Schossen" einer Vier- bis Sechsschnittfläche zeigt laut Futterwerttabelle 6,59 MJ NEL/kg TM und bekommt daher 116 Punkte. Heu aus der Bodentrocknung „Mitte Blüte" mit einem Energiegehalt von 5,12 MJ NEL/kg TM erhält hingegen nur mehr 67 Punkte aus den Futtergehaltswerten.

Der Schnittzeitpunkt und das Vegetationsstadium des Pflanzenbestandes können an den Leitgräsern Knaulgras oder Goldhafer in der Futterpartie abgelesen werden. An den Ähren, Rispen oder Pollenbeuteln können die Stadien Ähren-/Rispenschieben bzw. Blüte erkannt werden. Das Vegetationsstadium und das Stängel/Blattverhältnis geben Auskunft über den Gerüstsubstanzgehalt des Futtermittels.

Nach vielen eigenen Beurteilungen von Silagen- und Trockenfutterpartien gemeinsam mit Fachkollegen in der ÖAG wurde der ursprüngliche DLG-Schlüssel aus dem Jahr 1973 auf die Verhältnisse für die Grundfutterkonserven in Österreich umgearbeitet.
Mit den eigenen Sinnen (Nase, Augen und Hände) kann eine repräsentativ ausgewählte Futterprobe (1–3 kg), eine gewisse Routine vorausgesetzt, schon sehr genau beurteilt werden.

Eine **Probe zur Grundfutterbewertung** sollte sich aus **mehreren Stichproben** zusammensetzen, d. h., man darf nicht nur eine Stichprobe entnehmen, sondern es sollen 5–10 kleine Stichproben gezogen werden, die

Mit der fachkundigen Sinnenprüfung kann das Grundfutter auf einfache Weise in Qualitätsklassen eingeteilt werden.

dann die eigentliche Probe ergeben. Bei der Entnahme der Stichproben ist Vorsicht geboten. Werden Stichproben zu ruckartig entnommen, so verliert die ganze Probe möglicherweise an Aussagekraft, weil ein Teil der Blätter verloren geht.

❏ Vorgangsweise bei der Bewertung von Futterproben

Ein Pflanzenbestand besteht aus den Artengruppen Gräser, Kräuter und Leguminosen. Diese Artengruppen kann man auch in der Futterprobe noch nachvollziehen, die Anteilsermittlung erreicht man durch Schätzung der Gewichtsprozente aller drei Komponenten. Zuerst schätzt man dabei die Artengruppe mit den höchsten Anteilen (zumeist Gräser) und dann jene mit den geringsten Anteilen (zumeist Kleearten). Die Differenz zu 100 ergibt dann den fehlenden Anteil (zumeist Kräuter).

Mit dieser Aufschlüsselung steigen wir in die Probe ein und bekommen die wichtige Information über die grobe Pflanzenzusammensetzung. Dabei fallen auch einzelne Pflanzenarten auf, die ebenfalls vermerkt werden sollen.

Als nächster Schritt wird das Stängel-/Blattverhältnis angesprochen. Dieses Verhältnis ist abhängig vom Artengruppenverhältnis, vom Aufwuchs, vom Schnittzeitpunkt und vom Konservierungsverfahren. Hohe Anteile an Kräutern und Kleearten steigern den Blattanteil. Der erste Aufwuchs ist noch mehr von samentragenden Obergräsern (Stängel) dominiert, was auch die Gerüstsubstanzen erhöht, während die Folgeaufwüchse eindeutig höhere Blattanteile aufweisen. Wird bei diesen Aufwüchsen, insbesondere beim ersten Aufwuchs, das Vegetationsstadium Ähren-/Rispenschieben an der Probe festgestellt, so sind mehr Blattanteile zu erwarten als bei einem späteren Schnitt zur Blüte, wo sich die Stängel noch mehr ausgewachsen haben (zunehmende „Verholzung").

Tabelle 47: **Durchschnittliche Stängel-/Blattanteile in den einzelnen Aufwüchsen sowie bei unterschiedlichen Schnittterminen und Konservierungsverfahren**

Konservierungsverfahren und Vegetationsstadium	Stängel-/Blattanteile (%) Heu (1. Aufwuchs)	Stängel-/Blattanteile (%) Grummet (Folgeaufwüchse)
Silagen und Gärheu		
Ähren-/Rispenschieben	50 : 50	25 : 75
Blüte	(60 : 40)*	30 : 70
Trockenfutter Bodentrocknung		
Ähren-/Rispenschieben	65 : 35	40 : 60
Blüte	70 : 30	45 : 55
Überständig	80 : 20	60 : 40
Trockenfutter Belüftung		
Ähren-/Rispenschieben	55 : 45	30 : 70
Blüte	65 : 35	35 : 65

* Für eine Konservierung als Silage oder Gärheu kritisch zu bewerten.

❏ Sensorische Bewertung der Futterqualität

Besonders die Wiederkäuer haben aufgrund ihrer feinen Sinne ein großes Bedürfnis, nur qualitativ bestes Futter aufzunehmen. Der Geruch, das Gefüge, die Struktur, die Farbe und auch etwaige Verschmutzungen des Futters bestimmen im Wesentlichen, ob das vorgelegte Futter von den Tieren angenommen wird oder nicht.

Mit dem ÖAG-Bewertungsschlüssel für Silage und Heu (vergleiche Tabellen 48 und 49) kann eine gute Einstufung der Futterpartien erfolgen.

❏ Sensorische Bewertung von Heu und Grummet

Man nimmt die Heuprobe in die Hand und drückt sie zusammen. Trockenfutter hat einen Trockenmassegehalt von mehr als 86 %. Fühlt sich Heu bzw. Grummet leicht feucht an, wird dadurch die Lagerfähigkeit stark beeinträchtigt. Bei feucht eingelagertem Trockenfutter kommt es zu einer intensiven Fermentation (Erwärmung) und in der Folge zu einer Durchsetzung mit Schimmelpilzen. **Gut getrocknetes Heu** weist einen **TM-Gehalt von 88 %** oder **12 % Feuchtigkeit** auf. Greift sich das Heu feucht an, so sollte dies mit z. B. 15 % Feuchtigkeit vermerkt werden.

Geruch

Die Heuprobe wird dann zur Nase geführt und man riecht intensiv an der Heuprobe. Heu und Grummet von hoher hygienischer Qualität und einer breiten Pflanzenzusammensetzung zeigen aufgrund ihres Kräuteranteils einen **aromatischen Geruch**. Heupartien aus reinen Gräserbeständen zeigen einen eher faden Geruch. Bereits geringe Anteile an Schimmelsporen können, auch wenn der Schimmelbefall für uns noch nicht sichtbar ist, bei der Nasenprobe durch leichtes Kitzeln in der Nase bemerkt werden. Steigt der Gehalt an Schimmelsporen an (500.000–1.000.000/g Futter), so beginnt das Futter bereits zu stauben und das Riechen an der Probe führt zu einem stechenden Gefühl in der Nase bis zu den Stirnhöhlen. Nimmt der Schimmelgehalt noch stärker zu, so sind plattenartige Schimmelnester erkennbar und das Futter hat einen sehr unangenehmen, muffigen Geruch. Derartiges Futter sollte Tieren nicht angeboten werden.

Im Rahmen der Geruchsbewertung können 5 Punkte für bestes Trockenfutter vergeben werden, extreme Heupartien mit muffigem oder fauligem Geruch erhalten sogar 3 Punkte Abzug (– 3).

Mit den Sinnen kann man relativ rasch feststellen, ob das Futter gut oder schlecht ist.

Farbe

Bei gleichmäßiger guter Belichtung soll die Farbe der Heupartie bewertet werden. Eine **grünliche Farbe** von Trockenfutter sagt aus, dass das Futter bei gutem Wetter bzw. unter Belüftung nach spätestens 2–3 Tagen in das Lager gebracht wurde. Gerüstgetrocknetes Heu bzw. Grummet hat in den inneren Lagen ebenfalls eine schöne grüne Färbung, wenn es auch äußerlich verwittert und bräunlich verfärbt ist. Ein ausgeblichenes Heu weist auf zu lange Feldzeiten (vom Mähen bis zur Einbringung) hin. Bräunlich oder schwärzlich verfärbtes Futter zeigt an, dass eine starke Verpilzung an den Stängeln und Blättern oder eine heiße Fermentation stattgefunden hat.

Für die Farbe können 0–5 Punkte vergeben werden. Grünlich gefärbtes Heu bzw. Grummet mit einem entsprechenden Blattanteil ist von guter Qualität und damit ein Hinweis auf einen Rohproteingehalt von über 13 %. Es zeigt dann auch gute Gehaltswerte an Mengen- und Spurenelementen sowie Vitaminen, insbesondere an β-Carotin, an.

Gefüge

Durch den Griff mit den Händen, am Stängel-/Blatt-Verhältnis sowie am Vorhandensein von zarten Blättern und Blütenständen können das Gefüge und die Struktur einer Heuprobe abgelesen werden. Ein gröberes Gefüge bzw. eine harte Struktur sind im Griff sperrig und auf der Handfläche spießig hart. Derartiges Futter hat einen hohen Gerüstsubstanzgehalt und wird eher nur von Pferden und Mutterkühen angenommen. Ein **weiches, blattreiches** und **mit nur wenigen harten Stängeln durchsetztes Grummet** bzw. auch **früh geworbenes Heu** stellt das ideale Trockenfutter für das Milchvieh dar. Je sorgfältiger bei der Werbung von Heu bzw. Grummet vorgegangen wird, umso besser wird das Gefüge des Futters mit hohen Blattanteilen sein.

Für das Gefüge können 0–7 Punkte vergeben werden (ÖAG-Bewertungstabelle).

Tabelle 48: Heubewertung nach Sinnenprüfung, ÖAG-Schlüssel, 2001

1. GERUCH	Punkte
☐ Außerordentlich guter, aromatischer Heugeruch	5
☐ Guter, aromatischer Heugeruch	3
☐ Fad bis geruchlos	1
☐ Schwach muffig, brandig	0
☐ Stark muffig (schimmelig) oder faulig	– 3

2. FARBE	Punkte
☐ Einwandfrei, wenig verfärbt, grünlich	5
☐ Verfärbt, ausgeblichen	3
☐ Stark ausgeblichen, strohig	1
☐ Gebräunt bis schwärzlich oder schwach schimmelig	0

3. GEFÜGE	Punkte
☐ Blattreich (Klee-, Kräuter- und Grasblätter erhalten, ebenso Knospen u. Blütenstände), weich und zart im Griff	7
☐ Blattärmer, wenig harte Stängel, etwas hart im Griff	5
☐ Sehr blattarm, viele harte Stängel, rau und steif im Griff	2
☐ Fast blattlos, viele verholzte Stängel, grob und überständig	0

4. VERUNREINIGUNG	Punkte
☐ Keine (die Tischplatte bleibt weiß)	3
☐ Mittlere (ein leichter erdiger Schleier überzieht die Tischplatte)	1
☐ Starke Erde- bzw. Mistreste (starke erdige Anteile im Futter und Sand/Erde auf der Tischplatte)	0

Verunreinigungen

Ideal für die Prüfung der erdigen Verschmutzung wäre ein Tisch mit weißer Tischplatte. Das Heu wird öfter leicht oberhalb der Tischplatte geschüttelt. Nimmt man dann das Heu weg, dann liegen Blattanteile und vor allem feine Bodenteile am Tisch. Gibt man die Bröckelblattmasse leicht weg, dann bleiben die Erdanteile übrig. Kehrt man diese Erdmengen zusammen, dann kann das Ausmaß eingeschätzt werden.

Wiederkäuer und Pferde sind äußerst empfindlich gegenüber Futtermitteln, welche mit Staub, Pilzsporen und erdigen Beimengungen belastet sind. Bei der Betrachtung einer Futter-

partie sollte unbedingt auf Verschmutzung mit Erde, auf erdigen Feinstaub, auf Mistreste sowie auf Sporenstaub geachtet werden. Zu tief gemähte und bearbeitete Futterpartien (unter 5 cm) sowie zu feucht eingebrachtes Trockenfutter weisen diese Verunreinigungen auf.
Die Bewertung der erdigen Verunreinigung sieht 0–3 Punkte vor.

❑ Sensorische Bewertung von Silagen

Während Wiesenfutter durch Trocknung (Wassergehalt unter 14 %) zu Heu bzw. Grummet konserviert wird, so kann es mit einer gewissen Anwelkung und einem nachfolgenden, natürlichen und anaeroben Vergärungsprozess über die Ansäuerung mit Milchsäure als Silage und Gärheu konserviert werden. Bei der Herstellung von Silage und Gärheu muss auf einen rechtzeitigen Schnittzeitpunkt (Ähren-/Rispenschieben), eine trockene und saubere Ernte und beste Konservierung geachtet werden.

Man nimmt eine Silage- bzw. Gärheuprobe in die Hand und presst sie wie einen Schneeball zusammen. Blieb das Futter zu nass (unter 30 % TM), so tropft der Gärsaft beim Zusammendrücken des Futters aus der Hand. Hier ist die Gefahr einer unerwünschten Buttersäuregärung groß. Eine gute Anwelkung und ein luftfreier Zustand (anaerob) lassen eine gute Milchsäuregärung erwarten.
Wird das Futter noch stärker angewelkt (über 50 % TM), so entsteht ein Gärheu. Gärheu hat nur geringe Säureanteile und ist dem Trockenfutter ähnlicher als Silage. Die Trockenmasse kann über die Wringmethode (siehe Kapitel I) festgestellt werden. Liegt das Gärheu bei rund 50 % TM, wird die Silagebewertungstabelle herangezogen. Geht der TM-Gehalt gegen 70 % und darüber, so wird die Heubewertungstabelle für die Einstufung in der Sinnenprüfung verwendet.

Geruch

Es wird die Gärfutterprobe fest gepresst und dann am Handrücken intensiv gerieben, Die Erwärmung führt dazu, dass die flüchtigen Fettsäuren (Milch-, Essig- und Buttersäuren) geruchsintensiver wahrgenommen werden.
Der Beurteilung des Geruches von Silagen wird eine besondere Bedeutung zugemessen. Der Geruch von Silagen/Gärheu wird von der Vergärung (Gärsäuren und Abbauprodukte) und vom Pflanzenbestand geprägt. Fehlgerüche können durch Buttersäure (ungut stinkender Silagegeruch), durch Essigsäure (stechender Essiggeruch) und durch einen Geruch nach Ammoniak hervorgerufen werden. Fehlgerüche zeigen eine Fehlgärung der Silage an. Eine **optimale Silage** zeigt aufgrund der angenehmen Milchsäure einen **aromatischen und brotartigen Geruch**. Diese natürlich entstandene Milchsäure ist übrigens auch ein seit langem bekanntes und vielfach verwendetes Konservierungsmittel unserer Lebensmittel.

Die flüchtigen Fettsäuren zeigen sich aufgrund der höheren Temperaturen deutlich, so dass selbst Spuren geruchsmäßig erfasst werden können. Bei einwandfreien Silagen können über die Geruchsbonitur bis zu 14 Punkte vergeben werden. Die Verschmutzungsbewertung steht in der Geruchsbewertung, da die Clostridien aus der erdigen Verschmutzung stammen und für die Buttersäurebildung verantwortlich sind. Je intensiver der Buttersäuregeruch, desto größer die erdige Verschmutzung.
Bei Fehlgärungen gibt es Abzüge, und es sind auch Zwischenpunkte möglich (siehe Silagebewertung ÖAG-Schlüssel Tabelle 49). Mäßige und verdorbene Silagen sollten nicht vorgelegt werden.

Gefüge

Bei der Silage, aber auch beim Gärheu sind das Gefüge und auch die Struktur zumeist blattreicher und weicher. Sind die Blätter durch die Vergärung angegriffen oder ist die Struktur schmierig-schleimig, so sind von maximal 4 zu vergebenden Punkten entsprechende Abzüge zu machen. Der Blattanteil beim Gärfutter ist deutlich höher als bei Bodenheu und kann gleich mit bestem Belüftungsheu liegen.

Farbe

Sowohl bei Silagen als auch beim Gärheu ist eine olivgrüne Farbe als optimal anzusehen. Bei Nasssilagen wird die Farbe eher dunkelgrün bis schwärzlich, beim Gärheu finden sich eher Verfärbungen wie bei Trockenfutter. Verschimmeltes Gärfutter, wo dies bereits deutlich zu sehen ist, wird in der Farbe des Futters berücksichtigt.
Es können von 0–2 Punkte vergeben werden.

Tabelle 49: **Silagebewertung nach Sinnenprüfung, ÖAG-Schlüssel, 2001**

1. GERUCH	Punkte
☐ Frei von Buttersäuregeruch, angenehm säuerlich, aromatisch, fruchtartig, auch deutlich brotartig	14
☐ Schwacher oder nur in Spuren vorhandener Buttersäuregeruch (Fingerprobe) oder stark sauer, stechend, wenig aromatisch	10
☐ Mäßiger Buttersäuregeruch oder deutlicher, häufig stechender Röstgeruch oder muffig	4
☐ Starker Buttersäuregeruch oder Ammoniakgeruch oder fader, nur sehr schwacher Säuregeruch	1
☐ Fäkalgeruch, faulig oder starker Schimmelgeruch, Rottegeruch, kompostähnlich	– 3

2. GEFÜGE	Punkte
☐ Gefüge der Blätter und Stängel erhalten	4
☐ Gefüge der Blätter angegriffen	2
☐ Gefüge der Blätter und Stängel stark angegriffen, schmierig, schleimig oder leichte Schimmelbildung oder leichte Verschmutzung	1
☐ Blätter und Stängel verrottet oder starke Verschmutzung	0

3. FARBE	Punkte
☐ Dem Ausgangsmaterial entsprechende olivgrüne Gärfutterfarbe, bei Gärfutter aus angewelktem Gras, Kleegras, usw. auch leichte Bräunung möglich	2
☐ Farbe wenig verändert, leicht gelb bis bräunlich	1
☐ Farbe stark verändert, schwärzlich, giftig grün oder hellgelb entfärbt oder starke Schimmelbildung	0

Punktebewertung für die Futterqualität

Die Einstufung der Futterqualität nach der sensorischen Bewertung erfolgt mit Tabelle 50. Die Summe an Punkten aus der sensorischen Bewertung wird für die Vergabe des Qualitätsfaktors herangezogen. Beste Futterqualitäten erhalten den Faktor 1,0 und jene, die Qualitäten im verdorbenen Bereich haben, erzielen einen Qualitätsfaktor von 0.

Tabelle 50: **Punkte für die Futterqualität nach der sensorischen Bewertung (Sinnenprüfung)**

Sensorische Bewertung (ÖAG-Schlüssel) und Qualitätsfaktor		
Güteklasse	**Punkte**	**Qualitätsfaktor**
Sehr gut bis	20 bis 18	1,0
Gut	17 bis 16	0,9
Befriedigend	15 bis 13	0,8
	12 bis 10	0,7
Mäßig	9 bis 8	0,6
	7 bis 5	0,4
Verdorben	4 bis –3	0,0

❑ Einstufung des Futterwertes mit der Futterwertzahl

Die Futterwertzahl setzt sich aus den Ergebnissen der Bewertungen der Futtergehaltswerte (Qualitätspunkte) und der Futterqualität (Qualitätsfaktor) zusammen. Mit dieser Futterwertzahl kann der Anwender des Futtermittels eine rasche und genaue Einstufung seiner Futterpartien auch für eine Kaufentscheidung vornehmen.

Erstellung der Futterwertzahl

Die Punkte aus der Energiebewertung (Qualitätspunkte) multipliziert mit dem Qualitätsfaktor aus der Futterqualität ergeben die umfassende Futterwertzahl (BUCHGRABER, 1998). Erst die Gesamtpunkte im Futterwert geben umfassend Auskunft über die tatsächliche Qualität eines Grundfutters. Sowohl die Gehaltswerte wie auch die sensorische Futterqualität (Geruch, Farbe, Struktur, Verschmutzung, Futterhygiene) sind in dieser Futterwertzahl bewertet. Mit den Gesamtpunkten des Futterwertes können verschiedene Futterpartien innerhalb eines Jahres und über mehrere Jahre hinweg einigermaßen verlässlich verglichen werden.

> Die Punkte aus der Energiebewertung multipliziert mit dem Qualitätsfaktor aus der Futterqualität ergeben die umfassende Futterwertzahl.

Beispiel:

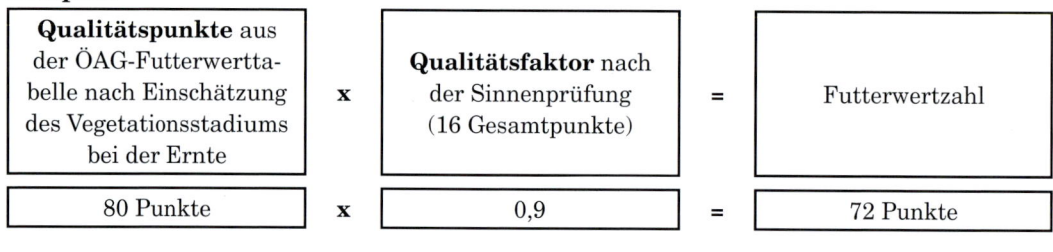

Qualitätspunkte aus der ÖAG-Futterwerttabelle nach Einschätzung des Vegetationsstadiums bei der Ernte	x	**Qualitätsfaktor** nach der Sinnenprüfung (16 Gesamtpunkte)	=	Futterwertzahl
80 Punkte	x	0,9	=	72 Punkte

Erst die Gesamtpunkte im Futterwert geben umfassend Auskunft über den tatsächlichen Wert dieses Grundfutters; sowohl die Gehaltswerte als auch die Futterqualität (Geruch, Farbe, Struktur, Verschmutzung, Futterhygiene etc.) sind in diese Futterwertzahl eingeflossen. Bisher wurden in einer getrennten Bewertung die Futterpartien dargestellt, ohne einen „griffigen" Futterwert zu erhalten.

Nach diesem Bewertungssystem können auch Kategorien für die Anwendung des Grundfutters getroffen werden. Spitzenqualitäten weisen eine Gesamtpunkteanzahl von über 95 Punkten auf und eignen sich für hochlaktierende Kühe, Schafe, Ziegen, Stuten etc. Futterqualitäten von 70–95 Punkten eignen sich für laktierende Tiere, solche zwischen 50 und 70 Punkten für trockenstehende Tiere und Mutterkühe sowie Warmblutpferde, während Futterqualitäten unter 50 Punkten für das überjährige Jungvieh, begnügsame Pferderassen, Schafe und Ziegen geeignet sind. Ernteprodukte unter 20 Punkten werden besser als Einstreu verwendet. Auf diese Futterwertzahlen könnte auch eine Bezahlungsvereinbarung bei Zukauffutter aufgebaut werden.

AIGNER, S., G. EGGER, G. GINDL und K. BUCHGRABER (2003): Almen bewirtschaften. Pflege und Management von Almweiden. Leopold Stocker Verlag, Graz.

BMLFUW (2016): Sonderrichtlinie des Bundesministers für Land- und Forstwirtschaft, Umwelt und Wasserwirtschaft für das Österreichische Programm zur Förderung einer umweltgerechten, extensiven und den natürlichen Lebensraum schützenden Landwirtschaft (ÖPUL 2015), Wien.

BOHNER, A. und M. SOBOTIK (2001): Vegetationstypen, Böden und Ertragspotential des Wirtschaftsgrünlandes im Mittleren Steirischen Ennstal und Steirischen Salzkammergut und Konsequenzen für die Bewirtschaftung. Bericht 45. Jahrestagung der AG Grünland und Futterbau in der Gesellschaft für Pflanzenbauwissenschaften. Gumpenstein, 23.–25.08.2001, 9–21.

BOHNER, A., K. BUCHGRABER, J. FROSCHAUER, J. GALLER, H. HOLZNER, J. HUMER, A. PÖLLINGER und E. M. PÖTSCH (2002): Kalk – Wichtig für Acker und Grünland. Der fortschrittliche Landwirt (16), Sonderbeilage, 25–32.

BOHNER, A., C. WEIßENSTEINER und J. K. FRIEDEL (2014): Phosphor-Speicherkapazität und Phosphor-Sättigungsgrad in österreichischen Böden des Dauergrünlandes. 4. Umweltökologische Symposium, 49–60.

BRAACH, J. (2012): Spezielle Milchinhaltsstoffe bei unterschiedlichen Futterrationen im Vergleich zu graslandbasierter Milch, Masterarbeit im Bereich Nutztierwissenschaften der Universität für Bodenkultur, Wien.

BUCHGRABER, K. (1981): Grundlagen zur Wirtschaftsdüngerlösungskultur. Ein Experimentalverfahren zur Feststellung von Nährstoff- und Schadstoffwirkung im Wirtschaftsdünger. Diplomarbeit, Universität für Bodenkultur, Wien.

BUCHGRABER, K. (1983): Vergleich der Wirksamkeit konventioneller und alternativer Düngungssysteme auf dem Grünland hinsichtlich Ertrag, Futterqualität und Güte des Pflanzenbestandes. Dissertation, Universität für Bodenkultur, Wien.

BUCHGRABER, K. und R. RESCH (1992): Siliermittelprüfung bei Grünlandfutter. Neues aus den Bundesanstalten. Förderungsdienst 40 (3), 89.

BUCHGRABER, K. (1998): Habilitationsschrift zum Fach Grünlandwirtschaft. Ausgewählte Publikationen. Universität für Bodenkultur, Wien.

BUCHGRABER, K. (2001): Konsumenten tragen auch Verantwortung für die Kulturlandschaft. Der fortschrittliche Landwirt (14), 39.

BUCHGRABER, K., G. EDER UND O. TOMANOVA (2003): So stabil sind unsere Böden. Der fortschrittliche Landwirt (13), 46–47.

BUCHGRABER, K. (2005): Die Ökologisierung der Landwirtschaft als Voraussetzung für einen intakten, ländlichen Raum. In: Kurzfassungen der Vorträge zur Wintertagung 2005 für Grünland- und Viehwirtschaft. Aigen/Ennstal, 17.–18.02.2005, 8–10.

BUCHGRABER, K. und F. BUCHGRABER (2013): Erlebnis Bauernhof – mit Freude und Neugier Natur und Landwirtschaft begegnen. Landwirt Agrarmedien GmbH, Stocker Verlag, Graz.

BUCHGRABER, K. und T. WISTHALER (2014): Braucht das Grünland Schwefel. Der Fortschrittliche Landwirt (12), 20–21.

BUCHGRABER, K. (2016, 2017): Dialog Landwirtschaft & Konsumentenschaft. Tagungsbände von Tagungen in St. Wolfgang am See 2016 und 2017.

BUNDESGESETZBLATT FÜR DIE REPUBLIK ÖSTERREICH (2017): 385. Verordnung: Änderung der Verordnung über das Aktionsprogramm 2012 zum Schutz der Gewässer vor Verunreinigung durch Nitrat aus landwirtschaftlichen Quellen. BGBl. II Nr. 385/2017.

Bundesministerium für Land- und Forstwirtschaft, Regionen und Wasserwirtschaft (2023a): Bericht über die Lage der österreichischen Landwirtschaft 2022, Wien.

Bundesministerium für Land- und Forstwirtschaft, Regionen und Wasserwirtschaft (2023b): Richtlinien für die sachgerechte Düngung im Ackerbau und Grünland - 8. Auflage, aktualisierte Version 2023, Wien.

BURI, S. und P. THOMET (1996): Kurzrasenweide: Ergebnisse von 1995. Die Grüne (1), 20–22.

CALAME, F., J. TROXLER und B. JEANGROS (1992): Bestimmung der Wassermenge für eine optimale Beregnung von Naturwiesen im Goms (Oberwallis). Landwirtschaft Schweiz 5 (4), 181–187.

COLLOMB, M., U. BÜTIKOFER, R. SIEBER, B. JEANGROS und J.-O. BOSSET (2002): Correlation between fatty acids in cows' milk fat produced in the Lowlands, Mountains and Highlands of Switzerland and botanical composition of fodder. ELSEVIER, International Dairy Journal (12), 661–666.

DACCORD, R. et al. (2001): Nährwert von Wiesenpflanzen: Gehalt an Zellwandbestandteilen. Agrarforschung Schweiz 8 (4) 180–185.

DEUTSCH, A. (1997): Bestimmungsschlüssel für Grünlandpflanzen während der ganzen Vegetationszeit. 10. überarb. Auflage, Österr. Agrarverlag, Klosterneuburg.

FRITZ, Ch. (2018): Ansatz zu einem ganzheitlichen Vergleich der Kosten und Erlöse von Bodenheu, Belüftungsheu und Grassilage. 45. Viehwirtschaftliche Fachtagung März 2018, Bericht der HBLFA Raumberg-Gumpenstein, Irdning-Donnersbachtal. 75–90.

FRÜHWIRTH, P., Tiefenthaler, F., Resch, R., Hendler, M., & Krautzer, B. (2022). Die Luzerne – Eine Eiweißfutterpflanze mit Zukunft (ÖAG-Info, 2/2022)

FURRER, O. J. und W. STAUFFER (1984): Einfluss von Bodennutzung und Düngung auf die Nitratauswaschung im Schweizerischen Mittelland. Landw. Forschung, Kongressband 1984, 398–409.

FÜRST, A. (1999): Zusammenhänge von Wald-Weide-Wildwirtschaft und Tourismus. Alm- und Bergbauer (5–6).

GASTECKER, R. und A. STEINWIDDER (2018): Moderne Weidezauntechnik für Rinder. ÖAG-Info 3/2018. Österreichische Arbeitsgemeinschaft für Grünland und Viehwirtschaft (ÖAG), Irdning.

GfE (GESELLSCHAFT FÜR ERNÄHRUNGSPHYSIOLOGIE – Ausschuss für Bedarfsnormen) (2001): Energie- und Nährstoffbedarf landwirtschaftlicher Nutztiere, Nr. 8: Empfehlungen zur Energie- und Nährstoffversorgung der Milchkühe und Aufzuchtrinder. DLG-Verlag, Frankfurt am Main.

GEOLOGISCHE BUNDESANSTALT (1999): Geologische Übersichtskarte Österreich, Wien.

GRUBER, L., G. WIEDNER und K. BUCHGRABER (1995): Mineralstoffe aus dem Grundfutter für das Rind. Der fortschrittliche Landwirt 73 (3), Sonderbeilage SB1–SB8.

GRUBER, L., F.-J. SCHWARZ, D. ERDIN, B. FISCHER, H. SPIEKERS, H. STEINGASS, U. MEYER, A. CHASSOT, T. TILG, A. OBERMAIER und T. GUGGENBERGER (2004): Vorhersage der Futteraufnahme von Milchkühen – Datenbasis: von 10 Forschungs- und Universitätsinstituten Deutschlands, Österreichs und der Schweiz. 116. VDLUFA-Kongress, Rostock, 13.–17. September 2004, Kongressband 2004, 484–504.

GRUBER, L. und M. LEDINEK (2017): Effizienz der Milcherzeugung in Abhängigkeit von Genotyp und Lebendmasse. 44. Viehwirtschaftliche Fachtagung, 05.–06. April 2017, Bericht HBLFA Raumberg-Gumpenstein, Irdning-Donnersbachtal, 23–39.

GRUBER, L. (2018): Zusammensetzung und Analyse pflanzlicher Gerüstsubstanzen. ÖAG-Info 1/2018. Österreichische Arbeitsgemeinschaft für Grünland und Viehwirtschaft (ÖAG) Irdning-Donnersbachtal, 2–7.

HENNEBERG, W. und F. STOHMANN (1864). Begründung einer rationellen Fütterung der Wiederkäuer. Braunschweig, Schwetske und Sohn.

HERNDL, M., D. U. BAUMGARTNER, T. GUGGENBERGER, M. BYSTRICKY, G. GAILLARD, J. LANSCHE, C. FASCHING, A. STEINWIDDER, T. NEMECEK (2016): Einzelbetriebliche Ökobilanzierung landwirtschaftlicher Betriebe in Österreich. Abschlussbericht, BMLFUW.

HÖHN, E. (1989): Verluste bei der Raufutterernte. FAT-Bericht 1989.

JAKOB, E., R. AMREIN, A. MÜNGER, H. WINKLER und U. WYSS (2007): Fütterung der Kuh – Einfluss auf die Milchqualität, Diskussionsgruppe. Forschungsanstalt Agroscope Liebefeld-Posieux ALP, 3003 Bern. Nr. 43d.

KRAUTZER, B. (2001): Saatgutqualität als Grundlage für ampferfreie Nach- und Neuansaaten im Grünland. Bericht 7. Alpenländisches Expertenforum „Bestandesführung und Unkrautregulierung im Grünland – Schwerpunkt Ampfer". Gumpenstein, 22.–23.03.2001, 45–50.

MEISTER, E. und J. LEHMANN (1988): Nähr- und Mineralstoffgehalt von Wiesenkräutern aus verschiedenen Höhenlagen in Abhängigkeit vom Nutzungszeitpunkt. Schweiz. Landw. Forschung 26 (2), 127–137.

NYDEGGER, F. (1991): Sonnenkollektoren für die Heubelüftung – Planen und Realisieren. FAT Bericht 407. Eidgenössische Forschungsanstalt für Agrarwirtschaft und Landtechnik, Tänikon.

ÖAG-FACHGRUPPE SAATGUTPRODUKTION UND ZÜCHTUNG VON FUTTERPFLANZEN (2017): Handbuch für ÖAG-Qualitätssaatgutmischungen für Dauergrünland und Feldfutterbau für die Mischungssaisonen 2017/18/19. Eigenverlag ÖAG, c/o HBLFA Raumberg-Gumpenstein, Irdning-Donnersbachtal.

PÖLLINGER, A. (2000): Zit. in: BUCHGRABER, K., E. M. PÖTSCH, R. RESCH und A. PÖLLINGER (2003): Erfolgreich silieren – Spitzenqualitäten bei Grassilagen! Der fortschrittliche Landwirt (9), Sonderbeilage, 3.

PÖLLINGER, A. (2003): Zit. in: BUCHGRABER, K., E. M. PÖTSCH, R. RESCH und A. PÖLLINGER (2003): Erfolgreich silieren – Spitzenqualitäten bei Grassilagen! Der fortschrittliche Landwirt (9), Sonderbeilage, 5.

PÖTSCH, E. M., K. BUCHGRABER, A. BOHNER, M. GREIMEL und M. SOBOTNIK (2000): Utilisation and Cultivation of Grassland in the Upper Enns Valley. EUROMAB-Symposium in the Austrian Academy of Sciences Vienna-Gumpenstein, 15.–19. September 1999, 11–14.

PÖTSCH, E. M. und R. RESCH (2002): Einfluss von Futteraufbereitung und Erntetechnik auf den Gärverlauf und die Silagequalität von Grünlandfutter. Bericht 8. Alpenländisches Expertenforum „Zeitgemäße Futterkonservierung". Gumpenstein, 09.–10.04.2002, 11–15.

PÖTSCH, E. M. (2017): Einfluss zukünftiger Klimabedingungen auf die Produktivität und Biogeochemie des Ökosystems Grünland. Zwischenbericht ClimGrassEco der HBLFA Raumberg-Gumpenstein, Irdning-Donnersbachtal.

RESCH, R., T. GUGGENBERGER, L. GRUBER, F. RINGDORFER, K. BUCHGRABER, G. WIEDNER, A. KASAL und K. WURM (2017): Futterwerttabellen für das Grundfutter im Alpenraum. Überarbeitete Neuauflage. Der Landwirt, Sonderbeilage 1–20.

RESCH, R. (2018): Entwicklung bei Silofolien und Schutz vor Folienbeschädigung zur Verbesserung der Versiegelungsgüte von Fahrsilos und Rundballen. 45. Viehwirtschaftliche Fachtagung März 2018, Bericht der HBLFA Raumberg-Gumpenstein, Irdning-Donnersbachtal. 91–105.

RESCH, R. und G. STÖGMÜLLER (2018): Den Wert des Grundfutters an den Gerüstsubstanzen erkennen. ÖAG-Info 1/2018. Österreichische Arbeitsgemeinschaft für Grünland und Viehwirtschaft (ÖAG), Irdning-Donnersbachtal.

SCHAUMBERGER, A. (2018): Schriftliche Mitteilung zur Trockenheitsauswertung für Österreich im Durchschnitt der Jahre 1986 bis 2015.

SCHECHTNER, G. (1958): Grünlandsoziologische Bestandesaufnahme mittels Flächenprozentschätzung. Zeitschrift für Acker- und Pflanzenbau (105), 33–43.

SCHNECKENLEITNER, A. (2017): Rekultivierung von verbuschten & verholzten Almweiden. Am Beistpiel Kerngut mit Steir. Scheckenziegen. Bachelorarbeit, Universität für Bodenkultur, Wien.

STATISTIK AUSTRIA (2017): Agrarstrukturerhebung 1999, Wien.

STEHLE, P. (2007): Ernährungsphysiologischer Wert von Fettsäuren in der Humanernährung. Tagungsband: Der besondere Wert graslandbasierter Milch / Les particularités du lait produit à base d'herbages. Agroscope Liebefeld Posieux, 57–65.

STEINWIDDER, A. und E. M. PÖTSCH (2016): Wanderer und Weidetiere – worauf muss der Landwirt achten? ÖAG-Info 1/2016.

TASSER, E. (2018): Aktuelle Zahlen zur Entwicklung des Alpenraumes. Schriftliche Mitteilung, Universität Innsbruck, EURAC-Bozen.

THOMET, P., H. RÄTZER und B. DURGIAI (2002) : Effizienz als Schlüssel für die wirtschaftliche Milchproduktion. Agrar Forschung.

THÖNI, E. (1988): Futterbau und Futterkonservierung. Lehr- und Fachbuch für Schüler, LMZ Zollikofen, 6. Auflage.

WEIß, D. (2005): Bedeutung der Fettsäurezusammensetzung von Milch und Rindfleisch für die menschliche Ernährung – Einflussmöglichkeiten durch die Fütterung. Freising.

WURM, K. und A. STEINWIDDER (1998): Kalzinose – eine gefürchtete Erkrankung bei Rindern, Schafen und Ziegen. Der fortschrittliche Landwirt (17), Sonderbeilage, 1–7.